# SIEMENS-HANDBÜCHER

Herausgegeben von der Siemens & Halske A.-G. und den Siemens-Schuckertwerken, G. m. b. H.

XIII. Band:

Elektrizität im Bergbau

WALTER DE GRUYTER & CO.
BERLIN UND LEIPZIG
1926

# ELEKTRIZITÄT
## IM
# BERGBAU

BEARBEITET
VON
PROF. DR. ING. E. h. W. PHILIPPI
DIREKTOR IN DER ABTEILUNG INDUSTRIE
DER SIEMENS-SCHUCKERTWERKE

MIT 335 ABBILDUNGEN UND 3 TAFELN

WALTER DE GRUYTER & CO.
BERLIN UND LEIPZIG
1926

# Vorwort.

Der elektrische Antrieb hat im Bergbau eine beherrschende Stellung errungen. Wenn auch Druckluftmotoren bei den vor Ort verwandten Maschinen, besonders auf solchen Steinkohlengruben, die als schlagwettergefährdet anzusprechen sind, noch in erheblichem Umfange gebraucht werden, so ist doch durch die Anpassung der Elektromotoren, Apparate, Kabel usw. an die Betriebsbedingungen derartiger Maschinen und durch die Ausbildung brauchbarer schlagwettersicherer elektrischer Antriebe von Schüttelrutschen, Schrämmaschinen usw. die Lage wesentlich zugunsten umfassender Verwendung elektrischer Energie im Bergbau verschoben worden, und der Einführung des elektrischen Antriebes für fast alle Vorortmaschinen stehen berechtigte Bedenken nicht mehr im Wege. Auch auf den übrigen Anwendungsgebieten der elektrischen Energie, wie bei den großen Fördermaschinen, den Hauptschachtventilatoren, Wasserhaltungen usw., sowie dem gesamten Arbeitsgebiete des Schwachstromes sind wichtige Fortschritte in der Vervollkommnung des elektrischen Antriebes zu verzeichnen.

Das vorliegende Buch hat den Zweck, ein Bild der Leistungen der Siemens-Schuckertwerke und der Siemens & Halske A.-G. auf dem Gebiete der elektrischen Bergwerksanlagen zu geben. Es soll zeigen, daß der Siemens-Konzern die Bedeutung des Bergbaues nach wie vor vollauf würdigt und nach dem besonders in der Technik gültigen Grundsatz, daß Stillstand Rückschritt ist, dauernd an der Vervollkommnung elektrischer Grubeneinrichtungen jeder Art arbeitet.

# Inhaltsübersicht.

# Alphabetisches Stichwortverzeichnis.

# ELEKTRIZITÄT
# IM BERGBAU

## I. Allgemeines über Ausführung der elektrischen Anlagen im Bergbau.

*Stellung der Elektrotechnik im Bergbau.* Die Maschinenwirtschaft neuzeitlich eingerichteter Gruben beruht auf der zusammengefaßten Erzeugung elektrischer Energie in wirtschaftlich arbeitenden Kraftwerken und dem elektrischen Antriebe aller Arbeitsmaschinen über und unter Tage mit Ausnahme derjenigen wenigen Maschinen, deren elektrischer Antrieb praktisch nicht möglich ist. Letzteres sind auf Steinkohlen- und Erzgruben vorläufig noch die Bohrhämmer und die Kohlehacken. Irgendwelche sonstige Ausnahmen zu machen ist nicht berechtigt. Für Beleuchtung ist die allgemeine Verwendung elektrischer Energie selbstverständlich. Auch für tragbare Lampen wird sie, vor allen Dingen in Schlagwettergruben, die sonstigen Lichtquellen, in erster Linie das Benzin, zweifellos in wenigen Jahren verdrängt haben. Die Gründe, die der elektrischen Energie im Bergbau diese beherrschende Stellung verschafft haben, sind teils *wirtschaftlicher*, teils *betriebstechnischer* Natur.

*Wirtschaftliche Bedeutung der elektrischen Energie.* Für die wirtschaftliche Ausnutzung aller sonst nicht verwendbaren Energieprodukte auf Gruben ist die elektrische Energie ebenso unentbehrlich geworden wie für die wirtschaftliche Ausnutzung der Kohle selbst. Die in dem Koksofengas, in minderwertiger, asche- und schlackereicher Kohle, in Wasserkräften usw. enthaltene Energie wird am vollkommensten durch Umsetzung in elektrische Energie nutzbar gemacht. Auf Kaliwerken, mit denen eine chemische Fabrik verbunden ist, sowie auf Braunkohlengruben, wird der für Heiz- und Lösungszwecke nötige Dampf von 1—4 at Druck am wirtschaftlichsten in Verbindung mit Gegendruckturbinen oder -dampfmaschinen, in denen ein Druckgefälle von 15—30 at bis zu dem jeweils in den Heiz- und Kochapparaten benötigten Dampfdruck ausgenutzt wird, erzeugt, und mit der Gegendruckdampfturbine oder der Gegendruckdampfmaschine wird alsdann ein Drehstromgenerator verbunden, so daß die Herstellungskosten der elektrischen Energie außerordentlich gering werden. Andererseits hat bei Kondensationsturbinen, die mit Frischdampf arbeiten, die Erzeugung der elektrischen Energie in großen, sehr wirtschaftlich arbeitenden Maschinen und im Anschluß an große, mit allen Errungenschaften der Neuzeit ausgerüstete Kesselanlagen die Herabsetzung der Erzeugungskosten auf ein sehr geringes Maß zur Folge. Alle über und unter Tage in Kohlenwäschen, Aufbereitungen, Salzmühlen, Chlorkaliumfabriken sowie zum Antrieb von Fördermaschinen, Ventilatoren, Wasserhaltungen usw. erforderlichen Motoren werden von einem auf der Grube selbst oder einer Nachbargrube gelegenen Kraftwerk gespeist.

*Betriebstechnische Bedeutung der elektrischen Energie.* Für die unter Tage zu betreibenden Maschinen sind sehr oft *große Entfernungen* zu überwinden, was in wirtschaftlicher Weise nur mit Hilfe des elektrischen Stromes möglich ist. Für die *Förderanlagen* jeder Art, wie Haspel, Lokomotiven, und insbesondere die Schachtfördermaschinen, hat der elektrische Antrieb den großen Vorzug, daß er neben einfacher Steuerung und hoher Betriebssicherheit die Möglichkeit weitestgehender Überlastung und dementsprechend starker Steigerung der Förderung mit sich bringt, was bei anderen Antriebsarten nicht annähernd in dem gleichen Maße der Fall ist. Ganz besonders zeigen sich die großen Vorzüge des elektrischen Antriebes von Bergwerksmaschinen in der *Widerstandsfähigkeit der Motoren und Apparate* gegen feuchte Grubenluft, Verstaubung und Verschmutzung der Motoren, unsachgemäße Wartung und ähnliche Mängel, wie sie beim Grubenbetrieb unvermeidlich sind. Bei den großen unter Tage zu betreibenden Wasserhaltungen fällt der Umstand sehr vorteilhaft ins Gewicht, daß eine im Vergleich zu Dampfmaschinen *geringfügige Erwärmung der Grubenluft* mit dem Motor verbunden ist, so daß selbst bei sehr großen Leistungen die Unterbringung der Pumpen in verhältnismäßig engen Grubenräumen keine Schwierigkeiten macht. Endlich ist die Möglichkeit *schlagwettersicherer Ausführung* der elektrischen Anlagen mit einziger Ausnahme der Oberleitungslokomotiven hervorzuheben.

*Stromart und Spannung.* Als *Stromart* kommt für alle Grubenbetriebe über und unter Tage der *Drehstrom mit alleiniger Ausnahme der großen Fördermaschinen und der Lokomotiven* in Betracht, für welche beiden Maschinenarten, teils wegen der vollkommenen Steuerfähigkeit und Regelbarkeit des Gleichstrommotors, teils wegen der einfacheren Stromzuführung, der Antrieb durch Gleichstrommotor erforderlich ist. Die *Spannungen,* mit denen der Drehstrom in den Kraftwerken erzeugt und an den Motoren verbraucht wird, sind bei den ausgeführten Anlagen außerordentlich verschieden. Diese Verschiedenheit hat ihre Ursache hauptsächlich darin, daß der Umfang der Anlagen und die Größe der Motoren sich erst im Verlaufe längerer Zeit entwickelt und gesteigert haben. Auch hat die Herstellung der Isolation der Generatoren und Motoren für hohe Spannungen sich erst allmählich auf die jetzige Vollkommenheit gehoben. Infolgedessen entspricht bei einer großen Zahl im Betriebe befindlicher Anlagen die Höhe der in den Generatoren erzeugten Spannung sowie auch der an den Motoren verbrauchten Spannung nicht dem jetzigen Umfang der Anlage und dem gegenwärtigen Stande der Technik, insbesondere hinsichtlich der Ausführung der Isolation der Wicklungen.

Für Neuanlagen ist die Spannung nach der Größe und der Zahl der aufzustellenden Motoren, den in Betracht kommenden Entfernungen, der Spannungen benachbarter, gegebenenfalls als Reserve dienender Anlagen, sowie der Spannung der auf Werken der gleichen Gesellschaft bereits in Betrieb befindlichen Anlagen zu wählen, und dabei sind als Richtlinien die folgenden vom V.D.E. festgelegten Normalspannungen zu beachten, von denen allerdings die niedrigsten und die höchsten Werte für Bergwerkskraftwerke praktisch ausscheiden:

| V | Verwendungsgebiet |
|---|---|
| 120 | Bei Neuanlagen nur in feuchten und durchtränkten Räumen nach § 2 g der Errichtungsvorschriften des V.D.E. |
| 220 | Normal für alle Fälle. |
| 380 | Normal für alle Fälle. |
| 500 | Bei Neuanlagen nur für solche industriellen Betriebe, bei denen größere Hebezeuge die Verwendung von 380 V ausschließen. |
| 3 000 | Bei Neuanlagen nur für solche industriellen Betriebe, bei denen die Anwendung von 6000 V erhebliche Nachteile hat. |
| 5 000 | Bei Neuanlagen nur, wenn der Anschluß an ein bestehendes 5000 V-Netz wahrscheinlich ist. |
| 6 000 | Normal für alle Fälle. |
| 10 000 | Bei Neuanlagen nur, wenn der Anschluß an ein bestehendes 10 000 V-Netz wahrscheinlich ist. |
| 15 000 | Normal für alle Fälle. |
| 25 000 | Für Neuanlagen nur, wenn der Anschluß an ein bestehendes 25 000 V-Netz wahrscheinlich ist. |
| 35 000 | Normal für alle Fälle. |
| 50 000 | Bei Neuanlagen nur, wenn der Anschluß an ein bestehendes 50 000 V-Netz wahrscheinlich ist. |
| 60 000 | Normal für alle Fälle. |
| 100 000 | Normal für alle Fälle. |
| 150 000 | Normal für alle Fälle. |

Zweckmäßig sind für die Generatoren der Kraftwerke Spannungen von 6000 oder bei ganz großen Werken 10 000 V. Auch 3000 und 5000 V kommen in Betracht, sobald diese Spannungen auf den Werken schon vorhanden sind. Dabei ist zu beachten, daß eine Spannung von 6000 V noch ohne Schwierigkeit für die zum Betriebe der Wasserhaltungen, Ventilatoren und Fördermaschinenumformer erforderlichen Motoren genommen werden kann, es sei denn, daß ungewöhnlich kleine Motoren für diese Maschinen in Betracht kommen, während eine Spannung von 10 000 V für unmittelbare Verwendung an den Motoren, von solchen sehr großer Leistung abgesehen, meistens zu hoch ist. Eine Spannung von 6000 V, wie sie auf einer größeren Zahl oberschlesischer Werke, oder 5000 V, wie sie auf zahlreichen Werken in Rheinland und Westfalen benutzt wird, ergeben daher die Möglichkeit, den größten Teil der Energie ohne Herabtransformierung der Spannung zum Motorenbetrieb zu verwenden.

Ist eine Verbindung des Kraftwerkes mit weit entfernt liegenden anderen Werken nötig, oder aus anderen Gründen eine Übertragung der Energie auf größere Entfernungen erforderlich, so ist die in den Generatoren erzeugte Spannung, falls sie für die Fernübertragung nicht hoch genug ist, auf die Fernleitungsspannung, im allgemeinen reichen hierfür 15 000 oder 35 000 V aus, umzuformen.

Für *kleine und mittelgroße Motoren* ist die Generatorenspannung auf eine passende Betriebsspannung in Transformatoren herabzusetzen. Sehr vorteilhaft stellt sich dabei die Wahl einer Spannung von 380 V für Motoren, da alsdann die Glühlampen mit 220 V an die gleichen Transformatoren wie die Motoren angeschlossen werden können, zu welchem Zwecke es nur nötig ist, den Nullpunkt der Sekundärwicklung der Transformatoren mit einer vierten Klemme am Transformator zu verbinden, so daß die Glühlampen zwischen einen Außenleiter und den mit dem Nullpunkt verbundenen Hilfsleiter gelegt werden.

*Wahl der Generatorenleistung.* Für die Wirtschaftlichkeit der ganzen elektrischen Anlage und damit auch für diejenige der Grube überhaupt ist die Wahl der Generatorenleistung und der ganzen Anordnung des Kraftwerkes von großer Bedeutung. Da der spezifische Dampfverbrauch der Antriebsmaschinen der Generatoren, in Betracht kommen hauptsächlich Dampfturbinen, wie auch der Gasverbrauch der Gasmaschinen mit der Größe der Maschinen stark abnehmen, so ist dahin zu streben, große Maschinen aufzustellen und die ganze Disposition derart zu treffen, daß diese günstig belastet und ausgenutzt werden. Die Grenze für die auf Bergwerkskraftwerken aufzustellenden Generatoren ist im allgemeinen durch diejenige Leistung gezogen, für die sich noch eine Drehzahl von 3000 Umdr/min, Frequenz 50 vorausgesetzt, verwenden läßt, da durch den Übergang auf eine Drehzahl von 1500 Umdr/min Anlagekosten und spezifischer Dampfverbrauch stark wachsen. Als höchste Leistung, für welche die Drehzahl 3000 noch in Betracht kommt, können gegenwärtig etwa 20 000 kVA angenommen werden. Um Maschinen mit großer Leistung verwenden zu können, ist es einerseits erforderlich, mehrere Gruben für ein Kraftwerk zusammenzufassen, sowie nach Möglichkeit alle auf den Gruben über und unter Tage erforderlichen Arbeitsmaschinen elektrisch anzutreiben, vor allen Dingen auch bei den Fördermaschinen keine Ausnahmen zu machen, und andererseits auch dahin zu streben, die in dem Kraftwerk erzeugte Energie an sonstige Werke, Gemeinden usw. zu verkaufen. Auf diese Weise ist es bereits einer großen Zahl von Bergwerken gelungen, die Herstellungskosten ihrer elektrischen Energie so weit herunterzudrücken, daß sich für die sämtlichen angeschlossenen Maschinen sehr geringe Betriebskosten ergeben haben.

*Ausführung der Motoren.* Die *Motoren* sind hinsichtlich Ausführungsform, Größe und Aufstellung den schwierigen Betriebsbedingungen, die unter

**Bild 1. Offener Motor mit angebauter Anlaßwalze.**

Tage fast überall, über Tage in feuchten oder staubigen Räumen, herrschen, anzupassen, was bei dem jetzigen Stande der Technik auch leicht möglich ist.

In *trockenen und staubfreien* Räumen genügen der gewöhnliche Schutz der Spannung führenden Teile gegen zufällige Berührung und die gewöhnliche Isolation.

In *staubigen, feuchten* oder *schmutzigen* Räumen kommen folgende Formen in Betracht:

a) Offene Motoren. Sie haben den Vorzug, daß sie auf Verschmutzung sowie Gefährdung durch Feuchtigkeit leichter als geschlossene Motoren überwacht werden können und sich leichter, gegebenenfalls mit Hilfe von Druckluft, reinigen lassen. Eine vorteilhafte Form zeigt Bild 1. Der

Motor hat eine Kurzschluß- und Bürstenabhebevorrichtung; die Anlaßwalze ist unmittelbar angebaut.

b) Ventiliert gekapselte Motoren. Ein Beispiel dafür, einen tropfwassersicher gebauten Motor für den Antrieb von Kreiselpumpen, zeigt Bild 2. Ob die Wicklung mit Sonderisolation zu versehen ist, hängt von den örtlichen Verhältnissen sowie der Höhe der Betriebsspannung ab. Im allgemeinen nehmen die Siemens-Schuckertwerke bei Spannungen über 3900 V sowie, falls große Feuchtigkeit zu befürchten ist, wie z. B. bei Wasser-

Bild 2. Tropfwassersicher gebauter Motor.

haltungsmotoren, auch bei wesentlich niedrigerer Spannung für die Wicklung des Ständers Sonderisolation. Diese besteht darin, daß die mit Baumwolle umsponnenen Drähte eng zusammen in den Wicklungskästen untergebracht werden, wobei durch Hineinpressen von Asphaltmasse und Umpressen der ganzen Drahtbündel mit Glimmerpapier eine von Luft vollkommen freie Wicklung von hoher Durchschlagsfestigkeit und Widerstandsfähigkeit gegen alle Einflüsse der umgebenden Luft entsteht. Eine besonders vorteilhafte Bauart haben die Motoren mit Mantelkühlung, wobei der Kühlraum entweder von Luft oder, wie bei Abteufpumpen, von Wasser durchströmt wird. Die Bauart eines kleinen Mantelmotors mit Luftkühlung ist aus Bild 3 zu entnehmen. Das

Gehäuse *g* ist auf dem größten Teil seines Umfanges von dem Mantel *m* umgeben. Die Kühlluft wird durch den Ventilator $f_1$ zwischen Mantel *m* und Gehäuse *g* hindurchgedrückt. Bild 4 zeigt einen derartigen Motor mit angebauter Anlaßwalze.

In schlagwetter- oder sonstigen explosionsgefährlichen Räumen sind Motoren, die nach den vom V.D.E. aufgestellten Vorschriften schlagwettersicher ausgeführt sind, zu verwenden.

*Anlaßarten.* Hinsichtlich des Anlassens der Motoren und der Ausführung der Anlasser ist folgendes zu beachten.

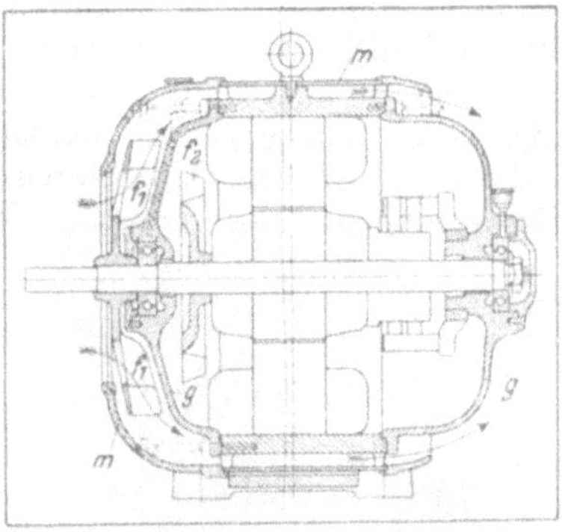

Bild 3. Kühlmantelmotor, Schnitt.

Bei kleinen Leistungen sind Motoren mit Kurzschlußläufer zu verwenden, nach Möglichkeit auch für mittelgroße Leistungen. Sie kommen u. a. zum Antrieb von Bohrmaschinen, Schrämmaschinen (Sterndreieck-Anlaßschalter), Schüttelrutschen, kleinen Zentrifugalpumpen, kleinen Haspeln usw. in Frage.

Für größere Motoren sind Schleifringanlasser in Verbindung mit Kurzschluß- und Bürstenabhebevorrichtung zu wählen. Vorteilhaft sind Motoren mit angebauter Anlaßwalze, wie ein solcher schon in Bild 1 gezeigt ist. Bei getrennter Aufstellung können Flüssigkeitsanlasser oder Metallanlasser genommen werden. Die letzteren werden am besten mit selbsttätiger Rückstellung des Handrades bei Stromunterbrechung oder mit einer Einrichtung versehen, die bewirkt, daß, sobald die Netzspannung plötzlich ausbleibt, der Ständer erst wieder eingeschaltet werden kann, wenn die Anlaßwalze in ihre Anfangstellung zurückgedreht ist. Der Anlasser darf den Läuferstromkreis nicht vollständig unterbrechen, weil sonst beim Einschalten

Bild 4. Kühlmantelmotor mit angebauter Anlaßwalze.

des Ständers Überspannungen entstehen, die den Motor gefährden. Metallanlasser lassen sich durch Anordnung der Kontakte unter Öl schlagwettersicher bauen (Bild 5), was bei Flüssigkeitsanlassern kaum möglich ist.

*Instandhaltung.* Wenn auch die Elektrotechnik so weit vorgeschritten ist, daß die Ausführung aller Einzelheiten einer elektrischen Anlage den Anforderungen des Bergbaues, wie aus Vorstehendem hervorgeht, in vollem Umfange gerecht werden kann, so ist doch seitens der Betriebsleitung der Gruben zu beachten, daß jede noch so vollkommen ausgeführte Anlage einer *sachverständigen Instandhaltung* bedarf. Diese ist infolge der Möglichkeit, alle zu einer guten Überwachung der Anlage nötigen Meßgeräte usw. einzubauen, verhältnismäßig leicht und einfach. An den Motoren sind, höchstens von den kleinen Motoren abgesehen, Stromzeiger, an den Verteilungsstationen neben Stromzeigern in den einzelnen Abzweigungen an den gemeinsamen Sammelschienen auch Spannungszeiger anzubringen. Ferner sollen im Kraftwerk selbst für jeden einigermaßen wichtigen Abzweig Zähler vorgesehen sein, um die Verteilung der Energie überwachen und regeln zu können.

Bild 5. Schlagwettersicher gebauter Anlasser.

Für die Betriebssicherheit der Anlage, besonders der unter Tage in feuchten niedrigen Räumen liegenden Teile, ist die dauernde Aufrechterhaltung einer *guten Erdung* dringend erforderlich, ebenso wie für dauernde Erhaltung eines *ausreichenden Isolationszustandes* Sorge zu tragen ist. Wird für dauernde Sauberkeit auch unter Tage, soweit dieses dort möglich ist, gesorgt, so läßt sich leicht gleichzeitig eine gute Instandhaltung der Anlage, was Erdung und Isolation angeht, erreichen. Die Motoren sind daraufhin dauernd zu überwachen, daß ihre Wicklungen frei von Schmutz und Feuchtigkeit bleiben und der Luftspalt zwischen Ständer und Läufer stets den richtigen Wert behält, was mit Hilfe eines einfachen Meßkeiles leicht festgestellt werden kann. Was die Erwärmung der Motoren angeht, so genügt es, wenn die vom V.D.E. vorgeschriebenen Grenzen nicht überschritten werden. Vorübergehende geringe Überschreitungen dieser Grenzen sind auch noch nicht gefährlich.

Die Instandhaltung von Anlagen mit einer großen Zahl von Motoren wird gewöhnlich dadurch erleichtert, daß möglichst viele Motoren gleicher Type und Leistung aufgestellt werden, auch wenn dann an einzelnen

Stellen die Motoren größer sind als dem Bedarf der angetriebenen Maschine entspricht. Dann kann man mit wenigen Reservemotoren leicht jede Betriebsunterbrechung vermeiden.

---

# II. Zu den Vorschriften des Verbandes deutscher Elektrotechniker für Bergwerksanlagen unter Tage.

## A. Art der durch elektrische Anlagen unter Tage herbeigeführten Gefahren.

*Allgemeines.* Ausführung und Instandhaltung elektrischer Anlagen unter Tage setzen volles Vertrautsein mit den schwierigen örtlichen Verhältnissen und den Gefahren voraus, die sich aus den Eigenschaften des elektrischen Stromes für die Belegschaft und damit für den ganzen Grubenbetrieb ergeben. Längst hat sich die Elektroindustrie die Kenntnis des letzteren soweit zu eigen gemacht, daß sie mit praktisch vollkommener Sicherheit Anlagen zu bauen weiß, deren Gefährlichkeit tatsächlich unter demjenigen Maß liegt, mit dem der Bergmann in seinem Berufe rechnen muß. Die hinsichtlich Ausführung und Aufstellung der Maschinen, Apparate und Leitungen gemachten Erfahrungen sind in den „Errichtungsvorschriften" und den „Leitsätzen für Schlagwetter-Schutzvorrichtungen" des V.D.E. niedergelegt. Die neuen, im wesentlichen bereits abgeschlossenen „Vorschriften für die Ausführung von Schlagwetter-Schutzvorrichtungnn an elektrischen Maschinen, Transformatoren und Apparaten" sind im Nachstehenden noch nicht berücksichtigt worden, Die Errichtungsvorschriften befassen sich gerade mit Bergwerksanlagen unter Tage besonders eingehend und haben überall dort, wo nicht die gleiche Ausführung wie über Tage zulässig erscheint, in vorsichtigster Weise festgelegt, wie den besonderen Verhältnissen unter Tage Rechnung getragen werden muß. Nicht selten hört man sogar in Bergwerkskreisen die Ansicht, daß der V.D.E. durch seine Vorschriften der Elektrotechnik die Ausführung der Anlagen erschwere, eine Auffassung, die jedoch zu weit geht. Für den schwierigen, gefahrvollen Bergwerksbetrieb müssen die elektrischen Anlagen in allen Teilen derart ausgeführt werden, daß die Gefährlichkeit, auch bei scharfer Prüfung, als gering angesehen werden kann, und die Mittel, über die die Elektrotechnik zur Erreichung dieses Zieles verfügt, sind restlos auszunutzen.

*Art der Gefahren.* Die Gefahren, die mit den elektrischen Anlagen unter Tage verbunden sein können, sind in zwei Gruppen zu teilen: a) Gefährdung der elektrischen Anlagen durch die Umgebung, b) Gefährdung der Umgebung durch die elektrischen Anlagen.

*a) Gefährdung der elektrischen Anlagen durch die Umgebung.*

*Feuchtigkeit.* Die Räume unter Tage sind auf fast allen Gruben — eine Ausnahme bilden außer einem Teil der Kaligruben einige wenige Kohlengruben — sehr feucht. In besonders tiefen Gruben erreicht die Lufttemperatur Werte bis zu 35°, stellenweise noch mehr. Warme, feuchte Luft wird aber für die gewöhnliche Isolation der Motoren leicht verderblich, weswegen letztere durch besondere Ausführung widerstandsfähig gegen derartige Einflüsse gemacht werden müssen.

*Geringe Raumabmessungen.* Die Schwierigkeit des Grubenbetriebes kommt weiter in den sehr geringen Abmessungen der Räume unter Tage zum Ausdruck. Auch hier bilden die Kaligruben eine Ausnahme, in ihnen können die meisten Strecken fast beliebig hoch und breit sein, da Druck im Salzgebirge nicht oder nur selten zu befürchten ist, so schwierige Ausbauverhältnisse wie auf den meisten Kohlen- und sonstigen Gruben hier also nicht vorhanden sind. Auf den letzteren aber sind die Strecken und Maschinenräume mit Ausnahme der Hauptstrecken niedrig und eng, und dadurch wird auch die Wartung der in ihnen aufgestellten Maschinen sehr erschwert.

*Rauhe Behandlung.* Weiter ist in vielen Räumen mit einer erheblich größeren Gefahr als über Tage durch mechanische Beschädigungen, sei es durch unsachgemäße Behandlung, sei es durch herabfallendes Gestein u. a., zu rechnen, eine Gefahr, die bei Ausführung und Aufstellung der elektrischen Anlagen gleichfalls zu berücksichtigen ist.

*Saure Dämpfe und Wasser.* Zu den Einflüssen durch die gewöhnliche Grubenfeuchtigkeit kommen häufig solche durch saure Dämpfe oder Wasser hinzu, durch die Kupferkontakte und die Isolation der Motoren mehr oder weniger leicht angegriffen werden können. In solchen Räumen sind daher Motoren und Apparate noch besser als in gewöhnlichen Räumen unter Tage zu schützen, vollkommene Einkapselung der Motoren, Verwendung von Kontakten unter Öl an den Apparaten oder Verwendung der einfachen widerstandsfähigen Flüssigkeitsanlasser sind dort empfehlenswerte Maßnahmen.

*b) Die Gefährdung der Umgebung durch die elektrischen Anlagen.*

Die Gefahren, die für die Umgebung elektrischer Anlagen, insbesondere für die Belegschaft selbst, durch die Verwendung des elektrischen Stromes herbeigeführt werden können, bestehen in der Hauptsache in der Berührungsgefahr und der Möglichkeit der Zündung schlagender Wetter. Dazu kommt noch die Möglichkeit der Beeinflussung des Schießbetriebes durch Streuströme.

*Berührungsgefahr.* Dem Schutze der in der Anlage beschäftigten Personen gegen die mit der Berührung von spannungführenden Teilen verbundenen Gefahren ist in den Vorschriften des V.D.E. in weitestgehendem Umfange Rechnung getragen. Tatsächlich ist diese Gefahr unter Tage nennenswert größer als über Tage, und jeder verantwortliche Betriebsleiter der elektrischen Anlagen einer Grube muß sich diese Tatsache stets klar vor Augen halten. Bekanntlich ist die Gefährlichkeit bei der Berührung spannungführender Teile nicht ohne weiteres durch die Höhe der Spannung gegeben, sondern in erster Linie durch die Größe des durch die Berührung hervorgerufenen Stromes, der durch den menschlichen Körper fließt, und durch die Lage dieses Stromes im Körper. Dieser Körperstrom hängt nicht allein von der Höhe der Spannung ab, sondern auch von der Größe des Übergangswiderstandes vom Spannung führenden Gegenstand zum menschlichen Körper, und vom menschlichen Körper zur Erde sowie dem Isolationswiderstand des nicht berührten Poles. In heißer feuchter Luft ist der menschliche Körper mehr oder weniger feucht; bei hoher Temperatur arbeiten die Leute unter Tage größtenteils mit entblößtem Oberkörper, der Übergangswiderstand vom Spannung führenden Teil zum Körper ist daher unter Tage in der Regel viel geringer als in Anlagen über Tage. Aus dem gleichen Grunde ist auch der Übergangswiderstand vom Körper zur Erde unter Tage gering, zumal das Schuhzeug häufig durchnäßt ist, also keinen nennenswerten Widerstand gegen Erde bildet. Besonders gefährlich wird die Berührung eines Spannung führenden Teiles dann, wenn ein zweiter Pol der Anlage an Erde liegt, wie dies bei Bahnanlagen in der Regel der Fall ist, da alsdann der Isolationswiderstand des nicht berührten Poles der Anlage ganz fortfällt, der sonst für eine Verminderung des Körperstromes noch in Betracht kommt. Eine Berührung des Fahrdrahtes elektrischer Grubenbahnanlagen kann daher, trotzdem diese Anlagen meistens nur mit 220 V arbeiten, leicht tödlich wirken.

Schutz der Spannung führenden Teile der Motoren, Apparate usw. usw. gegen zufällige Berührung, gute Erdung aller der Berührung ausgesetzten Metallteile, sowie gute Instandhaltung der Anlage sind die hauptsächlichsten Hilfsmittel zur Überwindung der Berührungsgefahren.

*Erste Hilfeleistung bei Unglücksfällen.* Neben der guten Instandhaltung der Anlagen ist, wie bereits hier erwähnt sein mag, die Sorge für erste zweckmäßige Hilfeleistung bei Unglücksfällen eine wichtige Aufgabe der Betriebsleitung. Wenn nicht nur die Betriebsleiter und Steiger, sondern auch die Belegschaft selbst sich der mit der Berührung spannungführender Teile unter Tage verbundenen Gefahr bewußt sind und außerdem wissen, wie Leute, die vom elektrischen Schlage getroffen sind, behandelt werden müssen, dann ist für die Herabsetzung dieser Gefahr bereits viel gewonnen. Bei der Hilfeleistung ist, wie nicht oft genug betont werden kann, nicht nur auf richtige Ausführung der Handgriffe zu achten, sondern vor allen Dingen darauf, daß keine Zeit verloren geht. Die ersten paar Minuten nach Eintritt des Unglücksfalles, d. h. nachdem der Betroffene unter dem elektrischen Schlage zusammengebrochen ist, sind für die Rettung seines Lebens am wichtigsten. Gehen diese ungenutzt vorüber, so ist es leicht auch dann um sein Leben geschehen, wenn bei schneller richtiger Hilfeleistung, vor allen Dingen sofortiger richtiger Anstellung der künstlichen Atmung, sein Leben noch hätte gerettet werden können.

*Schlagwettergefahr.* Die Möglichkeit der Zündung schlagender Wetter durch Teile der elektrischen Anlage läßt sich durch geeignete Ausführung der letzteren praktisch vollkommen beseitigen. Die Bedingungen, unter denen eine Zündung möglich ist, sind so genau untersucht und die Wirksamkeit der in den Leitsätzen für Schlagwetter-Schutzvorrichtungen angegebenen Schutzmaßnahmen ist so zuverlässig erprobt, daß die noch in weiten Kreisen gegen die Ausführung elektrischer Anlagen in schlagwettergefährdeten Grubenräumen bestehenden Bedenken tatsächlich endlich fallen gelassen werden sollten.

*Beeinflussung des Schießbetriebes.* Die weitgehende Einführung des elektrischen Stromes zum Abtun der Sprengschüsse hat anfangs Störungen durch Streuströme, insbesondere in Verbindung mit Grubenbahnen, herbeigeführt, welcher Gefahr gleichfalls durch geeignete Maßnahmen Rechnung getragen werden kann.

## B. Die wichtigsten Einzelheiten der Verbandsvorschriften.

In *§ 3*, der den Schutz gegen Berührung behandelt, wird vorgeschrieben, daß alle unter Spannung gegen Erde stehenden Teile gegen zufällige Berührung gut geschützt sein müssen, und auseinandergesetzt, wie die Berührung der für gewöhnlich spannungslosen Teile auch für den Fall von Störungen an ihnen gefahrlos gemacht wird.

*Erdung.* Ein besonders wichtiges Mittel, die Berührung für gewöhnlich nicht unter Spannung stehender Teile auch im Störungsfalle gefahrlos zu machen, ist die Erdung aller der zufälligen Berührung ausgesetzten Metallteile, wie der Motorgehäuse, Schutzgehäuse, Kabelarmaturen usw. Unter Tage stößt die Schaffung guter Erde dann auf Schwierigkeiten, wenn die Räume, wie z. B. in den meisten Kaligruben, ganz trocken sind. Daher wird vorgeschrieben, daß mehrere verschiedene Erdungen, z. B. in der Wasserseige, im Schachtsumpf, an den Tübbings und über Tage, gleichzeitig angewandt und diese Teile unter sich gut leitend verbunden werden sollen, und daß auch Rohrleitungen, Gleise usw., soweit sie in der Nähe der Erdleitung liegen, mit dieser möglichst oft zu verbinden sind, um so die für die Sicherheit der Anlage erforderliche Erdung zu erreichen.

Die in *§ 3c* nur für Hochspannungsanlagen vorgeschriebene Erdung aller nicht spannungführender Metallteile, wird zweckmäßig unter Tage auch in Niederspannungsanlagen durchgeführt und ist besonders in feuchten Räumen sehr wichtig, da in solchen auch bei Spannungen unter 250 V gegen Erde die Berührung spannungführender Teile gefährlich sein kann. Ebenso empfiehlt es sich, bei der Anbringung und der Ausführung von

Schutzverkleidungen keinen Unterschied zwischen Hochspannungs- und Niederspannungsanlagen zu machen.

*Isolationszustand.* Die Erhaltung eines angemessenen Isolationswiderstandes, der in *§ 5* behandelt wird, ist für Anlagen unter Tage besonders wichtig, doch können in feuchten Grubenräumen nicht die gleichen Anforderungen an die Höhe des Isolationswiderstandes erfüllt werden wie in trockenen Räumen über Tage. Die Verbandsvorschriften lassen daher für jene mit Recht einen geringeren Isolationswiderstand zu und schreiben für durchtränkte Grubenräume und solche, in denen Tropfwasser auftreten, nur vor, daß die elektrischen Einrichtungen sich in bester Ordnung befinden sollen. Trifft dieses zu, so ist bei der gegenwärtig für Grubenanlagen üblichen Ausführung der Isolation von Motoren, Leitungen und Apparaten der Isolationswiderstand auch als ausreichend anzusehen. Die über Tage in trockenen Räumen an Schaltanlagen vielfach verwandten Baustoffe Marmor, Schiefer und dgl. sind unter Tage verboten.

*Aufstellung der Motoren und Transformatoren.* Hinsichtlich Aufstellung der Motoren und Transformatoren, worüber *§§ 6 und 7* nähere Angaben enthalten, genügt im wesentlichen die Beachtung der Vorschriften für Anlagen über Tage. Selbstverständlich muß für gute Belüftung der Räume Sorge getragen werden, was vor allen Dingen für die Wasserhaltungskammern, in denen Motoren von oft sehr großer Leistung in engen Räumen häufig tagelang mit voller Belastung arbeiten, gilt. Wo die von außen zuzuführende Luft nicht rein genug ist, muß sie durch Filter, wie die Kühlluft von Turbogeneratoren, gereinigt werden.

*Schalt- und Verteilungsanlagen.* Ein für die Benutzung und Beaufsichtigung motorischer Anlagen unter Tage wichtiger Teil sind die Schalt- und Verteilungsanlagen, *§ 9* der Errichtungsvorschriften. Bei ihrer Ausführung ist mit Rücksicht auf die Grubenfeuchtigkeit nicht nur hygroskopisches Material zu vermeiden, sondern auch darauf zu achten, daß nicht durch Oberflächenleitung ein Körperschluß entstehen kann. Da an ihnen verhältnismäßig häufig gearbeitet werden muß, sei es zum Betätigen oder Nachsehen der Schalter oder, bei niedrigen Spannungen, der Sicherungen usw., sei es zum Anschließen neuer Motoren, so ist nicht nur bei der Konstruktion, sondern auch bei der Aufstellung darauf zu achten, daß alle wichtigen Teile gut zugänglich sind. Mit Rücksicht auf die besonders in Kohlen- und Erzgruben geringen Abmessungen aller Räume ist jedoch in den Errichtungsvorschriften zugelassen, die Breite der Schaltgänge usw. unter Tage etwas geringer als über Tage zu halten.

*Ausführung der Apparate.* Die in den *§§ 10—15* der Errichtungsvorschriften gemachten Angaben über die Ausführung der Apparate, wie der Schalter, Anlaßwiderstände, Steckvorrichtungen, Sicherungen und dgl., gelten fast vollständig auch, soweit es sich um Verwendung in Anlagen unter Tage handelt. Nur bei der *Anbringung* der Apparate ist den schwierigen örtlichen Verhältnissen Rechnung zu tragen. Daher wird, um auch in sehr engen Räumen jede Gefahr bei der Bedienung von Schaltern nach Möglichkeit auszuschließen, u. a. vorgeschrieben, daß vor Hochspannungsschaltern, die nicht ausschließlich als Trennschalter dienen, erkennbare Trennstellen vorgesehen sein müssen, wobei unter Umständen eine gemeinsame Trennstelle für mehrere gekapselte Schalter genügt. Sind jedoch mehrere Kabel- oder Ringleitungen parallel geschaltet, so sind, um zu vermeiden, daß, wenn ein Schalter nach der einen Richtung hin spannungslos gemacht ist, er von der anderen Seite her Spannung bekommt, nicht nur vor, sondern auch hinter solchen Schaltern erkennbare Trennstellen anzuordnen.

*Schutzschalter bei Motoren.* Die bisher vielfach bei Motoren höherer Spannung verwandten Schutzschalter, deren Zweck es ist, die Ständerwicklung gegen die beim Einschalten auftretenden Überspannungen zu schützen, werden neuerdings unter Tage nicht mehr verwandt. Einmal macht die Güte der Isolation die Schutzschalter nicht mehr so dringend erforderlich wie früher; andererseits aber besteht die Gefahr, daß, wenn irgend ein Defekt am Schutzschalter auftritt, das Öl Feuer fängt und der Schalter explodiert, was unter Tage natürlich noch viel verheerender wirken kann, als über Tage.

Da im übrigen den schwierigen örtlichen Verhältnissen unter Tage im wesentlichen durch vorsichtige und zweckentsprechende Aufstellung der Schalter usw. Rechnung zu tragen ist und die Schalter, die für gleiche Leistung und Spannung an Motoren über Tage genommen werden, auch bei Aufstellung der Motoren unter Tage ausreichen, so tritt die Frage der Ausführung der Schalter zurück gegen diejenige der Ausführung der Schaltkästen und dgl., in denen sie untergebracht werden. Nur bei Anlagen, die behelfsweise benutzt werden sollen, kann die Unterbringung der Schalter und der sonstigen Apparate in hölzernen Verschlägen oder dgl. als ausreichend angesehen werden, wenn für genügend starke Schutzverkleidungen dabei gesorgt ist. Sonst sind unter Tage nur Schaltkästen oder Schaltzellen zu verwenden, deren Wandungen aus Gußeisen oder Schmiedeeisen bestehen, und in denen Schalter, Apparate und Verbindungsleitungen derart gegen mechanische Beschädigungen und sonstige Einflüsse geschützt untergebracht sind, daß auch in den engen Räumen unter Tage Störungen nicht zu befürchten sind.

*Beleuchtungsanlagen.* Die in *§§ 16—18* behandelten *Lampen und Zubehör* spielen auch unter Tage eine wichtige Rolle, wenn ihre Bedeutung auch gegenüber derjenigen der Motoren zurücktritt.

Auf Bogenlampen kann unter Tage ganz verzichtet werden, da mit Glühlampen, deren Bedienung ungefährlicher als diejenige der Bogenlampen ist, allen Bedürfnissen zur Erzielung ausreichender Helligkeit entsprochen werden kann.

Bei den Glühlampen kommt es darauf an, daß die Zuleitungen und die Armaturen derart gewählt und ausgeführt sind, daß auch in feuchten niedrigen Räumen, in denen eine Berührung der darin verteilten Glühlampenarmaturen nicht vermieden werden kann, irgendeine Gefahr damit nicht verbunden ist. Zu diesem Zwecke werden Fassungen, an denen ein Schalter angebracht ist, mit Recht verboten. Ferner werden Glühlampen in Hochspannungsstromkreisen nur bei Anschluß an Gleichstrombahn- oder Kraftanlagen, die stellenweise noch mit 500 V arbeiten, zugelassen. Bei Anbringung der Glühlampen in erreichbarer Höhe sollen, wenn die Fassungen äußere Metallteile aufweisen, starke Überglocken, die auch die Fassung umschließen, verwendet werden. Eine Ausnahme wird nur zugelassen, wenn die äußeren Teile der Fassung aus Isolierstoff bestehen und alle Strom führenden Teile der zufälligen Berührung entzogen sind.

*Zuleitungen zu den Lampen.* Schnurpendel sind nicht zugelassen. Rohre an Beleuchtungskörpern für Niederspannung, die für zwei Drähte bestimmt sind, sollen mindestens 11 mm lichte Weite haben. Fassungsadern sind gleichfalls verboten. In Betracht kommen hiernach, soweit es sich um Niederspannungsanlagen und feuchte Räume handelt, nur Kabel oder in Rohr verlegte Gummiaderleitungen, während für Hochspannung nur Kabel gestattet sind.

*Bemessung und Verlegung der Leitungen.* In *§§ 20—27* der Errichtungsvorschriften werden die näheren Angaben über Bemessung der Leitungen sowie deren Verwendung gemacht. Was die Querschnitte der Leitungen angeht, so wird für Anlagen unter Tage als geringst zulässiger Querschnitt für Kupferleitungen an und in Beleuchtungskörpern ein solcher von 1 mm² und für isolierte Leitungen bei Verwendung auf Isolierkörpern ein solcher von 2,5 mm² vorgeschrieben. Für die Verlegung der Leitungen werden gewisse Maßnahmen angegeben, um eine zufällige Berührung der Leitungen ungefährlich zu machen. Für metallische Schutzverkleidungen sowie für die Metallbewehrung der Leitungen wird selbstverständlich Erdung angeordnet. Eine Ausnahme kann für ortsveränderliche Leitungen, wie sie zum Anschluß von Gesteinbohrmaschinen und dgl. verwendet werden, in trockenen Räumen in Frage kommen. Stets aber sind bewegliche Leitungen unter Tage besonders sorgfältig auszuführen, um sie widerstandsfähiger als normale bewegliche Leitungen zu machen, und eine diesbezügliche Vorschrift ist in *§ 21* auch enthalten. Am besten haben sich die sogenannten Gummischlauchleitungen bewährt, bei denen die gut isolierten Adern durch einen starken Gummimantel geschützt sind.

Ungeerdete blanke Leitungen werden unter Tage nur als Fahrleitungen oder in abgeschlossenen elektrischen Betriebsräumen zugelassen. Eine Ausnahme von dieser Vorschrift könnte für sehr hohe Räume, wie sie in Kaliwerken vorkommen, wohl zugelassen werden, wenn Bedarf dort dafür vorliegt.

Daß alle an Schaltstellen ankommenden Leitungen sowie die zu den Stromverbrauchern führenden Abzweigungen unter Spannung abtrennbar sein müssen, erscheint selbstverständlich, eine diesbezügliche Vorschrift ist in den Errichtungsvorschriften für Bergwerksanlagen unter Tage unter *§ 21* gleichfalls enthalten.

Die über Tage häufig verwandten gewöhnlichen Isolierrollen sind unter Tage ganz zu vermeiden und deshalb in den Errichtungsvorschriften für Anlagen unter Tage auch verboten.

Bei der Verwendung von Leitungen in Rohren mit Metallüberzug ist darauf zu achten, daß die Wandstärke der Rohre so stark sein muß, daß diese auch den zu erwartenden mechanischen und chemischen Angriffen widerstehen können, sowie daß die Rohre gut zu erden sind.

Bei der Verlegung der *Kabel* müssen die Entfernungen zwischen zwei benachbarten Befestigungsstellen so klein gemacht werden, daß die Kabel nicht zu weit durchhängen. Als oberste Grenze wird in den Errichtungsvorschriften ein Wert von 3 m vorgeschrieben mit Ausnahme von Bohrlöchern und Schächten, bei denen ein Betrag von 6 m als höchstzulässige Grenze gelten kann. Die Armatur der Kabel ist so gut wie möglich zu erden, und die Armaturen zweier hintereinander zu schaltender Kabel sind an den Muffen und ähnlichen Stellen gut leitend miteinander zu verbinden.

An die für elektrische Anlagen allgemein gültigen Vorschriften mit ihren Zusätzen für Bergwerksanlagen unter Tage schließen sich in den Verbandsvorschriften solche an, die *nur* für Bergwerke unter Tage gelten und daher neben den Leitsätzen für Schlagwetterschutz den für Gruben wichtigsten Teil der Verbandsvorschriften bilden.

*Verlegung der Kabel in Schächten und einfallenden Strecken.* In *§ 40* wird die Verlegung der Kabel in Schächten und einfallenden Strecken von mehr als 45° Neigung behandelt. Außer den Bleikabeln mit starker Drahtarmatur kommen vereinzelt noch solche in Betracht, bei denen der Bleimantel durch eine innere Schutzhülle aus Gummi oder einem anderen gleichwertigen Stoff ersetzt ist. Zur Befestigung werden hauptsächlich breite Schellen aus imprägniertem Holz benutzt, die das Kabel weniger leicht Beschädigungen aussetzen, als schmale Eisenschellen. Für die Einhängung der Kabel sind die Vorschriften der Kabelwerke genau zu beachten. An Hand langjähriger praktischer Erfahrungen haben die Siemens-Schuckertwerke hierfür genaue Vorschriften ausgearbeitet, bei deren Beachtung das Schachtkabel gegen Zerreißung oder sonstige Beschädigungen geschützt ist.

*Anlagen in schlagwettergefährlichen Grubenräumen.* Die Ausführung elektrischer Anlagen in schlagwettergefährlichen Grubenräumen wird in *§ 41* kurz behandelt. Wichtiger sind die Leitsätze für die Ausführung schlagwettergeschützter Maschinen usw., auf die noch zurückgekommen wird. Besondere Beachtung verdient die in *§ 41 f.* gemachte Vorschrift, als biegsame Leitungen nur solche mit besonders starker Schutzhülle zu verwenden. Vielfach besteht noch die Auffassung, daß ortsbewegliche

Stromverbraucher, wie die vor Ort in Betracht kommenden Bohrmaschinen, in schlagwettergefährlichen Grubenräumen nicht sicher genug seien, weil, auch wenn die Maschinen und Apparate an sich schlagwettersicher ausgeführt seien, doch durch mechanische Beschädigungen der biegsamen Zuleitungen offene Funken entstehen könnten. Dieser Gefahr wird durch die Benutzung von Leitungen mit besonders starker Schutzhülle vorgebeugt, wobei sich wieder am besten die oben schon erwähnten Gummischlauchleitungen bewährt haben.

*Fahrdrähte und Zubehör elektrischer Grubenbahnen.* Die Berührung spannungführender Teile ist bei Wechselstrom bedeutend gefährlicher als bei Gleichstrom, weshalb Wechselstrombahnen, selbst bei Spannungen von nur 150 V, zu einer verhältnismäßig großen Zahl tödlicher Unfälle Anlaß gegeben haben. Aus diesem Grunde ist jetzt vorgeschrieben, daß bei Wechselstrombahnen die Fahrdrähte, einerlei wie hoch die Spannung ist, wenigstens 2,2 m über Schienenoberkante liegen sollen, während für Gleichstrombahnen dieser Abstand nur bei Hochspannung erforderlich ist und bei den üblichen Spannungen von 220—250 V 1,8 m ausreichen.

Um in Störungsfällen die Lokomotivmotoren schnell spannungslos machen zu können, sollen auf den Lokomotiven Kurzschließer angebracht sein, damit bei Herstellung des Kurzschlusses entweder der Überstromselbstschalter im Umformerraum ausgeschaltet oder der Spannungsabfall in der Fahrleitung so groß wird, daß die Berührung gefahrlos ist. Statt des Kurzschließers sind jedoch auch geeignete Signalanlagen zum Wärter am Umformer zulässig, falls genügende Gewähr für deren Zuverlässigkeit gegeben ist.

Für einen störungsfreien Bahnbetrieb ist es wichtig, daß der Gesamtwiderstand der Schienen, die für den Rückstrom benutzt werden, möglichst gering ist, daß daher die Verbindungen zwischen den einzelnen Schienen stets in gutem Zustande sind. Wie in *§ 42 g 3* besonders hervorgehoben ist, müssen die Stöße aller Schienen gut leitend verbunden und in angemessenen Abständen, etwa alle 100 m, Querverbindungen zwischen den Schienen eingebaut werden.

*§ 42 h* schreibt in der endgültigen Fassung vor, daß alle in der Bahnstrecke liegenden Rohre, Kabelbewehrungen und Signalleitungen an allen Abzweigungen zu Seitenstrecken und an den Endpunkten der Bahnstrecken, mindestens aber alle 250 m, mit den Schienen gut leitend verbunden werden müssen, eine Vorschrift, deren Erfüllung verhüten soll, daß vagabundierende Ströme durch Rohrleitungen oder dgl. in andere Teile der Grube geleitet werden, was leicht zu Störungen im Schießbetrieb Anlaß geben kann.

*Fahrzeuge elektrischer Grubenbahnen.* Die Ausführung der Grubenlokomotiven selbst ist in *§ 43,* Fahrzeuge elektrischer Grubenbahnen, behandelt, und wichtige Einzelheiten sind darin festgelegt. Wie die Beschreibung der Grubenlokomotiven der Siemens-Schuckertwerke, S. 248, zeigt, stellen diese dem rauhen Grubenbetrieb in vollem Maße Rechnung tragende Maschinen dar.

*Abteufbetrieb.* Für den Abteufbetrieb, *§ 44,* wird noch besonders auf die Notwendigkeit der Erdung aller nicht unter Spannung stehender Metallteile elektrischer Apparate und Maschinen hingewiesen. Da im Abteufbetrieb wegen der engen Zusammendrängung von Arbeitern, Maschinen usw. die Gefahr einer Berührung der Maschinen und dgl. noch größer ist als in anderen Grubenräumen und im übrigen die Räume meistens besonders naß sind, so ist die Ausführung weitestgehender Schutzeinrichtungen dabei besonders wichtig.

*Schießbetrieb im Anschluß an Starkstromanlagen.* Für den Schießbetrieb wird der elektrische Strom seit Jahren gleichfalls in großem Umfange benutzt, sei es im Anschluß an Bohrmaschinenleitungen, wie im Kalibergbau und auf den oberschlesischen Gruben, sei es unter Verwendung besonderer kleiner tragbarer Zündmaschinen. Soweit der Schießbetrieb im Anschluß an Starkstromanlagen in Betracht kommt, befaßt sich *§ 45* damit. Für die Schießleitung ist isolierte oder isoliert verlegte blanke Leitung zu verwenden, deren Anschluß an eine Starkstromleitung nur mittels eines allpoligen, unter Verschluß befindlichen Schalters erfolgen darf, und zur Erhöhung der Sicherheit ist noch eine zweite, gleichfalls unter Verschluß befindliche Unterbrechungsstelle zwischen Schalter und Schießleitung vorzusehen, wobei der Schalter oder die Unterbrechungsstelle so eingerichtet sein müssen, daß ein Verharren im eingeschalteten Zustand ausgeschlossen ist. In Gruben, die elektrische Fahrdrahtlokomotiven benutzen, ist der Schießbetrieb, wie oben schon angedeutet worden ist, durch Fehlströme, ausgehend vom Fahrdraht infolge von Isolationsfehlern, und durch Schleichströme, ausgehend von den Schienen, die zur Stromrückleitung dienen, gefährdet. Es sind daher in solchen Fällen stets besondere Maßnahmen zu treffen, um dieser Gefahr zu begegnen. Z. B. ist die in *§ 45 b 2* erwähnte Kurzschlußvorrichtung in der Nähe des Zünderanschlusses vorzusehen, die aber, wenn mehrere Zünder in Reihe geschaltet sind, auch keinen vollständigen Schutz gewährleistet. Wirkungsvoll und daher dringend zu empfehlen ist es, die in den Förderstrecken liegenden Rohrleitungen, Kabel usw. mit den Schienen leitend zu verbinden. Auch die Verwendung eines alten Förderseiles neben dem Gleise und seine Verbindung mit einer der Schienen hat sich als wirkungsvolles Hilfsmittel bewährt. Der Widerstand der Schienen und daher auch der Spannungsabfall in ihnen wird dadurch auf ein sehr geringes Maß gebracht, was unter allen Umständen zu erstreben ist.

*Ortsveränderliche Betriebseinrichtungen.* Unter diese fallen hauptsächlich die im Abbau benutzten ortsveränderlichen Maschinen, wie z. B. die Bohrmaschinen. Bei Anschluß an ein Drehstromnetz ist die höchstzulässige Spannung 125 V verkettet mit Ausnahme von trockenen Grubenräumen, in denen ein Betrag von 220 V zugelassen wird. Diese Ausnahme ist nötig, da verschiedentlich in trockenen Räumen von Kohlenbergwerken sowie in den fast immer ganz trockenen Kalibergwerken 220 V in Benutzung sind und die Berührungsgefahr in derartigen Räumen viel geringer als in feuchten Räumen ist. Bei Gleichstrom wird nur Niederspannung zugelassen. Wenn auch vereinzelt Spannungen von 500 V genommen worden sind, so läßt sich dieser Betrag für Neuanlagen doch leicht vermeiden; er ist für tragbare Maschinen auch reichlich hoch.

Hinsichtlich der Erdung, die gerade bei derartigen, vom Arbeiter mit den Händen zu haltenden Maschinen besonders wichtig ist, wird eine Ausnahme für vollkommen trockene Räume in Kalibergwerken gemacht, sobald die in ihnen liegenden Gleise von denjenigen der übrigen Grubenräume durch mehrfache hintereinanderliegende Unterbrechungsstellen getrennt sind und nicht geschmiert werden. Diese Ausnahme ist darauf zurückzuführen, daß es vorgekommen ist, daß Arbeiter, die auf gut geschmierten und gut geerdeten Schienen standen, bei Berührung mit einem unter Spannung stehenden Bohrmaschinengehäuse einen gefährlichen Schlag bekamen, was nicht der Fall hätte sein können, wenn sie auf dem trockenen Salzlager gestanden hätten.

*Baggeranlagen über Tage.* Für die in großem Umfange im Braunkohlentagebau benutzten Bagger sind einige Einzelheiten festgelegt, wie die Mindesthöhe der Fahrleitungen, die für Neuanlagen bei den Baggerstrecken 2,8 m, den freien Fahrstrecken 3 m betragen soll. Nicht selten, besonders auf den rheinischen Braunkohlengruben, sind neben elektrisch betriebenen Baggern noch Dampflokomotiven in Benutzung. Für solche Fälle werden Mindestabstände zwischen den Kontaktleitungen und dem Lokomotivprofil festgelegt, um Unfälle zu verhüten, die dadurch entstehen könnten, daß jemand beim Betreten der Lokomotive oder Herabtreten von ihr die unter Spannung stehende Leitung berührt.

*Schachtsignalanlagen.* Als Teil der Regeln für die Errichtung elektrischer Fernmeldeanlagen sind neuerdings solche für Schachtsignalanlagen, die gegenwärtig auf Gruben eine beträchtliche Verbreitung gewonnen haben, aufgestellt worden. Um ihren Betrieb praktisch störungsfrei zu halten, was für die Förderung unbedingt erforderlich ist, ist zunächst vorgeschrieben, daß mehrere Schachtsignalanlagen nicht von einer gemeinsamen Stromquelle aus gespeist werden dürfen. Ferner wird der Anschluß von Schachtsignalanlagen an Starkstromnetze nur dann gestattet, wenn keine unmittelbare elektrische Verbindung zwischen der Signalanlage und dem Netz, wie z. B. durch Einankerumformer oder Spartransformatoren, hergestellt wird, welche Vorsicht nötig ist, um zu verhüten, daß im Netz auftretende Erdschlüsse ein Anschlagen eines Signalapparates herbeiführen und somit ein falsches Signal veranlassen. Die Zuleitungen zu zwei Signalanlagen dürfen nicht in einem Kabel vereinigt werden.

*Leitsätze für die Ausführung von Schlagwetterschutzvorrichtungen.* Die in *§ 41 b* für schlagwettergefährliche Grubenräume gegebene Vorschrift schlagwettersicherer Ausführung findet ihre Ergänzung in den „Leitsätzen für die Ausführung von Schlagwetter-Schutzvorrichtungen an elektrischen Maschinen, Transformatoren und Apparaten“. Diese fußen auf Versuchen, die auf der berggewerkschaftlichen Versuchsstrecke in Derne ausgeführt und in Veröffentlichungen von Beyling, Götze und Hoffmann eingehend beschrieben worden sind, bei welchen Versuchen sich grundsätzlich folgende Schutzvorrichtungen als wirksam erwiesen haben:

1. *Vollkommene Kapselung* und Bemessung der Gehäuse derart, daß sie einem plötzlich auftretenden inneren Überdruck von 8 at sicher widerstehen können, wobei die näheren unter A) in den Leitsätzen gemachten Angaben zu beachten sind.
2. *Plattenschutzkapselung,* eine Art ventilierte Kapselung der Maschinen usw., bei der die Ventilationsöffnungen durch Pakete von Metallplatten abgedeckt sind, die durch Zwischenlagen in einem Abstand von rd. $^1/_2$ mm gehalten werden.
3. *Drahtgewebekapselung,* die darin besteht, daß die Ventilationsöffnungen der Maschine usw. durch ein Drahtgewebe abgeschlossen werden, wie solches an den Grubensicherheitslampen benutzt wird. Sowohl für die Ausführung dieser Kapselungsart wie auch der Plattenschutzkapselung sind in den Leitsätzen noch nähere Angaben gemacht.
4. *Ölkapselung.* Der ganze Apparat, soweit an ihm Funkenbildung oder gefährliche Erhitzung durch elektrischen Strom möglich ist, wird in einen Behälter eingebaut, der mit harz- und säurefreiem Mineralöl gefüllt wird.

Plattenschutzkapselung und Drahtgewebekapselung haben in der Praxis an Bedeutung stark verloren und werden z. B. bei Motoren so gut wie gar nicht mehr angewandt, weil sie sich leicht mit Kohlenstaub zusetzen und die Kühlung des Motors dann so zurückgeht, daß dieser Gefahr läuft, durchzubrennen.

Maschinen, Transformatoren und Apparate sind entweder vollkommen einzukapseln, am besten also gemäß Vorschrift 1, oder die Kapselung beschränkt sich lediglich auf diejenigen Teile, an denen betriebsmäßig Funken auftreten, während alle Teile, an denen nur in außergewöhnlichen Fällen Funken zu befürchten sind, in erhöhtem Maße gegenüber normaler Ausführung zu schützen sind, und zwar:

1. durch einen besonderen mechanischen Schutz,
2. durch eine Erhöhung der für die Prüfung vorgeschriebenen Isolierfestigkeit um 50 % und
3. durch die Herabsetzung der zulässigen Erwärmung um 25 %.

Bei asynchronen Drehstrommotoren fällt unter den Begriff eines besonderen mechanischen Schutzes auch die Vergrößerung des Luftspaltes zwischen Ständer und Läufer um 50 % gegenüber normaler Ausführung.

Flüssigkeitsanlasser sind ohne besondere Schutzvorkehrungen nicht zulässig. Praktisch kommen sie für schlagwettergefährliche Grubenräume nicht in Betracht, da Ölanlasser einfacher und billiger sind als Flüssigkeitsanlasser mit besonderen Schutzeinrichtungen. Bei den Widerständen selbst kann, sobald die in den Leitsätzen für die Ausführung gemachten Angaben gemacht sind, von besonderen Schutzvorrichtungen abgesehen werden.

Am Schluß der Leitsätze ist noch besonders hervorgehoben, daß auch noch andere Bauarten der Maschinen, Transformatoren und Apparate zulässig sind, sofern sie sich bei einer besonderen Prüfung durch eine anerkannte Schlagwetterversuchsstelle, z. B. die Berggewerkschaftliche Versuchsstrecke in Derne, als schlagwettersicher erwiesen haben. Die Siemens-Schuckertwerke haben in ihrem Nürnberger Werk und ihrem Elmowerk eine besondere Einrichtung gebaut, um Maschinen und dgl. auf ihre Explosionssicherheit hin zu prüfen und haben ihre sämtlichen Ausführungsformen von Maschinen, Transformatoren und Apparaten dort bereits eingehend auf ihre Sicherheit hin untersucht, so daß sie noch über die Prüfung auf der Schlagwetterversuchsstrecke in Derne hinaus eine praktisch vollkommene Gewähr für Schlagwettersicherheit der von ihnen ausgeführten Sondererzeugnisse zu geben in der Lage sind. Bei der Beschreibung der einzelnen Arten von Maschinen, Apparaten und dgl. wird noch des näheren gezeigt werden, wodurch die Schlagwettersicherheit bei den Erzeugnissen der Siemens-Schuckertwerke erzielt worden ist.

# III. Elektrische Arbeits- und Gewinnungsmaschinen.

## A. Vorteile des elektrischen Antriebes von Untertagemaschinen und ihre Verwendungsmöglichkeit in Schlagwettergruben.

Die elektrische Energieübertragung ist im Kalibergbau für den Betrieb der Untertagemaschinen ausnahmslos mit bestem Erfolge eingeführt worden, während im Kohlen- und Erzbergbau die Preßluft für die gleichen Zwecke immer noch weit verbreitet ist. Z. T. liegt dies an den hohen, mit dem Ersatz bestehender Druckluftanlagen durch elektrisch angetriebene Maschinen verbundenen Kosten, z. T. an den für schlagwettergefährdete Grubenräume immer noch bestehenden Bedenken bezüglich Zündungsgefahr der schlagenden Wetter. Nachdem jedoch die Wege zur Begegnung dieser Gefahr zusammen mit dem V.D.E. eingehend

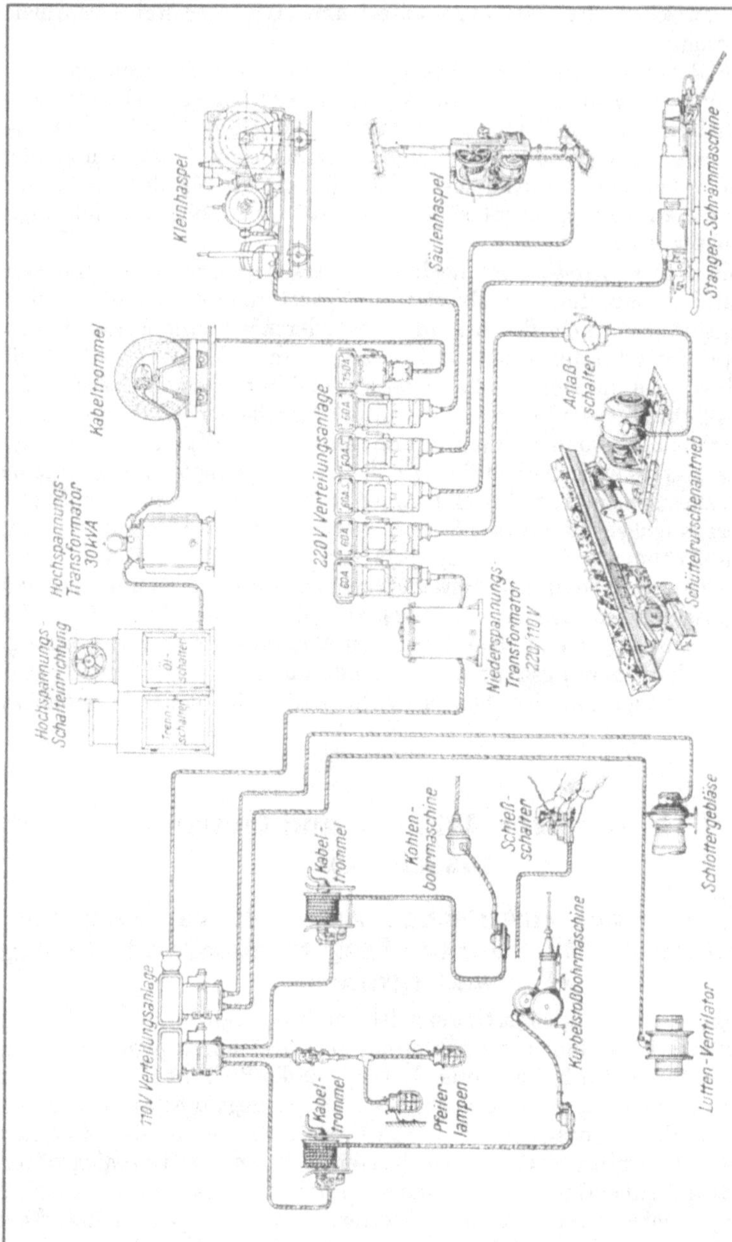


**Bild 6. Übersichtsplan einer elektrischen Anlage schlagwettersicherer Untertagemaschinen.**

untersucht worden sind und in den „Leitsätzen für die Ausführung von Schlagwetterschutzvorrichtungen an elektrischen Maschinen, Transformatoren und Apparaten" festgelegt worden ist, mit welchen Mitteln eine Anlage in praktisch schlagwettersicherer Form ausgeführt werden kann, sollten diese Bedenken fallengelassen werden; sie haben ihre Berechtigung im wesentlichen verloren.

Im Laufe der letzten Jahre ist nun auch in Kohlengruben die Preßluft immer mehr durch die elektrische Energieübertragung verdrängt worden, da die Einwände aus wirtschaftlichen Gründen gegen die Beibehaltung der Preßluftmaschinen erheblich sind. Von Goetze, der im Auftrage eines vom Reichskohlenrat eingesetzten technisch-wissenschaftlichen Sachverständigen-Ausschusses für Kohlenbergbau im Jahre 1920 die Druckluftverhältnisse auf 26 Kohlengruben Rheinland-Westfalens untersucht hat, ist festgestellt worden, daß auf den von ihm untersuchten Gruben im Mittel 25 %, stellenweise bis zu 60 % der gesamten Dampferzeugung für die Herstellung der Druckluft gebraucht wurden, was, bezogen auf die Tonne Fördergut, einer Druckluftmenge von 150 bis 230 $m^3/t$ entsprach. Von der über Tage erzeugten Druckluft wurden nur 35 bis 45 % in den Arbeitsmaschinen selbst benutzt, während 25 bis 30 % auf Undichtigkeitsverluste und der Rest auf die sehr unwirtschaftliche Verwendung der Druckluft für Sonderbewetterung entfallen. Wie groß der Druckluftverbrauch der Arbeitsmaschinen ist, geht u. a. daraus hervor, daß bei den sehr zahlreich verwendeten Haspeln für 1 PS nutzbare Leistung, am Seil gemessen, im günstigsten Falle 7 PS, im ungünstigsten Falle 17 PS über Tage erforderlich waren. Diese Zahlen beleuchten zur Genüge die Notwendigkeit, soweit wie irgend möglich die Druckluft durch elektrische Energie zu ersetzen, bei deren Verwendung die Energieverluste sehr gering sind, vor allen Dingen keine Verluste während des Stillstandes der Maschinen in diesen und in den Zuleitungen auftreten und endlich der hohe Wirkungsgrad von der Instandhaltung der Anlage praktisch unabhängig ist.

Diese Vorteile der elektrischen Energieübertragung haben sich nicht nur die schlagwetterfreien Kohlengruben, wie in Ost- und Westoberschlesien, wo Tausende von elektrischen Arbeits- und Gewinnungsmaschinen mit bestem Erfolg seit vielen Jahren im Betrieb stehen, sondern auch die Schlagwettergruben des Chemnitz-Zwickauer und Waldenburger Reviers durch Einführung der elektrischen Untertagemaschinen in großem Umfange zunutze gemacht. Hier ist bereits der Beweis erbracht worden, daß die Bedenken hinsichtlich Schlagwettergefahr nicht stichhaltig sind, und daß die Maschinen nicht nur in wirtschaftlicher Beziehung den Preßluftmaschinen überlegen sind, sondern auch, was Einfachheit und Betriebssicherheit angeht, allen Ansprüchen genügen.

Neuerdings beginnt auch der Steinkohlenbergbau Rheinland-Westfalens mit der Verwendung der elektrischen Energie vor Ort, obwohl in diesen

Gruben die Schlagwettergefahr in erhöhtem Maße besteht. Diesen schwierigen örtlichen Verhältnissen ist bei den teils seit längerer Zeit bestehenden, teils in den letzten Jahren durchgebildeten elektrischen Maschinen mit Zubehör in jeder Hinsicht Rechnung getragen, so daß praktisch vollkommene Schlagwettersicherheit gewährleistet ist. Sämtliche Maschinen sind in der Versuchsstrecke zu Derne geprüft und als schlagwettersicher anerkannt worden. In welcher Weise die Elektrifizierung eines Grubenfeldes durchgeführt werden kann, zeigt die schematische Darstellung Bild 6.

Mit der schlagwettersicheren Ausbildung der Hoch- und Niederspannungsverteilungsanlagen sowie der eigentlichen Maschinen, der Steckvorrichtungen und Schalter mußte die Schaffung eines genügend widerstandsfähigen biegsamen Kabels Hand in Hand gehen, um auch hier der Gefahr einer Funkenbildung durch Beschädigung der Zuleitung nach Möglichkeit vorzubeugen. Zwar ist es nicht möglich, biegsame Kabel herzustellen, die einer mutwilligen Beschädigung standhalten könnten, doch ist durch Herstellung der Kabel aus gummiisolierten Drähten und Umhüllung dieser mit doppeltem, nahtlosem Gummimantel ein biegsames Kabel von so hoher mechanischer Festigkeit geschaffen, daß Flammenbildungen durch Kabelbeschädigung wohl kaum zu befürchten sind, also auch nach dieser Richtung hin der erforderliche Sicherheitsgrad der Anlage erreicht ist.

## B. Elektrische Untertagemaschinen für Gewinnungs-, Aus- und Vorrichtungsarbeiten.

### 1. Gewinnungs- und Vorrichtungsmaschinen für Kohlengruben.

#### a) Gewinnung der Kohle durch Sprengarbeit.

Die dem Bergmann zur Gewinnung der Kohle zur Verfügung stehenden Mittel sind die Schieß- und die Schrämarbeit.

*Herstellung der Bohrlöcher.* Bei der Schießarbeit werden die Sprengmittel in Bohrlöcher eingebracht und in diesen entzündet.

Die Bohrlöcher wurden anfangs von Hand ausgeführt, jedoch ging man schon vor einer Reihe von Jahren zu dem maschinellen Bohren über. Die ersten Versuche mit Spannsäulenmaschinen haben kein günstiges Ergebnis gezeitigt. Sie brachten eine erhebliche Erhöhung des Sprengstoffverbrauchs, da die Häuer bestrebt sind, von einer Säulenstellung aus möglichst viele Löcher ohne Rücksicht auf ihre richtige Anordnung abzubohren. Außerdem haben diese Maschinen den großen Nachteil, daß sie nur im Streckenbetriebe, dagegen nicht im Pfeiler der mächtigen Flöze zu gebrauchen sind.

*Preßluftbohrhämmer und ihre Mängel.* Erst mit dem Aufkommen der Bohrhämmer, die sich wegen ihres leichten Gewichtes und der freihändigen Verwendbarkeit schnell beliebt machten, kam es zu einer fast allgemeinen Einführung des maschinellen Bohrbetriebes bei der Kohlengewinnung. Es stellte sich aber im Betriebe heraus, daß den Bohrhämmern manche Nachteile anhaften. Die Hauptmängel sind die durch die schlagende Arbeitsweise hervorgerufenen Erschütterungen, denen der Arbeiter durch die Rückstöße des Hammers ausgesetzt ist, sowie der große Lärm der ausströmenden Preßluft und die Staubentwicklung, durch die der Arbeiter sehr belästigt wird. Die Nachteile werden vermieden, wenn die seit einigen Jahren von den Siemens-Schuckertwerken gebauten elektrischen Kohlendrehbohrmaschinen für die Gewinnung der Kohle verwendet werden.

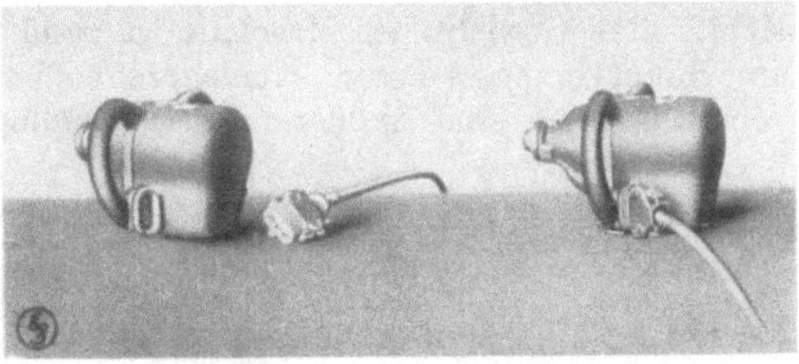

Bild 7. Ansicht der Kohlendrehbohrmaschine E 415.

*Kohlendrehbohrmaschine.* Bild 7 zeigt die Ansicht der Kohlendrehbohrmaschine, die auf zahlreichen Steinkohlengruben Oberschlesiens die Bohrhämmer fast vollständig verdrängt hat. Ihre Bauart geht aus der Schnittzeichnung Bild 8 hervor.

Der Antriebsmotor ist ein Drehstrom-Kurzschlußmotor, dessen Stundenleistung 440 W (0,6 PS) beträgt. Die Leistungsaufnahme aus dem Netz ist 530 W. Die maximale Überlastung beträgt 990 W (1,35 PS) bei einer Stromaufnahme aus dem Netz von 1770 W. Der Wirkungsgrad beim Dauerbetrieb ist 0,81. Besondere Beachtung verdient die hohe maximale Überlastungsmöglichkeit, die 125 % beträgt und etwa 25 % höher ist als bei den Maschinen ähnlicher Bauart. Der Motor wird für eine Drehstromspannung von 120 bzw. 210 V bei 50 Perioden gewickelt; seine Drehzahl ist 2800/min bei Vollast. Die Wicklung des Motors trägt eine

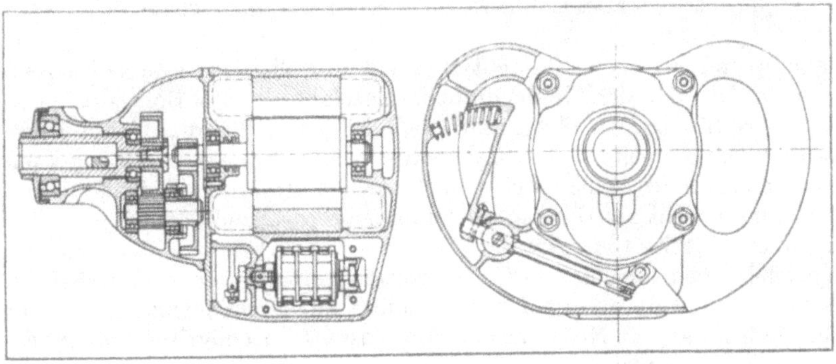

Bild 8. Schnitte durch die Kohlendrehbohrmaschine E 415.

den Grubenverhältnissen entsprechende Isolation. Von der Motorwelle wird durch eine doppelte Stirnradübertragung die in dem vorderen, halsartig ausgebildeten Lagerschild der Maschine gelagerte, hohle Bohrspindel angetrieben. Das Übersetzungsverhältnis zwischen Bohrspindel und Motorwelle ist 1: 8,7, so daß die erstere 320 Umdr/min bei Vollast macht. Das Gewicht der Maschine ist rund 11 kg.
Die Hauptvorzüge dieser Kohlendrehbohrmaschine gegenüber dem Preßlufthammer sind größere Leistungsfähigkeit bei leichter Hand-

Bild. 9. Kohlenbohrmaschinenanlage für schlagwetterfreie Gruben.

habung und geringem Gewicht und ein erheblich geringerer Energiebedarf. Die mit der Kohlendrehbohrmaschine erzielte Bohrleistung in harter Kohle beträgt durchschnittlich 1 m/min, während beim Bohrhammer die doppelte Zeit erforderlich ist. Eine Staubentwicklung kann bei der drehenden Arbeitsweise nicht vorkommen, weil die Kohle durch den Bohrer nicht zertrümmert, sondern gebrochen und geschnitten wird. Auch die Erschütterungen des Arbeiters fallen beim Bohren mit der Kohlendrehbohrmaschine fort. Die einzige Anstrengung beim drehenden Bohren besteht darin, daß der Häuer die Kohlendrehbohrmaschine unter Benutzung der am Motorgehäuse angegossenen Handgriffe fest an die Bohrlochsohle andrücken muß, wozu er das Gewicht seines Körpers zu Hilfe nehmen kann. Um das Andrücken zu erleichtern, ist an der Maschine eine große, der Körperstellung angepaßte Auflagefläche geschaffen. Infolge des erschütterungsfreien Ganges kann die Maschine auch ohne Gefahr im hohen Pfeiler auf der Fahrt verwendet werden, zumal das Gewicht nur 11 kg beträgt und somit nicht unerheblich geringer ist als das des Bohrhammers. Bild 9 zeigt eine vollständige Bohranlage mit Steckvorrichtung (E 3553), Kabeltrommel (E 4513) und Sicherungskasten (E 3023) für schlagwetterfreie Gruben, während Bild 10 das Bohren eines Schießloches von der Fahrt aus darstellt.

Bild 10. Bohren eines Schießloches im Pfeiler von der Fahrt aus.

Auch das lästige Geräusch der Preßlufthämmer, das etwaige Vorgänge im Hangenden und in der Kohle übertönt, tritt bei der Kohlendrehbohrmaschine nicht auf. Die Kohlendrehbohrmaschine kann durch den im rechten Handgriff befindlichen Hebel leicht eingeschaltet werden. Beim Freigeben des Hebels geht dieser sofort in die Ausgangsstellung zurück und setzt die Maschine still, wodurch ein sicheres Arbeiten gewährleistet ist. Der Sitz der Schalteinrichtung für das Ein- und Ausschalten des Motors geht aus der Schnittzeichnung Bild 8 hervor. Der Schalter ist ein kräftiger, widerstandsfähiger Walzenschalter, der durch Niederdrücken des Handhebels, der in dem einen Handgriff der Bohrmaschine untergebracht ist, betätigt wird. Die einfache Bauart bedingt einen nur geringen Verschleiß; es brauchen nur zeitweise kleine und billige Teile ausgewechselt zu werden. Die allgemein anerkannte Überlegenheit der elektrischen Kohlendrehbohrmaschine hat dazu geführt, daß neuerdings auch kleine Druckluftturbomotoren zum Antrieb von kleinen Drehbohrmaschinen gebaut werden, doch sind diese, was Energieverbrauch und sonstige Betriebsbedingungen angeht, nicht annähernd so günstig wie der gewöhnliche asynchrone Drehstrommotor mit Kurzschlußläufer, der zum Antrieb der kleinen Kohlendrehbohrmaschine benutzt wird. Es liegt auf der Hand, daß für die drehend wirkende Bohrweise der elektrische Antrieb unter allen Umständen vorzuziehen ist, weil die Drehbewegung des Elektromotors in einfachster Weise auf das Bohrwerkzeug übertragen werden kann.

*Schlagwettersichere elektrische Kohlendrehbohrmaschine.* In schlagwettergefährdeten Gruben wird die Kohlendrehbohrmaschine E 417 in schlagwettersicherer Ausführung benutzt (Bild 11). Der

Bild 11. Kohlendrehbohrmaschine mit Zubehör für Schlagwettergruben.

Motor der Bohrmaschine hat einen Kurzschlußläufer und ist daher als schlagwettersicher zu bezeichnen. Eines besonderen Schlagwetterschutzes bedürfen die verschiedenen Trennstellen in dem Zuleitungskabel von dem Sicherungskasten bis zur Bohrmaschine. Die Möglichkeit der Entzündung von Schlagwettern ist vorhanden, wenn bei der üblichen Anordnung der Steckdosen und Stecker die letzteren bei eingeschalteter Bohrmaschine aus den Steckdosen gezogen werden. Es muß also dafür gesorgt werden, daß ein Lösen der Verbindung nur im stromlosen Zustande möglich ist. An der Maschine selbst befindet sich keine Trennstelle, das Zuleitungskabel ist fest angeschlossen. An den anderen Trennstellen wird der Schlagwetterschutz durch eine Verbindung der Stecker mit Walzenschaltern, die in einem schlagwettersicheren Gehäuse untergebracht sind, erreicht. Die letzteren blockieren die mit ihnen zusammengebauten Stecker in den Steckdosen so lange als der Stecker eingeschaltet ist; die Verriegelung wird erst durch das Ausschalten des Schalters wieder aufgehoben. Schließlich ist noch die Möglichkeit vorhanden, daß sich schlagende Wetter entzünden, wenn die Patronensicherungen aus dem Sicherungskasten entfernt werden, während dieser unter Strom steht. Um dies zu verhüten, wird ebenfalls durch Walzenschalter ein Öffnen des über den Patronensicherungen angeordneten Deckels nur dann gestattet, wenn der Schalter ausgeschaltet ist.

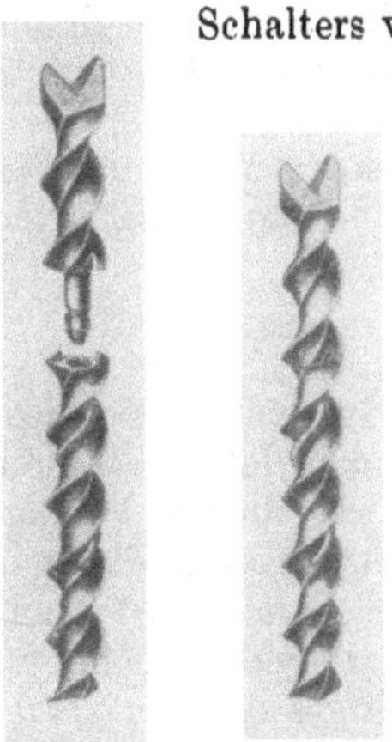

Bild 12. Befestigung der Einsatzschneide an der Bohrstange.

Diese schlagwettersichere Bohreinrichtung ist in der Versuchsstrecke zu Derne geprüft und als schlagwettersicher anerkannt worden.

Für die Durchführung eines ordnungsmäßigen Bohrbetriebes mit diesen elektrischen Kohlendrehbohrmaschinen ist eine gute Beaufsichtigung und Instandhaltung erforderlich, doch sind die nach dieser Richtung hin gestellten Ansprüche keineswegs größer als bei Druckluftanlagen, wenn diese einigermaßen wirtschaftlich arbeiten sollen. Auch eine gewisse Sachkenntnis ist nicht zu entbehren. Jm Hinblick auf den durch Einführung des elektrischen Antriebes zu erreichenden sehr großen Nutzen dürften die nach dieser Richtung hin gestellten Bedingungen keine Hinderung gegen die Einführung der elektrischen Untertagemaschinen darstellen. Im Chemnitz-Zwickauer und Niederschlesischen Kohlenrevier steht eine größere Anzahl dieser Maschinen mit bestem Erfolg im Betrieb.

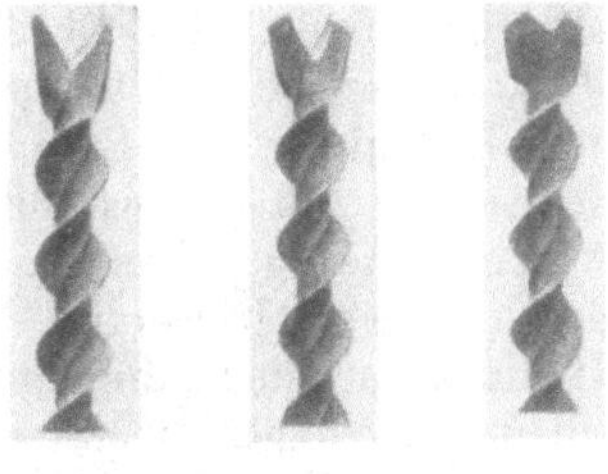

Bild 13. Schneidenform „W" — Bild 14. Schneidenform „M" — Schneidenform „H"
Verschiedene Schneidenformen.

*Bohrermaterial, Einsatzschneiden.* Zur Erreichung hoher Bohrleistungen ist auf gutes Bohrermaterial besonderer Wert zu legen. Um das Anschärfen und Auswechseln der langen Bohrer zu vermeiden, liefern die Siemens-Schuckertwerke Bohrstangen, in die leicht auswechselbare, rund 150 mm lange Bohrschneiden aus naturhartem Werkzeugstahl eingesetzt werden können. Die Befestigung der Schneiden an den Bohrstangen geschieht in einfachster Weise nach Bild 12. Die Ausbildungsform der Bohrschneiden spielt für die Bohrleistung eine große Rolle. Für die Bohrarbeiten in reiner Kohle hat sich die zweiflügelige Schneide, wie sie in Bild 13 dar-

gestellt ist, am besten bewährt. Bei unreiner, mit Schieferschmitzen durchsetzter Kohle ist die symmetrisch angeordnete, keilförmige Auskerbung zwischen den Flügeln kleiner vorzusehen. Bild 14 zeigt diese Schneidenformen. Für die Bohrarbeiten im mittelharten Nebengestein beim Nachreißen des Liegenden oder des Hangenden werden auch mit dem Hundrieser-Brechbohrer (Bild 32) gute Erfolge erzielt, vorausgesetzt, daß Tonschieferschichten zu bearbeiten sind.
Von den Kohlendrehbohrmaschinen älterer und neuerer Ausführung sind an die schlagwetterfreien Kohlengruben rund 4000 und an Schlagwettergruben rund 300 Maschinen geliefert.

*Schießschalter.*

Die Zündung der mit Sprengmaterial gefüllten Bohrlöcher geschieht in der Regel mit Hilfe von Zündschnüren. In den letzten Jahren ist dagegen die elektrische Zündung wegen ihrer erheblichen Vorzüge immer mehr zur Einführung gekommen. Bei der elektrischen Zündung kann das Abschießen der Schüsse aus jeder beliebigen Entfernung bewirkt werden, so daß die Sicherheit der Arbeit wesentlich höher ist als bei Verwendung von Zündschnüren. Ein vorzeitiges oder zu spätes Losgehen der Schüsse mit seinen Gefahren für die Mannschaften ist ausgeschlossen, da man den Augenblick der Zündung genau bestimmen kann. Die Zündung selbst findet innerhalb des Bohrloches statt, wodurch jegliche Funken- oder Flammenbildung vermieden ist. Die Gefahr, daß schlagende Wetter durch den Zündvorgang zur Explosion gebracht werden, ist bedeutend geringer, als bei der Zündung mit Zündschnüren. Die elektrische Zündung zeichnet sich weiter durch den Fortfall jedes Rauches und Qualmes aus; sie ist deshalb für die Mannschaft zuträglicher. Auch gestattet sie, in einfachster Weise mehrere Schüsse gleichzeitig abzutun, so daß das Durchschlagen der Drähte oder Zündschnüre als Wirkung der ersten Schüsse vermieden wird. Sie hat auch eine wirtschaftliche Bedeutung. Die Sprengwirkung mehrerer gleichzeitig explodierender Schüsse ist unter Umständen nämlich nahezu doppelt so groß wie die Wirkung der gleichen Anzahl Schüsse, die einzeln nacheinander zur Zündung gebracht werden. Umgekehrt ist es aber auch bei der elektrischen Zündung möglich, die einzelnen Schüsse in kurzen Zwischenräumen aufeinander folgen zu lassen (Zeitzündung). Als Stromquelle dienten bis vor kurzer Zeit fast ausschließlich magnet- oder dynamoelektrische Zündmaschinen, mit denen der Zündstrom erst im Augenblick des Schießens erzeugt wird. Überall aber, wo man zum Betrieb von elektrischen Gesteinbohrmaschinen Starkstrom vor Ort zur Verfügung hat, wird man die Schießleitung an die Starkstromleitung anschließen, wobei die im § 45 der Errichtungsvorschriften des V.D.E. enthaltenen Verhaltungsmaßregeln zu beachten sind, die im wesentlichen darin bestehen, daß der Anschluß einer Schießleitung nur mittels eines allpoligen, unter Verschluß befindlichen Schalters erfolgen darf, bei dem stets noch eine zweite, ebenfalls unter Verschluß befindliche Unterbrechungsstelle zwischen Schalter und Schießleitung angebracht und ein Verharren im eingeschalteten Zustande am Schalter oder an der zweiten Unterbrechungsstelle verhindert ist.

Die unbedingte Sicherheit, daß tatsächlich die Schießleitung spannungslos ist, wird bei dem Schießschalter dadurch erreicht, daß eine augenfällige Trennung der Schießleitung von dem Schießschalter stattfindet, und daß die Schießleitung nur unter Spannung stehen kann, wenn der Schalter von dem damit beauftragten Schießmeister bedient wird. Aus Bild 15 ist der Gebrauch des Schießschalters zu ersehen. Der Arbeiter erfaßt mit der linken Hand den Stecker des Bohrkabels, stellt mit der rechten Hand durch Aufhalten des Schießschalters auf die Kontakte des Steckers den Anschluß an die Starkstromleitung her und bewirkt durch Niederdrücken eines in den Schießschalter eingeführten Sonderschlüssels den Stromschluß und damit die Zündung. Mit der Schießleitung wird der Schießschalter durch einfaches Aufhängen der hakenförmigen Enden eines kurzen, an den Schalter angeschlossenen Kabels auf die Schießleitung verbunden. Das Gewicht des Schießschalters mit dem Anschlußkabel beträgt 1,3 kg.

Bild 15. Schießschalter mit Erdungskontakt zum Anschluß der Schießleitung an ein 120-Volt-Netz.

*Schlagwettersichere Schießschalter.*

Der Schießschalter läßt sich leicht schlagwettersicher ausführen. In Verbindung mit einem schlagwettersicheren Schalter und einer Steckvorrichtung für die Verbindung mit der Schießleitung ist er bereits mit einwandfreiem Erfolg in Schlagwettergruben eingeführt worden.

### b) Gewinnung der Kohle durch Schrämarbeit.

*Anwendungsbereich und Vorteile des Schrämens.* Die Hereingewinnung der Kohle durch maschinelle Schrämarbeit anstatt durch Sprengarbeit kommt für mächtige Flöze nicht in Betracht, weil in ihnen beim Pfeilerverhieb der Druck an sich schon so groß ist, daß bei unterschrämten Stößen die Gefährdung der Arbeiter durch Kohlenfall zu groß werden würde. Die oberste Grenze, bei der im Abbau noch Schrämbetrieb mit Erfolg angewendet werden kann, ist eine Mächtigkeit von etwa 4 m;

aber auch bei dieser wird verhältnismäßig nur selten geschrämt. Dagegen hat das Verfahren der maschinellen Schrämarbeit für den Abbau der Kohlenflöze von geringer Mächtigkeit eine große Bedeutung erlangt und bietet hier erhebliche Vorteile gegenüber der Gewinnungsart durch Sprengarbeit. Jn vielen Fällen hat die Einführung der maschinellen Schrämarbeit erst den Abbau von Flözen ermöglicht, die wegen ihrer geringen Mächtigkeit früher unabbauwürdig waren. Auch erhöht sie den Stückkohlenfall, wodurch das Arbeitserzeugnis hochwertiger wird, und ermöglicht außerdem erhebliche Ersparnisse an Sprengstoff- und Ausbaukosten. Die Schüsse können nämlich an Zahl verringert oder mit schwächeren Ladungen abgetan werden. Unter Umständen kann sogar die Sprengarbeit ganz fortfallen, indem man durch geschickte Ausnutzung der örtlichen Verhältnisse die Hauptarbeit bei der Hereingewinnung dem natürlichen Gebirgsdruck zuweist. Ein weiterer Vorteil der maschinellen Schrämarbeit ist die beschleunigte Kohlengewinnung und der schnellere Fortschritt der Baue.

Bild 16. Schrämmaschinenmotor mit Kurzschlußläufer und Kühlrippen, Leistung 15 kW, Bauhöhe 400 mm.

*Stangenschrämmaschine.* Diejenige Abbauschrämmaschine, die im Laufe des Krieges unter dem Druck der gesteigerten Lohnaufwendungen in Deutschland in größerem Maße zur Einführung gekommen ist und sich recht gut bewährt hat, ist die Stangenschrämmaschine englischer Bauart in den Ausführungen der deutschen Maschinenfabriken. Die von verschiedenen Firmen gebaute Maschine zeigt im wesentlichen die gleiche Ausführung. Für den bergbaulichen Betrieb sind hauptsächlich die Bauhöhe der Maschine und die Länge der Schrämstange von Wichtigkeit, wovon einerseits abhängt, bis zu welcher geringsten Flözmächtigkeit die Maschine benutzt werden kann, und andererseits, ein wie tiefer Schram von ihr hergestellt wird. Die geringste Bauhöhe der Maschine beträgt rund 380 mm, die ersten Ausführungen hatten etwa 600 mm Höhe. Für den Verzug des Hangenden und für die Wartung der Maschine wird über ihr ein freier Raum von rund 150 mm benötigt, so daß sich also bereits Flöze von 0,55 m Mächtigkeit schrämen lassen. Die größte nutzbare Länge der Schrämstange beträgt bei der größeren Maschine 1,50 m. Die Deutsche Maschinenfabrik, Duisburg, und Gebr. Eickhoff, Bochum, bauen die Stangenschrämmaschine sowohl für Preßluftantrieb als auch für elektrischen Antrieb. Der elektrische Antrieb wird von den Siemens-Schuckertwerken geliefert (Bild 16). Der Antriebsmotor ist ein Drehstrommotor mit Kurzschlußläufer, der ein vollständig geschlossenes Stahlgußgehäuse und

Bild 17. Stangenschrämmaschine, angetrieben durch den im Bild 16 dargestellten Motor.

Kugellager hat, dessen Leistung 15 kW (rund 20 PS) beträgt. Der Motor wird für eine Spannung von 120, 220 oder 380 V gewickelt; seine Drehzahl beträgt 980 bei Vollast und Frequenz 50. Die Wicklung wird mit einer den Grubenverhältnissen entsprechenden Isolation versehen. Als Schalter ist ein Sterndreieckschalter vorgesehen, der einfach und kräftig ausgeführt ist, und mit der verriegelbaren Steckdose, die zum Anschluß des Zuleitungskabels dient, in einem gußeisernen Kasten eingebaut wird. Die Kurbel des Schalters ist in der Ausschaltstellung abnehmbar angeordnet, um ein unbefugtes Ingangsetzen der Maschine zu verhindern. Bild 17 zeigt eine Stangenschrämmaschine der Demag mit elektrischem Antrieb der Siemens-Schuckertwerke, die mit bestem Erfolg auf der Cons. Fuchsgrube im Betrieb steht. Erfolgreich arbeiten weitere Maschinen u. a. auf der Cleophasgrube in Oberschlesien, Erzgeb.

Steinkohlen-Aktien-Verein, Zwickau, Neuroder Kohlen- und Tonwerken, Neurode/Niederschlesien. Auch bei dieser Abbauschrämmaschine hat sich gezeigt, daß die elektrisch angetriebene Maschine nicht nur aus wirtschaftlichen Gründen, sondern auch wegen höherer Leistungsfähigkeit der Preßluftmaschine erheblich überlegen ist. Während mit der Preßluftstangenschrämmaschine eine Schrämleistung von durchschnittlich je nach der Festigkeit der Kohle 15—20 $m^2/h$ bei einer Schrämtiefe von 1,5 m erreicht wurde, wird mit den elektrischen Stangenschrämmaschinen eine Schrämleistung von 25—30 $m^2/h$ erzielt. Ausdrücklich sei noch erwähnt, daß der mit Kurzschlußläufer ausgerüstete Motor eine Leistung von 15 kW bei 1000 Umdr/min hat, während eine Preßluftstangenschrämmaschine den Kompressor mit etwa 100 bis 150 PS belastet. Das Gewicht der vollständigen Maschine beträgt rund 2000 kg; die Bauhöhe rund 400 mm. Die Maschine ist bis zu einem Flözeinfallen anwendbar, bei dem nicht die Gefahr besteht, daß die unterschrämte, ziemlich großstückig brechende Kohle im Pfeiler abrollt und die Sicherheit des Betriebes gefährdet. Diese Grenze liegt ungefähr bei 25°.

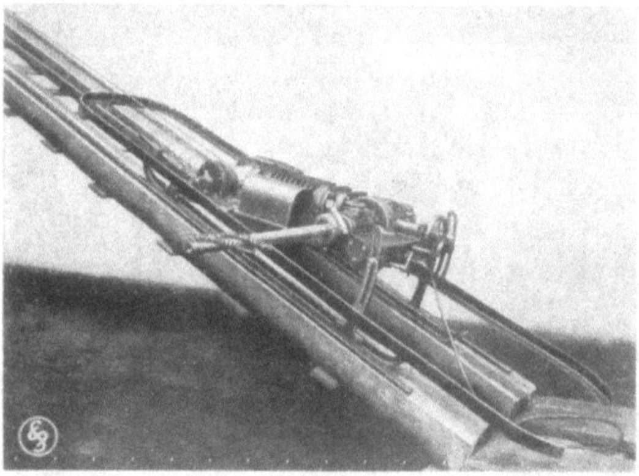

Bild 18. „Wannet-Schrämmaschine" mit Sondermotor von 5 kW Leistung.

Voraussetzung für die erfolgreiche Verwendung dieser großen Stangenschrämmaschine ist ferner ein gutes Hangendes und Streben von 60—100 m Stoßhöhe. Sind derartige Stoßhöhen infolge vieler Sprünge und anderer Gebirgsstörungen nicht möglich, so sind die kleinen Stangenschrämmaschinen am Platze.

Bild 18 zeigt eine kleine Stangenschrämmaschine, die mit einem Sondermotor von 5 kW Leistung bei 1400 Umdr/min der Siemens-Schuckertwerke ausgerüstet ist. Der Motor ist vollkommen gekapselt, hat Stahlgußgehäuse und ist, um die verlangte Leistung bei niedriger Bauhöhe von 260 mm zu erreichen, ungewöhnlich lang gebaut und zur Abführung der Verlustwärme mit Rippen am Gehäuse ausgerüstet. Die Wannet-Stangenschrämmaschine von 260 mm Bauhöhe vermag mit diesem Sondermotor bei einer Schramtiefe von 1 m stündlich 12 $m^2$ zu schrämen. Das Gewicht beträgt 600 kg.

*Schlagwettersichere Ausführung der Schrämmaschinen.* Sowohl die große als auch die kleine Stangenschrämmaschine werden in schlagwettersicherer Ausführung gebaut. Die vollkommen gekapselten Motoren haben Kurzschlußläufer und im Ständer Sterndreieckschaltung. Die zugehörigen Umschalter sind natürlich ebenso wie der Motor schlagwettersicher eingeschlossen. Bild 19 zeigt den Schalter CIB 12058 für die große Stangenschrämmaschine im geöffneten Zustande.

Bild 19. Sterndreieckschalter der großen Stangenschrämmaschine ohne Gehäuse.

Mit der Steckdose, die zum Anschluß des biegsamen Kabels dient, ist er derart verriegelt, daß der Stecker nur bei geöffnetem, nicht aber bei geschlossenem Schalter herausgezogen oder eingeschoben werden kann.

### *Handdrehbohrmaschine für Schrämarbeiten.*

Neuerdings sind bei gebrüchigem und klüftigem Hangenden Versuche gemacht worden, die Herstellung des Schrames durch die Kohlendrehbohrmaschine (Bild 9 und 11) in Verbindung mit einer 1,50 m langen Schrämstange durchzuführen. Das hierbei zur Anwendung kommende Verfahren ist aus Bild 20 ersichtlich.

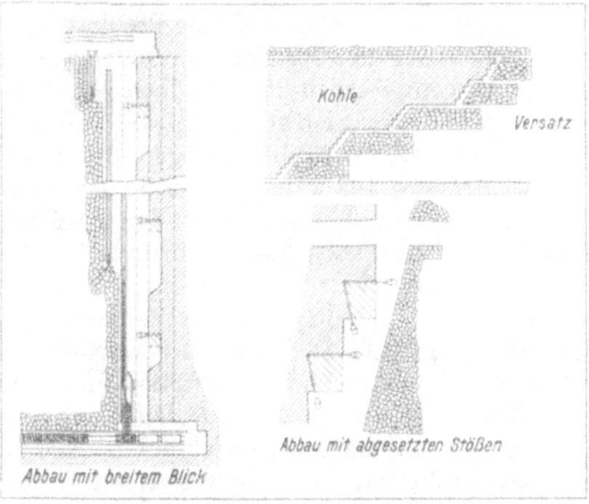


Bild 20. Abbau unter Verwendung der Kohlendrehbohrmaschine als Schrämmaschine.

Der Bohrhäuer stellt zunächst ein Loch von 1,20 m her und schwenkt beim Schrämen die Maschine, wobei der Stützpunkt entweder im Kohlenstoß selbst oder aber auch außerhalb liegen kann. Beim Schrämen mit außerhalb liegendem Stützpunkt genügt eine leichte Säule mit Stützlager, in welches das von Schrämzähnen freie Ende der Schrämspindel gelegt wird. Die Schrämleistung bei diesem Verfahren beträgt 4—5 m² je Stunde. Die Hauptvorteile dieses Schrämverfahrens liegen darin, daß Nebenarbeiten für Ein- und Ausbauen, Transport der Maschine in Fortfall kommen, und daß der Ausbau und die Zimmerung im Abbau unabhängig von den Schrämarbeiten durchgeführt werden kann, was bei schlechtem Dach von großer Bedeutung ist.

### c) Aus- und Vorrichtungsarbeiten.

*Aus- und Vorrichtungsarbeiten in Steinkohlengruben.* Die zunehmende Ausdehnung und die stets wachsende Förderung der Kohlengruben bringen es mit sich, daß die notwendige Weiterentwicklung der Betriebe von der schnellen und rechtzeitigen Ausführung der Aus- und Vorrichtungsarbeiten abhängig ist. Das Bedürfnis nach raschem Vordringen führte daher schon frühzeitig zur Einführung der Maschinenarbeit beim Auffahren der für die Vorrichtung erforderlichen Strecken und Querschläge. Die Ausbildung des elektrischen Antriebes verursacht bei diesen stoßend wirkenden Maschinen insofern größere Schwierigkeiten, als es nicht möglich ist, ein so kleines Gewicht zu erzielen, daß die Maschine frei von Hand betätigt werden kann. In dieser Beziehung ist der elektrische Antrieb dem Preßluftantrieb unterlegen, da die Preßluftbohrhämmer von den Bohrhäuern freihändig bedient werden können, doch sind letztere hinsichtlich des Energieverbrauches, der starken Erschütterungen, denen der Arbeiter durch die Rückstöße des Hammers ausgesetzt ist, des starken Lärmens der ausströmenden Preßluft, der Staubentwicklung so nachteilig, daß auch hier ein dringendes Bedürfnis nach Ersatz der Preßluft durch elektrische Energie besteht.

Bild 21. ½ PS Kurbelstoßbohrmaschine mit angebautem Motor.

*Kleine Kurbelstoßbohrmaschine.* Eine brauchbare elektrische Stoßbohrmaschine für Grubenbetriebe ist die in Bild 21 dargestellte Kurbelstoßbohrmaschine mit angebautem Motor. Das Gewicht der Maschine ohne Motor beträgt rund 75 kg und das des Motors rund 35 kg. Die Konstruktionseinzelheiten der Maschine gehen aus den Schnittzeichnungen Bild 22 hervor. Der Antriebsmotor ist ein Drehstrommotor mit Kurzschlußläufer, dessen Leistung etwa 0,8 kW beträgt. Der Motor ist für eine Spannung von 120 bzw. 210 V bei 50 Perioden gewickelt; seine Drehzahl ist 1400/min.

Von dem Motor wird durch ein Stirnradvorgelege die doppelt gelagerte, mit Schwungrad versehene Kurbelwelle angetrieben, die ihrerseits durch eine Schubstange einen Schlitten in eine hin und her gehende Bewegung bringt. In diesem Schlitten sind zwei Schraubenfedern eingespannt, die den Stoßkolben umgeben und durch zwei mit Flanschen versehene Stoßbuchsen gehalten werden. Bei langsamer Bewegung des Schlittens wird der Stoßkolben, der einerseits im Gehäusekopf, andererseits in der zweiteiligen Stoßbuchse durch einen Führungsring im Schlitten gelagert ist, durch die Federn und die Stoßbuchsen genau so mitgenommen, als

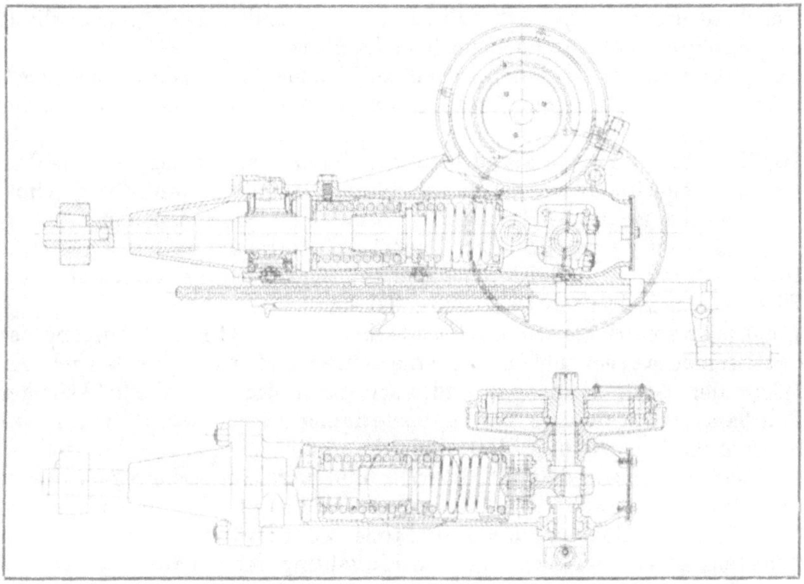

Bild 22. Schnitte durch die kleine ½ PS Kurbelstoßbohrmaschine.

wenn er starr verbunden wäre. Das Übersetzungsverhältnis zwischen Motorwelle und Kurbelwelle ist 1 : 2,3, so daß letztere ungefähr 600 Umdr/min macht und der Stoßkolben die gleiche Anzahl Schläge in der Minute ausführt. Der Schlitten bewegt sich daher zehnmal in der Sekunde hin und her, wodurch die Beschleunigung der Massen bzw. die lebendige Kraft der frei gelagerten Teile so groß wird, daß der Stoßkolben nach vorn und rückwärts durchschlägt und bei Leerlauf der Maschine der Ausschlag des Kolbens ungefähr doppelt so groß ist, als der 80 mm betragende Hub des Schlittens. Diese federnde Anordnung gestattet dem Stoßkolben, ohne schädliche Rückwirkung auf das Kurbelgetriebe mit seiner Höchstgeschwindigkeit gegen das Gestein anzuschlagen und ermöglicht daher nicht nur eine kräftige Stoßwirkung in genügend weiten

Grenzen des Bohrervorschubes, sondern läßt auch ein Festklemmen des Bohrers in beliebiger Stellung zu, ohne daß die Bewegung des Schlittens dadurch behindert wird. Da die Federn auch im Ruhezustande unter beträchtlichem Druck stehen müssen, ist zu ihrem Einbau eine Spannvorrichtung erforderlich.

Die konisch ausgebildete Kurbelwelle ist mit einem kleinen Schwungrad ausgerüstet, damit sich die starken Stöße des Stoßkolbens nicht über die Zahnräder hinweg zum Antriebsmotor fortpflanzen. Zur Vermeidung einer unzulässigen Beanspruchung durch die umlaufenden Massen bei plötzlichem Klemmen ist in dem Schwungrad eine Reibungskupplung eingebaut und so eingestellt, daß bei der höchstzulässigen Beanspruchung der Maschine die Kupplung noch nicht gleitet.

Das Umsetzen des Bohrers geschieht in üblicher Weise wie bei den Preßluftbohrmaschinen. Auf 7—12 Stöße kommt etwa eine vollständige Umdrehung des Bohrers.

Der Vorschub wird von Hand betätigt. Nach kurzer Übung ist aus dem Geräusch gleichmäßiger, harter Schläge und aus dem Grad der Erschütterungen das richtige Arbeiten der Maschine zu beurteilen und der Vorschub danach zu regeln. Die Kurbelstoßbohrmaschine hat eine große Rückzugskraft, so daß Klemmungen im Bohrloch nur selten auftreten. Diese Rückzugskraft beträgt 300—400 kg.

*Bohrleistungen der kleinen Kurbelstoßbohrmaschine.* Die Bohrleistung der elektrischen Kurbelstoßbohrmaschine richtet sich naturgemäß nach der Härte der Gesteinschichten und auch nach der Geschicklichkeit der Bohrhäuer. Die richtige Vorschubbetätigung ist von wesentlichem Einfluß auf die Bohrleistung. Der Häuer kann die richtige Vorschubstellung der Maschine nach dem Stoßbereich und der Umsetzbewegung leicht bemessen. Als gewöhnliche Umsetzgeschwindigkeit gilt eine vollständige Umdrehung des Bohrers auf je 7—12 Stöße. Zur Gewährleistung eines guten Arbeitens ist eine möglichst genaue Einhaltung der Umdrehungszahl des Antriebsmotors erforderlich. Es muß daher bei Drehstrombetrieb die Periodenzahl unveränderlich sein. Auch müssen die Spannungsschwankungen in solchen Grenzen bleiben, daß wesentliche Abweichungen von der richtigen Schlagzahl der Maschine nicht eintreten. Bei geringer Schlagzahl nimmt die Leistung schnell ab, bei hoher Schlagzahl nimmt die Leistung zwar zu, aber auf Kosten der Haltbarkeit der Maschine. Bei gewöhnlicher Schlagzahl soll die Bohrleistung nicht unter 16 mm/min sinken, um die Abnutzung der Maschine in zulässigen Grenzen zu halten. Als Anhaltpunkte für Bohrleistungen können gelten, daß durchschnittlich mit der kleinen Kurbelstoßbohrmaschine im harten Kalkstein bis 1,3 m/h, im Sandstein 1 m/h und bis 2 m/h im Anhydrit einschließlich aller Nebenarbeiten erreicht werden.

*Bohrermaterial.* In hohem Grade ist die Bohrleistung der elektrischen Maschine auch abhängig von gutem Material der Bohrer und der Form der Bohrschneiden. Die höchste Bohrleistung erzielt ein guter Arbeiter mit dem einfachen Meißelbohrer mit gerader Schneide, weil bei ihr die lebendige Kraft des Bohrers auf einer verhältnismäßig kleinen Fläche zur Wirkung kommt. In hartem Gestein pflegt man Meißel mit einer gebogenen oder gebrochenen Schneide vorzuziehen, weil bei dieser die Ecken besser geschont werden. Die beiden Schneidenflächen sind bei Bohrern für härteres Gestein unter einem Winkel von etwa 90° zugeschärft. Eine besondere Rolle spielt auch die Größe, der Lochdurchmesser und die richtige Abstufung der einzelnen Bohrer,

Bild 23. Fahrbarer Elektro-Dreizylinder-Kompressor 5 $m^3$ Saugleistung in der Min./Motorleistung 34 kW (46,2 PS).

die etwa 4—5 mm betragen soll. Als Meißelbreite ist 40—45 mm als obere Grenze gebräuchlich. Da die Gesamtzahl der Löcher beim Streckenauffahren mit der Härte des Gesteins gewöhnlich zwischen 13 im Schiefer und 25 im Sandstein bei 6 $m^2$ Querschnitt schwankt, ist dafür zu sorgen, daß eine hinreichende Anzahl scharfer Bohrer vor Ort zur Verfügung steht. In der Regel rechnet man für jede Maschine je nach der Härte des Gesteins 5—10 Satz Bohrer. Bei dem verhältnismäßig geringen Hub der elektrischen Kurbelstoßbohrmaschine ist zur Erreichung hoher Bohrleistungen auf Scharfhaltung der Bohrer großes Gewicht zu legen.

*Instandhaltung der Kurbelstoßbohrmaschine.* Eine weitere Bedingung für ein erfolgreiches Arbeiten ist eine sachgemäße Instandhaltung der elektrischen Kurbelstoßbohrmaschine. Die schnell aufeinanderfolgenden Stöße können nur dann ausschließlich auf Zertrümmerung des Gesteins im

Bohrloch wirken, wenn alle Teile der Maschine spielfrei arbeiten und die Maschine möglichst fest aufgestellt ist. Eine regelmäßige Prüfung der elektrischen Maschine durch einen sachkundigen Schlosser ist daher für die Aufrechterhaltung eines ordnungsmäßigen elektrischen Bohrbetriebes notwendig. Auch ist dafür zu sorgen, daß von vornherein Reservemaschinen und Ersatzteile in ausreichendem Maße zur Verfügung stehen. Überall da, wo auf sachgemäße Instandhaltung der elektrischen Kurbelstoßbohrmaschine und gutes Bohrermaterial geachtet wird, haben sich diese Maschinen in Grubenbetrieben bestens bewährt. Auf verschiedenen Anlagen in Niederschlesien, im Chemnitz-Zwickauer Kohlengebiet stehen diese Maschinen mit bestem Erfolg für Vortreiben von Strecken im Betrieb und haben gezeigt, daß sie sowohl in maschinentechnischer als auch bergmännischer Hinsicht den vielseitigen Anforderungen der Praxis genügen und dabei für gleiche Leistungen nur einen Bruchteil derjenigen Energie beanspruchen, die bei den Preßluftbohrmaschinen aufgewendet werden muß. Gegen durchschnittlich 10 PS gerechnet über Tage stellt sich der Verbrauch bei der elektrischen Stoßbohrmaschine nur auf rund 1 PS.

Bild 24. Schalter und Steckvorrichtung.

*Fahrbare Kompressoren.* In den Fällen, in denen bei Vorrichtungsarbeiten Säulenmaschinen nicht zur Anwendung kommen können, besteht ein anderer Weg, die Vorteile der elektrischen Energieübertragung auszunutzen, darin, unter Tage in kleinen Kompressoren Bild 23, die leicht von einer Stellung zu einer anderen zu schaffen sein müssen und daher am besten fahrbar eingerichtet sind, Druckluft zu erzeugen und hiermit die erforderlichen Bohr- und Abbauhämmer zu betreiben. Durch diesen Ausweg wird die Aufstellung von großen teuren Kompressoren über Tage und der größte Teil der Rohrleitungen überflüssig, wenn auch der gesamte Energieverbrauch erheblich größer ist als bei Benutzung unmittelbar elektrisch angetriebener Arbeitsmaschinen.

*Elektrische Zündung.* Die Leistungen beim Streckenbetrieb hängen aber nicht allein von der eigentlichen Bohrarbeit ab, sondern hauptsächlich von einer guten Überwachung des Betriebes. Nur wenn die einzelnen Arbeitsabschnitte des Bohrens, des Schießens und der Förderung gut ineinandergreifen, lassen sich hohe Leistungen erzielen. Für das Abtun der Schüsse kommt auch bei Streckenbetrieb in gleicher Weise wie bei den Gewinnungsarbeiten die elektrische Zündung zur Anwendung, und auch bei diesen Vorrichtungsarbeiten hat sich der elektrische Schießschalter (Bild 15) bestens bewährt.

*Schlagwettersicherheit.* Wegen Verwendung der kleinen Kurbelstoßbohrmaschine in schlagwettergefährdeten Grubenräumen gilt dasselbe, was oben für die Kohlendrehbohrmaschine gesagt ist; auch bei diesen Stoßbohrmaschinen läßt sich Schlagwettersicherheit durch Verwendung geeigneter Schalter und Steckvorrichtungen (Bild 24) leicht erreichen.

## 2. Gewinnungs- und Vorrichtungsmaschinen für Kaligruben.

### a) Gewinnung der Kalisalze.

Die Gewinnung der Salze in den Kaligruben geschieht ausschließlich durch Schießarbeit. Die zur Aufnahme des Sprengmaterials erforderlichen Bohrlöcher werden in den Kaligruben fast ausnahmslos mit elektrischen Drehbohrmaschinen, und zwar mit Säulendrehbohrmaschinen hergestellt, da mit Rücksicht auf die Härte der Salze der erforderliche Bohrdruck nicht durch freihändig geführte Maschinen erzeugt werden kann. Nur ausnahmsweise wird auch die kleine Handdrehbohrmaschine (Bild 7), und zwar für Nebenarbeiten, z. B. für das Zerkleinern großer Salzstücke, für das Bohren von Dübellöchern und beim Abteufen von Gesenken, wo eine Aufstellung der Spannsäule nicht möglich ist, angewandt.

*Säulendrehbohrmaschine Mod. GBD 123.* Eine führende Stellung unter den elektrischen Drehbohrmaschinen für Kaliwerke nimmt die von den

Bild 25. Säulendrehbohrmaschine Mod. GBD 123 in einer Kaligrube.

Siemens-Schuckertwerken seit dem Jahre 1900 gebaute und im Laufe der Zeit auf Grund der im Betrieb gesammelten Erfahrungen verbesserte Säulendrehbohrmaschine Mod. GBD 123 ein. Bis Januar 1925 sind bereits rund 3000 Maschinen für Kaligruben geliefert worden. Bild 25 zeigt die vollständigeBohranlage im Firstenbetrieb einer Kaligrube, während Bild 26 nur die eigentliche Maschine wiedergibt. Die Maschine ist vollständig gekapselt und von gedrungener Bauart. Das Gewicht beträgt rund 100 kg.

Bild 26. Säulendrehbohrmaschine mit angebautem Motor.

Die Bauart geht aus der Schnittzeichnung Bild 27 hervor.

Im Laufe der letzten Jahre hat sich aus dem Bohrbetrieb in den Kaligruben immer mehr die Anforderung entwickelt, bei den Gewinnungsarbeiten die Maschine aus wirtschaftlichen Gründen nur durch einen Mann zu bedienen. Diese Forderung bedingt, daß das Gewicht der Maschine bei möglichst großer Bohrleistung möglichst gering ist, damit unter Umständen der eine Mann, um sie der gewünschten Höhenlage des Bohrloches anzupassen, auch die Maschine heben und senken kann, falls ein in der Nähe arbeitender Helfer nicht zur Verfügung steht. Eine weitere Voraussetzung bei der Bedienung durch einen Mann ist die, daß die Bohrspindel durch Bewegen eines sowohl von vorn als auch von hinten gut zugänglichen Hebels schnell aus dem Bohrloch hin- und zurückgezogen werden kann, und zwar ohne Umschaltung des Motors, der dauernd in gleicher Richtung durchlaufen soll. Diesen neuen Anforderungen haben die Siemens-Schuckertwerke durch den Bau einer neuen Säulendrehbohrmaschine

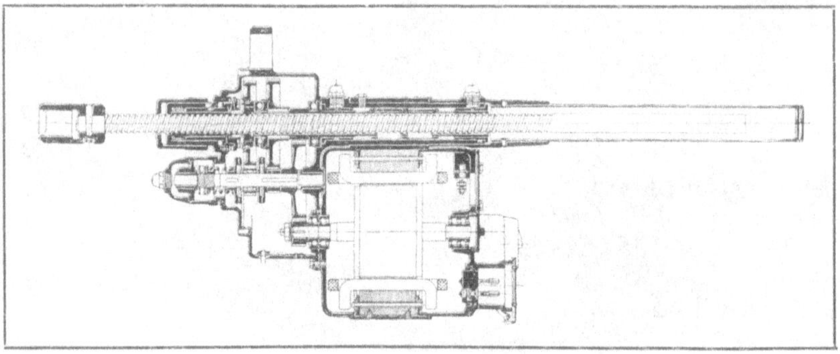

Bild 27 Schnitt durch die Säulendrehbohrmaschine Mod. GBD 123.

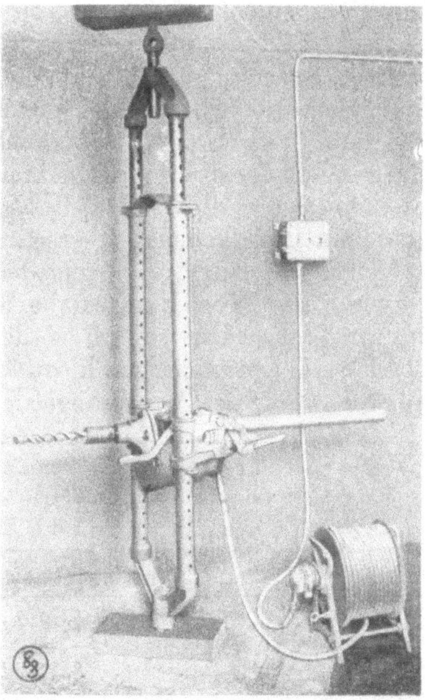

Bild 28. Neue Säulendrehbohrmaschine mit angebautem Drehstrommotor.

Mod. E 131 mit stärkerem Motor und einem Gewicht von nur 75 kg Rechnung getragen. Wie die Betriebserfahrungen auf verschiedenen Kaliwerken gezeigt haben, ist infolge des geringen Gewichtes die Bedienung durch einen Mann ohne Schwierigkeiten möglich. Die Mehrleistung beträgt rund 20 % gegenüber Mod. GBD 123 und den sonstigen auf dem Markt befindlichen Maschinen, da bei der entsprechend höheren Motorleistung größere Vorschubstufen bei höheren Spindelumdrehungszahlen zugelassen werden können, so daß besonders in harten Salzen mit dieser neuen Maschine erheblich größere Bohrleistungen zu erzielen sind. Bild 28 zeigt diese neue Säulendrehbohrmaschine. Die Bauart der neuen Maschine geht aus den Schnittzeichnungen (Bild 29) hervor. Der Antriebsmotor ist ein Drehstrommotor mit Kurzschlußläufer, dessen Leistung, an der Bohrspindel gemessen, 1,50 kW beträgt. Seine Leistungsaufnahme ist ungefähr 2,35 kW. Der Motor wird für eine Spannung von 120 bzw. 210 V bei Frequenz 50 gewickelt. Seine Drehzahl ist 2800/min bei Vollast.

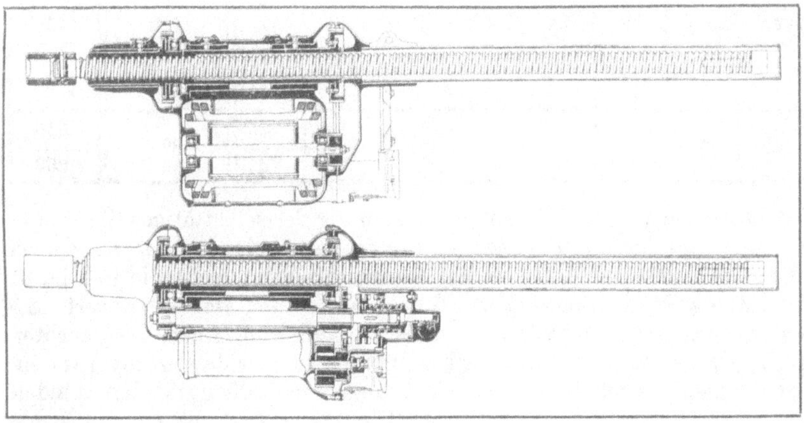

Bild 29. Schnitte durch die Säulendrehbohrmaschine Mod. E 131.

Die Bohrspindel wird von dem Motor unter Zwischenschaltung einer dreifachen Zahnradübersetzung (Bild 30), bestehend aus dem sogenannten Motor-, Vorgelege- und Spindelgetriebe, angetrieben. Parallel zu dem Spindelgetriebe wird von der gleichen Vorgelegewelle ein zweites Getriebe für den Vorschub der Bohrspindel angetrieben. Auf dieser sitzt eine Mutter, mit der das große Zahnrad des Vorschubgetriebes fest verbunden ist. Die Größe dieses Vorschubes läßt sich durch Wahl von Vorschubgetrieben verschiedener Übersetzungen verändern. Aus der eingefügten Zahlentafel gehen die verschiedenen Spindeldrehzahlen und Vorschübe hervor. Das Vorschubgetriebe ist bei dieser Maschine getrennt von den anderen Getrieben im vorderen Gehäusedeckel untergebracht. Es ist dadurch möglich, auch vor Ort die Vorschubstufen durch einfache Auswechslung des Vorschubgetriebes zu ändern.

Zahlentafel der minutlichen Umlaufzahlen, der Vorschubzahlen in der Minute und der Zähnezahlen für Mod. E 131

| Zähnezahl des | | | | | | | | Drehzahl der Bohrspindel in der Minute | Vorschub der Bohrspindel in der Minute |
|---|---|---|---|---|---|---|---|---|---|
| Motorgetriebes | | Vorgelegegetriebes | | Spindelgetriebes | | Vorschubgetriebes | | | |
| Motortrieb | Motorzahnrad | Vorgelegetrieb | Vorgelegezahnrad | Spindeltrieb | Spindelzahnrad | Vorschubtrieb | Vorschubzahnrad | | |
| 21 | 60 | | | | | 29 | 75 | 130 | 120 |
| | | | | | | 30 | 74 | | 250 |
| | | | | | | 30 | 74 | | 360 |
| | | | | | | 31 | 73 | | 550 |
| 27 | 54 | 19 | 54 | 14 | 38 | 32 | 72 | 180 | 750 |
| | | | | | | 33 | 71 | | 950 |
| | | | | | | 34 | 70 | | 1155 |
| 35 | 46 | | | | | 30 | 74 | 280 | 555 |
| | | | | | | 31 | 73 | | 850 |

*Prüfeinrichtung.* Für die richtige Einstellung der selbsttätigen Vorschubregelung und für die allgemeine Prüfung der Säulendrehbohrmaschinen Mod. GBD 123 und E 131 in der Reparaturwerkstatt ist die in Bild 31 dargestellte Prüfeinrichtung mit Gewichtsbelastung empfehlenswert. Sie besteht aus einer doppelrohrigen Spannsäule mit einem wagerechten Ausleger, auf dem ein Querstück geführt wird. In dessen Mitte ist ein Druckkugellager mit einer Druckplatte angebracht, die gegen den Spindelkopf der Bohrmaschine gelegt wird. Die dem Bohrdruck entsprechende Belastung des Querstückes wird durch Gewichte erzeugt, die mit 2 Stahlseilen an dem Querstück hängen. Die Stahlseile sind über Rollen geführt und an ihrem Ende zum bequemen Ein- und Aushängen der Gewichte nochmals durch ein Querstück verbunden. Bei der Prüfung ist die Feder der Reibungskupplung des Vorschubgetriebes so einzustellen, daß die Maschine Mod. GBD 123 bis 450 kg und die des Mod. E 131 bis 900 kg Bohrdruck, hervorgerufen durch die Gewichtsbelastung der Maschine, den vollen Vorschub leistet. Bei einem höheren Bohrdrucke soll sich der Vorschub durch Gleiten der Reibungskupplung selbsttätig verringern.

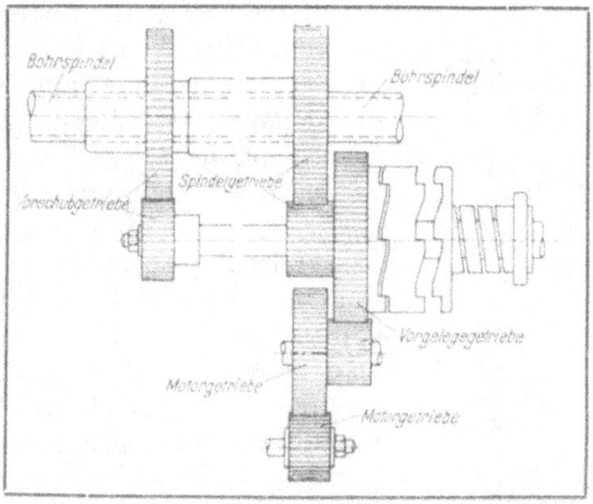


Bild 30. Getriebe der neuen Säulendrehbohrmaschine.

*Spannsäulen.* Die Spannsäulen zu diesen Maschinen sind doppelrohrig und werden in den Längen von 1, 1,5, 2, 2,5, 3 und 3,5 m geliefert. Sie bestehen aus zwei ineinander verschiebbaren Teilen. Die Länge jeder Bohrsäule kann durch Ausziehen um 0,5 m vergrößert werden. Die Spannsäulen werden mit spitzen Traversen geliefert. Die Säule wird auch mit geraden Traversen ausgeführt. Die Bohrmaschine wird zwischen den Rohren der Spannsäule befestigt und ist um die Befestigungsachse, also von oben nach unten, leicht drehbar. Da auch die Spannsäule um ihre Achse gedreht werden kann, ist die Bohrmaschine nach allen Richtungen hin schwenkbar.

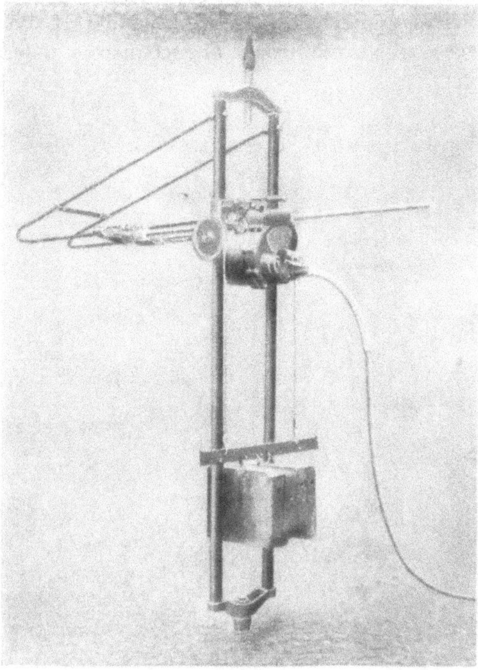

Bild 31. Prüfvorrichtung mit eingespannter Säulendrehbohrmaschine Mod. GBD 123.

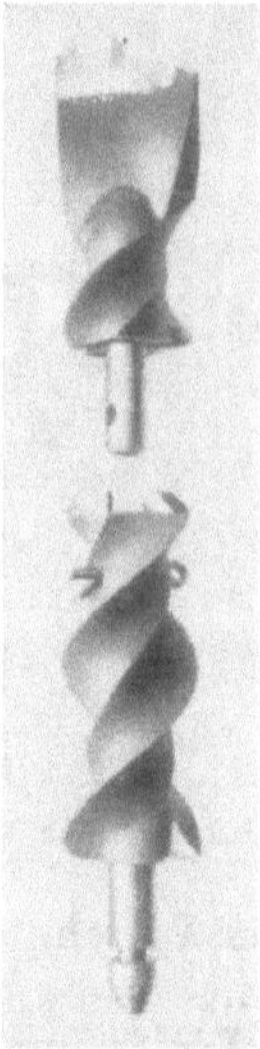

Bild 32. Hundrieser-Brechbohrer und Zwischenstück aus Schlangenbohrstahl.

Auch diese Säulendrehbohrmaschinen nebst Zubehör sind so eingerichtet, daß eine Erdung möglich ist.

Die Bohrmaschinen mit Zubehör können auf Wunsch in schlagwettersicherer Ausführung geliefert werden. Diese Ausführung ist für einige Kaliwerke, die als Schlagwettergruben angesprochen werden, erforderlich.

*Bohrermaterial; Hundrieser-Brechbohrer.* Die mit diesen Säulendrehbohrmaschinen erreichbaren Bohrleistungen sind in hohem Maße abhängig von dem zur Anwendung kommenden Bohrermaterial. In richtiger Erkenntnis hat man dieser Frage neuerdings größere Aufmerksamkeit geschenkt. Während die Einsatzschneiden der bisherigen Ausführung zwei gleichgeordnete Schneidenflügel haben, hat der neue Bohrer, der sogenannte Hundrieser-Brechbohrer, drei vorgestreckte Schneidzähne von ungleicher Breite, die in ungleichen Abständen voneinander stehen, wie Bild 32 zeigt. Die Aussparungen zwischen den Zähnen wirken an ihrem Grunde als Brechflächen. Der Hundrieser-Brechbohrer wird aus hochwertigem Wolframstahl hergestellt. Die Wirkungsweise des Bohrers ist derart, daß der etwas vorstehende, exzentrisch angeordnete mittlere Schneidzahn einen zylindrischen Hohlraum herstellt, während gleichzeitig die beiden äußeren Zähne kreisförmige Nuten einschneiden. Die in den Aussparungen stehenbleibenden zylindrischen Ringe werden bei weiterem Eindringen des Bohrers durch die Brechflächen am Grund der Aussparungen weggebrochen. Der Erfolg dieser Brechwirkung ist der, daß das Bohrgut zu 60 % aus grobkörnigem Material und nur zu 40 % aus feinem Bohrmehl besteht. Bei dieser neuartig angeordneten Bohrerschneidenform wird also wesentlich an Zerkleinerungsarbeit gespart.

*Naßschleifmaschine.* Bei dem Herrichten stumpf gewordener

Bild 33. Naßschleifmaschine für Hundrieserbohrer.

Brechbohrer fällt jede Feuerbearbeitung oder Schmiedearbeit fort. Die Bohrer werden durch Nachschleifen mit der in Bild 33 dargestellten Naßschleifmaschine mit verschieden ausgebildeten Schmirgelscheiben scharf gehalten. Für den Antrieb der Schleifmaschine sind rund 0,75 PS erforderlich. Die Umdrehungszahl der Schmirgelscheiben beträgt rund 3000/min.

Mit der neuen Säulendrehbohrmaschine können auch Bohrlöcher von größerem Durchmesser hergestellt werden, so daß bei Verwendung dieser Maschine auch das neue Parallelbohrverfahren in der Weise durchgeführt werden kann, daß ein Bohrloch von 100 mm ⌀ in die Ortsmitte gebohrt wird. Je nach der Breite der Strecke werden 23—29 Bohrlöcher in der Streckenrichtung parallel zueinander gebohrt und kranzförmig um das Mittelloch angeordnet. Die Sprengung erfolgt mechanisch, und zwar in der Weise, daß die hydraulische Sprengpumpe oder aber der mechanische Sprengapparat von Linnemann in das Mittelloch eingeführt wird und von hier aus die Sprengwirkung geschieht, wobei die kranzförmigen Löcher eine Art Schram bilden. Durch dieses Verfahren kommen die Sprengkosten in Fortfall. Stellenweise sollen in mittelharten Salzen gute Erfolge erzielt sein.

Bild 34. Kleine Kurbelstoßbohrmaschine.

## b) Vorrichtungsarbeiten in Kaligruben.

Für das Auffahren der Vorrichtungsstrecken in den Kali- und Minettegruben werden in der Regel die für die Gewinnungsarbeiten im Betrieb stehenden Säulendrehbohrmaschinen (Bild 20 und 23) verwendet, da bei den Vorrichtungsarbeiten dieser Gruben im allgemeinen die gleichen Gesteinarten angetroffen werden. Im übrigen ist man durch die neuerdings auf den Markt gebrachten Bohrschneiden mit den besonderen Ausbildungsformen in der Lage, auch bei härteren Gesteinschichten die erforderlichen Bohrarbeiten noch mit der Drehbohrmaschine und besonders mit der neuen Säulendrehbohrmaschine der Siemens-Schuckertwerke mit verstärktem Motor auszuführen. Aussichtsreiche Versuche sind in solchen Grenzfällen bereits gemacht worden, die erwarten lassen, daß das Anwendungsgebiet der Drehbohrmaschine in Verbindung mit den neuen Bohrschneiden nicht unerheblich erweitert wird, so daß in diesen Gruben mit einem einzigen Maschinenmodell sämtliche vorkommenden Bohrarbeiten ausgeführt werden können, was schon allein mit Rücksicht auf die Lagerhaltung der Ersatzteile als ein besonderer Vorteil angesprochen werden müßte. Nur in Ausnahmefällen, in denen auf Kaligruben besonders harte Anhydritschichten oder auf Minettegruben feste Gesteinbänke durchfahren werden müssen, wird man gezwungen sein, stoßend wirkende Maschinen zu benutzen. In diesen Fällen wird die kleine Kurbelstoßbohrmaschine (Bild 34) besonders in Kaligruben, die ausnahmslos die elektrische Kraftübertragung für den Betrieb sämtlicher Arbeits- und Gewinnungsmaschinen gewählt haben, wertvolle Dienste leisten, wie die Erfahrungen u. a. auf der Berginspektion Bleicherode gezeigt haben.

## C. Elektrische Untertagemaschinen für die Abbauförderung.

### 1. Allgemeines. Rutschenantriebe.

*Mechanische Abbauförderung.* Für die Förderleistung einer Grube sind die Einrichtungen, durch die das Fördergut von der Gewinnungsstelle unter Tage bis zur nächsten Förderstrecke geschafft wird, von großem Einfluß. Von allen maschinenmäßigen Abbaufördereinrichtungen haben die Schüttelrutschen die bei weitem größte Verbreitung gefunden. Ihr Wert liegt in dem Ersatz der Menschenarbeit durch die der Maschine und in der Möglichkeit, die Gewinnungsmenge durch bessere Ausnutzung der einzelnen Arbeitspunkte zu steigern. Die Verwendung von Schüttelrutschen trägt daher wesentlich zur Verringerung der Gestehungskosten bei.

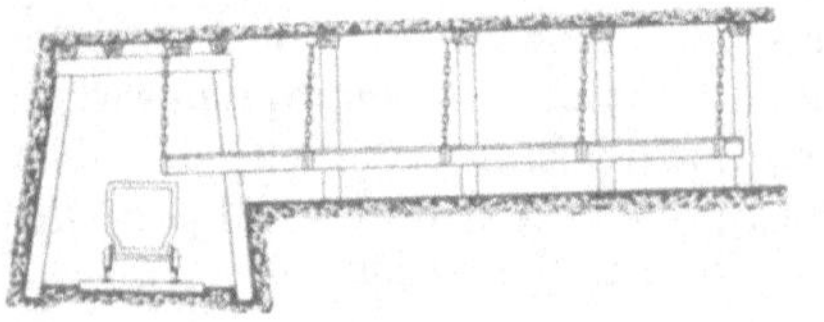

Bild 35. Pendelrutsche.

Die Schüttelrutschen werden, soweit sie im Bergbau Eingang gefunden haben, entweder aufgehängt oder auf Rollen gelagert. Die Pendelrutschen (Bild 35) sind mittels Ketten oder Drahtseilen an der Zimmerung aufgehängt.

*Pendelrutschen.* Die Pendelrutschen sind einfach in der Ausführung und können unabhängig von der Flözlagerung angebracht werden, indem wellenförmige Unregelmäßigkeiten im Einfallen durch entsprechende Längenbemessung der Ketten oder Seile ausgeglichen werden können. Die Pendellänge soll erfahrungsgemäß auf keinen Fall 0,8 m überschreiten

Am günstigsten ist 0,4 bis 0,5 m Pendellänge. Auch wenn das Liegende eines Flözes in sich unregelmäßig ist, ist eine Pendelrutsche der in solchem Fall schwer aufzustellenden Rollenrutsche vorzuziehen. In mächtigen Flözen werden Pendelrutschen mit Vorliebe zur Bergeförderung verwendet, da die Rutsche dicht unter der Firste aufgehängt und hierdurch die Versatzarbeit wesentlich erleichtert werden kann. Nachteilig ist, daß sehr viele Aufhängepunkte vorhanden sind, so daß eine Verlegung der Rutsche rechtwinklig zu ihrer Bewegungsrichtung, wie es beim Fortschreiten des Abbaustoßes erforderlich ist, nur nach Lösung jedes Aufhängepunktes und Zerlegung der ganzen Anlage möglich ist. Ferner wird der Ausbau durch die Erschütterungen des Rutschenbetriebes stark in Mitleidenschaft gezogen.

Bild 36. Rollenrutsche.

*Rollenrutschen.* Die Rollenrutschen (Bild 36) haben entgegen den Pendelrutschen die Stützpunkte in Form von Rollen oder Rädern mit beweglicher Achse unterhalb der Rutsche.

Bei den Rutschen wälzen sich zwischen der Rinne und ihrer Unterlage Rollkörper ab, deren Achsen ohne jede Verbindung mit der Rinne sind. Irgendwelche Lagerstellen sind daher auch nicht vorhanden. Es entfällt daher die gleitende Reibung in den Lagerstellen und deren Verschleiß sowie die umständliche Bedienung. Die Rollen werden zu beiden Seiten der Rinne angeordnet. Sie wälzen sich einerseits auf Tragschalen, die seitwärts an der Rinne befestigt sind, oder auf dem seitwärts umgebogenen Rand der Rinne, andererseits auf geneigten, geraden (Flachrollenrutschen) oder kurvenförmigen Laufbahnen ab, die unter den Rollen angeordnet sind. Je zwei Rollen, die sich an den Seiten der Rinne gegenüberliegen, sind durch eine Achse verbunden, die sich unter der Rinne verschieben kann. Als die besten Rollenrutschen haben sich diejenigen von 210 mm ⌀ bewährt. Die größeren Rollen von 250 mm ⌀ brachen nach kurzer Betriebsdauer in der Nabe.

Die Rollenrutschen sind gleich gut für einfallende wie für söhlige Förderung brauchbar. Ihre Bauhöhe ist gering, weshalb sie auch noch für den Abbau von Flözen ganz geringer Mächtigkeit Verwendung finden können. Ihre Oberfläche liegt allseitig frei, was für die Beschickung der Rutsche und ihre Befahrung auf beiden Seiten von Vorteil ist. Auch ist ein Vorrücken des ganzen Rutschenstranges nach dem Abbaustoß hin ohne Zerlegung des Stranges möglich. Als Nachteil der Rollenrutschen ist anzusehen, daß ihre Verlagerung einige Sorgfalt erfordert. Hier muß besonders darauf geachtet werden, daß alle Laufböcke fest auf der Sohle aufstehen, und daß die Oberkante der Rutsche eine dem Einfallen möglichst parallele Gerade bildet, und daß die Rutsche auch ausstoßen kann und nicht in ihrer Hubbewegung gehemmt wird. Kleinere Unregelmäßigkeiten in der Lagerung sind dabei durch Unterklötzen auszugleichen. Verschiebungen der Rollen gegeneinander während der Förderung sind sofort auszugleichen, da man nur so die höchstmögliche Förderleistung erreichen kann. Dieser Nachteil der sorgfältigen Aufstellung tritt jedoch hinter die großen Vorteile der Rollenrutschen zurück, so daß man die kurvenförmigen Rollenrutschen oder die Flachrollenrutschen unbedenklich als die besten Abbauförder-einrichtungen bezeichnen kann.

Bild 37. Rutschenantrieb E 1400, angetrieben durch 15 kW-Drehstrommotor.

*Elektrische Rutschenantriebe.* Die Antriebe wurden für Rollenrutschen mit kurvenförmigen Laufbahnen oder Pendelrutschen entworfen und werden in drei Ausführungen geliefert. Der kleine Antrieb Mod. E 1200 ist mit einem Motor von 4,5 kW, der mittlere Antrieb Mod. E 1310 mit einem Motor von 8,5 kW und der große Antrieb Mod. E 1400 mit einem Motor von 15 kW ausgerüstet. Die Gewichte einschließlich des Motors betragen für

| | | |
|---|---|---|
| E 1200 | rund | 540 kg, |
| E 1310 | „ | 700 „ |
| E 1400 | „ | 1600 „ . |

| | | | |
|---|---|---|---|
| Die höchste Bauhöhe ist beim | E 1200 | rund | 450 mm, |
| „ | E 1310 | „ | 490 mm, |
| „ | E 1400 | „ | 670 mm. |

Die Antriebsmotoren sind asynchrone Drehstrommotoren, deren Spannung 210/120 oder 220/380 oder 500 V, und deren Drehzahl 960 oder 1450/min bei der Frequenz 50 beträgt. Die Motoren der Antriebe E 1200 und E 1310 haben Kurzschlußläufer und sind zum Schutze gegen Verschmutzung des Motorinneren vollkommen gekapselt. Zur Verwendung kommen mantelgekühlte Motoren, die bei gleicher Leistung nur wenig schwerer und teurer als offene Motoren sind. Auf Wunsch können die Rutschenantriebe auch mit Motoren offener Bauart ausgerüstet werden, falls die örtlichen Verhältnisse deren Verwendung zulassen. Der Antrieb Mod. E 1400 (Bild 37) wird mit einem Schleifringmotor mit angebauter Anlaßwalze geliefert. Bild 38 zeigt den elektrischen Rutschenantrieb E 1310 mit einem Motor von 8,5 kW Leistung in 3 Ansichten, während aus der Schnittzeichnung (Bild 39) die Einzelheiten der Bauart des kleinen Antriebes Mod. E 1200 ersichtlich sind. Die Bauart der drei Modelle ist grundsätzlich die gleiche. Der Motor treibt durch eine gewöhnliche Kupplung ein Zahnradvorgelege an, das die Drehzahl des Motors in das Langsame übersetzt. Die Hauptzahnradwelle trägt eine Kurbelscheibe, von der die Rutsche durch eine verstellbare Schubstange unter Zwischenschaltung von Federn angetrieben wird. Das Zahnradvorgelege ist in einem vollkommen geschlossenen Gehäuse staub- und öldicht untergebracht. Die Kurbelwelle a wird mit der Kurbelscheibe vom Motor unter Zwischenschaltung

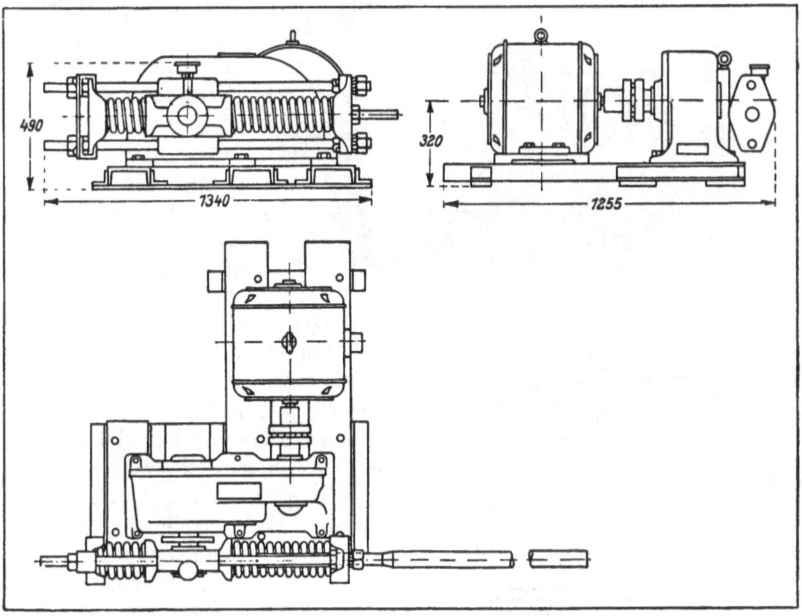


Bild 38. 8,5 kW-Rutschenantrieb in 3 Ansichten.

einer doppelten Zahnradübersetzung, bestehend aus dem sogenannten Motor- und Zwischengetriebe, angetrieben. Je nach der Übersetzung des Motorgetriebes — Räder 1 und 2 — kann die Umdrehungszahl der Kurbelwelle geändert werden, wodurch bei dem kleinen Rutschenantrieb sich vier verschiedene Hubzahlen, nämlich 80, 100, 120 und 140, und bei den größeren Rutschenantrieben drei verschiedene Hubzahlen, nämlich 85, 100 und 120 bzw. 60, 70 und 82 ergeben. Das Auswechseln der Räder gegen solche anderer Übersetzungen ist einfach und selbst unter Tage möglich, wobei das Gehäuse durch das Abnehmen des Seitendeckels an der Motorseite geöffnet wird. Zur Lagerung der Kurbelwelle a und Zwischenwelle b dienen bei dem kleinen Antrieb Mod. E 1200 reichlich bemessene Gleitlager und bei den größeren Antrieben Mod. E 1310 und

E 1400 kräftige Wälzlager. Die Lager sind nach außen abgeschlossen, so daß in sie kein Gesteinstaub eindringen und einen übermäßig raschen Verschleiß verursachen kann. Sie sind derartig durchgebildet, daß sie etwa herumspritzendes und an den Wänden herablaufendes Fett auffangen und den Lagerflächen wieder zuführen, und daher keiner besonderen Wartung bedürfen. Die Motorvorgelegewelle c läuft bei beiden Antrieben mit Rücksicht auf die hohe Umdrehungszahl in Kugellagern, die nur von Zeit zu Zeit mit Fett nachgefüllt werden brauchen. Für eine reichliche Schmierung des Zahnradgetriebes ist dadurch gesorgt, daß der vollständig staub- und öldichte Gehäusekasten in seinem unteren Teil mit einem Gemisch von Öl und konsistentem Fett gefüllt ist, worin die Räder eintauchen. Von Zeit zu Zeit muß etwa verbrauchtes Öl durch die oben auf dem Gehäuse befindliche Öffnung nachgefüllt werden, die durch einen als Schauloch ausgebildeten Deckel verschlossen ist. Auf diese Weise ist eine reichliche Schmierung des Antriebes sichergestellt, so daß sich eine besondere Wartung erübrigt.

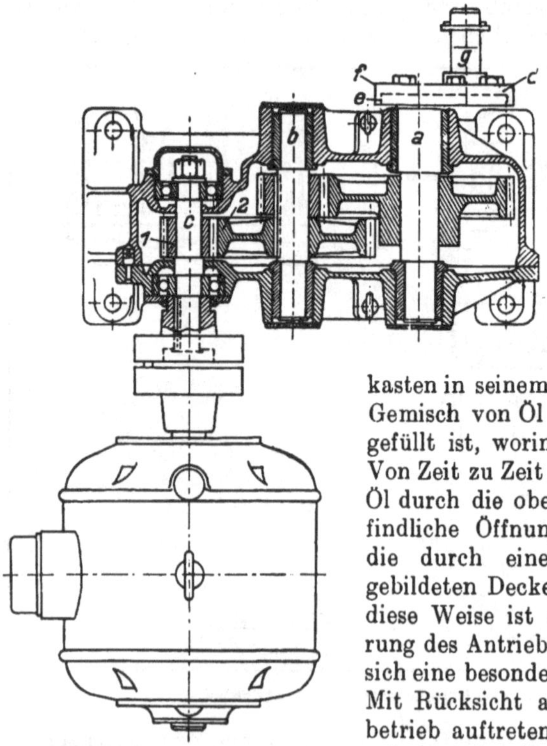


Bild 39. Schnitt durch den Schüttelrutschenantrieb der Siemens-Schuckertwerke.

Mit Rücksicht auf die beim Rutschenbetrieb auftretenden Stöße ist die Verzahnung der Räder der Antriebe mit besonderer Sorgfalt ausgeführt, und zwar ist sie auf Grund der günstigen Erfahrungen, die die Siemens-Schuckertwerke in dieser Hinsicht in Bahnbetrieben gemacht haben, so gewählt, daß eine Unterschneidung der Zähne vermieden wird. Zwischen den Flanken der aufeinander arbeitenden Zähne werden bei dieser Ausführung besonders günstige Reibungsverhältnisse geschaffen, so daß die Zähne nur einer ganz geringen Abnutzung unterworfen sind.

Besondere Erwähnung verdient noch die an der Kurbelwelle der Antriebe Mod. E 1200 und E 1310 befindliche Anordnung zur Erreichung verschiedener Hublängen. Sie beruht darauf, daß die auf der Kurbelwelle a angebrachte Kurbelscheibe d aus zwei getrennten Scheiben e und f besteht, von denen die eine mit der Kurbelwelle aus einem Stück bestehende Scheibe e exzentrisch auf der Kurbelwelle a sitzt, während die andere Scheibe f exzentrisch den Kurbelzapfen g trägt. In den Scheiben ist eine Anzahl Löcher für die Aufnahme von Schraubenbolzen auf einem Kreise angeordnet, mit denen die Scheiben zusammengehalten werden. Sie können entsprechend dem Abstand der Schraubenlöcher gegeneinander verdreht werden, wodurch der Kurbelzapfen verschiedene Stellungen zu der Kurbelwelle erhält. Auf diese Weise sind Hublängen von 50, 90, 120 und 130 mm einstellbar.

Bei den elektrischen Rutschenantrieben können daher Hubzahl und Hublänge ohne Schwierigkeiten den örtlichen Betriebsverhältnissen angepaßt werden. Wie die Erfahrungen gezeigt haben, ist ein langer Hub und eine kleine Hubzahl bei söhliger Lagerung des Rutschenstranges erstrebenswert, da mit steigender Hublänge die Ausnutzung der dem Fördergut während des Förderhubs erteilten Beschleunigung günstiger wird. Dagegen genügt bei einfallender Förderung ein kleiner Hub. Die kürzere Hublänge bedingt naturgemäß eine höhere Hubzahl.

Den Zusammenbau des Antriebes mit der Rutsche gibt Bild 38 wieder. Der Kurbelzapfen der Antriebsmaschine wird nicht durch ein starres Gestänge mit der Förderrinne verbunden, sondern in das Gestänge sind zwei verstellbare Federn von verschiedener Federkonstante eingesetzt, damit das gewünschte Bewegungsgesetz erreicht wird. Um eine gute Vorwärtsbewegung des Fördergutes in der Rutsche zu erzielen, ist es erforderlich, die Rinne am Ende des Förderhubes zu verzögern. Diese Verzögerung wird durch die kräftige Feder erteilt, ohne daß hierbei starke Stöße auftreten. Beim Rückhub nimmt die schwächere Feder die Bewegung der Rutsche auf, und zwar geschieht dies infolge der geringen Federkonstante so allmählich, daß das Fördergut auf der Rinne liegen bleibt und somit nicht zurückbefördert wird. Auf richtige Einstellung der Federn ist besonderer Wert zu legen. Bei einfallender Lagerung soll die stärkere Feder möglichst geringen Spielraum haben, bei söhliger Lagerung soll diese sich höchstens 4 cm vom Federteller abheben. Im Interesse einer geringen Federbeanspruchung ist die Hubzahl so klein zu wählen wie die verlangte Förderleistung es gestattet, da die Beschleunigungsdrücke in den Umkehrpunkten vom Quadrat der Umfangsgeschwindigkeit des Kurbelzapfens abhängen. Die Drehrichtung der Kurbelscheibe muß so gewählt werden, daß der Kurbelangriff beim Anheben der Rutsche, d. h. beim Rückhub in der Tieflage geschieht und der Förderhub in der Höchstlage erfolgt.

*Anlaßapparate für Rutschenbetriebe.* Bei dem Anlassen des Motors der ruhenden Rutsche treten Anlaufmomente auf, die der Kurzschlußmotor bei dem Sterndreieck-Anlaßverfahren nicht hergeben kann. Für die Rutschenantriebe mit Kurzschlußläufer ist daher ein einfacher Walzenschalter vorgesehen, der für feuchte Grubenräume in einem gußeisernen Schaltkasten eingebaut ist. Um den Motor bei dem dabei auftretenden hohen Anlaufstrom, der ungefähr das 4,5 bis 6,5 fache des normalen beträgt, zweckmäßig sichern zu können, wird der Schalter in der sogenannten „vs“-Schaltung ausgeführt, bei der die Sicherungen beim Anlassen ausgeschaltet und nur in der Betriebsstellung eingeschaltet sind. Der Schleifringmotor des Antriebes Mod. E 1400 erhält eine angebaute Anlaßwalze.

*Aufstellung des Rutschenantriebes.* Die Bauhöhe des elektrischen Antriebes läßt seine Aufstellung unter der Rutsche ohne weiteres zu. Sie kann am oberen Ende des Rutschenstranges, in der Mitte oder am unteren Ende erfolgen. Bei regelmäßiger Lagerung hat die Aufstellung am unteren Ende den Vorteil, daß der Antrieb nicht den Abbaustoß hinaufgeschafft zu werden braucht, was besonders in Kohlengruben bei geringer Flözmächtigkeit von Bedeutung ist. Andererseits werden bei dieser Anordnung Schlingerbewegungen der Rutsche unvermeidlich, die sich aber einschränken lassen, wenn die Rutsche sorgfältig eingebaut ist. Die Aufstellung führt aber zu einer starken Beanspruchung der oberen Verbindungsstücke, an denen die Rutsche hängt. Die Aufstellung in der Mitte ist am gebräuchlichsten und bei regelmäßiger Lagerung vorzuziehen, damit die vor und hinter dem Antrieb befindlichen Rutschenstränge sich nach Möglichkeit im Gewicht ausgleichen.

## 2. Rutschenbetrieb in Steinkohlengruben.

Die Steinkohlengruben haben seit Jahren die Vorteile der mechanischen Abbauförderung erkannt und sind zu ihr übergegangen. Die Einführung der Schüttelrutschen hat in vielen Fällen erst den Abbau von Lagerstätten ermöglicht, die wegen ihrer geringen Mächtigkeit früher unabbauwürdig waren. Die Anwendbarkeit dieser Fördereinrichtung hat sich aber nicht nur auf den eigentlichen Abbau beschränkt. Sie kann vielmehr mit dem besten Erfolg auch für Vorrichtungsarbeiten eingebaut werden.

Nachdem nunmehr eine brauchbare Lösung für den wirtschaftlichen elektrischen Antrieb gefunden ist, steht zu erwarten, daß der elektrische Rutschenbetrieb immer mehr den Preßluftbetrieb verdrängen wird, zumal der Ausbau der Drucklufterzeugungs- und Leitungsanlagen infolge der Kriegsverhältnisse mit der Verwendung von Druckluftmaschinen nicht Schritt gehalten hat. Der auf vielen Gruben vorhandene Druckluftmangel zwingt diese Gruben zur Einführung des elektrischen Rutschenbetriebes, zumal der elektrische Antrieb wesentlich wirtschaftlicher arbeitet. Beim Druckluftbetrieb wird etwa 8—12 mal soviel Energie wie beim unmittelbar elektrischen Betrieb verbraucht.

Mit Rücksicht auf die Schlagwettergefahr vieler Kohlengruben werden die Antriebe nebst Zubehör auch in schlagwettersicherer Ausführung gebaut, so daß auch bei diesen Maschinen praktisch vollkommene Schlagwettersicherheit gewährleistet ist. Die Motoren der Antriebe Mod. E 1200 und E 1310 haben einen Kurzschlußläufer und sind daher als schlagwettersicher zu bezeichnen. Der Motor des Antriebes E 1400 wird für Schlagwettergruben mit gekapselten Schleifringen geliefert. Da nach den Vorschriften für die Ausführung von Schlagwetterschutzvorrichtungen an elektrischen Maschinen, Transformatoren und Apparaten bei den Motoren u. a. eine Herabsetzung der zulässigen Erwärmung von 25 % gefordert wird, muß die Leistung gegenüber derjenigen bei normaler Ausführung um etwa 25 % herabgesetzt werden. Zur Anwendung kommen daher in Schlagwettergruben die nächstgrößeren Motoren, und zwar für E 1200 das Mod. OR 91 b/1000 für eine Schlagwetterleistung von 4,15 kW bei 1000 Umdrehungen, für E 1310 das Mod. 1 R 124 c/1500 für eine Schlagwetterleistung von 9,8 kW. Als Anlaßschalter kommt der Schaltkasten Mod. H 290 vs für 25 und 60 A mit eingebautem Walzenschalter und Sicherungen in Betracht. Kontakte und Sicherungen liegen nicht unter Öl, wie bei dem sonst gebräuchlichen Schaltkasten in schlagwettergeschützter Ausführung, sondern der Schaltkasten H 290 ist vollkommen gekapselt und für einen Innendruck von 8 at ausgeführt, so daß ohne Zuhilfenahme des für die Abbaubetriebe unzweckmäßigen Öls eine erhöhte Schlagwettersicherheit erreicht ist.

Bild 40. Schalter H 290/60.

Um zu verhüten, daß die Patronensicherungen aus dem Schaltkasten entfernt werden, während dieser unter Strom steht, ist eine Verriegelung durch den Walzenschalter vorgesehen, der ein Öffnen des über den Patronensicherungen angeordneten Deckels nur dann gestattet, wenn der Schalter ausgeschaltet ist. Außerdem blockiert der Schalter den Stecker solange, wie der Schalter eingeschaltet ist. Die Verriegelung wird erst durch das Ausschalten des Schalters wieder aufgehoben. Bild 40 zeigt den Schalter H 290.

Für die Steinkohlengruben sind in erster Linie die kleinen und mittleren Antriebe Mod. E 1200 und E 1310 am Platze, da im allgemeinen nur Rutschenlängen bis 80 m und in der Regel einfallende Förderung in Frage kommen. Nach den Betriebserfahrungen beträgt die zulässige Gesamtbelastung bei E 1200 rund 4 t und beim E 1310 rund 6,5 t. Die zulässigen Rutschenlängen bei Rollenrutschen sind bei den verschiedenen Füllquerschnitten der Rutschenbleche errechnet und in der nachstehenden Zahlentafel zusammengestellt. Bei Hänge- bzw. Pendelrutschen verringern sich die zulässigen Längen um etwa 20 %, falls nicht die Stoßkräfte in der Nähe des Antriebes durch Einbau einiger Rollenstühle und durch andere Vorrichtungen abgefangen werden.

Zahlentafel der zulässigen Rutschenlängen bei Kohlenförderung und praktisch einwandfreier horizontaler Verlagerung. Antriebe E 1200 u. E 1310 1 $m^3$ gesch. Kohle = 0,8 t

| Füllquerschnitt in $m^2$ | Gewicht für 1 m Blech in t | E 1200 | | | E 1310 | | |
|---|---|---|---|---|---|---|---|
| | | Rutschenlänge in m | Nutzlast in t | Tote Last in t | Rutschenlänge in m | Nutzlast in t | Tote Last in t |
| 0,0280 | 0,034 | 70 | 1,5 | 2,4 | 115 | 2,5 | 3,9 |
| 0,0385 | 0,037 | 60 | 1,9 | 2,2 | 95 | 3,0 | 3,5 |
| 0,0520 | 0,040 | 50 | 2,1 | 2,0 | 80 | 3,4 | 3,2 |
| 0,0670 | 0,046 | 40 | 2,2 | 1,8 | 65 | 3,5 | 3,0 |
| 0,0760 | 0,050 | 35 | 2,2 | 1,7 | 58 | 3,5 | 2,9 |

Bild 41 zeigt einen kleinen Rutschenantrieb E 1200, wie er in größerer Anzahl auf Gottessegen-Vertrauenschacht, Lugau bei Chemnitz im Betrieb steht. Diese kleinen Rutschenantriebe treiben eine Rutsche von 420 $cm^2$ bei einem Einfallen von 3–5° und rund 50–60 m Länge. Auf der

Bild 41. Rutschenanlage auf Gottessegen, Lugau, Vertrauenschacht.

Wenceslausgrube, Mölke bei Neurode, arbeiten etwa 40 mittlere Antriebe Mod. E 1310, die Rutschenlängen von 50 bis 80 m bei einem Rutschenquerschnitt von 520 cm² antreiben. Unter ähnlichen Verhältnissen arbeiten Antriebe auf Zeche Minister Stein bei Dortmund und auf den Gruben der Gräfl. Donnersmarckschen Verwaltung in Antonienhütte. Die Förderleistung ist abhängig von dem Marschweg, d. h. von derjenigen Strecke, um die die Kohle bei jedem Hub vorwärts gestoßen wird, und ferner von dem Füllquerschnitt der Rutsche. Der Marschweg ist natürlich bei wagerechter Lagerung der Rutschenbahn kleiner als bei einfallender Lagerung und beträgt je nach der Neigung der Rutsche 12 bis 30 cm. Die durchschnittlichen erreichbaren Stundenleistungen bei den verschiedenen Füllquerschnitten und einem Marschweg von 15 cm/Hub bei horizontaler Lagerung sind aus nachstehender Zahlentafel ersichtlich.

Zahlentafel. Stündliche erreichbare Förderleistungen bei vollbeladener, horizontal verlagerter Rutsche bei einem Marschweg von 15 cm/Hub = 20 cm/s, Antriebe E 1200 und E 1310

| Füllquerschnitt $m^2$ | $m^3/h$ | t/h bei 1 $m^3$ = 0,8 t | |
|---|---|---|---|
| 0,0280 | etwa 20 | etwa 16 | Bei praktisch guter Verlagerung der Rutschenbahn. |
| 0,0385 | „ 28 | „ 22 | |
| 0,0520 | „ 37 | „ 30 | |
| 0,0670 | „ 48 | „ 38 | |
| 0,0760 | „ 55 | „ 44 | |

### 3. Rutschenbetrieb in Kaligruben.

Eine besondere Bedeutung hat die mechanische Abbauförderung für den Kalibergbau durch die Schaffung eines brauchbaren elektrischen Antriebes erlangt, und zwar für die Werke, die mächtige, steile Lager mit hohen Firsten abbauen. Naturgemäß wird auch im Kalibergbau in ähnlicher Weise wie beim Steinkohlenbergbau die Einführung der Schüttelrutschen eine Umgestaltung der Abbauverfahren zur Folge haben. Denn die wirtschaftlichen Vorteile des Rutschenbetriebes werden nur dann zur vollen Geltung kommen, wenn die Abbauverfahren und Fördereinrichtungen einander angepaßt werden. Der seit einigen Jahren im Kalibergbau aufgenommene Rutschenbetrieb hat bereits recht günstige Ergebnisse gezeitigt und eine wesentliche Überlegenheit dieser Fördereinrichtung gegenüber der Handförderung, selbst bei dem vorläufig noch in Anwendung stehenden Abbauverfahren, erwiesen. Mit Rücksicht auf das hohe spezifische Gewicht des Fördergutes und auf die zur Anwendung kommenden großen Abmessungen der Rutschenbleche kommt für die Kaliwerke hauptsächlich der große Rutschenantrieb Mod. E 1400, der mit einem 15 kW-Motor ausgerüstet ist, in Frage (Bild 37), und der für

Rutschenlängen bis rund 110 m reicht. Bei kürzeren Rutschenlängen kann in vielen Fällen auch der 8,5 kW-Antrieb mit Erfolg zur Anwendung kommen. Die Gesamtbelastung des 15 kW-Antriebes E 1400 beträgt 12,5 t, während beim E 1310 nur eine Belastung von 6,5 t zulässig ist. Diese Gesamtbelastungen gelten für Rutschenbetrieb ohne Selbstbeschickung. Bei Selbstbeschickung erniedrigt sich die zulässige Belastung bei dem Antrieb E 1400 auf 11,5 t und beim Antrieb E 1310 auf 5,7 t. Aus der nachstehenden Zahlentafel sind die zulässigen Rutschenlängen entsprechend den verschiedenen Füllquerschnitten bei Selbstbeschickung und praktisch einwandfreier horizontaler Verlagerung ersichtlich.

Zahlentafel. Zulässige Rutschenlängen in Kaligruben bei horizontal verlagerter Rutsche mit Selbstbeschickung. Antriebe E 1400 und E 1310

| Füllquerschnitt in m² | Gewicht für 1 m Blech in t | E 1400 | | | E 1310 | | |
|---|---|---|---|---|---|---|---|
| | | Rutschenlänge in m | Nutzlast in t | Tote Last in t | Rutschenlänge in m | Nutzlast in t | Tote Last in t |
| 0,0385 | 0,037 | — | — | — | 70 | 3,2 | 2,6 |
| 0,0520 | 0,040 | 115 | 7,1 | 4,6 | 55 | 3,4 | 2,2 |
| 0,0670 | 0,046 | 90 | 7,2 | 4,2 | 45 | 3,6 | 2,1 |
| 0,0760 | 0,050 | 80 | 7,3 | 4,0 | 40 | 3,7 | 2,0 |

Bild 42. Rutschenanlage auf Gew. Asse mit Versteckrutsche.

*Rutschenbleche.* Da außer der Nutzlast beim Rutschenbetrieb auch die ganze tote Last des Rutschenstranges mitbewegt werden muß, ist von den Siemens-Schuckertwerken angeregt worden, die Rutschenbleche aus leichtem Baustoff herzustellen. Zur Zeit wird als Baustoff ein Siemens-Martin-Flußeisen von etwa 20 % Dehnung und etwa 40 kg Festigkeit benutzt. Bei Verwendung von Duraluminium würde das Gewicht von 40 kg auf 15 kg je lfdm Rutschenblech heruntergedrückt werden können. Auch hinsichtlich der Haltbarkeit und Widerstandsfähigkeit gegen Verschleiß bestehen bei Verwendung von Duraluminium als Baustoff keine Bedenken, da das Material mit einer Festigkeit von 40—42 kg und 20—22 % Dehnung hergestellt wird. Die Bedeutung einer derartigen Gewichtsersparnis ist aus den Zahlentafeln zu erkennen. Die zulässigen Förderlängen können erhöht, das Gewicht der Antriebe verringert, die Umbaukosten verkleinert werden, ohne daß eine Einbuße der Leistungsfähigkeit eintritt. Vorläufig scheitert die Verwendung von Duraluminium an der Preisfrage, da der Materialmehrpreis etwa das 50fache der Eisenrutschen beträgt.

Wie schon früher erwähnt wurde, hängt die stündlich erreichbare Förderleistung nicht nur von dem Marschweg, sondern auch von dem Querschnitt der Rutsche ab. Der Marschweg ist um so größer, je geneigter die Rutschenbahn liegt und je sorgfältiger sie verlagert ist. Da bei Verwendung von Rutschenbahnen mit großem Querschnitt die Belastung außerordentlich steigt und dadurch die zulässige Rutschenlänge nicht unerheblich sich ver-

Bild 43. Rutschenanlage E 1400 auf Gew. Asse bei Wittmar.

ringert, ist es mit Rücksicht auf die in der Regel vorhandenen langen Firsten bis 120 m zweckmäßig, kleine Füllquerschnitte zu benutzen und durch sachgemäße, möglichst geneigte Lagerung den Marschweg zu erhöhen, um hohe stündliche Förderleistungen zu erzielen. Die durchschnittlich erreichbaren Stundenleistungen bei den verschiedenen Füllquerschnitten und einem Marschweg von 15 cm/Hub bei einem horizontal gelagerten Rutschenstrange sind aus nachstehender Zahlentafel zu ersehen. Bild 42 veranschaulicht die Wegfüllarbeit der Salze aus hohen Firsten auf dem Kaliwerk Gew. Asse bei Wittmar, wo bereits seit Jahren in größerem Umfange der Rutschenbetrieb mit bestem Erfolg eingeführt ist. Die Rutsche hat eine Länge von etwa 110 m bei einem Füllquer-

Zahlentafel. Durchschnittliche Förderleistungen bei horizontal praktisch einwandfrei verlagerten Rutschenbahnen, voller Beschickung und durchschnittlichem Marschweg von 15 cm/Hub = 20 cm/s. Antriebe E 1310 und E 1400

| Füllquerschnitt $m^2$ | $m^3/h$ | t/h bei 1 $m^3$ = 1,2 t |
|---|---|---|
| 0,0280 | 20 | 24 |
| 0,0385 | 28 | 34 |
| 0,0520 | 37 | 45 |
| 0,0670 | 48 | 58 |
| 0,0760 | 55 | 65 |

Bild 44. Rutschenanlage auf den Deutschen Kaliwerken, Bernburg.

schnitt von 520 cm² und wird durch den Antrieb E 1400 angetrieben; sie beschickt sich selbst, und zwar läuft die Füllrutsche, die in das Haufwerk arbeitet, in einem eisernen Rahmen, der nicht nur die Beschädigung der Bleche durch herabfallende Salzstücke, sondern auch das lästige Klettern der Versteckrutsche verhindert. Auch ist bei dieser Anordnung die Reibung der Füllrutsche auf der Sohle wesentlich geringer.

Bild 43 zeigt die Aufstellung des Antriebes E 1400 an dieser auf Gew. Asse im Betrieb stehenden Rutschenbahn. Die Rutsche ist zum Teil als Rollenrutsche, zum Teil als Pendelrutsche ausgeführt und fördert in ein Rolloch.

Bild 44 stellt einen Rutschenbetrieb auf den Deutschen Kaliwerken, Bernburg, dar, und zwar in einen Förderwagen ausgießend. Die am Ende ansteigende Rutschentour von 520 cm² Querschnitt und etwa 50 m Länge wird von dem mittleren Antrieb E 1310 angetrieben.

*Förderleistungen gegenüber Handbetrieb.* Während früher auf Gew. Asse bei der Handförderung in einer siebenstündigen Schicht von 8 Mann 70 Wagen von je 0,75 t Inhalt gefördert wurden, ist die Förderung beim Rutschenbetrieb mit Rollöchern bei der gleichen Anzahl Leute auf 140 Wagen gestiegen. Die für die Umstellung der Zubringerrutsche und Verlängerung des Rutschenstranges benötigte Zeit ist eingerechnet. Das Wegfüllen erfolgt ununterbrochen. Die Arbeit des Wegfüllens ist

Bild 45. Zubringerrutsche, die in eine Sammelrutsche ausschüttet.

wesentlich erleichtert, da die zum Teil schweren Salzstücke nicht mehr bis zum Förderwagen gehoben werden brauchen, sondern ohne erhebliche Anstrengung in die niedrige Rutsche geworfen werden. Besonders große Salzstücke werden zunächst durch Sprengung zerkleinert, und zwar benutzt man hierfür mit bestem Erfolg die kleine Freihanddrehbohrmaschine, die auch für sonstige Nebenarbeiten in den Kaligruben zur Ergänzung der Säulendrehbohrmaschine gute Dienste leistet.

Bild 46. Haspel mit ganz geschlossenem Drehstrommotor an der Spannsäule.

*Zubringerrutschen.* Die Förderung der Salze aus Firsten über 15 m Breite hat insofern Schwierigkeiten verursacht, als bei Aufstellung der Rutsche in der Mitte der Firste an beiden Stößen große Mengen Salze zurückbleiben. Der Gumpel-Konzern hat auf seinen Werken eingehende Versuche angestellt, um diesen Nachteil des Rutschenbetriebes in breiten Firsten zu beheben, und zwar:

1. durch Verschieben und Schwenken des Rutschenstranges;
2. durch Anwendung von Parallelrutschen gleicher Richtung;
3. durch Gabelrutschen;
4. durch Zubringerrutschen.

Das Schwenken der Rutschenbahn wird derart ausgeführt, daß das letzte Ende des Stranges abgebaut und in einem Bogen wieder gegen das Haufwerk geführt wird. Dieses Verfahren ist nur von Erfolg begleitet, wenn die Aufstellung der Rutschenbahn sorgfältig durchgeführt wird. Zweckmäßig ist es, hierbei möglichst kurze Blechstöße zu verwenden. Gegen die Anordnung von Parallelrutschen haben sich im Betriebe Bedenken gezeigt, da in der Regel in der Mitte ein Kegel stehen bleibt. Parallelrutschenbetrieb ist daher nur dann wirtschaftlich, wenn die Breite der Firsten so groß ist, daß durch 2 oder 3 Parallelrutschen das gesamte Salz-Material ohne besondere Handarbeit herausgefördert werden kann. Die Anwendung von Parallelrutschen ist daher von der Breite der Firsten abhängig.

Mit der Anordnung einer Gabelrutsche liegen besonders auf Gew. Asse jahrelange Betriebserfahrungen vor, die kaum als günstig angesprochen werden können. Die Nachteile dieses Verfahrens liegen darin, daß die tote Last der Rutschenstränge zu groß wird, und daß auch noch Salzkegel zwischen den einzelnen Rutschensträngen liegen bleiben, die von Hand herausgebracht werden müssen. Auch die Verlagerung einer Gabelrutsche verursacht durch ihre Abzweigstränge erhebliche Mehrarbeit, da die sorgfältige Verlagerung eines Rutschenstranges für die Förderleistung ausschlaggebend ist. Bei schlechter Verlagerung entstehen Gegenschwingungen und Spannungen, die die Förderung beeinträchtigen und den Verschleiß der Bleche an den Stoßverbindungen vergrößern. Am besten bewährt hat sich in den breiten Firsten die Anwendung von Zubringerrutschen. Bild 45 zeigt eine Zubringerrutsche, die in eine Sammelrutsche ausschüttet. Als Antrieb für diese Zubringerrutschen wird bei Rutschenlängen bis zu 35 m der kleine Antrieb Modell E 1200, bei Rutschenlängen von 35—55 m der mittlere Antrieb E 1310 verwendet. Die Verlagerung der Zubringerrutsche muß so angeordnet werden, daß die Rutsche mit Einlaufkasten und Vorsteckrutsche ins Haufwerk arbeitet und sich wie die Hauptrutsche selbst beschickt, da andernfalls die Wirtschaftlichkeit des Rutschenbetriebes ungünstig beeinflußt wird. Um von allen Seiten das Haufwerk angreifen zu können, muß die Zubringerrutsche häufig umgestellt werden. Die Umstellung des Rutschenstranges und des Antriebes muß möglichst einfach und in kurzer Zeit ausgeführt werden können. Auf Grund der bisherigen Erfahrungen wird dies am besten durch Verwendung eines Antriebes, der auf einem auf der Sohle fest verlagerten Rahmen schwenkbar angeordnet ist, erreicht. Die Wirtschaftlichkeit des Rutschenbetriebes kann dadurch erhöht werden, daß die Rutschen in Rollöcher ausschütten und der Rutschenstrang möglichst einfallend verlagert wird.

Bild 47. Fahrbarer Haspel, angetrieben durch Drehstrommotor mit Schleifringläufer.

*Rutschenbetrieb in Braunkohlen- und Erzgruben.* Auf Grund dieser Erfolge mit dem elektrischen Rutschenantrieb in der Kaliindustrie hat auch der Braunkohlenbergbau auf seinen Tiefbaugruben, sowie der Erzbergbau mit seinen mächtigen, flözartigen und flachliegenden Lagerstätten Versuche mit dieser Fördereinrichtung aufgenommen, die bereits stellenweise die Einführung zur Folge hatten. Die Hugo Stinnes-Riebeck Montan- und

Oelwerke, Aktiengesellschaft, Halle, haben bereits 10 elektrische Rutschenanlagen auf ihren Tiefbaugruben mit bestem Erfolg im Betrieb. Von Fall zu Fall muß aber im Braunkohlenbergbau auf Grund der örtlichen Betriebsverhältnisse und der Beschaffenheit der Kohle geprüft werden, ob der Schüttelrutschenbetrieb mit Erfolg zur Anwendung kommen kann.

### 4. Förderhaspelbetrieb.

Der Rutschenbetrieb ist nur auf solchen Kaliwerken mit Erfolg durchzuführen, die mit hohen Firsten arbeiten. Bei flachen Lagerstätten und bei geringer Mächtigkeit des Salzlagers, wie es bei den Kaliwerken an der Werra zutrifft, hat der Rutschenbetrieb keine Bedeutung, da in solchen Fällen eine Herabsetzung der Selbstkosten durch Rutschenbetrieb kaum zu erreichen ist. Für diese Werke können für die Abbauförderung mit Vorteil kleine Förderhaspel Verwendung finden, die auch in Kohlengruben seit Jahren für das Heraus- und Fortschaffen der Förderwagen erfolgreich benutzt werden.

Bild 48. Schlagwettersicherer S.S.W.-Kleinhaspel, angetrieben durch Rüdenbergmotor.

Bild 46 zeigt einen kleinen an einer Spannsäule befestigten Haspel mit einem ganz geschlossenen Drehstrommotor von 3—5 PS. Aus der beigefügten Zahlentafel ist die Zugkraft ersichtlich.

| Motorleistung | Seilzugkraft in kg | Nutzlast in kg bei Einfallen von | | | | | |
|---|---|---|---|---|---|---|---|
| | | 60° | 45° | 30° | 15° | 10° | horiz. |
| 3 PS | 310 | 355 | 440 | 620 | 1190 | 1750 | 15200 |
| 4 PS | 415 | 475 | 585 | 830 | 1590 | 2360 | 20500 |
| 5 PS | 520 | 590 | 735 | 1040 | 2000 | 2960 | 26000 |
| Seilgeschwindigkeit 0,6 m/s. | | | | | | | |

Bild 47 zeigt einen fahrbaren Haspel für einen Seilzug von 400 bis 700 kg bei einer Seilgeschwindigkeit von 0,75 m/s. Dieser Haspel wird durch einen Drehstrommotor mit Schleifringläufer von 4—8 kW Leistung angetrieben. Da der Motor freiliegende Schleifringe hat und auch die zugehörigen Apparate nicht schlagwettersicher sind, kommt dieser

Haspel hauptsächlich für Kaligruben in Betracht. Will man in Kohlengruben Haspel für eine etwas größere Leistung als diejenige des Säulenhaspels verwenden, so muß man entweder einen Motor mit außenliegenden schlagwettersicher geschützten Schleifringen und einen Steuerschalter mit Kontakten unter Öl verwenden oder aber die elektrische Ausrüstung unter Beibehaltung eines Kurzschlußläufers entsprechend ausbilden. Die Siemens-Schuckertwerke haben für Kleinhaspel einen Kurzschlußmotor mit Wirbelstromläufer durchgebildet, der sich durch ein für Haspelbetrieb ausreichendes Anfahrmoment bei geringem Anlaufstrom von den gewöhnlichen Kurzschlußläufermotoren unterscheidet. Der in Bild 48 dargestellte Kleinhaspel ist für eine Zugkraft von 600—800 kg bei einer Seilgeschwindigkeit von 0,75 bis 1 m/s durchgebildet. Diese Kleinhaspel können auch für Kaligruben mit Erfolg verwendet werden, zumal bei Verwendung der Kurzschlußmotoren der Steuerschalter mit Widerständen in Fortfall kommt. In diesen Fällen werden normale Motoren mit Wirbelstromläufer und Schalter in einfachem Gußgehäuse vorgesehen.

## D. Elektrische Untertagemaschinen für Sonderbewetterung.

Die Sonderbewetterung verdient in noch weit höherem Maße als es bisher geschah, zur Versorgung der Aus- und Vorrichtungsarbeiten herangezogen zu werden. Nach dem Schießen muß durch eine kräftige Sonderbewetterung der Betriebspunkt von dem Qualm und Nachschwaden möglichst schnell gereinigt werden, damit die Arbeiten sofort wieder aufgenommen werden können und keine Zeitverluste entstehen. Auch erhöht eine gute Sonderbewetterung die Leistungsfähigkeit der Arbeiter während der Arbeitszeit. Der oft erhobene Einwand, daß bei Verwendung von Preßluftbohrmaschinen die Bewetterung wesentlich einfacher ist als bei Benutzung elektrischer Bohrmaschinen, kann bei näherer Prüfung nicht als berechtigt angesehen werden. Das Ausblasen der Preßluft zur Bewetterung des Ortes ist in höchstem Maße unwirtschaftlich und wird in ausreichender Weise in der Regel unmöglich sein. Läßt man nur 15 m³ minutlich ausströmen, so sind das stündlich bereits 900 m³, deren Verdichtung durch den Kompressor auf 5 at eine Arbeitsleistung von 90—100 PS erfordert. Aus diesem Grunde müssen sowohl bei Preßluftbetrieb als auch bei elektrischem Bohrbetrieb besondere Bewetterungsmaschinen zur Anwendung kommen.

Bild 49. Schlottergebläse mit freiem Wellenstumpf. Blick auf das Laufrad.

*Schlottergebläse.* Für die in der Regel ausgeführte Luttenbewetterung haben sich die von den Siemens-Schuckertwerken gebauten Schlottergebläse bestens bewährt. Das Schlottergebläse ist ein in allen Kulturstaaten geschütztes Schraubengebläse mit Leitapparat, das mit den üblichen Vorzügen aller Schraubenlüfter (achsialer Durchgang und hohe Umlaufzahl) einen Höchstwirkungsgrad von 80 % und die Erzeugung hoher Drucke (bis zu 200 mm WS) verbindet. Jedes Schlottergebläse besteht in der Hauptsache aus einem fünfflügeligen Laufrad und einem acht- oder zehnflügeligen Leitrad. Beide sind aus Bild 49 ersichtlich. Die Druckflächen der Räder sind reine Schraubenflächen, d. h. Flächen,

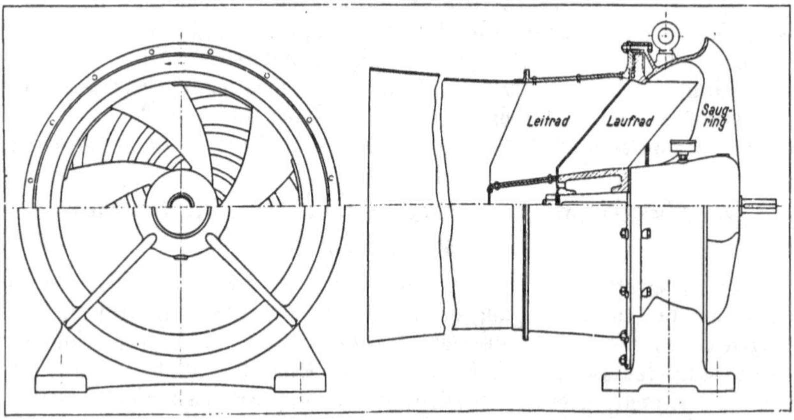


Bild 50. Schlottergebläse in Ansicht und Schnitt.

die durch die drehende Bewegung einer Linie um eine Achse bei gleichzeitiger Verschiebung der Linie längs der Drehachse erzeugt werden. Der Laufradflügel ist im wesentlichen dadurch gekennzeichnet, daß die Abwicklung der Flügelkante am Umfang nahezu gleich der Grundrißprojektion der Erzeugenden ist und die Aufrißabwicklung der Erzeugenden mit der Achse einen spitzen Winkel bildet. Die grundlegende Neuartigkeit des Leitapparatprinzips besteht darin, daß sich die Eintrittskanten des Leitrades mit den Austrittskanten des Laufrades nicht, wie sonst üblich, decken, sondern an jeder Stelle rechtwinklig kreuzen. Dies geht deutlich aus Bild 50 hervor. Der aus dem Laufrad austretende Luftstrom wird daher durch die einzelnen Leitschaufeln radial unterteilt und von diesen stoßfrei aufgenommen.

Die im Drehsinn des Laufrades wachsende Krümmung der Leitschaufeln bewirkt eine Zusammenschnürung des Luftstromes und damit dessen weitere Beschleunigung in dem ruhenden Leitapparat, so daß ein erheblicher Teil des Achsialschubes erst in dem Leitapparat

Bild 51. Schlottergebläse, Mod. SGOR 42,5/3000. Blick auf den Motor.

erzeugt wird, was für die Konstruktion sehr günstig ist. Infolge des Beharrungsvermögens treten daher die Luftfäden leicht rotierend und zur Achse konvergent aus, so daß bei freier Luftbewegung der kleinste Strahlquerschnitt etwa in der halben Durchmesserlänge vor dem Leitapparat liegt. Mit wachsendem Gegendruck wächst natürlich die Rotation und damit auch die Radialkomponente, während die Achsialkomponente kleiner wird, so daß von einem bestimmten Gegendruck an die weitere Konzentration hinter dem Leitapparat vollkommen genügt.

Das Schlottergebläse zeichnet sich vor allen Fliehkraft- und bisher bekannten Schraubenlüftern durch einen unerreicht hohen und über einen großen Belastungsbereich gleichmäßig bleibenden Wirkungsgrad aus. Dabei ist der Kraftbedarf bei einer bestimmten Drehzahl fast über den ganzen Belastungsbereich hin der gleiche. Dieser Umstand fällt hauptsächlich dort ins Gewicht, wo der Gegendruck nicht genau vorauszubestimmen ist, oder wo die Betriebsverhältnisse bei gleicher Luftmenge wechselnden Gegendruck bedingen, was bei der Sonderbewetterung infolge der wechselnden Luttenlängen der Fall ist. Während also der Antriebsmotor bei den Fliehkraftlüftern bei der Unterschreitung und bei den Schraubenlüftern bei der Überschreitung des normalen Gegendruckes überlastet wird, ist bei den Schlottergebläsen eine Überlastung und infolgedessen ein Durchbrennen des Antriebs-Elektromotors ausgeschlossen. Die wesentlichen Vorteile der Schlottergebläse für die Sonderbewetterung sind kurz zusammengefaßt folgende:

Bild 52. Bewetterung einer Vorrichtungsstrecke auf der Cons. Cleophasgrube in Zalenze.

1. Gedrungene achsiale Bauart, Einbaumöglichkeit an einem Ende oder in der Mitte der Lutte.
2. Hohe Umlaufszahl, daher kleine Antriebsmotoren;
3. Hoher Wirkungsgrad, daher kleiner Energiebedarf.
4. Gleichmäßiger Energiebedarf bei jeder Luttenlänge (bei veränderlichen Wettermengen), daher keine Überlastung des Antriebmotors bei zu kurzen oder zu langen Lutten.

Für den besonderen Verwendungszweck als Grubenlüfter werden die Schlottergebläse mit Motoren für 3000 Umdr/min derart zusammengebaut, daß Flügelrad und Läufer auf einer gemeinschaftlichen Welle

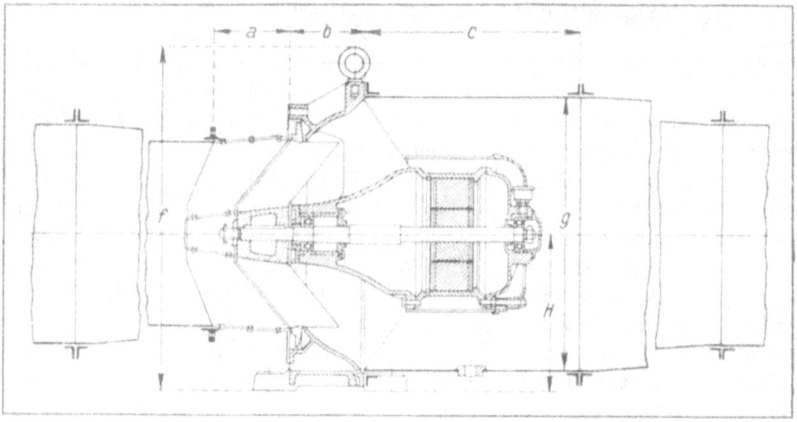


Bild 53. Schlottergebläse in eine Luttenleitung eingebaut.

sitzen und somit Gebläse und Motor, wie Bild 51 zeigt, bei möglichst leichter und gedrungener Bauart eine einheitliche Maschine bilden.
Der Motor ist gewöhnlich ein Drehstrommotor mit Kurzschlußläufer, der vollkommen geschlossen und somit vor äußeren Einflüssen des Wetterstromes geschützt ist. Ein Schutzkorb aus grobem Drahtgeflecht vor dem Laufrad verhindert das Eindringen von Fremdkörpern und damit eine Beschädigung der Maschine.
Das Schlottergebläse kann entweder an einem Ende der Lutte, und zwar drückend oder saugend angeordnet oder auch so in die Lutte eingebaut werden, daß es gleichzeitig saugt und drückt. In jedem Fall muß sich an den Druckstutzen des Gebläses ein Ausblasestutzen von vorgeschriebener Form anschließen, um den dynamischen Druck in statischen möglichst verlustlos umzusetzen.
Zwecks Ersparnis von Fracht- und Verpackungskosten wird dieser Stutzen gewöhnlich nicht mit dem Gebläse geliefert, sondern zweckmäßig an Ort und Stelle beschafft. Schließt sich an das Gebläse eine Druckleitung

an, so darf diese nicht gleich an ihrem Anfang einen Krümmer enthalten, sondern muß vielmehr hinter dem Druckstutzen noch rund 10 m in gerader Richtung geführt werden.

*Schlottergebläse als Luttenventilator.* Der Umstand, daß sich das Schlottergebläse mitten in eine Luttenleitung einbauen läßt, ist von großer Bedeutung mit Rücksicht auf die jeder Luttenleitung anhaftenden Undichtigkeiten. Auch wenn die Verbindungsstellen sorgfältig verschmiert oder mit Wettertuch umwickelt werden, sind bei längeren, mehrfach gebrauchten Luttenleitungen und bei Verwendung nur eines Lüfters mit entsprechend hohem Druck die Wetterverluste durch Undichtigkeiten so groß, daß sie oft ein Vielfaches der Nutzleistung betragen. Zur Verringerung der als unvermeidlich anzusehenden Undichtigkeitsverluste,

Bild 54. Luttenventilatoren.
Ausführung mit Kabelstutzen. Ausführung mit Steckvorrichtung.

die selbstverständlich mit der Größe des Innendruckes wachsen, bleibt als einziges Mittel die Unterteilung des Druckgefälles durch Anwendung mehrerer Lüfter. Für diese Einbauart kommen übrigens Fliehkraftlüfter kaum in Frage, da bei ihnen die Saug- und Drucköffnungen nicht wie bei den Schraubenlüftern und Schlottergebläsen in parallelen, sondern in senkrecht aufeinanderstehenden Ebenen liegen, wodurch ihr Einbau in Lutten mit Rücksicht auf den knappen Raum unter Tage sehr viel schwieriger ist. Bild 52 veranschaulicht ein fertig aufgestelltes Schlottergebläse mit angeschlossenem Diffusor und angebauter Druckleitung. Das Gebläse saugt die Wetter frei an und drückt sie durch die Lutten bis vor Ort. Das Gebläse kann entweder auf der Sohle aufgestellt oder am Stoß befestigt werden.

Die Schlottergebläse für Sonderbewetterung werden in 3 Größen geliefert, Die Hauptmasse, Motorleistungen, Gewichte und Höchstspannungen. für die die einzelnen Modelle ausgeführt werden, sind aus der eingefügten Skizze (Bild 53) und aus Zahlentafel I zu entnehmen.

| Zahlentafel I. Hauptmaße der verschiedenen Schlottergebläsemodelle. | | | | | | | | |
|---|---|---|---|---|---|---|---|---|
| Schlottergebläse Modell | H | a | b | c | f | g | Motorleistung in kW | Gew. kg netto etwa |
| SGPR 30-3000 | 250 | 130 | 125 | 350 | 545 | 434 | 0,75 | 80 |
| SGOR 35-3000 | 290 | 152 | 145 | 475 | 640 | 513 | 1,9 | 120 |
| SGOR 42,5-3000 | 340 | 185 | 170 | 500 | 742 | 615 | 6 | 230 |

Zur Auswahl der passenden Gebläsegröße sind in Zahlentafel II für die verschiedenen Luttendurchmesser und Wettermengen die für die einzelnen Modelle höchstzulässigen Luttenlängen angegeben, wobei vorausgesetzt ist, daß die Lutten dicht sind. Handelt es sich z. B. um die Bewetterung einer Strecke, die 900 m vorgetrieben wird, und am Ende einer 900 m Luttentour von 500 mm ∅ noch eine Wettermenge von rund 60 m³/min fördern soll, so reicht das Gebläse SGPR 30/3000 aus. Während des Vortriebes fördert das Gebläse bei 350 m Luttenlänge 90 m³/min.

*Anlaßapparate für Schlottergebläse.* Obwohl der Motor der Schlottergebläse einen Kurzschlußläufer hat, haben sich bei diesen Wettermaschinen

| Zahlentafel II. Luttenabmessungen und Wettermengen für die verschiedenen Schlottergebläsemodelle. | | | | | | | | | | | |
|---|---|---|---|---|---|---|---|---|---|---|---|
| Luttendurchmesser | Schlottergebläsemodell | 15 | 30 | 45 | 60 | 90 | 120 | 150 | 180 | 240 | m³ min. |
| | | 5 | 10 | 15 | 20 | 30 | 40 | 50 | 60 | 80 | Mann Belegschaft |
| 250 mm | SGPR 25 | 200 | 50 | | | | | | | | Maße der Luttenlängen in m bei geraden und praktisch dichten Lutten |
| 300 mm | SGPR 25 | 400 | 100 | 50 | | | | | | | |
| | SGPR 30 | 550 | 200 | 80 | 50 | | | | | | |
| 400 mm | SGPR 25 | 1250 | 500 | 200 | 80 | | | | | | |
| | SGPR 30 | | 700 | 300 | 200 | 80 | | | | | |
| | SGOR 35 | | 950 | 550 | 250 | 120 | 70 | | | | |
| 500 mm | SGPR 30 | | | 950 | 500 | 250 | 50 | | | | |
| | SGOR 35 | | | | 800 | 400 | 200 | 120 | | | |
| | SGOR 42,5 | | | | 1200 | 650 | 350 | 200 | 150 | 75 | |
| 600 mm | SGPR 30 | | | | 1400 | 650 | 250 | 50 | | | |
| | SGOR 35 | | | | | 1000 | 500 | 250 | 100 | | |
| | SGOR 42,5 | | | | | | 800 | 500 | 400 | 200 | |

zum Anlassen einfache Einschalter nicht bewährt. Während nämlich beim Bohrbetrieb das Arbeiten des Motors stets überwacht und jede Störung sofort bemerkt wird, muß bei der Sonderbewetterung damit gerechnet werden, daß das Gebläse in jeder Schicht höchstens einmal nachgesehen wird. Bei kurzzeitigen Spannungsunterbrechungen wird in den seltensten Fällen das Gebläse abgeschaltet. Bei Rückkehr der Spannung kann leicht eine der Sicherungen, die wohl in kaltem Zustand den auftretenden hohen Anlaufstrom aushalten, bei der durch den Dauerbetrieb eingetretenen höheren Temperatur durchbrennen. Der Motor läuft dann als Einphasenmotor weiter, wobei die Ständerwicklung nach kurzer Zeit durchbrennt. Das Durchbrennen der Sicherungen in einer Phase kann entweder auf ungleicher Phasenbelastung oder auch auf Verwendung von mangelhaftem Sicherungsmaterial beruhen. Um derartigen Schäden vorzubeugen, werden für die Schlottergebläse Sterndreieck-Anlaßschalter vorgesehen. Während nämlich bei einfachem Einschalten mit dem 4,5- bis 6,5fachen des normalen Stromes gerechnet werden muß, tritt hier nur ein Anlaufstrom auf, der ungefähr den dritten

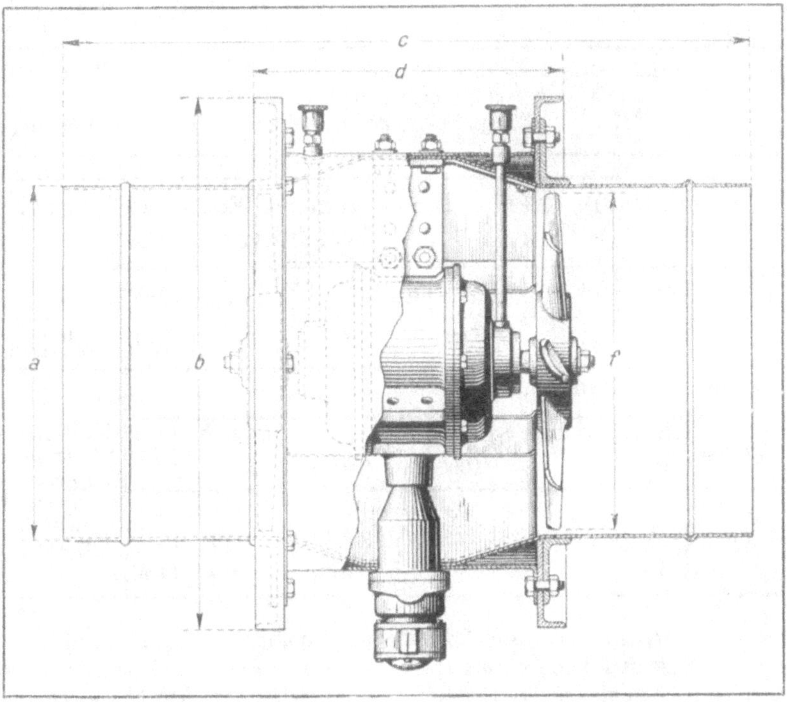


Bild 55. Skizze des Luttenventilators.

Teil der vorgenannten Werte beträgt. Die Sicherungen brauchen nur für das 0,75fache des Betriebsstromes bemessen zu werden, so daß man mit ziemlicher Sicherheit damit rechnen kann, daß bei Spannungsunterbrechungen die Sicherungen in allen 3 Phasen durchbrennen.
Auch der Elmo-Sicherheitsschalter hat sich für Sonderbewetterung gut bewährt. Die Schalter werden in gußeisernem, wasserdichtem Gehäuse und mit Rücksicht auf die lange Anlaufzeit der Gebläsemotoren, mit Einrichtung für schweren Anlauf verwendet.
*Schlagwettersichere Gebläse.* Da der Antrieb der Gebläse durch einen asynchronen Drehstrommotor mit Kurzschlußläufer geschieht, läßt sich auch bei den Gebläsen Schlagwettersicherheit leicht erreichen. Als Anlaßschalter werden in diesen Fällen Schaltkästen H 290 ms mit Sterndreieckschalter vorgesehen.

Zahlentafel III. Hauptmaße der verschiedenen Luttenventilatorenmodelle.

| Type | a | b | c | d | f | Anzahl der Laufräder | Gewicht kg | Motorleistung in kW |
|---|---|---|---|---|---|---|---|---|
| Luttenventilator BLV 29 | 300 | 454 | 450 | 290 | 270 | 2 | 50 | 0,25 |
| ,, ,, 39 | 400 | 595 | 600 | 390 | 400 | 2 | 110 | 1,1 |
| ,, ,, 48 | 500 | 715 | 600 | 480 | 440 | 1 | 160 | 1,1 |

Zahlentafel IV. Luttenabmessungen u. Wettermengen für die verschiedenen Luttenventilatorenmodelle.

| Lutten-Ø | Propeller Ø | 9 | 15 | 30 | 45 | 60 | 75 | 90 | 105 | 120 | m³/min |
|---|---|---|---|---|---|---|---|---|---|---|---|
| | | 3 | 5 | 10 | 15 | 20 | 25 | 30 | 35 | 40 | Mann Belegschaft |
| 300 mm | 290 | 1100 | 700 | 90 | — | — | — | — | — | — | Maße der Luttenlängen in m bei geraden u. praktisch dichten Lutten |
| 400 mm | 290 | — | 1500 | 400 | — | — | — | — | — | — | |
| | 390 | — | — | 1000 | 600 | 250 | 125 | — | — | — | |
| 500 mm | 290 | — | 2500 | 1400 | — | — | — | — | — | — | |
| | 390 | — | — | — | 1750 | 800 | 400 | — | — | — | |
| | 480 | — | — | — | — | — | — | 300 | 200 | 150 | |

*Luttenventilatoren.* Für die Bewetterung mancher Betriebspunkte genügen kleine und leichte Luttenventilatoren. Es sind dies Schraubenräder mit einem der Luttenweite entsprechenden Durchmesser, die mit elektrischem Antrieb unmittelbar in der Lutte selbst untergebracht werden. Das Schraubenrad ist beiderseits auf der Motorwelle angeordnet. Bild 54 stellt die neuerdings von den Siemens-Schuckertwerken gebauten Luttenventilatoren dar. Sie werden in 3 Ausführungen gebaut. Aus der Skizze 55 und der beigefügten Zahlentafel III sind die Hauptmaße und Gewichte zu entnehmen. Zur Auswahl der passenden Ventilatorengröße sind in Zahlentafel IV für die verschiedenen Luttendurchmesser und Wettermengen die für die einzelnen Modelle höchstzulässigen Luttenlängen angegeben, wobei vorausgesetzt ist, daß die Lutten praktisch dicht sind.

## E. Arbeits- und Gewinnungsmaschinen für Steinbruchbetriebe.

*Gewinnungsarbeiten in Gips-, Mergel- und Kalksteinbrüchen.* Die Gewinnung des Materials in Gips-, Mergel- und Kalksteinbrüchen geschieht meistens durch Sprengarbeit. Von den Kraftübertragungsmitteln zum Antrieb der Gesteinbohrmaschinen erfreut sich in diesen Steinbruchbetrieben die elektrische Energieübertragung einer großen Verbreitung. In den Gips- und Kalksteinbrüchen mit ihren milden Gebirgschichten kann ohne Schwierigkeiten mit drehenden Werkzeugen gebohrt werden, vorausgesetzt, daß guter Bohrstahl verwendet wird. Eine solche elektrische Drehbohrmaschine ist die von den Siemens-Schuckertwerken gebaute Freihanddrehbohrmaschine, die auch in Kohlengruben zur Gewinnung der Kohle (Bild 10) erfolgreiche Verwendung gefunden hat. Mit Rücksicht auf die größere Härte des Materials in den Steinbruchbetrieben beträgt das Übersetzungsverhältnis zwischen Bohrspindel und Motorwelle 1 : 10, sodaß die erstere bei den Maschinen für Steinbruchbetriebe nur 280 Umdr/min bei Vollast macht. In vielen Steinbruchbetrieben, für die sich die Anschaffung einer Kompressoranlage mit langen Rohrleitungen nicht lohnt, da Bohrarbeiten häufig nur in geringem Umfange zu leisten sind, war die Schaffung einer solchen Freihanddrehbohrmaschine Vorbedingung

Bild 56. Bohren eines Sprengloches mit der Freihanddrehbohrmaschine an einer Abbauwand im Kalksteinbruch Germania, Misburg (Hannover).

für die Einführung des maschinellen Bohrens. Aber auch in größeren Gips- und Kalksteinbrüchen hat diese Maschine Eingang gefunden und wegen ihrer hohen Leistungsfähigkeit und ihres geringen Energiebedarfes die Druckluftbohrmaschinen fast vollständig verdrängt.

Der Motor dieser Freihanddrehbohrmaschine wird für eine Drehstromspannung von 120 bzw. 210 V bei 50 Perioden oder für eine Gleichstromspannung von 110 und 220 V gewickelt.

Bild 56 zeigt die Freihanddrehbohrmaschine an einer Abbauwand im Kalksteinbruch Germania, Misburg bei Hannover. Während bei Handbetrieb zwei Arbeiter durchschnittlich in etwa 8 Stunden ein Bohrloch von etwa 4 m Tiefe herstellen, wurde mit der Freihanddrehbohrmaschine von einem Mann durchschnittlich eine Bohrleistung von 4 m in 20 Minuten bei ansteigenden und wagerechten Sprenglöchern erzielt. Bei abwärts gerichteten Bohrlöchern sinkt infolge der schwierigen Bohrmehlentfernung die Leistung. In diesen Fällen ist es zweckmäßig, die Bohrmaschine mit Wasserspüleinrichtung zu versehen. Bei dieser Ausführung gelangen Hohlbohrstangen mit entsprechenden Einsatzschneiden zur Verwendung. Auf Gipsbrüchen wurden mit dieser Freihanddrehbohrmaschine je nach der Härte des Gipsgesteins Bohrleistungen von 1 m in etwa 15 bis 20 Minuten erreicht. Während auf dem Gipswerk der Fa. Euling & Mack in Ellrich mit Hand je Stunde 0,35 bis 0,50 m gebohrt werden konnte, stieg die Bohrleistung bei der Freihanddrehbohrmaschine auf 5,2 m/h.

Bild 57. Halbpferdige Stoßbohrmaschine im Kalksteinbruch Pfeifer & Langen, Euskirchen.

Mit bestem Erfolg arbeiten diese Maschinen auch in größerer Anzahl auf den französischen Gipsgruben.

Als Bohrermaterial kommen die in Bild 12 dargestellten Flügelschneiden aus bestem Schnellaufstahl in Betracht, und zwar hat sich bei den milden Schichten die Ausbildungsform „M" als zweckmäßig erwiesen.

*Gewinnungsarbeiten in mittelfesten Gesteinschichten.* In Kalksteinbrüchen mit mittelfesten Gesteinbänken reicht der mit der freihändig geführten Drehbohrmaschine erzeugte Bohrdruck zur Erzielung guter Bohrergebnisse nicht aus. Für diese Betriebe kommen die an einer Aufstellvorrichtung arbeitenden elektrischen Drehbohrmaschinen zur Anwendung. In Steinbrüchen mit unterirdischem Betrieb kann die Drehbohrmaschine Mod. E 121 (Bild 28 und 29) in gleicher Weise wie in den Abbaubetrieben der Kaliwerke an einer Spannsäule benutzt werden. Beim Abbau über Tage ist dagegen ein besonderes Aufstellgerät für das Arbeiten mit diesen Drehbohrmaschinen erforderlich. Bild 58 veranschaulicht diese Bohreinrichtung.

Bild 58. Drehbohrmaschine am Aufstellgerät.

*Gewinnung harter und fester Gesteine im Steinbruchbetrieb.* Für die Gewinnung harter und fester Gesteine versagen naturgemäß die Drehbohrmaschinen, und es eröffnet sich das Feld für die stoßenden Bohrmaschinen. Für Steinbruchbetriebe werden die elektrischen Kurbelstoßbohrmaschinen in zwei Ausführungen gebaut.

*Kleine Kurbelstoßbohrmaschine.* Die kleine Kurbelstoßbohrmaschine, die hauptsächlich infolge ihres geringen Gewichtes und ihrer gedrungenen Bauart in Grubenbetrieben benutzt wird, kann auch in Steinbruchbetrieben mit Erfolg zur Verwendung kommen, wenn es sich darum handelt, Sprenglöcher bis zu rund 1,5 bis 2 m Tiefe herzustellen. In diesen Betrieben über Tage arbeitet die kleine Kurbelstoßbohrmaschine an einem Dreibein, wie Bild 57 veranschaulicht.

Bild 59. 1 PS Kurbelstoßbohrmaschine in einem Steinbruchbetriebe.

*Große Kurbelstoßbohrmaschine.* Überall da aber, wo in den Steinbrüchen mit Rücksicht auf die Lagerung und Mächtigkeit der Gesteinbänke Bohrlöcher von mehr als 2 m Tiefe zu bohren und sehr harte Gesteine zu bearbeiten sind, ist die große

Kurbelstoßbohrmaschine (Bild 59) vorzusehen. Die Bauart dieser elektrischen Stoßbohrmaschine, die sowohl für Drehstrom 120/210 V und 380 V als auch für Gleichstrom 110 oder 220 V gebaut wird, ist grundsätzlich die gleiche, wie die der kleinen $^1/_2$ PS-Stoßbohrmaschine, die im Abschnitt „Aus- und Vorrichtungsarbeiten" näher beschrieben ist. Statt eines Antriebsmotors von rund 0,8 kW Leistung ist die große Kurbelstoßbohrmaschine mit einem ebenfalls leicht abnehmbaren Motor von rund 1 kW Leistung ausgerüstet. Das Übersetzungsverhältnis zwischen Motor und Stirnradvorgelege ist 1:3, so daß die Kurbelwelle 450 Umdr/min macht und somit auch die Schlagzahl der großen Stoßbohrmaschine 450/min beträgt. Das Gewicht der Maschine ohne Motor beträgt etwa 140 kg und das Gewicht des Motors rund 45 kg. Der Ausschlag des Stoßkolbens ist doppelt so groß, wie der 40 mm betragende Hub des Schlittens bei Leerlauf. Sehr häufig wird diese verhältnismäßig geringe Hublänge von etwa 80 mm als Nachteil der elektrischen Stoßbohrmaschine gegenüber der Preßluftstoßbohrmaschine hingestellt. Die größten Hublängen sind aber keineswegs immer am vorteilhaftesten. Denn die Widerstandsfähigkeit des Gesteins gegen das Eindringen des Bohrmeißels ist an der Oberfläche am geringsten. Drei schwächere Schläge, die jedesmal das Gestein an anderer Stelle der Oberfläche treffen, sprengen in der Regel mehr Masse ab und haben so eine größere Wirkung als ein einziger starker Schlag, in dem die dreifache lebendige Kraft zur Äußerung kommt. Die elektrischen Stoßbohrmaschinen arbeiten daher auch mit hoher Schlagzahl und verhältnismäßig kleinem Hub. Bemerkenswert ist noch die große Rückzugskraft der elektrischen Kurbelstoßbohrmaschine, die dadurch zustande kommt, daß durch die lebendige

Bild 60. Große 1 PS Kurbelstoßbohrmaschine mit Wasserspüleinrichtung.

Kraft des Schwungrades die Arbeitsfedern beim Klemmen des Bohrers um einen oft sehr bedeutenden Betrag zusammengedrückt werden, und mit der dadurch bedingten Kraft den Bohrer herauszuziehen suchen. Als Mittelwert kann man die Rückzugskraft mit 400 bis 500 kg annehmen.

*Kurbelstoßbohrmaschinen mit Wasserspüleinrichtung.* Für die Herstellung tiefer Bohrlöcher bis rund 5 m wird die große Kurbelstoßbohrmaschine zur besseren Fortschaffung des Bohrmehls mit Wasserspüleinrichtung und Hohlbohrern geliefert. Der erforderliche Spülwasserdruck beträgt 1 bis 2 at, die erforderliche Wassermenge 5 bis 15 l in der Bohrminute. Muß das Wasser in Ermangelung einer Druckleitung herangeschafft werden, so kommt zweckmäßig eine kleine Zentrifugalpumpe mit Motor oder eine Handpumpe zur Anwendung, wie sie in Bild 60 dargestellt ist. Die Umwandlung einer Stoßbohrmaschine ohne Spüleinrichtung in eine solche mit Spüleinrichtung erfordert lediglich die Auswechslung des Stoßkolbens gegen einen solchen für Spüleinrichtung und der Schutzkappe am Gehäusekopf gegen einen Spülkopf.

*Instandhaltung der großen Kurbelstoßbohrmaschinen.* Die Erfahrungen, die mit diesen Kurbelstoßbohrmaschinen in Steinbruchbetrieben gesammelt wurden, sind sowohl hinsichtlich Betriebssicherheit als auch Leistungsfähigkeit durchaus günstig. Die Haltbarkeit der Stoßbohrmaschine und ihrer Antriebsgeräte hängt natürlich wie diejenige anderer Maschinen von ihrer dauernden Instandhaltung, insbesondere davon ab, daß die aufeinander arbeitenden Teile genügend reibungsfrei laufen, richtigen Eingriff haben usw. Bei der Stoßbohrmaschine kommt aber noch ein ganz besonders beachtenswerter Umstand hinzu, und zwar wiederum um so mehr, je härter das zu bohrende Gestein ist. Die Stöße der Maschine können nämlich unter Umständen geradezu zerstörend auf sie selbst zurückwirken, wenn nicht alle Teile genügend spielfrei arbeiten. Je nach der Beschaffenheit des Gesteins, insbesondere unter sonst gleichen Verhältnissen auch je nach seiner Härte, tritt nun aber bekanntlich die Abnutzung an gewissen Stellen der Maschine oft ziemlich schnell ein, und es bedarf deshalb einer rechtzeitigen Prüfung der Maschine hinsichtlich der Spielfreiheit der arbeitenden Teile. Bei einem ordnungsmäßigen Bohrbetrieb muß deshalb von vornherein darauf hingewiesen werden, daß ein sachkundiger Reparaturschlosser sich laufend um die Beschaffenheit der Maschine kümmert und dafür sorgt, daß die Maschine genügend häufig aus dem Steinbruch nach der Werkstatt geschafft wird und daß die erforderlichen Reparaturen sorgfältig ausgeführt werden. Das Vorhandensein einer genügenden Anzahl von Ersatzteilen ist naturgemäß Vorbedingung für eine ordnungsmäßige Instandhaltung. Die verschiedenen Betriebe, in denen die elektrischen Stoßbohrmaschinen zur Einführung gekommen sind, haben gezeigt, daß die Ausgaben für die Unterhaltung der Maschine bei sachgemäßer Bedienung und Instandhaltung geringer waren als bei der Preßluftstoßbohrmaschine.

Bild 61. Große 1 PS Kurbelstoßbohrmaschine in einem Tuffsteinbruch als Schräm- und Schlitzmaschine.

*Bohrleistung.* Auch hinsichtlich der Bohrleistungen genügt die 1PS-Stoßbohrmaschine den an sie gestellten Anforderungen der Praxis. Nur bei dem richtigen Hub kann natürlich die volle Leistung erzielt werden. Nach dem Stoßgeräusch und der Umsetzbewegung kann der Bedienungsmann leicht die richtige Vorschubstellung der Maschine bemessen. Von wesentlichem Einfluß für die Bohrleistung ist natürlich auch das Bohrermaterial. Mit Rücksicht auf den geringen Hub der elektrischen Stoßbohrmaschine sind die Bohrer stets scharf zu halten. Ein Arbeiten mit stumpfen Bohrern ist zu vermeiden. Als ungefährer Anhaltspunkt für die Bohrleistungen der großen Kurbelstoßbohrmaschine kann gelten, daß die mittlere tägliche Leistung in den Grauwackebrüchen der Basalt A.-G. — Steinbruchbetriebe Felsenthal, Krs. Gummersbach — 4 bis 5 m beträgt. In den Steinbruchbetrieben des Straßen- und Wasserbauamtes Herlasgrün wurde mit der Kurbelstoßbohrmaschine im Grünstein eine stündliche Bohrleistung von 0,75 m einschließlich aller Nebenarbeiten erreicht. Die Bohrleistung im Quarz-Porphyr im Steinbruch des Herrn Franz Engelmann, Döbitz bei Taucha, beträgt etwa 1 m Bohrloch je Stunde reiner Bohrzeit. Bei Unternehmerarbeiten leistet diese große Kurbelstoßbohrmaschine besonders gute Dienste. Seit Jahren werden diese Maschinen für derartige Arbeiten von der Firma August Wolfsholz, Preß-Zementbau A.-G., Berlin-Wien, sowie von der Spreng- und Tauch-

Bild 62. Elektrische Ausrüstung für die elektropneumatische Stoßbohrmaschine.

gesellschaft Kiel und der Niederschlesischen Elektrizitäts- und Kleinbahn A.-G. Waldenburg mit bestem Erfolg verwendet.

*Schräm- und Schlitzarbeiten in Steinbruchbetrieben.* In vielen Steinbruchbetrieben wird Wert darauf gelegt, die Steine als Werksteine herauszuschlitzen oder zu schrämen. Für diese Zwecke wird die große Kurbelstoßbohrmaschine in Verbindung mit einem Schräm- und Schlitzkloben geliefert. Bild 61 zeigt die Stoßbohrmaschine in einem Tuffsteinbruch. Die Firma August Schröter, Langensalza, arbeitet seit vielen Jahren mit diesen elektrischen Stoßschrämmaschinen. Die Schrämleistung beträgt im Travertin rund 0,25 bis 0,35 m²/h einschließlich aller Nebenarbeiten. Eine ähnliche Leistung wird auch in dem Muschelkalksteinbruch des

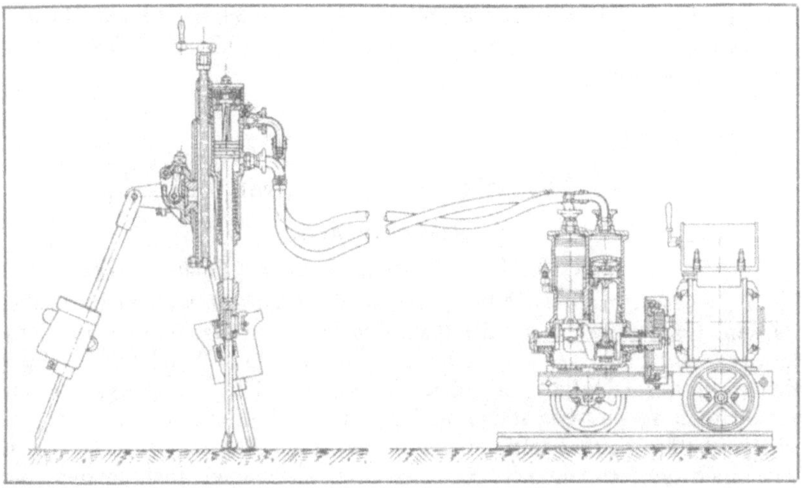

Bild 63. Längsschnitt durch eine elektropneumatische Bohranlage.

Herrn Bertschinger, Lenzburg (Schweiz) und den Bayerischen Tuffsteinbrüchen Aschenbrenner, Polling-München, erreicht.

*Elektro-pneum. Stoßbohrmaschine.* In den letzten Jahren hat die elektropneumatische Stoßbohrmaschine immer mehr Eingang gefunden. In Steinbruchbetrieben mit sehr harten Gesteinen, wo Sprenglöcher von über 3 bis 6 m Tiefe und größerem Durchmesser hergestellt werden, hat sich diese elektro-pneumatische Bohrmaschine sehr gut bewährt. Die E. P. W.-Maschine besteht aus dem Wechseldruckerzeuger, der durch einen Drehstrom- oder Gleichstrommotor angetrieben wird, und der eigentlichen Stoßbohrmaschine. Sie arbeitet nach dem System der hin- und herschwingenden Luftsäulen, d. h. der Stoßkolben der Bohrmaschine wird durch zwei hin- und hergehende, in den vorderen bzw. hinteren Zylinderraum der Bohrmaschine stoßende Luftsäulen bewegt. Die Stoßbohrmaschine selbst ist eine einfache Preßluftbohrmaschine ohne besondere Steuerung oder Ventile. Die elektro-pneumatische Bohrmaschine verbindet also die Vorteile der elektrischen Kraftübertragung mit der Einfachheit und Betriebssicherheit der Preßluftbohrmaschine. Als Antriebe kommen Gleichstrom- oder Drehstrommotoren von 5 bzw. 6 kW Leistung in Betracht. Bild 62 zeigt einen mit Kurzschlußläufer ausgerüsteten Motor für eine Leistung von 6 kW intermittierend, 1500 Umdr/min, mit Sterndreieckschalter, in vollkommen geschlossener Ausführung. Der Sterndreieckschalter ist parallel zur Motorachse aufgebaut; er hat eine tropfwasserdichte Abdeckung. Eine durch einen derartigen Motor angetriebene elektro-pneumatische Bohrmaschine der Deutschen Maschinenfabrik A.-G., Duisburg, zeigt Bild 63.

Die mit einer solchen Anlage erzielten Bohrleistungen sind recht günstig. So hat sich z. B. ergeben, daß im Basalt durchschnittlich 1 bis 1,2 m/h hergestellt werden konnten.

# IV. Wasserhaltungen.

## A. Allgemeines.

*Die Bedeutung der Wasserhaltungen für den Grubenbetrieb.*

Die Bergwerksmaschinen können allgemein eingeteilt werden in solche, die dem Grubenbetrieb unmittelbar, und zwar zur Gewinnung und Förderung von Kohle, Erz und anderem, sowie zu ihrer Weiterverarbeitung dienen, und solche, die mit den eigentlichen Bergwerksaufgaben nur mittelbar in Verbindung stehen und deren Zweck es ist, für die Aufrechterhaltung des Grubenbetriebes zu sorgen. Zu der ersten Klasse von Maschinen gehören die vor Ort benutzten Maschinen, insbesondere die Arbeits- und Gewinnungsmaschinen, ferner Förderanlagen jeder Art, sowie endlich die über Tage für die Weiterverarbeitung und Veredelung der gewonnenen Rohstoffe benutzten Maschinen, während für die Aufrechterhaltung des ganzen Grubenbetriebes außer den Bewetterungsanlagen die Wasserhaltungen arbeiten. Da von letzteren die Sicherheit des ganzen Betriebes in erster Linie abhängt, ist deren Ausbildung auf jeder Grube ganz besondere Sorgfalt zuzuwenden. Wenn z. B. die Wasserhaltungen nur kurze Zeit nicht mehr in der Lage sind, die unter Tage zuströmenden Wasser zu heben, so muß der ganze Grubenbau ersaufen und Monate, unter Umständen Jahre, sind nötig, die Grube wieder leer zu pumpen und alle Voraussetzungen für einen geregelten Betrieb wieder herzustellen.

Die Wasserhaltungsmaschinen sind daher für den Bergmann immer von größter Bedeutung gewesen. Die Entwicklung des Bergbaues und die immer tiefer werdenden Schächte haben immer neue und schwerere Aufgaben an die Wasserhaltungen gestellt, deren endgültige Lösung erst durch die Einführung elektrisch betriebener Wasserhaltungen möglich war. Die durch Dampfmaschinen angetriebenen unter Tage aufgestellten Kolbenpumpen, die vor Einführung des elektrischen Antriebes in der Regel benutzt wurden, bedeuteten bereits gegen ihre Vorläufer, die über Tage stehenden Gestänge-Wasserhaltungen einen wesentlichen Vorteil, da sie bei nennenswert geringeren Anlagekosten größere Betriebssicherheit mit geringen Betriebskosten verbanden und außerdem nicht in so weitgehendem Maße den Schachtquerschnitt verbauten, wie dieses bei den alten Gestängewasserhaltungen der Fall war. Doch waren auch mit den unter Tage stehenden Dampfwasserhaltungen noch so erhebliche Nachteile verbunden, daß sie für die meisten Fälle als brauchbare Betriebsmaschinen nicht bezeichnet werden konnten. Die Verwendung des Dampfes hatte zunächst eine sehr unangenehme Steigerung der Temperatur in den unterirdischen Pumpenräumen, wie auch im Schacht selbst zur Folge, außerdem aber erschwerte die Abführung der vom Kondensator aufzunehmenden Wärme die Verwendung der durch Dampfmaschinen angetriebenen Kolbenpumpen bei größerer Teufe so erheblich, daß diese Pumpenantriebe nur eine begrenzte Anwendbarkeit besaßen.

### *Vorteile der elektrischen Wasserhaltung.*

*Einfachere Kraftübertragung, geringere Temperatur unter Tage.* Statt der bei Dampfwasserhaltungen notwendigen kostspieligen und schwer zu verlegenden Dampfleitungen, treten bei der elektrischen Wasserhaltung die einfach zu verlegenden, biegsamen elektrischen Kabelleitungen, die im Gegensatz zu den Dampfleitungen ohne Wärmeentwicklung, nur einen unerheblichen Raum des Schachtes beanspruchen, so daß die Wetterführung ohne jede Beschränkung und ohne Erwärmung der Wetter durchgeführt werden kann. Infolgedessen wird auch der hölzerne Schachtausbau, dem die feuchte Schachtwärme besonders schädlich ist, geschont. Ebenso beeinflußt der elektrische Antrieb im Gegensatz zu dem Dampfantrieb nur unwesentlich die Temperatur der engen Pumpenkammern unter Tage, so daß bei elektrischem Antrieb der Wasserhaltungen die Pumpenkammern kleiner und billiger ausgeführt werden können, als bei Dampfpumpen. Kleine Pumpenkammern sind aber besonders vorteilhaft bei druckhaftem Gebirge.

*Wirtschaftlichkeit.* Die Erzeugung der elektrischen Energie in einem Grubenkraftwerk und die Versorgung aller Betriebe, also auch der Wasserhaltungen durch dieses, ist wirtschaftlicher, als wenn ein Teil der Verbraucher der Gruben durch Dampfmaschinen angetrieben wird, wobei die Zuführung des Dampfes, wie bei den unterirdischen Wasserhaltungen, noch besondere Schwierigkeiten bereitet. Durch den Anschluß auch der Wasserhaltungen an das Grubenkraftwerk stellen sich die Gestehungskosten für die erzeugte kWh elektrischer Energie billiger, sodaß auch alle anderen an das Kraftwerk angeschlossenen Verbraucher wirtschaftlicher arbeiten.

Die Anschaffungskosten der elektrisch betriebenen Pumpen, besonders der Kreiselpumpen stellen sich niedriger, als die der Dampfpumpen. Der geringere Raumbedarf der elektrisch betriebenen Pumpen ermöglicht, wie bereits erwähnt, kleinere und billigere Pumpenräume. Die Preise der Schachtkabel sind bei Wahl entsprechend hoher Spannungen ebenfalls wesentlich niedriger als die Anschaffungskosten der Dampfleitungen. Während die Verluste in den Dampfleitungen bei Dampfwasserhaltungen ganz beträchtlich sind, betragen die Verluste in den elektrischen Zuleitungskabeln nur wenige Prozent. Bei Stillstand der elektrischen Wasserhaltungen treten überhaupt keine Verluste auf, während bei Dampfwasserhaltungen die Dampfleitungen dauernd unter Dampf gehalten werden müssen. Auch die Unterhaltungskosten der elektrischen Kabel stehen in keinem Verhältnis zu den Unterhaltungskosten der Dampfleitungen, für die, wenn die Dampfverluste in mäßigen Grenzen gehalten werden sollen, beträchtliche Summen aufzuwenden sind. Ebenso sind die Kosten für Unterhaltung und Wartung der Dampfwasserhaltungen bedeutend größer als für die Unterhaltung elektrisch betriebener Pumpen. Hinzu kommt noch als besonders wichtiger Vorteil die große Einfachheit des Drehstrommotors, der dadurch ganz besonders als Antriebsmotor für die so wichtige Wasserhaltung wie geschaffen ist. Alle diese Gründe haben die Einführung der elektrischen Wasserhaltung wesentlich beschleunigt und dazu beigetragen, daß bei neuen Anlagen wohl nur noch ausschließlich elektrische Wasserhaltungen beschafft werden.

*Die elektrisch betriebenen Pumpen.*

Bei den Wasserhaltungen unterscheidet man ortsfeste und nicht ortsfeste. Zu den letzteren gehören die kleinen tragbaren für Nebenzwecke bestimmten Pumpen, die hier nicht weiter behandelt werden sollen, sowie die Abteufpumpen, während die ortsfesten Pumpen in den Hauptwasserhaltungen Verwendung finden, deren Aufgabe es ist, die dauernd zufließenden Wasser zu heben und die Grube wasserfrei zu halten.

## B. Ortsfeste Wasserhaltungen.

### 1. Die Pumpen.

*Die Kolbenpumpe.*

Die zuerst bei dem elektrischen Antrieb benutzten Pumpen waren Kolbenpumpen. Den Maschineningenieuren einerseits und den Elektroingenieuren andererseits war es bald gelungen, die Konstruktion derart zu verbessern, daß es möglich war, Pumpe und Motor unmittelbar miteinander zu kuppeln, auch bei Verwendung von Drehstrommotoren im Anschluß an ein mit Freq. 50 arbeitendes Netz. Die Pumpe selbst mußte allerdings vollkommen neu konstruiert werden, da bisher nur Drehzahlen von höchstens 60 bis 70/min üblich gewesen waren und sich hierfür bei einer Frequenz 50 der asynchrone Drehstrommotor, der praktisch allein in Betracht kommen konnte, nicht so bauen ließ, daß er, was Anschaffungskosten, Abmessungen und Wirkungsgrad angeht, als brauchbarer Motor bezeichnet werden konnte. Durch die Umkonstruktion der Kolbenpumpe gelang es aber, ihre Drehzahl so zu steigern, daß der unmittelbaren Kuppelung mit einem brauchbaren Drehstrommotor keine Schwierigkeiten mehr im Wege standen. Üblich sind Drehzahlen von 125 und 150/min. Die Hauptschwierigkeit, derart raschlaufende Kolbenpumpen zu bauen, bestand im wesentlichen in einem unruhigen Gang der Ventile, der Pumpengestänge und des Triebwerkes, doch wurden diese Schwierigkeiten durch eine Reihe von Spezialkonstruktionen erfolgreich überwunden.

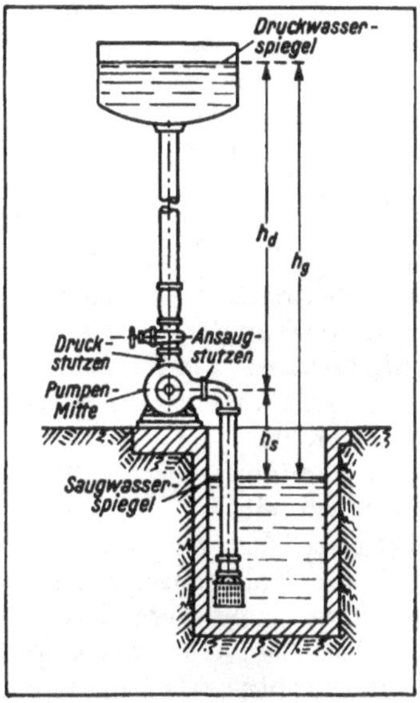


Bild 64. Förder- und Saughöhe einer Pumpe.
$h_d$ = geometrische Druckhöhe,
$h_s$ = geometrische Saughöhe,
$h_g$ = geometrische Förderhöhe,
$h_{man}$ = manometrische Förderhöhe = $h_d$ + $h_s$ + Reibungsverluste.

*Eigenschaften der Kolbenpumpe.* Bei der Kolbenpumpe ist die Fördermenge proportional der Drehzahl, während der Druck bzw. die Förderhöhe unabhängig von der Drehzahl und der geförderten Wassermenge ist. Infolgedessen sind die Kolbenpumpen gegen Drehzahlschwankungen, wie sie unter Umständen durch Periodenschwankungen des Kraftwerkes auftreten können, unempfindlich. Des weiteren ist die Kolbenpumpe für jede beliebige Druckhöhe, soweit sie mechanisch den durch die Druckhöhe bedingten Beanspruchungen gewachsen ist, geeignet. Es ist daher ohne weiteres möglich, die Kolbenpumpe für andere Förderhöhen als ursprünglich vorgesehen, zu verwenden, ohne daß dadurch die Fördermenge irgendwie beeinträchtigt wird. Hierin ist ein Vorteil der Kolbenpumpe zu erblicken. Der Kraftbedarf der Kolbenpumpe in kW errechnet sich in einfacher Weise aus der Beziehung:

$$L = \frac{Q \cdot H \cdot s \cdot 0{,}736}{75 \cdot \eta}$$

In der Formel bedeuten:

$Q$ = die Wassermenge in l/s
$H$ = die manometrische Förderhöhe in m
$s$ = das spezifische Gewicht des Wassers
$\eta$ = den Wirkungsgrad der Pumpe,

dieser kann allgemein mit etwa 85 % in besonders günstigen Fällen mit 90 % angenommen werden.

Die manometrische Förderhöhe setzt sich zusammen aus der geometrischen Druckhöhe und aus der geometrischen Saughöhe (Bild 64), vermehrt durch die Reibungswiderstände in den Saug- und Druckleitungen, die sich ihrerseits ergeben aus der Summe der Widerstände der geraden Rohre, der Krümmer, sowie der Saug- und Rückschlagventile.
Wasserhaltungen, die durch unmittelbare Kupplung von besonders zu diesem Zweck ausgebildeten Wasserhaltungs-Drehstrommotoren mit Kolbenpumpen betrieben werden, ergaben den Vorteil eines günstigen Gesamtwirkungsgrades und arbeiteten daher sehr wirtschaftlich. Allerdings nahmen sie immerhin noch einen ziemlich großen Raum ein und waren, wenn auch billiger als die Dampfwasserhaltungen, doch immer noch verhältnismäßig teuer.

*Die Kreiselpumpe.*

Diese Nachteile vermeidet die Kreiselpumpe, die sich zudem besonders für den elektrischen Antrieb eignet und infolgedessen die Kolbenpumpe recht bald verdrängte.
*Eigenschaften der Kreiselpumpe.* Die Kreiselpumpen werden mit Rücksicht auf ihre Antriebs-Motoren, die in der Regel Drehstrom-Asynchronmotoren mit der Frequenz 50 sind, für Drehzahlen von 1000, 1500 und 3000/min gebaut. Bei den Kreiselpumpen liegen die Verhältnisse nicht so einfach wie bei der Kolbenpumpe. Die Bauart und die Eigenart der Wirkungsweise bedingt naturgemäß Eigenschaften, die bei der Kolbenpumpe nicht vorzufinden sind. Bei der Kreiselpumpe tritt bei einer Veränderung der Förderhöhe auch eine Änderung der Fördermenge ein. Sie kann daher wirtschaftlich nur für die Förderhöhe benutzt werden, für die sie von vornherein gebaut ist. In Bild 65 ist die Charakteristik einer Kreiselpumpe veranschaulicht. Auf der Abszissenachse sind die Liefermengen angegeben, während auf der Ordinate die man. Förderhöhe aufgetragen ist. Die Charakteristik bzw. die QH-Kurve zeigt die Veränderung der Liefermenge in Abhängigkeit von der Förderhöhe. Bei $Q = 0$, also in dem Falle, wo die Pumpe ohne Wasserförderung arbeitet, hält sie einer der Umfangsgeschwindigkeit ihrer Laufräder entsprechenden Wassersäule das Gleichgewicht. Der dieser Wassersäule entsprechende Druck muß etwas größer sein als die geodätische Druckhöhe, gegen welche die Pumpe fördern soll, damit die Pumpe bei Öffnen des Schiebers in der Lage ist, die Wassersäule zu beschleunigen. Außerdem ist in Bild 65 noch die Wirkungsgradkurve eingetragen. Man muß nun bestrebt sein, die Pumpe in der günstigsten Lage, also bei bestem Wirkungsgrad arbeiten zu lassen und deshalb ist es unbedingt erforderlich, bei der Wahl des für die gegebenen Verhältnisse in Betacht kommenden Modells sehr vorsichtig zu sein.
Bei der Kreiselpumpe verändert sich die Liefermenge proportional, die Förderhöhe dagegen im Quadrat der Drehzahl. Infolgedessen ist eine

gleichbleibende Drehzahl für einen einwandfreien Betrieb der Kreiselpumpe sehr erwünscht. Bei größeren Drehzahlschwankungen kann unter Umständen ein Abreißen der Wassersäule eintreten. Da jedoch in manchen Fällen, besonders bei Stromversorgung durch ungleichmäßig beanspruchte Netze gewisse Drehzahlschwankungen der Antriebsmotoren infolge Periodenschwankungen auftreten können, so muß hierauf bei Ausführung der Pumpe von vornherein Rücksicht genommen werden.

Die Liefermenge läßt sich durch Einstellen des Drosselschiebers in der Druckleitung von der Normalleistung der Pumpe in beliebigen Grenzen bis Null herunter einstellen. Mit der Verringerung der Liefermenge fällt der Kraftverbrauch der Pumpe, während sich die von dieser erzeugte Förderhöhe innerhalb weiter Grenzen nur wenig verändert. Wird eine Kreiselpumpe für eine größere Druckhöhe gebaut, als sie in Wirklichkeit zu überwinden hat, so wird sie eine größere als die normale Wassermenge fördern, was sehr leicht zu Überlastungen des Antriebsmotors führen kann. Die manometrische Förderhöhe muß also bei Kreiselpumpen sehr genau festgestellt werden. Bild 65 enthält auch noch die Kurve des Kraftbedarfs der Pumpe in Abhängigkeit von der Fördermenge und der Druckhöhe.

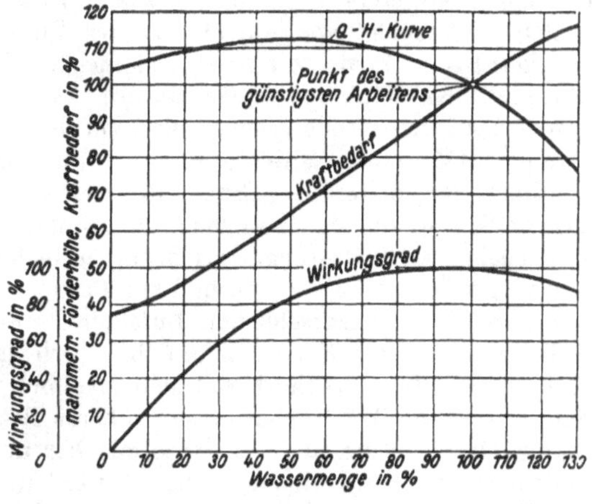


Bild 65. Kennlinien der Kreiselpumpe.

*Ausführung der Pumpen.* Die Kreiselpumpe besteht in der Regel aus mehreren Druckstufen, deren Anzahl sich nach der Gesamtförderhöhe richtet. Je größer die Förderhöhe, desto größer die Zahl der erforderlichen Druckstufen. Diese Unterteilung der Druckstufen gibt die Möglichkeit, die Kreiselpumpe auch für verschiedene Förderhöhen zu benutzen, indem man Druckstufen zu- bzw. abbaut. Soll z. B. eine Pumpe, wie dieses vor allem bei Abteufpumpen der Fall ist, vorläufig auf eine kleinere Förderhöhe arbeiten, später aber auf eine größere, so wird die Pumpe von vornherein für die größere Teufe bemessen, bei Förderung aus geringerer Teufe aber werden eine entsprechende Anzahl Laufräder mit zugehörigen Leitringen ausgebaut.

Die Wahl der Drehzahl der Pumpen, also 1000, 1500 oder 3000/min richtet sich im allgemeinen nach der Liefermenge und der Förderhöhe. Die

Räder der Pumpen sollen, um einen guten Wirkungsgrad zu erzielen, voll beaufschlagt sein und es ist daher die zulässige Radgröße im allgemeinen durch die Wassermenge gegeben. Ist die Wassermenge im Verhältnis zur Gesamtförderhöhe gering, so empfiehlt sich die Anwendung höherer Drehzahlen, ist die Liefermenge im Verhältnis zur Förderhöhe groß, so werden geringere Drehzahlen am Platze sein.

Mit Rücksicht auf die großen Beanspruchungen des Pumpeninnern (Laufräder und Leiträder) sind nur allerbeste Baustoffe zu verwenden. Bei der Wahl der Baustoffe ist vor allen Dingen auch Rücksicht zu nehmen auf etwaige zerstörende Wirkungen des zu fördernden Wassers. In vielen Fällen wird daher eine Ausführung des Pumpeneingeweides aus hochwertiger Bronze notwendig sein. Die meisten Pumpen bauenden Firmen führen die Kreiselpumpe als Gliederpumpe aus, wodurch ein leichtes Ausbauen der Pumpenteile gegeben ist. Da der Eintritt des Wassers in die Pumpe auf der einen Seite (der Saugseite) und der Austritt auf der gegenüberliegenden Seite (der Druckseite) erfolgt, so entsteht dadurch ein axialer Schub auf das Laufzeug der Pumpe. Dieser Schub muß durch eine geeignete Entlastungsvorrichtung aufgehoben werden.

Das Saugrohr muß dicht sein und zur Pumpe stetig ansteigen, damit die aus dem Wasser ausgeschiedene Luft zur Pumpe entweichen kann. Bei Stillstand muß ein Fußventil am Saugkorb das Abfließen des Wassers verhindern. Der Saugkorb soll sehr reichlich bemessen und so gebaut sein, daß er das Eindringen fester größerer Bestandteile verhindert.

In die Druckleitung muß ein Regelschieber und eine Rückschlagklappe (möglichst mit Umlauf) eingeschaltet werden.

Die Rohrleitungen sollen nicht enger als die Stutzen der Pumpe sein. Scharfe Krümmungen sind zu vermeiden. Die Geschwindigkeit im Saugrohr soll nie mehr als 2 m/s, in den Druckrohren nicht mehr als 2 bis 3 m/s, je nach der Wassermenge, betragen.

Der Wirkungsgrad der Kreiselpumpe ist ungünstiger als der Wirkungsgrad der Kolbenpumpe, er beträgt im allgemeinen 70 bis 75 %. Der Kraftbedarf der Kreiselpumpe errechnet sich in der gleichen Weise wie derjenige der Kolbenpumpe.

*Vergleich zwischen Kolben- und Kreiselpumpe.*

Welche von beiden Maschinen wirtschaftlicher arbeitet, läßt sich nicht ohne weiteres entscheiden. Die Anschaffungskosten der Kolbenpumpe sind größer als die der Kreiselpumpe, dagegen ist der Wirkungsgrad der Kreiselpumpe im allgemeinen schlechter, als der der Kolbenpumpe. Doch hängt der hohe Wirkungsgrad der Kolbenpumpe im praktischen Betriebe von der Dichthaltung der Ventile, insbesondere von der Widerstandsfähigkeit der Dichtung zwischen Ventilkörper und Pumpengehäuse, ab. Bei großen Teufen von 800 m und mehr sind in dieser Beziehung wiederholt Schwierigkeiten aufgetreten, die bei der Kreiselpumpe nicht in Frage kommen. — Bei den Anschaffungskosten ist noch zu berücksichtigen, daß mit Rücksicht auf den größeren Raumbedarf der Kolbenpumpe auch die Herstellung der Pumpenkammern höhere Kosten verursacht. Hinzu kommt noch, daß auch die Fundamente der Kolbenpumpe bedeutend größer und schwerer ausgeführt werden müssen. Da die Wasserhaltungen in der Regel täglich nur einige Stunden in Betrieb sind, so werden Kreiselpumpen im allgemeinen wirtschaftlicher arbeiten als Kolbenpumpen. Der schlechtere Wirkungsgrad und dementsprechend der größere Energieverbrauch fällt bei der kurzen Betriebsdauer nicht so sehr ins Gewicht, andererseits aber wirken infolge der großen Anschaffungskosten der Kolbenpumpe die Kosten für Verzinsung und Amortisation bei dieser ungünstig auf die Wirtschaftlichkeit ein.

Der Betrieb der Kreiselpumpe ist einfacher als der der Kolbenpumpe; diese erfordert daher mehr Wartung und Bedienung sowie Schmiermaterial. Der Gang der Kreiselpumpe ist geräuschlos und frei von Erschütterungen. Das Anlassen und Abstellen ist wesentlich einfacher als bei der Kolbenpumpe. Infolgedessen ist die Betriebsbereitschaft der Kreiselpumpe eine größere. Während ein Betrieb mit Kolbenpumpen nur bei Verwendung von Windkesseln möglich ist, fördert die Kreiselpumpe ohne diese Hilfseinrichtung einen dauernden gleichmäßigen Wasserstrom.

Nicht zu unterschätzen ist ihr geringer Raumbedarf, vor allem bei druckhaftem Gebirge. Auch ist das Einbringen der Teile der Kreiselpumpe und des zugehörigen Motors durch den Schacht bzw. durch untertägige Strecken einfacher als das Einbringen der großen Teile der Kolbenpumpe. Die Kreiselpumpe ist der Kolbenpumpe in der Regelung der Wassermenge überlegen, da die Wassermenge bei der Kreiselpumpe mit Hilfe des Druckschiebers ohne erhebliche Verluste geregelt werden kann, während die Kolbenpumpe eine Regelung der Fördermenge nur zuläßt durch Drehzahlregelung, was aber bei den meist in Frage kommenden Antrieben durch Drehstrommotoren, da äußerst unwirtschaftlich, nicht in Frage kommt.

Beide Arten der Pumpen können für die größten vorkommenden Förderhöhen ausgeführt werden. Die Kreiselpumpe arbeitet um so wirtschaftlicher, je größer dabei die Wassermenge ist.

Für geringe Wassermengen und große Förderhöhen eignet sich dagegen nur die Kolbenpumpe.

## 2. Die Antriebsmotoren.

### *Allgemeines.*

Da die Wasserhaltungen für die Sicherheit des Bergwerkbetriebes von größter Wichtigkeit sind, ist es unbedingt erforderlich, ihre elektrischen Ausrüstungen so betriebsicher wie nur irgend möglich auszuführen. Vor allem müssen die Motoren den schwierigen Verhältnissen des Untertage-Betriebes gewachsen sein. Es ist daher bei der

Wahl der Motoren darauf zu achten, daß diese möglichst wenig empfindliche Teile besitzen. Diesen Anforderungen entspricht am besten der Drehstrom-Asynchronmotor mit Schleifringläufer oder Kurzschlußläufer. Sein Aufbau ist der denkbar einfachste. Bei dem Schleifringläufermotor können nach dem Anlassen die Schleifringe kurzgeschlossen werden, so daß er im normalen Betrieb als Kurzschlußläufermotor arbeitet. Irgendwelche dem Verschleiß unterworfenen Teile sind also nicht vorhanden. Der Gleichstrommotor eignet sich keinesfalls für Antrieb unterirdischer Wasserhaltungen, da der Kollektor ein äußerst empfindlicher Teil ist, der bei dem feuchten Grubenbetrieb, falls er nicht ganz sorgfältig gewartet wird, leicht zu Betriebsstörungen führen kann.

*Schlagwettergefahr.* Auch mit Rücksicht auf Schlagwettergefahr eignet sich der Drehstrommotor für den Antrieb der Wasserhaltungen besser als der Gleichstrommotor, an dessen Kollektor im Betrieb leicht Funken auftreten können, während ein Funken bei dem Asynchronmotor als Kurzschlußläufermotor überhaupt nicht und bei dem Schleifringläufermotor während des normalen Betriebes, wo er mit kurzgeschlossenen Schleifringen läuft, ebenfalls nicht möglich ist. Auch lassen sich die Drehstrommotoren bei Verwendung in Schlagwetter-Gruben, falls erforderlich, in einfacher Weise entsprechend den Vorschriften des V. D. E. schlagwettergeschützt ausführen.

Dies wird erreicht durch folgende Maßnahmen:

1. schlagwettersichere Kapselung der Schleifringe,
2. besonderer mechanischer Schutz der unter Spannung stehenden Teile gegen Berührung, sowie gegen Beschädigung durch Eindringen von Fremdkörpern,
3. Herabsetzung der nach den Vorschriften des V. D. E. zulässigen Erwärmungsgrenze um 10° C. Zu diesem Zweck darf der Motor nur mit 75—80 % seiner normalen Leistung beansprucht werden,
4. Vergrößerung des normalen Luftspaltes zwischen Ständer und Läufer um etwa 50 %,
5. bei Kurzschlußläufermotoren besonders sichere Verbindung zwischen Läuferstäben und Kurzschlußring (Hartlötung).

Im allgemeinen wird man auf schlagwettergeschützte Ausführung der Motoren und des Zubehörs verzichten können, da die Pumpenkammern wohl immer im einziehenden Wetterstrom, also schlagwetterfrei, angeordnet sind.

### *Isolation der Motoren.*

Mit Rücksicht auf die feuchte Grubenluft in den Pumpenkammern muß auch die Isolation der Motoren so ausgeführt werden, daß sie den schädlichen Einflüssen der feuchten Grubenluft auf die Dauer Widerstand leisten kann. Zu diesem Zwecke erhalten die Wasserhaltungsmotoren eine Sonderisolierung und bei Spannungen über 1200 V im Ständer eine

Wicklung mit asphaltierten Spulen, wodurch der Ständer ganz besonders betriebsicher wird und die bei der normalen Isolation und hohen Spannungen oft beobachteten, für die Lebensdauer der Wicklungen so gefährlichen Glimmerscheinungen unter allen Umständen verhindert werden. Diese asphaltierten Spulen werden vor dem Einlegen in die Nuten des Ständerblechpaketes in folgender Weise in der Werkstatt hergestellt:
Der Draht wird auf einer Schablone zur Spule gewickelt. Die fertiggewickelte Spule wird dann mit der Seite, mit der sie in die Nut zu liegen kommt, in einen Trog mit Asphaltmasse getaucht und bei 140 bis 150° C so lange gekocht, bis alle Luft aus der den Draht umgebenden Isolation entschwunden ist. Ist dies der Fall, so wird sie herausgenommen, mit dünnem Papier umwickelt und unter Pressen zusammengebacken. Durch diese Behandlung ist die Gewähr gegeben, daß sich zwischen den Leitern keine Luft mehr befindet. Die Spulen wandern dann in die Isolierabteilung, wo die Glimmerhülsen auf besonderen Maschinen um die Spulen herumgebügelt werden. Es entsteht so eine Spule, bei der Hülse, Isolierung und Kupferdraht zu einem festen, nur mit Gewalt lösbaren Körper verbunden sind.

### *Leistung der Motoren.*

Bei der Bestimmung der Größe der Motoren ist darauf zu achten, daß der Kraftbedarf der Pumpen niemals vorher ganz genau rechnerisch festgelegt werden kann, und daß Unterschiede in dem Kraftbedarf der Pumpen in vielen Fällen durch eine auch nur geringfügige Änderung in der Druckhöhe oder Drehzahl, hervorgerufen durch Schwankungen der Netzfrequenz, bedingt sind. Aus diesem Grunde muß bei der Bemessung der Motorleistung mit einer gewissen Sicherheit gerechnet werden, so daß in der Regel die Leistung der Motoren um 10 bis 15 % größer zu wählen ist, als der errechnete Kraftbedarf.
Da, wie bereits erwähnt, Gleichstrommotoren sich für den Antrieb unterirdischer Wasserhaltungen nicht eignen, und da ferner in den Bergwerksbetrieben in neuen Anlagen nur ausschließlich Drehstrom Verwendung findet, so werden im folgenden nur die Drehstrommotoren als Wasserhaltungsmotoren behandelt.
Die Anforderungen des Pumpenbetriebes und der Zusammenbau von Pumpe und Motor bedingen Sonderausführungen, die von den normalen Motorkonstruktionen in einigen Punkten abweichen. Hierauf soll im folgenden eingegangen werden.

### *Motoren für Kolbenpumpen.*

*Ausführung.* Für den Antrieb von Kolbenpumpen kommen nur Schleifringläufer-Motoren in Frage, da das Anlassen mit Rücksicht auf die bei Kolbenpumpen vorhandenen großen Massen bei Kurzschlußläufer-Motoren oder Synchronmotoren nicht ohne weiteres möglich ist. Die Motoren treiben in der Regel die Pumpen direkt an. Daher werden, um eine möglichst gedrängte Bauart zu erreichen, die Läufer der Motoren unmittelbar auf die Pumpenwelle aufgekeilt. Bei Zwillingsanordnung der Pumpen muß dementsprechend entweder der Läufer zweiteilig ausgeführt oder eine zweiteilige Zwischennabe vorgesehen werden. Ebenso sind die Schleifringe geteilt auszuführen. Aber auch sonst wird in vielen Fällen, besonders bei größeren Leistungen, eine Teilung des Ständers und Läufers stattfinden, da einerseits die Gewichte beim Einbringen des Motors in die Grube mit Rücksicht auf die Fördereinrichtungen eine gewisse Größe nicht überschreiten dürfen, andererseits aber auch die Transportquerschnitte im Schacht und Stollen begrenzt sind.

Zum bequemen Einstellen des Luftzwischenraumes zwischen Ständer und Läufer erhalten die Ständerfüße eine Einrichtung, die es ermöglicht, eine wagerechte Verschiebung des Ständers senkrecht zur Achse vorzunehmen. Zum Einstellen des Luftzwischenraumes in senkrechter Richtung werden Unterlagbleche für die Ständerfüße benutzt und der Luftzwischenraum wird im übrigen so bemessen, daß bei einem annehmbaren Leistungsfaktor eine für alle Fälle genügende Betriebsicherheit vorhanden ist. Die größeren Motoren erhalten angeschraubte Füße. Nach Abschrauben dieser Füße können die unteren Ständerspulen durch Drehen des Ständers auf dem Läufer leicht zugänglich gemacht werden, wodurch eine etwa erforderliche Reparatur oder Auswechslung bedeutend erleichtert wird. Damit die Pumpen nebst aufgekeiltem Läufer bei einer etwa nötigen Reparatur in jede beliebige Lage gebracht werden können, sieht man zweckmäßig am Läufer einen angegossenen oder angeschraubten Zahnkranz vor, in die eine Andrehvorrichtung eingreift. Bild 66 zeigt einen Wasserhaltungsmotor auf dem Prüfstand mit behelfsmäßigen Lagern und Welle für eine Drehzahl von 150/min und eine Leistung von 850 kW.

*Ungleichförmigkeitsgrad.* Mit Rücksicht auf eine möglichst gleichmäßige Stromentnahme aus dem Netz, sowie eine möglichst gleichmäßige Belastung des Motors während einer Umdrehung ist ein größerer Ungleichförmigkeitsgrad (U.F.G.) der Pumpe als 1:80 nicht zulässig. Um den U.F.G. unterhalb dieser Grenze zu halten, sind entsprechende Schwungmassen erforderlich, die nach Möglichkeit im Läufer des Motors untergebracht werden. Ist dieses nicht möglich, so muß ein besonderes Zusatz-Schwungrad angeordnet werden. Wenn irgend möglich, soll das Schwunggewicht so groß vorgesehen werden, daß der U.F.G. nicht größer als 1 : 100 ist. Der Wert 1 : 80 stellt also die oberste zulässige Grenze des U.F.G. dar. Auf alle Fälle werden die Motoren mit Rücksicht auf die durch den U.F.G. bedingten Stöße in verstärkter Bauart ausgeführt. Die Schwungmassen sind natürlich bei Einzylinder- und Zweizylinder-Pumpen in Tandem-Anordnung bedeutend größer, als bei Pumpen in Zwillings-Anordnung. Große im Läufer unterzubringende Schwungmassen verteuern den Motor und bedingen in den meisten Fällen auch eine anormal starke Kurbelwelle der Pumpe.

Bei druckhaftem Gebirge ist es empfehlenswert, die gemeinsamen Fundamente von Motor und Pumpe durch eingelegte Eisenschienen zu einem festen Ganzen zu verbinden.

Für die in Frage kommenden großen Leistungen und niedrigen Drehzahlen werden die Motoren nur in offener Ausführung gebaut. Die Ständerwicklung wird auf beiden Seiten um den ganzen Umfang des Ständers durch einen Wicklungsschutzring aus Gußeisen verdeckt und dadurch zufälliger Berührung entzogen. Bezüglich Schlagwetterschutz sei auf Seite 88 verwiesen.

*Wirkungsgrad und Leistungsfaktor.* Der Wirkungsgrad der langsam laufenden Wasserhaltungsmotoren bewegt sich je nach der Drehzahl und Leistung zwischen 90 und 94 %, der Leistungsfaktor zwischen 0,8 bis 0,84. Werden die Motoren jedoch mit vergrößertem Luftspalt ausgeführt, was für diese Motoren sehr zweckmäßig ist, so verschlechtert sich der Leistungsfaktor um etwa 5 bis 6 %, ebenso sinkt der Wirkungsgrad bei voller Belastung um ungefähr 0,5 %.

Eine Drehzahlregelung zur Änderung der Fördermenge ist bei Kolbenpumpen mit Antrieb durch Drehstrom-Asynchronmotor, weil äußerst unwirtschaftlich, nicht üblich. Da das Drehmoment der Kolbenpumpe konstant bleibt, so müßte im Läuferwiderstand des Pumpenmotors eine der Drehzahländerung proportionale Leistung vernichtet werden, was, abgesehen von großen Anlassern, bedeutende Energieverluste verursacht.

Da in letzter Zeit die Bestrebungen dahin gehen, mit möglichst günstigem Leistungsfaktor zu arbeiten und große Wasserhaltungsmotoren immerhin

**Bild 66. Wasserhaltungsmotor, n = 150 Umdr/min, Leistung 850 kW.**

auf den Leistungsfaktor des gesamten Netzes einen nicht unbedeutenden Einfluß ausüben, könnte zur Verbesserung des Leistungsfaktors des Pumpenmotors ein Phasenschieber Verwendung finden, doch wird man auch hierauf mit Rücksicht auf die Komplikation der Anlagen unter Tage und ferner mit Rücksicht auf die für den Kollektor eines Phasenschiebers nicht gerade günstigen Verhältnisse in der unterirdischen Pumpenkammer wohl immer verzichten, zumal ja auch der Leistungsfaktor bei voller Ausnutzung des Motors nicht als ungünstig bezeichnet werden kann.

### *Motoren für Kreiselpumpen.*

Die Kreiselpumpen werden mit dem Motor unmittelbar gekuppelt; infolgedessen müssen die Kreiselpumpen den Drehzahlen der Drehstrommotoren angepaßt werden. Da fast allgemein eine Frequenz von 50/s üblich ist, so kommen in der Hauptsache Pumpen bzw. Motoren mit Drehzahlen von 1000, 1500 und 3000/min in Frage. Die gebräuchlichste Drehzahl ist 1500/min.

*Normung der Motoren.* Schon vor der 1913 begonnenen durch den Verein für die bergbaulichen Interessen im Bezirk des Oberbergamtes Dortmund in die Wege geleiteten Normung der Wasserhaltungsmotoren bauten die Siemens-Schuckertwerke besondere für den Betrieb von Kreiselpumpen zugeschnittene Typen, und zwar offen ventilierte und vollständig geschlossene Motoren. Die Aufstellung der Motoren in den Pumpenkammern unter Tage, in denen immerhin mit mehr oder weniger großer Feuchtigkeit zu rechnen ist, sowie der Umstand, daß der Motor auch gegen aus der Pumpe austretendes Spritzwasser gesichert sein mußte, ließ die Verwendung normaler offener Motoren nicht zweckmäßig erscheinen. Die durch den Verein für die bergbaulichen Interessen im Bezirk des Oberbergamtes Dortmund angeregte Normung der Wasserhaltungsmotoren war mit Rücksicht auf die in der Hauptsache gebräuchliche Drehzahl von 1500/min verhältnismäßig leicht durchzuführen. Bereits 1913/14 war eine Normung der Wasserhaltungsmotoren in gewissem Umfange erreicht. Sie bezog sich in der Hauptsache auf Achshöhe und Wellenstumpfabmessungen. Die Normungsbestrebungen wurden nach dem Kriege wieder aufgenommen und Anfang 1923 zum Abschluß gebracht. Die Normung erstreckte sich nur auf die Motoren mit der Drehzahl 1500/min und Schleifringläufer, da Motoren mit Kurzschlußläufer, ebenso wie Motoren mit $n = 3000$/min für unterirdische Wasserhaltungen nur selten in Frage kommen. Sie umfaßt Betriebsspannung, Wirkungsgrad, Leistungsfaktor, Drehzahl, Leistungsabstufung, mechanische Ausführung, Klemmenanordnung und Drehsinn. Die Normung sollte vor allen Dingen den Vorteil bringen, bei Schäden an Motoren der für die Bergwerke so außerordentlich wichtigen Wasserhaltungen die Motoren schnellstens und ohne besondere Umstände auswechseln zu können. Das bedingt in erster Linie einheitliche Leistungen und für alle Motoren gleicher Leistung gleiche Maße für Wellenhöhe über Maschinenflur, Wellenlänge, da häufig an jeder Seite des Motors eine Pumpe angesetzt wird, Lagerart (Schild- oder Stehlager), Wellenstumpf mit Paßfeder, um ohne Schwierigkeiten Kupplungen auswechseln zu können, Durchmesser und Abstand der Befestigungslöcher an den Motorfüßen, oder Grundplatten. Als Leistungen wurden die Grenzwerte 200—1600 kW festgelegt, da andere Leistungen für unterirdische Hauptwasserhaltungen nur selten in Frage kommen.

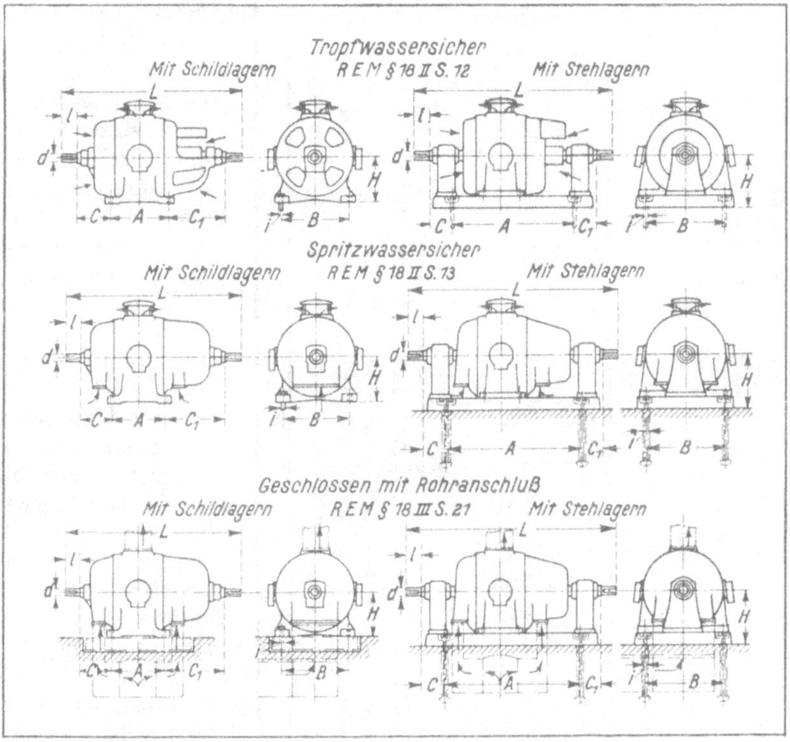


Bild 67. Ausführungsarten der genormten Wasserhaltungsmotoren.

Die Spannungen sind nach D.J.N. 196 „Betriebsspannungen elektrischer Anlagen über 100 V" gewählt, und zwar kommen in Frage Betriebsspannungen von 380, 500, 3000, 5000, 6000 V mit der Einschränkung, daß 380 V nur für Leistungen bis 320 kW und 500 V nur für Leistungen bis 400 kW als normal gelten. Eine Beschränkung auf die Hauptnormalspannungen 380 und 6000 V konnte nicht durchgeführt werden, da auf die vielen bestehenden Anlagen mit den bedingten Normalspannungen 500, 3000 und 5000 V Rücksicht genommen werden mußte. Die Auswahl

| Nenn-Leistung kW | Nenn-Leistung PS etwa | bei Vollast: Nenndrehzahl Umdr/min | bei Vollast: Wirkungsgrad % | bei Vollast: Leistungsfaktor cos φ | Luftspalt mindestens | Abmessungen*): Welle Höhe H | Welle Länge L | Befestigungsbolzen: Lochabstand längs A | Lochabstand quer B | Abstand C | Abstand $C_1$ | Durchmesser i | Wellenstumpf: Durchmesser d | Länge l | Paßfeder DIN 269 Breite×Höhe b×h | Nuttiefe t | Lager |
|---|---|---|---|---|---|---|---|---|---|---|---|---|---|---|---|---|---|
| 200 | 270 | 1475 | 93 | 0,86 | 1,5 | 550 | 2000 | 800 | 850 | 350 | 530 | 1" | 80 | 160 | 24×14 | 7 | Schild-lager |
| 250 | 340 | 1475 | 93 | 0,86 | 1,5 | 550 | 2150 | 850 | 850 | 350 | 630 | 1" | 80 | 160 | 24×14 | 7 | |
| 320 | 435 | 1480 | 93,5 | 0,87 | 1,75 | 600 | 2400 | 950 | 925 | 430 | 660 | 1¼" | 90 | 180 | 24×14 | 7 | |
| 400 | 540 | 1480 | 93,5 | 0,87 | 1,75 | 600 | 2500 | 1000 | 925 | 430 | 710 | 1¼" | 90 | 180 | 24×14 | 7 | |
| 500 | 680 | 1480 | 94 | 0,87 | 2 | 700 | 2600 | 1050 | 1100 | 445 | 705 | 1¼" | 100 | 200 | 28×16 | 8 | |
| 640 | 870 | 1485 | 94 | 0,87 | 2 | 700 | 2750 | 1100 | 1100 | 445 | 805 | 1¼" | 100 | 200 | 28×16 | 8 | |
| 800 | 1085 | 1485 | 94 | 0,87 | 2,5 | 800 | 3100 | 2200 | 1450 | 230 | 230 | 1½" | 110 | 220 | 28×16 | 8 | Steh-lager |
| 1000 | 1360 | 1485 | 94,5 | 0,88 | 2,5 | 800 | 3200 | 2300 | 1450 | 230 | 230 | 1½" | 110 | 220 | 28×16 | 8 | |
| 1250 | 1700 | 1485 | 94,5 | 0,88 | 3 | 800 | 3500 | 2420 | 1550 | 300 | 300 | 1½" | 120 | 240 | 32×18 | 9 | |
| 1600 | 2170 | 1490 | 95 | 0,88 | 3 | 800 | 3600 | 2520 | 1490 | 300 | 300 | 1½" | 120 | 240 | 32×18 | 9 | |

*) Bild 67.

dieser Normalspannungen soll dem Hersteller die Lagerhaltung der Motoren mehr als bisher erleichtern, um in dringenden Fällen schnell liefern zu können. Die Ausführung der normalen Motoren mit anderen als den angegebenen Spannungen, z. B. der in einzelnen Bezirken noch vorkommenden Spannung von 2000 V ist auch weiterhin möglich, nur kommt hierfür, da die Hersteller sich für diese Spannung nicht vorzugsweise einrichten können, unter Umständen eine längere Lieferzeit in Frage. Für die höchste Spannung von 6000 V können alle genormten Motoren ausgeführt werden. Die Spannungsgrenze nach unten ist gegeben durch die Höhe des abzuführenden Stromes, für den als obere Grenze 600 A angenommen wurde, und der für die Bemessung der Klemmen maßgebend ist.

Für diese grundlegenden Verhältnisse ist eine Reihe von zehn Motoren zwischen 200 und 1600 kW aufge-

stellt, deren Leistungen der kW-Einheitsreihe angehören und in Abstufungen von je 25 % steigen.
Bei der Festlegung des Luftspaltes wurde aus Gründen der Betriebssicherheit mehr Wert auf großen Luftspalt als auf einen besonders hohen Leistungsfaktor gelegt.
Nebenstehende Tafel zeigt die Nennleistung, die Nenndrehzahl, den Wirkungsgrad und Leistungsfaktor bei Vollast, den mindest zulässigen Luftspalt, sowie die Hauptabmessungen und die Art der Ausführung, ob Schildlagertype oder Stehlagertype. Die in dieser Tafel angegebenen Zahlen über Wirkungsgrad, Leistungsfaktor und Drehzahl sind nach den Normen unbedingt einzuhalten. Die Maße für den Luftspalt dürfen keinesfalls unterschritten werden.
*Ausführung der Motoren.* Der Läufer ist ein Schleifringläufer mit Bürstenabheber. Die Ausführung mit Kurzschlußläufer ist, wie bereits erwähnt, von der Normung ausgeschlossen, lehnt sich aber eng an die Ausführung der genormten Schleifringläufermotoren. Der Läufer erhält stets zwei Wellenstümpfe, damit an jeder Seite eine Pumpe gekuppelt werden kann. Die Maße für die Wellenhöhe über Maschinenflur, sowie für Durchmesser und Länge des Wellenstumpfes sind die gleichen, wie bei den Vorarbeiten mit dem Verein für die bergbaulichen Interessen im Bezirk des Oberbergamtes Dortmund im Jahre 1913/14 festgelegt. Sie wurden beibehalten, um die Auswechselung gegen Motoren nach früheren Normen zu erleichtern.
Die Motoren erhalten im Ständer offene Nuten, die durch magnetische Keile (Spreizkeile) nach Einlegen der Wicklung geschlossen werden. Sämtliche Wicklungsteile werden mit einer Sonderisolation ausgeführt, für Spannungen über 1200 V erhalten die Ständerwicklungen asphaltierte Spulen. Offene Nuten gewähren bei Wicklungen mit asphaltierten Spulen fabrikationstechnisch den großen Vorteil, daß die außerhalb des Motors fertig bearbeiteten Spulen in die Ständernuten eingelegt werden können, während bei geschlossenen oder halboffenen Nuten die fertig bearbeiteten Spulen vor dem Einlegen aufgeschnitten und nach dem Einlegen wieder hart zusammengelötet werden müssen. Außer der hierdurch bedingten größeren Werkstattarbeit können aber auch schlechte Lötstellen unterlaufen. Der Motor mit offenen Nuten gewährt daher eine größere Betriebssicherheit.
Bis zu einer Leistung von 640 kW erhalten die Motoren zwei Schildlager, über 640 kW zwei Stehlager. Bei den Stehlager-Typen sind Gehäuse und Lager auf einer gemeinsamen Grundplatte aufgebaut. Die Lager sind Ringschmierlager und sind geteilt ausgeführt, um ein leichtes Auswechseln der Lagerschalen zu ermöglichen. Für die beiden größten Typen, Leistung 1250 und 1600 kW, erhalten die Lager Wasserkühlung.
Die Gehäuse und die Seitenschilde sind entsprechend den drei vorkommenden Schutzarten durchgebildet. Diese Schutzarten sind: „tropfwassersicher“, „spritzwassersicher“ und „geschlossen mit Rohranschluß“ Bild 67.

1. Tropfwassersichere Ausführung (REM § 18 II Seite 12). Den seitlichen Abschluß des Ständers bilden Lagerschilde, oder bei der Stehlagerausführung Wicklungsschilde, die mit Lufteintrittsöffnungen versehen sind. Über den Schleifringen ist ein Schutzdach gegen Tropfwasser und zufällige Berührung angebracht. Das Eindringen senkrecht fallender Wasserstrahlen in die Maschine ist verhindert; gegen Staub, Feuchtigkeit und Gasgehalt der Luft ist die Maschine jedoch nicht geschützt. Die Luftaustrittsöffnung befindet sich im Rücken des Ständers und ist durch eine Haube oder ein Dach abgedeckt.

Bild 68. Genormter Wasserhaltungsmotor als Schildlager-Type in spritzwassersicherer und geschlossener Ausführung, 640 kW Leistung, n = 1500 Umdr/min.

2. Spritzwassersichere Ausführung (REM §18 II Seite 13). Die bei der tropfwassersicheren Ausführung verwendeten Lager- bzw. Wicklungsschutzschilde werden bei der spritzwassersicheren Ausführung durch geschlossene Schilde mit Luftzuführungsstutzen ersetzt, die das Eindringen von Wassertropfen und Wasserstrahlen aus beliebiger Richtung verhindern. Die Schleifringe und die Bürsten sind innerhalb der geschlossenen Schilde, abweichend von der früheren Ausführung, angebracht. Die Luftzuführungsstutzen sind nach unten gerichtet, können jedoch auch nach beiden Richtungen um 90° verdreht angeordnet werden. Die Luftaustrittsöffnung befindet sich ebenfalls wie bei der tropfwassersicheren Ausführung, im Rücken des Ständers.

3. Geschlossene Ausführung (REM § 18 III Seite 21). Die Ausführung ist die gleiche, wie die der spritzwassersicheren Type, jedoch werden die Zuluft- und Abluftöffnungen an Rohr- oder Frischluftkanäle angeschlossen. Da für unterirdische Wasserhaltungen die geschlossene Ausführung in der Hauptsache nur verwandt wird, wenn in der Pumpenkammer selbst genügend reine Frischluft nicht zur Verfügung steht, nicht aber, um ein Eindringen von schädlichen Gasen zu verhindern, ist ein Anschluß der Ausblaseöffnung an eine besondere Abluft-Rohrleitung nicht unbedingt erforderlich. Bei allen Motoren müssen die Seitenschilde so ausgeführt sein, daß der Luftspalt jederzeit überwacht werden kann.

Bei den geschlossenen Motoren sind zur Kontrolle des Luftspaltes meistens drei verschließbare Schaulöcher angebracht.

Die Motoren haben Selbstbelüftung durch einen auf der Läuferwelle angebrachten Fliehkraftlüfter, der die aus dem Betriebsraum oder einem besonderen Frischluftkanal angesaugte Kühlluft durch Ventilationskanäle in Läufer und Ständer drückt und so die im Motor erzeugte Wärme nach außen abführt. Die Luft tritt bei der tropfwassersicheren Ausführung durch die an den Seitenschilden befindlichen Öffnungen, bei der spritzwassersicheren und geschlossenen Ausführung durch die an den geschlossenen Seitenschilden angebrachten Ansaugstutzen ein, während die Luftabfuhr bei allen Ausführungsarten durch eine auf dem Ständerrücken angeordnete, durch ein Dach oder eine Haube geschützte Öffnung erfolgt.

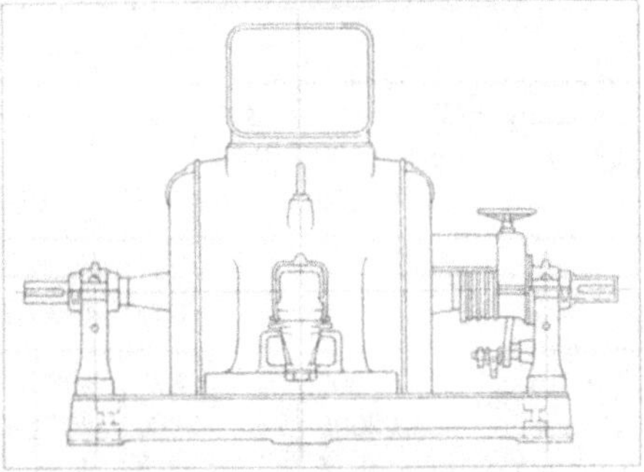

Bild 69. Genormter Wasserhaltungsmotor als Stehlager-Type in tropfwassersicherer Ausführung. Leistungsgrenze 800—1600 kW, n = 1500 Umdr/min.

Die Motoren erhalten auf jeder Seite einen Klemmenkasten, um das Zuleitungskabel auf der einen oder anderen Seite, je nach den örtlichen Verhältnissen, anschließen zu können. Der Kasten auf der Anschlußseite erhält einen vergießbaren Kabelstutzen zur Einführung eines dreiadrigen Kabels. Der Drehsinn ist entgegen den REM linksläufig, da die meisten vorhandenen Pumpen und Pumpenkonstruktionen hierfür eingerichtet sind. Die im Bild 67 enthaltenen Skizzen erläutern nur die Ausführungsarten, sind aber für die Konstruktion der Motoren nicht maßgebend. Bild 68 zeigt den normalisierten Wasserhaltungsmotor, wie ihn die Siemens-Schuckertwerke als Schildlagertype in spritzwassersicherer und geschlossener Ausführung bauen.

Die Motoren für 3000 Umdr/min werden von den Siemens-Schuckertwerken ähnlich wie die genormten für 1500 Umdr/min ausgeführt, also auch tropfwassersicher, spritzwassersicher und geschlossen, jedoch nur in Stehlagerausführung (Bild 69). Sie erhalten im Gegensatz zu den Motoren für 1500 Umdr/min im Ständer halboffene Nuten, da bei zweipoligen Ständern die einzelnen Spulen größeren Durchmesser haben, als der innere Ständerdurchmesser und demnach die asphaltierten Spulen vor dem Einlegen doch aufgeschnitten werden müssen, der oben erwähnte Vorteil der offenen Nuten beim Einlegen fertiger Spulen also bei den Motoren für 3000 Umdr/min nicht zur Geltung kommt. Die Leistungen, Drehzahlen, Wirkungsgrade und Leistungsfaktoren der Motoren für 3000 Umdr/min gehen aus folgender Tafel hervor:

| | | | | | | | | | |
|---|---|---|---|---|---|---|---|---|---|
| Leistung kW | 315 | 360 | 400 | 450 | 550 | 750 | 900 | 1100 | 1300 |
| ,, PS | 428 | 490 | 544 | 612 | 748 | 1020 | 1224 | 1500 | 1770 |
| Drehzahl/min | 2970 | 2970 | 2970 | 2975 | 2975 | 2975 | 2975 | 2980 | 2980 |
| Wirkungsgrad bei Vollast in % | 93 | 93,5 | 94 | 94 | 94,5 | 94,5 | 94,5 | 95 | 95 |
| Leistungsfaktor bei Vollast | 0,91 | 0,91 | 0,91 | 0,91 | 0,91 | 0,91 | 0,92 | 0,92 | 0,92 |

Die für die geschlossenen Motoren für 1500 und 3000 Umdr/min in Frage kommenden Kühlluftmengen zeigt die folgende Tafel:

| 3000 Umdr/min | | | | | | | | | |
|---|---|---|---|---|---|---|---|---|---|
| Leistung kW | 315 | 360 | 400 | 450 | 550 | 750 | 900 | 1100 | 1300 |
| Querschnitt $cm^2$ | 1900 | 2100 | 2300 | 2500 | 2900 | 3600 | 4500 | 5000 | 5500 |
| Luftmenge $m^3/s$ | 0,75 | 0,84 | 0,93 | 1,0 | 1,2 | 1,6 | 1,9 | 2,2 | 2,6 |

| 1500 Umdr/min | | | | | | | | | | |
|---|---|---|---|---|---|---|---|---|---|---|
| Leistung kW | 200 | 250 | 320 | 406 | 500 | 640 | 800 | 1000 | 1250 | 1600 |
| Querschnitt $cm^2$ | 2000 | 2500 | 3000 | 3500 | 4300 | 5200 | 5800 | 6600 | 7500 | 8500 |
| Luftmenge $m^3/s$ | 0,75 | 1,0 | 1,3 | 1,5 | 1,7 | 2,2 | 2,5 | 3,0 | 3,6 | 4,2 |

*Schlagwetterschutz.*

Falls erforderlich, lassen sich die Motoren für 1500 Umdr/min durch entsprechende Kapselung der Schleifringe auch schlagwettergeschützt ausführen, doch müssen in diesem Falle die Schleifringe außerhalb der Lager angeordnet werden und die Motoren können dann nur mit einem Wellenstumpf ausgeführt werden (Bild 70). Nähere Angaben über den Schlagwetterschutz entsprechend den Vorschriften des V.D.E. s. Seite 88.

*Zusammenbau von Pumpe und Motor.*

Die Verbindung des Motors mit der Pumpe bzw. den Pumpen erfolgt durch eine elastische Kupplung. In vielen Fällen wird für Pumpe und Motor eine gemeinsame Grundplatte vorgesehen, was bei kleineren Maschinensätzen zweckmäßig ist. Der für kleinere Leistungen in Frage kommende Schildlagermotor wird dabei mit auf die verlängerte Pumpengrundplatte gesetzt. Eine derartige Anordnung vereinfacht die Montage, da das Ausrichten von Pumpe und Motor auf gemeinsamer Grundplatte einfacher ist. Bei größeren Sätzen wird aber die gemeinsame Grundplatte in vielen Fällen Schwierigkeiten bereiten, zumal auch ihr Transport unter Tage zum Pumpenraum nicht immer durchführbar ist. In solchen Fällen hat man die Grundplatte mehrteilig ausgeführt und bei der Montage zusammengeflanscht. Es dürfte aber vielleicht zweckmäßiger sein, Pumpe und Motor nicht auf eine gemeinsame oder geflanschte Grundplatte zu stellen, sondern für jede Maschine eine besondere Grundplatte vorzusehen. Abgesehen von der vereinfachten Montage soll die gemeinsame Grundplatte in der Hauptsache bei Bodensenkungen oder bei druckhaftem Gebirge die Betriebsbereitschaft der Pumpe aufrechterhalten. Hierzu wird aber meistens die Grundplatte nicht in der Lage sein, da sie bei Senkungen brechen wird. Es ist daher richtiger, statt einer gemeinsamen Grundplatte das Fundament von Pumpe und Motor durch eingelegte Eisenschienen so zu versteifen, daß es bei Bodensenkungen standhält. Verwendet man also ein derartiges Fundament, so steht nichts entgegen, Pumpe und Motor getrennt aufzubauen. Die Siemens-Schuckertwerke tragen den Wünschen ihrer Abnehmer hinsichtlich des Zusammenbaues dadurch Rechnung, daß sie bei den Stehlagertypen die Grundplatte je nach Wunsch ohne Flansch für getrennte Montage und mit Flansch zum Zusammenflanschen mit der Pumpengrundplatte, unter Umständen mit beiderseitigem Flansch, falls zwei Pumpen in Frage kommen, ausführen. Um bei Reparaturen ohne Demontage des Maschinensatzes bequemer an Pumpe und Motor gelangen zu können, ist es zweckmäßig, den Motor bzw. die Motorgrundplatte auf Gleitschienen zu setzen und ein Klinkwerk vorzusehen, wodurch ein einfaches Abrücken des Motors von der Pumpe nach Lösen der Kupplung möglich ist. Bei einseitigem Antrieb des Motors wird man die Gleitschienen in der Achsenrichtung vorsehen, bei beiderseitigem Antrieb des Motors senkrecht zur Achsenrichtung.

Bild 70. Schlagwettergeschützter Wasserhaltungsmotor als Schildlager-Type in tropfwassersicherer Ausführung, Leistung 320 kW, n = 1500/min.

## 3. Die Pumpenkammern.

*Lage der Pumpenkammer.* Die Lage der Pumpenkammer wird sich im allgemeinen nach den jeweiligen örtlichen Verhältnissen unter Tage richten. Wenn irgend möglich, werden die Pumpenkammern in der Nähe des Füllortes angelegt, zweckmäßig in der Nähe des einziehenden Wetterschachtes, da es dann am leichtesten ist, der Pumpenkammer die zur Belüftung des Raumes selbst und der Motoren erforderliche reine Frischluft zuzuführen. Von der Pumpenkammer führt eine Rohrstrecke schräg aufwärts oder durch einen Hilfsschacht in den Schacht, sie kann vorteilhaft zur Zuführung der erforderlichen Frischluft benutzt werden, Bild 71. *Größe der Pumpenkammer.* Die Größe der Pumpenkammer richtet sich einmal nach der Anzahl der aufzustellenden Pumpengruppen und außerdem

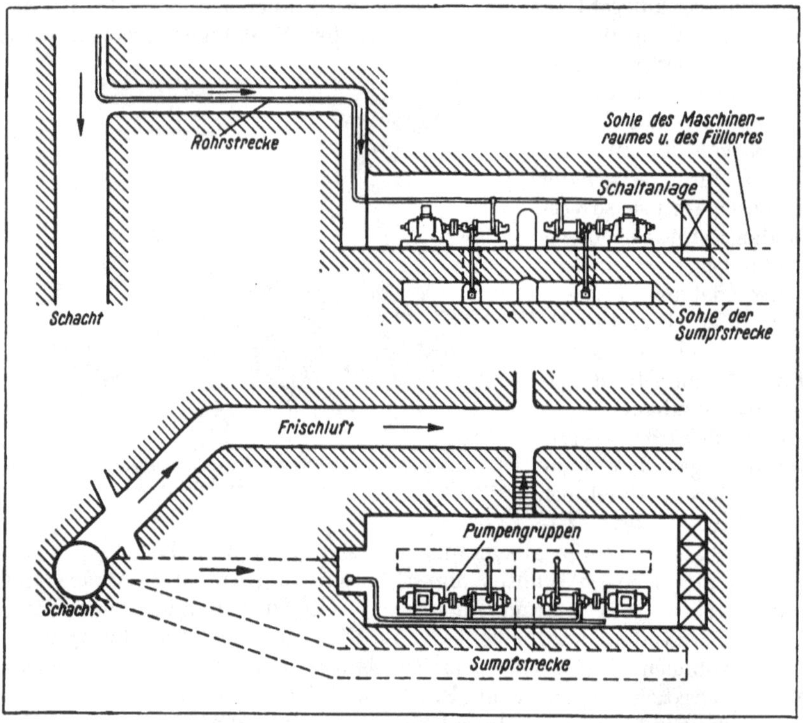


Bild 71. Lage der Pumpenkammer zum Schacht. Die Pfeile deuten die Richtung der Frischluft an.

nach der Art des Gebirges. Ist druckhaftes Gebirge vorhanden, so wird man die Pumpenkammer notgedrungen klein und schmal ausführen, ist weniger druckhaftes Gebirge vorhanden, dann können die Pumpenkammern geräumiger gehalten werden. Um schmale Räume zu erhalten, empfiehlt es sich, die Längsachse der Pumpengruppe parallel zur Längsachse der Pumpenkammer zu legen und die Pumpengruppe möglichst nahe an eine Längswand heranzuschieben. Die Druckleitung wird man bis zur Rohrstrecke an der Wand oder der Decke entlang führen, und zwar so hoch, daß sie den freien Durchgang auch an den Ausgängen der Pumpenkammer nicht behindert, während man den Saugkanal bzw. den Pumpensumpf nach der Mitte des Raumes zu anordnet. Die Bilder 72 bis 75 zeigen das Grundsätzliche der Anordnung von Pumpenkammern. Die Räume gemäß den Bildern 73 bis 75 sind hinsichtlich der Belüftung und Bewetterung für Anordnung in der Nähe des ausziehenden Schachtes aus-

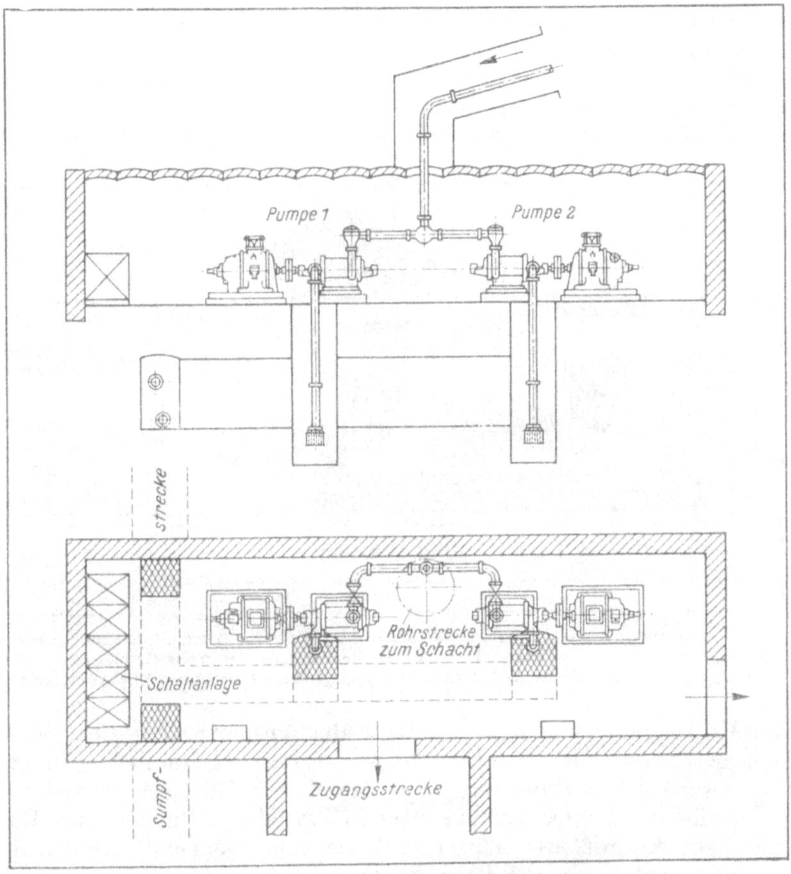


Bild 72. Lage der Pumpenkammer zum Schacht. Pumpenkammer in der Nähe des einziehenden Schachtes. Frischluft für die Bewetterung wird nicht gefiltert. Pfeile deuten die Richtung des Wetterstromes an. Motoren in tropfwasser- oder spritzwassersicherer Bauart. Schaltanlage am Kopf der Pumpenkammer untergebracht.

gebildet, im übrigen kommen die gleichen Anordnungen sinngemäß auch für Pumpenräume in der Nähe des einziehenden Schachtes in Frage.

*Anordnung der Schaltanlagen.*

Aus den Skizzen, Bild 72 bis 75, gehen gleichzeitig verschiedene Möglichkeiten der Anordnung der Schaltanlagen hervor. Handelt es sich nur um kleine Schaltanlagen für die Wasserhaltung selbst, so wird es in den meisten Fällen möglich sein, die Schaltkästen ebenso wie die Anlasser an der der Pumpengruppe gegenüberliegenden Wand anzuordnen, ohne daß dabei der Durchgang zwischen Pumpengruppe und Schalt- bzw. Anlaßeinrichtung zu schmal wird. Besser werden die Schaltkästen jedoch am Kopfende der Pumpenkammer angeordnet. Kommen dagegen größere Schaltanlagen in Frage, sei es, daß es sich um eine größere Wasserhaltung handelt, sei es, daß von der Schaltanlage in der Pumpenkammer auch die sonstigen unter Tage befindlichen Betriebe gespeist werden, so empfiehlt sich, wie auch in dem Absatz „Schalteinrichtungen" angegeben,

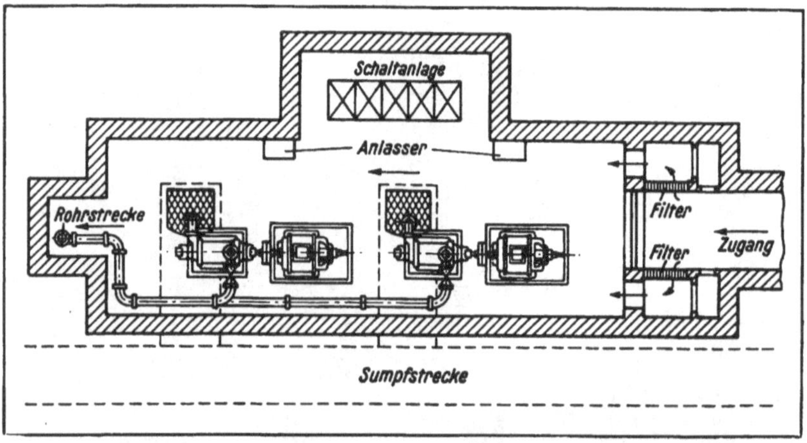


Bild 73. Pumpenkammer in der Nähe des ausziehenden Schachtes. Frischluft für die Bewetterung der Pumpenkammer wird gefiltert. Pfeile deuten die Richtung des Wetterstromes an. Motor in tropf- oder spritzwassersicherer Ausführung, Schaltanlage in einer besonderen Nische untergebracht.

die Verwendung von aus Schalteinheiten zusammengesetzten Schaltanlagen. Bietet die Pumpenkammer in ihrer Breite nicht genügend Raum für die Unterbringung, so werden die Schaltanlagen entweder am Kopfende der Pumpenkammer oder in besonderen Nischen oder Kammern, die so groß sein müssen, daß sie eine bequeme Zugänglichkeit der Schaltanlage gewährleisten, untergebracht.

*Bewetterung der Pumpenkammern und Belüftung der Motoren.*

Einer ausgiebigen Bewetterung der Pumpenkammern ist besondere Beachtung zu schenken, damit die Temperatur in diesen in angemessenen Grenzen bleibt, vor allem dann, wenn die in der Pumpenkammer aufgestellten Motoren ihre Abluft unmittelbar in den Raum ausblasen. Für die Bewetterung der Pumpenkammern sind drei Fälle zu unterscheiden: 1. Die Pumpenkammer liegt in der Nähe des einziehenden Wetterschachtes und erhält aus diesem genügend reine Frischluft zugeführt, Bild 72. Die Luft aus der Pumpenkammer wird durch die Zugangsstrecke abgeführt. Es befindet sich also die Pumpenkammer im Nebenschluß zum Hauptwetterstrom. Bei einer derartigen Belüftung der Pumpenkammer werden zweckmäßig, wenn sonst keine bestimmten Gründe für eine

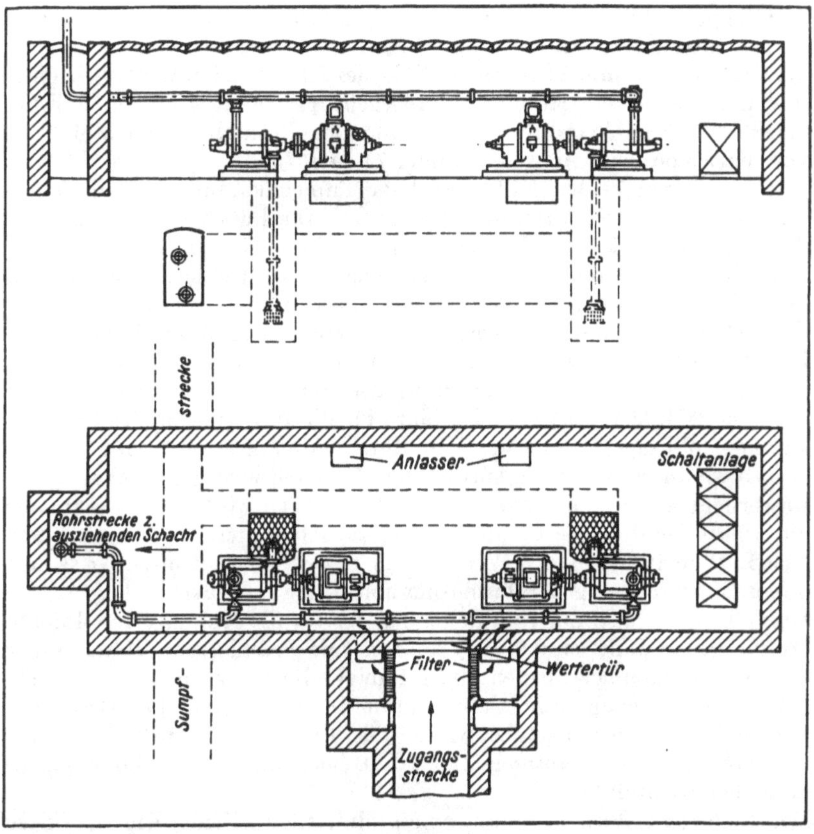


Bild 74. Pumpenkammer in der Nähe des ausziehenden Schachtes. Frischluft für die Bewetterung der Pumpenkammer selbst wird nicht gefiltert. Frischluft für die Motoren wird durch Filter gereinigt. Pfeile deuten die Richtung des Wetterstromes an. Motor in geschlossener Ausführung, mit besonderer Luftzufuhr. Schaltanlage am Kopf der Pumpenkammer untergebracht.

andere Ausführung sprechen, bei Verwendung von Kreiselpumpen Motoren in tropf- oder spritzwassersicherer Ausführung aufgestellt, die ihre Kühlluft direkt dem Betriebsraum entnehmen. Es bestehen keine Bedenken, daß die Motoren ihre Abluft unmittelbar in den Betriebsraum ausblasen, da im vorliegenden Falle die Pumpenkammer genügend bewettert werden kann, so daß eine unzulässige Erwärmung des Raumes durch die Abluft der Motoren nicht zu befürchten ist.

Selbst in Schlagwettergruben wird bei dieser Bewetterungsanordnung der Pumpenraum schlagwetterfrei bleiben, so daß auf Schlagwetterschutz der Motoren und der Schalt- und Anlaßapparate verzichtet werden kann.

2. Die Pumpenkammer liegt in der Nähe des ausziehenden Wetterschachtes und die gesamte für die Belüftung der Pumpenkammer erforderliche Luft wird gefiltert, Bild 73.

3. Die Pumpenkammer liegt in der Nähe des ausziehenden Wetterschachtes und nur die für die Motoren erforderliche Frischluft wird durch Filter gereinigt. Diese Anordnung kommt nur für die raschlaufenden Motoren von Kreiselpumpen in Frage, Bilder 74 und 75.

Auch in diesen beiden Fällen wird die Pumpenkammer in den Nebenschluß des Hauptwetterstromes geschaltet. Die Luft tritt hierbei durch die Zugangsstrecke zur Pumpenkammer ein, während der Abzug der Luft durch die Rohrstrecke in den Schacht stattfindet. Da aber die aus dem Grubenbau kommende Luft stark staubhaltig ist, ist sie für die Kühlung der Motoren nicht ohne weiteres verwendbar, da die staubhaltige Luft recht bald im Innern der Motoren starke Verschmutzung bedingen und damit eine Gefährdung der Motoren hervorrufen würde.

Im Falle 2, Bild 73, bei dem die ganze für die Bewetterung der Pumpenkammer in Frage kommende Luft durch Filter gereinigt wird, können ebenso wie im Falle 1 zum Antrieb von Kreiselpumpen tropf- oder spritzwassersichere Motoren aufgestellt werden, jedoch wird man zweckmäßig die Abluft nicht in die Pumpenkammer ausblasen lassen, sondern durch eine Luttenleitung in den Wetterstrom führen, um auf diese Weise eine unnötige Erwärmung der Pumpenkammer zu vermeiden.

Im Falle 3, wo also nur eine Reinigung der für die Kühlung der Motoren erforderlichen Luft stattfindet, können nur geschlossene Motoren zur Aufstellung kommen, denen die gereinigte Luft von den zweckmäßig neben dem Zugang zum Pumpenraum in besonderen Filterkammern aufgestellten Filtern zugeführt wird, Bild 74 und 75. Auch hier tut man gut, die Abluft der Motoren durch Luttenleitungen aus dem Pumpenraum herauszuführen.

Der Zugang zur Pumpenkammer muß hinter den Filtern, wie die Skizze zeigt, durch eine Wettertür abgeschlossen sein, die jedoch bei Fall 3 noch genügend Luft zur Bewetterung des Pumpenraumes selbst durchlassen muß. Genügt diese Luftmenge nicht, so kann man noch einen besonderen Luttenventilator anordnen.

Sollte auch bei Anordnung der Pumpenkammer in der Nähe des einziehenden Wetterschachtes die für die Bewetterung nötige Luft bereits stark staubhaltig sein, so sind dieselben Maßnahmen zu ergreifen, wie unter Fall 2 und 3 angegeben, mit dem Unterschied, daß die Luftfilter bei der Einmündung der Rohrstrecke in die Pumpenkammer an-

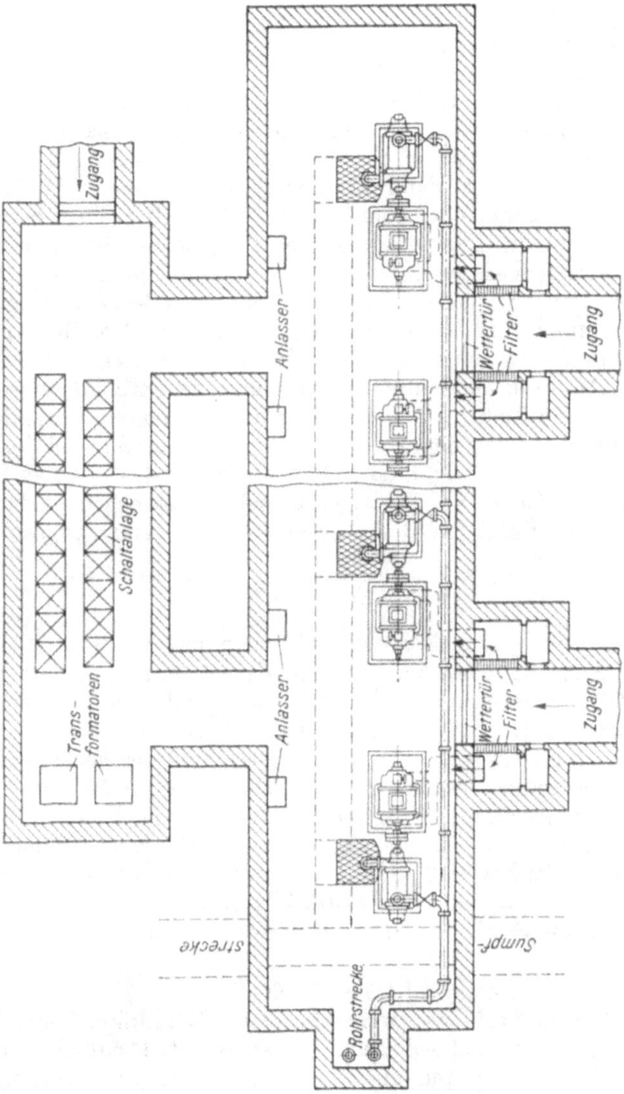


Bild 75. Pumpenkammer in der Nähe des ausziehenden Schachtes. Frischluft für die Bewetterung der Pumpenkammer wird nicht gefiltert. Frischluft für die Motoren wird durch Filter gereinigt. Pfeile deuten die Richtung des Wetterstromes an. Motor in geschlossener Ausführung mit besonderer Frischluftzufuhr. Schaltanlage in einem besonderen Raum parallel zur Pumpenkammer untergebracht.

zuordnen sind. — Man hat zuweilen bei Anordnung nach Fall 3 die Filter unmittelbar neben dem Motor in der Pumpenkammer selbst aufgestellt, doch ist diese Anordnung nicht zweckmäßig, da sie einmal den ohnehin engen Raum der Pumpenkammer noch weiter beschränkt und außerdem das Reinigen der Luftfilter, das in gewissen Zeitabschnitten nötig wird, infolge Raummangels stark behindert.
Aus den Filterkammern wird bei Anordnung nach Fall 3 die Frischluft durch eine Rohrleitung oder durch einen gemauerten Luftkanal den Saugstutzen der Motoren zugeführt. Die Verwendung eines im Erdboden angeordneten Luftkanals ist dann nicht zweckmäßig, wenn die Gefahr besteht, daß bei größeren Wasserzuflüssen und dadurch bedingtem Steigen des Wasserspiegels im Pumpensumpf eine Überflutung des Kanals bzw. des Maschinenfußbodens zu befürchten ist. Würde eine Überflutung des Kanals eintreten, so würde dadurch der Motor außer Betrieb gesetzt, da die Frischluftzufuhr abgesperrt ist. Wenn also Überflutungen zu befürchten sind, wird man zweckmäßig die Ansaugstutzen in den Seitenschilden der Motoren horizontal anordnen und die Verbindung zwischen Filterkammer und Motor durch eine über Flur verlagerte Luttenleitung vorsehen, die allerdings den Durchgang zwischen Motor und Pumpenkammerwand beeinträchtigt; doch hat dieses in den meisten Fällen weiter keinen Nachteil, da die Lager trotzdem zugänglich bleiben und außerdem in der Regel die Pumpengruppen unmittelbar an der Wand angeordnet werden.

### *Filter.*

Als Filter kamen vor dem Kriege allgemein nur Stoffilter in Frage. Infolge der Stoffknappheit während des Krieges und nach dem Kriege sind die Stoffilter aber mehr und mehr verschwunden, so daß heute fast nur noch ölbenetzte Metallfilter angewendet werden. Bei den Stoffiltern bestand im übrigen auch noch der Nachteil der Feuergefährlichkeit. Die Filter müssen bei Fall 2 entsprechend der für die Bewetterung des Pumpenraumes und der von den Motoren benötigten Luftmenge, bei Fall 3 nur entsprechend der von den Motoren verlangten Kühlluftmenge bemessen sein. Im letzten Fall darf ihr Widerstand, um eine energische Kühlung der Motoren nicht zu beeinträchtigen, einen Wert von ungefähr 6 mm WS im ungünstigsten Falle nicht überschreiten.

### *Ringluftkühler.*

Sämtliche Filter, Stoffilter, wie ölbenetzte Metallfilter usw. haben abgesehen von dem häufigen Reinigen den Nachteil, daß sie bei nicht einwandfreier Wartung und Instandhaltung Staub in kleineren oder größeren Mengen durchlassen und dadurch die Betriebssicherheit der Motoren gefährden können. Gegen die in der Luft enthaltene Feuchtigkeit und etwaige schädliche Gase bieten sie überhaupt keinen Schutz.

Diese Nachteile vermeiden die neuerdings auf den Markt gebrachten Ringluftkühler, Bild 76, bei denen die zur Kühlung des Motors benutzte Luft mit der Außenluft überhaupt nicht in Berührung kommt (geschlossene Kühlung). Die eingeschlossene Luft macht einen ständigen Kreislauf (Bild 77) und wird nach der Erwärmung in der Maschine durch einen Rohrkühler auf die Anfangstemperatur zurückgekühlt. Die schädlichen Einflüsse der freien Atmosphäre bzw. ihrer Verunreinigungen sind hierdurch ganz ausgeschaltet. Der Ringluftkühler wird in der Form eines Oberflächenkühlers ausgeführt, er besteht aus mehreren senkrecht angeordneten Kühlkörpern, durch die die Luft hindurchgedrückt wird. Diese Kühlkörper werden in Kühlrohren von eliptischem oder rundem Querschnitt vom Kühlwasser durchflossen. — Das Kühlwasser wird zweckmäßig der ersten Druckstufe der Pumpe entnommen.

Bild 76. Ringluftkühler.

Die Ringluftkühler sind mit einer Einrichtung zu versehen, die beim Ausbleiben des Kühlwassers und dadurch bedingtem Ansteigen der Temperatur der umlaufenden Luft den Hauptschalter des Wasserhaltungsmotors selbsttätig auslöst und ein Warnsignal ertönen läßt. Den Ringluftkühler wird man je nach den örtlichen Verhältnissen entweder in der Pumpenkammer selbst, oder ähnlich wie die Luftfilter, unmittelbar neben der Pumpenkammer anordnen, (Bild 74 und 75).

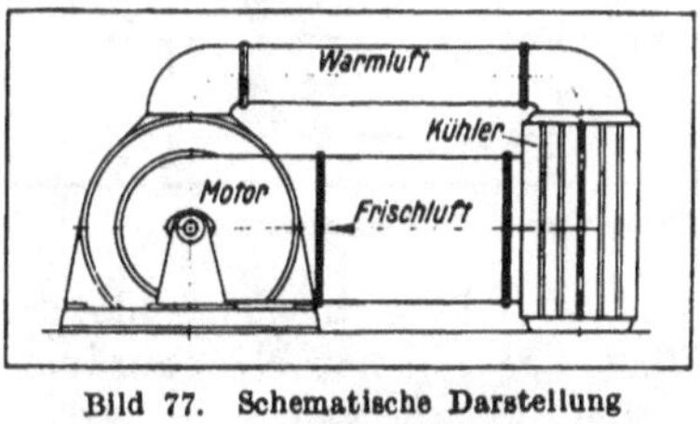


Bild 77. Schematische Darstellung der geschlossenen Kühlung.

*Transport und Montagemöglichkeit.* Für einen ungehinderten Transport der Maschinenteile vom Schacht zur Pumpenkammer empfiehlt es sich, die Zugangstrecke so geräumig wie möglich auszuführen und in der Pumpenkammer einen Laufkran vorzusehen, der bei der Montage und etwaigen Reparaturen bei den immerhin schweren Maschinenteilen gute Dienste leistet. Damit bei der Montage und bei Reparaturen die Möglichkeit gegeben ist, die Maschinenteile in der Pumpenkammer abzustellen, wird zweckmäßig an einem oder beiden Kopfenden der Pumpenkammer ein freier Raum vorgesehen.

*Schutz vor Überflutung der Pumpenkammer.*

Um die Pumpenkammer vor Überfluten, wodurch die Wasserhaltungen außer Betrieb gesetzt würden, zu schützen, gibt es verschiedene Möglichkeiten:

1. Höherlegen der Sohle der Pumpenkammer gegenüber der Füllortsohle. Diese Anordnung ist natürlich begrenzt durch die Saughöhe der Pumpe. Rechnet man mit einem Höhenunterschied zwischen Füllort-

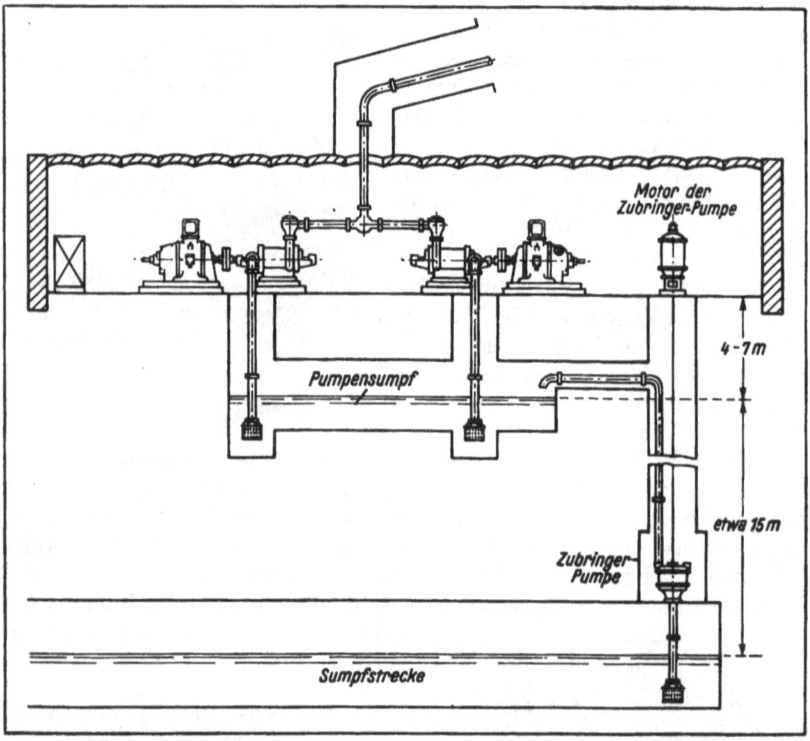


Bild 78. Schutz gegen Überflutung durch Aufstellung von Zubringerpumpen.

sohle und Sumpftiefstem von etwa 4 m, so läßt sich die Sohle der Pumpenkammer höchstens um 3 m über der Füllortsohle anordnen, damit die Pumpe noch einwandfrei ansaugt.

2. Anordnung von Zubringerpumpen: Will man einen größeren Unterschied zwischen Sumpfstrecke und Pumpenkammer als nach 1 möglich ist, erreichen, so ist die Aufstellung einer oder mehrerer vertikaler Zubringerpumpen erforderlich. Der vertikale Motor wird im Pumpenraum aufgestellt und treibt über eine vertikale Welle die unmittelbar über dem Sumpfspiegel angeordnete Zubringerpumpe an. Die Zubringerpumpe

gießt in einen für die Hauptpumpen besonders angeordneten Pumpensumpf aus. Auf diese Weise läßt sich ein beträchtlicher Höhenunterschied zwischen Wasserspiegel in der Hauptsumpfstrecke und der Sohle der Pumpenkammer erreichen, Bild 78.

3. Füllortsohle und Pumpenkammer werden in gleicher Höhe angelegt, doch wird in dem zur Pumpenkammer führenden Zugang eine Schutzhöhe angeordnet, Bild 79.

4. Füllortsohle und Pumpenkammer liegen in gleicher Höhe. Der Zugang vom Schacht zur Pumpenkammer wird durch eine Dammtür abgeschlossen. Der Verkehr der Pumpenwärter von und zur Pumpenkammer geht durch einen besonderen Hilfsschacht oder die Rohrstrecke. Auf alle Fälle ist die Pumpenkammer gegen den Hauptsumpf abzuschließen. Die Verbindung darf nur durch eine absperrbare Rohrleitung erfolgen.

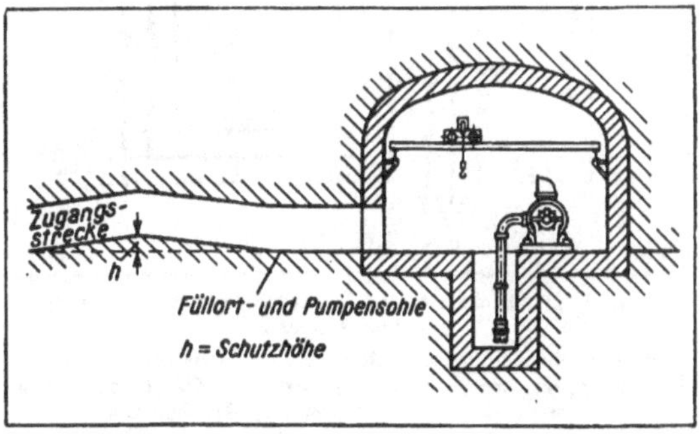

Bild 79. Schutz gegen Überflutung durch Anbringung einer Schutzhöhe in der Zugangsstrecke.

*Trockenhaltung der Motoren.*

Besonders ungünstig für die Isolation der Wasserhaltungsmotoren und damit für ihre Betriebsicherheit ist der Umstand, daß in den Betriebspausen, die im Innern der Motoren befindliche mit Feuchtigkeit gesättigte Luft sich beim Abkühlen der Motorteile als Feuchtigkeit niederschlagen kann. Da die Wasserhaltungen in der Regel nur stundenweise in Betrieb sind, bis die im Sumpf angesammelten Wasser nach über Tage gehoben sind, so treten die Betriebstillstände regelmäßig und nur für kürzere Zeit auf. Es können natürlich aber auch längere Betriebstillstände eintreten, bei denen dann die Gefahr des Eindringens von Feuchtigkeit in das Motorinnere und damit eine Gefährdung der Isolation der Wicklungen besonders groß ist. Hiergegen bietet auch die geschlossene Ausführung der genormten Wasserhaltungsmotoren keinen Schutz, da durch die Luftzu- und -abführungskanäle das Motorinnere immer mit der Außenluft in Verbindung steht. Auch die für Wasserhaltungsmotoren übliche sorgfältige Ausführung der Isolation — die Siemens-Schuckertwerke verwenden bei Wasserhaltungsmotoren stets eine gegen Feuchtigkeit besonders unempfindliche Sonderisolation und bei Motoren mit Spannungen über 1200 V sogar asphaltierte Spulen in der Ständerwicklung — bietet auf die Dauer keine Gewähr dafür, daß die in das Motorinnere eindringende Feuchtigkeit die Isolation der Wicklungen nicht angreift. Wenn auch durch die asphaltierten Ständerspulen die Ständerwicklung bei solchen Motoren gegen Feuchtigkeit fast unempfindlich ist, so bleiben doch immer noch die Läuferwicklungen gefährdet. Man muß daher während der Betriebstillstände für Trockenhaltung bzw. Warmhalten der Motoren sorgen. Das kann geschehen durch besonders vorgesehene Heizwiderstände, die unterhalb des Motors angeordnet werden oder die während des Stillstandes der Motoren in der Luftzuführungsleitung des Motors angebracht sind. Bei letzterer Anordnung wird infolge des natürlichen Zuges dem Motor immer erwärmte Luft zugeführt. Zweckmäßiger ist jedoch eine Anordnung, die die Siemens-Schuckertwerke vorsehen, die darin besteht, daß die Wicklungen des stillstehenden Motors durch Strom geheizt werden. Diese Art der Trockenhaltung haben die Siemens-Schuckertwerke auf Grund jahrelanger Erfahrungen als die zuverlässigste und zweckmäßigste festgestellt. Zu diesem Zweck wird dem Motor während der Betriebstillstände von einer Niederspannungsquelle Strom zugeführt,

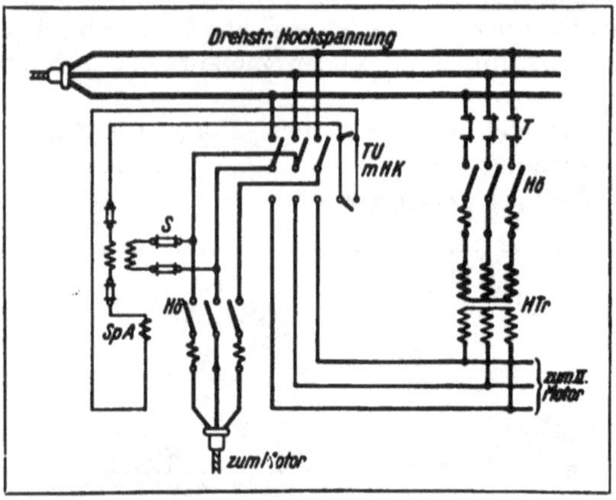


Bild 80. Schaltbild für Wasserhaltungsmotor mit Heiztransformator.
*Hö* = Hochspannungsölschalter *HTr* = Hilfstransformator *S* = Sicherung *SpA* = Spannungsauslöser *T* = Trennschalter *TUmHK* = Trennumschalter mit Hilfskontakt.

der in seiner Größe so bemessen ist, daß die Wicklungen durch den durchfließenden Strom zwar warmgehalten werden, daß jedoch eine schädliche Erwärmung nicht eintreten kann. Die in Frage kommende Niederspannung richtet sich nach den Wicklungsverhältnissen der Motoren und beträgt etwa 6 % der Motorspannung. Da etwa in der Pumpenkammer zur Verfügung stehende Niederspannung wohl nur in den wenigsten Fällen mit Rücksicht auf ihre Größe Verwendung finden kann, sehen die Siemens-Schuckertwerke für die Trockenhaltung besondere

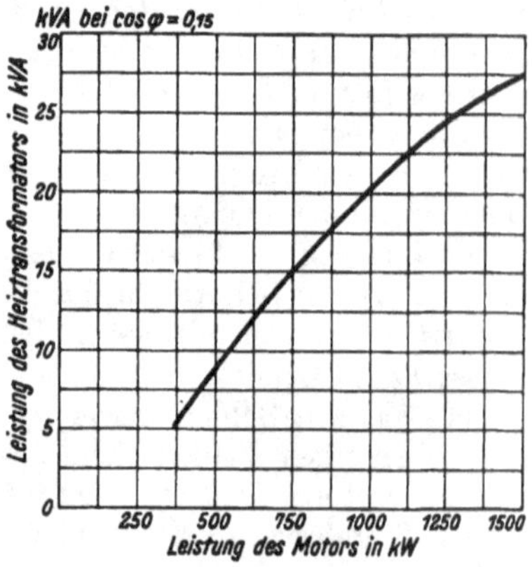


Bild 81. Kurve zur Bestimmung der Leistung für Heiztransformatoren.

Heiztransformatoren vor, die für die Verwendung unter Tage am besten als Öltransformatoren ausgeführt werden. Damit falsche Schaltungen, durch die entweder der Motor oder der Heiztransformator beschädigt werden könnte, nicht möglich sind, wird die Schalteinrichtung so getroffen, daß vor dem Ölschalter des Wasserhaltungsmotors ein Trennumschalter angeordnet ist, der gestattet, entweder den Motor auf die Netzspannung oder auf die Niederspannung des Heiztransformators zu schalten, Bild 80. Dabei sind Trennumschalter und Ölschalter so verriegelt, daß der Trennumschalter nur bei ausgeschaltetem Ölschalter bedient werden kann. Die für die Heizung in Frage kommende Leistung der Heiztransformatoren beträgt ungefähr 1,5–3 % der Motorleistung. Für die genormten, schnelllaufenden Motoren gibt die Kurve Bild 81 Aufschluß über die Leistung der Heiztransformatoren. Wird besonderer Wert darauf gelegt, so kann der Heiztransformator auch so ausgebildet werden, daß er gleichzeitig als Beleuchtungstransformator für die Pumpenkammer dient. Bild 82 zeigt die Schalteinrichtung für Motor und Heiztransformator bestehend aus normalen Schalteinheiten. Bei dieser Anordnung können mit einem Transformator mehrere Motoren geheizt werden.

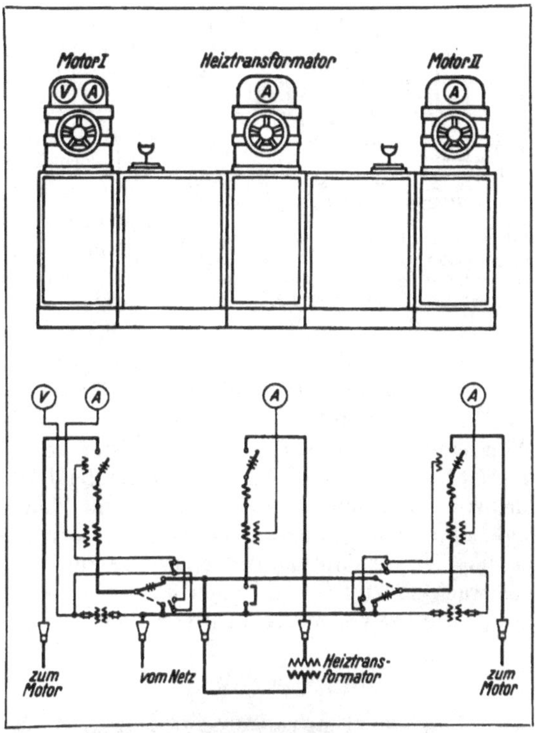

Bild 82. Schaltanlage mit Schaltkästen für 2 Motoren und einen gemeinsamen Heiztransformator.

## 4. Anlaßeinrichtungen.

Bei der Auswahl der für die Motoren der Wasserhaltungen in Frage kommenden Anlaßeinrichtung ist in erster Linie auf die Anlaufverhältnisse der Pumpe und auf große Betriebsicherheit der Anlasser selbst Rücksicht zu nehmen. Für das Anlassen von Kolbenpumpen

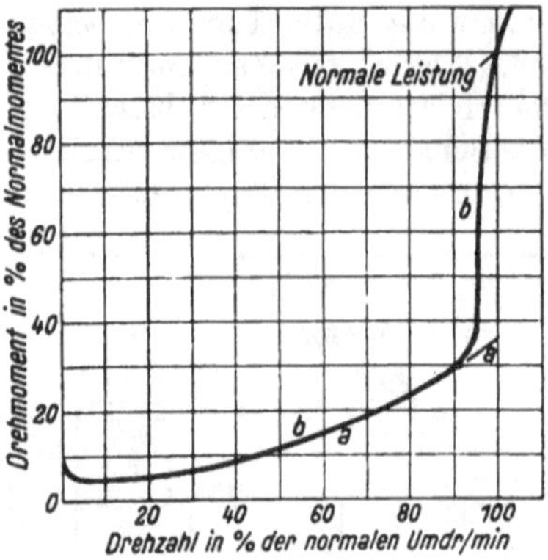


Bild 83. Anlauf-Drehmoment einer Kreiselpumpe. Kurve a) Pumpe läuft mit geschlossenem Druckschieber an, Kurve b) Pumpe läuft mit offenem Druckschieber an. Rückschlagventil vorhanden.

sind naturgemäß bedeutend größere Anlasser erforderlich, als für das Anlassen von Kreiselpumpen. Auch unter der Voraussetzung, daß bei Kolbenpumpen Umlaufventile vorhanden sind, so daß also die Pumpe nicht unter Druck anläuft, ist doch damit zu rechnen, daß die hin und her gehenden Massen der Pumpe sowie der bei dem langsamlaufenden Antriebsmotor erforderliche schwere Läufer des Motors beschleunigt werden muß. Man rechnet im allgemeinen für Anlassen von Kolbenpumpen bei geöffnetem Umlaufventil mit dem Normalmoment des Motors, infolgedessen sind die Anlasser für Vollastanlauf vorzusehen. Günstiger liegen die Verhältnisse bei Kreiselpumpen. Auch bei diesen kann nur bei geschlossenem Druckschieber angelassen werden, wobei der Motor nur den umlaufenden Pumpenkörper, die in der Pumpe eingeschlossene Wassermenge und seinen eigenen Läufer beschleunigen muß. Letzterer hat natürlich, da es sich hier um raschlaufende Motoren handelt, bedeutend kleinere Abmessungen und demnach ein kleineres Schwungmoment, als der Läufer eines langsamlaufenden Motors zum Antrieb einer Kolbenpumpe. Das Anlaufmoment einer leer anlaufenden Kreiselpumpe nimmt mit wachsender Drehzahl nach einer Kurve *a*, wie Bild 83 zeigt, zu, erreicht also bei voller Drehzahl etwa 30 – 35 % des Normalmomentes der Pumpe, so daß unter Berücksichtigung des Beschleunigungsmomentes für den Läufer des Motors ein Anlasser für Halblastanlauf mehr als reichlich genügt. Läuft die Pumpe bei geöffnetem Schieber an, Rückschlagklappe in der Druckleitung vorausgesetzt, so verläuft das Anlaufmoment wie Kurve *b* zeigt.

Bild 84. Flüssigkeitsanlasser, geschlossen.

Als Anlasser kommen in Betracht: Flüssigkeits-

Bild 85. Flüssigkeitsanlasser, Haube abgenommen.

anlasser, Ölanlasser und Anlaßwalzen unter Öl. Die Flüssigkeitsanlasser der Siemens-Schuckertwerke sind als Sichelanlasser ausgebildet, bei denen als Elektrolyt Wasser mit einem Sodazusatz dient. Die Sicheln sind auf der Anlasserwelle angeordnet und können durch ein Handrad mittels einer Schneckenrad - Übersetzung in die Flüssigkeit ein-und ausgetaucht werden. Bild 84 und 85 zeigen einen normalen Flüssigkeitsanlasser der Siemens-Schuckertwerke für eine Anlaßleistung von 1100 kW und eine Anlaßarbeit von 3000 kW/min. Die Anlasser erhalten in der Einschaltstellung Kurzschlußkontakte. — Damit es entsprechend den Verbandsvorschriften ausgeschlossen ist, den Motor bei unterbrochenem Läuferstromkreis einzuschalten, werden zu den Anlassern gußeiserne Widerstände parallel geschaltet, so daß selbst bei einem unbeachteten Sinken

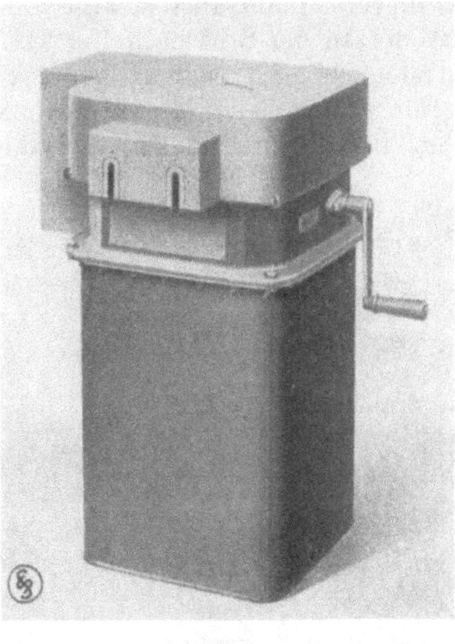

Bild 86. Ölanlasser mit Schutzkappe.

Bild 87. Ölanlasser, Schutzkappe abgenommen.

Bild 88. Ölanlaßwalze, aus dem Ölkessel herausgenommen.

des Flüssigkeitsspiegels, bei dem in der Ausschaltstellung die Sicheln nicht mehr in die Flüssigkeit eintauchen würden, der Läuferstromkreis über den gußeisernen Parallelwiderstand geschlossen bleibt. — Die Ölanlasser haben Drahtwiderstände, die unter Öl angeordnet sind. Bei den Anlaßwalzen unter Öl liegen außer den Widerständen auch alle stromführenden Teile im Ölbad, so daß diese Apparate als schlagwettergeschützt anzusprechen sind, während nach den Verbandsvorschriften die Flüssigkeitsanlasser und Ölanlasser nicht als schlagwettergeschützt gelten. Besondere Parallelwiderstände sind bei den Ölanlassern oder Anlaßwalzen nicht erforderlich, da bei diesen die Widerstände so unterteilt sind, daß auch in der Ausschaltstellung der Läuferstromkreis über einen Widerstand geschlossen bleibt.

Für das Anlassen von Kurzschlußläufermotoren, die allerdings nur selten für Wasserhaltungen verwendet werden, dienen Anlaßtransformatoren in Verbindung mit Stufenschaltern. Die Kontakte der Stufenschalter sind dabei ebenfalls unter Öl angeordnet. Bild 86 und 87 zeigen einen Ölanlasser, in Bild 88 ist eine Ölanlaßwalze und in Bild 89 und 90 ein Anlaßtransformator mit Stufenschalter wiedergegeben. Bild 91 und 92 stellen einen

Bild 89. Stufenschalter mit eingebautem Anlaßtransformator unter Öl.

Bild 90. Stufenschalter mit eingebautem Anlaßtransformator, aus dem Ölkessel herausgenommen.

Bild 91. Stufenschalter unter Öl für größere Leistungen.

Bild 92. Stufenschalter aus dem Ölgefäß herausgenommen.

größeren Stufenschalter dar, der Anlaßtransformator wird getrennt davon aufgestellt. Sämtliche Apparate sind solide durchgebildet und zur Aufstellung in den unterirdischen Pumpenkammern geeignet. Zur Erhöhung der Betriebsicherheit bzw. zur Vermeidung von Fehlern beim Anlassen können die eben genannten Anlasser für Schleifringläufermotoren mit Abhängigkeitskontakten ausgerüstet werden, die in Verbindung mit entsprechenden Kontakten an der Bürstenabhebevorrichtung des Motors und an dem Ölschalter ein Einschalten durch den Ölschalter nur gestatten, wenn die Bürsten aufgelegt und der Anlasser in der Ausschaltstellung steht.

## 5. Schalteinrichtungen.

Als Schalter für die Wasserhaltungsmotoren unter Tage kommen zweckmäßig nur selbsttätige Ölschalter mit Überstrom- und Spannungsrückgangsauslösung in Frage. Handelt es sich nur um das Schalten eines einzigen Wasserhaltungsmotors, so wird vorteilhaft ein Ölschaltkasten aufgestellt, in dem der Ölschalter und die Meßinstrumente mit Zubehör untergebracht sind. Bei größeren Wasserhaltungen, oder wenn mit der Schaltanlage für die Wasserhaltung noch gleichzeitig eine Verteilungsschaltanlage für die übrigen Betriebe unter Tage verbunden ist, kann man entweder die Schaltanlage aus einzelnen Ölschaltkästen zusammensetzen, oder man kann auch eine Schaltanlage in Ausführung mit Schaltzellen vor-

Bild 93. Hochspannungs-Ölschaltkasten ohne Untersatz.

Bild 94. Hochspannungs-Ölschaltkasten mit Untersatz.

sehen. Zweckmäßiger dürfte die Anordnung der Schaltanlage bestehend aus Ölschaltkästen sein, da diese sich infolge ihrer gedrängten Bauart und mit dem vollständigen Abschluß aller Teile nach außen ganz besonders für die Aufstellung unter Tage eignen. Trotzdem werden unter Tage auch häufig Schaltanlagen in Schaltzellenform in den verschiedensten Ausführungen verwandt, wenn genügend Raum zur Verfügung steht.

Bild 93 zeigt einen einzelnen Schaltkasten mit Ölschalter, Strom- und Spannungsmesser ohne Untersatz und Bild 94 zeigt den gleichen Schaltkasten mit Untersatz mit Trennschalter für Einzelaufstellung, während Bild 95 eine ganze aus Schaltkästen zusammengestellte Schaltanlage wiedergibt. Werden mehrere derartige Schalteinheiten zu einer Schaltanlage zusammengebaut, so befinden sich in den Untersätzen die Trennschalter und Sammelschienen. Falls für eine Zu- oder Ableitung ein besonderer Ölschalter nicht erforderlich ist, wird nur der Untersatz aufgestellt, in dem auch die Kabelendverschlüsse untergebracht sind. Es können also durch diese Schaltkästen Schaltanlagen beliebiger Größe zusammengestellt und jederzeit erweitert werden. Die Ölkessel sind aus kräftigem Stahlblech hergestellt, damit sie widerstandsfähig gegen die beim Abschalten größerer Stromstärken auftretenden Drücke sind. Die Schaltkästen werden nach den Richtlinien des V. D. E. gebaut für Serie 0 bis III.

Bild 95. Schaltanlage zusammengebaut aus Hochspannungsschaltkästen.

Für Schlagwettergruben können die eben beschriebenen Schaltkästen schlagwettergeschützt ausgeführt werden. In diesem Falle liegen dann Überstromauslöser, Spannungsauslöser, Stromwandler und

Hochspannungssicherungen unter Öl, während die Spannungswandler in Masse vergossen in einem besonderen Eisengefäß untergebracht werden. Erhalten die Schalteinheiten Untersätze zur Aufnahme der Trennschalter usw., so werden die Trennschalter unter Öl angeordnet. Über die Anordnung der Schalteinrichtungen in den Pumpenkammern siehe S. 101 und 102.

## C. Abteuf-Wasserhaltungen.

Aufgabe der Abteufpumpen ist es, beim Abteufen neuer Schächte die Schachtsohle frei von den zuströmenden Wassern zu halten. Außerdem finden sie Verwendung beim Absümpfen ersoffener Schächte. In jedem Falle arbeiten sie unter den denkbar ungünstigsten Betriebsbedingungen. Die elektrisch angetriebene Kreiselpumpe in der Bauart mit vertikaler Welle hat sich als bewegliche Abteufpumpe gegenüber allen anderen Pumpensystemen als die brauchbarste Konstruktion bewährt und ist dadurch für den Bergbau von größter Bedeutung geworden. Sie ist heute wohl das Pumpensystem, das zum Abteufen von neuen Schächten und Absümpfen von ersoffenen Schächten fast allein Verwendung findet.

Die Nachteile der früher auch beim Abteufen vielfach verwendeten Dampfpumpen sind auf Seite 81 und 82 ausführlich behandelt. Durch den elektrischen Antrieb von Kolbenpumpen als Abteufpumpen würden zwar die der Dampfpumpe anhaftenden Übelstände wegfallen, nicht jedoch die Nachteile, die der Kolbenpumpe anhaften. Diese Nachteile bestehen in der hin und her gehenden Bewegung der Pumpe, wodurch ein ruhiges Hängen im Schacht ausgeschlossen ist, sowie in der durch die niedrige Drehzahl bedingten Größe des Gewichtes und Platzbedarfes. Gerade aber für die Abteufpumpen kommt es auf ein ruhiges Hängen im Schacht, geringes Gewicht und geringen Platzbedarf in erster Linie an. Außer diesen Vorteilen besitzt die vertikale elektrisch betriebene Kreiselpumpe noch den Vorteil der einfachen Bedienung und der Möglichkeit, die Wassermenge bei konstanter Umlaufzahl des Motors entsprechend der Größe der Zuflüsse durch Drosselung in der Druckleitung einstellen zu können.

Neben der Hebung der Grubenwasser durch elektrisch betriebene Abteufpumpen kommt heute nur noch das Wasserziehverfahren nach Tomson in Frage, aber auch diesem haften besonders bei großen zu bewältigenden Wassermengen bedeutende Nachteile an. Einer dieser ist die Notwendigkeit der Beschaffung einer schweren und daher teueren Fördermaschine, wozu noch die großen Betriebskosten dieses Wasserziehverfahrens hinzukommen. Ein weiterer Nachteil des Wasserziehverfahrens ist der bedeutende Raumbedarf im Schacht. Die großen Wassertonnen, mit denen das Wasser zu Tage gehoben wird, sowie deren Führungen beanspruchen einen großen Teil der Schachtscheibe. Aus diesen Gründen kommt beim Abteufen das Wasserziehverfahren nur in ganz besonderen Fällen zur Anwendung.

Wenn der elektrisch betriebenen Abteufpumpe vielfach eine außerordentlich große Abnutzung durch die beim Abteufen unvermeidlichen Verunreinigungen des Wassers zugeschrieben wird, so ist dieser Vorwurf unberechtigt. Sorgt man durch einen richtig gewählten Saugkorb dafür, daß die gröbsten Verunreinigungen fern gehalten werden, so wird bei richtiger Konstruktion und Verwendung des besten Materials die Abnutzung der Leit- und Laufräder keine übermäßige sein, jedenfalls nicht so groß, wie etwa bei gleichen Betriebsverhältnissen die Abnutzung der teueren Ventile von Kolbenpumpen. Wenn dagegen bei geringen Wasserzuflüssen die Verunreinigungen durch Sand und Gesteintrümmer ungewöhnlich groß werden, wird man die Anforderungen an die Lebensdauer der Leit- und Laufräder berechtigterweise herabsetzen und sich durch Bereithaltung genügender Reserveteile vor unliebsamen Betriebstörungen schützen müssen. Eine volle, jederzeit betriebsfertige Reserve für den ganzen Pumpensatz ist äußerst vorteilhaft, schon um die Auswechselung der Reserveteile ohne Unterbrechung des Abteufbetriebes vornehmen zu können, dann aber auch als Sicherheit gegen unvorhergesehene plötzliche größere Wasserzuflüsse. Allgemein empfiehlt es sich, die Abteufpumpen bezüglich der Fördermenge nicht zu knapp vorzusehen, damit man mit ihnen in möglichst kurzer Zeit die Wassermengen hochpumpen kann, die sich, während die Pumpen für das Abfeuern der Sprengschüsse außer Betrieb gesetzt und hochgezogen waren, auf der Schachtsohle angesammelt haben.

Die Vorzüge der elektrisch betriebenen Abteuf-Kreiselpumpe kommen natürlich nur dann voll zur Geltung, wenn alle Einzelheiten von Pumpe, Motor und Aufhängung auf das allersorgfältigste durchgebildet sind. Dieses ist um so mehr erforderlich, als an Abteufpumpen bezüglich der Betriebsicherheit die größten Anforderungen gestellt werden, die auch unter den schwierigsten Verhältnissen, unter denen die Pumpen arbeiten, erfüllt werden müssen.

*Ausführung der Pumpe.* Die Pumpe ist je nach der Wassermenge und Förderhöhe eine ein- oder mehrstufige Kreiselpumpe. Damit die Pumpe einen möglichst kleinen Teil des Schachtquerschnittes einnimmt, wird die Pumpenwelle vertikal angeordnet. Das Wasser strömt der Pumpe von unten zu und bewegt sich in ansteigender Richtung durch die einzelnen Stufen, um oben die Pumpe mit dem verlangten Druck zu verlassen. Die einfache Hintereinanderschaltung der Räder gestattet es, die Pumpe bei anfangs geringen Teufen und Druckhöhen mit verminderter Stufenzahl zu betreiben, indem man eine oder mehrere Stufen zunächst mit Blindstücken statt der Laufräder versieht. Entsprechend der fortschreitenden Teufe ersetzt man diese Blindstücke später durch Laufräder. Die der Abnutzung unterworfenen Teile der Pumpe, also vor allen Dingen die Lauf- und Leiträder, werden aus zäher Bronze hergestellt, deren Zusammensetzung sich je nach dem Salzgehalt und dem Grad der mechanischen Verunreinigung des Wassers richtet. Das Gewicht des drehenden Teiles wird in der Pumpe ausgeglichen, so daß die Lager entlastet sind. Diese werden gewöhnlich mit einer selbsttätigen Schmierung ausgerüstet. Der Antriebsmotor wird über der Pumpe angeordnet und mit dieser durch ein kräftiges gußeisernes Zwischenstück verschraubt. Die Verbindung von Pumpe und Motorwelle geschieht durch eine elastische, leicht lösbare Kupplung, Bild 96.

Die Drehzahl der Abteufpumpen beträgt in der Regel 1500 oder 3000/min. Bei ganz großen Wassermengen geht man mit der Drehzahl auch auf 1000 oder 750/min herunter.

Der ganze Satz wird in einem kräftigen Rahmen aus Profileisen montiert. Zum Schutz gegen herabfallende Gegenstände und umherfliegende Sprengstücke erhält der Rahmen einen oberen und einen unteren Holzboden. Zur Bedienung von Pumpe und Motor sind besondere Bühnen vorgesehen, die durch eine längs des ganzen Rahmens geführte eiserne Leiter erreichbar sind. Die Pumpe hängt bifilar an einem Drahtseil, das über eine am oberen Querstück des Rahmens angebrachte Seilrolle gelegt ist. Das eine Seilende wird im Schachtgerüst befestigt, während das zweite über eine im Schachtgerüst befindliche Seilscheibe zu dem Haspel, der zum Heben und Senken der Pumpe dient, geführt wird. Zur Führung der Pumpe im Schacht dienen im allgemeinen Spurlatten. Das Saugrohr, das unten in die Pumpe einmündet, hat im allgemeinen eine Länge bis zu 8 m und trägt am unteren Ende zur Fernhaltung grober Verunreinigungen einen besonders ausgebildeten kräftigen Saugkorb. Die Druckleitung wird von der Pumpe aus beiderseitig am Motor vorbei nach oben geführt und endet dort in einem sogenannten Hosenrohr, auf dem die Rückschlagklappe und der Absperrschieber aufgebaut sind. Hieran schließt sich die Steigleitung an, die aus besonders leichten Flanschrohren aus Schmiedeeisen oder aus Stahl besteht. Die Steigleitung liegt zwischen den beiden Tragseilen der Pumpe und wird mittels besonders ausgebildeter Schellen an den beiden Seilen in senkrechter Lage gehalten.

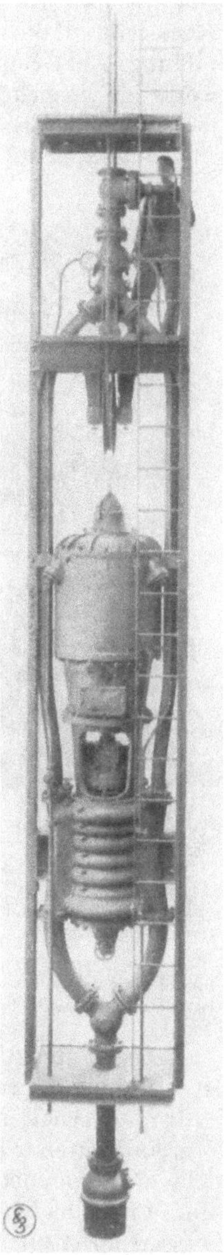

Bild 96. Abteuf-Pumpengruppe mit Senkrahmen, n = 1500 Umdr/min.

*Abteufmotor.* Die elektrische Ausrüstung der Abteufpumpen bedarf mit Rücksicht auf die ungünstigen Arbeitsverhältnisse einer sorgfältigen Durchbildung. Auf Grund zahlreicher Erfahrungen haben die Siemens-Schuckertwerke für die elektrische Ausrüstung besondere Konstruktionen geschaffen, die den gestellten scharfen Anforderungen vollständig genügen. Als Abteufmotor kommt nur der Drehstrommotor als Kurzschlußläufermotor in Betracht. Schleifringläufermotoren oder gar Gleichstrommotoren besitzen in den Schleifringen bzw. den Kollektoren empfindliche Teile, die bei dem rauhen Betrieb in der feuchten Schachtluft, bei der eine Wartung nur in geringstem Maße möglich ist, auf die Dauer nicht standhalten. Die Abteufmotoren erhalten mit Rücksicht auf die große Nässe im Schacht eine vollkommene Kapselung, Bild 97. Um trotzdem eine gute Abführung der in den Wicklungen und dem aktiven Eisen erzeugten Wärme zu erhalten, werden die Motoren mit Wasserkühlung ausgerüstet, für die das Wasser der ersten Druckstufe der Pumpe entnommen wird. Durch Zwischenwände, die den Wassermantel in geeigneter Weise unterteilen, erreicht man, daß das Wasser alle Teile der Gehäusewandung umspült. Im Innern des Motors wird die Luft durch einen eingebauten Ventilator auf vorgeschriebenen Wegen so bewegt, daß die an dem Ständer und Läufer erwärmte Luft ihre Wärme an den gekühlten Gehäusemantel abgeben kann. Um eine Verstopfung des Kühlwassermantels zu vermeiden, wird in die Kühlwasserleitung ein Wasserreiniger eingebaut; außerdem erhalten die Kühlräume unten Anzapfhähne, um angesammelte Unreinigkeiten von Zeit zu Zeit entfernen zu können. Werden mit der Abteufpumpe hochprozentige Laugen gefördert, die sich zur Kühlung des Motors nicht eignen, so muß von über Tage aus eine besondere Süßwasserrohrleitung für die Kühlung verlegt werden. Bei längeren Betriebsstillständen ist dafür zu sorgen, daß kein Kühlwasser mehr im Kühlmantel des Motors sich befindet, da sonst bei eintretendem Frost und Gefrieren des Wassers ein Platzen des Gehäuses nicht ausgeschlossen ist.

Bild 97. Abteuf-Pumpenmotor, Leistung 450 kW, Drehzahl $n = 1500$/min, Spannung 3000 V.

Daß die Ständerwicklung der Abteufmotoren entsprechend den Betriebsbedingungen besonders sorgfältig und widerstandsfähig hergestellt wird, bedarf wohl keiner weiteren Erwähnung. Im übrigen verweisen wir hier auf

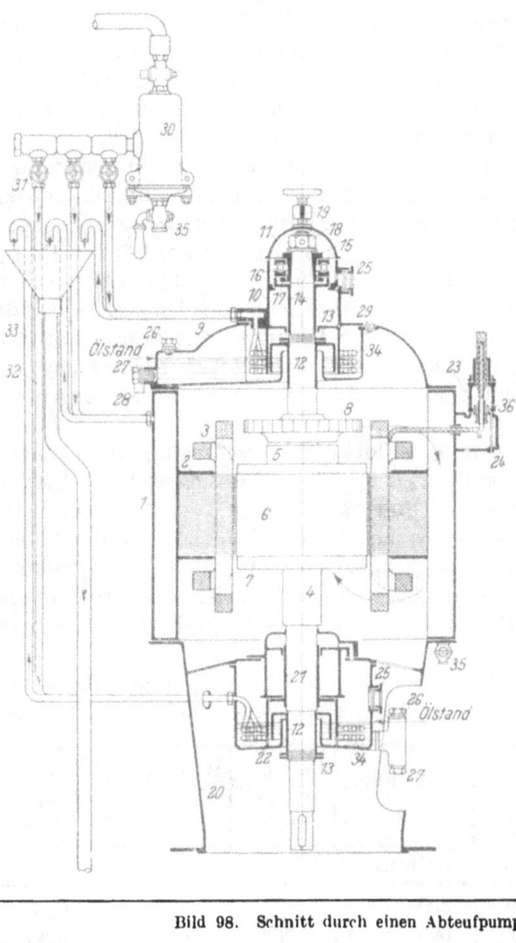


1 Gehäuse.
2 Ständerbleche.
3 Ständerwicklung.
4 Welle.
5 Läufernabe.
6 Läuferbleche.
7 Läuferstäbe mit Kurzschlußringen.
8 Ventilator.
9 Gehäusekappe.
10 Lagerkörper.
11 Lagerdeckel.
12 Ölförderschnecke.
13 Ringmutter.
14 Lagerbüchse.
15 Tragbüchse.
16 Stützkugellager (Unterring, Oberring, Kugelsatz).
17 Ringmutter.
18 Mutter mit Unterlagscheibe mit Splint.
19 Verschlußbügel mit Druckschraube.
20 Untergestell.
21 Lagerbüchse.
22 Öltrog.
23 Kabeleinführungsdeckel.
24 Kabelkastendeckel.
25 Schaugläser (Ölrücklauf).
26 Öleinguß.
27 Ölablaß.
28 Ölüberlauf.
29 Löcher zur Läufer-Luftspaltprüfung.
30 Kühlwasserreiniger.
31 Regulierhähne.
32 Kühlwasserzuflußleitung.
33 Kühlwasserabflußleitung.
34 Kühlschlange.*)
35 Ablaßhähne.
36 Kabelstopfbüchse mit Grundring und Mutter.

*) Die Kühlschlangen Teil 34 werden nur bei hohenDrehzahlen und nur bei den größeren Modellen eingebaut.

Bild 98. Schnitt durch einen Abteufpumpenmotor.

Seite 88 und 89: „Isolation der Wasserhaltungsmotoren“. Die dort gemachten Ausführungen gelten auch sinngemäß für die Abteufmotoren. Trotzdem der Abteufmotor vollkommen geschlossen ist, ist ein Arbeiten unter Wasser nicht möglich, da in diesem Falle das Wasser durch die unvermeidlichen Undichtigkeiten, sowie durch das untere Lager in den Motor eindringen kann.

Ganz besondere Sorgfalt wird auf die Lagerung der Motoren verwandt. Das obere Lager wird als Stütz- und Halskugellager ausgebildet und nimmt das Gewicht des Läufers auf. Es wird ebenso, wie das untere Halskugellager, das nur zur Führung dient, mit selbsttätiger Schmierung versehen. Die Lager des Motors sind nicht dafür bemessen, das Gewicht des Pumpenläufers zu tragen, vielmehr muß die Konstruktion der Pumpe bzw. ihre Lagerung so getroffen sein, daß das Gewicht des Pumpenläufers von der Pumpe selbst aufgenommen wird. Die selbsttätige Schmierung der Lager des Motors ist als Ölumlaufschmierung ausgebildet, das Öl wird durch besondere Förderschnecken den Lagern zugeführt.

Das von über Tage kommende Kabel endigt in einem am Senkrahmen der Pumpe angeordneten wasserdichten Kabelendverschluß, in den ein Stromzeiger eingebaut ist. Der Endverschluß wird so am Pumpenrahmen befestigt, daß der Stromzeiger vom Regulierschieber der Pumpe aus beobachtet werden kann. Die Stromzuleitung von dem Endverschluß zum Motor geschieht durch die drei aus dem Kabelendverschluß des Zuleitungskabels kommenden Gummiaderleitungen, die zum Schutz vor Berührung in einem gemeinsamen mit dem Motor wasserdicht verschraubten Gasrohr verlegt sind. Bild 98 zeigt einen normalen Abteufmotor im Schnitt.

*Spannung.* Als Motorspannung wählt man zweckmäßig bei kleineren Leistungen Spannungen bis 500 *V*, bei größeren Leistungen bis zu 3000 *V*, um die Querschnitte der Kabel und damit deren Gewichte und Preise nicht zu groß werden zu lassen. Es liegen keine Bedenken vor, die Abteufmotoren auch für höhere Spannungen, z. B. 5000 bis 6000 *V*, auszuführen, jedoch macht die Herstellung der Abteufkabel für diese hohen Spannungen Schwierigkeiten, weshalb man zweckmäßig nicht über 3000 *V* hinausgehen soll.

Die Siemens-Schuckertwerke haben für die Abteufmotoren eine Typenreihe durchgebildet, über welche die nachstehende Tafel Aufschluß gibt.

| Leistung in kW | Leistung in PS | Drehzahl etwa min | Spannung V | Gewicht netto kg | Wirkungsgrad % | Leistungsfaktor cos φ |
|---|---|---|---|---|---|---|
| Drehzahl 1500 | | | | | | |
| 18,5 | 25 | 1440 | 500—1000 | 500 | 88 | 0,85 |
| 37 | 50 | 1460 | 500—1000 | 890 | 89,5 | 0,86 |
| 55 | 75 | 1465 | 500—1000 | 1000 | 91 | 0,87 |
| 74 | 100 | 1465 | 500—2000 | 1380 | 91 | 0,88 |
| 110 | 150 | 1470 | 500—2000 | 1600 | 91,5 | 0,88 |
| 165 | 225 | 1475 | 500—3000 | 2440 | 92 | 0,89 |
| 220 | 300 | 1485 | 1000—3000 | 3000 | 92 | 0,89 |
| 295 | 400 | 1485 | 1000—3000 | 4300 | 92,5 | 0,89 |

| Leistung in kW | PS | Drehzahl etwa min | Spannung V | Gewicht netto kg | Wirkungs-grad % | Leistungs-faktor cos φ |
|---|---|---|---|---|---|---|
| Drehzahl 3000 | | | | | | |
| 18,5 | 25 | 2910 | 500—1000 | 470 | 88 | 0,86 |
| 37 | 50 | 2915 | 500—1000 | 860 | 89 | 0,87 |
| 55 | 75 | 2920 | 500—1000 | 940 | 90 | 0,88 |
| 74 | 100 | 2935 | 500—2000 | 1270 | 91 | 0,89 |
| 110 | 150 | 2945 | 500—2000 | 1430 | 91,5 | 0,89 |
| 165 | 225 | 2955 | 500—3000 | 2200 | 92 | 0,89 |
| 258 | 350 | 2960 | 1000—3000 | 2900 | 92,5 | 0,89 |
| 370 | 500 | 2960 | 1000—3000 | 4000 | 93 | 0,89 |

*Abteufkabel.* Als Zuleitung von über Tage zum Motor dient ein eigens für die Anforderungen des Abteufbetriebes durchgebildetes Kabel, das sogenannte Abteufkabel. Das Kabel ist über Tage auf einer Kabeltrommel oder Kabelwinde aufgewickelt und läuft von der Kabeltrommel über eine Führungsscheibe im Abteufgerüst durch den Schacht zum Motor. Beim Senken der Abteufpumpe und ebenso beim gelegentlichen, durch das Abfeuern der Sprengschüsse bedingten Hochziehen der Pumpe muß das Kabel von der Kabeltrommel abgewickelt bzw. auf die Kabeltrommel aufgewickelt werden. Um diese Beanspruchungen des Ab- und Aufwickelns und der Führung über die Führungsscheibe im Schachtgerüst auszuhalten, muß das Kabel besonders biegsam hergestellt werden. Es hat daher keinen Bleimantel und die Armierung, die das Kabel vor mechanischen Beschädigungen schützen soll, besteht je nach dem Querschnitt aus Runddrähten von Stahl oder aus Litzen von dünndrähtigem Stahldraht. Natürlich ist es zweckmäßig, den Wickeldurchmesser der Kabeltrommel und der Führungsscheibe möglichst groß zu bemessen, um unnötige Beanspruchungen des Kabels zu vermeiden. Auch soll das Kabel so von der Kabeltrommel ablaufen, daß es auf der Kabeltrommel und auf der Führungsscheibe in derselben Richtung gebogen wird. Das Kabel wird in der Regel an der Druckleitung der Pumpe angeschellt, hat sich also auf seiner ganzen Länge nicht selbst zu tragen, jedoch muß es in seiner Festigkeit so gebaut sein, daß es sich beim Einhängen in den Schacht, bzw. beim Herausbringen auf seiner ganzen Länge frei tragen kann. Dementsprechend muß die äußere Drahtbewehrung, die, wie bereits erwähnt, aus Runddrähten oder dünndrähtigen Stahllitzen besteht, bemessen sein.

Der Aufbau des Kabels ist folgender:

Die Seele des Abteufkabels besteht aus drei verzinnten vieldrähtigen Kupferleitern, von denen jeder mit einer 33 $^1/_3$ proz. Gummiisolation, deren Stärke sich nach der Spannung richtet, umgeben ist. Um die Gummiisolation ist gummiertes Baumwollband gewickelt. Die drei Kupferleiter sind miteinander verseilt, die Lücken mit $33^1/_3$ proz. Gummi ausgespritzt. Um die isolierten Leiter und um die Gummischicht ist wieder ein $33^1/_3$ proz. Gummimantel gelegt von ungefähr 1,5 mm Dicke, der wiederum mit Gummiband von 0,25 mm Stärke umwickelt ist. Hierüber befindet sich eine imprägnierte Juteumspinnung von ungefähr 3,2 mm Stärke. Über dieser Juteumspinnung ist die Armatur, die gleichzeitig zum Tragen des Kabels dient, angeordnet. Sie besteht bei den kleineren Querschnitten aus Stahl-Runddrähten von ungefähr 2,5 mm Stärke, bei den größeren Querschnitten aus Litzen von feindrähtigem Stahldraht. Über dieser Armierung befindet sich noch eine schwarz imprägnierte durch Kalkmilch gezogene Jutebeflechtung. Bild 99 und 100 zeigen den Querschnitt durch zwei Abteufkabel, Bild 99 durch ein Kabel für 3 × 25 mm², Spannung 2000 V, Bild 100 durch ein Kabel für 3 × 150 mm², Spannung 750 V. In den meisten Fällen werden noch in das Abteufkabel zwei weitere Leiter eingebettet, die zur Betätigung eines im Schaltkasten über Tage angeordneten Spannungsauslösers von unter Tage aus dienen.

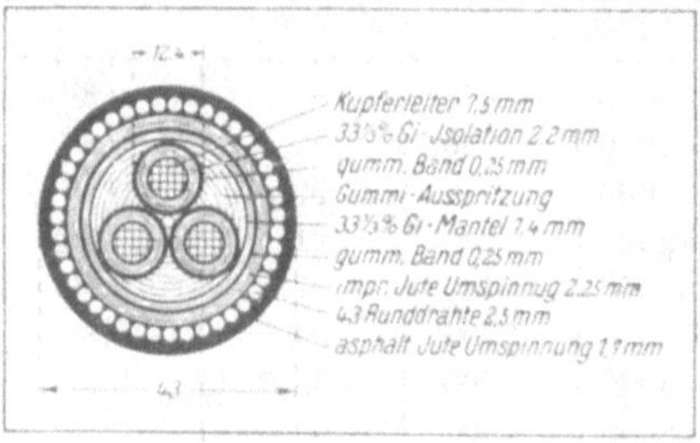


Bild 99. Abteufkabel für 2000 V, Querschnitt 3 × 25.

*Kabeltrommel.* Derjenige Teil des Kabels, der, solange die volle Teufe noch nicht erreicht ist, sich außerhalb des Schachtes befindet, wird von einer über Tage aufgestellten Kabeltrommel aufgenommen. Die Stromzuführung erfolgt durch einen besonderen, an der Kabeltrommel angebrachten Schleifringkopf, der in der Regel 3 Schleifringe für die 3 Adern des Kabels und 2 weitere Schleifringe für die im Kabel verlegten Hilfsdrähte enthält. Die Verbindung des Schleifringkopfes mit der Schaltanlage bzw. dem Stufenschalter und Anlaßtransformator geschieht in der normalen Weise durch Kabelleitung

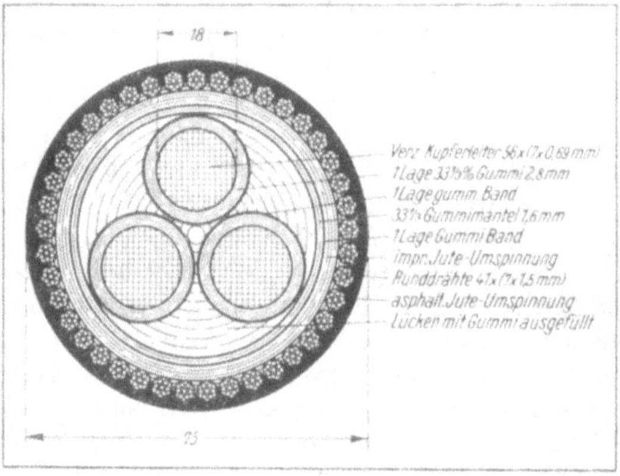


Bild 100. Abteufkabel für 750 V, Querschnitt 3 × 150.

und Kabelendverschluß. Die Kabeltrommel hat einen Handkurbelantrieb, der über ein Zahnradvorgelege auf die Trommel arbeitet. Diese normale Kabeltrommel läßt sich nur verwenden, wenn das Kabel an der Rohrleitung angeschellt wird. Soll es sich dagegen auf seiner ganzen Länge frei tragen, so muß die Kabeltrommel als Winde mit mehrfachem Vorgelege, doppeltem Zahneingriff und doppelten Bremsen, entsprechend den bergpolizeilichen Vorschriften, ausgeführt sein. Bild 101 und 102 zeigen eine normale Kabeltrommel, Bild 103 eine Kabelwinde mit elektrischem Antrieb über ein Vorgelege und mit Bremseinrichtung.
Das Kabel wird an der Kabeltrommel bzw. Kabelwinde durch Schellen an den Bordwänden der Trommel befestigt; um die Befestigung

Bild 101.
Normale Kabeltrommel, Schleifringe abgedeckt.

Bild 102.
Normale Kabeltrommel, Schleifringe offen.

des Kabels möglichst zu entlasten, werden zweckmäßig 3 Umschläge auf der Kabeltrommel vorgesehen, die nicht abgewickelt werden können.
Die Abmessungen des Wickelraumes der Kabeltrommel bzw. Kabelwinde müssen so reichlich gewählt werden, daß sich die ganze Kabellänge in höchstens 3 Lagen übereinander aufwickeln läßt, anderenfalls kann infolge der schlechten Wärmeabgabe des vom Strom durchflossenen, aufgewickelten Kabels leicht eine übermäßige Erwärmung und dadurch Beschädigung des Kabels eintreten.
Der Durchmesser der Kabeltrommel soll, ebenso wie der Durchmesser der Führungsscheibe im Gerüst, um unnötige Beanspruchungen des Kabels durch das Aufwickeln zu vermeiden, mindestens gleich dem 24—25 fachen des äußeren Kabeldurchmessers sein.
*Anlaß- und Schalteinrichtungen.* Die Anlaß- und Schalteinrichtung für den Abteufmotor befindet sich über Tage; zum Anschluß an das Netz wird zweckmäßig ein vollständig gekapselter Schaltkasten vor-

gesehen, wie auf Seite 115 und 116 angegeben, Bild 93 bzw. 94. Bei kleineren Leistungen und Niederspannung werden natürlich Schaltkästen für Niederspannung verwendet. Der Motor, der als Kurzschlußläufermotor ausgebildet ist, wird über einen Stufenschalter und Anlaßtransformator angelassen. Der Stufenschalter hat drei Stellungen, Nullstellung, Anlaßstellung und Betriebsstellung. Der Anlaßtransformator ist ein Öltransformator und in Sparschaltung geschaltet.

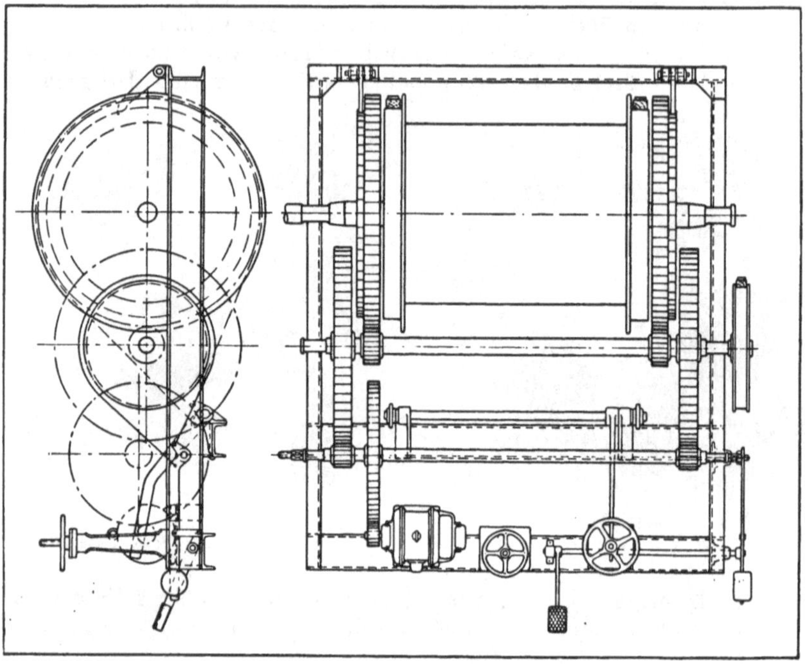

Bild 103. Kabelwinde mit elektrischem Antrieb.

Er hat für das Anlassen des Motors eine Anzapfung bei ungefähr halber Spannung. Stufenschalter und Anlaßtransformator sind bei kleineren Leistungen in einem gemeinsamen Kasten zusammengebaut. Beim Anlassen wird der Motor über den Stufenschalter zunächst an halbe Spannung gelegt, wobei er in ungefähr einer halben bis dreiviertel Minute mit der Pumpe auf volle Drehzahl kommen muß. Der Absperrschieber in der Druckleitung der Pumpe ist dabei geschlossen. Sobald der Motor die volle Drehzahl erreicht hat, wird er mittels des Stufenschalters auf die volle Netzspannung geschaltet, sodann kann das allmähliche Öffnen des Pumpenschiebers unter ständiger Beobachtung des am Endverschluß angebrachten Stromzeigers vor sich gehen.

Da erst bei Inbetriebnahme festgestellt werden kann, ob der Motor bei halber Spannung in der zulässigen Zeit einwandfrei anläuft, sind an dem Transformator noch einige Anzapfungen vorgesehen, die es ermöglichen, falls bei halber Spannung ein einwandfreies Anlaufen nicht stattfindet, auf der ersten Stufe des Stufenschalters dem Motor eine höhere Spannung zuzuführen. Der Motor kann bei halber Spannung ungefähr 25 % seines normalen Momentes entwickeln. Berücksichtigt man noch einen Spannungsverlust in der Zuleitung bis zum Motor, so muß man damit rechnen, daß bei halber Spannung nur ungefähr 20 % des Motordrehmomentes zum Anlassen der Pumpengruppe zur Verfügung stehen. In den meisten Fällen genügt dieses geringe Moment, je nach Ausführung der Pumpe ist aber unter Umständen ein größeres Anlauf-Motormoment erforderlich. Bei 60 % der Normalspannung als Anlaufspannung beträgt das Anlaufmoment bereits 36 % des normalen Motormomentes. Es ist durch die Anzapfungen im Transformator also ein einfaches Mittel gegeben, das Anlaufmoment des Motors, falls erforderlich, bei der Inbetriebsetzung zu erhöhen. Die Stromaufnahme aus dem Netz bei Anschluß des Motors an halbe Netzspannung ist ungefähr gleich dem 2,2-fachen des normalen Motorstromes.

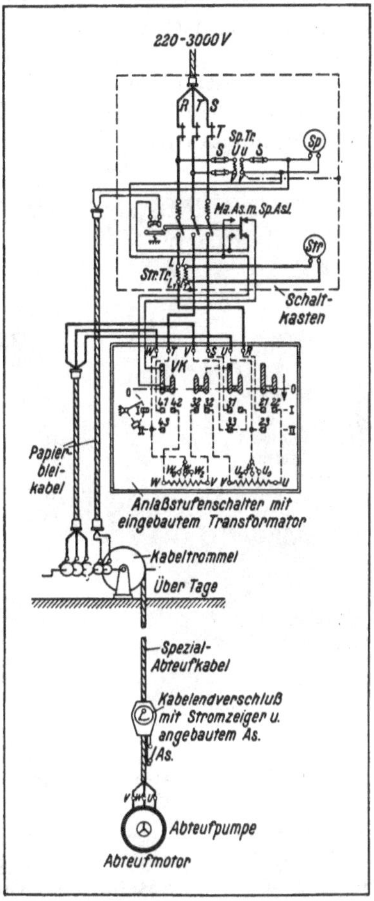


Bild 104. Schaltbild einer Abteufpumpen-Anlage.

*As* = Ausschalter, *Ma.As.m.Sp.Asl.* = Max. Ausschalter mit Spannungsauslöser, *S* = Sicherung, *Sp* = Spannungszeiger, *Str* = Stromzeiger, *Sp. Tr* = Spannungstransformator, *Str. Tr* = Stromtransformator, *T* = Trennschalter, *VK* = Verriegelungs-Kontakt, *O* = Stillstand, *I* = Anlassen, *II* = Betrieb.

Stufenschalter und Schaltkasten sind derart miteinander verriegelt, daß falsche Schaltungen ausgeschlossen sind. Der Ölschalter im Schaltkasten kann nur eingeschaltet werden, wenn vorher der Stufenschalter in seine Nullstellung gebracht ist. Das Abschalten findet durch den Ölschalter im Schaltkasten statt. Die Bilder 89 und 90 geben einen Anlaßtransformator mit Stufenschalter wieder, Bild 104 zeigt die normale Anlaßschaltung eines Abteufpumpenmotors. Ist die Netzspannung größer als die Motorspannung, so muß ein Transformator zwischen Netz- und Anlaßtransformator geschaltet werden, es ist aber auch möglich, diesen Transformator gleichzeitig als Anlaßtransformator auszubilden.

Wie das Schaltbild erkennen läßt, befindet sich am Senkrahmen der Abteufpumpe ein wasserdichter Zugschalter, durch den der Stromkreis des Spannungsauslösers des Ölschalters im Schaltkasten unterbrochen

Bild 105. Abteufpumpenwinde, als Friktions-Kabelwinde ausgebildet.

werden kann. Auf diese Weise soll der Bedienungsmann der Pumpe bei Unregelmäßigkeiten im Betriebe in der Lage sein, von der Pumpe aus den Motor auszuschalten. Die Verbindung des Spannungsauslösers im Schaltkasten über Tage mit dem Zugschalter am Senkrahmen erfolgt durch im Abteufkabel angeordnete Leiter.

*Pumpensenkwinde.* Für das Heben und Senken der Abteufpumpe dient eine Pumpensenkwinde, die im bzw. neben dem Schachtgerüst aufgestellt wird. Im allgemeinen kommen für das Heben und Senken nur kleinere Wege in Betracht, um beim Schießen auf der Schachtsohle die Pumpe aus dem Bereich der umherfliegenden Sprengstücke zu bringen. Unter Umständen ist es jedoch auch erforderlich, den Pumpensatz ganz nach über Tage zu heben. Zweckmäßig wird man stets eine elektrisch betriebene Winde vorsehen. Nach den bergpolizeilichen Vorschriften müssen die Winden, die entweder als Trommelhaspel, oder als Friktionswinde mit besonderer Aufwickeltrommel für das gehobene Seil ausgebildet werden können, doppelte Bremsen und doppelten Zahnradeingriff (2 Räder und 2 Getriebe für dasselbe Vorgelege) erhalten. Der Motor arbeitet über ein mehrfaches Vorgelege auf die Trommelwelle. Seine Leistung richtet sich nach dem zu hebenden Gewicht und der verlangten Hubgeschwindigkeit. Das zu hebende Gewicht errechnet sich, da die Pumpengruppe an einer losen Rolle aufgehängt ist, = der halben Summe von Motor + Pumpe + gefüllter Rohrleitung. Die elektrische Ausrüstung der Kabelwinde entspricht im übrigen den bergpolizeilichen Vorschriften. Bei plötzlichem Ausbleiben der Spannung wird beim Arbeiten der Kabelwinde über einen Bremsmagneten die Sicherheitsbremse aufgelegt. Bild 105 zeigt zwei derartige Abteufpumpenwinden als Friktionswinde mit Wickeltrommel zur Aufnahme des Förderseiles ausgebildet. Die Hubgeschwindigkeit der Pumpe kann recht klein gewählt werden, was sich auch empfiehlt, um einen möglichst kleinen Motor zu erhalten. In der Regel wählt man die Hubgeschwindigkeit zwischen 1,5 bis 3 m/min, so daß bei der normal vorgesehenen Aufhängung der Pumpe an einer losen Rolle die Seilgeschwindigkeit etwa 3 bis 6 m/min beträgt. Die Breite der Trommel zur Aufnahme des Tragseiles der Pumpe richtet sich nach der Tiefe des Schachtes, wobei natürlich das Seil in mehreren Lagen übereinander aufgewickelt werden kann. Für die Bemessung des Seiles ist ebenfalls das halbe Gewicht von Motor + Pumpe + der mit Wasser gefüllten Rohrleitung maßgebend. Dabei ist mit 6-facher Seilsicherheit zu rechnen.

## D. Beispiele ausgeführter Anlagen.

### 1. Ortsfeste Wasserhaltungen mit Kolbenpumpen.

*Kolbenpumpen.* Ein Beispiel einer Wasserhaltung mit langsamlaufender Kolbenpumpe ist in Bild 106 dargestellt: die Wasserhaltung der Gewerkschaft des Steinkohlenbergwerkes Johann Deimelsberg in Westfalen. Die Pumpe ist eine Einzylinder-Kolbenpumpe und fördert eine minutliche Wassermenge von 6 m³ auf eine Druckhöhe von 520 m. Sie wird angetrieben durch einen auf die Kurbelwelle gesetzten Drehstrommotor, der bei 73 Umdr/min eine Leistung von 940 PS bzw. 690 kW entwickelt. Die Spannung des Motors beträgt 5000 V Drehstrom, 50 Freq. Die große Motorleistung von 690 kW bei der geringen Drehzahl von nur 73 Umdr/min ergab sehr große Abmessungen des Motors; aus diesem Grunde wurde der Ständer vierteilig und der Läufer zweiteilig ausgeführt. Die Motorfüße sind abschraubbar eingerichtet. An den Ständerfüßen sind Stellschrauben vorgesehen, mit deren Hilfe die Höhenlage des Ständers an Ort und Stelle verändert werden kann, um den Luftzwischenraum zwischen Ständer und Läufer genau einstellen zu können. Der Motor hat Kurzschluß- und Bürstenabhebevorrichtung, so daß er im normalen Betriebe wie ein Motor mit Kurzschlußläufer arbeitet, also von einem Bürstenverschleiß praktisch keine Rede sein kann.

Ein Gegenstück zu dieser Wasserhaltung bildet diejenige der Berginspektion I, Königshütte Krugschacht, Bild 107. Auf dieser Anlage ist eine raschlaufende Kolbenpumpe mit zwei Zylindern in Zwillingsanordnung verwandt worden. Sie arbeitet mit 161 Umdr/min und fördert eine Wassermenge von 6 $m^3$/min auf eine Druckhöhe von 145 m. Der Antriebsmotor ist ebenfalls ein Drehstrom-Asynchronmotor, dessen Läufer,

Bild 106. Wasserhaltung der Gewerkschaft des Steinkohlenbergwerkes Johann Deimelsberg.

wie bei der vorher beschriebenen Anlage unmittelbar auf die Kurbelwelle gesetzt ist. Der Motor leistet bei einer Drehzahl von 161/min 280 PS bzw. 220 kW. Er ist angeschlossen an ein Netz von 2000 V Drehstrom, 50 Freq. Der Ständer des Motors ist hier zweiteilig ausgeführt, ebenso der Läufer. Die Zweiteilung des Läufers war im vorliegenden Falle durch die Zwillingsanordnung der Pumpe bedingt. Im übrigen gleicht die Ausführung des Motors im großen und ganzen der Ausführung der vorher beschriebenen Anlage.

## 2. Ortsfeste Wasserhaltungen mit Kreiselpumpen.

Bild 108 stellt eine moderne Wasserhaltung mit Kreiselpumpen auf der Zeche Hagenbeck des Mülheimer Bergwerksvereins in der

Bild 107. Wasserhaltung der Berginspektion I Königshütte, Krugschacht.

Bild 108. Wasserhaltung der Zeche Hagenbeck des Mülheimer Bergwerksvereins in Essen (Maschinenraum und Schaltanlage).

Nähe von Essen dar. Es sind hier drei Pumpengruppen aufgestellt. Bei den zwei Pumpengruppen kleinerer Leistung ist jede Pumpe in der Lage, eine minutliche Wassermenge von 6 m³ auf eine Förderhöhe von 120 m zu drücken, bei einer Drehzahl von 1481 min. Der Antrieb dieser Pumpengruppen erfolgt durch je einen Drehstrom-Asynchronmotor mit Schleifringläufer von 225 kW Leistung bei 1481 Umdr/min. Die Spannung beträgt 5000 V Drehstrom, die Frequenz beträgt 50/s. Die Motoren sind in Schildlagerausführung mit Kurzschluß- und Bürstenabhebevorrichtung durchgebildet und entsprechen den im Jahre 1913 festgelegten Normen des Vereines für die bergbaulichen Interessen im Oberbergamtsbezirk Dortmund. Es sind sogenannte tropfwassersichere Motoren, die die zur Kühlung erforderliche Luft unmittelbar aus dem Betriebsraum ansaugen und die erwärmte Luft in den Betriebsraum ausblasen. Pumpe und Motor sind durch eine elastische Kupplung miteinander verbunden und auf einer gemeinsamen Grundplatte zusammengebaut. Der große Pumpensatz besteht aus einer Hochdruck-Kreiselpumpe für Förderung einer minutlichen Wassermenge von 6 m³ auf 420 m Förderhöhe bei 1487 Umdr/min. Dem Antrieb dient ein Drehstrom-Asynchronmotor mit Schleifringläufer von 604 kW Leistung, Spannung 5000 V, 50 Freq. Der Motor ist in Stehlagerausführung und mit Grundplatte gebaut und zwar als geschlossene Type. Er entspricht ebenfalls den 1913 festgelegten Normen des Vereines für die bergbaulichen Interessen im Oberbergamtsbezirk Dortmund. Pumpe und Motor stehen auf getrennten Grundplatten auf einem gemeinsamen Fundament. Die zur Kühlung des Motors erforderliche Frischluft wird dem Motor über ein Filter durch eine besondere Rohrleitung zugeführt. Die erwärmte Luft wird, ebenso wie bei den kleineren Motoren, in den Betriebsraum ausgeblasen. Die Abmessungen des Pumpenraumes sind sehr reichlich gehalten, was im vorliegenden Falle mit Rücksicht auf das Gebirge möglich war. Die Achsen der Pumpengruppe stehen daher auch senkrecht zur Achse des Pumpenraumes. Auf der einen Seite der Pumpenkammer ist eine größere Ver-

Bild 109. Wasserhaltung der Zeche Hagenbeck des Mülheimer Bergwerksvereins (Keller für Anlasser und Filter).

Bild 110. Wasserhaltung der Bergwerksdirektion Saarbrücken, Berginspektion II, Louisenthal.

Bild 111. Wasserhaltung der „La Houve" Soc. Anonyme des Mines et d'Electricité, Section Mines.

teilungsschaltanlage mit herausfahrbaren Schaltzellen untergebracht, die ebenfalls in ihren Abmessungen reichlich gehalten ist. Die Anlasser der 3 Motoren sind Flüssigkeitsanlasser und befinden sich in einem unterhalb der Pumpenkammer angeordneten Keller, Bild 109. Sie werden vom Pumpenflur durch neben den Motoren angeordnete Handräder bedient. Der Keller dient ferner zur Aufnahme der Rohrleitungen der Pumpe. Außerdem ist hier das Luftfilter für den großen Wasserhaltungsmotor untergebracht.
Bild 110 zeigt eine Wasserhaltung der Bergwerksdirektion Saarbrücken, Berginspektion II Louisenthal, die eine typische Anordnung einer untertägigen Wasserhaltung darstellt. Hier sind 2 Pumpengruppen in einer verhältnismäßig schmalen Pumpenkammer untergebracht. Die Pumpengruppen befinden sich an der rechten Seite des Raumes unmittelbar an der einen Seitenwand, an der auch die Druckleitungen zwischen den beiden Pumpen angeordnet sind. Die Ansaugleitung der Pumpen ist nach der Mitte des Raumes zu gerichtet. Den Pumpen wird durch einen besonderen Kanal das Wasser aus der Sumpfstrecke zugeführt. Als Schaltanlage für die Motoren dienen am Kopfende der Pumpenkammer untergebrachte Schalteinheiten. Bild 72, Seite 101, zeigt den Grundriß und Aufriß der Pumpenkammer. Jede Pumpe ist in der Lage, eine Fördermenge von 2,5 $m^3$/min auf 341 m Förderhöhe zu drücken. Die Drehzahl beträgt 1475 min. Für den Antrieb ist je ein Motor mit einer Leistung von 225 kW bei 2000 V Drehstrom, 50 Freq. vorhanden. Auch diese Motoren entsprechen den älteren Normen von 1913. Sie sind als tropfwassersichere Motoren mit Schleifringläufer, Kurzschluß- und Bürstenabhebevorrichtung ausgeführt. Ihre Kühlluft entnehmen sie dem Betriebsraum und blasen die erwärmte Luft wieder in den Betriebsraum aus. Pumpe und Motor sind mit einer elastischen Kupplung verbunden, haben aber keine gemeinsame Grundplatte, sondern nur ein mit Eisenschienen armiertes gemeinsames Fundament. Die Motoren sind auf Gleitschienen angeordnet, die ein Verschieben der Motoren in der Achsrichtung zur leichteren Demontage der Pumpen gestatten. Während auf der Anlage Bild 108 ein Montagelaufkran den ganzen Pumpenraum bestreicht, ist bei dieser Anlage ein Kran nicht vorgesehen, jedoch ist an der Decke des Pumpenraumes ein Träger, an dem eine Laufkatze läuft, angeordnet.
Während Bild 108 und 110 Pumpensätze mit Antrieb durch Schleifringläufermotoren zeigen, ist auf Bild 111 eine Wasserhaltung dargestellt, bei der als Antriebsmotor ein Kurzschlußläufermotor verwendet worden ist. Bild 111 stellt eine Wasserhaltung der „La Houve Société Anonyme des Mines et d'Electricité, Section Mines" in Creutzwald (Lothringen) dar, auf der die Raumverhältnisse recht beschränkt sind. Die Hochdruck-Kreiselpumpe drückt 8 $m^3$ Wasser/min auf eine Förderhöhe von 380 m bei einer Drehzahl von 1485 min. Die Leistung des Motors beträgt

740 kW bei 5000 V Drehstrom und 50 Freq. Der Motor ist, wie bereits erwähnt, ein Kurzschlußläufermotor. Er ist als Stehlagertype in tropfwassersicherer Ausführung gebaut, entnimmt also die Kühlluft unmittelbar dem Betriebsraum. Er lehnt sich in seiner Ausführung den älteren Normen von 1913 an (Kurzschlußläufermotoren fallen nicht unter die Normen). Der Motor hat Gleitschienen für Verschiebung in axialer Richtnng. Der Antrieb erfolgt über eine elastische Kupplung. Zum Anlassen

Bild 112. Wasserhaltung der Andalusiengrube der Schlesischen A.G. für Bergbau und Zinkhüttenbetrieb, Lipine.

dient ein Anlaßtransformator und ein Stufenschalter, die zwischen Motor und Pumpenkammerwand aufgestellt sind. Als Schaltanlage ist eine Schalteinheit angeordnet, die jedoch auf dem Bild nicht zu sehen ist. Ein Montagekran ist nicht vorhanden, jedoch ist wieder, wie auf Bild 110, ein Träger mit Laufkatze über der Pumpengruppe angeordnet.
Bild 112 zeigt die Wasserhaltung auf der 320 m-Sohle der Andalusiengrube bei Lipine in Poln. O/S. Bei dieser Wasserhaltung ist zum Schutze gegen Überflutung die Sohle der Pumpenkammer 15 m über der Sohle des Pumpensumpfquerschlages angeordnet. Aus dem Sumpfquerschlag wird das Wasser durch 4 vertikale Zubringerpumpen in einen besonders für die horizontalen Pumpen angeordneten Sumpf gefördert. Die Sohle dieses Pumpensumpfes liegt 11 m über der Sohle des Sumpfquerschlages. Die

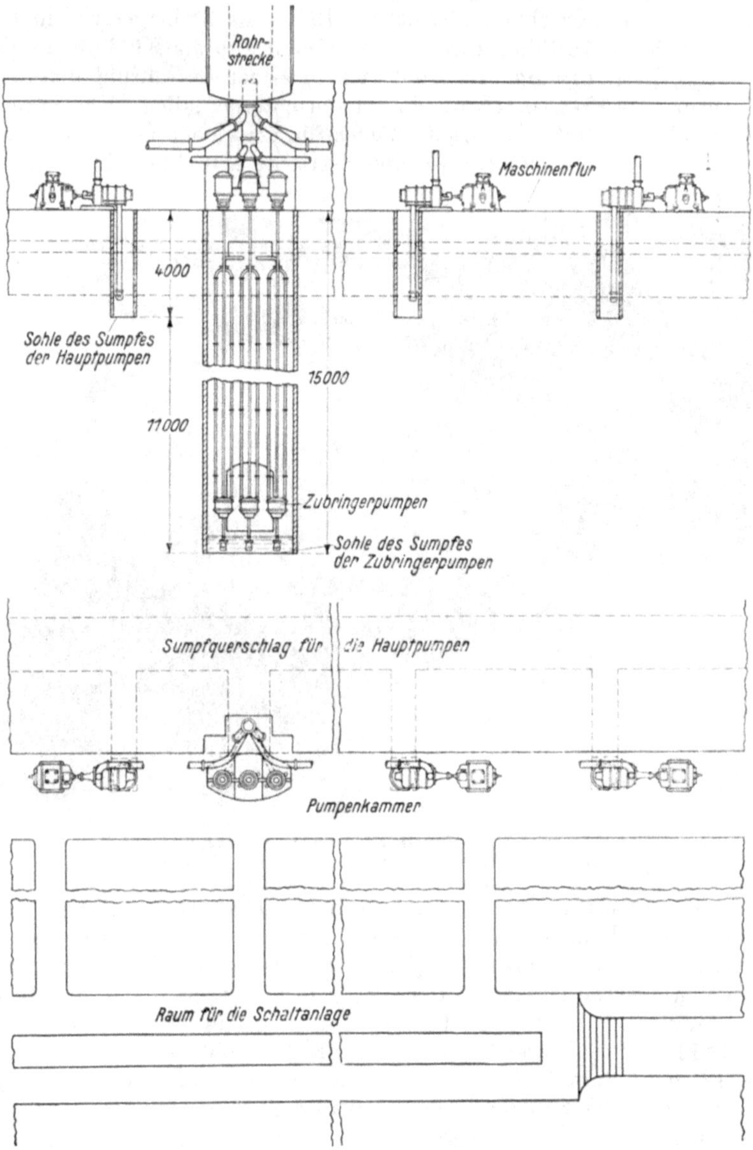


Bild 113. Schematischer Grundriß und Aufriß der Wasserhaltung der Andalusiengrube der Schles. A. G. für Bergbau- und Zinkhüttenbetrieb, Lipine.

Hauptpumpen haben also nur eine Saughöhe von 4 m zu überwinden, trotzdem die Wasserhaltung, wie bereits erwähnt, 15 m über der Sohle des Sumpfquerschlages angeordnet ist. Das Bild zeigt im ganzen 3 horizontale elektrisch betriebene Kreiselpumpen, von denen jede in der Lage ist, 6 m³/min auf eine Förderhöhe von 350 m zu drücken, bei einer Drehzahl von n = 1485 min. Angetrieben wird jede Pumpe durch einen Drehstrommotor in tropfwassersicherer Ausführung mit Schleifringläufer und Bürstenabhebevorrichtung für eine Leistung von 600 kW bei n = 1485 Umdr/min, 6000 V Drehstrom. Die Motoren entsprechen den Normen von 1913 und entnehmen ihre Kühlluft dem Betriebsraum. Pumpe und Motor sind auf einer zusammengeflanschten Grundplatte auf einem gemeinsamen Fundament aufgebaut und durch elastische Kupplung miteinander verbunden. Zwischen der zweiten und dritten Pumpe sind die Motoren der Zubringerpumpen angeordnet. Die Pumpen selbst befinden sich etwa 1½ m über der Sohle des Sumpfquerschlages; es sind als Brunnenpumpen ausgebildete Kreiselpumpen, die von den auf dem Maschinenflur angeordneten vertikalen Motoren durch eine etwa 14 m lange Welle angetrieben werden. Diese Zubringerpumpen sind für folgende Verhältnisse bemessen: Leistung jeder Pumpe: 8 m³/min auf eine Förderhöhe von 15 m, bei einer Drehzahl von n = 1460/min. Sie werden angetrieben durch je einen vertikalen Drehstrommotor mit einer Leistung von 40 kW bei 1460 Umdr/min, Spannung 500 V Drehstrom, Freq. 50. Die Anordnung entspricht auch der schematischen Dar-

Bild 114. Zwei Abteuf-Kreiselpumpen der Grube Wilhelmina der Holl. Staatsminen Limburg in Heerlen.

stellung Bild 78 auf Seite 108. Es muß also bereits einr echt beträchtliches Steigen des Hauptsumpfwasserspiegels eintreten, bevor die Pumpengruppen in der Pumpenkammer gefährdet sind. Die Achsen der Pumpengruppen sind parallel zur Raumachse angeordnet. Sie stehen an der rechten Seite des Pumpenraumes, an der auch die Druckrohrleitungen

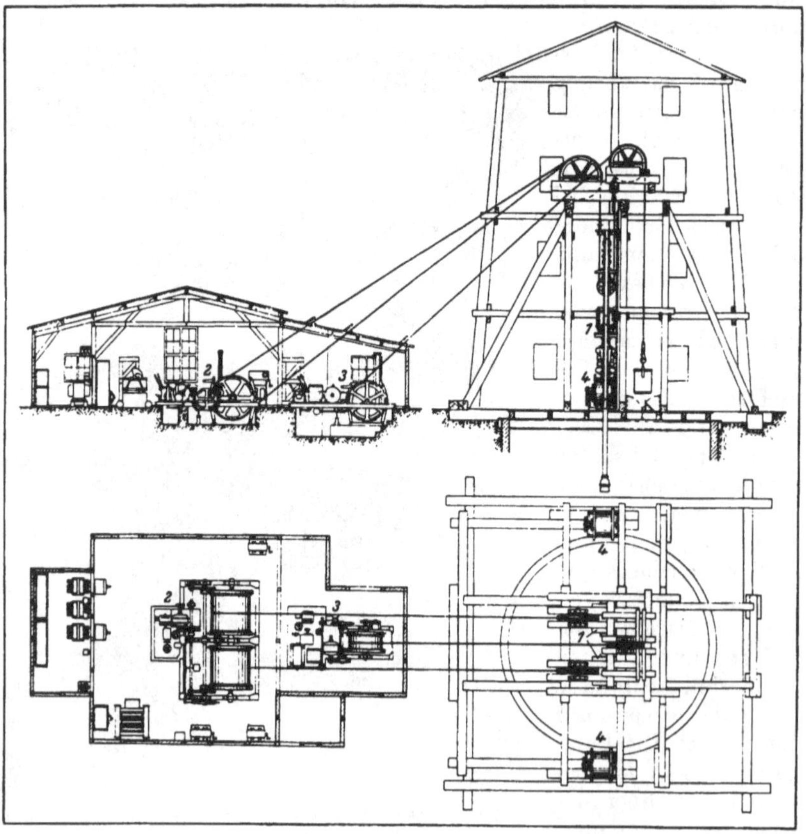

Bild 115. Abteufanlage auf der Staatsgrube Emma der Holl. Staatsminen Limburg in Heerlen.
1. Abteufpumpen 3. Abteufförderhaspel
2. Abteufpumpensenkwinde 4. Abteufkabeltrommeln

verlegt sind. Ungefähr in der Mitte des Raumes gehen die Rohrleitungen senkrecht nach oben in die Rohrstrecke. Der für die Hauptpumpen vorgesehene besondere Sumpfquerschlag verläuft parallel zur Längsachse der Pumpenkammer. Jede Pumpe ist mit dem Sumpfquerschlag durch einen besonderen Stichkanal verbunden. Ein Laufkran kann die ganze Länge der Pumpenkammer bestreichen. Bild 113 gibt den Grundriß und den Aufriß der Pumpenkammer in schematischer Darstellung. Wie daraus hervorgeht, ist für die Schaltanlage, die im vorliegenden Falle als größere Anlage ausgebildet ist, ein besonderer Raum neben der Pumpenkammer vorgesehen.

### 3. Abteufwasserhaltungen.

Bild 114 zeigt zwei nebeneinander im Schachtgerüst hängende Abteuf-Kreiselpumpen auf der Grube Wilhelmina der Holländischen Staatsminen Limburg in Heerlen. Die Pumpen vermögen eine Wassermenge von 1 $m^3$/min gegen eine Druckhöhe von 235 m zu heben. Jeder Motor leistet 66 kW bei 1450 Umdr/min. Die Pumpensätze haben die normale Ausführung für Abteufpumpen, Motor und Pumpe sind auf einem schmiedeeisernen Senkrahmen übereinander angeordnet.

Bild 97 auf Seite 120 stellt einen Abteufmotor für eine Leistung von 450 kW dar, der zum Antrieb einer Abteufpumpe für eine minutliche Wassermenge von 15 $m^3$ auf eine Förderhöhe von 120 m bestimmt ist. Vier derartige Motoren wurden zum Antrieb von Abteufpumpen für die Mathildegrube in Chrzanow der Bergwerksgesellschaft Georg v. Giesches Erben geliefert.

Bild 115 gibt im Grundriß und Aufriß die Disposition der Abteufanlage auf der Staatsgrube Emma der Holländischen Staatsminen Limburg in Heerlen. Im Schachtgerüst bzw. im Schacht sind eingebaut zwei Abteufpumpengruppen, von denen jede in der Lage ist, 3 $m^3$/min Wasser auf eine Förderhöhe von 400 m zu heben. Die Leistung jedes Motors beträgt 295 kW bei 2000 V, F 50, n = 1435 Umdr/min. Eine Pumpe dient zur Reserve, während die zweite im Betrieb ist. Die Pumpen werden gehoben bzw. gesenkt durch die Pumpensenkwinde 2, die mit zwei Trommeln ausgerüstet ist, je eine Trommel für eine Pumpe. Die beiden Trommeln sind auf der Welle lose angeordnet. Nach Belieben kann entweder die rechte oder die linke Trommel mit der Welle gekuppelt werden, so daß die eine oder die andere Pumpe gehoben bzw. gesenkt werden kann. Die Pumpensenkwinde wird über ein dreifaches Vorgelege mit doppeltem Zahneingriff von einem Drehstrommotor aus angetrieben. Im Schachtgerüst selbst rechts und links von dem Maschinenhaus aus gesehen ist je eine Kabeltrommel für das Abteufkabel jeder Pumpe untergebracht. Außerdem ist im Bild 115 auch eine eintrümige Abteuf-Fördermaschine 3 eingezeichnet.

# V. Ventilatoren.

## A. Allgemeines.

Auf den Gruben kommen kleine Ventilatoren für Sonderbewetterung und große Hauptschacht-Ventilatoren für die Bewetterung des ganzen Grubenbaues in Frage. Jene haben den Zweck, einzelne Grubenbaue, die sich nicht in den Hauptwetterstrom einfügen lassen, mit frischer Luft zu versorgen. Sie sind beispielsweise bei den Ausbau- und Vorortarbeiten unentbehrlich. Auf sie wird an anderer Stelle ausführlich eingegangen. Hier soll nur auf die großen Hauptschacht-Ventilatoren, deren Aufgabe es ist, dem ganzen unterirdischen Grubenbau so viel frische Luft von über Tage zuzuführen, daß der Sauerstoffgehalt der Luft der Anzahl der dort beschäftigten Personen und den örtlichen Verhältnissen in ausreichendem Maße angepaßt ist, und daß Luft und Temperatur nicht mehr gesundheitsschädlich sind, eingegangen werden. Die Hauptschacht-Ventilatoren sind für die Betriebssicherheit der Gruben von größter Bedeutung, sie müssen ununterbrochen Tag und Nacht durcharbeiten, so daß alle Teile der Ventilatoren sowie ihr Antrieb ganz besonders betriebsicher durchgebildet sein müssen. Steht der Ventilator still, so muß die Belegschaft unter Tage ausfahren und der Grubenbetrieb stillgelegt werden. Ausreichende Versorgung der Grubenbaue mit frischer Luft drückt die Temperatur unter Tage herunter und ermöglicht eine größere Arbeitsleistung der unter Tage beschäftigten Bergleute. Außerdem wird durch ausreichende Bewetterung die Schlagwettergefahr wesentlich heruntergedrückt.

Der Umstand, daß der Hauptschacht-Ventilator ununterbrochen Tag und Nacht arbeitet, bedingt außer großer Betriebsicherheit auch einen wirtschaftlich arbeitenden Maschinensatz, da schon ein geringer Mehrverbrauch an Energie sich bei dem das ganze Jahr durchlaufenden Betrieb stark bemerkbar machen und die für die Belüftung aufzuwendenden Kosten ungünstig beeinflussen würde.

## B. Ausführung der Ventilatoren.

Für Bergwerksbetriebe kommen als Hauptschacht-Ventilatoren im allgemeinen nur Schleudergebläse mit Auslaufraum (Diffusor) in Frage. Im Auslaufraum wird die Luftgeschwindigkeit zum größten Teil in Druck umgesetzt, wodurch der Nutzeffekt des Ventilators wesentlich erhöht wird. Die Ventilatoren können saugend oder blasend angeordnet werden. Für den Bergwerksbetrieb werden sie in der Regel saugend angeordnet, dabei wirft der Ventilator die aus dem Grubenbau angesaugte Luft unmittelbar in die Atmosphäre, während er bei blasender Wirkung unmittelbar aus der Atmosphäre ansaugt und in den Schacht bzw. den Grubenbau drückt. Bei den Ventilatoren unterscheidet man außerdem einseitig saugende und zweiseitig saugende Ausführung. Die zweiseitig saugende Ausführung

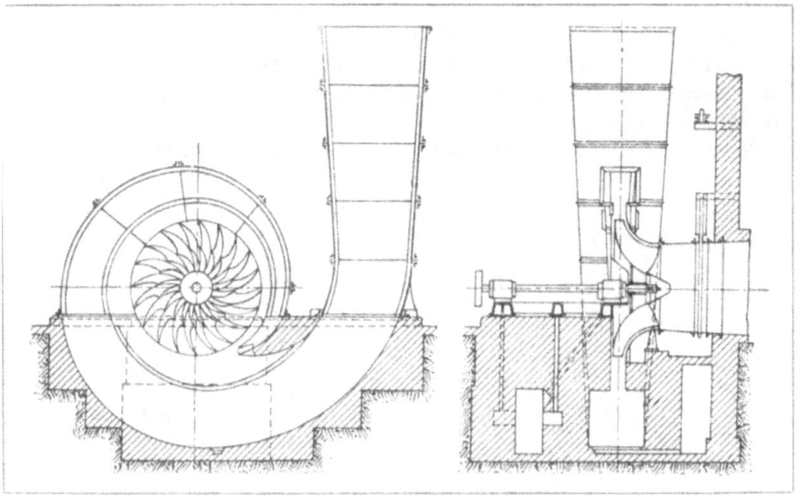

Bild 116. Einseitig saugender Grubenventilator.

wird besonders bei großen Wettermengen angewendet, da bei ihr die Querschnitte im Saugkanal größer und damit die Luftgeschwindigkeit geringer gehalten werden kann, so daß unnötige Verluste durch Wirbelungen und Luftreibung vermieden werden. Sie hat außerdem vor der einseitig saugenden Anordnung den Vorteil, daß ein axialer Schub des Ventilatorflügelrades nicht auftritt. Bei einseitig saugender Anordnung muß dieser auftretende axiale Schub des Flügelrades durch geeignete Vorrichtungen besonders ausgeglichen werden.
Zuweilen wird verlangt, daß der gewöhnlich saugend angeordnete Ventilator in besonderen Fällen auch blasend arbeiten kann, was durch ent-

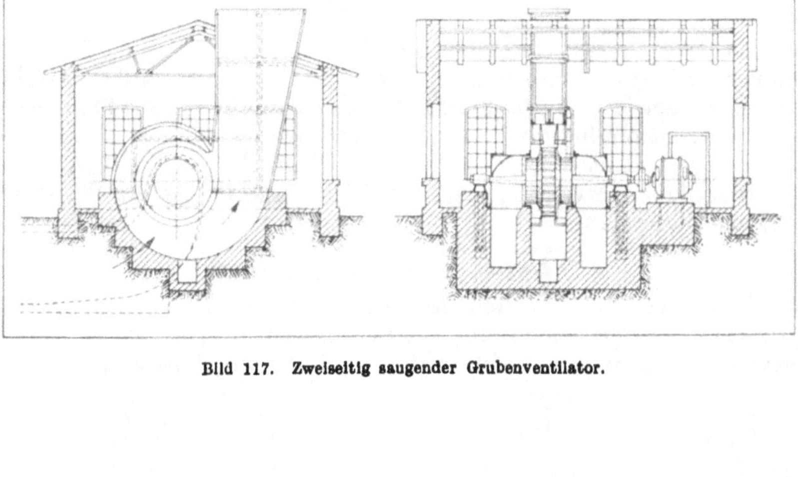

Bild 117. Zweiseitig saugender Grubenventilator.

sprechende Anordnung der Luftkanäle zwischen Ventilator und Schacht und Einbau von besonderen Klappen erzielt wird. Bild 116 zeigt einen einseitig saugenden und Bild 117 einen zweiseitig saugenden Grubenventilator. Bild 118 stellt einen Grubenventilator dar, der saugend und blasend arbeiten kann.

Der Ventilator besteht in der Hauptsache aus dem Laufrad oder Flügelrad und aus dem Gehäuse, das im allgemeinen aus Blech ausgeführt wird und im Diffusor endigt. Das Gehäuse mit anschließendem Diffusor

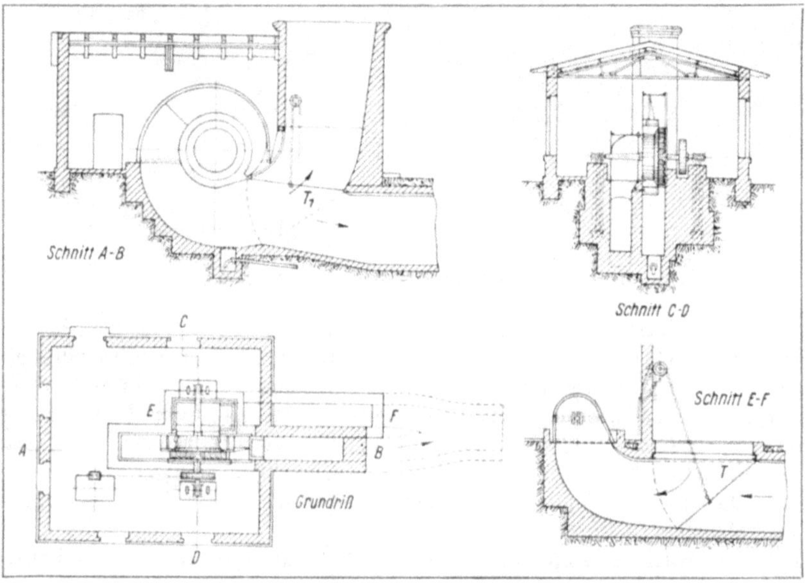


Bild 118. Grubenventilator für saugende und blasende Wirkung.
Der Ventilator arbeitet bei Stellung der Klappen T und $T_1$ (wie gezeichnet blasend, wie gestrichelt saugend).

hat schneckenartige Form. Der untere Teil des Gehäuses und der Diffusor können auch aus Beton ausgeführt werden. Das Laufrad selbst besteht aus einer Nabe in Guß oder Stahlguß, während die Flügel aus Stahlblech von zweckentsprechender Form hergestellt werden. Die Lagerung des Laufrades ist, je nach der Ausführung des Ventilators und der Antriebsart, einseitig oder zweiseitig. Bei einseitiger Lagerung ist das Flügelrad fliegend angeordnet.

## C. Antrieb der Ventilatoren.

Die Ventilatoren wurden früher in der Regel durch Dampfmaschinen angetrieben. Seit der Einführung des elektrischen Antriebes in den Bergwerksbetrieben hat der Elektromotor die Dampfmaschine auch für den

Ventilatorantrieb fast vollkommen verdrängt. Der Elektromotor kann den Ventilator entweder durch Riemen, durch Zahnradvorgelege oder in direkter Kupplung antreiben. Die Hersteller von Ventilatoren haben sich bei der Konstruktion ihrer Ventilatoren hinsichtlich der Drehzahl dem elektrischen Antrieb etwas anpassen müssen, soweit direkte Kupplung des Elektromotors mit dem Ventilator in Frage kam, da die früher bei Dampfantrieben üblichen geringen Drehzahlen unverhältnismäßig teuere Motoren bedingten.

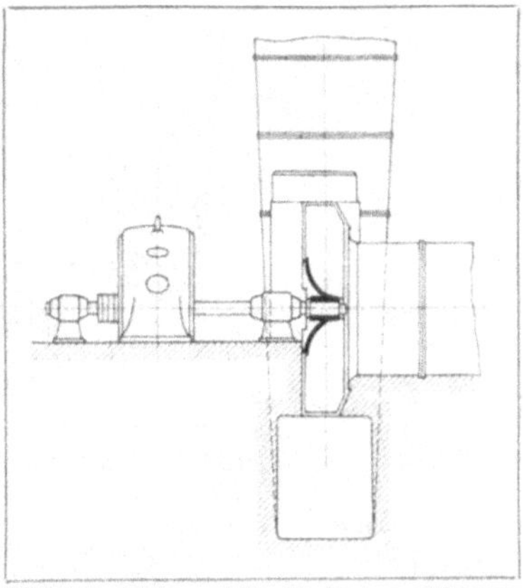

Bild 119. Motor und Ventilator in zwei Lagern, Ventilatorflügelrad fliegend angeordnet.

*Direkter Antrieb.* Für direkte Kupplung des Ventilators mit dem Elektromotor kommen bei großen Ventilatoren in der Regel Drehzahlen zwischen 300 und 150 in Betracht.

Bei direktem Antrieb des Ventilators kann bei einseitiger Lagerung des Flügelrades der Motor unmittelbar auf die verlängerte Ventilatorwelle zwischen die beiden Lager gesetzt werden. Der Läufer des Motors muß in diesem Falle zweiteilig sein. Der ganze Maschinensatz ist dann in zwei Lagern bei fliegender Anordnung des Flügelrades gelagert, Bild 119. Die Anordnung kann aber auch nach Bild 120 getroffen werden, dabei wird der Motor mit der Ventilatorwelle starr gekuppelt und durch ein besonderes Außenlager abgestützt (Dreilageranordnung). Bisweilen wird der Motor in Zweilagerausführung mit Grundplatte angeordnet und durch eine starre oder elastische Kupplung mit der Ventilatorwelle verbunden. Bei zweiseitiger Lagerung des Flügelrades kann der Motor mit der Ventilatorwelle entweder durch eine starre Flanschkupplung verbunden werden, dabei erhält der Motor ein Außenlager (Dreilageranordnung) Bild 121, oder aber der Motor erhält zwei Lager und wird mit der Ventilatorwelle starr oder elastisch gekuppelt (Vierlagerausführung) Bild 122. Die Anordnung des Motors mit zwei Lagern und

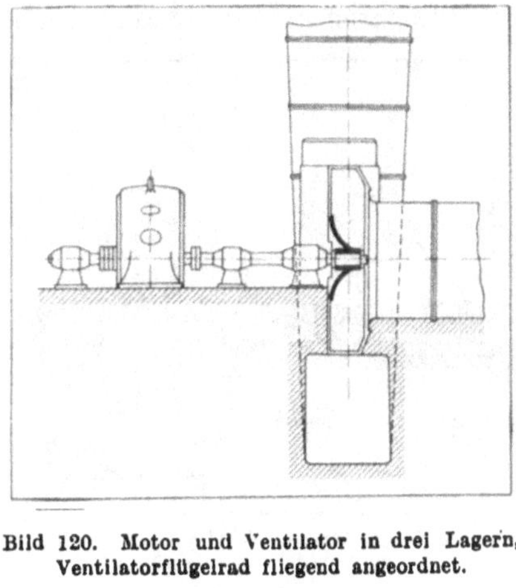

Bild 120. Motor und Ventilator in drei Lagern, Ventilatorflügelrad fliegend angeordnet.

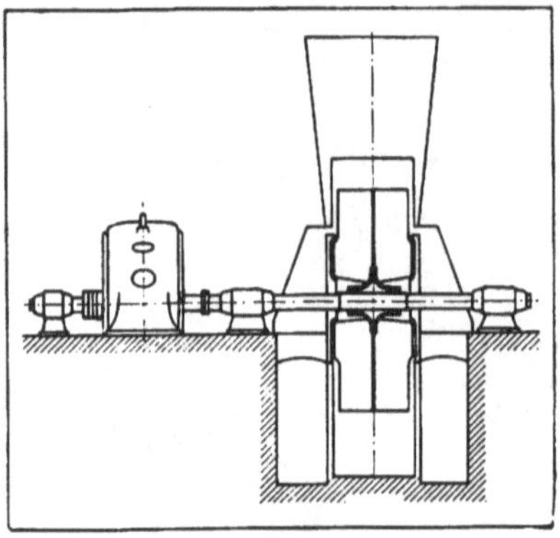

Bild 121. Motor und Ventilator in drei Lagern, Flügelrad zweiseitig gelagert.

Grundplatte hat auf jeden Fall den Vorteil der einfacheren und bequemeren Montage.

*Riemenantrieb.* Die direkte Kupplung von Ventilator und Motor war bei Hauptschachtventilatoren bisher die übliche. Riemenantrieb wurde selten gewählt, obwohl bei Riemenantrieb ein verhältnismäßig schnelllaufender Motor gewählt werden kann, der natürlich im Preise bedeutend günstiger ist als der langsamlaufende unmittelbar gekuppelte Motor. Da jedoch bei Riemenantrieb immerhin die Möglichkeit des Reißens oder des Abfallens des Riemens und damit einer Betriebsstörung vorliegt, so ist dieser Antrieb weniger beliebt. In der Regel findet man Riemenantrieb bei solchen Ventilatoren, die zunächst mit geringerer Drehzahl und Leistung und erst nach einigen Jahren mit voller Drehzahl betrieben werden, man kann dann während des ersten Ausbaues kleinere und billigere, raschlaufende Motoren verwenden. Die Riemenscheibe kann nach den gleichen Gesichtspunkten angeordnet werden, wie die Verbindung des Läufers des Antriebsmotors bei direkter Kupplung mit dem Ventilator.

*Antrieb durch Zahnradgetriebe.* Neuerdings bürgert sich der Antrieb der Ventilatoren durch schnellaufende Motoren über ein Zahnradgetriebe mehr und mehr ein. Man kann dann Motoren von 1000 Umdr/min oder mehr verwenden. Nachdem die Herstellung von hochwertigen Zahnrädern in den letzten Jahren derart vervollkommnet ist, daß der Bau geräuschlos laufender, betriebsicher und mit hohem Wirkungsgrad (97 bis 98 %) arbeitender Zahnradgetriebe keine Schwierigkeiten macht, dürften gegen den Zahnradantrieb der Ventilatoren keinerlei Bedenken bestehen. Da auch die Kosten des raschlaufenden Motors mit Vorgelege geringer sind als die eines verhältnismäßig langsamlaufenden Motors von 150 bis 300 Umdr/min, so dürfte der Antrieb über hochwertige Zahnradgetriebe wohl der gegebene sein, zumal man sich dabei

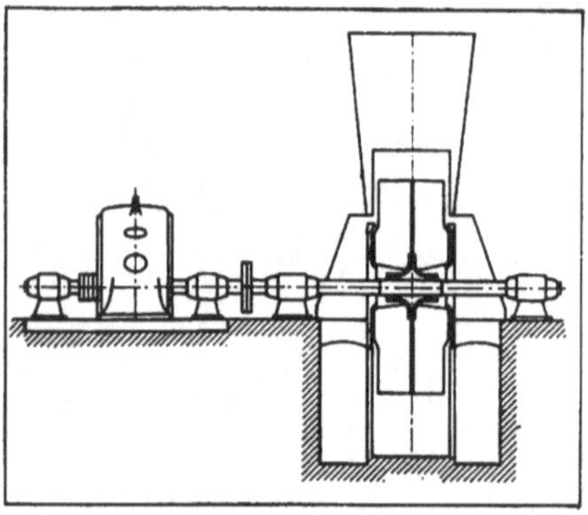

Bild 122. Motor und Ventilator in vier Lagern, Flügelrad zweiseitig gelagert.

auch durch die Auswechselung der Ritzel bequem dem allmählichen Ausbau der Grube und der dadurch bedingten Wettermenge und Drehzahl des Ventilators in wirtschaftlichster Weise anpassen kann. Die Zahnradgetriebe sind dabei in einem Gußeisengehäuse konstruktiv einwandfrei zusammengebaut und erhalten selbsttätige Ölschmierung. Die Verbindung der Wellenstümpfe des Zahnradgetriebes mit dem Motor und dem Ventilator erfolgt durch Kupplungen, und zwar wird in der Regel zwischen Motor und Vorgelege eine elastische und zwischen Vorgelege und Ventilator eine starre Kupplung vorgesehen. Außerdem kann die

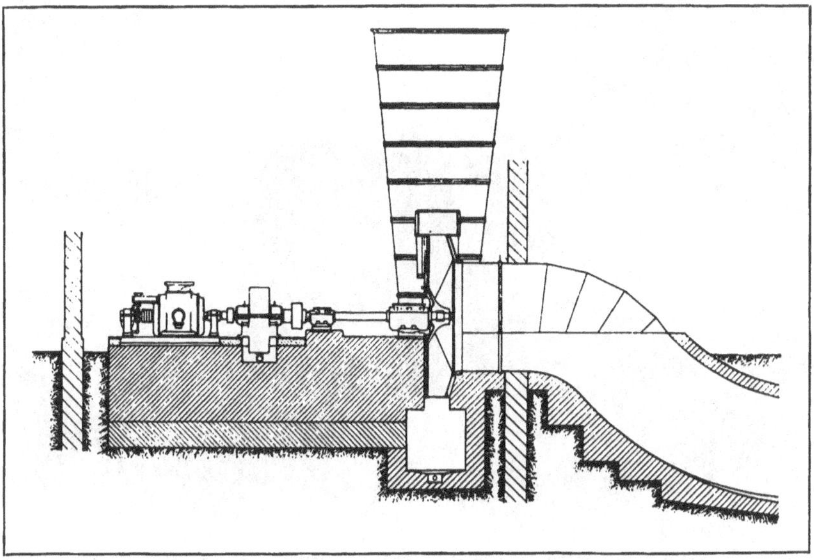

Bild 123. Ventilatoranlage der Zeche Bonifacius der Gelsenkirchener Bergwerks-A.-G. mit Zahnradgetriebe zwischen Motor und Ventilator.

Grundplatte des Getriebes mit der Motorgrundplatte verflanscht werden. Bild 123 zeigt den Antrieb eines Ventilators durch einen schnellaufenden Motor über ein hochwertiges Zahnradgetriebe.

## D. Die Motoren.

Da in Bergwerksbetrieben fast ausschließlich Drehstrom zur Verwendung kommt, braucht hier auf den Antrieb durch Gleichstrommotoren nicht weiter eingegangen zu werden.

*Motoren für direkte Kupplung.* Bild 124 stellt einen Ventilatormotor für unmittelbare Kupplung mit dem Ventilator dar, wie ihn die Siemens-Schuckertwerke ausführen. Es ist ein Drehstrom-Asynchronmotor mit Schleifringläufer für eine Leistung von 850 kW und eine Drehzahl von

300/min. Der Motor hat zwei Stehlager, die mit dem Ständer auf gemeinsamer Grundplatte zusammengebaut sind. Die Wicklungen von Ständer und Läufer erhalten eine vorzügliche Isolation, die bei Hochspannungsmotoren im Ständer als Wicklungen mit asphaltierten Spulen ausgebildet sind. Über die Wicklungen mit asphaltierten Spulen und ihre Herstellung ist Näheres in dem Abschnitt „Wasserhaltungen" auf Seite 89 angegeben. Der Ständer hat offene Nuten, die durch Spreizkeile (lamellierte Eisenverschlußkeile) verschlossen sind. Die Wicklung mit asphaltierten Spulen verleiht dem Hochspannungsmotor eine ganz besondere Durchschlagfestig-

Bild 124. Ventilatormotor mit 2 Stehlagern und Grundplatte, Leistung 850 kW, n = 150/min.

keit und damit Betriebsicherheit. Die Ständerwicklung wird nach außen durch rings um den Ständer laufende Wicklungschutzringe vor zufälliger Berührung geschützt. Die Schleifringe werden in der Regel so kräftig bemessen, daß der Motor mit dauernd aufliegenden Bürsten arbeiten kann, für den Fall, daß Drehzahlregelung durch Widerstandsregelung oder durch Regelsatz oder Phasenverbesserung durch Phasenschieber vorgenommen werden soll. Liegt von vornherein fest, daß eine Drehzahlregelung oder Phasenverbesserung nicht nötig ist, so können die Schleifringe natürlich auch schwächer bemessen werden, da ja in einem solchen Falle der Motor mit abgehobenen Bürsten arbeitet. Die Lager sind mehrteilige Ringschmierlager, die so durchgebildet sind, daß nach geringem Anlüften der Welle die unteren Lagerschalen ohne Abbau des Lagers herausgedreht werden können. Bei großen Motoren wird unter Umständen eine Teilung des Ständergehäuses zweckmäßig sein, ebenso werden die großen

Motoren in der Regel mit abschraubbaren Ständerfüßen ausgeführt. Ein genaues Einstellen des Luftzwischenraumes kann entweder durch an den Ständerfüßen angeordnete Druckschrauben oder durch Unterlegen von Blechen unter die Ständerfüße erreicht werden. Das Kabel wird durch Kabelanschlußstutzen für unmittelbare Einführung des Ständerkabels an den Ständer angeschlossen. Der Anschlußstutzen wird bei kleineren Motoren seitlich am Gehäuse, bei größeren Motoren dagegen unterhalb des Gehäuses in der Fundamentgrube angeordnet.

*Motoren für Riemenantrieb.* Kleinere Motoren für Riemenantrieb des Ventilators werden in der Regel in Dreilagerausführung auf gemeinsamer Grundplatte ausgeführt, die Riemenscheibe ist zwischen zwei Lagern gelagert. Im übrigen entsprechen diese Motoren in ihrer Ausführung den eben beschriebenen großen langsamlaufenden Motoren.

Unter Umständen wird bei Riemenantrieb ein besonderes Vorgelege verwendet, das mit der Motorwelle durch elastische Kupplung verbunden ist. Diese Ausführung wird vor allem dann bevorzugt, wenn die Riemenscheibe als Stufenscheibe für mehrere Drehzahlen des Ventilators ausgebildet ist.

*Motoren für Zahnradantrieb.* Zahnradgetriebene Ventilatoren erhalten, wie bereits erwähnt, raschlaufende Motoren von 1000 bis 1500 Umdr/min Die Ausführung dieser Motoren entspricht den im Abschnitt „Wasserhaltungen" beschriebenen genormten Wasserhaltungsmotoren. Sie werden also entweder in Schildlagerausführung oder bei großen Leistungen in Stehlagerausführung, und zwar in der Regel in offener Bauart (tropfwassersichere Ausführung) geliefert.

Jedenfalls bietet die von den Siemens-Schuckertwerken vorgesehene Ausführung der Ventilatormotoren die beste Gewähr für einen durchaus einwandfreien Betrieb. Der Asynchronmotor ist in seinem Aufbau derart einfach, daß eine dauernde Beaufsichtigung, zumal wenn der Motor mit abgehobenen Bürsten arbeitet, nicht erforderlich ist. Es ist also nur nötig, den Motor täglich einige Male zu überwachen, um festzustellen, ob die Lagerschmierung in Ordnung ist.

## E. Die für die Bemessung des Ventilators erforderlichen Größen.

Für die Berechnung des Ventilators ist in der Hauptsache der Druck bzw. Unterdruck (Depression) gegen den der Ventilator arbeiten muß, und die gegen diesen Druck zu fördernde Luftmenge maßgebend.

*Depression.* Die in Bergwerken normal vorkommenden Depressionen schwanken je nach der Größe der Grubenbauten zwischen 50—500 mm WS. Der Druck bzw. Unterdruck, den der Ventilator erzeugt, muß so groß sein, daß er die verlangte Luftmenge durch den Grubenbau drücken oder saugen kann.

*Gleichwertige Grubenöffnung.* Als Maßstab für den Gesamtwiderstand eines Ventilators dient bei Grubenventilatoren die gleichwertige Öffnung oder äquivalente Grubenweite $A$; sie bedeutet den Querschnitt einer Öffnung in einer dünnen Wand, die den durchströmenden Luftmengen denselben Widerstand bietet wie das Grubengebäude. Bei einer Einschnürungszahl von 0,65 und einem Raumgewicht der Luft $\gamma = 1{,}2$ ist

$$A = \frac{0{,}38 \cdot Q}{\sqrt{h}} \text{ oder } h = \left(\frac{0{,}38 \cdot Q}{A}\right)^2.$$

Der von einem Ventilator erzeugte Unterdruck in mm WS läßt sich nach folgender Formel berechnen:

$$\text{Unterdruck } h = \frac{\mu \cdot u^2 \cdot \gamma}{g},$$

worin $u$ die Radgeschwindigkeit am äußeren Flügelende in m/s

$\gamma$ das spezifische Gewicht der Luft in kg/m³,

$\mu$ der manometrische Wirkungsgrad des Ventilators (0,65—0,8),

$g$ die Erdbeschleunigung = 9,81 m/s² ist.

Aus dieser Gleichung für $h$ ist die Drehzahl und der Durchmesser des Flügelrades bestimmt. Die vom Ventilator erzeugte Druckhöhe muß um den Betrag, der erforderlich ist, die Luft durch den Ventilator zu treiben, größer sein, als die gemessene Depression. Die Ventilatorpressung oder der Unterdruck $h$ setzt sich zusammen aus:

1. dem statischen Druck $p_{st}$,
2. dem dynamischen Druck $p_d$.

Bis zu $v = 60$ m/s Luftgeschwindigkeit ist $p_d = \frac{\gamma \cdot v^2}{2\,g}$.

*Wetterleistung.* Die Wetterleistung eines Ventilators $Q$ ist proportional $\sqrt{h}$, der Ausdruck $Q = \sqrt{h}$ heißt bei Grubenventilatoren das Temperament der Grube. Die bei gegebener Pressung geförderte Luftmenge hängt ab vom Widerstand des Wetterweges einschließlich des Widerstandes im Ventilator. Wieviel Wetter bei gegebener Pressung durch den Wetterweg getrieben werden, läßt sich annähernd errechnen. Kennt man die Wettermenge für eine Pressung, so ergibt sie sich für jede andere aus der obengenannten Beziehung.

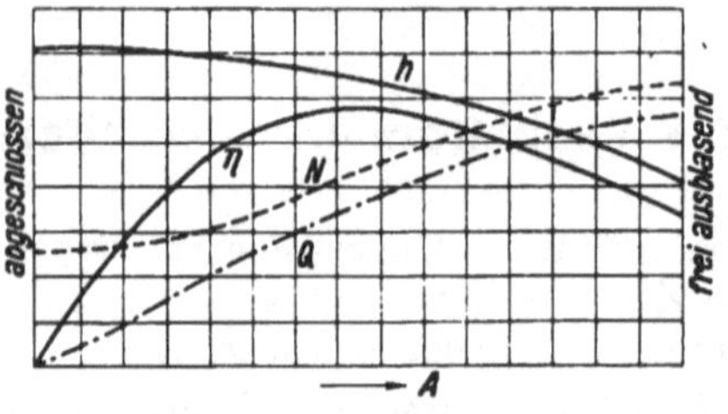


Bild 125. Kennlinien eines Zentrifugal-Ventilators:
$A$ gleichwertige Grubenöffnung,
$Q$ Wettermenge m³/s.
$N$ Kraftbedarf des Ventilators in kW,
$h$ Depression in mm WS,
$\eta$ Wirkungsgrad des Ventilators in %.

*Kraftbedarf.* Der Kraftbedarf eines Ventilators errechnet sich in kW zu

$$N = \frac{Q \cdot h \cdot 0{,}736}{75 \cdot \eta}$$

darin bedeuten: $Q$ die Wettermenge in $m^3/s$,
$h$ die Pressung in mm WS,
$\eta$ den Wirkungsgrad des Ventilators.

Für eine bestimmte gleichwertige Öffnung oder Düse $A$ ist $Q$ proportional $n$, $h$ proportional $\gamma$ und $n^2$, $N$ proportional $n^3$ und $\gamma$.

Daraus folgt:

$$\frac{Q}{Q_1} = \frac{n}{n_1}, \quad \frac{h}{h_1} = \frac{n^2}{n_1^2}, \quad \frac{N}{N_1} = \frac{n^3}{n_1^3}$$

und

$$Q_1 = Q \cdot \frac{n_1}{n}, \quad h_1 = h \cdot \frac{n_1^2}{n^2}, \quad N_1 = N \cdot \frac{n_1^3}{n^3},$$

d. h. der Kraftbedarf eines Ventilators wächst mit der dritten Potenz der Drehzahl.

Der mechanische Wirkungsgrad hat bei unveränderlicher Drehzahl bei einem bestimmten Widerstand seinen Höchstwert, ebenso bei unveränderlichem Widerstand für eine bestimmte Luftmenge. Außerdem hängt er von den gewählten Luftgeschwindigkeiten und der Bauart des Ventilators ab. Für Grubenventilatoren kann man $\eta$ zu ungefähr 0,6 bis 0,7 rechnen.

*Kennlinien des Ventilators.* Werden deshalb bei einer Ventilatorart $Q$, $h$ und $N$ auf die Umfangsgeschwindigkeit $u = 1$ bezogen, so ergeben sich Kennziffern für $Q$, $h$ und $N$, die für alle geometrisch ähnlichen Ausführungen derselben Ventilatorart gleichbleiben und deren Verhalten erkennen lassen. Ändert sich $A$, so ändern sich die Kennziffern in Abhängigkeit von $A$ nach den Kennlinien Bild 125. Sind z. B. $\eta$ und die Kennlinie für $h$ als Funktion von $A$ ermittelt, so können daraus nach der bekannten Beziehung die Kennlinien für $Q$ und $N$ berechnet und aufgetragen werden. Die Kennlinien zeigen auch den Verlauf von $Q$, $h$ und $N$ für verschiedene gleichwertige Öffnungen $A$ bei unveränderlichem $n$.

Die Schaulinie Bild 126 läßt erkennen, wie sich die drei Werte $Q$, $h$ und $N$ des Ventilators mit der Drehzahl $n$ bei unveränderlicher Grubenweite $A$ ändern. Bei der $N$-Linie, die durch den Nullpunkt hindurchgehend gezeichnet ist, sind abweichend von der Formel:

$$N = \frac{Q \cdot h}{75 \cdot \eta}$$

die Verluste für Luft- und Lagerreibung = Null eingesetzt. Um die

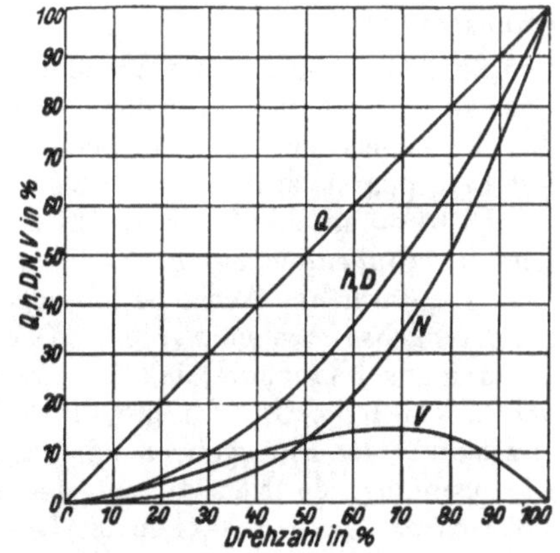


Bild 126. Wettermenge $Q$. Depression $h$, Kraftbedarf $N$, Drehmoment $D$ des Ventilators und Verlust $V$ im Läuferwiderstand des Ventilatormotors in Abhängigkeit von der Drehzahl $n$, bei unveränderlicher gleichwertiger Grubenweite.

Größe eines Grubenventilators und seinen Kraftbedarf errechnen zu können, sind also erforderlich die Angabe der Wettermenge in $m^3/s$, die Größe der Depression $h$ in mm WS, oder die Größe der äquivalenten Grubenweite $A$. Die Depression $h$ kann nur angegeben werden, wenn bereits auf der Grube ein Ventilator in Betrieb ist. Ist das nicht der Fall, so muß die Depression $h$ aus der äquivalenten Grubenweite $A$ ermittelt werden, letztere läßt sich aus den Abmessungen der Schächte und Strecken, die bewettert werden sollen, an Hand von Erfahrungszahlen feststellen. Wird die Depression $h$ nach Aufstellung des Ventilators kleiner als angenommen, so ist das gleichbedeutend mit einer Vergrößerung der Wettermenge $Q$, was immer leicht zu einer Überlastung des Antriebsmotors führen kann.

## F. Schlottergebläse als Hauptschacht-Ventilatoren.

An dieser Stelle seien auch die Schlottergebläse erwähnt, die bereits von den Siemens-Schuckertwerken wiederholt mit gutem Erfolg zur Hauptschachtbewetterung verwandt worden sind. Die Schlottergebläse sind den Siemens-Schuckertwerken durch Patente geschützt. Sie sind im Gegensatz zu den gewöhnlichen Grubenventilatoren, die als Schleudergebläse ausgebildet sind, als Schraubengebläse mit Leitapparat gebaut. Ihre Vorzüge sind in der Hauptsache der über einen großen Leistungsbereich gleichbleibende hohe Wirkungsgrad (80 %) und die hohe Drehzahl, die gestattet, das Gebläse unmittelbar mit einem raschlaufenden Motor zu kuppeln. Durch die hohe Drehzahl sind die Anschaffungskosten trotz direkter Kupplung mit dem Antriebsmotor bedeutend geringer als die Anschaffungskosten eines Zentrifugalventilators, gleiche Leistung vorausgesetzt.

Das Schlottergebläse besteht in der Hauptsache aus einem fünfflügeligen Laufrad und einem acht- oder zehnflügeligen Leitrad. Das Laufrad ist fliegend angeordnet und aus hochwertiger Aluminiumbronze hergestellt. Der Leitapparat ist in einem gußeisernen Gehäuse eingebaut, an das sich der Diffusor anschließt (Bild 127). Die Druckflächen der Räder sind reine Schraubenflächen, d. h. Flächen, die durch drehende Bewegung einer Linie um eine Achse bei gleichzeitiger Verschiebung der Linie längs der Drehachse erzeugt werden. Der Laufradflügel ist im wesentlichen dadurch gekennzeichnet, daß die Abwicklung der Flügelkante am Umfang nahezu gleich der Grundrißprojektion der Erzeugenden ist und die Aufrißabwicklung der Erzeugenden mit der Achse einen spitzen Winkel bildet. Die grundlegende Neuartigkeit des Leitapparatprinzips besteht darin, daß sich die Eintrittskanten des Leitapparates mit den Austrittskanten des Laufrades nicht, wie sonst üblich, decken, sondern an jeder Stelle rechtwinklig kreuzen. Der aus dem Laufrad austretende Luftstrom wird daher durch die einzelnen Leitschaufeln radial unterteilt und von diesen stoßfrei aufgenommen.

Die im Drehsinn des Laufrades wachsende Krümmung der Leitschaufeln bewirkt eine Zusammenschnürung des Luftstromes und damit eine weitere Beschleunigung desselben in dem ruhenden Leitapparat, so daß ein erheblicher Teil des Achsialschubes erst in dem Leitapparat erzeugt wird, was für die Konstruktion sehr günstig ist. Infolge des Beharrungsvermögens treten daher die Luftfäden leicht rotierend und zur Achse konvergent aus, so daß bei freier Luftbewegung der kleinste Strahlquerschnitt etwa in der halben Durchmesserlänge vor dem Leitapparat liegt. Mit wachsendem Gegendruck wächst natürlich die Rotation und damit auch die Radialkomponente, während die Achsialkomponente kleiner wird, so daß von einem bestimmten Gegendruck an die weitere Konzentration hinter dem Leitapparat vollkommen aufhört.

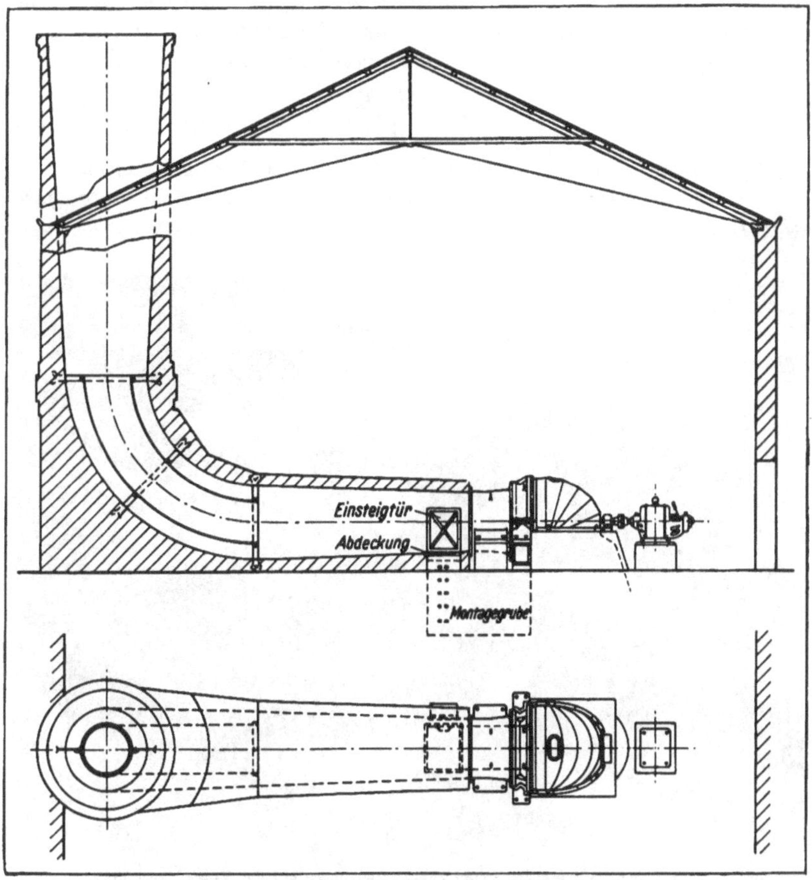


Bild 127. Schlottergebläse als Hauptschacht-Ventilator mit Diffusor.

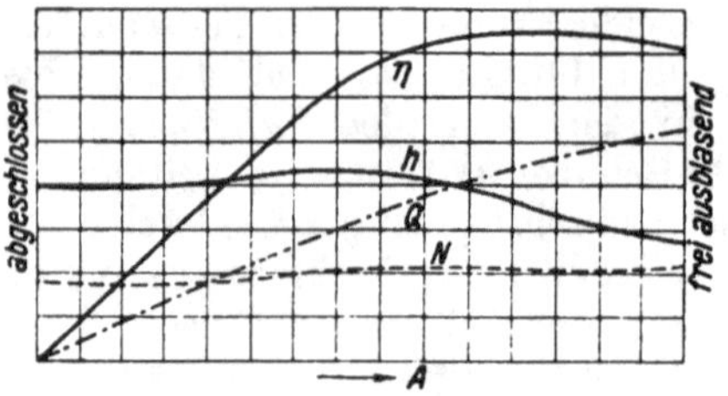


Bild 128. Kennlinien eines Schlottergebläses:
A gleichwertige Grubenöffnung,
Q Wettermenge /s.
N Kraftbedarf des Ventilators in kW,
h Depression in mm WS
η Wirkungsgrad des Ventilators in %.

Für kleine Luftmengen, wie sie für die Sonderbewetterung bei Gruben unter Tage in Frage kommen, können Schlottergebläse bis 3000 Umdr/min ausgeführt werden. Für Hauptschachtbewetterung und größere Luftmengen werden sie für Drehzahlen bis 750 bzw. 1000/min gebaut. Die Siemens-Schuckertwerke führen derartige Gebläse für Hauptschachtbewetterung für Wetterleistungen bis 4000 m³/min und für eine größte Depression von ungefähr 140 mm WS aus. Der Kraftbedarf errechnet sich in der gleichen Weise wie für Schleudergebläse aus der Beziehung

$$N = \frac{Q \cdot h}{75 \cdot \eta}.$$

Werden größere Wettermengen verlangt, so ist ein Parallelarbeiten zweier Gebläse ohne weiteres möglich. Die Kennlinien des Schlottergebläses zeigt Bild 128.

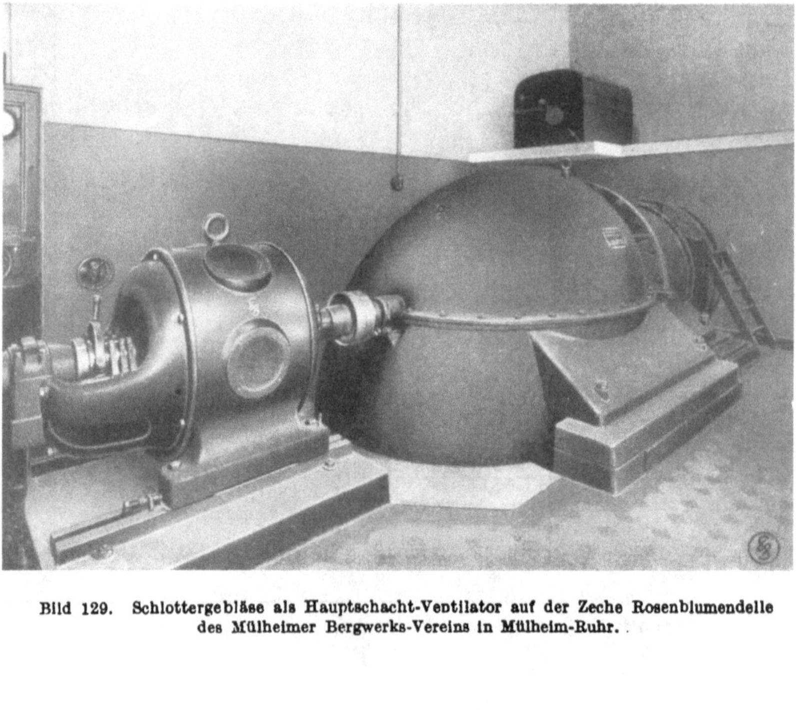

Bild 129. Schlottergebläse als Hauptschacht-Ventilator auf der Zeche Rosenblumendelle des Mülheimer Bergwerks-Vereins in Mülheim-Ruhr.

Wie bereits erwähnt, gestattet die hohe Drehzahl auch bei direkter Kupplung die Verwendung eines billigen Antriebsmotors. Natürlich kann man auch ebenso wie bei den Schleudergebläsen Zahnradantrieb verwenden, wodurch der Antrieb durch Motoren bis 1500 Umdr/min ohne weiteres möglich ist.

In Bild 129 ist ein Schlottergebläse wiedergegeben als Hauptschachtventilator auf der Zeche Rosenblumendelle des Mülheimer Bergwerks-Vereins in Mülheim-Ruhr. Das Schlottergebläse ist im ersten Ausbau für eine Wetterleistung von 2500 m³/min bei einer Depression von 70 mm WS und einer Drehzahl von 720/min bemessen und wird unmittelbar von einem Drehstrommotor, Leistung 75 kW, über eine elastische Kupplung angetrieben. Später wird das Gebläse bei einer Drehzahl von $n = 1000$/min durch einen ebenfalls direkt gekuppelten Drehstrom-Asynchronmotor, Leistung 125 kW angetrieben. Es leistet dann 4000 m³/min bei einer Depression von 120 mm WS.

## G. Bestimmung der Wettermengen.

Die vom Ventilator zu fördernde Wettermenge $Q$ wird in der Hauptsache nach der Anzahl der unter Tage beschäftigten Personen und Pferde und nach dem zu erwartenden Gehalt an schlagenden Wettern bemessen. Maßgebend sind weiter die örtlichen Verhältnisse. Bei Salz- und Erzbergwerken rechnet man in Deutschland mit 1—2 m³/min je Kopf der Belegschaft, in Schlagwettergruben ist die völlige Beseitigung der schlagenden Wetter gewöhnlich die Hauptaufgabe, weshalb dort mit einer größeren Menge frischer Wetter gerechnet werden muß. In dem Oberbergamtsbezirk Dortmund ist für solche Gruben 3 m³/min als Mindestmaß vorgeschrieben, doch ist für besonders gefährliche und heiße Gruben unter Umständen noch eine bedeutend größere Menge frischer Wetter nötig.

## H. Notwendigkeit der Regelung der Wettermenge und die verschiedenen Regelarten.

Die Anforderungen, die eine Grube hinsichtlich der den unterirdischen Grubenbauen zuzuführenden Mindestmengen an frischen Wettern stellt, schwanken stark. Einmal schreitet die Gesamtlänge der zu bewetternden Strecken allmählich vorwärts und ebenso steigt im allgemeinen auch die Größe der Belegschaft. Andererseits wird natürlich in den Pausen zwischen den einzelnen Schichten sowie an Sonn- und Feiertagen keine so große Wettermenge benötigt, wie während der Schichtzeiten, in denen die Belegschaft unter Tage beschäftigt ist. Wird daher von vornherein ein Ventilator beschafft, der in der Lage ist, die im vollen Ausbau benötigte Wettermenge zu bewältigen, so muß, so lange diese Wettermenge noch nicht benötigt wird, auf irgendeine Weise eine Regelung der Wettermenge möglich sein.

Ebenso wird man in den Pausen zwischen den Schichten und an Sonn- und Feiertagen, um möglichst wirtschaftlich zu arbeiten, die Wettermenge soweit wie möglich heruntersetzen.
Auch der durch die Jahreszeiten bedingte Temperaturunterschied zwischen über und unter Tage kann unter Umständen eine Regelung der Wettermenge erwünscht erscheinen lassen. Ist im Winter der Temperaturunterschied zwischen der Luft über und unter Tage recht groß, so entsteht ein ziemlich energischer, natürlicher Wetterzug, der, wenn er mit dem künstlichen, durch den Ventilator erzeugten Wetterzug gleichgerichtet ist, gleichbedeutend ist mit einer Verringerung der Depression. Der Temperaturunterschied über und unter Tage wirkt also in diesem Falle wie eine Vergrößerung der gleichwertigen Grubenöffnung. Die Folge davon ist, wie auch die Kennlinien eines Ventilators, Bild 125, zeigen, daß bei unverändertem Durchgangsquerschnitt, also ohne Drosselung, die Luftmenge, die der Ventilator zu fördern hat und dementsprechend auch die Luftgeschwindigkeit, zunimmt, wobei der Wirkungsgrad infolge der vergrößerten Reibungsarbeit schlechter wird. Die Förderung der größeren Luftmenge bedingt nach den Kennlinien eine Steigerung des Kraftbedarfes des Ventilators und kann dadurch zu einer Überlastung des Antriebsmotors führen. Ebenso kann die Ungenauigkeit in der genauen Vorausbestimmung der Grubenweite hierzu Veranlassung geben. Es ist also in solchen Fällen zweckmäßig, eine Möglichkeit zur Regelung der Wettermenge zu haben. Endlich kann es auch vorkommen, daß bei Störungen irgendwelcher Art unter Tage vorübergehend eine starke Erhöhung der Wettermenge in den einzelnen Grubenbauen nötig wird. Um in der Lage zu sein, in solchen Fällen, wie z. B. bei einem plötzlichen Ausbruch schlagender Wetter, die Menge der zugeführten frischen Wetter schnell erhöhen zu können, hatte man früher mehrfach die Forderung gestellt, daß der Hauptschachtventilator und sein Antrieb derart ausgeführt sein mußten, daß die Wettermenge schnell um 25 % gesteigert werden konnte. Da dieses aber gleichbedeutend damit ist, daß die ganze Ventilatoranlage für eine das normale Maß um 25 % übersteigende Wettermenge auszuführen ist, so würde der Ventilator für gewöhnlich sehr unwirtschaftlich arbeiten, und aus diesem Grunde ist diese Forderung wieder fallen gelassen worden. Trotzdem werden häufig Fälle vorkommen, wo man Wert darauf legen wird, unter Umständen eine größere als die normale Wettermenge durch den Grubenbau zu drücken. Für einen solchen Fall ist eine Drehzahlregelung des Ventilatorsatzes von der normalen Drehzahl aus nach oben und unten sehr zweckmäßig und wirtschaftlich. Eine derartige Regelung kann in verhältnismäßig einfacher Weise durch Verwendung von Drehstrom-Reihenschlußmotoren oder Regelsätzen für über- und untersynchronen Betrieb (siehe Seite 159 und Seite 167 ff.) erreicht werden. Welche Art der Regelung jeweils in Frage kommt, läßt sich allgemein nicht beantworten, sondern das wird sich stets nach den vorliegenden örtlichen Verhältnissen richten müssen.

## Regelung durch Drosselung des Wetterschiebers.

Das einfachste und in den Anlagekosten billigste Mittel zur Regelung der Wettermenge besteht in der Drosselung der Luft mit Hilfe eines Schiebers im Wetterkanal bei unveränderter Drehzahl des Ventilators. Aus Bild 130 ist jedoch ersichtlich, wie unwirtschaftlich dieses Mittel ist. Die Schaulinien zeigen den Leistungsverbrauch $N$ des Ventilators bei Regelung der Wettermenge mit Hilfe eines Drosselschiebers und unveränderter Drehzahl einerseits und bei Änderung der Drehzahl bei voll geöffnetem Wetterkanal andererseits. Wird der Wetterstrom mit dem Drosselschieber ganz abgeschlossen, so verbraucht der Ventilator, eine der gegenwärtig für große Hauptschachtventilatoren üblichen Formen vorausgesetzt, ungefähr die Hälfte des Verbrauches bei gänzlich geöffnetem Schieber und zwischen diesen beiden Punkten ändert sich der Verbrauch entsprechend einer flachen Kurve. Der Verbrauch geht also mit der Verringerung des freien Durchgangsquerschnittes wohl zurück, aber doch nicht annähernd in dem Maße, wie bei Regelung der Drehzahl. Aus diesem Grunde ist die Verwendung eines Drosselschiebers zur Regelung der Wettermenge unbedingt zu verwerfen.

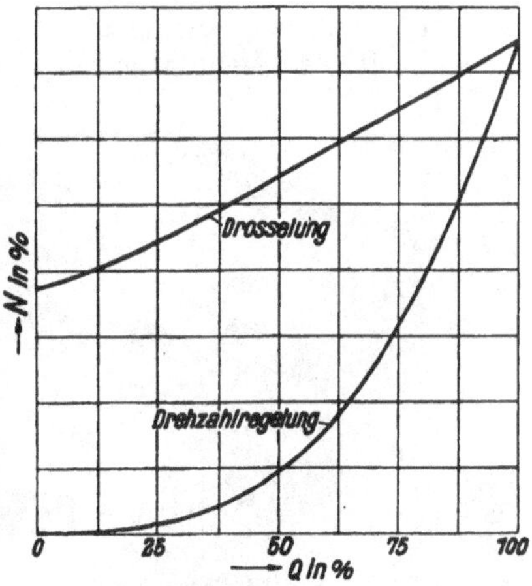

Bild 130. Leistungbedarf eines Ventilators bei Drehzahlregelung und bei Drosselung der Wettermenge.

## Regelung durch Drehzahlregelung.

Wie bereits eingangs erwähnt, spielt bei Ventilatoren die Wirtschaftlichkeit eine große Rolle, da der Ventilator Tag und Nacht in Betrieb ist und sich ein Mehrverbrauch an Leistung unangenehm bemerkbar machen wird. Es ist daher, falls eine Regelung der Wettermenge in Frage kommt, danach zu streben, eine möglichst wirtschaftliche Drehzahlregelung zu schaffen. Da nun für den Antrieb fast immer ein Drehstrommotor genommen wird, so läuft die Aufgabe für den Elektroingenieur praktisch darauf hinaus, die für den jeweiligen Fall wirtschaftlich günstigste Regelweise eines Drehstrommotors vorzusehen und sich dabei den bei einem Ventilator gegebenen Verhältnissen anzupassen.

### *a) Regelung durch Riemenvorgelege.*

Der einfachste Weg bei Verwendung eines asynchronen Drehstrommotors die Wettermenge einigermaßen wirtschaftlich zu regeln, besteht wohl darin, den Ventilator mittels Riemen anzutreiben und der jeweils geforderten Wettermenge und der durch diese bedingten Drehzahl des Ventilators durch Wahl entsprechender Riemenscheiben gerecht zu werden. Wie bereits eingangs erwähnt, ist der Riementrieb bei Ventilatoren nicht sehr beliebt. Er kommt bei Hauptschachtventilatoren eigentlich nur in Frage, wenn bei neuen Schachtanlagen von vornherein ein Ventilator für den vollen Ausbau aufgestellt wird, trotzdem in den ersten Jahren die Belegschaft und demnach auch die benötigte Menge frischer Wetter noch gering ist. Man hat dann durch den Riementrieb die Möglichkeit, den Ventilator mit einer der verlangten Wettermenge ent-

Bild 131. Hauptschacht-Ventilator der Gewerkschaft des Steinkohlenbergwerks „Vereinigte Welheim" in Bottrop bei Essen.

sprechenden Drehzahl, durch einen verhältnismäßig raschlaufenden kleinen Motor antreiben zu lassen. Man spart also in den ersten Jahren an Anschaffungskosten, da man den teueren Motor erst dann zu beschaffen braucht, wenn die Wetterleistung dieses erfordert. Der raschlaufende Motor kann aber nach Einbau des endgültigen Ventilatormotors jederzeit für andere Zwecke auf der Grube Verwendung finden, so daß also das für ihn gebrauchte Anlagekapital nicht verloren ist. Bild 131 zeigt zwei Hauptschacht-Ventilatoren der Gewerkschaft des Steinkohlenbergwerks „Vereinigte Welheim" in Bottrop bei Essen. Die Ventilatoren sind endgültig für eine Wettermenge von je 15 000 $m^3$/min bei einer Depression von 361 mm WS und einer Drehzahl von $n = 250$/min bemessen. Im ersten Ausbau werden die Ventilatoren mit je 6500 $m^3$/min bei einer Depression von 128 mm WS und 130 Umdr/min betrieben. Der Antrieb erfolgt durch Drehstrommotoren von je 175 kW Leistung und mit einer Drehzahl von $n = 585$/min mittels Riemenvorgeleges.

### *b) Regelung durch Zahnradgetriebe.*

Wie bereits auf Seite 144 erwähnt, werden Ventilatoranlagen mit hochwertigen Zahnradgetrieben in Zukunft eine bedeutende Rolle spielen, da sie neben der Verwendung eines raschlaufenden billigen Motors eine einfache und wirtschaftliche Drehzahlregelung gestatten. Allerdings ist hierbei eine stetige Drehzahlregelung wie bei den weiter unten beschriebenen Regelsätzen nicht möglich, aber trotzdem bietet das Zahnradvorgelege in überaus einfacher Weise die Möglichkeit, durch Einbau verschiedener Räder sich jeweils der benötigten Wettermenge und den dadurch bedingten Drehzahlen vollkommen verlustlos anzupassen, ganz abgesehen von den geringen Anschaffungskosten auch für den Ventilatormotor selbst. Auch ist man ebenso wie bei Riemenantrieb, ohne jedoch die Nachteile dieses Antriebes in den Kauf nehmen zu müssen, in der Lage, bei Anlage neuer Schächte und zunächst geringer Wettermenge und dementsprechend kleiner Motorleistung den Ventilator anfangs mit geringerer Drehzahl durch einen kleineren Motor durch Wahl anderer Räder im Vorgelege anzutreiben. In Bild 128 ist die Ventilatoranlage der Zeche Bonifacius der Gelsenkirchener Bergwerks-A.-G. mit Zahnradgetriebe zwischen Motor und Ventilator dargestellt, und zwar ist hier zunächst ein bedeutend kleinerer Motor, als bei dem endgültigen Ausbau erforderlich, aufgestellt. Bei dieser Anlage dient für den Antrieb, solange der Bedarf an frischen Wettern 6000 $m^3$/min nicht übersteigt, ein 300 kW-Motor, der bei voller Belastung 1480 Umdr/min macht, während die Drehzahl des Ventilators hierbei 209 Umdr/min beträgt. Der Wettermenge von 6000 $m^3$/min entspricht eine erforderliche höchste Depression von 215 mm WS. Steigt infolge Vergrößerung der Belegschaft und des Ausbaues der Strecken unter Tage der Bedarf an frischen Wettern über 6000 $m^3$/min hinaus und ebenso auch die Depression über 215 mm WS, dann wird der 300 kW-Motor gegen einen solchen von 900 kW ausgetauscht und in das Zahnradgetriebe werden andere Räder eingebaut, so daß bei einer Motordrehzahl von 1485/min der Ventilator mit 292 Umdr/min arbeitet und eine Wettermenge von 10 000 $m^3$/min gegen 400 mm WS Depression fördert.

### *c) Widerstandsregelung.*

Ein gleichfalls sehr einfaches Mittel zur Regelung der Drehzahl eines durch asynchronen Drehstrommotor angetriebenen Ventilators besteht in der Verwendung eines in den Läuferstromkreis geschalteten Widerstandes. Da das von einem Ventilator bei verschiedenen Drehzahlen verlangte Drehmoment des Antriebsmotors mit dem Quadrat der Drehzahl steigt und fällt, wie in Bild 126 veranschaulicht ist, und weiter der vom Motor verbrauchte Strom, von der Veränderlichkeit des Wirkungsgrades und des Leistungsfaktors abgesehen, von der Größe des vom Motor ausgeübten Drehmomentes abhängt, so ändert sich auch der Leistungsverbrauch des Motors $A = e \cdot J \cdot \cos \varphi \cdot \sqrt{3}$ mit dem Quadrat der Drehzahl, während die vom Motor abgegebene Leistung (Kraftbedarf des Ventilators) der dritten Potenz der Drehzahl entspricht. Der Unterschied zwischen den durch die Schaulinie für die Motorleistung einerseits und die Linien für Depression und Drehmoment andererseits bestimmten Flächen stellt demnach die im Regelwiderstand verlorene Energie dar. Dieser Verlust im Läuferwiderstand ist in dem Schaubild nochmals besonders durch die Kurve V dargestellt.

Er läßt sich auch aus folgenden Gleichungen ermitteln:

Es ist die Leistung $N_1$ des Motors bei der verringerten Drehzahl $n_1$

$$N_1 = N \cdot \frac{n_1^3}{n^3}$$

und die Leistungsaufnahme bei dem der Leistung $N_1$ entsprechenden Drehmoment

$$L = N_1 \cdot \frac{n}{n_1} \quad \text{oder } L = N \cdot \frac{\frac{n_1^3}{n_3} \cdot n}{n_1}$$

mithin ergibt sich der Verlust zu:

$$V = L - N_1 = N \cdot \frac{n_1^3}{n^3} \cdot \left(\frac{n}{n_1} - 1\right)$$

In Wirklichkeit stellt sich der Verlust etwas ungünstiger, da der Wirkungsgrad des Motors mit sinkender Drehzahl und sinkender Belastung sich verschlechtert. Wie aus der Kurve *V* hervorgeht, sind die Verluste im Läuferwiderstand am größten bei einer Drehzahlverminderung von ungefähr 30 bis 35 % der normalen. Immerhin sind die Widerstandsverluste, weil das Drehmoment mit dem Quadrat der Drehzahl abnimmt, verhältnismäßig gering, und man könnte sie in Kauf nehmen, wenn es sich nicht um eine Maschine handeln würde, die Tag und Nacht ununterbrochen, demnach also ungefähr 8700 Stunden im Jahre in Betrieb sein muß. Durch diese lange Betriebszeit wird diese Regelweise, die sonst bei dem so stark mit der Drehzahl sinkendem Drehmoment nicht unwirtschaftlich sein würde, doch für große Ventilatoren in den meisten Fällen unbrauchbar. Höchstens kann sie dann, wenn die Verminderung der Wettermenge nur noch ein paar Jahre erforderlich ist wegen der geringen Anlagekosten wirtschaftlich und zweckmäßig sein. Würde z. B. bei einem 800 kW-Motor die Drehzahl auf 80 % des vollen Betrages einzustellen sein, so würde sich bei 8700 Betriebsstunden im Jahre nach der Schaulinie Bild 126 ein Verlust von 8700 · 0,13 · 800 = 905000 kWh ergeben, was, wenn man die Energiekosten zu nur 3 Goldpfennig je kWh ansetzt, einer jährlichen Aufwendung von annähernd 27000 GM. gleichkommen würde. Rechnet man mit einem Wirkungsgrad von 75 %, mit dem der Schlupfverlust von 905000 kWh, bei Verwendung verlustlos regelbarer Antriebe zurückgewonnen werden kann, so ergibt sich, daß hierbei die zu erzielenden Ersparnisse ganz erhebliche Werte erreichen. Von den 905 000 im Läuferwiderstand verlorengehenden kWh würden bei der eben gemachten Annahme 905 000 . 0,75 = 677 000 kWh gespart. Bei einem Einheitspreis von 3 Goldpfennig für die kWh ergibt das eine jährliche Ersparnis von rund 20 000 GM. Diese Ersparnis dürfte aber die Mehraufwendungen für einen Regelsatz recht bald amortisieren und zeigt, daß einer wirtschaftlichen Drehzahlregelung bei Hauptschachtventilatoren ganz besondere Bedeutung beizumessen ist.

### *d) Verlustlose Drehzahlregelung.*

Die Hauptanforderungen, denen verlustlos regelbare Antriebe für die Hauptschachtventilatoren entsprechen sollen, sind die folgenden:

1. Einfachheit und hohe Betriebsicherheit,
2. hoher Wirkungsgrad,
3. weitgehende stetige Drehzahlregelung um 30—40 %,
4. hoher Leistungsfaktor.

Die verschiedenen Antriebsysteme, wie Kommutatormotoren, Induktionskaskaden, mechanische und elektrisch gekuppelte Regelsätze, insbesondere, wie sie von den Siemens-Schuckertwerken zum erstenmal für über- und untersynchrone Drehzahlregelung durchgebildet worden sind, seien im nachstehenden unter diesen Gesichtspunkten kurz behandelt.

*1. Der Drehstrom-Reihenschlußmotor.* Zum Antrieb von Hauptgrubenventilatoren kleinerer Leistungen bis zu etwa 300 kW findet der Drehstrom-Reihenschluß-Motor häufig Verwendung, falls eine Regelung der Drehzahl verlangt wird. Er hat im Ständer eine normale Dreiphasenwicklung, die einerseits an das Netz, andererseits an den auf dem Kommutator schleifenden Bürstensatz angeschlossen ist (Bild 132).

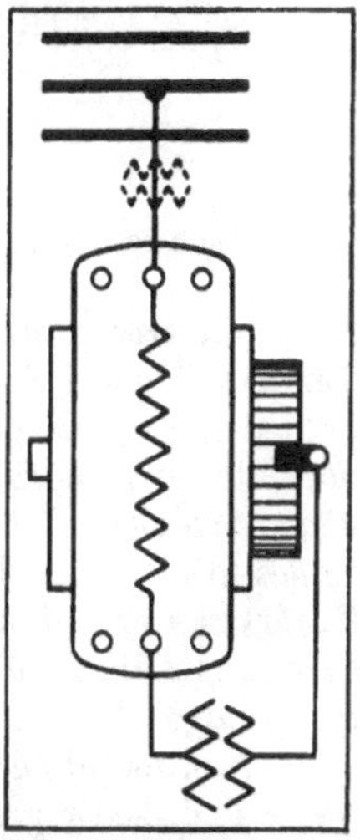

Bild 132. Schaltbild eines Drehstrom-Reihenschluß-motors.

Mit dem Kommutator ist die Läuferwicklung, die als Gleichstromwicklung ausgeführt ist, verbunden. Die Hintereinanderschaltung von Ständer und Läufer verleiht dem Motor Reihenschluß-Charakteristik. Mit Rücksicht auf zulässige Spannungen, die eine gute Kommutierung gewährleisten, wird der Motor bei Anschluß an ein Hochspannungsnetz über einen Vordertransformator an das Netz angeschlossen. Bei Vorhandensein eines Niederspannungsnetzes wird ein Zwischentransformator, der zwischen Ständerwicklung und Bürstensatz geschaltet ist, vorgesehen. Die Regelung und das Anlassen des Motors werden in einfachster Weise verlustlos lediglich durch Bürstenverschiebung bewirkt. Irgendwelche zusätzlichen Apparate, wie Anlasser und

dergleichen sind nicht erforderlich. Der Motor gestattet eine Drehzahlregelung von 40 % untersynchron bis 10 % übersynchron.
Da der Motor als Serienmotor das Bestreben hat bei Leerlauf durchzugehen, sind solche Motoren, die den Ventilator mittels eines Riemenvorgeleges antreiben, gegen Durchgangsgefahr durch Fliehkraftschalter oder hohe Sättigung des Zwischentransformators zu schützen.
Mit Kommutatormotoren lassen sich bei Vollast und normaler Drehzahl Wirkungsgrade bis zu 85 % erreichen, sie sind also dabei dem Asynchronmotor ohne Widerstandsregelung unterlegen. In solchen Fällen jedoch,

Bild 133. Grubenventilator mit Antrieb durch Drehstrom-Reihenschlußmotor.

in denen eine größere Abwärtsregelung verlangt wird, empfiehlt sich die Verwendung des Kommutatormotors, vor allem aber, wenn der Ventilator in der Lage sein muß, in Gefahrfällen eine größere Luftmenge als die normale zu fördern, da dann die geringere Drehzahl des Ventilators für den normalen Betrieb fast verlustlos und mit gutem Wirkungsgrad eingestellt werden kann. Kommt eine zeitweilige Abwärtsregelung der Drehzahl nur auf kürzere Zeit, vielleicht ein oder zwei Jahre in Frage, so hat natürlich die Verwendung eines Kommutatormotors keine Berechtigung, da die durch die Abwärtsregelung bei Betrieb mit einem Asynchronmotor bedingten Verluste dann ohne weiteres in Kauf genommen werden können gegenüber den Vorteilen dieses einfachen Motors, der zudem bei voller Drehzahl, wie bereits bemerkt, hinsichtlich des Wirkungsgrades dem Kommutatormotor überlegen ist.

Die Fortschritte in der Kommutierung, die in den letzten Jahren gemacht worden sind, haben die Reihenschlußmotoren zu Maschinen durchgebildet, die den hohen Anforderungen der Betriebsicherheit von Ventilatorantrieben durchaus entsprechen.

Bild 133 zeigt den Antrieb eines Grubenlüfters auf dem Oskarschacht der Witkowitzer Steinkohlengruben in Mährisch-Ostrau mit einem Drehstrom-Reihenschlußmotor von 170 kW Leistung bei $n = 300/\text{min}$ synchron, Spannung am Vordertransformator 2500 V, am Motor 130 V. Der Ventilator ist regelbar zwischen 190 bis 320 Umdr/min. Der Motor ist mit dem Ventilator direkt gekuppelt.

Für den Antrieb großer Grubenventilatoren scheiden dagegen Reihenschlußmotoren aus, da sie bei den in Frage kommenden Drehzahlen, zumal bei direkter Kupplung nur für verhältnismäßig geringe Leistungen gebaut werden können, außerdem stehen zum Antrieb für Leistungen über 200 kW wirtschaftlichere Regelsysteme zur Verfügung, mit denen die größten Leistungen, wie sie zum Antrieb von Hauptschacht-Ventilatoren gefordert werden, ohne Schwierigkeiten beherrscht werden können.

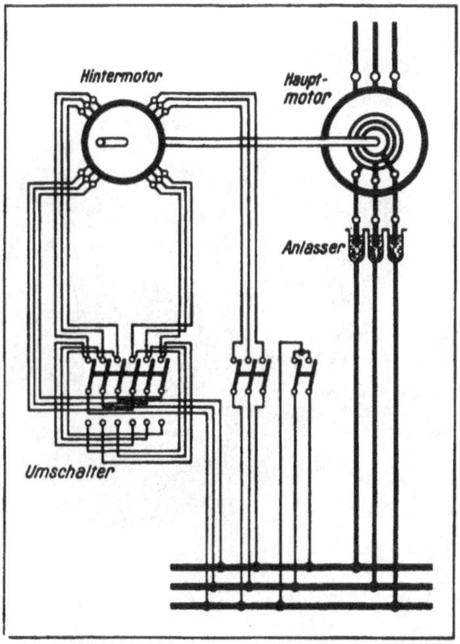

Bild 134. Schaltbild einer Ventilatoranlage mit Regelung der Drehzahl durch einfache Kaskade.

2. *Induktionskaskade.* Bei der Kaskadenschaltung zweier Asynchronmotoren (Bild 134) ist der Vordermotor ständerseitig an das Netz angeschlossen, läuferseitig mit dem Ständer des Asynchronmotors verbunden. Der Hintermotor wird polumschaltbar ausgeführt und hat einen Kurzschlußläufer. Er wird mit dem Vordermotor entweder direkt gekuppelt oder mittels Riemen- oder Zahnradübertragung verbunden. Die Schlupfleistung des Vordermotors wird im Hintermotor in mechanische Leistung umgesetzt und der Antriebswelle wieder zugeführt.

Bedeutet $f$ die Netzfrequenz, $p_1$ die Polpaarzahl des Vordermotors, $p_2$ diejenige des Hintermotors, so ergibt sich bei einer Übersetzung von 1 : 1 zwischen Hauptmotor und Hintermotor die Drehzahl der Kaskade zu $n = \frac{60 \cdot f}{p_1 + p_2}$, d. h. die Drehzahl der Kaskade ist der Summe der Polpaarzahl des Vorder- und Hintermotors umgekehrt proportional. Für eine Polzahl 24 des Vordermotors und einen auf 2, 4 und 8 Pole umschaltbaren Hintermotor erhält man nach dieser Beziehung bei einer Netzfrequenz $f = 50$ die Drehzahlen 250, 231, 214 und 188 min.

Zwischenstufen lassen sich bei Riementrieb zwischen Haupt- und Hintermotor auf eine einfache Weise dadurch erreichen, daß man die Übersetzung durch Auswechselung der Riemenscheiben oder durch Anordnung

Bild 135. Ventilatoranlage mit Kaskadenmotor der Zeche Werne des Georgs-Marien Bergwerks- und Hüttenvereins in Osnabrück.

von Stufenscheiben ändert. Ist z. B. die Übersetzung zwischen Haupt- und Hintermotor $i \gtrless$ als 1, so ergibt sich die Drehzahl der Kaskade entsprechend der vorstehend angegebenen Gleichung zu:

$$n = \frac{f \cdot 60}{p_1 + p_2 \cdot i}$$

wobei $i = \frac{\text{Drehzahl Hintermotor}}{\text{Drehzahl Hauptmotor}}$ ist, d. h. die Drehzahl der Kaskade ist der Summe aus der Polpaarzahl des Hauptmotors und der Polpaarzahl des Hintermotors, letztere multipliziert mit dem Übersetzungsverhältnis zwischen Hinter- und Hauptmotor, umgekehrt proportional. Die Drehzahl des Hintermotors ist gleich der seiner jeweiligen Polzahl entsprechenden Drehzahl, multipliziert mit dem Schlupf der Kaskade in Prozent bezogen auf die synchrone Drehzahl des Hauptmotors. Auf diese Weise kann man für jede Hauptstufe noch eine oder zwei Zwischenstufen schaffen, so daß man tatsächlich die Möglichkeit hat, sich mit der Drehzahl des Ventilators dem allmählichen Ausbau des Grubengebäudes anzupassen. Wenn man innerhalb der durch die Kaskade gegebenen Drehzahlstufen eine kontinuierliche Regelung haben will, kann dies durch Veränderung des Läuferwiderstandes des Hauptmotors geschehen. Hierzu kann ein Anlasser mit aufgelöstem Nullpunkt dienen, der zwischen Läufer des Vordermotors und Ständer des Hintermotors gelegt ist. Bei einer Schlupfregelung innerhalb der einzelnen Kaskadenstufen können die Verluste im Schlupfwiderstand nicht sehr ungünstig ins Gewicht fallen, weil dabei nur eine Regelung um wenige Prozent in Frage kommt.

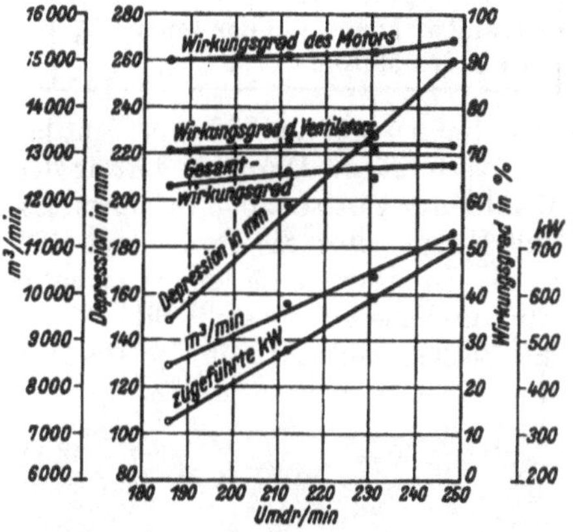


Bild 136. Betriebsergebnisse der Ventilatoranlage der Zeche Werne.

Im allgemeinen sind die Betriebsergebnisse von Ventilatoren mit Antrieb durch Kaskadenmotoren als recht günstig zu bezeichnen. Bild 135 veranschaulicht einen Ventilator mit Antrieb durch Induktionskaskade, mit durch Riemen gekuppelter polumschaltbarer Hintermaschine. Bild 134 gibt das Schaltbild dieser Anlage wieder. Der abgebildete Ventilatorantrieb wurde für die Zeche Werne in Westfalen geliefert. Es besteht hier die Möglichkeit, vier verschiedene Drehzahlen, nämlich 250, 231, 214 und 188 verlustlos einzustellen. Die bei dieser Anlage erreichten Wirkungsgrade sind aus den Schaulinien Bild 136 zu entnehmen. In der umstehenden Zahlentafel sind außer den Wirkungsgraden bei den vier verschiedenen Grunddrehzahlen auch die sonst in Betracht kommenden wichtigsten Werte der Anlage, wie Wettermenge, Leistungsverbrauch usw. zusammengestellt. Die Wirkungsgrade sind sehr günstig; der Motorwirkungsgrad beträgt bei der geringsten Drehzahl noch annähernd 90 %. Ungünstig ist bei dieser Drehzahl der Leistungsfaktor. Da aber die Querschnitte der Zuleitungen nach dem bei höchster Drehzahl verbrauchten Strom bestimmt werden müssen und der Ventilator nahe beim Kraftwerk steht, so hat der ungünstige Leistungsfaktor keine große praktische Bedeutung und beeinflußt jedenfalls die Anlagekosten und den gesamten Energieverbrauch der Anlage so gut wie gar nicht.

| Versuch | 1 | 2 | 3 | 4 |
|---|---|---|---|---|
| Wettermenge m³/min. . . . . . . | 8421 | 9786 | 10353 | 11288 |
| Äquivalente Grubenweite m² . . | 4,37 | 4,39 | 4,37 | 4,44 |
| Depression mm WS . . . . . . | 148 | 198 | 226 | 260 |
| Leistung des Ventilators kW . . | 204 | 317 | 383 | 480 |
| An den Ventilator abgegebene Leistung kW . . . . . . . . . | 289 | 431 | 541 | 667 |
| Wirkungsgrad des Ventilators % | 70,5 | 73,5 | 70,8 | 71,9 |
| Leistungsverbrauch des Motors kW | 238 | 354 | 435 | 520 |
| Drehzahl des Ventilators . . . . . | 186 | 212 | 229 | 248 |
| Wirkungsgrad des Motors % . . | 89,75 | 90 | 91,26 | 94,5 |
| Gesamtwirkungsgrad der Anlage % | 63,1 | 66,1 | 64,7 | 67,9 |
| cos φ des Motors . . . . . . . . | 0,57 | 0,64 | 0,73 | 0,85 |

Der Hintermotor ist mit dem Ventilator durch Riementrieb, Übersetzung 1:1, verbunden. Durch Änderung der Übersetzung könnte man z. B. bei Wahl eines Übersetzungsverhältnisses von $i = 1{,}5$ zwischen Hintermotor und Hauptmotor die Drehzahlen 220, 200 und 167 min, also insgesamt sieben Drehzahlen für den Ventilator verlustlos einstellen.

Eine ähnliche Anlage stellt Bild 137 dar. Es zeigt eine Ventilatoranlage für die Zeche Dahlbusch in Rotthausen bei Essen/Ruhr. Hier sind zwei

Bild 137. Ventilatoranlage mit Kaskadenmotor der Bergwerks-Gesellschaft Dahlbusch, Rotthausen.

Ventilatoren aufgestellt, die je durch einen Drehstrom-Asynchronmotor angetrieben werden. Zwischen den beiden Motoren ist der Hintermotor angeordnet, der mittels Riemen nach Bedarf sowohl auf den einen wie den anderen Hauptmotor arbeiten kann. Die Wetterleistung der Ventilatoren beträgt je 10 000 m³/min bei einer Depression von 250 mm WS, einer Drehzahl ohne Regelung von 250/min und einem Kraftbedarf von 580 kW. Der Hauptmotor ist 24-polig geschaltet, der Hintermotor 8-, 4- und 2-polig umschaltbar, so daß sich bei der vorgesehenen Übersetzung von 1:1 zwischen Haupt- und Hintermotor die Drehzahlstufen von 250, 231, 214 und 188 ergeben.

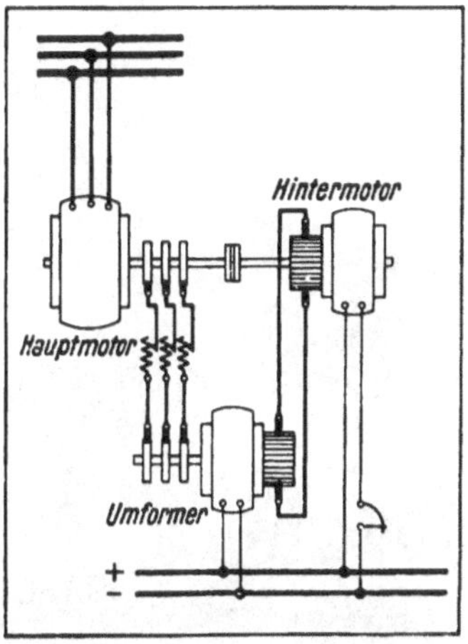

Bild 138. Schaltbild eines mechanisch gekuppelten Gleichstrom-Regelsatzes.

Der etwas ungünstige Leistungsfaktor der Induktionskaskade und außerdem der Umstand, daß man auf bestimmte Drehzahlstufen angewiesen ist, wenn man nicht eine zusätzliche Schlupfregelung in Kauf nehmen will, lassen die Induktionskaskade noch nicht vollkommen den idealen Anforderungen, die man an einen regelbaren Antrieb von Grubenventilatoren stellen muß, entsprechen. Diese Nachteile der Induktionskaskade werden vermieden bei Verwendung von stetig regelbaren Antriebsystemen, die gleichzeitig den Vorteil einer wirksamen Leistungsfaktorverbesserung bieten. Von diesen Antriebsystemen, Regelsätze genannt, deren Hauptmotor ein asynchroner Drehstrommotor ist, sollen im nachfolgenden nur die wichtigsten angeführt werden.

*3. Regelsätze für untersynchronen Betrieb.* An Stelle der Regelung von Asynchronmotoren durch Schlupfwiderstände, in denen eine dem Schlupf proportionale Spannung vernichtet wird, kann man dem Läufer des Asynchronmotors eine Gegenspannung von Schlupffrequenz aufdrücken. Je größer diese Gegenspannung ist, um so stärker wird der Motor zum Drehzahlabfall gezwungen. Durch stetige Regelung dieser Gegenspannung ist also eine beliebig feinstufige Regelung des Asynchronmotors erreichbar.

*Der mechanisch gekuppelte Gleichstrom-Regelsatz.* In Bild 138 ist die Schaltung des Regelsatzes dargestellt. An die Schleifringe des Vordermotors ist ein Einankerumformer angeschlossen, der die Schlupfenergie des Vordermotors in Gleichstrom umformt. Diese Schlupfleistung wird einem Gleichstromhintermotor zugeführt, der mit dem Vordermotor direkt oder indirekt gekuppelt ist. Meist verwendet man zwischen Vorder- und Hintermotor eine Riemenübertragung, um eine schnellaufende Hintermaschine verwenden zu können. Die Erregung des Hintermotors und

des Einankerumformers wird entweder einem vorhandenen Gleichstromnetz oder von einer Erregermaschine, die mit dem Hintermotor gekuppelt ist, entnommen.
Die Drehzahl wird durch Veränderung der Erregung des Hintermotors eingestellt. Eine Verstärkung seiner Erregung bewirkt eine Erhöhung der Gleichstromspannung und damit eine Erhöhung der Wechselspannung an den Schleifringen des Einankerumformers. Dieser Spannung muß die Läuferspannung des Vordermotors das Gleichgewicht halten, er wird seine Drehzahl so lange vermindern, bis das Spannungsgleichgewicht

**Bild 139. Ventilatoranlage mit mechanisch gekuppeltem Gleichstrom-Regelsatz der Zeche de Wendel, Schachtanlage Robert und Heinrich, in Pelkum bei Hamm.**

hergestellt ist. Durch Einstellen der Erregung des Einankerumformers kann man den Leistungsfaktor des Vordermotors bei allen Belastungen und Drehzahlen auf $\cos \varphi = 1$ verbessern. Der Einankerumformer wird meist sechsphasig wegen der besseren Materialausnutzung ausgeführt. Bild 139 zeigt einen derartigen Ventilatorantrieb von 890 kW für einen Regelbereich von 285—170 Umdr/min, Netzspannung 3100V, Frequenz 50, wie er für die Zeche de Wendel, Schachtanlage Robert und Heinrich in Pelkum bei Hamm geliefert wurde und seit vielen Jahren im Betrieb ist. Der Ventilator ist bemessen für eine Wetterleistung von 12400 $m^3$/min gegen eine Depression von 319 mm WS bei voller Drehzahl.
Der Wirkungsgrad dieser Regelsätze liegt bei Vollast und höchster Drehzahl je nach der Leistung meist über 90 %, ist jedoch etwas geringer als der der Induktionskaskade. Die Vorteile einer stetigen und fein-

stufigen Drehzahlregelung sind bei diesem Regelsatz im vollen Maße vorhanden, ebenso gewährleistet er eine große Betriebssicherheit und einen Leistungsfaktor cos $\varphi = 1$.

*Der elektrisch gekuppelte Drehstrom-Regelsatz.* Bei dieser Anordnung wird die Schlupfenergie des Vordermotors nicht zur Speisung eines mit dem Vordermotor mechanisch gekuppelten Hintermotors benutzt, sondern in einem besonderen Hintermaschinensatz umgeformt und an das Netz zurückgegeben. Die Schaltung zeigt Bild 140. An die Schleifringe des Vordermotors ist eine Drehstrom-Kommutatormaschine angeschlossen, die mit einem Asynchrongenerator gekuppelt ist. Der Hintermaschinensatz kann raschlaufend gebaut werden, arbeitet also mit geringen Verlusten und kann an beliebiger Stelle unabhängig vom Vordermotor aufgestellt werden. Dies ist als besonderer Vorteil der elektrisch gekuppelten Regelsätze für langsamlaufende Motoren hervorzuheben, außerdem ist man bei einer nachträglichen Ausrüstung eines Antriebes mit Regelsatz in der örtlichen Aufstellung der Hintermaschine unabhängig.

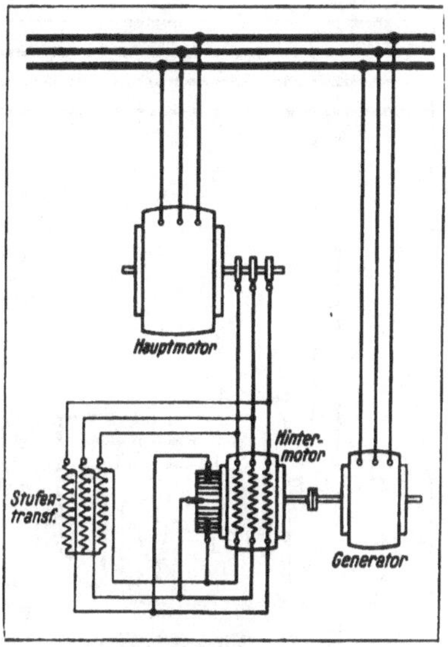

Bild 140. Schaltbild eines elektrisch gekuppelten Drehstrom-Regelsatzes.

Die Hintermaschine wird im Nebenschluß zum Läuferkreis des Vordermotors erregt. Die Einstellung der Erregerspannung und damit der Drehzahl des Satzes wird in 10—20 Stufen durch Verstellung des Stufenschalters am Erregertransformator bewirkt. Auch mit dieser Anordnung kann man bei allen Belastungen und Drehzahlen eine Kompensation des Vordermotors auf praktisch cos $\varphi = 1$ erzielen.

*4. Regelsätze für unter- und übersynchronen Betrieb.* Die Hintermaschine für Regelsätze führt nur die Schlupfleistung des Hintermotors und ist für den höchsten auftretenden Belastungsstrom und die höchste zugeführte Spannung zu bemessen. Diese ist von der Größe des Regelbereiches bezogen auf die synchrone Drehzahl des Hauptmotors abhängig. Durch unter- und übersynchrone Regelung kann man daher bei sonst gleichem Regelbereich die Spannung der Hintermaschine wesentlich vermindern, man erhält kleinere und damit billigere Hintermaschinen. Als Vorteil dieser unter- und übersynchronen Regelung für Ventilatorantriebe muß hervorgehoben werden, daß hiermit der Forderung, in Gefahrfällen, bei Gasausbrüchen usw. eine größere als die normale

Wetterleistung durch den Schacht zu drücken, leicht entsprochen werden kann, und daß der Vordermotor trotzdem während der größten Betriebszeit, bei Förderung der normalen Luftmenge, in der Nähe seiner synchronen Drehzahl also mit geringsten Verlusten arbeitet. Die Siemens-Schuckertwerke haben schon frühzeitig die Vorteile dieser Regelung erkannt und als erste mit den Frequenzwandler-Regelsätzen seit mehr als 14 Jahren diesen Weg beschritten. Die weitere Entwicklung führte zur Verwendung der läufergespeisten kompensierten Hintermaschine (LK-Regelsatz), dem heute vollkommensten verlustlos regelbaren Großantrieb.

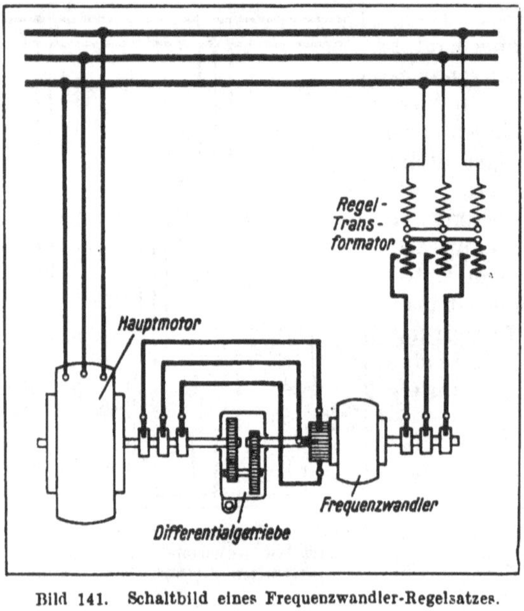


Bild 141. Schaltbild eines Frequenzwandler-Regelsatzes.

*Der Frequenzwandler-Regelsatz.* Bild 141 zeigt die Schaltung dieses Regelsatzes. Die Kommutatorbürsten des Frequenzwandlers sind an die Schleifringe des Vordermotors angeschlossen. Mit dem Kommutator sind die einzelnen Windungen der Gleichstromwicklung des Frequenzwandlers verbunden, die an 3 um 120° versetzten Stellen angezapft ist und zu Schleifringen führt. Die Schleifringe sind über einen Dreh- oder Stufentransformator an das Netz angeschlossen. Der Frequenzwandler hat die Aufgabe, die Schlupfleistung auf Netzfrequenz zu kommutieren. Man ist deshalb in der Wahl seiner Drehzahl nicht frei. Bei schnelllaufendem Antrieb ist eine mechanische Kupplung mit dem Vordermotor möglich, bei Langsamläufern wird man ihn unabhängig vom Vordermotor aufstellen. Es ist dann aber erforderlich, daß er mit einer der Drehzahl des Hauptmotors entsprechenden Umlaufzahl angetrieben wird. Zu diesem Zweck wird er mit einem sogenannten Kopiermotor gekuppelt, der ständerseitig mit Netzfrequenz, läuferseitig mit Schlupffrequenz gespeist wird. Seine Drehzahl ist dann der Differenz aus Netz- und Schlupffrequenz proportional. Die Drehzahl des Vordermotors wird durch Verstellen des Regeltransformators geregelt. Je nach der Richtung der dem Läufer des Vordermotors durch den Frequenzwandler aufgedrückten Spannung läuft dieser unter- oder übersynchron, ein betriebsmäßiger Durchgang durch den Synchronismus und alle sich daraus ergebenden Vorteile sind also bei dieser Schaltung bereits gegeben. Bild 142 gibt einen Frequenzwandler-Regelsatz mit Kopiermotor für einen Ventilator von 700 kW Antriebsleistung. — Dem System haften jedoch noch einige Nachteile an. Die Regelung geschieht in einem Kreis hoher Stromstärke, eine gleichzeitige Einstellung der Drehzahl und des Leistungsfaktors ist feinstufig nur durch Verwendung eines verhältnismäßig

Bild 142. Ventilatoranlage mit Frequenzwandler-Regelsatz der Gewerkschaft Friedr. Thyssen-Hütte, Schacht II/V.

kostspieligen Doppeldrehtransformators möglich, ebenso sind die Schleifringe des Frequenzwandlers für hohe Stromstärken auszuführen. Diese Nachteile werden bei den von den Siemens-Schuckertwerken in den letzten Jahren entwickelten Regelsätzen mit läufererregter kompensierter Hintermaschine vollständig vermieden.

*Der elektrisch gekuppelte LK-Regelsatz.* Wie Bild 143 erkennen läßt, hat die Kommutator-Hintermaschine eine Ständerwicklung, die mit den Schleifringen des Vordermotors verbunden und über den Kommutator mit der Läuferwicklung in Reihe geschaltet ist. Ständer- und Läuferwicklung der Kommutatormaschine haben die gleiche Amperewindungszahl und sind einander entgegengeschaltet, d. h. ihre magnetischen

Felder heben sich auf, die Maschine kann kein Drehmoment entwickeln. Erst durch Zuführung einer Fremderregung wird ihr ein Feld aufgedrückt und damit ein Drehmoment gebildet. Diese Fremderregung wird der Hintermaschine über Schleifringe von einer Synchron-Erregermaschine (Drehfelderregermaschine), die mit dem Vordermotor gekuppelt ist, zugeführt. Die Erregung hat eine Frequenz, die der mechanischen Umlauf-

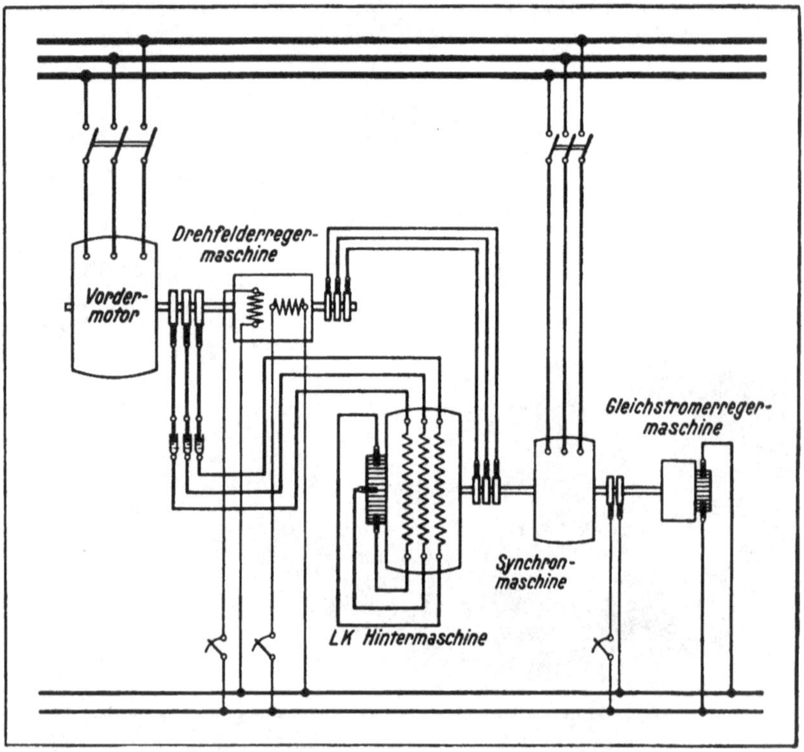


Bild 143. Schaltbild eines elektrisch gekuppelten LK-Regelsatzes.

zahl des Vordermotors entspricht; zur richtigen Aufrechterhaltung der Frequenzbedingungen für die Hintermaschine ist diese mit einer synchronen Belastungsmaschine gekuppelt. Die Synchron-Erregermaschine hat im Ständer zwei Wicklungen, deren magnetische Achsen aufeinander senkrecht stehen, und die durch Gleichstrom erregt werden. Die eine Wicklung erzeugt Spannungen, die in Phase oder gegen Phase zur Läuferspannung des Vordermotors liegen, also drehzahlbestimmend wirken, die andere erzeugt Spannungen, die hierauf senkrecht stehen, also phasenkompensierend wirken. Diese unabhängige Drehzahl- und Leistungsfaktoreinstellung ist ein ganz besonderer Vorzug dieser Schaltung. Die Regelapparate haben nur ganz geringe Stromstärken zu führen, sind also leicht zu bedienen. Der Leistungsfaktor des Satzes kann bei Vollast auf $\cos\varphi = 1$ oder voreilend eingestellt werden, bei Teillasten, also bei niedrigen Drehzahlen tritt Überkompensation ein, d. h. an das Netz wird noch Blindleistung abgegeben, die zur Magnetisierung anderer am Netz liegender Maschinen dient.

Die Hintermaschine wirkt im Untersynchronismus als Motor und treibt die Belastungsmaschine als Generator an, die die Schlupfleistung an das Netz zurückgibt. Im übersynchronen Betriebszustand wirkt die Kommutator-Hintermaschine als Generator und wird von der als Motor arbeitenden Belastungsmaschine angetrieben.

*Der mechanisch gekuppelte LK-Regelsatz.* Man kann die kompensierte Hintermaschine nach Bild 144 auch in direkter Kupplung mit dem Vordermotor zur verlustlosen Regelung im unter- und übersynchronen Gebiet verwenden. Damit entfällt die doppelte Umformung der Schlupfleistung, der Wirkungsgrad des Regelsatzes wird im allgemeinen noch weiter erhöht. Die Hintermaschine läuft dann mit der Drehzahl des Vordermotors, sie ist zur Aufrechterhaltung der richtigen Frequenzbedingungen mit Netzfrequenz zu erregen. Diese Erregung wird bei Regelsätzen mittlerer Leistung den Schleifringen der Hintermaschine über einen Erregertransformator direkt vom Netz aus zugeführt. Die Drehzahl wird durch Abgreifen einer passenden Erregerspannung am Transformator mittels Stufenschalter geregelt. Bei großen Leistungen, wie sie zum Antrieb von Turbokompressoren und Hauptschacht-Ventilatoren in Betracht kommen, wird ein besonderer Erregersatz mit Drehfeld-Erregermaschine verwendet. Diese Schaltung ist ähnlich durchgebildet, wie sie für den elektrisch gekuppelten LK-Regelsatz beschrieben wurde. Auch bei dem mechanisch gekuppelten LK-Regelsatz ist also die unabhängige Drehzahl und Leistungsfaktorregelung durch Veränderung der Erregerstromstärken der Drehfeld-Erregermaschine in einfachster Weise möglich. Um bei mechanisch gekuppelten Sätzen raschlaufende Hintermaschinen verwenden zu können, kann man sie über ein Zahnradvorgelege mit dem Vordermotor kuppeln. Das Vorgelege ist nur für die verhältnismäßig geringe Schlupfleistung zu bemessen. Diese Anordnung hat sich selbst unter schwersten Betriebsbedingungen gut bewährt.

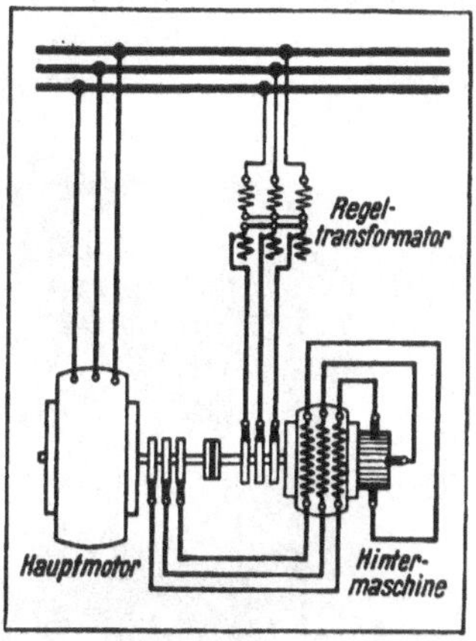

**Bild 144. Schaltbild eines mechanisch gekuppelten LK-Regelsatzes (elektrisch und mechanisch gekuppelte Hintermaschine.)**

## I. Anlaß- und Schalteinrichtungen.

*Anlasser.* Als Anlasser für die Ventilatormotoren werden wohl am häufigsten Flüssigkeitsanlasser verwendet, daneben können natürlich auch Ölanlasser und Anlaßwalzen unter Öl benutzt werden. Näheres hierüber siehe im Abschnitt „Wasserhaltungen" Seite 11 ff., wo auch Abbildungen der Flüssigkeitsanlasser, der Ölanlasser und Ölanlaßwalzen gebracht sind. Für das Anlassen der Ventilatoren genügen normale Anlasser. Bei denjenigen Ventilatorantrieben, bei denen eine Drehzahlregelung durch Widerstandsregelung stattfindet, müssen Regelanlasser vorgesehen werden. Hierfür eignen sich vorzugsweise Flüssigkeitsanlasser. Die Größe des Flüssigkeitsanlassers muß von Fall zu Fall, entsprechend der durch die Drehzahlregelung bedingten abzuführenden Wärmemenge, bemessen werden. Über die im Anlasser abzuführende Arbeit gibt Bild 126 Aufschluß. Eine Kühlung des Elektrolyten im Anlasser wird dabei in den meisten Fällen nötig sein. Zu diesem Zwecke sind in den Anlassergefäßen Kühlschlangen angeordnet, die an die Wasserleitung angeschlossen werden. Nur in ganz besonderen Fällen bei Abführung großer Wassermengen wird die Anordnung eines besonderen Kühlers außerhalb der Anlassergefäße erforderlich werden. Außer den eben erwähnten Flüssigkeitsanlassern mit Soda als Elektrolyt können auch Heißwasseranlasser Verwendung finden. Bild 145 zeigt einen Heißwasseranlasser. Im allgemeinen werden Anlasser für Drehzahlregelung nicht vorkommen, da, wie weiter oben angegeben, eine Drehzahlregelung durch Läuferwiderstände bei dem dauernd durchlaufenden Ventilatorantrieb äußerst unwirtschaftlich ist.

Bild 145. Heißwasseranlasser.

*Schalteinrichtungen.* Für den Anschluß der Ventilatormotoren an das Netz werden bei den in Frage kommenden Motorleistungen und den zur Verfügung stehenden Spannungen wohl ausnahmslos Ölschalter gewählt werden. Befindet sich der Ventilator, wie das vielfach der Fall ist, im Kraftwerk selbst, so wird man den Ventilatorantrieb wohl immer an die Hauptschaltanlage anschließen. Soll dagegen der Ventilator in einem besonderen Ventilatorhaus aufgestellt werden, so wird man den Anschluß an das Netz am besten über eine Schalteinheit oder einen Schaltkasten, wie diese näher in dem Abschnitt „Wasserhaltungen“ Seite 115 ff. beschrieben sind, vornehmen. Zweckmäßig wird man zwischen Motor, Schalter und Anlasser eine elektrische Verriegelung anbringen, die ein Einschalten des Schalters verhindert, solange nicht der Anlasser sich in seiner Nullstellung befindet und die Bürsten des Ventilatormotors aufgelegt sind. Eine derartige Anordnung empfiehlt sich vor allen Dingen dann, wenn z. B. bei der Aufstellung des Ventilators im Kraftwerksgebäude zwischen Anlasser und Schalter eine größere Entfernung ist.

## K. Phasenverbesserung.

Wenn auch die Antriebsmotoren der großen Hauptschacht-Ventilatoren mit einem recht günstigen Leistungsfaktor arbeiten, so kann trotzdem eine Leistungsfaktorverbesserung des Ventilator-Motors bei seinen in den meisten Fällen großen Leistungen auf cos $\varphi = 1$ oder auf Voreilung eine wesentliche Verbesserung des gesamten Leistungsfaktors der Grube hervorrufen. Bei den eben beschriebenen Regelsätzen, abgesehen von der Drehstrom-Induktionskaskade, wird eine Verbesserung des Leistungsfaktors auf cos $\varphi = 1$ bzw. voreilend ohne weiteres erreicht. Bei Ventilatormotoren ohne Regelsätze kann die Verbesserung des Leistungsfaktors durch eigenerregte oder fremderregte Drehstrom-Erregermaschinen erzielt werden. Die Schleifringe des Hauptmotors müssen bei Verwendung einer Drehstrom-Erregermaschine für dauernd aufliegende Bürsten bemessen sein. Außerdem muß bei nachträglichem Anbau einer Drehstrom-Erregermaschine untersucht werden, ob die Läuferwicklung des Hauptmotors in der Lage ist, den um die Magnetisierung des Motors vermehrten Läuferstrom ohne unzulässige Erwärmung zu führen.

Bild 146. Eigenerregte Drehstrom-Erregermaschine mit besonderem Antriebsmotor.

### Eigenerregte Drehstrom-Erregermaschine.

Die eigenerregte Drehstrom-Erregermaschine, Bild 146, besteht aus einem Gleichstromanker mit Kommutator, der in einem wicklungslosen Ständer läuft. Die Bürsten dieses Kommutators sind an die Schleifringe des Asynchronmotors (Ventilatormotor) angeschlossen. Der über die Bürsten der Erregermaschine zugeführte Schlupfstrom des Hauptmotors erzeugt ein räumlich sich mit der Schlupfperiodenzahl drehendes Feld. Bei Antrieb der Erregermaschine in Richtung dieses Feldes, aber mit größerer Drehzahl entsteht eine Relativgeschwindigkeit zwischen den Stäben der Ankerwicklung und dem Drehfeld, wodurch in der Wicklung eine Spannung erzeugt wird, die die Kompensierung des Vordermotors zur Folge hat. Näher auf die Wirkungsweise hier einzugehen, erübrigt sich, da über die Leistungsfaktorverbesserung an anderer Stelle eingehend berichtet wird.

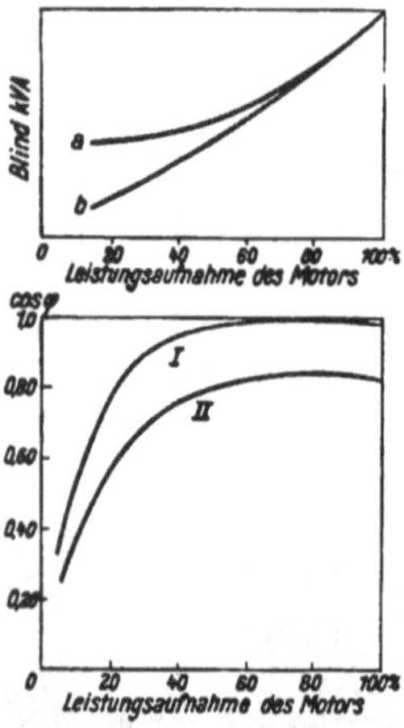


Bild 147. Verbesserung des Leistungsfaktors durch eigenerregte Drehstrom-Erregermaschine. a) vom Motor verbrauchte Blindleistung, b) vom Phasenschieber erzeugte Blindleistung, a—b) vom Netz entnommene Blindleistung für Betrieb mit Phasenschieber
I. Leistungsfaktor bei Betrieb mit Phasenschieber.
II. Leistungsfaktor bei Betrieb ohne Phasenschieber.

Normal werden die eigenerregten Drehstrom-Erregermaschinen so bemessen, daß bei einem Schlupfstrom, der der vollen Belastung des Vordermotors entspricht, der Leistungsfaktor des Vordermotors auf 1 kompensiert wird. Sinkt die Belastung, so sinkt auch die Kompensationswirkung. Eine Verschlechterung des Leistungsfaktors tritt dabei zunächst nicht ein, weil bei sinkender Last die vom Hauptmotor verbrauchte Blindleistung zurückgeht. Erst bei stärkerem Abfall der Last und damit des Schlupfstromes sinkt der Leistungsfaktor. Im Leerlauf findet eine nennenswerte Verbesserung des Leistungsfaktors nicht mehr statt. Bild 147 erläutert die Wirkung der eigenerregten Drehstrom-Erregermaschine. Infolge dieser Kompensations-Charakteristik ist die eigenerregte Drehstrom-Erregermaschine nur da am Platze, wo mit einer dauernden Belastung des Hauptmotors von mindestens 50 % gerechnet werden kann. Die Vorteile der eigenerregten Drehstrom-Erregermaschine liegen in dem einfachen konstruktiven Aufbau und der Freiheit in der Wahl ihres Antriebes. Dieser kann entweder vom Hauptmotor aus erfolgen, aber ebensogut kann die Erregermaschine auch durch einen besonderen Antriebsmotor angetrieben werden, wodurch die Verwendung einer raschlaufenden billigen Drehstrom-Erregermaschine und ihre Aufstellung an geeigneter Stelle gegeben ist (Bild 148 und 149).

### Fremderregte Drehstrom-Erregermaschine.

Die fremderregte Drehstrom-Erregermaschine (Bild 150 und 151) ist ebenfalls mit ihren Bürsten an die Schleifringe des Hauptmotors angeschlossen. Die Kompensierungsspannung wird nicht durch den Schlupfstrom über den Kommutator, sondern durch eine besondere Erregung über Schleifringe und Erregertransformator vom Netz aus zugeführt. Es ist daher klar, daß in diesem Falle die Kompensationswirkung, d. h. die von der Erregermaschine dem Hauptmotor zugeführte Blindleistung von der Größe des Schlupfstromes, also von der Belastung des Hauptmotors unabhängig ist; sie ist also annähernd konstant. Infolgedessen wird dem Hauptmotor bei geringerer Belastung ein Blindleistungsüberschuß zugeführt, der als voreilender Strom an das Netz abgegeben wird. Der Hauptmotor läuft also bei geringerer Last und bei Leerlauf mit voreilendem Strom und ist dadurch in der Lage, den Blindleistungsverbrauch in der Nähe befindlicher anderer Maschinen teilweise zu decken. Dieses Verhalten ist in Bild 152 dargestellt. Die fremderregte Drehstrom-Erregermaschine ist also da am Platze, wo mit langen Leerlaufzeiten, oder langdauernden geringen Belastungen unter 50 % der Volllast gerechnet werden muß. Natürlich ist es auch möglich, bei entsprechender Größe der Erregermaschine bei vollbelastetem Motor Blindleistung an das Netz abzugeben. Diese Vorteile bedingen allerdings einen größeren Materialaufwand und damit einen höheren Preis der Erregermaschine. Die fremderregte Drehstrom-Erregermaschine wird gewöhnlich von

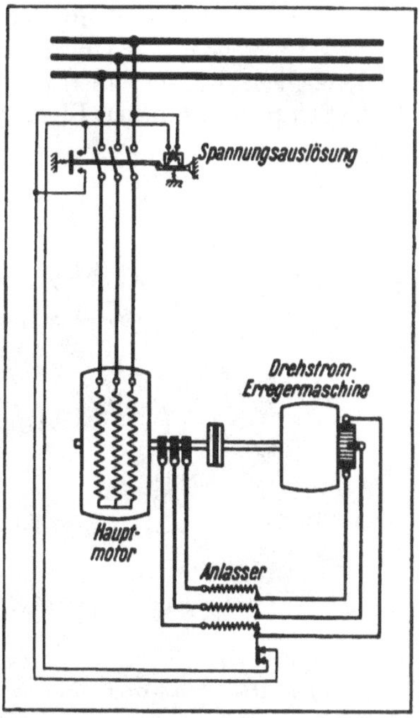


Bild 148. Schaltbild der eigenerregten Drehstrom-Erregermaschine für mechanische Kupplung mit dem Hauptmotor.

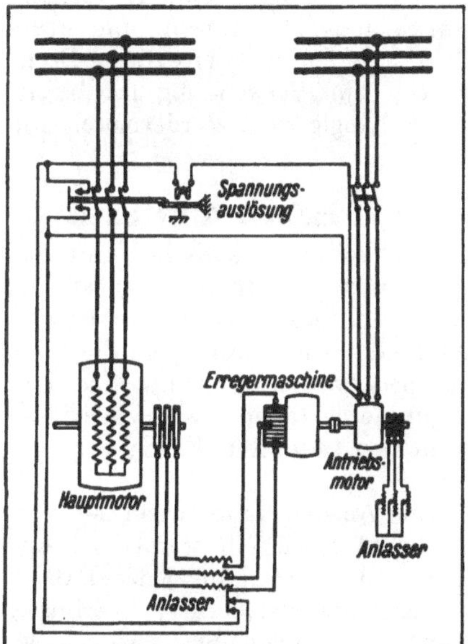


Bild 149. Schaltbild der eigenerregten Drehstrom-Erregermaschine für besonderen Antrieb durch einen Hilfsmotor.

dem Hauptmotor zwangläufig angetrieben, da es unbedingt notwendig ist, daß beide genau synchron arbeiten. Ein unabhängiger Antrieb ist wohl möglich, bedingt aber Komplikationen. Die fremderregte Drehstrom-Erregermaschine hat Eigenschaften, die allen anderen bekannten Erregermaschinenarten überlegen sind.

Bild 150. Fremderregte Drehstrom-Erregermaschine.

Im allgemeinen wird sich bei Ventilator - Motoren die Verwendung einer eigenerregten Drehstrom-Erregermaschine empfehlen, da Leerlauf überhaupt nicht und Belastungen unter 50 % wohl nur in den seltensten Fällen vorkommen. Die eigenerregte Drehstrom-Erregermaschine eignet sich auch zur Verwendung bei bereits bestehenden Anlagen, da sie ganz unabhängig vom Vordermotor aufgestellt werden kann.

## L. Wirtschaftlichkeit des elektrischen Antriebes.

Es bleibt noch übrig, über die Wirtschaftlichkeit des elektrischen Antriebes bei den Großventilatoren einiges zu sagen, da man immer noch auf die Ansicht stößt, daß für Neuanlagen der unmittelbare Antrieb durch eine Kolbendampfmaschine in Verbindung mit einer Abdampfturbine, die durch den Abdampf der Ventilatormaschine gespeist wird, am günstigsten sei, eine Ansicht, die bei genauer Berücksichtigung aller für und wider beide Antriebsarten sprechenden Gründe nur in den seltensten Fällen aufrechterhalten werden kann.

Einwandfrei überlegen ist der elektrische Antrieb dann, wenn der Ventilator auf einem besonderen Wetterschacht aufgestellt werden soll und bei Wahl des elektrischen Antriebes für den Ventilator jeder Dampfkesselbetrieb, höchstens mit Ausnahme eines Heizkessels, überflüssig wird. Die Ersparnisse an Anlagekosten, an Bedienungspersonal, an Schmier- und Putzmitteln usw., die alsdann der elektrische Antrieb mit sich bringt, sind derart erheblich, daß, wenn die elektrische Energie mit nur einigermaßen niedrigen Kosten bezogen werden kann, der Dampfbetrieb für den Ventilator den Wettbewerb mit dem elektrischen nicht auszuhalten vermag.

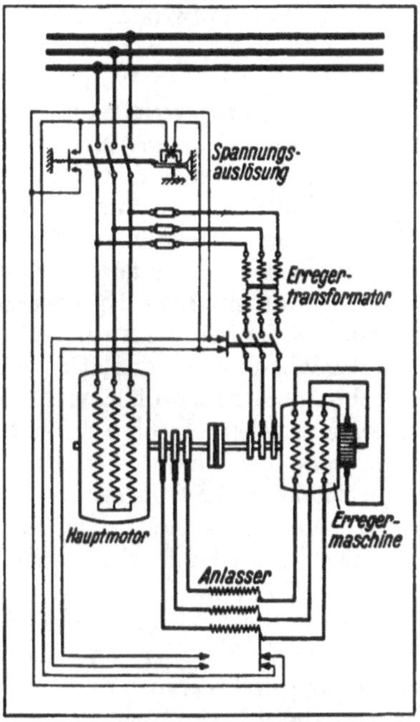


Bild 151. Schaltbild der fremderregten Drehstrom-Erregermaschine

Bei der großen Betriebsdauer, mit der bei einem Großventilator gerechnet werden muß, fallen für die gesamten Betriebskosten die Ausgaben für die elektrische Energie oder den Dampf am stärksten ins Gewicht. Daraus folgt, daß der elektrische Antrieb nur dann günstig sein kann, wenn das Kraftwerk, das die Energie liefert, günstig arbeitet; hierfür sind aber gegenwärtig, höchstens veraltete Anlagen ausgenommen, die Voraussetzungen auf den meisten Werken gegeben. Am günstigsten stellen sich im allgemeinen die Herstellungskosten der elektrischen Energie bei Kraftwerken mit gut belasteten Koksofen-Gasmaschinen. Gleichfalls günstig stellt sich die Energieerzeugung in Kraftwerken, mit großen neuzeitlichen Dampfturboanlagen. So beträgt bei einem Turbogenerator von 10 000 kW — eine Leistung, die auf verschiedenen neuen Kraftwerken gegenwärtig anzutreffen ist, vereinzelt sind die Maschinenleistungen noch größer —, gute Dampfverhältnisse vorausgesetzt, der Dampfverbrauch bei voller Belastung etwa 5,4 kg/kWh. Diese Zahl ergibt einen Dampfverbrauch von 5,9 kg bezogen auf die Leistung des Ventilators in PSe, einen Wirkungsgrad des Ventilators von 75 % vorausgesetzt, und dieser Wert ist so günstig, daß er auch dann, wenn der Abdampf in einer Abdampfturbine zur Erzeugung elektrischer Energie nutzbar gemacht wird, durch

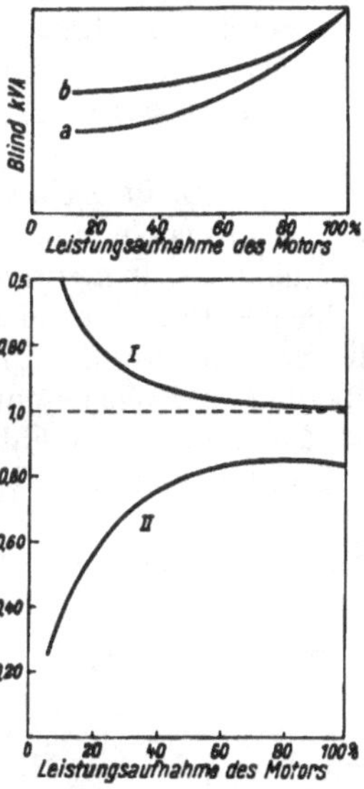


Bild 152. Verbesserung des Leistungsfaktors durch fremderregte Drehstrom-Erregermaschine bei Teillast des Hauptmotors. a) vom Motor verbrauchte Blindleistung, b) vom fremderregten Phasenschieber erzeugte Blindleistung, b—a) an das Netz gelieferte Blindleistung bei Betrieb mit fremderregtem Phasenschieber, I Leistungsfaktor bei Betrieb mit Phasenschieber.. II. Leistungsfaktor bei Betrieb ohne Phasenschieber.

eine Kolbendampfmaschine, die den Ventilator unmittelbar antreibt, schwerlich erreicht werden kann. Will man weiter die Wirtschaftlichkeit bei geringerer Wettermenge als der größten, mit dem Ventilator gegebenenfalls zu erreichenden, betrachten, dann muß man für den elektrischen Antrieb selbstverständlich eine Anordnung mit verlustloser Regelung der Drehzahl wählen und nicht etwa die für Großventilatoren unwirtschaftliche Verwendung eines im Läuferstromkreis liegenden Regelwiderstandes. Wenn man für die Erzeugung der elektrischen Energie mit einem der immer noch viel zu zahlreich vorhandenen, weniger wirtschaftlich arbeitenden Kraftwerke mit verhältnismäßig kleinen Turbosätzen rechnet, kann man natürlich nicht eine gleich hohe wirtschaftliche Überlegenheit über den Dampfantrieb mit Verwendung einer guten Maschine und Anschluß einer Abdampfturbine zur Erzeugung elektrischer Energie erzielen. Dann aber soll man in erster Linie dahin streben, die Erzeugung der elektrischen Energie zu verbilligen, statt eine Antriebsform für den Großventilator zu wählen, die bei Verbesserung der Energieerzeugung, die ja auf großen Zechen, wo sie nicht schon günstig genug ist, über kurz oder lang kommen muß, nicht so wirtschaftlich sein kann wie der elektrische Antrieb.

Weitere Vorteile des letzteren sind die geringe Wartung sowie die geringen Ausgaben für Schmier- und Putzmittel, während die Ausgaben für Abschreibung und Verzinsung des Anlagekapitals teils höher, teils niedriger als bei Dampfantrieb sind. Den größten Anteil der gesamten Betriebskosten stellen aber immer die Ausgaben für die verbrauchte Energie, d. h. die verbrauchte Dampfmenge oder die verbrauchten Kohlen- oder Gasmengen dar, und diese niedrig zu halten, ist daher in jedem Falle dasjenige, was bei der Errichtung derartiger Anlagen hauptsächlich erstrebt werden muß.

---

# VI. Förderhaspel und Fördermaschinen.

## A. Förderhaspel.

*Aufgaben und Betriebsbedingungen.* Für die Einrichtung kleiner Hilfsförderungen unter Tage, stellenweise auch über Tage, werden Förderhaspel mit einer Motorleistung von 5—30 kW in großer Zahl gebraucht. Blindschächte oder Stapelschächte von größerer Teufe, rd. 50—100 m und mehr, machen, besonders wenn sie die aus mehreren Strecken zusammenkommenden Wagen einer Hauptstrecke zuführen sollen, größere Motorleistungen und demgemäß auch entsprechend umfangreichere Apparatur nötig. Die kleinen, mit Motoren bis etwa 30 kW arbeitenden Haspel, die mit jedem Zuge in der Regel nur 1—2 Wagen bei einer Geschwindigkeit von 1—1,5 m/s eintrümig oder doppeltrümig auf einfallender Strecke zu fördern haben, sollen nur wenig Raum beanspruchen und, da sie ihren Platz häufig wechseln müssen, geringes Gewicht haben und im übrigen so einfach und kräftig wie möglich gebaut sein, da für ihre Bedienung in der Regel nur ungeschultes Personal zur Verfügung steht. In Kohlengruben kommt häufig noch die Bedingung schlagwettersicherer Ausführung der elektrischen Ausrüstung hinzu.

*Nachteile der Druckluft, Vorteile des elektrischen Antriebes.* Bei allen Kleinmaschinen unter Tage, so auch bei den kleinen Förderhaspeln, steht die elektrische Energie seit Jahren in scharfem Wettbewerb mit der Druckluft, die neben weitgehender Schlagwettersicherheit den Vorteil bietet, daß man mit ihr leichte kräftige Bohr*hämmer* zum Bohren in Kohle und hartem Gestein betreiben kann. Daß man die Druckluft auch für die Bewetterung abseits vom Hauptwetterstrom liegender Örter verwenden kann, ist wegen der großen Unwirtschaftlichkeit eines solchen Verfahrens als Vorteil nicht anzusehen. Ebenso ist der Druckluftverbrauch gerade der Förderhaspel, zumal bei Auftreten von Undichtigkeiten, außerordentlich groß, so daß in Verbindung mit dem großen dauernden Verbrauch der langen Luftleitungen und den hohen Herstellungskosten der Druckluft die Wirtschaftlichkeit der Lufthaspel außerordentlich schlecht wird. Bei starken Schwankungen des Luftdruckes kann es auch leicht vorkommen, daß das zum Anfahren nötige Drehmoment nicht entwickelt werden kann.

Demgegenüber ist der elektrische Antrieb, vor allen Dingen hinsichtlich der Wirtschaftlichkeit, erheblich überlegen. Der Haspelmotor verbraucht nur dann Energie, wenn gefördert wird. Stillstandsverluste kommen, abgesehen von kleinen Transformatorenverlusten, nicht in Betracht. Zur Herstellung der vom Haspel verbrauchten elektrischen Energie ist im Kraftwerk kaum ein Fünftel derjenigen Dampfmenge aufzuwenden, die bei gleicher Haspelleistung zur Erzeugung der erforderlichen Druckluft nötig ist. Die Bedienung ist einfach, Motor und Apparate lassen sich leicht so kräftig und widerstandsfähig gegen Staub, Schmutz, Feuchtigkeit usw. bauen, daß Störungen nur selten vorkommen. Die elektrische Ausrüstung läßt sich ohne Schwierigkeit in allen Teilen schlagwettersicher ausbilden, so daß für die Bevorzugung der Druckluft mit Rücksicht auf geringere Explosionsgefahr kein stichhaltiger Grund vorliegt.

*Stromart.* Praktisch kommt allein Drehstrom in Betracht. Da es sich meistens um verhältnismäßig kleine Motorleistungen handelt, genügen mit wenigen Ausnahmen Spannungen bis etwa 500 V. Ein Betrag von 380 V bietet den Vorteil, daß der gleiche Transformator, der zur Erzeugung der Spannung des Haspelmotors dient, bei Herausführung des Nullpunktes auch zur Speisung von Glühlampen zu benutzen ist. Bei den üblichen Drehzahlen der Haspelmotoren von 750 und 1000 in der Minute — geringere Werte kommen nur bei großen Leistungen in Betracht — wird die Trommelwelle fast immer mittels doppelten Zahnradvorgeleges angetrieben.

*Ausführungsform der Motoren.* Im allgemeinen genügt die gewöhnliche offene Form, die den Vorteil guter Zugänglichkeit der Wicklung hat. Letztere ist bei Aufstellung in sehr feuchten Räumen durch feuchtigkeitssichere Isolation zu schützen. Ventiliert gekapselte Motoren haben den Nachteil, daß die Wicklung schlecht zugänglich ist und daher nach Verunreinigung durch Kohlenstaub und dgl. zu wenig gereinigt wird, so daß die Gefahr des Durchbrennens groß ist. Ganz geschlossene, z. B. mantelgekühlte, Motoren sind noch besser als offene, aber natürlich auch teurer. In schlagwettergefährdeten Grubenräumen ist der Motor schlagwettersicher einzukapseln.

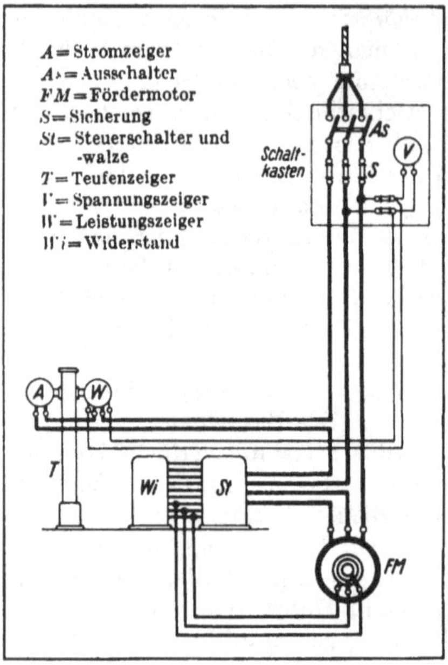


Bild 153. Elektrische Ausrüstung eines Förderhaspels für Produktenförderung.

*Anlassen und Umsteuern.* Zum Anlassen und Umsteuern wird meistens eine Steuerwalze mit senkrechter Welle genommen und der Motor für deren Anschluß mit Schleifringen ausgerüstet. Bei kleinen Leistungen kann jedoch auch ein Motor mit Kurzschlußläufer verwandt werden, für dessen Betätigung ein einfacher Umschalter ausreicht. Bei geeigneter Ausführung der Wicklung steht grundsätzlich nichts im Wege, bis zu einer mittleren Motorleistung von etwa 5 kW Kurzschlußläufer vorzusehen, wobei Ausführung und Bedienung natürlich besonders einfach werden.

Die Schaltbilder, Bild 153 und 154, zeigen die übliche Ausrüstung eines kleinen, nur für Produktenförderung bestimmten Haspels, und eines größeren Haspels, der auch für Seilfahrt verwandt werden soll. Bei dem Schaltbild, Bild 154, ist ein Teufenzeiger mit Strom- und Leistungszeiger vorgesehen, der bei kleinen Haspeln fortfallen kann. Auch der Anlaßwiderstand kommt bei kleinen Leistungen nicht in Betracht, sobald ein Motor mit Kurzschlußläufer gewählt wird. Alsdann beschränkt sich die Ausrüstung auf den vor der Ständerwicklung liegenden Umschalter und den in einfachster Form ausgeführten Schaltkasten.

Die mit Rücksicht auf Seilfahrt nötigen Sicherheitseinrichtungen, wie Endausschalter mit Motorbremsmagnet, Notausschalter und die zu beiden gehörende Sicherheitsbremse, ferner Fliehkraftschalter mit Relaistafel, sind aus dem Schaltbild (Bild 154) zu entnehmen. Beim Ansprechen des

Fliehkraftschalters wird der Relaisstromkreis eingeschaltet und dadurch der Stromkreis des Bremsmagneten unterbrochen. Diese Anordnung hat gegenüber der vielfach zur Anwendung kommenden Ausführung, Unterbrechung des Stromkreises einer Spannungsspule am Hauptschalter des Haspelmotors, den Vorzug größerer Betriebsicherheit, da nicht immer bei Unterbrechung des Stromkreises der Spannungspule der Schalter auslöst (Kleben des Ankers des Spannungsauslösers). Die Siemens-Schuckertwerke wenden deshalb nur die in dem Schaltbild 154 angegebene Schaltung an.

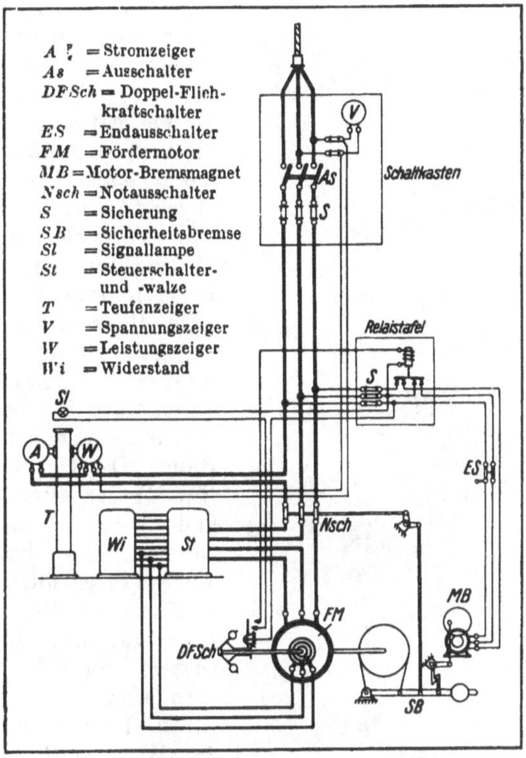


Bild 154. Elektrische Ausrüstung einer Fördermaschine für Produktenförderung mit Seilfahrt.

*Säulenhaspel.* Eine bei kleinen Leistungen sehr häufig in Betracht kommende Ausführungsform zeigt Bild 155, einen sogenannten Säulenhaspel, bei dem der ganze Haspel nebst elektrischer Ausrüstung an eine Spannsäule angeschraubt ist; dabei kommen natürlich nur eintrümige Haspel in Betracht. Die elektrische Ausrüstung besteht aus einem Drehstrommotor mit Kurzschlußläufer und einem Ständerumschalter. Der Motor treibt die Trommel mittels doppelten Zahnradvorgeleges an. Derartige Haspel werden für kleine Zugkräfte und kurze Förderstrecken gebraucht, also z. B. zum Heranholen einzelner Wagen auf wenig geneigten oder wagerechten Strecken. Die größte Motorleistung, für die sie gebaut werden, beträgt etwa 3 PS, entsprechend einer Zugkraft von rd. 300 kg bei einer Seilgeschwindigkeit von 0,5 m/s.

*Fahrbarer Haspel.* Bild 47 zeigt einen etwas größeren Haspel, der fahrbar ist und zu diesem Zwecke auf einem mit Rädern ausgestatteten schmiedeeisernen Untergestell aufgebaut ist. Auch dieser Haspel ist für eintrümige Förderung bestimmt. Zum Antrieb dient hier ein Motor mit

Schleifringen, zu dem außer dem Ständerumschalter noch der im Läuferstromkreis liegende Anlaß- und Regelwiderstand gehört. Inwieweit statt dessen auch ein Motor mit Kurzschlußläufer verwendet werden kann, ist von Fall zu Fall zu entscheiden und hängt von der erforderlichen Motorleistung ab. Derartige Haspel werden gewöhnlich für eine Seilgeschwindigkeit bis zu rd. 0,75 m/s und eine Zugkraft bis zu rd. 1000 kg gebaut und mit einer Trommel versehen, die bei einem Seildurchmesser von rd. 10 mm eine Seillänge von rd. 200 m aufzunehmen vermag. Der Haspel hat ausrückbares Vorgelege, so daß die Last auch ohne Motor, nur mit Hilfe der durch einen Handhebel betätigten Bremse, abgelassen werden kann.

Bild 155. Eintrümiger Säulenhaspel, Motorleistung 3 PS.

Die elektrische Ausrüstung besteht bei dem in Bild 156 dargestellten Haspel aus einem Drehstrommotor mit Schleifringläufer und einer Dauerleistung von rd. 10 kW bei der angegebenen Zugkraft von rd. 1000 kg und 0,75 m/s Seilgeschwindigkeit, sowie einer stehend angebrachten Steuerwalze mit Handrad und dem zugehörigen gußeisernen Widerstand. Der Haspel hat ebenfalls, wie der in Bild 47 dargestellte, ausrückbares Vorgelege und einen Handhebel zur Betätigung der Bremse. Das besonders kräftig gehaltene Triebwerk ist durch hohe Seitenbleche gegen Unfälle und Bruch geschützt. Gußeiserne Lagerfüße und Lager und damit die an letzteren sonst leicht möglichen Brüche sind vermieden.

Einen Haspel für eine Motorleistung von 22 kW zeigt Bild 157. Geringe Höhe der Lager und ein kräftiger schmiedeeiserner Rahmen sorgen für ruhigen Lauf des ganzen Haspels. Ausrückbares Vorgelege ist auch hier vorgesehen. Die Bremse wird durch einen Fußtritt betätigt. Neben dem Ausrückhebel für das Vorgelege ist der Steuerschalter aufgestellt, der dazugehörige Widerstand ist getrennt vom Haspel anzuordnen. Der in Bild 158 dargestellte Haspel hat eine mittlere Motorleistung von 45 kW, die Welle des Motorritzels ist zwischen zwei Lagern gelagert, was in der Abbildung nicht zu erkennen ist. Der Haspel ist für zweitrümige Förderung bestimmt und für das Abteufen eines Schachtes des Bergamtes Peißenberg in Bayern ausgeführt worden.

Bild 156. Eintrümiger Förderhaspel, Motorleistung 10 kW.

Der Steuerschalter hat hier, weil er für 2000 V Spannung ausreichen muß, Kontakte unter Öl und eine wagerecht angeordnete Kontaktbahn, eine Ausführungsart, die derjenigen für Verwendung in schlagwettergefährlichen Grubenräumen entspricht. Diese Steuerschalter können für Spannungen bis 3000 V und für Leistungen bis 120 kW verwendet werden, jedoch dürfte für Spannungen über 1000 V ein von der Anlaßwalze getrennt anzuordnender Ständerschutzumschalter, mit Rücksicht auf die Betriebssicherheit des Motors, vorzuziehen sein, falls nicht der Motor für eine höhere als die Betriebsspannung isoliert wird. Der zum Steuerschalter

Bild 157. Elektr. Trommelhaspel, 22 kW.

gehörige Widerstand ist, um Raum zu sparen, auf Trägern oberhalb des Steuerschalters angebracht.

Bild 159 zeigt einen Steuerschalter und Ständerumschalter für Leistungen bis 150 kW und für Spannungen von 2000 bis 5000 V. Der in der Zuleitung zur Ständerwicklung liegende Ölumschalter ist mit Rücksicht auf die hohen Spannungen, für die die Anordnung bestimmt ist, von dem im Läuferstromkreis liegenden Steuerschalter ganz getrennt. Mit Rücksicht auf die

Bild 158. Doppeltrümiger Abteufhaspel, ausgeführt für Bergamt Peißenberg (Bayern), Motorleistung 45 kW.

Betriebsicherheit des Motors ist aber bei Leistungen von 150 kW und mehr und diesen Spannungen die Anwendung eines Ständerschutzumschalters vorzuziehen. Der zur Betätigung von Ständerschalter und Steuerschalter vorgesehene Steuerbock ist neben den Apparaten angeordnet und hat einen Längsschlitz für den Steuerschalter und einen Querschlitz für den Ständerschalter.

Der stehend angeordnete Steuerschalter hat Kontakte in Luft und ist für schlagwettergefährdete Grubenräume nicht verwendbar. An Stelle der mechanischen Betätigung des Ständerumschalters kann auch die elektrische treten. Der Ständerschalter wird dann durch einen angebauten Schaltmotor angetrieben. Der Schaltmotor wird durch den Steuerschalter geschaltet, und zwar dienen dazu die in dem Bild 159 oben in dem Steuerschalter sichtbaren vier Hilfskontakte. Der Steuerschalter wird in diesem Falle mit seitlichem Hebel ausgeführt, der Steuerbock fällt fort.

*Berechnung der Motorleistung.* Die erforderliche Leistung des Antriebsmotors der Haspel ergibt sich nach wohl als bekannt vorauszusetzenden Formeln aus der größten Zugkraft und der verlangten Seilgeschwindigkeit. Für die Massenbeschleunigung genügt es im allgemeinen, einen Zuschlag von 40—60 % zu der aus Zugkraft und Seilgeschwindigkeit berechneten Leistung zu machen. Die Verluste im Haspel selbst, insbesondere an den Zahnrädern, sind durch einen Zuschlag von 30—40 % zur Nutzlast zu berücksichtigen. Das wichtigste ist, daß der Motor groß genug gewählt wird, um das im ungünstigsten Falle, etwa bei Überheben der beladenen Förderschale am Schluß der Fahrt oder Auflegen eines neuen Seiles auf die Trommel, verlangte Drehmoment herzugeben, wobei der bei größtem Drehmoment auftretende hohe Stromverbrauch und der diesem entsprechende Spannungsabfall in den Zuleitungen sorgfältigst zu berücksichtigen ist. Sonst kann es vorkommen, daß infolge zu starken Spannungsabfalls der Motor nicht imstande ist, das erforderliche hohe Drehmoment zu entwickeln, da das Drehmoment eines asynchronen Drehstrommotors annähernd mit dem Quadrat der Spannung sinkt. Die Gefahr der unzulässigen Erwärmung des Motors tritt bei Haspeln in der Regel in den Hintergrund, da fast immer die Pausen zwischen zwei Zügen so groß sind, daß der Motor ausreichend Zeit hat, nach Beendigung eines Zuges sich wieder genügend abzukühlen.

Bild 159. Steuerbock, Umschalter und Anlaßwalze für Spannungen bis 5000 V und Leistungen bis rund 150 kW.

## B. Fördermaschinen.

### 1. Allgemeines.

*Hauptaufgaben.* Bei den Hauptschachtfördermaschinen sind zu unterscheiden: solche, die nur oder fast nur zur Seilfahrt dienen, und solche, deren Hauptaufgabe die Produktenförderung ist, die aber auch für Seilfahrt benutzbar sein sollen; nur selten fällt letztere Bedingung ganz fort.

In beiden Fällen ist die Förderung einer bestimmten Menge in einer bestimmten Zeit Hauptaufgabe und der Bemessung der Anlage zugrunde zu legen. Bei der zweiten Maschinengattung erweitert sich diese Aufgabe meistens dahin, daß die Maschine imstande sein muß, die bei einer bestimmten Schachtteufe *größtmögliche* Materialmenge zu fördern, um das in der gesamten Schachtanlage einschließlich Streckenausbau und Werksanlagen über Tage angelegte Kapital so günstig wie möglich arbeiten zu lassen. Dieser Höchstwert der Ausnutzung läßt sich nur dann erreichen, wenn die Ausführung aller Einzelheiten der Anlage, insbesondere die Wahl des Systems, dieser Hauptforderung angepaßt wird. Dabei sollen die Anlage- und Betriebskosten — eine Forderung, die bei Seilfahrtmaschinen mehr in den Hintergrund tritt — so niedrig wie möglich sein. Es ist erforderlich, daß sämtliche Betriebskosten, auch solche, die nur mittelbar auf den Förderbetrieb zurückzuführen sind, in richtigem Umfange bei der Kostenberechnung in Rücksicht gezogen werden.

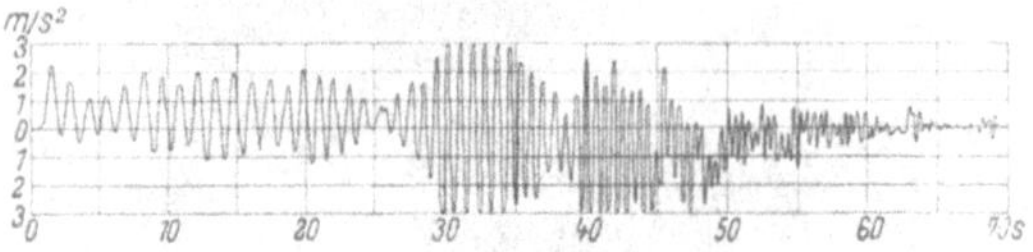

**Bild 160. Beschleunigungskurve. Aufgenommen von Jahnke und Keinath an einer Dampffördermaschine auf Grube Frankenberg-Ost (O.S.).**

*Betriebsbedingungen.* Diese ganz allgemeine Darstellung der Aufgaben der Fördermaschine, höchstmögliche Fördermenge bei geringsten Anlage- und Betriebskosten, findet ihre Ergänzung in der Festlegung der Bedingungen, denen die Maschinen im Betriebe entsprechen müssen. Die Hauptbedingung ist größte Betriebsicherheit; ohne eine solche kann die Aufgabe, größte Fördermenge bei geringsten Betriebskosten, nicht erfüllt werden. Hand in Hand mit ihr geht die Bedingung leichter Steuerfähigkeit, und zwar möglichst unabhängig von der Größe der Last, sowie davon, ob Last gehoben oder eingehängt wird. Endlich soll der Betrieb der Anlage, einerlei wie groß die Last ist, und in welchem Sinne sie auftritt, keine schädlichen Rückwirkungen auf die übrigen Betriebe, ob dies nun Motoren oder Beleuchtungsanlagen sind, ausüben. Einfache und übersichtliche Anordnung der Einzelheiten, kleiner Raumbedarf, geringer Verbrauch an Schmier- und Putzmitteln, geringe Anforderungen an Zahl und Vorbildung der Bedienungspersonen sind Forderungen, die sich aus diesen Grundforderungen mehr oder weniger von selbst ergeben.

*Betriebstechnische Nachteile des Dampfbetriebes.* Der Dampfantrieb der Fördermaschine hat den schwerwiegenden Nachteil, daß die Steuerung sich nach der jeweiligen Belastung sowie danach, ob Last gehoben oder eingehängt wird, richten muß. Die Fördergeschwindigkeit entspricht nicht eindeutig der Stellung des Steuerhebels. Dieser Umstand erschwert die Ausbildung eines einfachen, auch bei negativer Last wirksamen Sicherheitsapparates außerordentlich. Auch unter Zuhilfenahme von Gegendampf oder der mechanischen Bremse ist es noch nicht gelungen, einen Sicherheitsapparat auszubilden, der demjenigen einer elektrischen Maschine an Einfachheit und Zuverlässigkeit gleichkommt. Die durch den Kolbenbetrieb verursachten Ungleichheiten in den Umfangskräften haben ungünstige Seilbeanspruchungen und bei Koepemaschinen eine Erhöhung der Seilrutschgefahr zur Folge (Bild 160).

Bei verschiedenen Dampffördermaschinen sind sogar während der vollen Fahrt Beschleunigungen und Verzögerungen bis zu 8 m/s² mit dem Beschleunigungsmesser von Jahnke und Keinath gemessen worden.

*Wirtschaftliche Nachteile des Dampfbetriebes.* Die wirtschaftliche Unterlegenheit des Dampfantriebes gegenüber dem elektrischen Antrieb kommt darin zum Ausdruck, daß trotz geringer Anlagekosten die gesamten Betriebskosten diejenigen einer elektrischen Fördermaschine erheblich übersteigen, Bezug der elektrischen Energie von einem mit guten Turbinen oder Gasmaschinen ausgerüsteten Kraftwerk vorausgesetzt. Bei Angabe des Dampfverbrauches der Dampffördermaschine wird meistens der Fehler gemacht, nur den am Eintrittsventil der Maschine gemessenen Verbrauch während flotter Förderung in Rücksicht zu ziehen und den Verbrauch während schwacher Förderung, an Sonn- und Feiertagen sowie den Verlust in den Dampfleitungen zu vernachlässigen. Die Ausgaben für Wartung, Schmier- und Putzmittel übersteigen die bei elektrischem Antrieb aufzuwendenden Beträge erheblich.

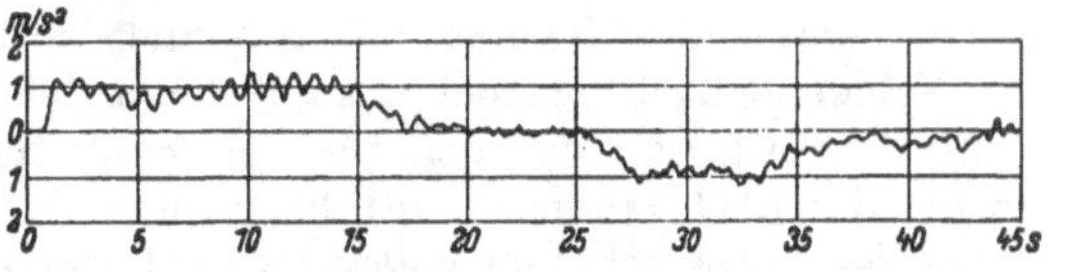

Bild 161. Beschleunigungskurve. Aufgenommen von Jahnke und Keinath an einer elektrisch angetriebenen Koepemaschine auf dem Carnerschacht (O.S.).

*Betriebstechnische Vorteile des elektrischen Antriebes.* Die betriebstechnische Überlegenheit des elektrischen Antriebes, soweit wenigstens Antrieb durch Gleichstrommotor im Anschluß an eine Steuerdynamo in Betracht kommt, beruht hauptsächlich auf der Unabhängigkeit der Geschwindigkeit von der Größe der Last, sowie davon, ob diese gehoben oder gesenkt wird. Dieser Vorzug hat weiter die Möglichkeit der Schaffung eines sehr einfachen und zuverlässig wirkenden Sicherheitsapparates zur Folge, der im wesentlichen aus ein paar Kurvenscheiben besteht, die von dem Teufenzeiger angetrieben werden und durch geeignete Verbindung mit dem Steuergestänge verhindern, daß der Steuerhebel beim Anlassen in verkehrter Richtung und zu rasch ausgelegt wird, sowie bewirken, daß dieser Hebel in der Auslaufzeit rechtzeitig und schnell genug zurückgelegt wird. Ohne Schwierigkeit läßt es sich durch einen derartigen Apparat erreichen, daß auch bei niedergehender Last, z. B. beim Einfahren der Mannschaft, der Überfahrweg der Förderschale über die Hängebank das zulässige Maß nicht überschreitet.

Der Umstand, daß beim elektrischen Antrieb nur sich drehende Massen vorhanden sind, hat eine viel günstigere Seilbeanspruchung zur Folge als beim Dampfantrieb (Bild 161) und ermöglicht die Aufstellung der ganzen Maschine im Fördergerüst über dem Schacht, eine Anordnung, die hinsichtlich Raumersparnis, Seilbeanspruchung, Seilkosten, Anordnung der Gleise usw. erhebliche Vorteile bietet.

*Wirtschaftliche Vorteile des elektrischen Antriebes.* Bei einem Vergleich zwischen der Wirtschaftlichkeit des elektrischen Antriebes und derjenigen des Dampfantriebes ergibt sich, ein günstig arbeitendes Kraftwerk, wie solches gegenwärtig auf Gruben wohl immer anzutreffen ist, vorausgesetzt, eine starke Überlegenheit des elektrischen Antriebes, sobald alle in Betracht kommenden Größen richtig berücksichtigt werden. Es darf nicht der Fehler gemacht werden, daß die von der Förderanlage verbrauchte elektrische Energie mit den für das Kraftwerk ausgerechneten Selbstkosten der kWh einfach multipliziert und der so sich ergebende Betrag in die Vergleichsrechnung eingesetzt wird, sondern es müssen die gesamten Betriebskosten des Kraftwerkes bei Anschluß der Fördermaschine denjenigen gegenübergestellt werden, die sich ergeben, wenn die Fördermaschine nicht elektrisch angetrieben wird. Es müssen also die gesamten Betriebskosten der elektrischen Förderanlage zuzüglich derjenigen des Kraftwerkes auf der einen Seite verglichen werden mit denjenigen der Fördermaschine bei Wahl von Dampfantrieb zuzüglich der sich dann ergebenden Betriebskosten des Kraftwerkes.

Die Vermeidung der durch den Kurbeltrieb herbeigeführten Stöße, die hauptsächlich beim Anfahren und Verzögern auftreten, ermöglicht eine Abkürzung der gesamten Fahrzeit gegenüber dem Dampfbetrieb und daher eine bessere Ausnutzung des Schachtes, die darin zum Ausdruck kommt, daß bei gleichgroßer Höchstleistung der Maschinen der elektrische Antrieb eine größere stündliche Zügezahl erreichen läßt als der Dampfantrieb. Wenn dieser Unterschied, auf die Stunde bezogen, auch nur gering ist, im Jahre kann sich leicht eine nennenswerte Mehrleistung ergeben. Auf die größere Betriebsicherheit, die sich beim elektrischen Antrieb erreichen läßt, ist die Tatsache zurückzuführen, daß für den letzteren höhere Seilfahrtgeschwindigkeiten möglich sind als für den Dampfantrieb. Es ist bereits die Unschädlichkeit einer Seilfahrtgeschwindigkeit von 18 m/s bei elektrischem Antrieb einwandfrei festgestellt worden. Die Folge davon ist die Möglichkeit der Abkürzung der für den Schichtwechsel aufzuwendenden Zeit, ein Umstand, der ohne weiteres in einer Verstärkung der Förderung zum Ausdruck kommen muß.

## 2. Systeme der Schachtförderung.

Die seit Einführung des maschinellen Antriebes übliche Art der Schachtförderung besteht darin, daß die vor Ort gefüllten Wagen am Füllort auf das im Schacht an einem Seil hängende Gestell, auch Förderschale oder Förderkorb genannt, aufgeschoben und nach über Tage gehoben werden, während in der Regel gleichzeitig leere Wagen in einem zweiten Gestell eingehängt werden. An Stelle dieser *Gestellförderung* kommt auch die sogenannte *Gefäßförderung* in Betracht, die u. a. auf den südafrikanischen Goldminen bereits seit Jahrzehnten in Benutzung ist und auch in Deutschland für den Erz- und Kalibergbau, neuerdings auch für den Kohlenbergbau, eingeführt worden ist. Dabei wird aus den vor Ort gefüllten Wagen das Fördergut am Füllort zunächst in einen Sammelraum geschüttet und dann in das Fördergefäß gefüllt und durch den Schacht hochgezogen, um über Tage in der Regel wieder in einen Sammelbehälter abgelassen zu werden, aus dem es zur weiteren Verarbeitung nach Bedarf entnommen werden kann. Bei der Bedeutung, die die letztere Förderart neuerdings gewonnen hat, ist es erforderlich, der weiteren Behandlung der Fördermaschinen eine nähere Betrachtung beider Förderarten voranzuschicken.

Der Umstand, daß bei der *Gestellförderung* die vor Ort gefüllten Wagen erst über Tage, dort wo das Material der weiteren Verarbeitung zugeführt wird, entleert werden, hat auf den Kohlenbergwerken den großen Vorteil der schonenden Behandlung der Kohle, so daß ihr Verkaufswert so wenig wie möglich beeinträchtigt wird, ein Umstand, der in der Regel von großer Bedeutung ist. Dagegen fällt diese Eigentümlichkeit der Gestellförderung auf Erz- und Kalibergwerken gar nicht ins Gewicht, da auf ihnen mit der Weiterverarbeitung doch sowieso eine Zerkleinerung der geförderten Stücke verbunden ist. Sollen statt der Produkte die unter Tage zu beschäftigenden Leute eingehängt oder nach beendeter Schicht hinausgefördert werden, so können die gleichen Gestelle wie für die Produktenförderung, verwandt werden, nur daß gegebenenfalls für die Seilfahrt die höchste Geschwindigkeit auf ein geringeres Maß eingestellt werden muß. Die gleiche Förderanlage kann also sowohl für die Produktenförderung als auch für die Seilfahrt benutzt werden.

Diesen wichtigen Vorzügen der Gestellförderung stehen folgende Nachteile gegenüber. Die Größe der stündlichen Fördermenge ist bei gegebener Schachtteufe dadurch begrenzt, daß die Fördergeschwindigkeit einerseits und die Zahl der mit jedem Zuge zu fördernden Wagen andererseits über ein bestimmtes Maß hinaus nicht gesteigert werden können. Die bei gegebener Schachtteufe theoretisch erreichbare größte Fördergeschwindigkeit beträgt, wenn mit einer Beschleunigung von 1 m/s angefahren und dem gleichen Betrage verzögert wird, $v = \sqrt{h}$ m/s. Praktisch ist eine Grenze jedoch dadurch gezogen, daß bei zu hoher Fördergeschwindigkeit die Luftreibungsverluste in unzulässigem Maße anwachsen und die Kürzung des Zuges auch nicht im Verhältnis zur Steigerung der Fördergeschwindigkeit steht, ein Betrag von 20 m/s wird daher selten überschritten. Die Zahl der mit jedem Zuge zu hebenden Förderwagen

ist durch den verfügbaren Teil des Schachtquerschnittes sowie durch den höchstmöglichen Seilquerschnitt begrenzt. Wenn auch in den weitaus meisten Fällen, wenigstens auf Kohlenbergwerken, mit einer Gestellförderung die gewünschte stündliche Fördermenge wohl erreicht werden kann, so mehren sich doch auf der anderen Seite die Fälle, in denen eine wesentlich weiter gehende Steigerung gewünscht wird.
Durch die zum Wechseln der Wagen am Füllort und an der Hängebank erforderlichen Pausen wird die Größe der stündlichen Fördermenge gleichfalls stark beeinträchtigt. Diese Pausen sind um so länger, je größer die Zahl der Stockwerke ist, in denen die Wagen in der Förderschale übereinander stehen, und je geringer die Zahl der Abzugbühnen ist, an denen die Wagen abgezogen und aufgeschoben werden. Auf den Kohlenbergwerken Deutschlands wird in den meisten Fällen der Wagenwechsel nur an einer einzigen Abzugbühne bewirkt, so daß sich bei Förderschalen mit mehreren Stockwerken verhältnismäßig lange Pausen ergeben.
Der Energieverbrauch der Anlage und damit auch ihre Wirtschaftlichkeit wird durch die Höhe der Energieverbrauchspitzen eines Förderzuges, die von der Größe der Fördergeschwindigkeit und der Größe der Nutzlast abhängt, ungünstig beeinflußt. Die Mittel zum Ausgleich der Belastungschwankungen, wie hauptsächlich das von Ilgner angegebene Schwungrad, sind zwar sehr wirksam, erhöhen aber immerhin den Energieverbrauch der Anlage sowie die Anlagekosten in wenig erwünschter Weise.
Diesen Vor- und Nachteilen der Gestellförderung stehen die Eigenschaften der *Gefäßförderung* gegenüber. Durch die Gefahr einer Beschädigung des Fördergutes bei dem mehrfachen Umstürzen wird ihre Einführung, besonders auf Kohlenbergwerken, stark behindert, während diese Frage auf Erz- und Kalibergwerken keine Bedeutung hat. Ob die nach dieser Richtung hin bestehenden Bedenken auf Kohlenbergwerken die Anwendung der Gefäßförderung zu verhindern berechtigt sind, hängt u. a. von der Weiterverwendung der Kohle ab. Wird sie zur Herstellung von Koks benutzt, so spielt die bei der Gefäßförderung möglicherweise auftretende Verkleinerung keine Rolle, und das gleiche gilt dann, wenn die Kohle nicht nur als Stückkohle, sondern auch als Kohlenstaub weiter benutzt werden soll, wie dies neuerdings immer häufiger der Fall ist. Die Frage der möglicherweise mit der Gefäßförderung verbundenen Verschlechterung des Fördergutes kann daher nur von Fall zu Fall erörtert und beantwortet werden.
Das gleiche gilt auch von der Tatsache, daß eine Gefäßförderung für Seilfahrt meistens nicht gebraucht werden kann. Es ist zwar möglich, das Fördergefäß derart zu bauen, daß außer dem zur Aufnahme der Produkten bestimmten Teil noch eine Kabine für die Aufnahme von Menschen mit dem Gefäß verbunden ist, doch wird dadurch das Gewicht des Gefäßes in einer für die Produktenförderung nachteiligen Weise vergrößert, so daß dieser Ausweg meistens verschlossen ist. Die Ausbildung

des Gefäßes derart, daß durch Einfügung von Zwischenböden auch eine für die Aufnahme von Menschen geeignete Form geschaffen wird und diese Zwischenböden vor Beginn der Produktenförderung herausgenommen werden, ist wohl möglich und auch bereits entworfen worden, in der Praxis bis jetzt aber noch nicht erprobt. Üblich ist daher, wenn eine Gefäßförderung eingerichtet wird, für die Beförderung der Menschen eine besondere Abteilung des Schachtes oder einen anderen Schacht zu verwenden.

Die großen Vorteile der Gefäßförderung liegen in der Möglichkeit einer über das bei der Gestellförderung mögliche Maß wesentlich hinausgehenden Steigerung der Fördermenge und einer Verringerung des Energieverbrauches, sowie der Möglichkeit, die Fördermaschine wesentlich kleiner zu halten. Das Eigengewicht des Fördergefäßes ist im Verhältnis zu dem Gewicht der mit ihm zu fördernden Rohstoffe verhältnismäßig gering, so daß bei einem gegebenen Förderseil eine größere Nutzlast mit einer Gefäßförderung erreicht werden kann als mit einer Gestellförderung. Weiter ist die zwischen zwei Zügen liegende, für das Beschicken des Fördergefäßes und das Entleeren erforderliche Pause kleiner als die Pause, die bei der Gestellförderung zum Aufschieben und Abziehen der Wagen nötig ist. Man kann daher die Fördergeschwindigkeit verhältnismäßig niedrig halten und kommt infolgedessen trotz großer Nutzlast meistens mit einer viel geringeren Fördermaschinenleistung aus als bei der Gestellförderung. Daraus folgt weiter, daß bei der Gefäßförderung der gesamte Energieverbrauch der Anlage verhältnismäßig sehr günstig ist. Ein großer Vorteil der Gefäßförderung liegt auch darin, daß die Möglichkeit gegeben ist, mit einer nennenswert geringeren Zahl von Bedienungsmannschaften am Füllort und an der Hängebank auszukommen, so daß auch nach dieser Richtung hin die Betriebskosten gegenüber der Gestellförderung herabgesetzt werden.

Diese kurze Darstellung der Vor- und Nachteile beider Förderarten läßt erkennen, daß, wenn man an der Entwicklung der Schachtförderung weiter mitarbeiten will, man der Ausbildung der Gefäßförderung größte Beachtung schenken muß. Daher haben die Siemens-Schuckertwerke seit mehreren Jahren eifrig an der Ausbildung der Einzelheiten einer Gefäßförderung gearbeitet und auch wichtige Patente genommen. Anfang 1925 sind sie der von der Firma Ernst Heckel, Saarbrücken, begründeten Skip Cie. beigetreten. Um die Möglichkeit einer weitgehenden Kürzung der Pause auszunutzen, haben sie eine Anordnung ausgebildet (D. R. P. 392 005), wonach die An- und Abstellung der Fördermaschine von der Beendigung der Beschickung des Fördergefäßes oder seiner Entleerung abhängig gemacht ist. Abgesehen davon, daß durch eine derartige Einrichtung die Zahl der Bedienungsmannschaften weiter herabgesetzt werden kann, wird dadurch der Vorteil erreicht, daß mit Sicherheit stets mit kürzester Pause unabhängig von der

Bedienung durch einen Maschinisten gefahren wird, daß also stets die höchstmögliche Zahl von Förderzügen in der Stunde erreicht wird. Auf Grund der eingehenden Bearbeitung dieser Art der Förderung ist es den Siemens-Schuckertwerken möglich, alle Einzelheiten einer solchen Anlage in zweckmäßigster Form zur Ausführung zu bringen.

### 3. Eigenschaften der Stromsysteme, Anordnung des elektrischen Teiles.

*Drehstrom.* Der für fast alle Bergwerksmaschinen angewendete Drehstrom eignet sich für große Fördermaschinen weniger gut als der Gleichstrom. Nur für mittlere Leistungen können seine Nachteile als im wesentlichen überwunden angesehen werden.

*Asynchroner Drehstrommotor.* Bei dem asynchronen Drehstrommotor wird die Drehzahl hauptsächlich mit Hilfe eines im Läuferstromkreis liegenden Widerstandes geregelt (Bild 162). Sie hängt dann nicht nur von der Stellung des diesen Widerstand betätigenden Steuerhebels, sondern auch von der Größe der Last und davon, ob die Last eingehängt oder gehoben wird, ab, ein Nachteil, der besonders schwer ins Gewicht fällt, wenn für Seilfahrt und Produktenförderung verschiedene Geschwindigkeiten vorgeschrieben sind. Dann läßt sich bei niedergehender Seilfahrtlast die vorgeschriebene geringere Geschwindigkeit praktisch nur mit Hilfe von Gegenstrom einstellen, was äußerst unwirtschaftlich ist und auch die Steuerung der Maschine nicht unbeträchtlich erschwert, und beim Heben der Seilfahrtlast treten im Widerstand große Verluste auf. Ein Nachteil liegt weiter darin, daß eine so niedrige Drehzahl, wie sie zur unmittelbaren Kupplung des Fördermotors mit der Trommel- oder Treibscheibenwelle nötig ist, mit einem gewöhnlichen asynchronen Drehstrommotor bei der üblichen Frequenz = 50 nicht erreicht werden kann, so daß die Anbringung eines Zahnradvorgeleges nicht zu umgehen ist. Wenn dieses auch bei mittleren Leistungen als Hindernis nicht mehr angesehen werden darf, so erschwert es doch bei großen Maschinen die Anwendung des asynchronen Drehstrommotors wesentlich. Beim Anlassen sowie, falls eine mehrstöckige Förderschale verwandt wird, beim Umsetzen treten starke Energiestöße auf, die um so größer sind, je höher die Fördergeschwindigkeit gewählt ist, und je größer die zu beschleunigenden Massen sind. Die Anwendbarkeit des asynchronen Drehstrommotors ist daher in jedem Falle davon abhängig, ob dieser Energiestoß vom Kraftwerk und dem ganzen Netz aufgenommen werden kann, ohne auf die übrigen Stromverbraucher unzulässige Rückwirkungen auszuüben. Die beim Anlassen und Umsetzen im Anlaß- und Regelwiderstand auftretenden Energieverluste beeinträchtigen den gesamten Wirkungsgrad um so mehr, je kleiner die Förderteufe, je größer also die Zahl der in der Stunde zu machenden Züge ist.

*Drehstrom - Reihenschlußmotor.* Beim Drehstrom - Reihenschlußmotor, einem Kommutatormotor, wird die Drehzahl mittels Bürstenverschiebung geregelt, die Verluste im Anlaß- und Regelwiderstand fallen also fort. Dagegen sind die Herstellungskosten derartiger Motoren bedeutend höher als diejenigen der asynchronen Motoren, so daß trotz des Fortfalles des Anlaß- und Regelwiderstandes die gesamten Kosten der elektrischen Ausrüstung höher werden, als beim asynchronen Drehstrommotor. Nur bei geringer Teufe und großer stündlicher Zügezahl ist der durch den Fortfall der Widerstandsverluste erzielte Nutzen so groß, daß die Mehrkosten des Motors wieder ausgeglichen werden können. Da aber andererseits der Bürstenverschleiß hoch ist, die jährlichen Ausgaben für Bürstenersatz bei der großen Zahl der erforderlichen Bürsten stark ins Gewicht fallen und der Reihenschlußcharakter des Motors einen Vorsprung gegenüber dem asynchronen Drehstrommotor hinsichtlich Steuerfähigkeit verhindert, so werden Drehstrom-Kommutatormotoren für Neuanlagen nur noch sehr selten angewandt.

*Gleichstrommotor mit Steuerdynamo.* Der Gleichstrommotor ermöglicht, hinsichtlich Steuerfähigkeit und Betriebssicherheit die größte Vollkommenheit zu erreichen. In Betracht kommt nur die Regelung der Drehzahl mit Hilfe einer Steuerdynamo. Die Spannung des den Fördermotor speisenden Gleichstromgenerators, der sogenannten Steuerdynamo, wird mit Hilfe eines

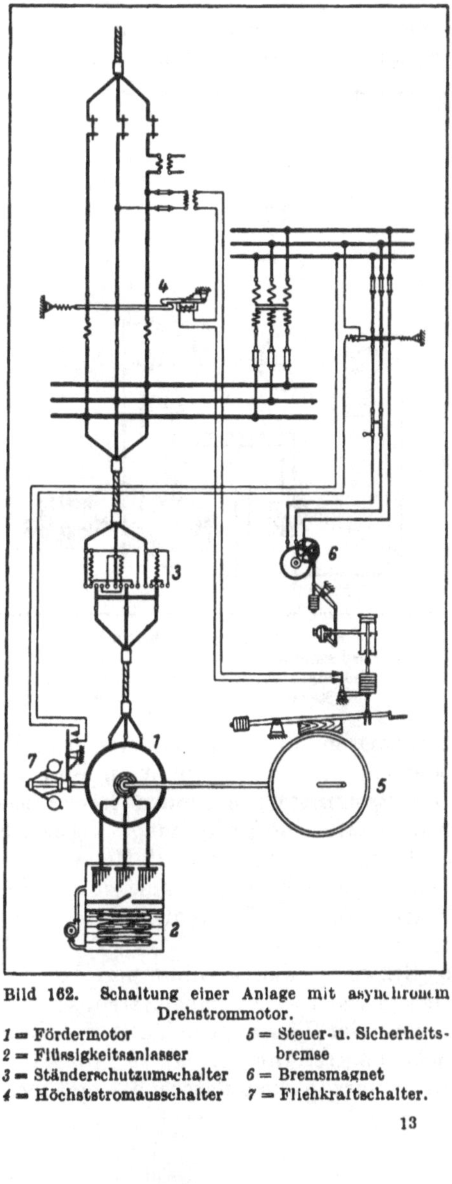


Bild 162. Schaltung einer Anlage mit asynchronem Drehstrommotor.

1 = Fördermotor
2 = Flüssigkeitsanlasser
3 = Ständerschutzumschalter
4 = Höchststromausschalter
5 = Steuer- u. Sicherheitsbremse
6 = Bremsmagnet
7 = Fliehkraftschalter.

vor der Magnetwicklung liegenden Regelwiderstandes, des Steuerapparates, zwischen Null und einem Höchstwert geändert, wobei die Magnetwicklung von einer Gleichstromquelle mit unveränderlicher Spannung gespeist und zu diesem Zwecke an einen besonderen kleinen Generator, die Erregerdynamo, angeschlossen wird. Die Drehzahl des Fördermotors und damit die Fördergeschwindigkeit selbst hängen alsdann, von einer geringfügigen Ungenauigkeit abgesehen, nur von der Stellung des den Steuerapparat betätigenden Steuerhebels ab und sind unabhängig von der Größe der Last, sowie davon, ob Last gehoben oder gesenkt wird. Die Verluste im Regelwiderstand sind sehr gering und spielen für den gesamten Energieverbrauch keine Rolle. Zur Bewegung des Steuerhebels ist nur eine geringe Kraft aufzuwenden, da der Regelwiderstand nur für kleine Stromstärken zu bemessen ist. Eine Ermüdung des Maschinisten kann daher auch bei starker Förderung nicht eintreten.

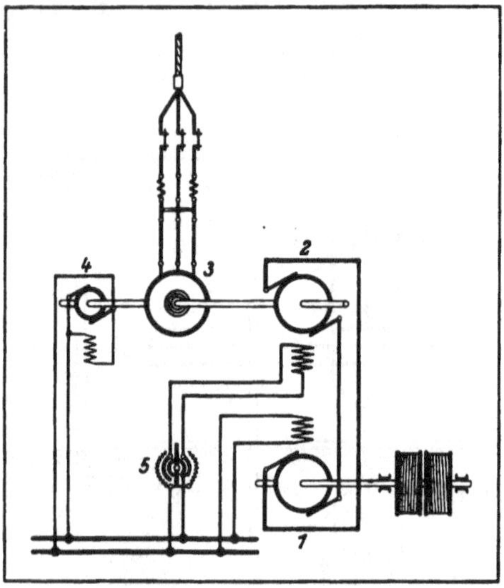

Bild 163. Leonard-Schaltung.
1 = Fördermotor 3 = Umformermotor
2 = Steuerdynamo 4 = Erregerdynamo
5 = Steuerapparat mit Umschalter.

*Antrieb der Steuerdynamo.* Die Regelung des Fördermotors mit Hilfe einer besonderen Steuerdynamo schließt seinen unmittelbaren Anschluß an das allgemeine Netz aus. Entweder muß zum Antrieb der Steuerdynamo eine besondere Kraftmaschine, Dampfmaschine oder Dampfturbine, aufgestellt werden, oder sie wird mit einem vom Netz gespeisten Motor, meistens einem Drehstrommotor, verbunden (*Leonardschaltung*, Bild 163). Da die erstere Antriebsart eine Entfernung zwischen Kraftwerk und Förderanlage von höchstens ein paar hundert Metern voraussetzt und auch sonstige Nachteile mit sich bringt, kommt sie für Neuanlagen praktisch nur selten in Frage. Bei der Leonardschaltung sind zu unterscheiden:

a) Ilgner-System,

b) Schwungradloser Umformer.

*Ilgnersystem.* Das Ilgnersystem entspringt der Notwendigkeit, bei ungenügender Leistungsfähigkeit des Kraftwerks für einen Ausgleich der Belastungsschwankungen zu sorgen. Das gleiche kann auch mit Hilfe einer Akkumulatorenbatterie erreicht werden, doch wird diese bei denjenigen Fördermaschinenleistungen, die einen Ausgleich der Belastungsschwankungen nötig machen, so groß und teuer, daß sie für Neuanlagen nicht mehr angewandt wird. Bei der von Ilgner angegebenen Anordnung (Bild 164), die auf der Vereinigung der Leonardschaltung mit einem am Umformer angebrachten Schwungrad beruht, wird der Ausgleich der Belastungsschwankungen dadurch herbeigeführt, daß die über dem mittleren Energieverbrauch liegende Arbeit dem Schwungrade entnommen und zu diesem Zwecke die Drehzahl des Umformers in Abhängigkeit vom Energieverbrauch des Umformermotors geregelt wird. An einen in der Zuleitung zum Umformermotor liegenden Stromtransformator wird ein Motorrelais gelegt, das mit einem im Läuferstromkreis des Drehstrommotors liegenden Widerstand, dem Schlupfwiderstand, verbunden ist und bewirkt, daß die Drehzahl des Umformermotors erniedrigt oder erhöht wird, je nachdem der Energieverbrauch des Umformermotors den der effektiven Förderleistung entsprechenden Mittelwert zu übersteigen oder unter diesen Wert zu fallen sucht.

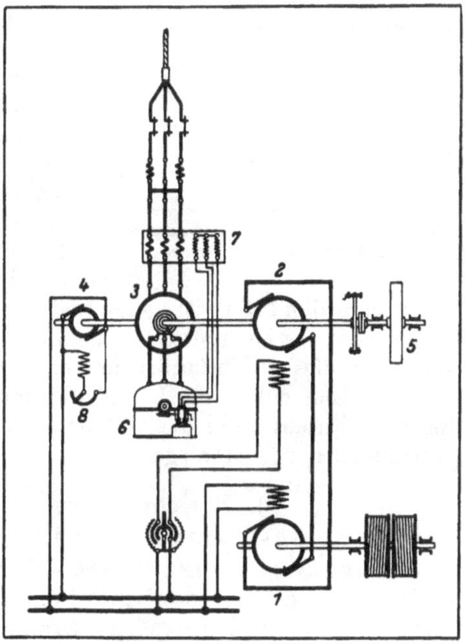


Bild 164. Ilgner-Schaltung.

1 = Fördermotor 5 = Schwungrad
2 = Steuerdynamo 6 = Selbsttätiger Schlupfregler
3 = Umformermotor 7 = Stromtransformator
4 = Erregerdynamo 8 = Selbsttätig. Nebenschlußregler.

*Schwungradloser Umformer.* Die Vervollkommnung der Dampfturbinen und die starke Steigerung der Leistungsfähigkeit der Bergwerkskraftwerke hat die Notwendigkeit, für einen Belastungsausgleich beim Leonardumformer zu sorgen, wesentlich herabgedrückt, so daß das Schwungrad jetzt bei vielen Neuanlagen fortgelassen werden kann. Die Belastungsschwankungen werden alsdann praktisch von der Kesselanlage aufgenommen, die natürlich auch entsprechend groß genug bemessen werden muß. Begünstigt wird die Anwendbarkeit des schwungradlosen Leonardumformers durch die Form des Energieverbrauchdiagramms, das sich dabei ergibt. Der Energieverbrauch entspricht zu Beginn des Zuges im wesentlichen nur dem Verlust in den Ankern des Fördermotors und der Steuerdynamo und steigt während der Anfahrzeit bis zur Erreichung der größten Geschwindigkeit nur allmählich auf den Höchstwert an, so daß die Drehzahl der Turbogeneratoren bei der Vollkommenheit der Regeleinrichtungen neuzeitlicher Dampfturbinen sich nur in geringen Grenzen ändert. Eine plötzliche stärkere Änderung im Energieverbrauch tritt zu Beginn des Verzögerungsabschnittes auf, besonders wenn hiermit eine Rückgabe von Energie verbunden ist. Dadurch können aber, zumal bei starker Grundbelastung des Netzes, keine unzulässigen Frequenzerhöhungen herbeigeführt werden. Die Möglichkeit der Fortlassung des Schwungrades hängt demnach im wesentlichen davon ab, ob die Generatoren groß genug sind, um die größte am Schluß des Anfahrens von der Fördermaschine verbrauchte Energie abzugeben, und wird dadurch noch wesentlich begünstigt, daß man mit gleichmäßig abnehmender Beschleunigung anfährt, was auch bei dem Diagramm Bild 165 vorausgesetzt ist. Verhältnismäßig zahlreiche mittlere und neuerdings auch große Förderanlagen sind in Verbindung mit einem schwungradlosen Umformer in anstandslosem Betrieb, sie stellen hinsichtlich Einfachheit der Bedienung und Unterhaltung sowie wirtschaftlichen Arbeitens wohl die vollkommensten der in den letzten Jahren entstandenen Förderanlagen dar.

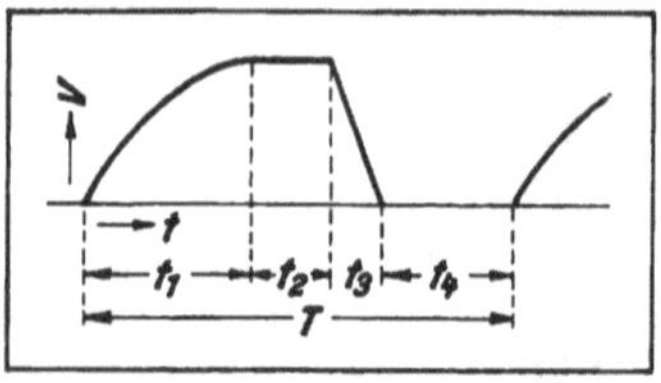

Bild 165. Geschwindigkeitsdiagramm, Beschleunigung veränderlich.

## 4. Berechnung der Fördermaschinen.

### a) Festlegung der Berechnungsunterlagen.

*Zusammenstellung der Einzelgrößen.* Für das wirtschaftliche und zuverlässige Arbeiten einer elektrischen Förderanlage sind die dem ausführenden Ingenieur an Hand gegebenen *Berechnungsunterlagen* von großer Bedeutung. Wenn es auch im gegebenen Falle am ratsamsten und einfachsten ist, an Hand der von den Siemens-Schuckertwerken zusammengestellten Fragebogen mit einem in der Ausführung von Förderanlagen erfahrenen Ingenieur die der Berechnung zugrunde zu legenden Einzelheiten festzusetzen, so erscheint es doch zweckmäßig, gewisse allgemein gültige Richtlinien hier anzugeben. Dabei seien Anlagen mit Gefäßförderung, deren Zahl bis auf weiteres doch nur gering gegenüber solchen mit Förderschalenförderung bleiben wird, unberücksichtigt gelassen. Inwieweit die nachstehenden Angaben auch für Gefäßfördermaschinen gelten, ergibt sich leicht aus dem Zusammenhang.

Die hauptsächlichsten Größen sind die stündlich zu fördernde Materialmenge $Q$, gemessen in t, und die Schachtteufe h in m, woraus sich unmittelbar die effektive Schachtleistung nach der Formel

$$L = \frac{Q \cdot h \cdot 1000}{60 \cdot 60 \cdot 75} \; PS$$

ergibt.

Bei der Angabe der Stundenleistung ist darauf Rücksicht zu nehmen, daß die Förderung über die Dauer einer Schicht nicht gleichmäßig vor sich geht, vielmehr wird in der Mitte der Schicht mit einer stärkeren Förderung zu rechnen sein als zu Anfang und Ende der Schicht. Nach den vorliegenden Betriebsergebnissen ergibt sich diese erhöhte Stundenleistung aus der Tagesleistung bzw. der Schichtleistung geteilt durch die Anzahl der tatsächlich für die Materialförderung aufzuwendenden Förderstunden mit einem Aufschlag von 25—30 %.

Diese so errechnete Stundenleistung ist für die Bemessung der Fördermaschine maßgebend. Für die Berechnung müssen weiter gegeben sein:

$v_0$ = größte zulässige Fördergeschwindigkeit in m/s, und zwar sowohl für Produktenförderung als auch für Seilfahrt;
$N$ = Nutzlast eines Zuges in kg, und zwar für alle in Betracht kommenden Betriebsverhältnisse;
$G$ = Gewicht einer Förderschale in kg;
$W$ = Gewicht eines Förderwagens in kg;
Dauer einer Pause zwischen 2 Zügen bei stärkster Förderung;
Bruchfestigkeit des Seiles;
Zahl der Wagen je Zug;
Zahl der Stockwerke einer Förderschale;
Zahl der Abzugbühnen am Füllort und an der Hängebank;
Gewünschtes System des mechanischen und des elektrischen Teiles.

Soll zunächst aus einer geringeren Teufe als später gefördert werden, so ist nicht nur neben der größten Teufe auch die zunächst in Betracht kommende festzulegen, sondern möglichst auch die Zeit, während der aus einer geringeren Teufe gefördert werden soll, damit untersucht werden kann, wie sich die Anordnung des elektrischen Teiles dieser Veränderlichkeit der Teufe anpassen läßt.

*Massen.* Mittlerer Energieverbrauch und höchste Motorleistung werden wesentlich bestimmt durch die Größe der mit jedem Zuge zu beschleunigenden Massen, also auch durch die toten Gewichte, wie diejenigen der Förderschale, des Seiles, der Förderwagen und der Treibscheibe, Fördertrommel oder Bobinen. Gerade für die eigenen Massen der Fördermaschine sind Werte, wie die Bruchfestigkeit des Seiles, die mittelbar Seilgewicht, Seildurchmesser und Durchmesser der Treibscheibe usw. bestimmt, ferner die vorgeschriebene Seilsicherheit, das Verhältnis zwischen Seildurchmesser und Treibscheibendurchmesser sowie die Gewichte von Förderschale und Förderwagen von erheblichem Einfluß. Sie sollen so gewählt werden, daß Anlagekosten und Energieverbrauch so günstig wie möglich werden.

*Fördergeschwindigkeit.* Bei Festlegung der größten Fördergeschwindigkeit ist zu beachten, daß unnötig hohe Geschwindigkeiten, besonders bei geringen Teufen, die stündliche Fördermenge wenig steigern, wohl aber Anlagekosten und Energieverbrauch leicht sehr ungünstig beeinflussen.

Besonders bei Antrieb durch einen asynchronen Drehstrommotor soll die Fördergeschwindigkeit so gering wie möglich sein, da die mit jedem Zuge aufzuwendende Beschleunigungsarbeit, deren Gegenwert im Anlaßwiderstand verloren geht, mit dem Quadrat der Geschwindigkeit wächst. Für Produktenförderung und Seilfahrt sollen bei Antrieb durch einen asynchronen Drehstrommotor, falls irgend möglich, gleiche Geschwindigkeiten festgelegt werden, um die großen Verluste, die sonst bei Verminderung der Geschwindigkeit zum Zwecke der Seilfahrt im Widerstand auftreten, zu vermeiden, während bei Antrieb durch Gleichstrommotor im Anschluß an eine Steuerdynamo jede beliebige Geschwindigkeit zwischen Null und dem festgelegten Höchstwert praktisch verlustlos eingestellt werden kann.

*Pausen zwischen zwei Zügen.* Unzulässige, die Sicherheit gefährdende Überlastungen, die sich hauptsächlich bei den während der Förderpausen nicht ventilierten Magnetwicklungen der Gleichstrom-Fördermotoren durch zu starke Erwärmung äußern können, sind zu befürchten, wenn die Pausen zwischen zwei Zügen nennenswert geringer ausfallen, als dies für die Berechnung angegeben wurde. Um dies zu verhüten, ist besonders bei Anlagen, die für große Massenförderung bestimmt sind, wie es bei den meisten großen Fördermaschinen der Kohlenzechen der Fall ist, von vornherein mit kürzesten, bei Verwendung mechanischer Wagenaufschiebevorrichtungen zu erreichenden Pausen zu rechnen. Künstliche Kühlung der Fördermotoren während der Pausen bleibt immer ein unschöner Notbehelf und vergrößert den Energieverbrauch der Anlage nicht unwesentlich.

Die Länge der Pausen ist nicht nur von der Anordnung der Gleise am Schacht, der Hilfseinrichtungen zum Abziehen der vollen und Aufschieben der leeren Wagen usw. abhängig, sondern auch von dem mechanischen System der Maschine. Bei Bobinenmaschinen und Maschinen mit konischen oder konisch-zylindrischen Trommeln ist, da einer Maschinenumdrehung nicht der gleiche Förderschalenweg über und unter Tage entspricht, am Füllort oder an der Hängebank nacheinander umzusetzen, wenn man nicht mit Hängeseil arbeiten will, was ungünstige Seilbeanspruchungen zur Folge hat. Weiter hängt die Länge der Pausen von der Zahl der Stockwerke der Förderschale und der Zahl der Abzugbühnen ab, welch letztere jedoch, um an Bedienungspersonal zu sparen, selten größer als 1 genommen wird. Am kürzesten lassen sich die Pausen zwischen zwei Zügen bei Maschinen mit Antrieb durch Gleichstrommotor, gespeist von einer Steuerdynamo, machen, da bei dieser Anordnung die Maschine den Bewegungen des Steuerhebels am vollkommensten folgt und die Bewegung des letzteren nur geringe Kraftanstrengungen erfordert. Alsdann kann, gute Einrichtungen zum Ausstoßen der vollen und Aufschieben der leeren Wagen sowie zweckmäßige Anordnung der Gleise vorausgesetzt, im allgemeinen mit folgenden Zeiten gerechnet werden:

| | |
|---|---|
| Für einen Wagenwechsel | 7—10 s, |
| für Umsetzen | 3—5 s. |

b) Geschwindigkeitsdiagramm.

Die für einen Zug zur Verfügung stehende Zeit $T$ ergibt sich aus der vorgeschriebenen stündlichen Fördermenge, der Nutzlast und der Pause zwischen zwei Zügen. Wird mit gleichmäßiger Beschleunigung $p$ und gleichmäßiger Verzögerung $z$ gefahren, so daß also $v_0 = p\,t_1 = z\,t_3$ ist, so gilt die Beziehung:

$$v_0 = T \cdot k - \sqrt{(T \cdot k)^2 - 2 \cdot h \cdot k}$$

$$\text{wobei } k = \frac{p \cdot z}{p+z} \text{ ist.}$$

Bei gleichmäßig abnehmender Beschleunigung gilt, wenn $p_a$ die Anfangsbeschleunigung ist:

$$v_0 = T \cdot k' - \sqrt{(T \cdot k')^2 - 2\,h \cdot k'}$$

$$\text{wobei } k' = \frac{3\,p_a \cdot z}{4\,z + 3\,p_a} \text{ ist.}$$

Die Beschleunigung kann bei Trommelmaschinen zu 1 bis 1,5 m/s² gewählt werden, bei Treibscheibenmaschinen hängt sie in erster Linie von der Seilrutschgefahr ab. Da insbesondere bei kleinen Teufen die Sicherheit gegen Seilrutsch mehr oder weniger gering ist, so ist die Grenzbeschleunigung und Grenzverzögerung, bei der ein Rutschen des Seiles auf der Treibscheibe zu erwarten ist, in jedem Fall zu bestimmen. Es gelten dafür die folgenden Beziehungen, Aufstellung der Fördermaschine zu ebener Erde vorausgesetzt:

a) Für die Grenzbeschleunigung $p_a$

beim Heben der Last . . $p_a = \dfrac{e^{\mu\alpha}(P-R)-(Q+R)}{e^{\mu\alpha}(P+G_s+S')+Q+G_s+S'} \cdot g$

beim Senken der Last . . $p_a = \dfrac{e^{\mu\alpha}(Q-R)-(P+R)}{e^{\mu\alpha}(Q+G_s+S')+P+G_s+S'} \cdot g$

b) Für die Grenzverzögerung $z$

beim Heben der Last . . . $z = \dfrac{e^{\mu\alpha}(Q+R)-(P-R)}{e^{\mu\alpha}(Q+G_s+S')+P+G_s+S'} \cdot g$

beim Senken der Last . . . $z = \dfrac{e^{\mu\alpha}(P+R)-(Q-R)}{e^{\mu\alpha}(P+G_s+S')+Q+G_s+S'} \cdot g$

In diesen Formeln bedeuten:

$N$ = Nutzlast eines Zuges in kg,
$G$ = Gewicht eines Förderkorbes mit Zwischengeschirr in kg,
$W$ = Gesamtgewicht der auf einem Förderkorb stehenden leeren Wagen in kg,
$G_s$ = Gewicht einer Seilscheibe, reduziert auf den Umfang, in kg,
$S$ = Gewicht des Seiles in kg, gerechnet von Füllort bis Hängebank.
$Q = G + W + N + S$,

$P = G + W + S$,
$h$ = Schachtteufe in m, gerechnet von Füllort bis Hängebank,
$S'$ = Gewicht eines Seilstückes von der Seilscheibe bis zur Treibscheibe in kg,
$R$ = Reibungswiderstand in einem Fördertrum + sonstige mechanische Widerstände im Schacht und an der Treibscheibe, für beide Fördertrümer gleich groß angenommen.

Die Verzögerung wird im allgemeinen zweckmäßig derart gewählt, daß nach Abstellen des Motors die Massen frei auslaufen können, so daß also die in den bewegten Massen aufgespeicherte Energie oder doch wenigstens ihr größter Teil durch Lastheben während des Auslaufweges wieder gewonnen wird.

Will man den Vorteil der gegenüber einer gewöhnlichen Trommelförderung geringeren Massen auch dann haben, wenn nach vorstehenden Formeln mit der gewöhnlichen Koepescheibe keine genügende Sicherheit gegen Seilrutsch zu erzielen ist, so läßt sich der erstrebte Zweck doch, wenn auch nicht in dem gleichen Maße, dadurch erreichen, daß man eine *Reibungstrommel* verwendet, bei der das Seil in anderthalb Umschlingungen um die Trommel gelegt wird. Dann wandert das Seil allerdings in der eingedrehten Rille auf der Trommel hin und her, weshalb die Maschine genügend weit vom Schacht entfernt stehen muß, die nötige Sicherheit gegen Seilrutsch ist dann aber unter Umständen auch ohne Unterseil leicht zu schaffen.

### c) Drehmomentendiagramm. (Bild 166.)

Das vom Fördermotor auszuübende Drehmoment setzt sich aus dem statischen Moment, dem dynamischen Moment und dem Moment zur Überwindung der Reibung zusammen. Bei Koepemaschinen sowie Maschinen mit zylindrischen Trommeln und Unterseil, ist, gleiche Gewichte von Ober- und Unterseil vorausgesetzt, das statische Moment $M = N \cdot r$, wobei $r$ der Radius der Koepescheibe oder der Trommel ist. Wird das Unterseil $S_u$ schwerer als das Oberseil $S_o$ genommen, so ist das Anfangsmoment $M_a = r\,(N + S_o - S_u)$ und das Moment am Schluß des Zuges $M_e = r\,(N + S_u - S_o)$.

Bei zylindrischen Trommeln ohne Unterseil gilt $M_a = (N + S)\,r$ und $M_e = (N - S)\,r$.

Bei den in Deutschland nur selten angewandten Maschinen mit konischen oder konisch-zylindrischen Trommeln sowie bei Bobinenmaschinen werden Anfangs- und Enddurchmesser, soweit dies möglich ist, derart gewählt, daß die statischen Momente zu Anfang und am Schluß eines Zuges gleich groß sind, was der Fall ist, wenn die Bedingung erfüllt ist:

$$\frac{D}{d} = \frac{2\,(G + W + S) + N}{2\,(G + W) + N}$$

Da aber bei konischen und konisch-zylindrischen Trommeln der Neigungswinkel der Konizität mit Rücksicht auf einen sicheren Seillauf nicht zu

groß sein darf und bei Bobinen der kleinste Durchmesser nach der Stärke des Seiles bestimmt werden muß, so läßt sich Gleichheit zwischen Anfangs- und Endmoment in den meisten Fällen nicht erreichen.
Bei solchen Bobinenmaschinen, die für das Abteufen eines Schachtes benutzt werden, sind Anfangs- und Endmomente für verschiedene Teufen auszurechnen, da das größte statische Moment nicht bei der größten, sondern auch bei geringerer Teufe auftreten kann.
Die Teufe $\Theta$, bei der das größte statische Moment auftritt, ergibt sich nach der Formel

$$\Theta = \frac{2 \cdot \pi \cdot q \cdot Ro^2 - Q \cdot \delta}{3q \cdot \delta} \; m$$

worin bedeuten:

$Q$ = Gewicht eines Förderkorbes bzw. eines Kübels + Seil zwischen diesem und einer Seilscheibe + Reibung in einem Fördertrum in kg,

$Ro$ = größter Wicklungshalbmesser, in m,

$\delta$ = Seildicke, in m,

$q$ = Gewicht des Seiles für den laufenden m, in kg.

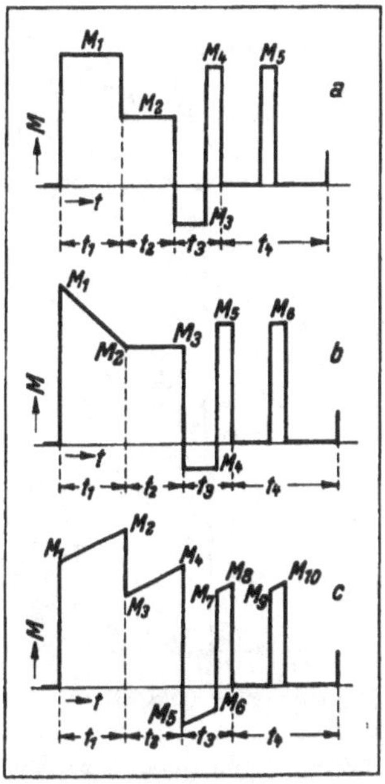


Bild 166. Drehmomentendiagramme. Einmaliges Umsetzen.
*a*) vollkommener Seilausgleich, Beschleunigung gleichmäßig,
*b*) vollkommener Seilausgleich, Beschleunigung gleichmäßig abnehmend,
*c*) Unterseil schwerer als Oberseil, Beschleunigung gleichmäßig.

Es ist stets sorgfältig zu untersuchen, unter welchen Bedingungen sich das *größte* Drehmoment ergibt; werden z. B. bei Trommelmaschinen Aufsatzvorrichtungen benutzt, auf die die Förderschale zum Abziehen der Wagen aufgesetzt wird, so kann das zum Überheben der Förderschale über die Aufsetzvorrichtungen am Ende der Fahrt nötige Drehmoment einen Höchstwert darstellen. Ebenso ist das beim Verstecken der einen Trommel gegen die andere erforderliche Drehmoment zu untersuchen. Endlich ist, falls zum Auflegen eines neuen Seiles die Fördermaschine benutzt werden soll, das dafür nötige Moment sowohl bei Trommel- als auch bei Treibscheibenmaschinen zu prüfen, besonders bei tiefen Schächten kann es für die Bestimmung des Motors ausschlaggebend sein.
*Beschleunigungs-* und *Verzögerungs*moment hängen von der gewählten Beschleunigung und Verzögerung sowie den bei jedem Zuge zu beschleunigenden Massen ab. Die nicht immer im voraus gegebenen Gewichte der Treibscheibe, Trommel usw. sind an Hand ausgeführter Maschinen zu schätzen, soweit nicht Angaben darüber in der Literatur bekanntgegeben sind.

Der zur Überwindung der gesamten *Reibungs*widerstände, Seilbiegungswiderstände usw. aufzuwendende Drehmomententeil $M_R$ wird am einfachsten und mit ausreichender Genauigkeit durch Annahme eines Reibungswiderstandes von 15% der normalen Nutzlast bestimmt. Bei ausgeführten Anlagen kann die Summe der Reibungswiderstände entweder durch Messung des bei unbelasteten Schalen aufzuwendenden Momentes festgestellt oder nach der Formel $\eta = \frac{J_h + J_s}{2\,J_h}$ berechnet werden, wobei $\eta$ den gesamten mechanischen Wirkungsgrad zwischen Fördermotorwelle und Schacht, $J_h$ den nach Erreichung der vollen Geschwindigkeit vom Motor verbrauchten Hubstrom und $J_s$ den bei gleicher Schalenbelastung und gleicher Geschwindigkeit zurückgegebenen Senkstrom bedeuten. Dabei ist eine Anlage mit vollkommenem Seilausgleich und mit Gleichstrommotor und Steuerdynamo vorausgesetzt.

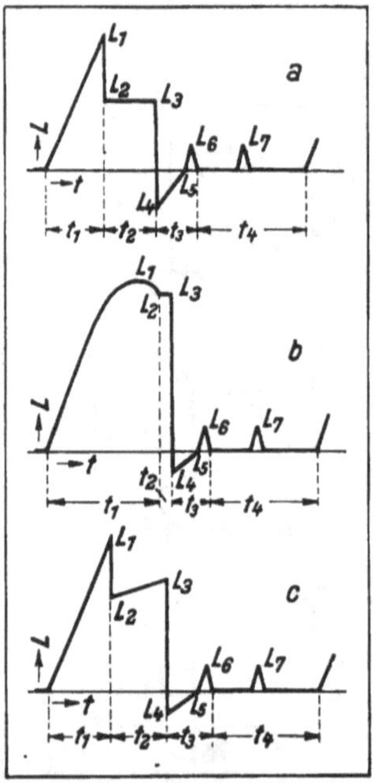


**Bild 167. Leistungsdiagramme. Einmaliges Umsetzen.**
a) vollkommener Seilausgleich, Beschleunigung gleichmäßig,
b) vollkommener Seilausgleich, Beschleunigung gleichmäßig abnehmend,
c) Unterseil schwerer als Oberseil, Beschleunigung gleichmäßig.

d) Diagramm der Motorleistung.

Für die beiden am häufigsten vorkommenden Fälle, Maschine mit Seilausgleich und gleichmäßige Beschleunigung und Maschine mit Seilausgleich und gleichmäßig abnehmende Beschleunigung, zeigt Bild 167 die Form der Diagramme der Motorleistungen. Die einzelnen Leistungswerte ergeben sich ohne weiteres aus den den einzelnen Zeitpunkten entsprechenden Drehmomenten und der zugehörigen Geschwindigkeit. Die Richtigkeit der Rechnung kann dadurch geprüft werden, daß der Flächeninhalt des Leistungsdiagrammes gleich der während eines Zuges geleisteten effektiven Schachtarbeit, geteilt durch den mechanischen Wirkungsgrad, also die Gleichung erfüllt sein muß:

$$\Sigma L \cdot t = \frac{N \cdot h}{75 \cdot \eta}$$

e) Berechnung des Energieverbrauches (Bild 168–170).

Aus dem Diagramm für die Motorleistung ist das Energieverbrauchsdiagramm zu bestimmen und danach der Energieverbrauch während eines Zuges auszurechnen. Bild 168 zeigt die zu den Leistungsdiagrammen

Bild 167 gehörenden Energieverbrauchsdiagramme. Antrieb durch Gleichstrommotor im Anschluß an eine Steuerdynamo vorausgesetzt, gilt dann:

$$A_1 = \frac{L_1}{\eta'_1 \cdot \eta''_1}; \quad A_2 = \frac{L_2}{\eta'_2 \cdot \eta''_2};$$

$$A_4 = \frac{L_4}{\eta'_4 \cdot \eta''_4}$$

wobei $\eta'_1$ und $\eta''_1$ die Ankerwirkungsgrade des Fördermotors und der Steuerdynamo beim Anfahren, $\eta'_2$ und $\eta''_2$ diejenigen bei voller Geschwindigkeit und $\eta'_4$ und $\eta''_4$ diejenigen während der Verzögerung sind. Der Wert $A_0$ entspricht dem Verlust in den Ankern der Steuerdynamo und des Fördermotors und kann ungefähr zu 0,9 ($A_1 - L_1$) gesetzt werden. $A^0_6\,A_6$ kann parallel zu $A_0 - A_1$ gezogen werden.

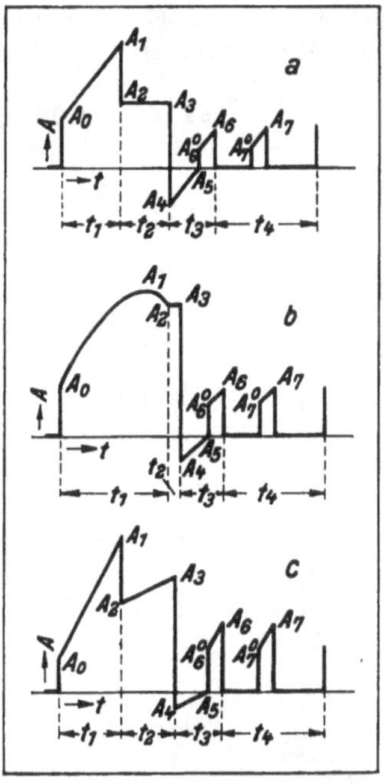


Bild 168. Energieverbrauchsdiagramme, Anlagen mit Steuerdynamo, einmaliges Umsetzen.
*a*) vollkommener Seilausgleich, Beschleunigung gleichmäßig,
*b*) vollkommener Seilausgleich, Beschleunig. gleichmäßig abnehmend,
*c*) Unterseil schwerer als Oberseil, Beschleunigung gleichmäßig.

Bild 169 zeigt den Energieverbrauch eines asynchronen Drehstrommotors, eine Maschine mit Seilausgleich angenommen, also entsprechend Bild 167a. $A_1$ und $A_2$ ergeben sich aus $L_1$ und $L_2$ durch Berücksichtigung des Motorwirkungsgrades. Beim Anfahren sowie beim Einfahren in die Hängebank treten die bekannten großen Energieverluste im Anlaß- und Regelwiderstand auf.

Bild 170 stellt den Verbrauch der Erregung des Fördermotors und der Steuerdynamo bei Gleichstrombetrieb dar, wobei der Linienzug 0, 1, 2, 3, 0, der Verbrauch der Magnetwicklung des Fördermotors, Schwächung des Feldes während der Pause auf rd. die Hälfte vorausgesetzt, und der Linienzug 1, 4, 5, 2 den Verbrauch der Magnetwicklung der Steuerdynamo wiedergibt.

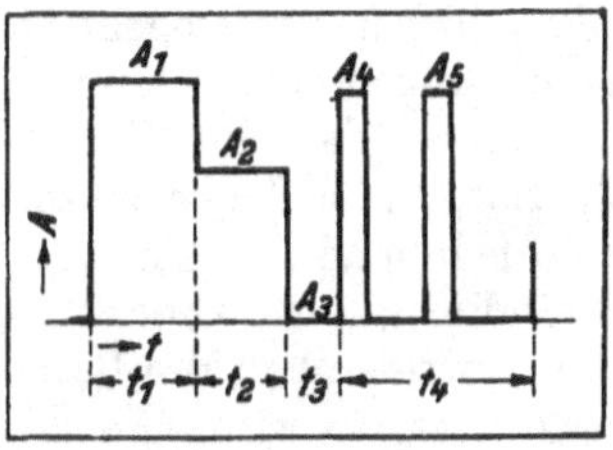


Bild 169. Energieverbrauch einer Anlage mit Antrieb durch asynchronen Drehstrommotor, vollkommener Seilausgleich, Beschleunigung gleichmäßig.

Um den gesamten Energieverbrauch der Anlage bei Ausführung mit Leonardschaltung zu erhalten, ist dann zu der Summe der nach Bild 168 und 170 bestimmten Energieverbrauchswerte noch der Verlust im Umformermotor und bei Verwendung eines

Schwungrades noch der durch dieses herbeigeführte Verlust sowie endlich der Verbrauch der Bremsen und der Nebenapparate hinzuzurechnen.

### f) Bestimmung des Schwungradgewichtes bei Ilgneranlagen (Bild 171).

Um mit einem Schwungrad einen Ausgleich der Belastungsschwankungen herbeizuführen, ist für entsprechende Änderung der Drehzahl des Umformers zu sorgen. Die zum Ausgleich zur Verfügung stehende Energie entspricht dann der Formel:

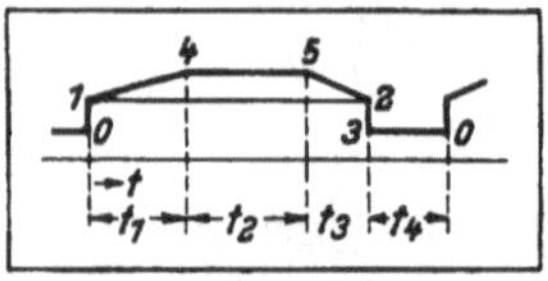

Bild 170. Energieverbrauch der Erregerdynamo.

$$A = \frac{m}{2}\,(v_1^2 - v_2^2)$$

wobei $v_1$ und $v_2$ Umfangsgeschwindigkeiten, bezogen auf den Trägheitsradius des Schwungrades von der Masse $m$, sind. Dieser Wert ist vom Schwungrad bei Überschreitung des mittleren Energieverbrauches abzugeben und während der Pausen aufzunehmen, entsprechend dem Diagramm Bild 171. Für das Trägheitsmoment des Schwungrades gilt die Gleichung:

$$J = \frac{F' \cdot 75 \cdot 2}{\left(\frac{2\pi}{60}\right)^2 (n_1^2 - n_2^2)}$$

Wird für Ilgneranlagen gesetzt:

$$\frac{D_0^2}{D_1^2} = k^2 = 1{,}6$$

so ist das Schwungradgewicht:

$$G = \frac{4g \cdot J \cdot k^2}{D_0^2} = 62{,}8\,\frac{J}{D_0^2}$$

Mit Rücksicht auf die Festigkeit des bei den Schwungrädern verwendeten Materials können Umfangsgeschwindigkeiten bis zu 145 m/s zugelassen werden. Da ferner eingehende Untersuchungen einwandfrei erwiesen haben, daß die Verluste durch Luft- und Lagerreibung mit zunehmender Umfangsgeschwindigkeit abnehmen, gleicher Energieinhalt des Rades vorausgesetzt, so wird von den Siemens-Schuckertwerken die größte Umfangsgeschwindigkeit zu 135—145 m/s gewählt.

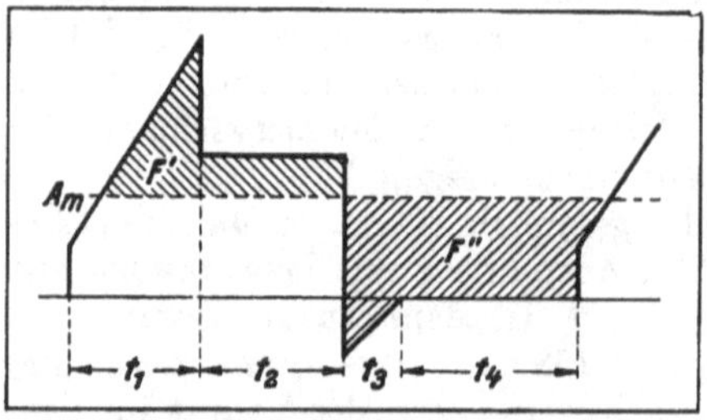

Bild 171. Energieverteilung bei Schwungradpufferung.

## 5. Ausführung der Fördermaschinen.

### a) Antrieb durch Drehstrommotor.

*Drehstrom-Kommutatormotor.* Aus den bereits oben angegebenen Gründen tritt für Neuanlagen der Drehstrom-Kommutatormotor gegenwärtig in den Hintergrund, weshalb er im nachstehenden unberücksichtigt gelassen ist. Sollte seine Anwendung in Ausnahmefällen doch geraten erscheinen, so stehen ausführliche Preis- und Konstruktionsangaben jederzeit dafür zur Verfügung. Dagegen hat die Bedeutung des asynchronen Drehstrommotors für mittelgroße Fördermaschinen dadurch in den letzten Jahren erheblich zugenommen, daß durch Ausbildung geeigneter Schaltungen und Vervollkommnung der mechanischen Bremse die Steuerfähigkeit und Betriebssicherheit erheblich verbessert worden sind.

*Anwendungsbereich des asynchronen Drehstrommotors.* Von den grundsätzlichen Nachteilen, die dem letzteren Motor für seine Anwendung bei Fördermaschinen anhaften, lassen sich der große Energiestoß beim Einschalten und die Notwendigkeit der Zwischenschaltung eines Zahnradvorgeleges zwischen Motor- und Fördermaschinenwelle nicht beseitigen. Die Möglichkeit der Anwendung eines asynchronen Drehstrommotors besteht daher nur dort, wo die Generatoren, die für die Anlage die Energie zu liefern haben, im Verhältnis zum größten Energieverbrauch des Fördermotors stark genug sind und andererseits auch die beim Anlassen und, eine mehrstöckige Förderschale vorausgesetzt, beim Umsetzen auftretenden Energiestöße keine schädlichen Rückwirkungen auf andere Stromverbraucher ausüben. Weiter scheidet der asynchrone Drehstrommotor aus, wenn die Größe der Maschine die Anwendung eines Zahnradvorgeleges praktisch unmöglich erscheinen läßt.

*Neue Anordnung der Siemens-Schuckertwerke.* Die Nachteile, die durch die Abhängigkeit der Drehzahl eines asynchronen Drehstrommotors von der Größe der Last bei Regelung mit Hilfe eines in den Läuferstromkreis geschalteten Widerstandes, sowie durch die Gefahr unzulässiger Drehzahlsteigerung bei niedergehender Last und teilweise eingeschaltetem Regelwiderstand gegeben sind, können dagegen durch die von den Siemens-Schuckertwerken neu ausgebildete, in Bild 172 dargestellte Schaltung nebst Regelbremse als beseitigt bezeichnet werden.

Die wichtigsten Merkmale der neuen Schaltung bestehen in Folgendem. Die Steuerung des Drehstrommotors geschieht durch einen Ständerumschalter und durch einen im Läuferstromkreis liegenden Flüssigkeitsanlasser. Dieser wird vom Steuerhebel am Steuerbock durch Gestänge betätigt, während der Ständerumschalter elektrisch betätigt wird. Der Ständerumschalter ermöglicht das Schalten des Motors für beide Drehrichtungen, während der im Läuferstromkreis befindliche Flüssigkeitsanlasser das Anlassen während der Anlaufperiode und, falls erforderlich, auch ein Fahren mit geringerer als der normalen Geschwindigkeit gestattet. Parallel zum Läuferanlasser ist ein Schütz oder selbsttätiger Schalter angeordnet, der von einem mit der Welle des Fördermotors verbundenen Fliehkraftschalter gesteuert wird und bei Erreichung der synchronen Drehzahl des Motors den Läufer kurzschließt, unabhängig von der Stellung des Läuferanlassers.

Auf die an dem Treibmittel angebrachten Bremskränze wirkt die nachstehend beschriebene schnellschließende Druckluft-Betriebs- und Sicherheitsbremse. Diese kann durch den am Bremsbock befindlichen Betriebsbremshebel und Sicherheitsbremshebel vom Maschinisten betätigt werden. Außer durch den Maschinisten wird die Bremse selbsttätig am Ende eines jeden Hubes durch den mit dem Teufenzeiger verbundenen Fahrtregler aufgelegt, wodurch die Fördermaschine auch ohne Zutun des Maschinisten

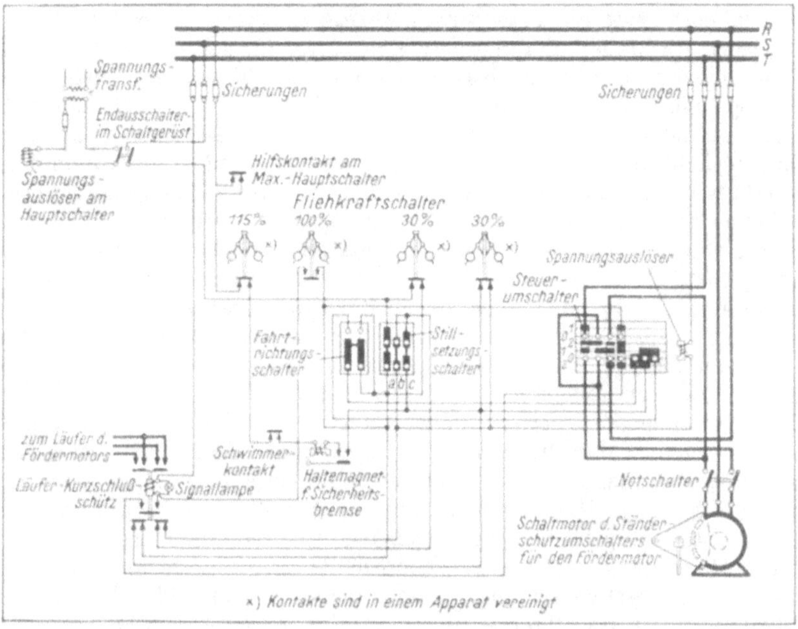


**Bild 172. Schaltbild der Steuer- und Sicherheitsstromkreise einer Fördermaschine mit Antrieb durch asynchronen Drehstrommotor.**

**Schalter a: Öffnet etwa 13—14 m vor der Hängebank, so daß der 30%ige Kontakt am Fliehkraftschalter die Sicherheitsbremse auslöst, wenn die Fördergeschwindigkeit zu hoch ist.**

**Schalter b: Öffnet bei Beginn des Auslaufweges bei Förderung mit übersynchroner Geschwindigkeit. Bei Förderung mit untersynchroner Geschwindigkeit ist der Schalter durch Hilfskontakt am Läuferschütz kurzgeschlossen.**

**Schalter c: Öffnet bei Beginn des Auslaufweges bei Förderung mit untersynchroner Geschwindigkeit. Durch b und c wird über den Spannungsauslöser der Steuerschalter und damit der Motor vom Netz abgeschaltet.**

**Die Betriebsbremse wird durch die Kurve am Teufenzeiger bei Beginn des Auslaufweges aufgelegt. Der Maschinist kann durch Gegendrücken (elastisches Glied im Gestänge) die Bremskraft vermindern.**

**Schalter a, b und c schließen kurz vor Erreichung der Hängebank wieder.**

rechtzeitig verzögert und an der Hängebank stillgesetzt wird. Der Fahrtregler wirkt durch einen Kurvenschub auf den Bremsdruckregler der Bremse und legt diese allmählich auf. Da der Auslaufweg der Förderschalen beim Heben und Hängen von Last verschieden groß ist, auf alle Fälle aber dafür gesorgt werden muß, daß beim Hängen der Nutzlast ein Überfahren der Hängebank nicht stattfindet, so beginnt das Auflegen der Betriebsbremse in jedem Falle so weit vor der Hängebank, daß beim Hängen der Last ein rechtzeitiges Stillsetzen der Förderschalen erfolgt. Damit aber auch beim Heben der Last die Förderschalen bis in die Hängebank gelangen, hat der Maschinist die Möglichkeit, durch den Betriebsbremshebel am Steuerbock die durch den Fahrtregler eingeleitete Bremswirkung teilweise aufzuheben bzw. zu schwächen. Um den abgebremsten Motor durch weitere Stromzuführung nicht zu überlasten, sind mit dem Fahrtregler am Teufenzeiger zwei Schalter verbunden, von denen der eine bei Beginn des Auslaufweges für das Einhängen der Last über einen Spannungsauslöser den Ständerumschalter in die Nullage bringt und dadurch den Motor vom Netz abschaltet. Der zweite Schalter schaltet auf die gleiche Weise den Motor bei Beginn des Auslaufweges für das Heben der Last vom Netz ab. Ein mit diesen Schaltern parallel geschalteter Fliehkraftschalter ermöglicht das Wiedereinschalten des Fördermotors zur Vornahme der erforderlichen Manöver an der Hängebank mit einer festgelegten geringen Fördergeschwindigkeit. Durch den Fahrtregler wird auch kurz vor Hubende der Steuerhebel am Steuerbock in die Nullage geführt. Ein dritter, ebenfalls mit dem Fahrtregler verbundener Schalter, der ebenfalls parallel mit einem Fliehkraftschalter geschaltet ist, wirft die Sicherheitsbremse auf, wenn kurz vor der Hängebank durch irgendwelche Umstände die Fördergeschwindigkeit nicht auf den festgelegten Wert gesunken ist. Der Maschinist hat bei dieser Schaltung die Steuerung der Maschine vollkommen in der Hand. Nur wenn er verabsäumt, rechtzeitig stillzusetzen, geschieht dieses ohne sein Zutun durch den Fahrtregler und die Bremse. Sollte es vorkommen, daß infolge der selbsttätigen Stillsetzung der Fördermaschine die Förderschalen nicht ganz bis an die Hängebank bzw. den Füllort gelangen, so hat der Maschinist die Möglichkeit, den bereits selbsttätig zurückgelegten Steuerhebel wieder auszulegen, die Bremse zu lüften und, allerdings nur mit geringer Geschwindigkeit, bis zur Erreichung der Hängebank bzw. des Füllortes weiterzufahren.

Sobald bei negativer Last die Fördermaschine ihre volle Geschwindigkeit erreicht hat, wird, wie bereits erwähnt, durch einen Fliehkraftschalter das Läuferkurzschlußschütz zum Ansprechen gebracht, dadurch wird der Läufer kurzgeschlossen und der Motor läuft als asynchroner Generator mit Energierückgabe an das Netz, sodaß eine weitere Beschleunigung, d. h. ein Durchgehen der Fördermaschine unmöglich ist. Durch dieses Läuferkurzschlußschütz ist man unabhängig von der Aufmerksamkeit des

Maschinisten. Der Steuerhebel bzw. der Läuferanlasser kann also in einer beliebigen Stellung stehen; trotzdem wird bei Erreichung der synchronen Drehzahl der Läufer sicher kurzgeschlossen. Wäre das Schütz nicht vorhanden, so könnte es vorkommen, daß der Maschinist den Anlasser bei Erreichung der vollen Geschwindigkeit nicht voll ausgelegt hat. Durch den dann im Läuferstromkreis eingeschalteten Widerstand würde eine Drehzahlsteigerung weit über die synchrone hinaus möglich sein, bevor die Generatorbremsung des Fördermotors einsetzen würde, unter Umständen würde ein Durchgehen der Maschine die Folge sein. Der Läuferkurzschluß wird selbsttätig aufgehoben, sobald am Hubende die Maschine durch die Betriebsbremse stillgesetzt wird.

Um auch beim Einhängen von Lasten mit geringerer als der synchronen bzw. übersynchronen Geschwindigkeit fahren zu können, ist die Möglichkeit gegeben, die Lasten mit Gegenstrombremsung einzuhängen. Damit jedoch bei Gegenstrombremsung, wobei also der Motor mit verkehrtem Drehfeld im Läufer arbeitet, keinesfalls bei Unachtsamkeit des Maschinisten die Geschwindigkeit bis annähernd auf die synchrone steigen und dann durch Ansprechen des Läuferkurzschlußschützes der Läufer kurzgeschlossen werden kann, ist die Schaltung so getroffen, daß beim Einhängen mit Gegenstrombremsung nur die normale Geschwindigkeit erreicht werden kann. Zu diesem Zweck ist ein Abhängigkeitskontakt am Läuferkurzschlußschütz und ein Fahrtrichtungsschalter am Teufenzeiger vorgesehen. Der Abhängigkeitskontakt und der Fahrtrichtungsschalter liegen im Stromkreise des Spannungsauslösers des Steuerumschalters und des Haltemagneten der Sicherheitsbremse und sind so geschaltet, daß diese Stromkreise unterbrochen werden, sobald bei Gegenstrombremsung das Läuferkurzschlußschütz eingeschaltet wird. Der Fördermotor wird vom Netz abgeschaltet und die Maschine durch die Sicherheitsbremse stillgesetzt. Außerdem ist noch Vorkehrung getroffen, daß bei etwaigem Versagen der Generatorbremsung bei negativer Last trotzdem ein Durchgehen der Maschine nicht möglich ist. Hierfür ist ein Fliehkraftschalter vorgesehen, der bei 115 % der normalen Geschwindigkeit die Sicherheitsbremse auflegt. Die vier erwähnten Fliehkraftschalter sind in einem gemeinsamen Apparat vereinigt. Im übrigen entspricht die Schaltung derjenigen einer normalen Drehstrom-Fördermaschine.

Die Steuerung ist also so durchgebildet, daß die Maschine sowohl beim Heben als auch beim Senken der Last so rechtzeitig stillgesetzt wird, daß die Förderkörbe Hängebank und Füllort nicht unzulässig überfahren können. Ist aus irgendwelchen Umständen die Geschwindigkeit kurz vor der Hängebank zu groß, so greift die Sicherheitsbremse ein und verhindert ein Übertreiben der Schalen in die Seilscheiben. Ein Durchgehen der Maschine beim Hängen von Last kann infolge der Läuferkurzschlußschaltung nicht eintreten.

Bild 173. Schnellschließende Druckluft-Betriebs- und Sicherheitsbremse, Bauart SSW.

Wie hieraus hervorgeht, muß, um sich allen Lastverhältnissen richtig anpassen zu können, die elektrische Steuerung durch die mechanische Bremse, die also tatsächlich die Bezeichnung „Steuer-“ oder „Regelbremse“ verdient, ergänzt werden. Der letzteren, die bei Anlagen mit Gleichstrommotor

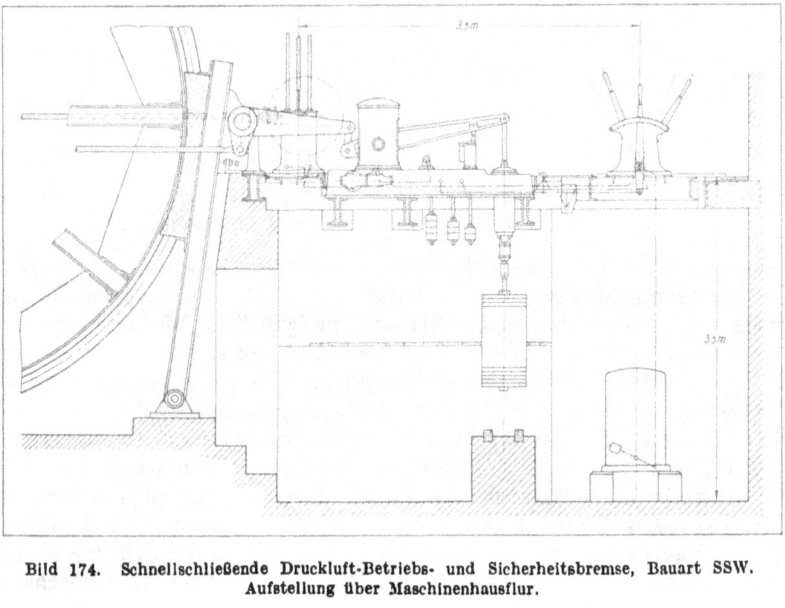

Bild 174. Schnellschließende Druckluft-Betriebs- und Sicherheitsbremse, Bauart SSW. Aufstellung über Maschinenhausflur.

und Leonard-Schaltung nur eine untergeordnete Bedeutung hat, fällt hier demnach ein wesentlicher Teil der Steuerung zu, und dieser erweiterten Aufgabe muß ihre Ausführung angepaßt werden.

Die Siemens-Schuckertwerke haben deshalb eine Bremseinrichtung ausgebildet und auch bereits mit bestem Erfolge ausgeführt, mit der alle bei Fördermaschinen mit Antrieb durch asynchronen Drehstrommotor zu stellenden Anforderungen in vollkommenem Maße erfüllt werden.

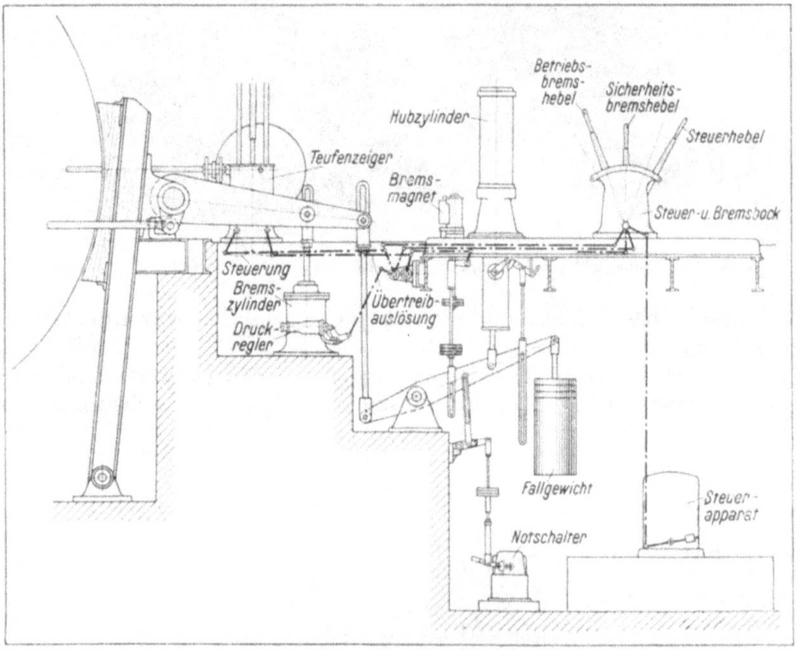


Bild 175. Führerstand einer Fördermaschine mit alter Bremseinrichtung.

*Schnellschließende Druckluftbetriebs- und Sicherheitsbremse.* Eine gute Fördermaschinenbremse soll nicht nur eine leichte Regelung des Bremsdruckes möglich machen und in Gefahrfällen schnell zur Wirkung kommen, sondern auch stoßfrei arbeiten und den Bremsdruck, einerlei, ob die Bremse in regelrechtem Betriebe zum Stillsetzen der Maschine benutzt oder als Notbremse bei einer Störung zum Einfallen gebracht wird, schnell und gleichmäßig auf den gewünschten Betrag ansteigen lassen. Überlastungen des Bremsgestänges müssen auch bei gleichzeitigem Wirken als Steuer- und Sicherheitsbremse ausgeschlossen bleiben. Wie diesen Bedingungen bei der S. S.W.-Bremse Rechnung getragen wird, zeigt nachstehende Beschreibung.

Der wichtigste Teil der Bremseinrichtung ist der Arbeitszylinder *A*, der sowohl beim Arbeiten der Bremse als Betriebs- wie auch als Sicherheitsbremse in Tätigkeit tritt. Ihm wird die Druckluft über den Bremsdruckregler *B* zugeführt, der derart gebaut ist, daß die Größe des Bremsdruckes angenähert der Stellung seines Schiebers entspricht. An den Hebel *L*, auf den der Kolben des Zylinders *A* wirkt, schließt sich an einem Ende, am Punkt *N*, das zu den Bremsbacken führende Gestänge an, während am anderen Ende, am Punkt *M*, die Kolbenstange des Zylinders *D* angreift, dessen Kolben im normalen Betriebe entgegen dem Bremsgewicht *H*

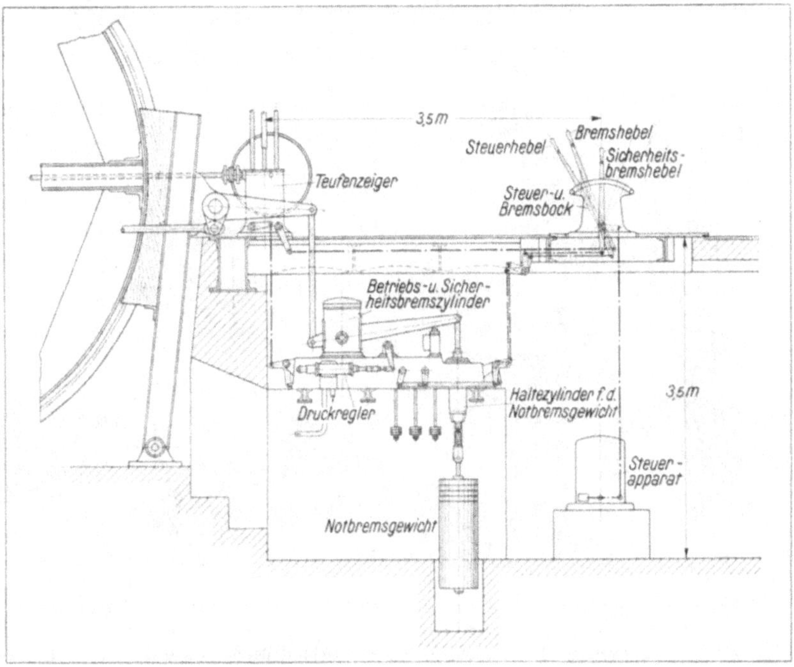


Bild 176. **Führerstand einer Fördermaschine mit neuer Bremseinrichtung.**

durch Druckluft hochgehalten wird. Der Hebel *L* ist, wie das Schema Bild 177 erkennen läßt, auf dem Kolben des Arbeitszylinders *A* gelagert. Wird nun über den Bremsdruckregler *B* Druckluft in den Arbeitszylinder gelassen und dessen Kolben dadurch nach oben gedrückt, so dreht sich der Hebel *L* um den Punkt *M* als Festpunkt, und die Bremsbacken werden infolge des großen Übersetzungsverhältnisses zwischen dem langen und dem kurzen Arm des Hebels *L* sehr schnell zum Anliegen gebracht. Dadurch ist eine schnelle, aber stets stoßfreie Wirkung der Bremse erreicht. Soll die Einrichtung als Sicherheitsbremse wirken, so wird durch den Dreiweghahn *G* die unter dem Kolben des Bremsgewichtes *H* befindliche Druckluft zum Ausströmen gebracht, gleichzeitig aber auch über den

Bremsdruckregler *B* Druckluft unter den Kolben des Arbeitszylinders geleitet und dadurch ein schnelles Schließen der Bremsbacken herbeigeführt, bevor noch der Kolben des Zylinders *D* eine Bewegung nach unten ausführen kann. Das Fallgewicht bleibt also in seiner Ruhelage, und es wird demnach auch keine Massenenergie erzeugt, wie dies bei den bisherigen Bremskonstruktionen der Fall war, so daß auch die dadurch bewirkten starken Stöße im Gestänge und in der ganzen Maschine verhütet

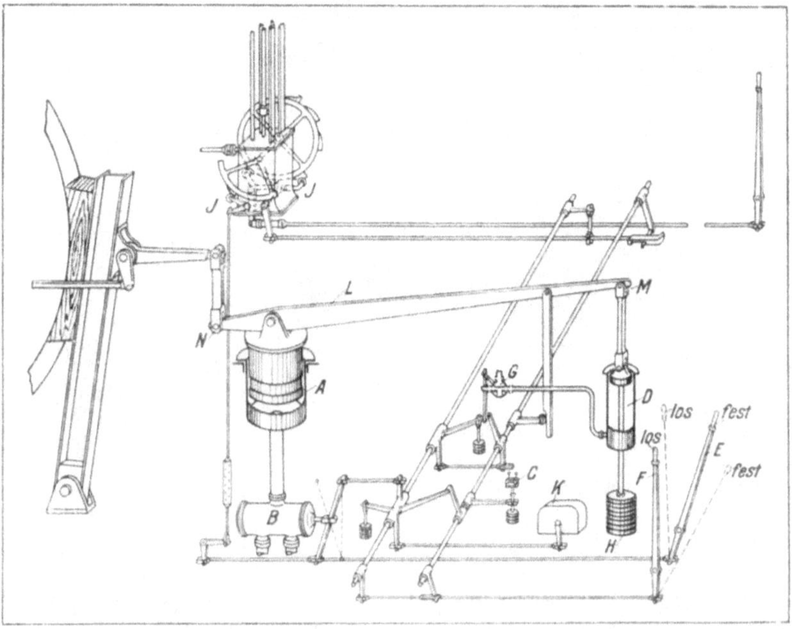


Bild 177. Gestängeschema der schnellschließenden Druckluft-Betriebs- und Sicherheitsbremse.

*A* = Arbeitszylinder
*B* = Bremsdruckregler
*C* = Haltmagnet der Sicherheitsbremse
*D* = Haltezylinder des Bremsgewichts H
*E* = Betriebsbremshebel
*F* = Sicherheitsbremshebel
*G* = Dreiwegehahn
*H* = Bremsgewicht
*J* = Übertreibauslösung am Teufenzeiger
*K* = Notschalter
*L* = Hauptbremshebel
*M*/*N* = Endbolzen des Hebels *L*

werden. Nur in dem einen Ausnahmefalle, wenn durch irgendeinen Zufall die Druckluft wegbleiben sollte, kann das Bremsgewicht eine volle Bewegung nach unten ausführen.

Beim gleichzeitigen Arbeiten der Bremse als Steuer- und Sicherheitsbremse kann kein höherer Bremsdruck erzeugt werden, als wenn nur der Kolben des Arbeitszylinders *A* wirkt. Hat z. B. dieser Kolben die Bremsbacken zum Anliegen gebracht, und wird dann das Gewicht der Sicherheitsbremse ausgelöst, so bewirkt letzteres doch keine weitere

Steigerung des Bremsdruckes mehr, sondern der vom Fallgewicht erzeugte Druck wird von der im Zylinder *A* unter dem Kolben befindlichen Druckluft aufgenommen.

Bild 178 zeigt, wie der Arbeitszylinder und die übrigen Teile der Einrichtung auf und an einer gemeinsamen Grundplatte zusammengebaut sind. Während bei Maschinen, die zu ebener Erde stehen, der Bremsapparat

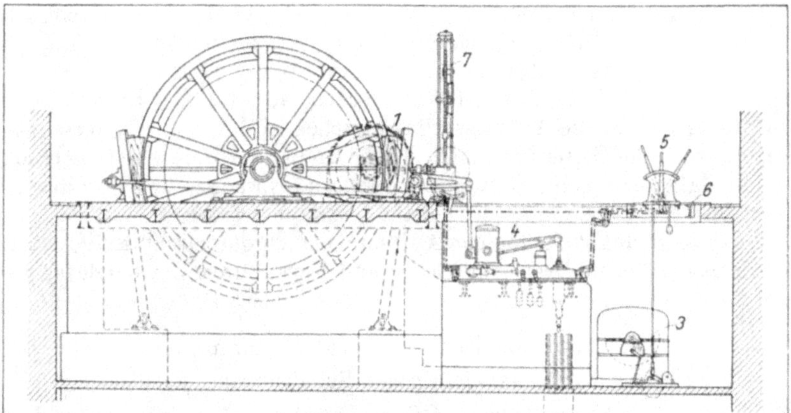


Bild 178. Koepe-Fördermaschine mit Antrieb durch asynchronen Drehstrommotor und einfachem Zahnradvorgelege.

*1.* Antriebsmotor
*2.* Fliehkraftschalter
*3.* Flüssigkeitsanlasser mit Wendegetriebe
*4.* Schnellschließende Druckluft-, Betriebs- und Sicherheitsbremse, Bauart SSW.
*5.* Bremsbock und Steuerbock
*6.* Führerstand
*7.* Teufenzeiger
*8.* Tachograph

im Keller und der Führerstand über Maschinenhausflur, in der in Bild 176 dargestellten Weise, angeordnet werden, wird bei Turmfördermaschinen in den weitaus meisten Fällen der Bremsapparat über Maschinenhausflur in der in Bild 174 dargestellten Weise angebracht, jedoch steht hier auch einer Anordnung des Bremsapparates unter Flur nichts im Wege, wenn die Bauart des Förderturmes dies gestattet. In Bild 175 und 176 ist die alte Ausführung der Bremseinrichtung der jetzt üblichen, neueren gegenübergestellt. Aus dieser Abbildung ist ohne weiteres die überaus einfache Anordnung der neueren Bremseinrichtung, namentlich in bezug auf die Bremsgestänge, gegenüber der älteren Anordnung zu ersehen.

Soll die Sicherheitsbremse gelüftet werden, so wird der Bremshebel *F* am Steuerbock in die Anfangsstellung zurückgeführt, was aber erst möglich ist, wenn der Steuerbremshebel in die Stellung „Bremse fest" gebracht ist, so daß auch beim Lüften der Sicherheitsbremse die Bremsbacken durch die Betriebsbremse geschlossen gehalten werden.

Bild 178 zeigt den vollständigen Aufbau einer Fördermaschine mit Antrieb durch asynchronen Drehstrommotor und Verwendung der beschriebenen Bremse.

### b) Antrieb durch Gleichstrommotor.

#### α) Die wichtigsten Schaltungen.

*Regelung mittels Steuerdynamo; Iffland-Schaltung.* Wie schon unter 3 auf Seite 193 ausgeführt wurde, kommen nur diejenigen Schaltungen in Betracht, bei denen die zum Betriebe des Motors nötige Energie in einer besonderen Dynamo, der sogenannten Steuerdynamo, erzeugt wird, deren Spannung mit Hilfe eines im Magnetstromkreis liegenden Widerstandes zwischen Null und einem Höchstwert geändert wird. Bei Antrieb der Steuerdynamo durch einen vom Netz gespeisten Motor entspricht die Anordnung der vom Amerikaner *Ward Leonard* angegebenen Schaltung. Statt dessen ist es auch möglich, sie unmittelbar durch eine Kraftmaschine, eine Dampfmaschine oder eine Dampfturbine, anzutreiben, sobald diese auch noch einen auf die übrigen Motoren arbeitenden Generator betreibt, so daß stets eine gewisse, für gute Regelung erforderliche, Grundbelastung vorhanden ist (Iffland-Schaltung).

*Leonard-Schaltung.* Die mit Leonard-Schaltung ausgeführten Anlagen können sein:

a) Anlagen ohne Ausgleich der Belastungsschwankungen,
b) Anlagen mit Ausgleich der Belastungsschwankungen.

Bei den letzteren kann der Belastungsausgleich entweder durch ein Schwungrad oder durch eine Batterie gegeben werden. Da aber bei großen Leistungen die letztere viel zu teuer würde, sowohl in der Anschaffung als auch in der Unterhaltung, und da andererseits bei kleinen und mittelgroßen Leistungen, für die eine Akkumulatorenbatterie früher wohl in Betracht kam, ein Belastungsausgleich gegenwärtig kaum noch erforderlich ist, nachdem die Leistungsfähigkeit der Kraftwerke in den verflossenen zwei Jahrzehnten ganz erheblich gewachsen ist, kommt für Neuanlagen eine Batterie nicht mehr in Frage. Es genügt daher, im nachstehenden den Belastungsausgleich durch ein Schwungrad, wie er von *Ilgner* angegeben ist, zu behandeln.

Die Schaltungen, aus denen das Grundsätzliche der Leonard-Anlagen mit schwungradlosem Umformer sowie der Ilgner-Anlagen hervorgeht, sind bereits in Bild 163 und 164 gegeben, während die vollständigen Fördermaschinenschaltungen sowie Zweck und Wirkung der Steuer- und Sicherheitseinrichtungen noch zu behandeln sind.

### β) Steuer- und Sicherheitseinrichtungen.

*Schema einer Anlage mit Leonard-Schaltung.* Bild 179 zeigt das Schaltungsschema einer Leonard-Anlage mit schwungradlosem Umformer. Er besteht aus einem mit den üblichen Apparaten und Meßgeräten an das Netz angeschlossenen asynchronen Drehstrommotor, der die Energie für den Fördermotor liefernden Steuerdynamo und der Erregermaschine zur Lieferung von Gleichstrom mit unveränderlicher Spannung. Steuerdynamo, Fördermotor und Erregermaschine werden, um funkenlosen Gang bei allen Belastungen und Drehzahlen des Fördermotors zu erreichen, mit Wendepolen ausgerüstet, die Erregermaschine außerdem noch mit Verbundwicklung, um die erforderliche Gleichmäßigkeit der Erregerspannung sicherzustellen.

Die Spannung der Steuermaschine StM und damit die Fördergeschwindigkeit werden mit Hilfe des Steuerapparates StA geregelt, mit dem auch der im Magnetstromkreis der Steuermaschine liegende Umschalter zur Umsteuerung des Fördermotors verbunden ist. Da die Drehzahl des letzteren, von einer geringen Ungenauigkeit abgesehen, der Spannung der Steuerdynamo entspricht, so ist die Fördergeschwindigkeit praktisch allein von der Stellung des den Steuerapparat betätigenden Steuerhebels abhängig. Der Einfluß der Last ist dabei um so größer, je kleiner die Fördergeschwindigkeit ist.

*Selbstmordschaltung.* Da nun gerade in der Nähe der Hängebank an die Zuverlässigkeit der Steuerung die größte Anforderung gestellt wird, ist es nötig, diese Ungenauigkeit für die Auslaufzeit zu beseitigen. Das geschieht am einfachsten dadurch, daß gegen Schluß des Förderzuges, d. h. sobald der im Steuerapparat liegende Regelwiderstand fast vollständig eingeschaltet ist, die Feldwicklung der Steuerdynamo derart an die Klemmen des Motorankers gelegt wird, daß das von dem Restmagnetismus der Magnete der Steuerdynamo herrührende Feld fortgeblasen wird. Diese sehr einfache Schaltung, über die Näheres aus Bild 179 zu entnehmen ist, die sogenannte Selbstmordschaltung, genügt vollkommen, um ein rechtzeitiges Anhalten der Förderschale an der Hängebank bei jeder Lastgröße sicherzustellen. Der Umstand, daß die größte

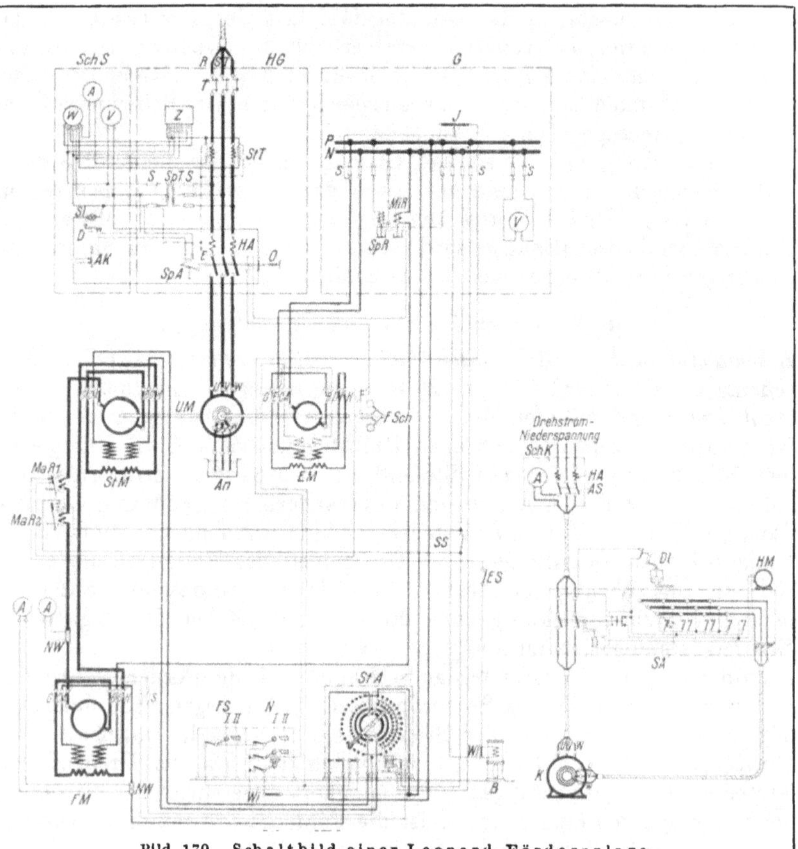


Bild 179. Schaltbild einer Leonard-Förderanlage.

Zeichenerklärung.

*A* = Stromzeiger
*AK* = Abstellkontakt an dem Schalterantrieb
*An* = Anlasser
*As* = Ausschalter
*B* = Bremsmagnet
*D* = Druckknopfschalter
*Dl* = Druckluftschalter
*E* = Erde
*EM* = Erregermaschine
*ES* = Endausschalter in dem Schacht
*FM* = Fördermotor
*FS* = Feldschwächschalter
*FSch* = Fliehkraftschalter
*G* = Gleichstromschaltschrank
*HA* = Höchststromauslöser
*HG* = Hochspannungsgerüst
*HM* = Hilfsmotor
*J* = Justierwiderstand
*K* = Kompressormotor
*Ma R 1, 2* = Maximalstromrelais
*Mi R* = Minimalstromrelais
*N* = Notausschalter
*NW* = Nebenschlußwiderstand
*O* = Ölschalter
*S* = Sicherung
*SA* = Selbstanlasser
*SS* = Seilfahrtschalter
*SchK* = Schaltkasten
*SchS* = Schaltsäule
*Si* = Signallampe
*Sp A* = Spannungsrückgangs-Auslöser
*Sp R* = Spannungsrückgangs-Relais
*Sp T* = Spannungstransformator
*StA* = Steuerapparat
*StM* = Steuermaschine
*StT* = Stromtransformator
*T* = Trennschalter
*UM* = Umformermotor
*V* = Spannungszeiger
*W* = Leistungszeiger
*Wi* = Widerstand
*Z* = Zähler

Fördergeschwindigkeit nicht bei allen Lasten genau gleich groß ist, hat für die Betriebssicherheit keine Bedeutung.

*Seilfahrtschalter.* Um bei Seilfahrtzügen die Geschwindigkeit in einfachster Weise auf den vorgeschriebenen Höchstwert zu begrenzen, ist der Seilfahrtschalter *SS* vorgesehen und mit einem an den Steuerapparat angebauten Sperrmagneten derart verbunden, daß, sobald der an der Hängebank angebrachte Schalter *SS* betätigt wird, der Steuerhebelweg durch den Sperrmagneten derart begrenzt wird, daß er nur bis zu dem der verlangten Höchstgeschwindigkeit entsprechenden Punkte ausgelegt werden kann. Der gleiche Sperrmagnet wird auch durch das Maximalrelais $MaR_2$ betätigt, das den Zweck hat, bei Überschreitung einer gewissen Stromstärke im Ankerstromkreis des Fördermotors ein Weiterauslegen des Steuerhebels und entsprechende weitere Steigerung der Fördergeschwindigkeit zu verhindern.

*Feldschwächschalter.* Der Schwächung der Magnetstromstärke des Fördermotors in den Pausen dient der Feldschwächschalter *FS*. Die Feldschwächung kann auf zweierlei Art erfolgen, und zwar einmal, indem der Magnetwicklung des Fördermotors ein fester Widerstand vorgeschaltet wird, der so bemessen ist, daß die Magnetstromstärke auf etwa die Hälfte während der Pausen herabgesetzt wird, und das andere Mal durch Vorschaltung eines festen Widerstandes vor die Magnetwicklung der Erregermaschine, wodurch dann das Feld dieser und somit auch gleichzeitig das Feld des Fördermotors geschwächt wird. Die letztere Art der Feldschwächung kann bei allen Anlagen, bei welchen die Erregermaschine die Erregerenergie für nur eine Förderanlage liefert, was wohl im allgemeinen auch die Regel ist, angewandt werden. Sie hat den Vorteil, daß nur ganz geringe Stromstärken zu schalten sind und demgemäß auch der Feldschwächschalter entsprechend kleiner bemessen werden kann. Muß die Erregermaschine dagegen mehrere Förderanlagen gleichzeitig mit Erregerenergie versehen, so kann nur die zuerst genannte Art, die direkte Feldschwächung des Fördermotors zur Anwendung kommen. Die Feldschwächung bezweckt nicht nur, Energie zu sparen, sondern vor allen Dingen auch die Erwärmung der Magnetwicklung des Fördermotors, der während der Pausen beim Stillstand ohne genügende Kühlung ist, in den zulässigen Grenzen zu halten.

*Notausschalter.* Um beim Auslösen der Sicherheitsbremse einer Überlastung der Steuerdynamo vorzubeugen, ist der Notausschalter vorgesehen. Je nach der Art der Anlage, d. h. ob die Erregermaschine die Erregerenergie für nur eine oder mehrere Förderanlagen liefert, wird mit dem Notausschalter entweder der Magnetstromkreis der Erregermaschine (Bild 180), oder es werden die Magnetstromkreise des Fördermotors und der Steuerdynamo zusammen (Bild 181) abgeschaltet und über einen besonderen Widerstand kurzgeschlossen. Hierdurch wird auch bei niedergehender Last und gleichzeitigem Abschalten des Umformermotors vom Netz ein

Durchgehen des Umformers verhütet, da der unerregte Fördermotor nicht mehr imstande ist, soviel Energie an die Steuerdynamo abzugeben, daß diese sich unzulässig beschleunigen kann.

Bei Abschaltung des Magnetstromkreises der Erregermaschine hat man den Vorteil, nur ganz geringe Stromstärken schalten zu müssen, die deshalb auch eine kleinere Ausführung des Notausschalters erlauben, als bei Abschaltung der Magnetstromkreise des Fördermotors und der Steuerdynamo, wo je nach der Größe dieser Maschinen mit bedeutend größeren Stromstärken, etwa 10 mal so groß, zu rechnen ist. Der Antrieb des Notausschalters erfolgt durch das Auslösegestänge der Sicherheitsbremse.

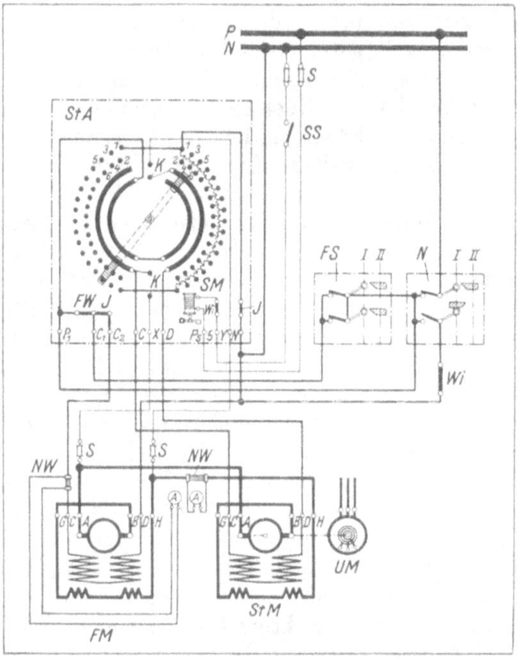


**Bild 180. Schaltung des Steuerapparates, des Feldschwächschalters und des Notausschalters. (Kurzschließung und Abschaltung der Erregerstromkreise des Fördermotors und der Steuerdynamo, Feldschwächung des Fördermotors). Bezeichnung wie auf Bild 181, außer *EM* (Erregermaschine).**

*Erzeugung der Druckluft.* In dem Schema Bild 179 ist vorausgesetzt, daß die Bremsen mit Hilfe von Druckluft betätigt werden, was bei großen Maschinen die Regel bildet. Zur Erzeugung der Druckluft ist, wenn sie nicht ausnahmsweise allein dem Druckluftnetz der Grube entnommen wird, ein kleiner selbsttätiger, in Abhängigkeit von der Höhe des Luftdruckes an- und abzustellender Kompressor nötig, dessen Antriebsmotor K mit den zugehörigen Apparaten und Meßgeräten in dem Schema gleichfalls angegeben ist.

*Betätigung der Sicherheitsbremse.* Mit der Sicherheitsbremse ist der Bremsmagnet B verbunden, der bei Störungen am elektrischen Teil der Anlage stromlos wird und dadurch ein schnelles Einfallen der Sicherheitsbremse und ein Stillsetzen der Fördermaschine herbeiführt. Gleichzeitig wird dann auch der Notausschalter N in Wirksamkeit gesetzt. Als zu berücksichtigende Störungen im elektrischen Teil der Anlage kommen in Betracht:

a) Herabgehen der Erregerstromstärke des Fördermotors unter einen gewissen Mindestbetrag;
b) Sinken der Erregerspannung um 20—30 %;
c) Ausbleiben der Drehstromspannung am Umformermotor;
d) Zu weitgehende Steigerung der Umformerdrehzahl, z. B. bei niedergehender Last und ungenügender Grundbelastung im Netz;
e) Überschreitung der zulässigen Stromstärke im Ankerstromkreis des Fördermotors.

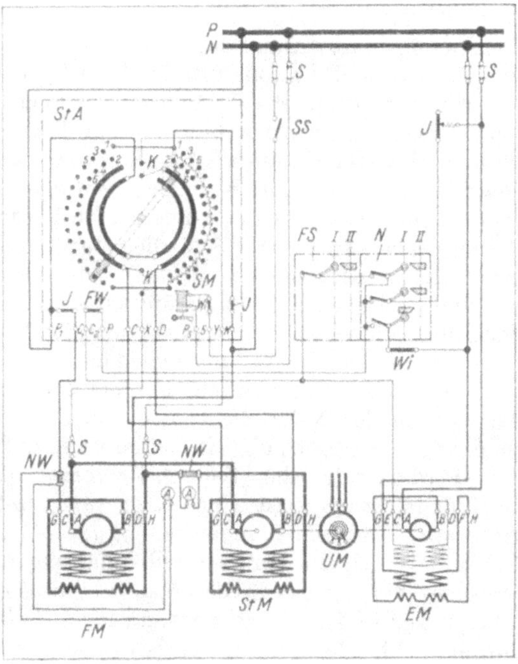


Bild 181. Schaltung des Steuerapparates, des Feldschwächschalters und des Notausschalters. (Feldschwächung, Kurzschließung und Abschaltung der Erregung der Erregermaschine.)

| | |
|---|---|
| $A$ = Stromzeiger | $NW$ = Nebenschlußwiderstand |
| $EM$ = Erregermaschine | $S$ = Sicherung |
| $FM$ = Fördermotor | $SM$ = Sperrmagnet |
| $FS$ = Feldschwächschalter | $SS$ = Sperrmagnetschalter |
| $FW$ = Feldschwächwiderstand | $StA$ = Steuerapparat |
| $J$ = Justierwiderstand | $StM$ = Steuermaschine |
| $K$ = Selbstmordkontakte | $UM$ = Umformermotor |
| $N$ = Notausschalter | $Wi$ = Widerstand |

Die Art und Weise, wie bei diesen Störungen der Bremsmagnet der Sicherheitsbremse betätigt wird, ist aus dem Schema ohne weiteres zu entnehmen.

Zu diesen wesentlich aus dem elektrischen Antriebe sich ergebenden Steuer- und Sicherheitseinrichtungen kommen diejenigen hinzu, die der Förderbetrieb als solcher nötig macht, nämlich:
a) Steuerbremse, in der Regel mit Sicherheitsbremse vereinigt,
b) Sicherheitsapparat,
c) Endausschalter im Fördergerüst.

*Bremsen.* Die Bremsen müssen bei Fördermaschinen, da die Muskelkraft des Menschen höchstens bei kleinen Leistungen ausreicht, mittels einer Hilfskraft betätigt werden, wofür Elektromotor und Druckluft in Betracht kommen. Die Regel bildet die letztere, die zwar mehr Energie verbraucht als der Elektromotor, aber den Vorteil einer sehr einfachen, bequemen Betätigung und übersichtlichen Ausführung der dazu benötigten Einrichtungen hat. Wenn die mechanischen Bremsen bei Maschinen mit Antrieb durch Gleichstrommotor, die in vorstehend beschriebener Weise mit Hilfe der Steuerdynamo geregelt werden (Leonard-Schaltung, Iffland-Schaltung), auch keine so wichtige Rolle spielen wie beim Antrieb durch asynchronen Drehstrommotor, so verwenden die Siemens-Schuckertwerke neuerdings doch auch für Gleichstromfördermaschinen die gleichen auf Seite 211 ff. beschriebenen Bremseinrichtungen, wie für Antrieb durch asynchronen Drehstrommotor. Die Möglichkeit der gleichmäßigen Abstufung des Bremsdruckes mit Hilfe eines guten Bremsdruckreglers und die sonstigen in der obigen Beschreibung angegebenen Vorteile der neuen SSW.-Bremse sind auch für die Vervollkommnung der Gleichstromfördermaschinen von großem Vorteil, weshalb kein Anlaß dafür vorlag, für sie die älteren Bremskonstruktionen beizubehalten.

*Sicherheitsapparat.* Ein besonders wichtiger Teil der mit Gleichstrommotor und Steuerdynamo ausgeführten Förderanlagen ist der mit dem Teufenzeiger verbundene Sicherheitsapparat, der bewirkt, daß die Maschine auch tatsächlich so bedient wird, wie es dem der Berechnung zugrunde gelegten Fahrdiagramm entspricht. Ein Anfahren in falscher Richtung soll vermieden werden, die Beschleunigung soll nicht größer sein, als bei der Berechnung angenommen wurde, die Verzögerung soll rechtzeitig einsetzen und die Förderschale unabhängig von der Größe der Last in der Nähe der Hängebank am Schluß des Zuges mit einer so geringen Geschwindigkeit ankommen, daß, wenn beim Übertreiben der Förderschale die Sicherheitsbremse einfällt, der Überfahrweg auch dann, wenn Last eingehängt wird, unter keinen Umständen so groß wird, daß die Förderschale gegen die Seilscheibe getrieben wird. Dieses läßt sich bei der Leonard-Schaltung in einfacher Weise dadurch erreichen, daß der den Steuerapparat betätigende Hebel während des Anfahrens nur in allmählich zunehmendem Maße derart freigegeben wird, daß er nicht schneller als der beabsichtigten Geschwindigkeitszunahme entspricht, ausgelegt werden kann und gegen Ende des Zuges zwangsweise derart zurückgeschoben wird, daß die gewünschte Verzögerung an dem richtigen Punkte einsetzt und in der verlangten Weise eingehalten wird.

Bild 182 zeigt eine schematische Darstellung des zu diesem Zwecke von den Siemens-Schuckertwerken ausgebildeten Sicherheitsapparates für Treibscheibenmaschinen und seine Verbindung mit dem Steuerapparat und dem Steuerhebel. Der Apparat beruht auf der bereits mehrfach hervorgehobenen Tatsache, daß bei Anlagen mit Leonard-Schaltung die Geschwindigkeit praktisch allein durch die Stellung des Steuerhebels bestimmt wird, einerlei wie groß die Last ist, und ob Last gehoben oder gesenkt wird. Zwei mit Kurvenstücken versehene Scheiben werden durch die Spindel des Teufenzeigers mit Hilfe eines kleinen Zahnradvorgeleges und eines Schneckenrades angetrieben, und die Kurvenstücke wirken derart auf das nach dem Steuerapparat und dem Steuerhebel führende Gestänge, daß der Hebel während des Anfahrens nur langsam in dem gewünschten Maße freigegeben und während der Auslaufstrecke in dem der vorgeschriebenen Verzögerung entsprechenden Maße zwangsweise zurückgeschoben wird.

In Bild 183a und b ist die Ausführungsform des Teufenzeigers für Treibscheiben- und Trommelfördermaschinen mit Antrieb durch Gleichstrommotor und in Bild 184a und b diejenige für Treibscheiben- und Trommel-

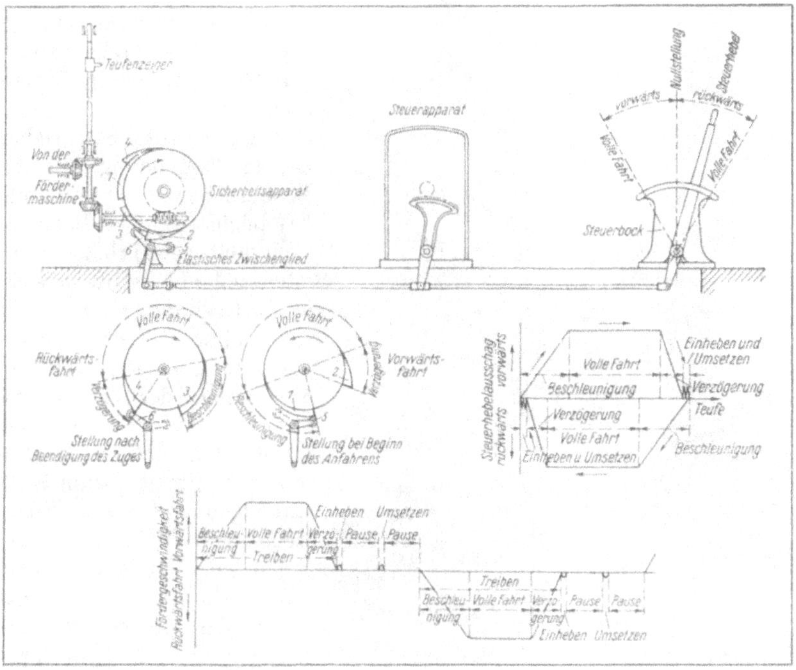


Bild 182. **Schematische Darstellung des Sicherheitsapparates für Treibscheibenmaschinen und seine Verbindung mit dem Steuerapparat und dem Steuerhebel.**

fördermaschinen mit Antrieb durch Drehstrommotor dargestellt. Bei den Trommelmaschinen werden, da ein gegenseitiges Verstecken der Trommeln möglich sein muß, die beiden Kurvenscheiben getrennt angetrieben.

*Elastisches Zwischenglied.* Besonders zu erwähnen ist ein in das Gestänge zwischen Sicherheitsapparat und Steuerapparat eingeschaltetes elastisches Zwischenglied, das folgende Aufgabe hat: Der Sicherheitsapparat wird bei der Inbetriebsetzung der Anlage derart eingestellt, daß die Maschine bei abgehender Seilfahrtlast rechtzeitig zum Stillstand gebracht wird. Das hat zur Folge, daß, sobald Last gehoben wird, die Förderschale bereits etwas unter der Hängebank zum Stillstand kommt, wenn die

Maschine der Einwirkung des Sicherheitsapparates allein überlassen bleibt. Um dieses zu frühzeitige Stillsetzen zu verhindern, muß der Maschinist am Schluß eines Zuges mit aufwärtsgehender Last mit dem Steuerhebel das elastische Zwischenglied etwas zusammendrücken, also etwas Widerstand vom Steuerapparat wieder ausschalten, und dadurch die Förderschale richtig in die Hängebank einfahren.

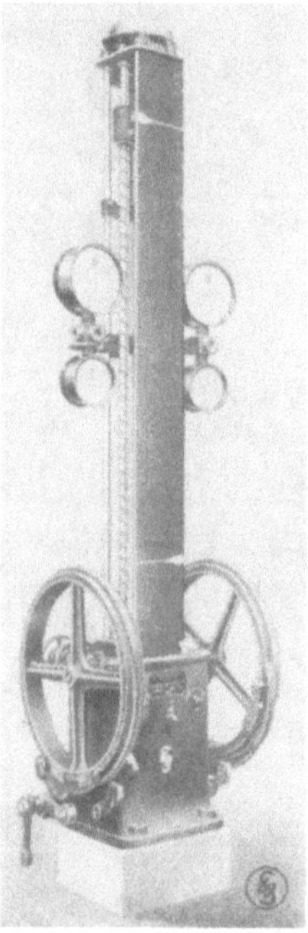

Bild 183 a.

Bild 183 b.

Teufenzeiger mit Sicherheitsapparat für Treibscheiben- und Trommelmaschinen mit Antrieb durch Gleichstrommotor und Steuerdynamo.

*Zu erreichende Sicherheit.* Es mag an dieser Stelle hervorgehoben sein, daß der Sicherheitsapparat, wie er in vorstehendem kurz beschrieben ist, in Verbindung mit der Leonard-Schaltung das denkbar höchste Maß an Betriebssicherheit gewährleistet. Es ist bei jeder Lastgröße, einerlei ob Last gehoben oder gesenkt wird, ohne Gefahr möglich, die Maschine sich selbst zu überlassen, der Sicherheitsapparat bewirkt unter allen Umständen, daß die Förderschale rechtzeitig zum Stillstand gebracht wird. Höchstens wird sie aus den angegebenen Gründen, sobald Last gehoben wird, etwas unter der Hängebank anhalten und muß dann durch den Maschinisten unter Zusammendrückung der Gestängefeder in die Hängebank eingehoben werden. Da, sobald Last eingehängt wird, die Geschwindigkeit, mit der die Förderschale in die Hängebank einläuft, am größten ist, so muß auch dann der Sicherheitsapparat noch zuverlässig wirken. Es ist ohne weiteres möglich, ihn so einzustellen, daß die Geschwindigkeit z. B. beim Einhängen von Seilfahrtlast an der Hängebank so weit herabgesetzt ist, daß, wenn alsdann die Sicherheitsbremse zur Auslösung gebracht wird, der Überfahrweg über die Hängebank hinaus im äußersten Falle noch etwa 4 bis 5 m beträgt, und die Siemens-Schuckertwerke tragen keine Bedenken, hierfür bei jeder Neuanlage Garantie zu übernehmen, was bei Dampfmaschinenantrieb wohl ausgeschlossen ist.

*Endausschalter im Fördergerüst.* Ein wichtiger einfacher Teil der Sicherheitseinrichtungen ist endlich noch ein im Fördergerüst rd. $^1/_2$ m über normaler Schlußstellung der Förderschale angebrachter Schalter, der von der Förderschale beim Übertreiben betätigt wird und durch Auslösung des Haltemagneten an der Sicherheitsbremse diese zum Einfallen bringt. Dadurch wird die Maschine unabhängig von Ungenauigkeiten gemacht, die vielleicht bei der Einstellung des Sicherheitsapparates vorkommen können.

*Anlagen mit vom Führerstand an- und abzustellendem Umformer.* Eine besondere Gestaltung erhalten die Anlagen mit einfachem schwungradlosen Umformer dann, wenn sie so ausgeführt werden, daß der Umformer vom Führerstande aus ein- und ausschaltbar gemacht ist, zu dem Zwecke, die Abstellung des Umformers in den größeren Pausen zu erleichtern und dadurch nicht unerheblich an Energie sparen zu können. Das Schema dafür zeigt Bild 185. Der Ölschalter $O$ des Umformermotors wird durch einen kleinen Drehstrommotormagnet $DM$ angetrieben, und ebenso wird der Flüssigkeitsanlasser $An$ des Umformermotors $UM$ durch einen kleinen Drehstrommotor $M$ betätigt.

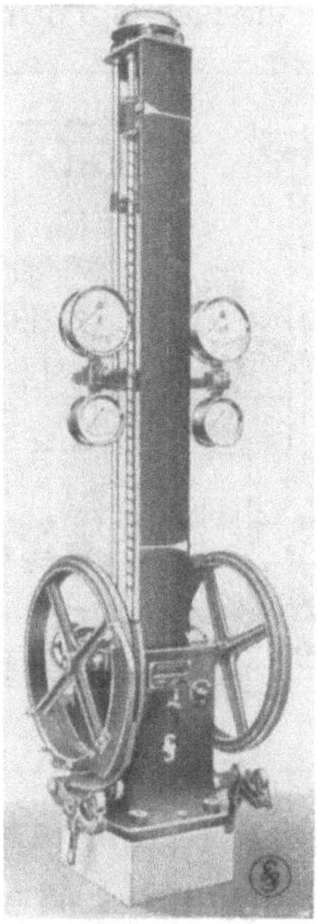

Bild 184a.

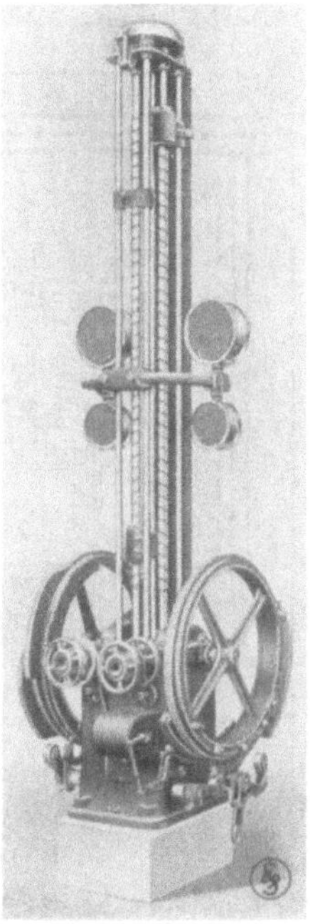

Bild 184b.

Teufenzeiger mit Sicherheitsapparat für Treibscheiben- und Trommelmaschinen mit Antrieb durch Drehstrom-Asynchronmotor.

Das Abstellen und Anlassen des Umformers erfolgt durch eine zusätzliche Bewegung des Hebels der Steuerbremse am Steuerbock, und zwar wird zum Abschalten des Umformers der Hebel der Steuerbremse um 10° über die Stellung „Bremse fest" hinaus bewegt und zum Anlassen und Einschalten des Umformers von dieser äußersten Stellung aus wieder in die Stellung „Bremse fest" zurückgeführt. Das Einschalten und Anlassen des Umformers vollzieht sich folgendermaßen:

Durch einen mit dem Hebel der Steuerbremse verbundenen Walzenschalter $WS_1$ wird, sobald der Hebel der Steuerbremse in die Stellung

„Bremse fest" gebracht wird, der mit dem Hauptölschalter *HA* verbundene Motormagnet über den Walzenschalter $WS_2$ auf der Welle des Flüssigkeitsanlassers *An* an Spannung gelegt und der Hauptölschalter eingeschaltet. Gleichzeitig erhält der Hilfsmotor *M* des Anlassers *An* Spannung über den auf der Anlasserwelle angebrachten Walzenschalter $WS_2$ und den vom Motormagneten gesteuerten Walzenschalter $WS_4$, wodurch die Sicheln des Anlassers in die Flüssigkeit hineingedreht werden und der Umformer angelassen wird. Der Walzenschalter $WS_2$ unterbricht während des Hineintauchens der Sicheln den Stromkreis des Motormagneten am Hauptölschalter und schaltet, sobald die Sicheln des Anlassers ganz in die Flüssigkeit eintauchen, den Hilfsmotor *M* des Anlassers *An* aus.

Damit die Spannung der Erregermaschine beim Anlassen in kürzester Zeit auf ihren vollen Wert gebracht wird, ist eine Schnellerregung dadurch vorgesehen, daß der Widerstand *J* in dem Erregerkreis der Erregermaschine durch Kontakte des Walzenschalters $WS_2$ und des Walzenschalters $WS_3$ und durch Kontakte am Minimalstromrelais *MiR* während des Anlassens des Umformers kurzgeschlossen wird. Der Kurzschluß des Widerstandes wird aufgehoben durch das

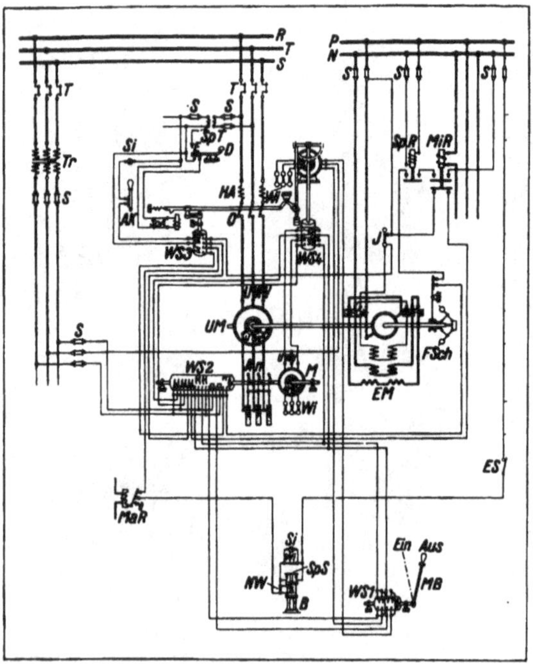


Bild 185. Schaltbild einer Anlage mit Leonard-Schaltung und Fernbetätigung des Umformers.

*AK* = Abstellkontakt an dem Schalterantrieb
*An* = Anlasser
*B* = Bremsmagnet
*D* = Druckknopfschalter
*DM* = Drehstrommotor-magnet
*E* = Erde
*EM* = Erregermaschine
*ES* = Endausschalter in dem Schacht
*FSch* = Fliehkraftschalter
*HA* = Höchststromauslöser
*J* = Justierwiderstand
*M* = Motor
*MB* = Manövrierbremshebel
*Ma R* = Maximalstromrelais
*Mi R* = Minimalstromrelais
*NW* = Nebenschlußwiderstand
*O* = Ölschalter
*S* = Sicherung
*Si* = Signallampe
*SpA* = Spannungsrückgangs-Auslöser
*SpR* = Spannungsrückgangs-Relais
*SpS* = Sparschalter
*SpT* = Spannungstransformator
*T* = Trennschalter
*Tr* = Transformator
*UM* = Umformermotor
*Wi* = Widerstand
*WS* = Walzenschalter

Minimalstromrelais *MiR*, sobald die Erregung des Fördermotors auf den während der Pausen zugelassenen Wert gestiegen ist und durch den Walzenschalter $WS_2$, sobald die Sicheln des Anlassers vollkommen eintauchen. Durch den Walzenschalter $WS_3$ ist dafür gesorgt, daß die Schnellerregung nur bei eingeschaltetem Ölschalter des Umformers arbeiten kann.

Das Stillsetzen des Umformers geschieht durch Auslegen des Hebels der Steuerbremse von Stellung „Bremse fest" in die äußerste Lage des Bremshebels. Durch diese Bewegung wird durch den mit dem Bremshebel verbundenen Walzenschalter $WS_1$ über den Walzenschalter $WS_2$ des Flüssigkeitsanlassers der Motormagnet des Hauptölschalters *HA* im umgekehrten Sinne wie beim Anlassen des Umformers an Spannung gelegt, der Motormagnet schaltet den Schalter aus und legt gleichzeitig den Hilfsmotor *M* des Anlassers *An* über den Walzenschalter $WS_2$ und $WS_4$, ebenfalls im entgegengesetzten Sinne wie beim Einschalten, an Spannung. Die Sicheln des Anlassers werden aus der Flüssigkeit herausgezogen, und durch den Walzenschalter $WS_2$ wird in der Endstellung des Anlassers der Hilfsmotor *M* abgeschaltet und stillgesetzt. Beim Ausschalten des Ölschalters wird gleichzeitig der Walzenschalter $WS_3$ betätigt, wodurch die Signallampe des Ölschalters aufleuchtet und der Stromkreis des Sicherheitsbremsmagneten unterbrochen wird. Die Walzenschalter $WS_2$, $WS_3$ und $WS_4$ stehen nun für ein neues Einschalten und Anlassen des Umformers bereit.

Um zu verhindern, daß infolge Ausbleibens der Erregerspannung jedesmal beim Stillsetzen des Umformers die Sicherheitsbremse in Wirksamkeit tritt, wenn durch Auslegen des Hebels der Steuerbremse auf die letzten 10° seines Weges der Umformer abgeschaltet wird, wird der Kern des Bremsmagneten der Sicherheitsbremse durch den Steuerbremshebel so gesperrt, daß die Sicherheitsbremse nicht einfallen kann. Gleichzeitig verriegelt aber der Kern des Bremsmagneten der Sicherheitsbremse den Bremshebel der Steuerbremse derart, daß letztere nur gelüftet werden kann, wenn nach Anlassen des Umformers die volle Erregerspannung vorhanden und der Kern des Bremsmagneten wieder angezogen ist. Ein Anfahren der Maschine ist also nur bei vollkommen betriebsbereitem Umformer möglich. Die Betriebsbereitschaft des Umformers wird dem Maschinisten durch die Signallampe *Si* am Teufenzeiger angezeigt.

Es hat sich an ausgeführten Anlagen ergeben, daß der Steuerumformer ohne Überschreitung der Dauerleistung des Umformermotors in rd. 7 bis 8 s nach Beginn der Einschaltbewegung seine volle Drehzahl erreicht. Da nun auch, wie die ausgeführten Versuche ergeben haben, der Anlaufverbrauch des Umformermotors immer kleiner ist als der Leerlaufverbrauch des Umformers, einschließlich Erregung für den Fördermotor, so wird durch das Abschalten des Umformers während der Förderpausen Energie gespart. Mit Rücksicht auf die Anlaufzeit des Umformers und auf die zum Zurückdrehen des Anlassers in die Anlaßstellung erforderliche Zeit, die eben so groß ist wie die Anlaufzeit, hat das Abschalten aber nur dann Zweck, wenn die Förderpausen größer sind, als die doppelte Anlaufzeit des Umformers.

*Ausgleich der Belastungschwankungen. Ilgnersystem.* Bei Förderanlagen, deren Energieverbrauch im Verhältnis zu der Leistungsfähigkeit der die Energie liefernden Generatoren zu groß ist, als daß sie ohne schädliche Rückwirkungen auf andere motorische Betriebe oder Beleuchtungsanlagen an das Netz angeschlossen werden könnten, ist für einen Ausgleich der Belastungsschwankungen Sorge zu tragen, durch den die Ungleichheiten in der Energieentnahme so weit herabgesetzt werden, daß

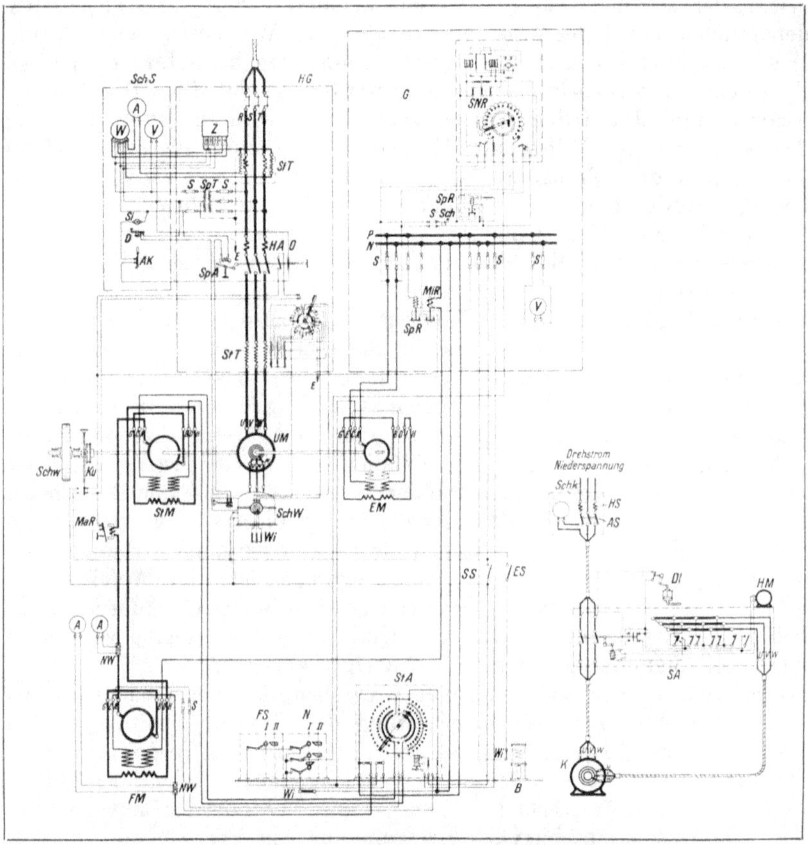


**Bild 186. Schaltbild einer Ilgner-Fördermaschine.**
**Bezeichnung wie bei Bild 179 (Schaltbild einer Leonard-Förderanlage), außerdem:**
***Ku* = Kupplung, *Schw* = Schwungrad, *Sch W* = Schlupfwiderstand, *SNR* = Selbsttätiger Nebenschlußregler, *St Sch* = Stufenschalter.**

solche Rückwirkungen nicht mehr zu befürchten sind. Wie schon erwähnt wurde, kommen praktisch hierfür bei Förderanlagen nur noch Schwungräder in Betracht, da für die großen Leistungen, die einen Ausgleich der Belastungsschwankungen nötig machen, die Akkumulatorenbatterien sowohl in der Anschaffung als auch in der Unterhaltung viel zu teuer werden. Es ist daher entsprechend der Ende vorigen Jahrhunderts von *Ilgner* angegebenen Anordnung mit dem Umformer ein Schwungrad zu verbinden, das so groß sein muß, daß die Ungleichheiten in der Energieentnahme dadurch ausgeglichen und annähernd gleichmäßige Energiemengen dem Netze entnommen werden. Über den Weg, der bei der Berechnung der Schwungradgewichte einzuschlagen ist, ist oben bereits das Nähere angegeben. Dabei ist die gegenwärtig allgemein übliche Form derartiger Schwungräder, geschlossene Scheiben, bei denen die wirksamen Massen möglichst weit nach dem Umfang verlegt sind, vorausgesetzt. Sie werden in der Regel aus sorgfältigst überschmiedetem Spezialstahl, ähnlich wie Panzerplatten, hergestellt und haben eine so hohe Festigkeit, daß sie mit Umfangsgeschwindigkeiten bis zu rd. 150 m/s anstandslos laufen können. Die Siemens-Schuckertwerke legen bei Neuanlagen hierfür in der Regel einen Höchstwert von 140 m/s zugrunde.

*Wirkungsweise des Schwungrades; Schlupfwiderstand.* Um mit solchen Schwungscheiben den erstrebten Ausgleich der Belastungsschwankungen herbeizuführen, ist die Anordnung so zu treffen, daß, beginnend mit dem Zeitpunkte, an dem die Energieabgabe der Schwungscheiben einsetzen soll, ihre Drehzahl so lange heruntergedrückt wird, wie der Energieverbrauch der Anlage über dem eingestellten Mittelwert liegt. Dies geschieht mit Hilfe des sogenannten Schlupfwiderstandes, der in den Läuferstromkreis des Umformermotors geschaltet ist, wobei ein gewöhnlicher asynchroner Drehstrommotor vorausgesetzt wird, da der Anschluß an ein Drehstromnetz gegenwärtig praktisch allein noch in Frage kommt. Das Schaltbild, aus dem die Anordnung dieses Schlupfwiderstandes sowie der sonstigen bei Ilgner-Förderanlagen in Betracht kommenden Apparate usw. zu entnehmen ist, zeigt Bild 186. Schwungrad und Schlupfwiderstand werden in der Regel derart bemessen, daß der höchste zusätzliche Abfall der Drehzahl rd. 13 % beträgt. Die Einstellung auf den der mittleren Förderleistung entsprechenden Energieverbrauch des Umformermotors erfolgt alsdann mit Hilfe eines an den Schlupfwiderstand, der fast immer ein Flüssigkeitswiderstand ist, angebauten Motorrelais. Bild 187 zeigt den Anlaß- und selbsttätigen Schlupfwiderstand in Verbindung mit dem Motorrelais, das an die Zuleitung zum Umformermotor angeschlossen ist und die Ein- und Ausschaltung der Sicheln des Flüssigkeitswiderstandes in dem gewünschten Maße herbeiführt.

*Regelsätze.* Die selbttätige Schlupfregelung durch einen Schlupfwiderstand hat jedoch einen dauernden Energieverbrauch zur Folge, der dem Schlupf annähernd verhältnisgleich ist. Dieser Verlust setzt sich zusammen

15*

aus dem zusätzlichen, dem Drehzahlabfall entsprechenden Schlupf, dem natürlichen Schlupf des Umformermotors und dem durch den Anlaß- und Schlupfwiderstand, hervorgerufenen Grundschlupf. Während durch den natürlichen und den Grundschlupf dauernd etwa 5 %. Verlust bedingt sind, gehen durch die Schlupfregelung bei einem größten Drehzahlabfall von 13 % weitere 6,5 % im Mittel verloren, so daß also dauernd rd. 11 % der Leistung des Umformermotors vernichtet werden, eine ganz beträchtliche Energiemenge, die natürlich auf die Wirtschaftlichkeit der Anlage nicht ohne Einfluß ist.

Bild 187. Anlaß- und Schlupfwiderstand mit Motorrelais.

Eine ganz bedeutende Verringerung dieser Schlupfverluste läßt sich durch Verwendung eines Regelsatzes, an Stelle des vorstehend besprochenen Schlupfwiderstandes, erreichen. Die Drehzahl des Umformermotors wird dann dadurch geregelt, daß ihm in seinem Läuferstromkreis eine Spannung aufgedrückt wird, die in Phase mit seiner Schlupfspannung liegt. Der Motor muß dann in seinem Läuferkreis eine Schlupfspannung erzeugen, die dieser aufgedrückten Spannung das Gleichgewicht hält, d. h. er muß eine dieser Spannung entsprechende Drehzahl annehmen. Je nach der Richtung der aufgedrückten Spannung muß auch die Schlupfspannung des Läufers ihre Richtung ändern, und der Motor wird dementsprechend in seiner Drehzahl steigen oder abfallen, er wird über- oder untersynchron laufen.

Die dem Läufer des Umformermotors aufzudrückende Spannung wird in einer Kommutatormaschine, der sogenannten Hintermaschine, erzeugt, deren Ständerwicklung an die Schleifringe des ersteren angeschlossen wird, und deren Kommutatorbürsten mit dieser Ständerwicklung in Reihe liegen. Die in einem besonderen Erregersatz erzeugte Erregerenergie wird der Hintermaschine über Schleifringe zugeführt. Je nach der Größe dieser zugeführten Erregerenergie ändert die Hintermaschine ihre Spannung, so daß man in der Lage ist, durch Änderung der Erregerenergie jede beliebige Drehzahl des Umformermotors in dem gewünschten Schlupfbereich einzustellen.

Die Hintermaschine wird im allgemeinen, wenn es die Platzverhältnisse gestatten, was wohl für die weitaus meisten Fälle zutrifft, mit dem Umformer mechanisch gekuppelt. Der Erregersatz, bestehend aus einem Synchronmotor, der Drehfeld-Erregermaschine und der zugehörigen Gleichstrommaschine zur Erregung des Synchronmotors und der Drehfeld-Erregermaschine ist gesondert aufzustellen.

Der Synchronmotor des Erregersatzes muß an dasselbe Netz angeschlossen werden wie der Umformermotor, gegebenenfalls unter Verwendung eines Transformators, ferner erhalten Synchronmotor und Drehfeld-Erregermaschine dieselbe Polzahl, damit die Drehfeld-Erregermaschine im Läufer der Hintermaschine ein Drehfeld mit der gleichen Periodenzahl erzeugt.

Die Schlupfenergie, abzüglich der in den Maschinen und Regelapparaten auftretenden Verluste, die etwa 2 % der Leistung des Umformermotors betragen, wird von der Hintermaschine wieder an die Welle des Umformers abgegeben, wenn, wie vorher angenommen, die Hintermaschine mit der Umformerwelle direkt gekuppelt ist. Die gesamten Energieverluste der Drehzahlregelung durch Regelsatz betragen also, wenn man den natürlichen Schlupf des Umformermotors mit rd. 1,5 % annimmt, rd. 3,5 % gegenüber 11 % bei Verwendung eines Schlupfwiderstandes.

Ist die mechanische Kupplung der Hintermaschine mit der Umformerwelle nicht möglich, etwa aus Platzmangel, bei Anlagen, bei denen nachträglich ein Regelsatz zur Drehzahlregelung eingebaut werden soll, so kann die Hintermaschine auch getrennt aufgestellt werden, und zwar wird sie dann von dem Synchronmotor des Erregersatzes angetrieben. An Stelle der Hintermaschine muß aber jetzt die Drehfeld-Erregermaschine, die allerdings bedeutend kleiner ist, von der Umformerwelle aus angetrieben werden und zwar entweder durch direkte Kupplung oder durch Zahnradvorgelege oder auch durch Kettenradantrieb. Eine direkte Nutzbarmachung der Schlupfenergie an der Umformerwelle ist dann nicht mehr möglich, vielmehr wird jetzt die Schlupfenergie von der Hintermaschine über den Synchronmotor des Erregersatzes an das Netz zurückgegeben. Da aber die Raumersparnis bei dieser Anordnung des Regelsatzes nicht sehr bedeutend ist, so wird man im allgemeinen der zuerst angegebenen Anordnung, direkte Kupplung der Hintermaschine mit der Umformerwelle, den Vorzug geben.

Die Größe der Hintermaschine richtet sich nach der größten Schlupfleistung, sie ist also von der Leistung des Umformermotors und der Größe der Regelzone abhängig. Verlegt man den Regelbereich auf gleiche Teile unterhalb und oberhalb des Synchronismus (Doppelzonenregelung), so erhält man für die Hintermaschine eine halb so große Beanspruchung, d. h. die Maschine kann dementsprechend kleiner bemessen werden. Für bereits bestehende Anlagen, bei denen nachträglich eine Drehzahlregelung durch Regelsatz vorgenommen werden soll, ist natürlich zu prüfen, ob für die Umformermaschinen und namentlich auch für das Schwungrad eine Erhöhung der Drehzahl über den Synchronismus hinaus zulässig ist. Ist dies nicht der Fall, so kommt nur eine Drehzahlregelung nach unten in Frage, und die Hintermaschine muß dementsprechend bemessen werden. Ebenso wie bei der Regelung durch einen Schlupfwiderstand ist es notwendig, die Drehzahl des Umformers in Abhängigkeit von seiner Belastung zu ändern, um den erstrebten Belastungsausgleich zu erreichen. In der Zuleitung zu dem Umformermotor wird zu diesem Zweck ein Stromrelais vorgesehen, durch das bei Überschreitung einer für den betreffenden Fall zugelassenen, mittleren Stromstärke der Antriebsmotor des als Eilregler ausgebildeten Erregerstromreglers der Drehfeld-Erregermaschine eingeschaltet wird. Durch die von diesem Erregerstromregler abhängige Drehfeld-Erregermaschine wird nun auch die Erregung der Hintermaschine und somit auch die von dieser erzeugte Spannung beeinflußt, so daß der Umformermotor zu einer Änderung seiner Drehzahl gezwungen wird. Bei Beginn des Arbeitsspieles läuft der Umformer mit seiner höchsten, übersynchronen Drehzahl, Doppelzonenregelung angenommen, und der in diesem Falle als Umkehrregler ausgebildete Eilregler steht in seiner äußersten Stellung. Überschreitet nun die Belastung des Umformermotors die eingestellte mittlere Stromstärke, so wird durch den Eilregler ein Drehzahlabfall des Umformers erwirkt und das Schwungrad zur Arbeitsleistung herangezogen. Ist die Drehzahl auf die synchrone gesunken, so wird die Spannung der Hintermaschine umgekehrt und die Drehzahl fällt weiter, bis die gewünschte unterste Stufe erreicht ist. Sinkt die Stromstärke des Umformermotors jetzt unter den eingestellten mittleren Wert, so wird durch das Stromrelais der Antriebsmotor des Eilreglers in die entgegengesetzte Drehrichtung geschaltet. Der Eilregler wird zurückgedreht und die Drehzahl des Umformers steigt, bis die Höchstdrehzahl erreicht und das Schwungrad wieder aufgeladen ist. Die Drehzahl wird dabei in 60 bis 90 Stufen geregelt, so daß ein guter, gleichmäßiger Belastungsausgleich gewährleistet ist.

Gleichzeitig läßt sich mit dem Regelsatz auch eine Phasenkompensation des Umformermotors erreichen. Die Drehfeld-Erregermaschine wird zu diesem Zwecke noch mit einer zweiten Wicklung, der sogenannten Phasenwicklung, versehen, die ihre Erregung ebenfalls von der Gleichstrommaschine des Erregersatzes erhält. Die Phasenwicklung erhält einen Handregler, mit dem die gewünschte Kompensation des Umformermotors eingestellt wird.

Es läßt sich durch richtige Bemessung der Phasenwicklung der Drehfeld-Erregermaschine eine Phasenkompensation des Umformermotors von $\cos \varphi = 1$, bei allen Drehzahlen des gewünschten Regelbereiches, erreichen, und zwar genügt hierzu nur eine einmalige Einstellung der Erregung dieser Wicklung durch den Handregler.

Trotz der größeren Anlagekosten, die durch den Regelsatz bedingt sind, bietet diese Art der Regelung doch so bedeutende wirtschaftliche Vorteile, daß ihre Anwendung in jedem Falle in Erwägung zu ziehen ist.

*Ausrückbare Schwungradkupplung.* Wie in dem Schaltbild, Bild 186, bereits angedeutet ist, wird das Schwungrad mit Hilfe einer Kupplung mit dem Motorgenerator verbunden, so daß es nach Bedarf ein- und ausgeschaltet werden kann. Da es für eine möglichst sparsame Betriebsführung erwünscht ist, in Zeiten schwacher Förderung das Schwungrad jederzeit abschalten und bei verminderter Geschwindigkeit die wenigen dann nötigen Züge ohne Schwungrad ausführen zu können, führen die Siemens-Schuckertwerke die Kupplung zwischen Motorgenerator und Schwungrad derart als Reibungskupplung aus, daß sie leicht mit Hilfe eines Handrades

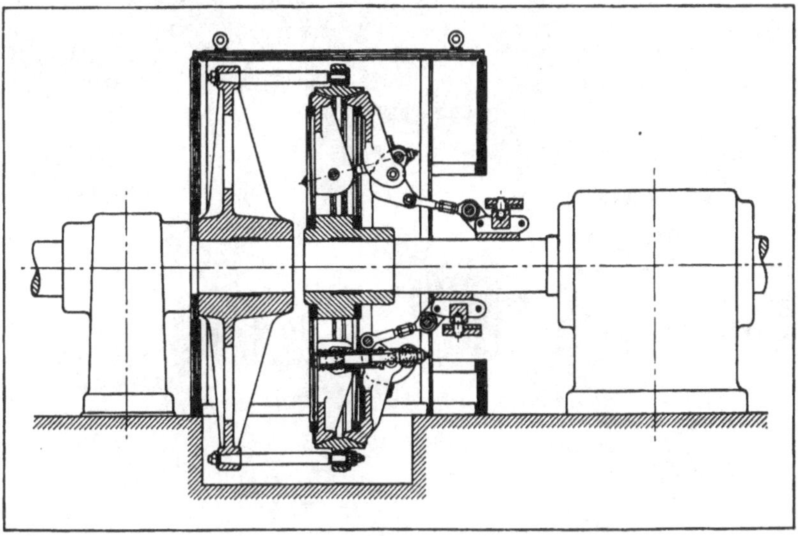

Bild 188. Ausrückbare Stabfederkupplung.

ein- und ausgeschaltet werden kann. Um kleinen Ungenauigkeiten bei der Montage oder kleinen einseitigen Senkungen des Fundamentes Rechnung zu tragen und Überbeanspruchungen der Lager zu vermeiden, ist die Kupplung gleichzeitig nachgiebig gemacht, so daß die angeschlossenen Wellen geringe Verschiedenheiten in der Lage ihrer Achse ausgleichen können. Die nach diesen Gesichtspunkten ausgebildete Kupplung zeigt Bild 188. Es ist eine ausrückbare Stabfederreibkupplung, wie sie von den Siemens-Schuckertwerken seit Jahren für Ilgner-Anlagen verwandt wird und die sich als ein besonders wertvoller, zuverlässiger Teil derartiger Anlagen bewährt hat.

*Einkapselung des Schwungrades.* Zur Herabsetzung der Luftreibung ist das Schwungrad durch eine möglichst dicht an den Umfang sich anschmiegende Haube einzuschließen. Die Luftreibung ist nämlich, wie genaue Versuche gezeigt haben, am Umfange der Schwungräder am größten.

Wenn auch hiernach eine Haube genügen würde, so ist es doch aus ästhetischen Gründen angebracht, die Schwungräder vollständig einzukapseln, wodurch auch das Geräusch wesentlich herabgesetzt wird.

*Umformer Zeche Sachsen.* Bild 189 zeigt den großen Doppelschwungradumformer der Zeche Sachsen der Mansfeldschen Steinkohlenbergwerke Akt.-Ges., Schacht I in Heeßen bei Hamm. Bei dieser Anlage sind die Umformer zweier Fördermaschinen miteinander gekuppelt, also insgesamt drei ausrückbare Kupplungen vorhanden, so daß die Schwung-

Bild 189. Schwungradumformer der Förderanlage der Zeche Sachsen der Mansfeldschen Steinkohlenbergwerk-A.-G., Schacht I in Heeßen bei Hamm.

räder nach Belieben auf den einen oder anderen Umformer geschaltet werden können, und sich, wenn alle Kupplungen eingeschaltet sind, die Belastungschwankungen beider Maschinen zum größten Teil, ohne daß die Drehzahl der Umformer erheblich sinken muß, ausgleichen. Ein nicht unwesentlicher Teil der sonst im Schlupfwiderstand vernichteten Energie wird dadurch gespart.

*Verschiedene Anordnungen der Schwungräder.* Sollen zwei nahe beieinanderliegende Förderanlagen nach dem Ilgner-System gebaut und betrieben werden, so läßt sich durch geschickte Anordnung der Schwungräder und der Kupplungen hinsichtlich Herabsetzung der Energieverluste und der Anlagekosten viel erreichen. Bild 189 zeigt hierfür bereits ein Beispiel. In Bild 190 sind verschiedene Anordnungen der Schwungradumformer, wie sie teils für eine einzige Förderanlage, teils für Doppelförderungen in Frage kommen, angegeben. Es ist von Fall zu Fall zu untersuchen, welche dieser Anordnungen den jeweilig vorhandenen Verhältnissen am besten Rechnung trägt.

*Fahren ohne Schwungrad.* Soll bei schwacher Förderung ohne Schwungradausgleich gefahren werden, so ist nur erforderlich, die Fördergeschwindigkeit so niedrig zu halten, daß die Belastung des Umformermotors das zulässige Maß nicht überschreitet. Unabhängig von der Zuverlässigkeit des Maschinisten läßt sich dieses in einfacher Weise dadurch sicherstellen, daß mit dem Gestänge zum Ein- und Ausschalten der Kupplung

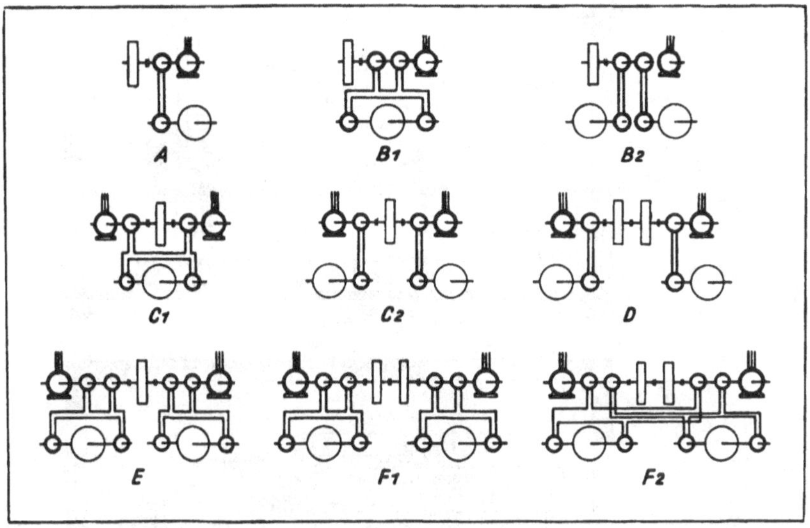


Bild 190. Verschiedene Anordnungen von einfachen und Doppel-Förderanlagen beim Ilgner-System.

eine Kontaktvorrichtung verbunden ist, die einen am Steuerapparat angebrachten Sperrmagneten betätigt, der den Steuerhebel an dem der zulässigen Höchstgeschwindigkeit entsprechenden Punkte sperrt. Häufig wird jedoch auch von vornherein der Umformermotor so groß bemessen, daß nach entsprechendem Ausbau des Kraftwerkes das Schwungrad auch für den normalen Betrieb stillgesetzt werden kann.

*Selbsttätige Regelung der Erregerspannung.* Die Drehzahlschwankungen des Schwungradumformers haben auf die Höhe der Fördergeschwindigkeit einen praktisch nur geringen Einfluß. Um auch an der Erregermaschine unzulässige, durch diese Drehzahlschwankungen bedingte Spannungsänderungen zu verhindern, genügt es, eine einfache selbsttätige Spannungsregelung an der Erregermaschine anzubringen, wofür

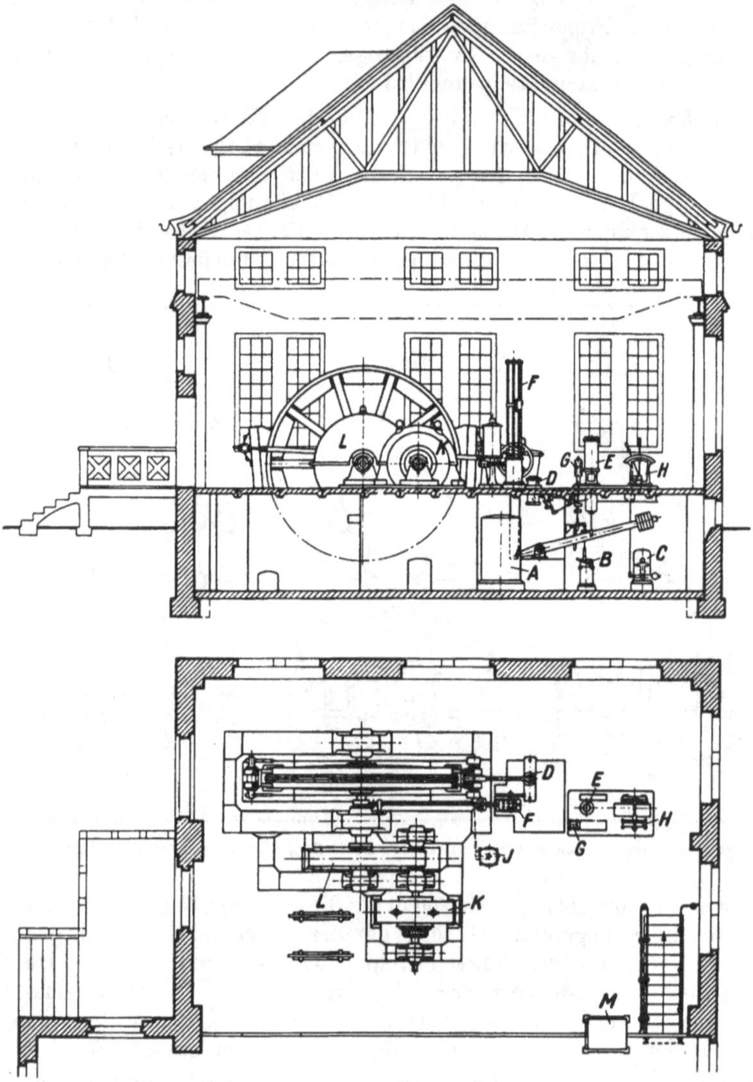


Bild 191. Gleichstrom-Fördermaschine mit einfachem Vorgelege.

$A$ = Druckluftbehälter
$B$ = Notausschalter
$C$ = Steuerapparat
$D$ = Bremszylinder
$E$ = Hubzylinder
$F$ = Teufenzeiger
$G$ = Bremsmagnet
$H$ = Steuerbock
$J$ = Tachograph
$K$ = Fördermotor
$L$ = Zahnradvorgelege
$M$ = Gleichstrom-Schaltschrank

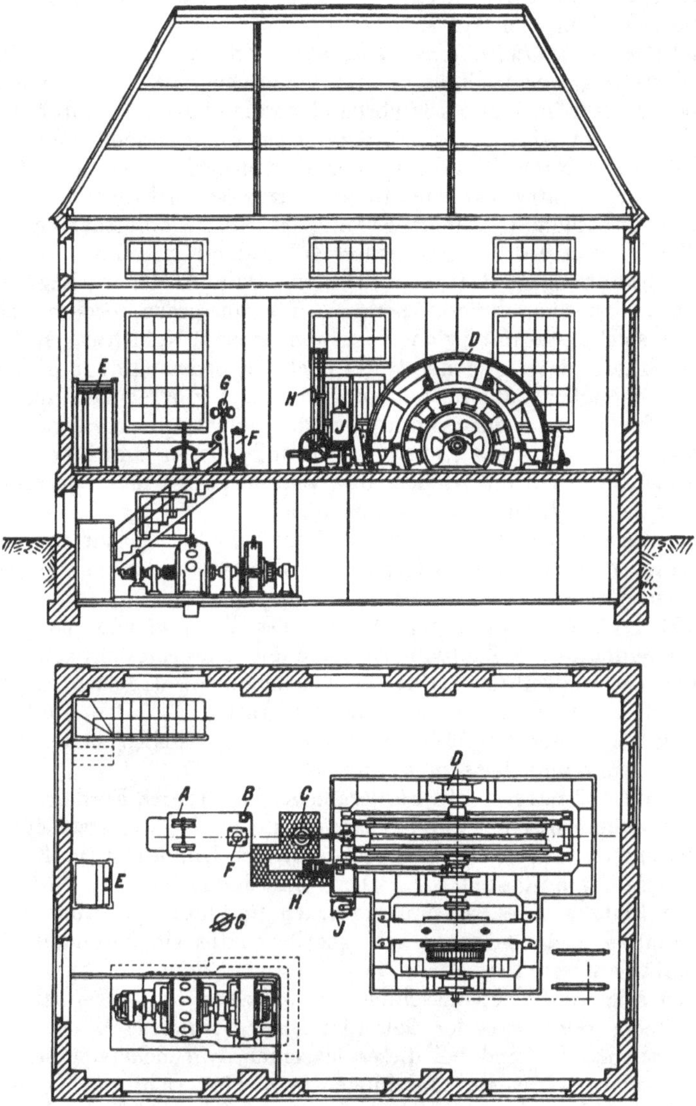


Bild 192. Treibscheibenfördermaschine mit einem Antriebsmotor.

| | | |
|---|---|---|
| *A* = Steuerbock | *D* = Fördermotor | *G* = Schaltsäule |
| *B* = Bremsmagnet | *E* = Gleichstrom-Schaltschrank | *H* = Teufenzeiger |
| *C* = Bremszylinder | *F* = Hubzylinder | *J* = Tachograph |

ein träge wirkender Selbstregler ausreicht, da die Drehzahländerungen ja stets nur allmählich vor sich gehen.

*Beschränkte Notwendigkeit eines Belastungsausgleichs.* Die Notwendigkeit, einen Belastungsausgleich überhaupt vorzusehen, ist gegenwärtig nicht annähernd mehr in dem Maße vorhanden, wie dieses bei Einführung des elektrischen Antriebes großer Förderanlagen Ende vorigen Jahrhunderts der Fall war. Nach Einführung der Dampfturbinen ist die Leistungsfähigkeit der Kraftwerksgeneratoren ganz wesentlich gegen früher gewachsen, außerdem ist die Regelfähigkeit einer Dampfturbine an sich bedeutend besser als diejenige einer Kolbendampfmaschine, so daß Belastungschwankungen bei neuzeitlichen Dampfturbinen - Kraftwerken kaum etwas zu schaden vermögen. Nur für ganz große Fördermaschinen, also z. B. solche, die mit jedem Zuge wenigstens 6 Kohlenwagen fördern, wird auch gegenwärtig in der Regel noch ein Schwungradausgleich vorgesehen, wenngleich auch schon für Maschinen größter Leistung neuerdings mehrfach von der Anbringung des Schwungrades abgesehen ist und man sich mit einem einfachen schwungradlosen Umformer begnügt hat, wobei natürlich die Anlage- und Betriebskosten nicht unwesentlich niedriger als bei Ilgner-Anlagen ausfallen.

*Beispiele ausgeführter Förderanlagen.* Zum Schluß seien zur Erläuterung des Gesagten noch einige Beispiele von Gesamtanordnungen sowie ausgeführten Förderanlagen gebracht.

Bild 191 zeigt die Gesamtanordnung einer Förderanlage, bei der der Gleichstrommotor die Treibscheibenwelle mit Hilfe eines einfachen Zahnradvorgeleges antreibt. Dabei ist angenommen, daß der zugehörige Umformer in einem Nebenraum untergebracht ist. Der Fördermotor sowie die Lager der Vorgelege- und Treibscheibenwellen sind auf einem geschlossenen schmiedeeisernen Rahmen befestigt.

Die in Bild 192 dargestellte Förderanlage, bei der der Fördermotor mit der Treibscheibenwelle unmittelbar gekuppelt ist, unterscheidet sich von derjenigen in Bild 191 dadurch, daß der Umformer im Keller der Fördermaschine aufgestellt ist. Diese Anordnung hat den Vorteil eines geringen Platzbedarfes, es muß natürlich für gute Belüftung des Umformerraumes Sorge getragen und gegebenenfalls ein besonderer Ventilator dafür aufgestellt werden.

Bild 193 zeigt eine Koepemaschine mit zwei Antriebsmotoren, ausgeführt für die Zeche Bonifacius der Gelsenkirchener Bergwerks A. G., Kray bei Gelsenkirchen. Es sind bei dieser Maschine, wie mehrfach bei großen und besonders wichtigen Maschinen, zwei Fördermotoren vorgesehen, von denen jeder so groß bemessen ist, daß er für die Förderung der halben Nutzlast ausreicht. Da die Beanspruchung bei voller Nutzlast geringer als das doppelte derjenigen bei halber Nutzlast ist, weil in beiden Fällen die toten Massen annähernd die gleichen sind, so ergibt sich für die normale Förderung eine unter dem zulässigen

Bild 193. Koepefördermaschine der Zeche Bonifacius der Gelsenkirchener Bergwerks-A.-G., Kray b. Gelsenkirchen. Nutzlast 5200 kg, größte Teufe 600 m, Fördergeschwindigkeit 16 m/s.

Bild 194. Trommelfördermaschine der Deutschen Solvaywerke A.-G. in Solvayhall bei Bernburg. Nutzlast 3200 kg, größte Teufe 500 m, Fördergeschwindigkeit 16 m/s.

Maße liegende Beanspruchung der Motoren, was die Betriebssicherheit natürlich erhöht.
Bild 194 zeigt eine Trommelfördermaschine mit zylindrischen Trommeln und ebenfalls zwei Antriebsmotoren, ausgeführt für den Ernst Solvay-Schacht der Deutschen Solvaywerke A. G. in Solvayhall bei Bernburg. Bemerkenswert ist diese Maschine wegen der verhältnismäßig großen Beschleunigung von wenigstens 1,5 m/s$^2$, mit der sie anfährt. Bei der starken Ausnutzung dieser Anlage kommen hier die durch den elektrischen

**Bild 195. Koepefördermaschine der Grube Emma I der Holländischen Staatsminenverwaltung bei Heerlen. Nutzlast 5600 kg, größte Teufe 800 m, Fördergeschwindigkeit 18 m/s.**

Antrieb gegebenen Möglichkeiten schnellen Anfahrens und schnellen Verzögerns besonders wirkungsvoll zum Ausdruck.
Bild 195 zeigt die Fördermaschine auf Schacht I der Grube Emma I der Holländischen Staatsminenverwaltung bei Heerlen. Trotz der großen Nutzlast von 8 Wagen arbeitet diese Anlage, für die von vornherein allerdings ein Ilgner-Umformer vorgesehen war, normalerweise doch unter Benutzung eines schwungradlosen Umformers, der zur Reserve aufgestellt ist.
Bild 196 zeigt die erste große in Deutschland ausgeführte Turmfördermaschine auf Schacht Hausham der Oberbayerischen A. G. für Kohlenbergbau. Bei ihr ist der Abstand zwischen höchstem Punkt der Förderschale und Unterkante Ablenkscheibe, sobald die Förderschale an der Hänge-

bank hängt, nur 5 m. Die Anlage ist seit 1907 in Betrieb, ohne daß es jemals vorgekommen wäre, daß die Förderschale gegen die Ablenkscheibe gefahren wäre.

## 6. Betriebstechnische Maßnahmen.

### a) Drehstromfördermaschinen.

*Zahnräder.* Besonderer Aufmerksamkeit bedürfen außer dem Motor die Zahnradvorgelege, Schaltapparate und Anlaßwiderstände. Zahnrad-

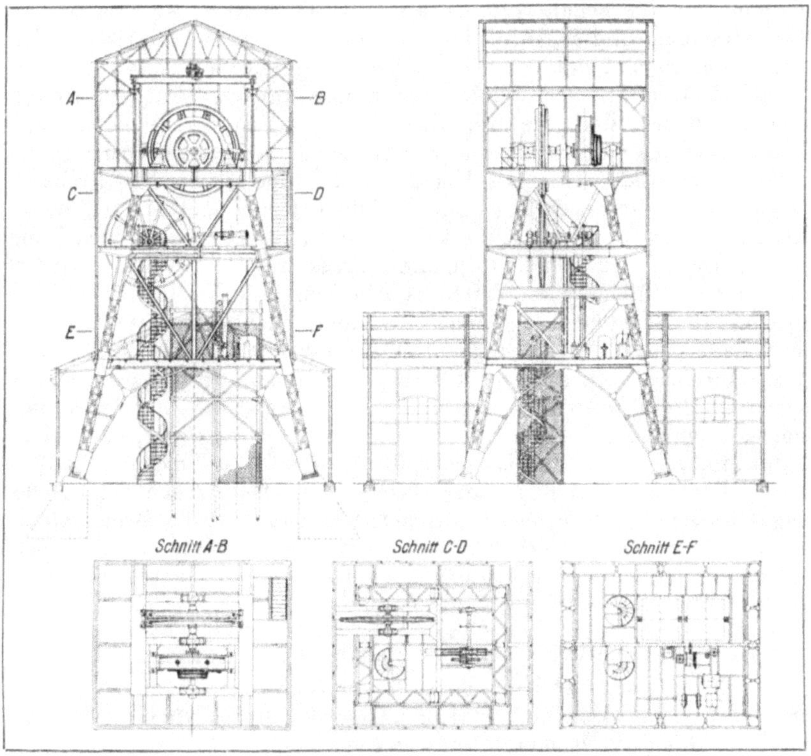


Bild 196. Fördermaschine auf Schacht Hausham der Oberbayerischen A.-G. für Kohlenbergbau. Nutzlast 2800 kg, größte Teufe 750 m, Fördergeschwindigkeit 16 m/s.

vorgelege bei mittelgroßen Fördermaschinen, für die der Antrieb durch asynchronen Drehstrommotor noch in Betracht kommt, sind nur dann einwandfrei, wenn die Zähne sorgfältigst nach theoretisch richtiger Zahnform geschnitten sind. Völlige öldichte Einkapselung ist zu empfehlen. Für gute Schmierung der Zähne ist Sorge zu tragen, etwa durch Verwendung einer Ölpumpe, die das Öl in die Zahneingriffsstelle spritzt. Das große Rad kann außerdem in einem Ölbad laufen und so zur Schmierung der Zähne noch beitragen. Da solche Zahnräder gegen einseitiges Sinken des Fundamentes oder des Maschinenrahmens besonders empfindlich sind, müssen sie von Zeit zu Zeit daraufhin untersucht werden, ob der Eingriff der Zähne noch tadellos ist. Sorgfältigste Montage ist besonders wichtig, dauernd fester Sitz der Nabenkeile ist erforderlich.

*Umschalter.* Für die Umschaltung der Motoren kommen Ölschalter oder Luftschalter in Betracht. Da die Zahl der täglichen Schaltungen groß ist, sondert sich bei den ersteren allmählich infolge Zersetzung des Öles Schlamm in den Schaltergefäßen ab. Das Öl muß daher von Zeit zu Zeit untersucht und gegebenenfalls erneuert werden. Sobald sich an den Kontakten Perlenbildungen zeigen, sind sie gegen neue auszuwechseln. Luftschalter lassen sich durch Verwendung kräftiger Funkenlöschung leicht so bauen, daß ihre Kontakte eine bedeutend größere Zahl von Schaltungen als die Ölschalter aushalten, ohne ausgewechselt zu werden.

*Sicherheitseinrichtungen.* Bei Überschreitung der synchronen Drehzahl sollen Sicherheitseinrichtungen in Tätigkeit treten und mit Hilfe der Sicherheitsbremse die Maschine stillsetzen oder eine weitere Steigerung der Drehzahl durch andere Maßnahmen, wie Kurzschließen der Läuferwicklung, verhüten. Sie arbeiten sämtlich mit Fliehkraftkontakten, die also für die Sicherheit der Anlage besonders wichtig sind und deshalb einer dauernden Überwachung auf ihre Brauchbarkeit hin bedürfen.

*Erwärmung des Motors.* Eine Überlastung und infolgedessen zu starke Erwärmung des Motors kann u. a. eintreten, wenn die Zahl der stündlich gemachten Förderzüge größer wird, als projektiert war, oder wenn beim Einfahren in die Hängebank der Motor zu häufig aus- und eingeschaltet wird. Denn beim Anlassen und ebenso auch, wenn gegen Schluß des Zuges wieder Strom gegeben wird, treten besonders große Stromstärken im Motor auf. Die Erwärmung des Motors entspricht dem quadratischen Mittelwert des Stromes, wird sie zu hoch, so ist zu untersuchen, ob dieser quadratische Mittelwert nicht zu groß geworden ist.

### b) Gleichstromfördermaschinen mit Leonardschaltung.

Die Leistungsgrenze ist beim Fördermotor ebenso wie beim Umformermotor praktisch durch die Erwärmung, bei der Steuerdynamo durch die Funkenbildung am Kommutator gegeben.

*Erwärmung des Fördermotors.* Eine zu große Erwärmung kann hauptsächlich bei dem während der Pausen gar nicht ventilierten Fördermotor, u. a. durch zu große Zügezahl, hervorgerufen werden, etwa weil zunächst aus kleineren Teufen als später gefahren wird. Weiter kann die Ursache darin liegen, daß die Pause kleiner wird, als der Berechnung zugrunde gelegt war, oder daß der Schachtwirkungsgrad, z. B. durch Reibung der Förderschalen an den Spurlatten, zu sehr gesunken ist. Die Ursachen sind zu beseitigen, sobald sie erkannt sind. Die Anbringung künstlicher Kühlung des Fördermotors ist stets ein unschöner Notbehelf.

Die Erwärmung des Fördermotors kann durch verstärkte Herabsetzung des Erregerstromes in den Pausen vermindert werden, doch sind dieser Maßnahme dadurch Grenzen gesetzt, daß der Motor, insbesondere zu Beginn eines Zuges mit niedergehender Last, sofort beim Auslegen des Steuerhebels das volle Moment entwickeln muß, um ein Abgehen der Last zu verhüten. Ist das Motorfeld zu sehr geschwächt gewesen, so erreicht das Motormoment zu spät die erforderliche Höhe, es sei denn, daß mit sogenannter Schnellerregung gearbeitet wird.

*Funkenbildung an der Steuerdynamo.* Tritt zu starke Funkenbildung am Kommutator der Steuermaschine auf, so kann die Ursache im Heraustreten des Glimmers zwischen den Lamellen, in ungeeigneten Bürsten usw. liegen. Es ist darauf zu achten, daß der Kommutator nur mit einer einzigen Sorte von Kohlen besetzt wird, da die Mischung verschiedener Sorten Funkenbildung herbeiführen kann.

Von den Apparaten sind der Teufenzeiger mit Sicherheitsapparat, der Steuerapparat sowie die zur Notbremse gehörenden elektrischen Einrichtungen, wie der Notausschalter, der Auslösemagnet usw., am wichtigsten.

*Sicherheitsapparat.* Der mit dem Teufenzeiger verbundene Sicherheitsapparat soll den Maschinisten zwingen, nach dem der Berechnung zugrundegelegten Diagramm zu fahren, d. h. richtig zu beschleunigen und zu verzögern. Die zu diesem Zwecke von der Spindel des Teufenzeigers betätigten Kurvenscheiben sind daraufhin von Zeit zu Zeit genau zu prüfen und gegebenenfalls entsprechend einzustellen. Die Sicherheit gegen zu hohe Stromstärke beim Anfahren und Verzögern, gegen Eintreten von Seilschlupf usw. hängt wesentlich von der Instandhaltung des Sicherheitsapparates ab.

*Steuerapparat und Notausschalter.* Die Beanspruchung der Kontakte des die Drehzahlregelung bewirkenden Steuerapparates ist gering, da nur sehr geringe Stromstärken in ihm auftreten. Trotzdem ist für sorgfältige Überwachung (*leichtes* Einfetten) der Kontakte zu sorgen, da Unregelmäßigkeiten an ihnen, Klemmungen und dgl., leicht größere Störungen nach sich ziehen können. Auch bei dem Notausschalter, der Druckkontakte (Kohle auf Kupfer) erhält, ist, um Störungen vorzubeugen, eine sorgfältige Überwachung der Kontakte erforderlich. Das gleiche gilt auch vom Feldschwächschalter, der in gleicher Ausführung geliefert wird, wie der Notausschalter.

*Bremsen.* Bei Störungen im Förderbetrieb, die ein rasches Stillsetzen der Maschine nötig machen, ist die Notbremse, wenn sie nicht schon selbsttätig eingefallen ist, von Hand zu betätigen. Eine Prüfung dieser Bremseinrichtung und der dazu gehörigen Apparate soll täglich wenigstens einmal vorgenommen werden.

Werden die Bremsen, was die Regel bildet, mittels Druckluft betätigt, und wird diese durch einen besonderen kleinen Kompressor erzeugt, der in Abhängigkeit von der Höhe des Luftdruckes selbsttätig an- und abgestellt wird, so bedürfen auch die mit dieser Kompressoranlage verbundenen Apparate geeigneter Überwachung.

*Schlupfwiderstand.* Bei Ilgner-Förderanlagen treten als für die Überwachung wichtige Teile der Schlupfwiderstand und die dazugehörigen Apparate hinzu. Der Schlupfwiderstand ist gegenwärtig wohl immer ein mit verdünnter Sodalösung arbeitender Flüssigkeitswiderstand, bei dem es darauf ankommt, daß die verdünnte Sodalösung die richtige Konzentration hat. Bei voll eingetauchten Sicheln darf kein zu großer Grundschlupf des Umformermotors vorhanden sein. Andererseits muß dem allmählichen Herausdrehen der Sicheln der richtige Abfall der Drehzahl entsprechen. Zum Eintauchen und Herausziehen der Sicheln wird in der Regel ein Motorrelais benutzt, das besonderer Wartung nicht bedarf, da keine Kontakte an ihm vorhanden sind.

Bei Anlagen mit Regelsätzen bedarf hauptsächlich der Eilregler für die Erregung der Drehfeld-Erregermaschine einer guten Wartung, und zwar ist die Kontaktbahn öfter nachzusehen und in gutem Zustande zu halten. Ferner sind auch die Kontakte des Stromrelais, das zum Einschalten des Antriebsmotors des Eilreglers dient, in gutem Zustande zu halten.

*Schwungradlager.* Einer gewissen Überwachung bedürfen weiter die schweren Schwungradlager und die zugehörigen Ölpumpen. Da aber bei kleinen und mittelgroßen Schwungradgewichten gewöhnliche Ringschmierlager verwandt werden und dann Ölpumpen nur zum Anlassen nötig sind, wird die Wartung der Lager und Ölpumpen bei solchen Anlagen sehr einfach, nur bei sehr großen Anlagen mit besonders schweren Schwungrädern hat die Wartung der Ölpumpen größere Bedeutung.

# VII. Die untertägige Streckenförderung, ihre Ausführung und Unterhaltung.

## A. Allgemeines.

Durch das Steigen der Arbeitslöhne und die immer größer werdende Ausdehnung der Grubenfelder wurden die Bergwerksverwaltungen gezwungen, von der früher bei der untertägigen Streckenförderung gebräuchlichen Schlepper- und Pferdeförderung abzugehen und maschinelle Fördereinrichtungen einzuführen. Für letztere kamen zwei Arten von Streckenförderungen in Frage: 1. die Seil- oder Kettenförderung. 2. die Lokomotivförderung. Beide Arten haben sich im Bergbau eingeführt, jedoch ist die Seil- und Kettenförderung in den Grubenbetrieben in neuerer Zeit fast vollständig von der Lokomotivförderung verdrängt worden, da letztere gegenüber der Seil- oder Kettenförderung wesentliche Vorteile hat. Bei ersterer ist es notwendig, daß die Strecken durchweg zweigleisig aufgefahren und möglichst gut ausgerichtet sind. Bei dem Vorhandensein von Krümmungen erfordert der Seilbetrieb umständliche kraftverzehrende Rollenführungen und außerdem ist es für ein wirtschaftliches Arbeiten der Seilbahn unbedingt erforderlich, daß das Beschicken dieser Bahn mit Wagen ziemlich gleichmäßig vor sich geht und der Betrieb nicht zu stark schwankt. Auch ist es nur mit großen Unkosten möglich, bei Steigerung der Förderung die Leistung einer schon bestehenden Seilbahn in gleichem Maße zu erhöhen, während dieses beim Lokomotivbetrieb durch Einstellen weiterer Lokomotiven unschwer zu erreichen ist. Die Lokomotivförderung hat also den Vorzug großer Beweglichkeit, sowohl hinsichtlich ihrer Leistung als auch hinsichtlich der Möglichkeit, sich den Krümmungen der dem Lager folgenden Förderstrecke anzupassen. Außerdem ist es bei Lokomotivbetrieb möglich, bei größeren Streckenlängen die Belegschaft mit den Lokomotiven schnell zur Arbeitsstelle zu befördern und hierdurch Zeit zu sparen.

Was nun die Lokomotivart anbetrifft, so kommen hierfür die Dampflokomotive, die Benzollokomotive, die Druckluftlokomotive und die elektrische Lokomotive in Frage.

*Dampflokomotiven* werden heute nirgends mehr verwandt, selbst wenn die Verhältnisse so günstig sind wie in den lothringischen Eisenerzgruben, in deren hohen und weiten Stollen früher tatsächlich Dampflokomotiven Verwendung gefunden haben. Doch ist selbst in diesen geräumigen, gut bewetterten Stollen die Belästigung durch ausströmenden Dampf und Rauch so groß gewesen, daß diese Lokomotiven mit der Zeit vollständig aus dem Grubenbetrieb verschwunden sind. Bei Vorhandensein von Schlagwettern scheidet schon aus diesem Grunde diese Lokomotivart von vornherein aus.

Man hat auch versucht, *feuerlose Dampflokomotiven* in Gruben einzuführen, doch sind alle diese Versuche an den im Verhältnis zu den Leistungen sehr großen Abmessungen der Lokomotiven gescheitert. Außerdem ist der Wirkungsgrad derartiger Anlagen wegen der langen Dampfleitungen zum Füllen der Lokomotivkessel und der damit verbundenen Verluste sehr schlecht.

Dagegen haben in den Bergwerken, besonders in solchen, die als Schlagwettergruben bezeichnet sind, *Druckluftlokomotiven* Eingang gefunden, obwohl auch diese Lokomotiven im Betrieb sehr kostspielig sind. Auch bei diesen Lokomotiven liegt die Krafterzeugungsanlage (der Kompressor) meistens wegen der Wartung der immerhin sehr sorgfältige Bedienung erfordernden Teile über Tage — wenigstens der Vorkompressor — und die hochgespannte Druckluft wird der unter Tage liegenden Füllstelle durch Rohrleitungen zugeführt. Um den Druckluftlokomotiven einen ausreichenden Aktionsradius zu geben, ist man genötigt, die Druckluftspannung in den Lokomotivkesseln auf 150—200 at heraufzusetzen, also auf eine bei Unfällen außerordentlich gefährliche Spannung. Rohrleitungen für solche hohen Drücke erfordern naturgemäß die Verwendung besten Materials bei sorgfältigster Verlegung und Wartung und sind daher nicht nur in den Anschaffungskosten, sondern auch in den Unterhaltungskosten sehr teuer, besonders dann, wenn noch druckhaftes Gebirge vorhanden ist. Die Druckluftlokomotiven selbst haben den Nachteil, daß sie dem Führer durch ihren Luftkessel den Ausblick auf die Strecke sehr erschweren und daß die ungeschützt liegenden Teile für den Antrieb der Räder bei Entgleisungen und Zusammenstößen leicht beschädigt und die Lokomotiven dadurch außer Betrieb gesetzt werden. Auch erfordern die Ventile und Luftzylinder eine sehr sorgfältige Wartung und häufige Erneuerung. Ebenso ist der Wirkungsgrad der Druckluftlokomotivanlagen sehr schlecht, da sich Undichtigkeiten bei den hohen Drücken und langen Rohrleitungen gar nicht vermeiden lassen.

Eine Art von Grubenlokomotiven, die man noch häufig in Bergwerken findet, ist die *Benzollokomotive*. Ihre Unabhängigkeit von jeder Kraftversorgungsanlage hat gewisse Vorteile im Betriebe, doch sind die Nachteile der Benzollokomotive so groß, daß auch sie immer mehr aus den Grubenbetrieben verschwindet. Als großer Nachteil bei den Lokomotiven mit Verbrennungsmotoren ist die geringe Regelfähigkeit und die Unmöglichkeit einer Umsteuerung der Motoren anzusehen. Infolgedessen sind zur Veränderung der Fahrgeschwindigkeit verschiedene ausrückbare Zahnradvorgelege erforderlich. Ferner verlangt die Veränderung der Fahrtrichtung ein weiteres Zahnradgetriebe, so daß die Benzollokomotiven eine große Anzahl sehr empfindlicher Zahnräder haben, die neben großen Reibungsverlusten häufige Betriebsstörungen verursachen. Außerdem ist der Verschleiß an den Zylindern und der Steuerung sehr groß, so daß die Unterhaltungs- und Erneuerungskosten bei Benzollokomotiven eine recht beträchtliche Höhe erreichen. Auch darf man die Verschlechterung der Grubenluft durch die Abgase der Benzollokomotiven nicht außer Betracht lassen, die, besonders wenn die Lokomotiven älter sind und der Brennstoff nicht ganz rein ist, zu argen Belästigungen der Bergleute führen. Benzollokomotiven verlangen daher stets eine bessere Bewetterung der Strecke als andere Lokomotivarten. Ganz besonders schlecht pflegt die Luft in dem Schuppen für die Benzollokomotiven zu sein, weil hier meistens auch das Füllen der Lokomotivbehälter mit Benzol vorgenommen wird und eine gute Bewetterung dieser Schuppen schwer zu erreichen ist. Das Arbeiten und der Aufenthalt in diesen Räumen ist daher fast unerträglich und gesundheitsschädlich. Ein weiterer Nachteil ist die verhältnismäßig geringe Leistung der Benzollokomotiven, die selten 16—18 PS übersteigt, während zweiachsige elektrische Grubenlokomotiven selbst für 500 mm Spurweite schon mit 40 bis 50 PS Leistung bei 220 V Streckenspannung ausgeführt werden können. Wegen der geringen Leistung sind daher beim Förderbetrieb mit Benzollokomotiven mehr Lokomotiven und mehr Lokomotivführer als beim Betrieb mit elektrischen Lokomotiven erforderlich, wodurch die Betriebskosten wesentlich erhöht werden.

Der größte Nachteil der Benzollokomotiven ist aber ihre Feuergefährlichkeit. Bei den großen Gefahren, die der Bergbau schon an und für sich mit sich bringt, soll man es vermeiden, in die Grube einen so feuergefährlichen Stoff wie Benzol herunterzubringen. Man hat unter Tage stets mit ungeschulten Arbeitern zu rechnen, denen man derartige feuergefährliche Stoffe nicht in die Hand geben sollte, weil durch die Unvorsichtigkeit eines einzigen Arbeiters hunderte von Menschenleben in die größte Gefahr gebracht werden können. Die scharfen Sicherheitsvorschriften der Aufsichtsbehörde bei Verwendung von Benzollokomotiven sind ferner eine unangenehme und den Förderbetrieb erschwerende Beigabe.

Am besten paßt sich den Bedürfnissen der untertägigen Streckenförderung die

*elektrische Lokomotive*

an, die entweder als Oberleitungslokomotive oder dort, wo eine Oberleitung nicht anzubringen ist, als Akkumulatorenlokomotive ausgeführt wird. Bei dem geringen Raumbedarf der elektrischen Lokomotiven können nicht allein die Hauptförderstrecken, sondern auch die zu den einzelnen Abbauten führenden Nebenstrecken durch sie befahren werden. Der ruhige und stoßfreie Lauf der elektrischen Lokomotiven und das Fehlen schwingender Massen bedingt eine große Schonung des Lokomotivgestelles selbst und des Gestänges. Die elektrischen Motoren haben eine außerordentlich große Überlastungsfähigkeit, die weder die Explosionsmotoren noch die Druckluftmotoren aufweisen. Letztere beiden Arten müssen daher für die im Betrieb auftretende höchste Zugkraft bemessen werden, während bei elektrischen Lokomotiven die normale Zugkraft zugrunde gelegt werden kann, die eine vorübergehende Steigerung bis auf das Doppelte ohne weiteres gestattet. Da die Laufachsen von den Motoren über ein einfaches gut gekapseltes Stirnradvorgelege angetrieben werden, so ist der Verbrauch an Schmieröl nur rd. $^1/_3$ so hoch wie bei Verbrennungsmotoren oder Luftdruckmotoren mit ihrem umständlichen Zylinder- und Stangenantrieb.

Infolgedessen hat die elektrische Lokomotive von allen Lokomotivarten die geringsten Betriebskosten, was noch im Jahre 1919 durch den Dampfkessel-Überwachungs-Verein der Zechen im Oberbergamtsbezirk Dortmund nachgewiesen worden ist, indem er sich von allen Zechen des Bezirkes die Betriebskosten der dortigen Bahnanlagen beschaffte und hieraus die mittleren Betriebskosten für einen Nutztonnenkilometer für die einzelnen Lokomotivarten errechnet hat. Diese Untersuchung hatte folgendes Ergebnis:

| Lokomotivart | mittlere Betriebskosten für 1 Nutz-tkm. im Jahre 1919 |
|---|---|
| Elektr. Oberleitungslokomotive . . . . . . . | 45,2 Pfg.*) |
| Druckluftlokomotive . . . . . . . . . . | 79,36 „ |
| Benzollokomotive . . . . . . . . . . . | 84,27 „ |

*) Diesen Zahlen sind die seinerzeit gültigen Preise für Löhne und Material in Papiermark zugrunde gelegt, so daß sie heute keinen wirklichen Wert mehr haben, sondern nur noch als Vergleichs-Maßstab dienen können.

Die Betriebskosten einer elektrischen Förderbahn sind also nur fast halb so groß wie die einer Benzollokomotivanlage und nur rd. $^3/_5$ so hoch wie die von Druckluftlokomotiven.

Der Umstand, daß die elektrische Oberleitungs-Lokomotivbahn mit einem stromführenden Fahrdraht ausgerüstet werden muß, ist durchaus nicht so störend wie vielfach angenommen wird, da die Befestigung des Fahrdrahtes am First der Strecke ohne große Schwierigkeiten möglich ist und der Fahrdraht dem Gestänge in den Krümmungen folgen und mit dem Fortschreiten des Abbaues leicht und schnell verlängert werden kann, so daß die Lokomotive nahezu bis dicht vor Ort gelangen kann.

In Stollen, die so niedrig sind, daß die Anbringung einer Oberleitung nicht mehr möglich ist, oder als Zubringerlokomotiven für die Hauptstrecke, haben sich Akkumulatorenlokomotiven gut bewährt.

## B. Wahl der Stromart und Spannung.

Da in den Bergwerksbetrieben meistens Drehstrom, entweder aus eigenem Kraftwerk oder von einer Überlandzentrale her, zur Verfügung steht, so wird die Frage auftauchen, ob nicht auch eine Grubenbahn der Einfachheit wegen mit Drehstrom betrieben werden kann. Diese Stromart ist jedoch für den Grubenbahnbetrieb nicht geeignet, weil sich einmal Drehstrommotoren für die schmalen Spurweiten einer Grubenbahn nicht genügend leistungsfähig bauen lassen und weil es zweitens bei Drehstrom notwendig ist, mindestens zwei Fahrdrähte über dem Gestänge zu führen und eine Phase des Drehstromes an die Schienen zu legen. Durch die Verwendung von zwei Fahrdrähten wird jedoch doppelt so viel Fahrleitungsmaterial benötigt als bei Gleichstrom, und außerdem erfordert die zweiphasige Verlegung der Oberleitung sehr teuere und verwickelte Oberleitungsweichen, so daß sich die Kosten für die Aufstellung eines Umformers billiger stellen.

Auch die Versuche, die Grubenbahn mit Einphasen-Wechselstrom zu betreiben, indem man nur eine Phase des vorhandenen Drehstroms von 50 Per. zur Speisung der Grubenbahn heranzieht, haben sich nicht bewährt. So verlockend auch im ersten Augenblick eine derartige Anlage durch das Fehlen eines Umformers bei einfacher Fahrleitungsanlage

erscheint, so hat sich in der Praxis doch ergeben, daß diese Anordnung keinen Vorteil gegenüber dem Betrieb mit Gleichstrom aufweist, sondern im Gegenteil eine ganze Reihe von Nachteilen hat. Die Annahme, daß die Anlage- und Betriebskosten einer Einphasengrubenbahn geringer sein müßten als die einer Gleichstrombahn, da für erstere Ausführung die kostspielige Aufstellung eines Umformers und die Ausgaben für seine Wartung und Unterhaltung fortfallen, hat sich als irrig herausgestellt. Man kann die Einphasenbahn nicht, wie es bei der Gleichstrombahn meistens der Fall ist, von einem Ende aus speisen, weil wegen der bei Grubenbahnen nur zulässigen geringen Fahrdrahtspannung und der durch die Induktion bedingten höheren Verluste in der Fahrleitung und den Schienen sonst der Spannungsabfall zu groß werden würde. Man ist also gezwungen, mehrere Transformatoren an der Strecke aufzustellen und diese durch ein Speisekabel zu verbinden. Dadurch werden aber die Herstellungskosten einer Einphasengrubenbahn, zumal auch die Einphasenlokomotiven erheblich teurer sind als die Gleichstromlokomotiven, höher als diejenigen einer Gleichstromgrubenbahn.
Auch die Kosten für Wartung und Unterhaltung sind bei Einphasenbetrieb nicht niedriger als bei Gleichstrombetrieb, denn die Umformeranlage wird regelmäßig in der Nähe des Schachtes Aufstellung finden, wo sich sowieso ein Aufseher befindet, der ohne Mühe die Wartung des Umformers mit besorgen kann. Es ist nicht nötig, daß sich ständig ein Mann in der Umformerkammer aufhält, sondern es genügt vollauf, wenn sich jemand in der Nähe befindet, der ab und zu einmal nach dem Umformer sieht und falls der selbsttätige Ausschalter infolge Überlastung der Maschine herausfallen sollte, was durch ein lautes Glockenzeichen bemerkbar gemacht werden kann, diesen wieder einschaltet. Ein solcher Wärter ist aber auch für die Hauptschaltanlage der Wechselstrombahn, die ebenfalls mit selbsttätigen Ausschaltern besetzt ist, erforderlich. Außerdem müssen bei Wechselstrombahnen auch die an den Strecken verteilt stehenden Transformatoren, die ebenfalls Sicherungen und Ausschalter haben, hin und wieder nachgesehen werden. Eine Personalersparnis kann also bei Wechselstrom nicht erzielt werden, ebensowenig kann eine Ersparnis in den Unterhaltungskosten herausgerechnet werden, denn die Kosten für die Unterhaltung der Umformer sind außerordentlich gering. Dagegen erfordern die Einphasen-Bahnmotoren bei ihrer für den Grubenbetrieb erforderlichen gedrängten Bauart ganz erheblich höhere Kosten für Wartung und Unterhaltung als Gleichstrommotoren, weil sie gegen Verschmutzung durch Kohlenstaub und Öl viel empfindlicher sind und auch bei Belastungsschwankungen und Überlastungen mehr zum Feuern neigen. Die erhöhten Unterhaltungskosten für die Lokomotiven und die Kosten für die Unterhaltung der Transformatoren und Schaltanlage wiegen demnach die Unterhaltungskosten einer Drehstrom-Gleichstrom-Umformeranlage reichlich auf.

Ein weiterer Nachteil einer Wechselstrombahn ist die große Gefährlichkeit des Wechselstroms für den menschlichen Organismus. Während bei 250 V Gleichstrom eine Berührung stromführender Teile nur unter ungünstigsten Umständen tödlich wirkt, ist 250 V Wechselstrom ganz wesentlich gefährlicher. Es sind bei den im Betrieb befindlichen Wechselstrom-Grubenbahnen auch schon zahlreiche tödliche Unfälle durch Berührung der unter Spannung stehenden Fahrdrähte vorgekommen. Aus diesem Grunde ist von der Anlage von Wechselstrombahnen unter Tage entschieden abzuraten und stets die Ausführung einer Gleichstrom-Bahnanlage ins Auge zu fassen.

Für den untertägigen Betrieb ist die geeignetste Stromart und Spannung Gleichstrom von 220--250 V. Höhere Spannungen kann man nur dann verwenden, wenn der Querschnitt der zu durchfahrenden Strecken so groß ist oder die Oberleitung so geschützt verlegt ist, daß ein zufälliges Berühren der Leitungsstrecke ausgeschlossen ist oder schließlich, wenn die Strecken überhaupt nicht zur Fahrung benutzt werden. Die vom V.D.E. herausgegebenen Vorschriften für die Errichtung elektrischer Starkstromanlagen (Ausgabe für Bergwerke) schreiben in § 42 die Mindesthöhe der Fahrdrähte über Schienenoberkante vor.

## C. Lokomotiven.

### a) Berechnung der Lokomotiven.

*Oberleitungslokomotiven.* Da die bei Grubenbahnen gebräuchlichen schmalen Spurweiten nur den Einbau einer gewissen Motorleistung in die Lokomotive zulassen, so ist man bei den Grubenlokomotiven an gewisse Leistungen gebunden und muß diese als gegeben der Berechnung zugrunde legen. Man muß also bei Berechnung der Grubenbahn zunächst die geeignete Lokomotivgröße wählen und von hier ausgehend die Anzahl der erforderlichen Lokomotiven bestimmen. Die Siemens-Schuckertwerke bauen nachstehende *normale* Grubenlokomotiven für 220 Volt Gleichstrom (Bilder 198 und 201):

| Type | Breite in mm | Spur in mm | Stundenleistung bei 220 V in kW (PS) | Stundenzugkraft in kg | Geschwindigkeit in km/h | Dienstgewicht in kg etwa |
|---|---|---|---|---|---|---|
| NG 171 | 900 | 450-630 | 26,5 (36) | 850 | 10,5 | 6200 |
| NG 261 | 900 | 500-630 | 37 (50) | 1020 | 12 | 6800 |
| NG 43 | 1050 | 600-690 | 45,5 (62) | 1450 | 10,5 | 9200 |

Außerdem werden selbstverständlich von den Siemens-Schuckertwerken auch Lokomotiven anderer Bauart und Leistungen für die jeweiligen Verhältnisse passend geliefert, von denen einige Beispiele in den Bildern 241—245 wiedergegeben sind.

Zur richtigen Wahl der Lokomotive ist folgende Überlegung anzustellen: Die in der Tafel angegebenen Leistungen der Lokomotiven stellen, wie allgemein im Bahnbetrieb üblich, die Stundenleistung dar, d. h. die Lokomotive ist imstande, diese Leistung eine Stunde lang ohne Unterbrechung abzugeben, wobei am Ende der Belastungszeit die Temperaturerhöhung der Motoren einen Wert erreicht, der in den Sicherheitsvorschriften für die Errichtung elektrischer Starkstromanlagen vom V.D.E. festgelegt worden ist und der die oberste zulässige Grenze darstellt. Ein derartiger Dauerbetrieb kommt nun aber im Grubenbetrieb nicht vor,

Bild 197. Grubenlokomotive ohne Begleitersitz.

sondern es wechseln Zeiten der Belastung (während der Fahrt) mit Zeiten der Ruhe (Pausen an den Endpunkten), in denen sich die Motoren wieder abkühlen können, ab, so daß die mittlere Belastung der Motoren desto tiefer liegt, je mehr die Zeiten der Ruhe die Zeiten der Belastung überwiegen. Nimmt man z. B. an, daß eine Lokomotive einen Zug über eine Strecke von 1 km zu befördern hat und hierbei eine Geschwindigkeit von 12 km/h entwickelt, so braucht sie für eine Hin- und Rückfahrt 10 Minuten Fahrzeit. Nimmt man weiter an, daß die Aufenthalte an jedem Ende 10 min betragen, so sind für eine Hin- und Rückfahrt (Doppelfahrt) einschließlich Pausen 30 min erforderlich. Die Lokomotive kann also in jeder Stunde zwei derartige Doppelfahrten ausführen, wobei die Motoren 20 min belastet sind und 40 min Pause zur Abkühlung haben. Wenn man nun aber dieselbe Lokomotive mit dem gleichen Zuge über eine Strecke von z. B. 4 km verkehren läßt, so braucht sie für eine Doppelfahrt 40 min Fahrzeit und kann unter der gleichen Annahme, daß an jedem Ende wieder 10 min Pause vorhanden sind, in der Stunde nur eine Doppelfahrt zurücklegen, wobei die Motoren 40 min belastet sind und nur 20 min zur Abkühlung zur Verfügung haben. Die Motoren sind also im letzteren Falle ganz erheblich höher beansprucht als im ersteren, obwohl beide Male das Zuggewicht dasselbe ist, denn die mittlere Belastung ergibt sich aus der Formel:

$$\sqrt{\frac{J^2 \cdot t}{T}}$$

worin $J$ die Strombelastung in Ampere, $t$ die Zeit der Strombelastung und $T$ die gesamte Zeit einschließlich Pausen bedeutet.

Hierin liegt auch eine Erklärung für die Erfahrung, daß eine Grubenlokomotive in dem einen Betrieb zufriedenstellend arbeitet, während die Motoren der gleichen Lokomotive in einem anderen Betriebe bei größeren Förderstrecken zu warm werden, obwohl die Lokomotive keine größeren Lasten zu ziehen hat als im ersteren Fall. Es ist also bei der Wahl der Lokomotive notwendig, nicht nur die Anhängelast zu berücksichtigen, sondern auch die Streckenverhältnisse der Grube in Rechnung zu stellen. Es empfiehlt sich daher, bei Neuanlage einer Grubenbahn den Siemens-Schuckertwerken die Unterlagen zur Bestimmung der richtigen Lokomotivgröße zur Verfügung zu stellen.

Für eine überschlägige Bestimmung der Lokomotive genügt im allgemeinen folgende Berechnung:

Bild 198. Normale Grubenlokomotive mit Begleitersitz.

Angenommen, es sollen in siebenstündiger Schicht 1000 Kasten über eine Strecke von 2 km befördert werden, jeder Kasten möge belastet 1000 kg und leer 400 kg wiegen, die Strecke habe zum Schacht ein Gefälle von 2 ‰, und es sollen die Züge mit Rücksicht auf die Bahnhofsverhältnisse am Schacht aus je 40 Wagen bestehen, die Lokomotive selbst möge mit einem Dienstgewicht von 6800 kg angenommen werden, dann beträgt das Gewicht eines beladenen Zuges

$$6{,}800 + (40 \cdot 1{,}000) = \text{rd. } 47\ t$$

und das eines Leerzuges

$$6{,}800 + (40 \cdot 0{,}400) = \text{rd. } 23\ t.$$

Die Zugkraft in Kilogramm, die die Motoren am Laufradumfang bei der Bewegung dieses Zuges ausüben müssen, ergibt sich aus der Formel

$$Z = G \cdot (k + s),$$

worin $G$ das Zuggewicht in Tonnen, $k$ der Bewegungswiderstand in Kilogramm für jede Tonne und $s$ die Steigung der Strecke in ‰ bedeutet, zu

$$Z_1 = 47 \cdot (12 - 2) = 470\ kg$$

bei beladenem Zug und

$$Z_2 = 23 \cdot (12 + 2) = 322\ kg$$

bei dem Leerzug.

Hierbei ist der Bewegungswiderstand $k$ mit 12 kg für jede Tonne eingesetzt. Er pflegt bei Grubenbahnen je nach der Beschaffenheit des Gestänges und der Förderwagen zwischen 8—15 kg zu schwanken.

Bei einer durchschnittlichen Geschwindigkeit von 12 km/h = 3,3 m/s ergibt sich die Lokomotivleistung nach der Formel

$$L = \frac{Z \cdot v}{75 \cdot \eta}$$

worin $v$ die Geschwindigkeit in Metern je Sekunde und $\eta$ den Wirkungsgrad des Zahnradvorgeleges bedeutet, zu

$$\frac{470 \cdot 3{,}3}{75 \cdot 0{,}9} = 23\ PS \text{ oder } 16{,}8\ kW$$

bei beladenem Zug und zu

$$\frac{322 \cdot 3{,}3}{75 \cdot 0{,}9} = 15{,}7\ PS \text{ oder } 11{,}5\ kW$$

bei leerem Zug.

Die Strombelastung der Lokomotive ist also bei einer mittleren Fahrdrahtspannung von 220 V und bei einem Wirkungsgrad der Motoren von rd. 0,85

$$\frac{16{,}8 \cdot 1000}{220 \cdot 0{,}85} = \text{rd. } 90\ A$$

bei beladenem Zug und

$$\frac{11,5 \cdot 1000}{220 \cdot 0,85} = rd.\ 62\ A$$

bei dem Leerzug.

Die reine Fahrzeit auf der Strecke von 2 · 2=4 km beträgt bei einer Geschwindigkeit von 12 km/h 2 · 10 = 20 min und unter der Annahme, daß an jedem Ende 10 min Pause für An- und Abkuppeln usw. benötigt werden, erfordert eine Doppelfahrt einschl. Pausen insgesamt 40 min. Die mittlere Dauerbeanspruchung der Lokomotive wäre demnach

$$\sqrt{\frac{(90^2 \cdot 10) + (62^2 \cdot 10)}{40}} = \sqrt{2986} = 54,7\ A$$

Die Dauerleistung der Grubenlokomotiven müßte also 54,7 A × 220 V = rd. 12 kW betragen.

Da die Dauerleistung der Grubenlokomotiven etwa bei 35 % der Stundenleistung liegt, so muß für den vorliegenden Fall eine Lokomotive mit einer Stundenleistung von rd. 35 kW gewählt werden. Es würde also hierfür bei Spurweiten bis zu 630 mm die Lokomotive NG 261 zu wählen sein.

Die erforderliche Anzahl der Lokomotiven ergibt sich aus folgender Erwägung:

Zu befördern sind in siebenstündiger Schicht 1000 Wagen über 2 km Strecke. Mit jedem Zuge können 40 Wagen mitgenommen werden. Jede Lokomotive benötigt für eine Hin- und Rückfahrt einschließlich Pausen 40 min, kann also in jeder Schicht $\frac{7 \cdot 60}{40} = 10$ Fahrten machen und daher 10 · 40 = 400 Wagen befördern. Da jedoch in der Schicht 1000 Wagen zu befördern sind, so sind $\frac{1000}{400} = 2,5$ oder rd. 3 Lokomotiven erforderlich.

*Akkumulatoren-Lokomotiven.* Falls sich eine Oberleitungsanlage nicht anbringen läßt, so kommen Akkumulatorenlokomotiven zur Verwendung (Bild 199). Die Siemens-Schuckertwerke liefern solche Lokomotiven für die verschiedensten Leistungen. Die gebräuchlichsten Typen sind:

| Type | kleinste Spur mm | Leistung in kW (PS) bei 150 V | Zugkraft kg | Geschwindigkeit in km/h | Akkumulatoren-Batterie | | Gewicht | |
|---|---|---|---|---|---|---|---|---|
| | | | | | Type | Kapazität | ohne Batterie kg | mit Batterie kg |
| AG 171 a | 450 | 17 (24) | 840 | 7,4 | III J 100 | 111 Ah | 4000 | 7800 |
| AG 261 e | 500 | 25 (34) | 1060 | 8,3 | IV J 100 | 148 Ah | 6500 | 12000 |

Die Zellenzahl der Akkumulatorenbatterien ist bei diesen Lokomotiven zu 80 gewählt, entsprechend einer Ladespannung von 220 V und einer

Bild 199. Akkumulatoren-Grubenlokomotive mit abrollbarer Batterie.

Entladespannung von 150 V. Die Batterien, die natürlich auch für andere Ladespannungen ausgeführt werden können, sind abrollbar eingerichtet, um sie schnell, wenn sie entladen sind, gegen eine neue Batterie auswechseln zu können. Bei größeren Leistungen kann man auch zwei Akkumulatorenlokomotiven zusammenkuppeln und als Doppellokomotive

Bild 200. Akkumulatoren-Doppellokomotive.

fahren lassen. Sie werden dann von dem vorne befindlichen Führerstand aus gesteuert (Bild 200).

Für die Berechnung der Batterie sind folgende Gesichtspunkte zu beachten.

Man berechnet zunächst die erforderliche Leistung der Lokomotive bei der Fahrt mit beladenem und leerem Zug in der gleichen Weise wie bei den Oberleitungslokomotiven. Die hierbei errechnete Leistung in Kilowatt teilt man durch die Batteriespannung und erhält dann die von der Lokomotive benötigten Ampere. Wenn man diese mit der Fahrzeit in Stunden multipliziert, die die Lokomotive unter Strom fährt, so bekommt man die erforderliche Leistung der Lokomotive in Amperestunden. Zu diesen errechneten Amperestunden muß man für vorzunehmende Verschiebebewegungen an beiden Enden noch einen Zuschlag von rd. 10 % machen. Da es für die Batterie nicht zuträglich ist, wenn sie stets vollkommen entladen wird, so macht man zweckmäßig — schon der größeren Sicherheit wegen — noch einen weiteren Zuschlag von 10 %. Hat man zum Beispiel errechnet, daß die Lokomotive mit beladenem Zug eine Leistung von 10 kW und mit leerem Zug eine solche von 7,5 kW verbraucht und daß die Fahrzeit für jede Hin- und Rückfahrt je 12 min beträgt, so ist der Stromverbrauch auf der Fahrt mit beladenem Zuge

$$\frac{10 \cdot 1000}{150} = 67\ A$$

und auf der Fahrt mit leerem Zug

$$\frac{7{,}5 \cdot 1000}{150} = 50\ A$$

oder einschließlich der Zuschläge 81 A bzw. 60,5 A.

Bei einer Fahrzeit von jedesmal 12 min beträgt somit der Stromverbrauch für jede Fahrt

$$\frac{81 \cdot 12}{60} = 16\ Ah$$

$$\text{bzw. } \frac{60{,}5 \cdot 12}{60} = 12\ Ah$$

für eine Doppelfahrt also 16 + 12 = 28 Ah.

Die Lokomotive der Type AG 171 a würde also z. B. bei dieser Beanspruchung, da sie eine Kapazität von 111 Ah hat, $\frac{111}{28} = 4$ Doppelfahrten ohne Zwischenladung der Batterie zurücklegen können. Da die Dauer einer Doppelfahrt einschließlich 10 min Aufenthalt an jedem Ende 44 min beträgt, müßte die Batterie nach 4 · 44 = 176 min = rd. 3 h ausgewechselt werden. Zur Aufladung einer Batterie mit normalem Ladestrom sind im allgemeinen drei Stunden erforderlich. Es würde also in dem vorliegenden Fall genügen, wenn außer der Batterie auf der Lokomotive noch eine zweite Batterie zur Auswechslung zur Verfügung steht.

b) Ausführung der Lokomotiven.

*Oberleitungslokomotiven.* Die Grubenlokomotiven sind dem besonderen Verwendungszweck entsprechend ausgebildet. Die meist sehr engen Streckenverhältnisse und die kleinen Spurweiten verlangen Lokomotiven von sehr gedrängter Bauart. Bild 201 zeigt die Abmessungen der von den Siemens-Schuckertwerken als Regelbauart gelieferten Grubenlokomotiven. Diese haben außer dem Führersitz noch einen Begleitersitz an dem anderen Ende zur Mitnahme eines Wagenkupplers, Weichenstellers oder

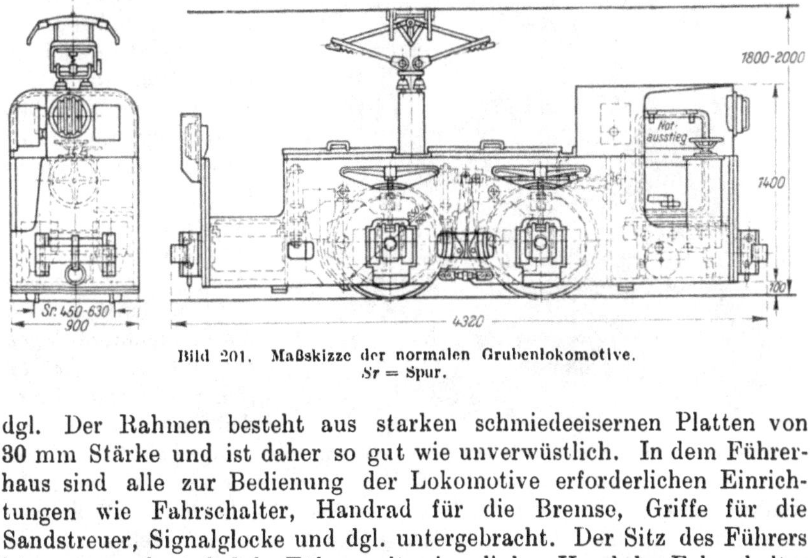


Bild 201. Maßskizze der normalen Grubenlokomotive.
Sr = Spur.

dgl. Der Rahmen besteht aus starken schmiedeeisernen Platten von 30 mm Stärke und ist daher so gut wie unverwüstlich. In dem Führerhaus sind alle zur Bedienung der Lokomotive erforderlichen Einrichtungen wie Fahrschalter, Handrad für die Bremse, Griffe für die Sandstreuer, Signalglocke und dgl. untergebracht. Der Sitz des Führers ist so angeordnet, daß der Führer mit seiner linken Hand den Fahrschalter und mit seiner rechten Hand die Bremse bedient. Mit dem Fuß kann er die Signalglocke oder Hupe betätigen. Im Rücken des Führers ist in der Führerhauswand noch eine Oeffnung angebracht, die für gewöhnlich durch eine leicht entfernbare Platte verschlossen ist und die groß genug ist, um ein Entweichen des Führers zu gestatten, wenn einmal infolge einer Entgleisung oder eines Zusammenstoßes die eigentliche Einstiegsöffnung des Führerhauses nicht benutzbar sein sollte. Der Lokomotivrahmen ist über den Motoren mit Klappen abgedeckt, die sich leicht öffnen lassen und jederzeit eine schnelle Prüfung der Triebswerkteile, Schmiergefäße und Lager zulassen. Die Seitenwände der Lokomotive sind völlig glatt, ohne alle hervorstehenden Teile, die sich erfahrungsgemäß bei etwaigem Streifen am Streckenstoß oder an im Nebengleis ausgesprungenen Wagen in kürzester Zeit abscheren würden und Veranlassung zu Unfällen geben können.

Die Zug- und Stoßvorrichtungen sind federnd an den Kopfflächen der Lokomotive angebracht und werden den vorhandenen Betriebsmitteln angepaßt. Eine Abfederung dieser Zug- und Stoßvorrichtung gegen das Lokomotivgestell ist sehr wichtig, da sonst die Stöße, welche die Maschine beim Anfahren und Bremsen durch das Anrücken oder Auflaufen der Förderwagen bekommt, sich in voller Stärke auf die elektrischen Teile insbesondere die Motoren übertragen würden, wodurch die gesamte Ausrüstung stark leidet. Bei dem Vorhandensein von Kurven mit kleinen Halbmessern verwendet man zweckmäßig Kupplungen, bei denen der Zughaken sich in die Richtung des Kurvenzuges einstellen kann, sogenannte ausschwenkbare Kupplungen, damit die Wagen in den Kurven nicht aus dem Gestänge herausgezogen werden. Gebremst wird die Lokomotive durch eine auf beiden Achsen sicher wirkende Spindelbremse, deren Gestänge bei abgenutzten Klötzen leicht nachstellbar sind. Alle Bremsklötze lassen sich außerdem schnell und leicht auswechseln. Die Abfederung des Lokomotivgestelles auf die Radsätze geschieht durch ausreichend kräftige Blattfedern. Das Dienstgewicht der Lokomotive sollte nie größer gewählt werden, als es in vorstehenden Tafeln angegeben ist, da diese Gewichte den Motorleistungen angepaßt sind. Durch zu große Lokomotivgewichte werden die Motoren leicht dauernd überlastet und gehen schließlich zugrunde, da die Lokomotivführer durch die hohen Lokomotivgewichte dazu verleitet werden, mehr Wagen anzuhängen als für die Motoren zulässig sind.

Bild 202. Grubenlokomotivmotor für 18,5 kW (25 PS).

Jede der beiden Achsen der Lokomotive wird durch einen Elektromotor angetrieben, der gleichfalls den engen Grubenverhältnissen entsprechend von gedrängter Bauart ist. Das Drehmoment der Motoren wird auf die Laufachsen durch einfache Zahnradvorgelege übertragen, deren Zahnräder aus sogenannten Hartflankenrädern bestehen, d. h. aus im Einsatz gehärteten Rädern aus bestem Material, die jahrelang laufen können, bevor eine Auswechslung notwendig wird.

Die Bilder 202 und 203 zeigen Ansicht und Längsschnitt eines Grubenmotors für 25 PS normale Leistung bei 220 V Spannung, der noch in eine Spurweite von 500 mm eingebaut werden kann. Die Ankerlager dieser Motoren sind als Rollenlager ausgebildet, wodurch zweierlei Vorteile erzielt werden, erstens verhindert man durch diese Lagerung, die so gut wie keine Abnutzung aufweist, das Auflaufen des Ankers auf den Polschuhen, das bei Gleitlagern leicht vorkommt, wobei die Ankerwicklung meistens beschädigt wird, und zweitens erzielt man eine ganz erhebliche Ersparnis an Schmiermaterial, da die Rollenlager nur ganz verschwindend wenig Schmierung brauchen. Bei den hohen Preisen für Schmiermaterial bedeutet dies eine ganz wesentliche Verminderung der Betriebskosten, zumal, wenn man weiter berücksichtigt, daß auch die Wartung der Rollenlager, da sie nur etwa alle 5 bis 6 Monate einmal nachgesehen zu werden brauchen, viel einfacher ist. Der Strom wird der Lokomotive durch einen Stromabnehmer zugeführt, der mit Federn gleichmäßig und sicher gegen den Arbeitsdraht gedrückt wird. Im allgemeinen verwendet man als Stromabnehmer einen Bügel, der gegenüber der Rolle den Vorteil hat, daß er sich selbsttätig der Fahrtrichtung entsprechend umlegt, und daß er nicht von der Fahrleitung entgleisen kann wie die Rolle. Bei Bügelkontakt wird außerdem die Stromzuführungsanlage in den Weichen und Kreuzungen viel einfacher und billiger. Der sicheren Stromentnahme und geringeren Funkenbildung wegen bringt man an jeder Lokomotive zwei derartige Bügelkontakte an, damit, wenn einmal ein Bügel den Kontakt mit dem Fahrdraht verliert, immer noch von dem anderen der Übergang des Stromes gewährleistet wird. Ein

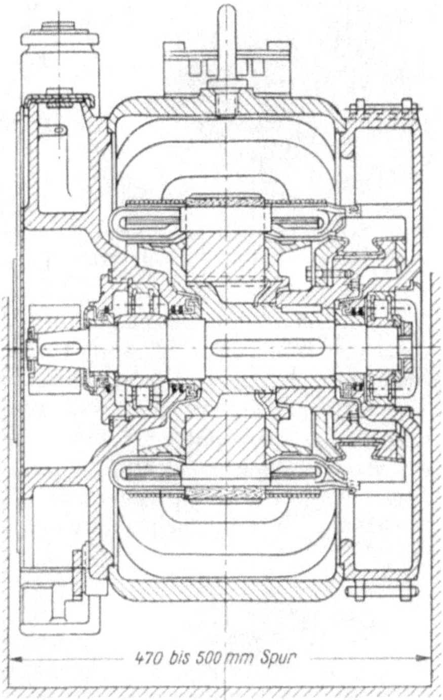


Bild 203. Schnitt durch Grubenlokomotivmotor mit Rollenlagern.

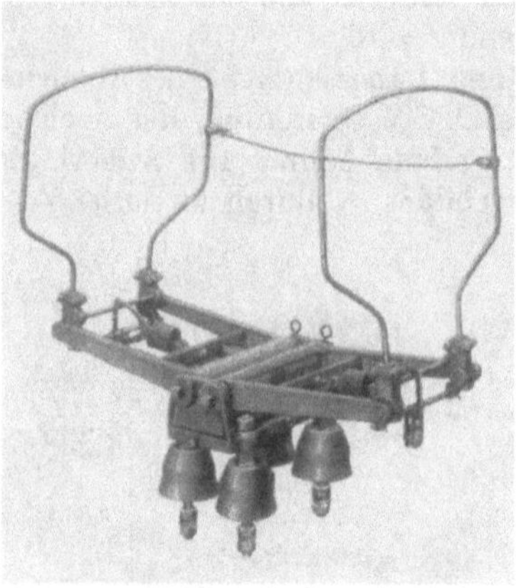

Bild 204. Bügel-Stromabnehmer für Höhenunterschiede bis 200 mm in der Fahrleitung.

Stromabnehmer, wie er vielfach in den Gruben Verwendung findet, ist in Bild 204 dargestellt. Dieser Stromabnehmer läßt noch einen Höhenunterschied in der Fahrleitung von rd. 200 mm zu. Hat man größere Höhenunterschiede zu überwinden, so verwendet man einen Stromabnehmer nach Bild 205, bei dem die Fahrleitung bis zu 1 m in der Höhenlage schwanken kann. Bei doppelpoliger Oberleitung oder dort, wo die Fahrleitung gegen zufällige Berührung durch seitlich herabreichende Holzbohlen geschützt werden muß, verwendet man Rollenstrom-Abnehmer (Bild 206) oder Schleifschuh-Stromabnehmer (Bild 207), bei denen jedoch die Gefahr des Entgleisens und der Umstand, daß sie bei Fahrtwechsel von Hand umgelegt werden müssen, mit in den Kauf genommen werden muß. Letzteren Übelstand vermeidet man bei Verwendung eines Scherenstromabnehmers mit Rolle nach Bild 208. Die Lokomotiven müssen ferner noch mit einer sogenannten Kurzschlußvorrichtung versehen sein. Diese Vorrichtung besteht aus einem mit der Hand zu betätigenden Schalter mit magnetischer Funkenlöschung. Dieser Schalter liegt zwischen dem Stromabnehmer und Erde und ist normalerweise offen. Er wird eingelegt, wenn der Führer den Fahrdraht spannungslos machen will. Auf diese Weise wird ein Kurzschluß erzeugt, der entweder den selbsttätigen Höchststromausschalter in der Umformerkammer zum Auslösen bringt oder falls die Lokomotive verhältnismäßig weit vom Umformer entfernt in der Strecke steht, zum mindesten die Oberleitungsspannung an dieser Stelle auf das Potential 0 bringt, damit der Führer erforderlichenfalls Arbeiten an der Lokomotive oder Oberleitung gefahrlos vornehmen kann.

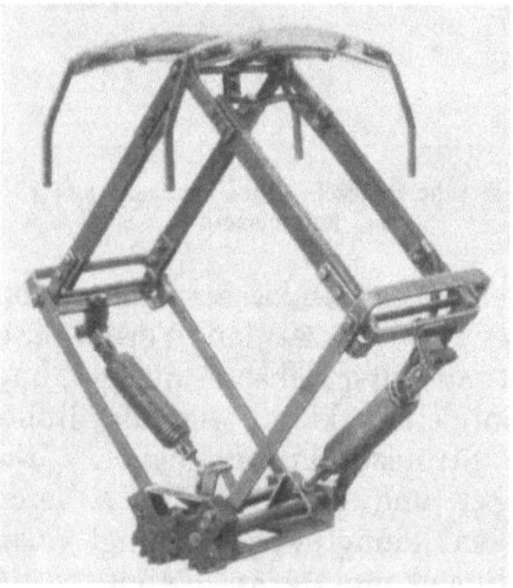

Bild 205. Bügel-Stromabnehmer für Höhenunterschiede bis 1000 mm in der Fahrleitung.

Der Stromverlauf durch die Lokomotive möge an Hand des Schaltbildes (Bild 209) verfolgt werden.

Bild 206. Rollenstromabnehmer.

Vom Stromabnehmer wird der Strom zunächst zu einem selbsttätigen Ausschalter geleitet, der den Stromkreis unterbricht, sobald der Strom eine unzulässige Höhe erreicht. Der Ausschalter kann außerdem auch von Hand betätigt werden, wenn der Stromkreis unterbrochen werden soll. Er ist ferner mit Freiauslösung ausgeführt, d. h. es ist nicht möglich, den Ausschalter, solange der Kurzschluß oder die Überlastung besteht, wieder einzuschalten oder dadurch wirkungslos zu machen, daß man den Handgriff festhält oder festbindet; er schaltet auch mit festgehaltenem Handgriff ab, was wesentlich zur Schonung der Motoren beiträgt. Sodann gelangt der Strom zu dem Fahrschalter, der die beiden Motoren über Vorschaltwiderstände hintereinander und parallel zu schalten gestattet. Da die Motoren bei der Hintereinanderschaltung nur die halbe Umdrehungszahl haben wie bei der Parallelschaltung, so erreicht man auf diese Weise zwei verschiedene Fahrgeschwindigkeiten ohne Stromverlust. Der Fahrschalter hat magnetische Funkenlöschung, wodurch ein schnelles Verlöschen des Abrißfunkens herbeigeführt wird. Von dem Fahrschalter geht der Strom zu den

Bild 207. Schleifschuh-Stromabnehmer.

Motoren, die vollständig gekapselt ausgeführt sind, und von diesen durch die Laufräder zu dem geerdeten Gestänge.

Zur Beleuchtung der Strecke sind die Lokomotiven an beiden Enden mit Streckenreflektoren ausgerüstet, die so mit dem Fahrschalter in Verbindung stehen, daß jeweils immer die in der Fahrtrichtung stehende Lampe brennt. Die Grubenlokomotiven der S.S.W. in Regelbauart haben eine Breite von 900 mm. Bei besonders engen Streckenverhältnissen verwenden die S.S.W. Konstruktionen nach dem Bild 210, wobei der Lokomotivrahmen auf der Nabe des Laufrades gelagert ist. Allerdings muß man bei dieser Konstruktion für die Abfederung des Lokomotivgestelles Spiralfedern verwenden, die im Betrieb nicht so günstig sind wie Blattfedern, weil die Lokomotive bei Verwendung von Spiralfedern leichter ins Schwanken kommt und die Federn auch leichter brechen. Die Verwendung von Innenrahmen, wie sie die Bilder 211 und 212 zeigen, ermöglicht die schmalste Bauart einer Lokomotive, jedoch ist hierbei die Zugänglichkeit zu den Achslagern und Federn sehr erschwert. Einige Gruben ziehen auch Lokomotiven mit Mittelsitz vor (Bild 213), die sich etwas kürzer bauen lassen, als die Lokomotiven mit Endsitz, dafür aber den Nachteil haben, daß der Einstieg in den Führerstand ziemlich unbequem ist und die Lokomotive sich auch höher baut, daher nur bei verhältnismäßig hoher Leitungsanlage verwendet werden kann. Bei Lokomotiven größerer Leistung und wo die Betriebsverhältnisse es erfordern, daß der Führer sich stets am Anfang des Zuges befindet, erhalten die Lokomotiven an jedem Ende einen Führerstand (Bild 214). Der Führer muß hierbei freilich bei Wechsel der Fahrtrichtung jedesmal auch seinen Stand wechseln.

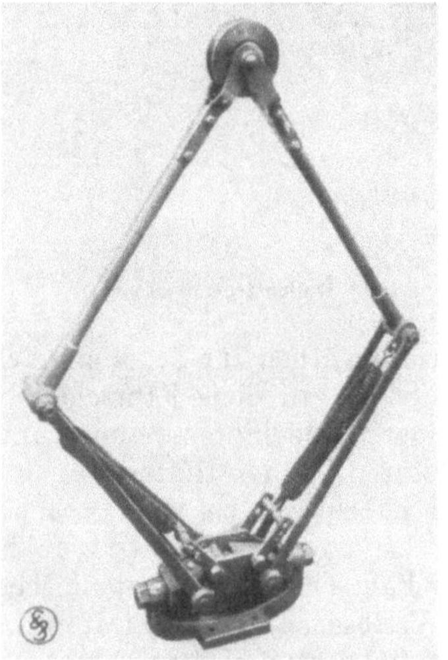

Bild 208. Scheren-Rollenstromabnehmer.

*Akkumulatorenlokomotiven.* Die Ausführung der Akkumulatorenlokomotiven ist ähnlich wie diejenige der Oberleitungslokomotiven, nur daß das Lokomotivgestell statt des Stromabnehmers eine Akkumulatorenbatterie trägt. Diese Batterie steht auf einem Walzensystem, das untereinander mit Ketten- oder Schneckenübertragung gekuppelt ist. Um die entladene Batterie gegen eine geladene auszuwechseln, fährt die Lokomotive an einen Ladetisch, der in gleicher Weise mit Walzen ausgerüstet ist. Die beiden Walzensysteme werden gekuppelt und durch ein Handrad in Umdrehung versetzt, so daß die entladene

Batterie der Lokomotive auf den Ladetisch hinüberrollt (Bild 215). In der gleichen Weise kann von einem gegenüberliegenden Ladetisch die aufgeladene Batterie auf die Lokomotive gebracht werden. Das Auswechseln einer Batterie nimmt also nur wenige Minuten in Anspruch. Einen Schaltkasten zum Laden der Batterie zeigen in ge-

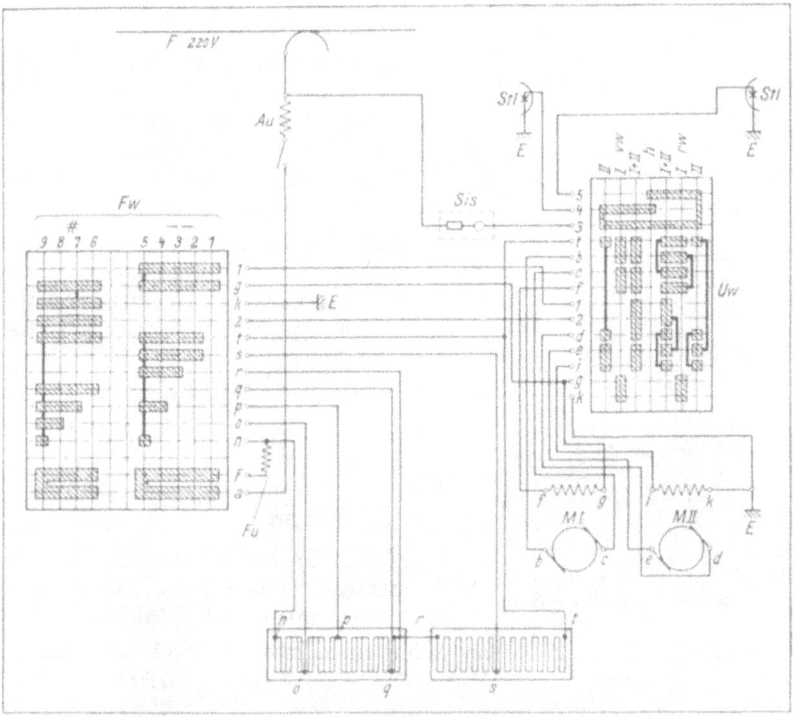


Bild 200. Schaltbild einer Grubenlokomotive.

Au = Selbsttätiger Höchststromausschalter u. Handschalter
E = Erde
F = Fahrleitung
Fu = Funkenlöscher

Fw = Fahrschaltwalze
h = halt
M = Motor
rw = rückwärts
Sis = Sicherungsschalter
Stl = Streckenlampe

Uw = Umschaltwalze
vw = vorwärts
# = parallel
— — = hintereinander

schlossenem und geöffnetem Zustande die Bilder 216 und 217. Der Schaltkasten enthält: einen Strommesser, einen doppelpoligen Hebelschalter, die Vorschaltwiderstände und die Ladekabel.

## D. Streckenausrüstung.

### a) Berechnung des Fahrdrahtes.

Bei Berechnung des Querschnitts der Fahrleitung wird vorausgesetzt, daß der Spannungsabfall am Ende der Strecke bei voller Belastung

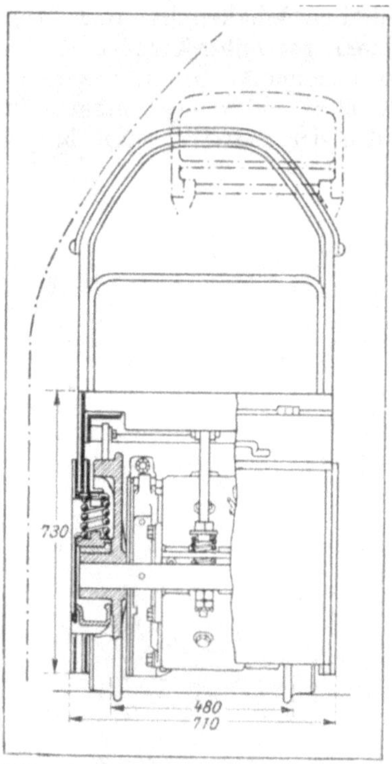


Bild 210. Schnitt durch Grubenlokomotive besonders schmaler Bauart.

der Bahn nicht größer als 25 % ist. Die Größe des Spannungsabfalls ergibt sich aus der Formel:

$$Sp = \frac{J \cdot L}{C \cdot Q}$$

Hierin ist:

$Sp$ = Spannungsabfall
$J$ = Stromstärke in Ampere
$L$ = Streckenlänge in Meter
$Q$ = Querschnitt in mm²
$C$ = Zahl für die Leitfähigkeit

Für Kupfer beträgt die Leitfähigkeit $C = 50 \div 57$ und für Stahl $5 \div 6$. Die normalen Querschnitte und Gewichte von Fahrdrähten aus Kupfer sind folgende:

| Querschnitt in mm² | Gewicht in kg/m |
|---|---|
| 55 | 0,489 |
| 65 | 0,579 |
| 80 | 0,712 |
| 100 | 0,890 |

Die in Gruben gebräuchlichen Fahrschienen haben meist nachstehende Querschnitte und Gewichte:

| Gewicht je lfd. m | Höhe der Schienen in mm | Querschnitt in mm² |
|---|---|---|
| 12 kg | 80 | 1500 |
| 14 kg | 85 | 1750 |
| 16 kg | 93 | 2000 |
| 20 kg | 100 | 2800 |

Für das vorher erwähnte Beispiel würde sich unter der Annahme, daß eine Fahrschiene von 16 kg Gewicht für den laufenden Meter Verwendung findet, der Querschnitt der Oberleitung wie folgt errechnen:

Der Strombedarf der Lokomotiven betrug mit vollem Zuge 90 Ampere und mit leerem Zuge 62 Ampere.

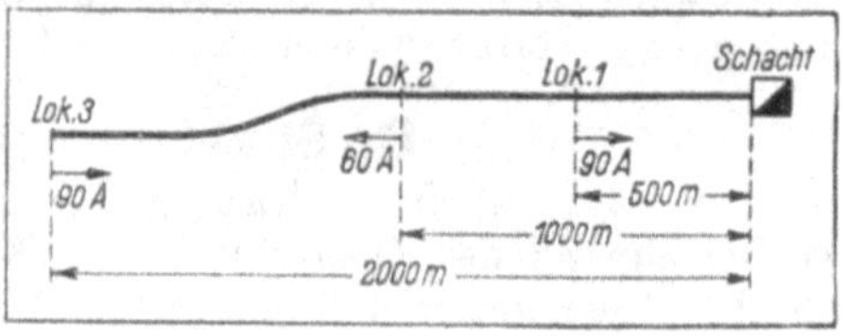


Da drei Lokomotiven im Betriebe sind, so möge als ungünstigster Fall nebenstehende Verteilung der Lokomotiven angenommen werden, wobei eine zweigleisige Strecke und eine Aufstellung des Umformers am Schacht vorausgesetzt ist. Dann erhält man als Spannungsabfall in den Fahrschienen

$$\frac{(90 \cdot 500) + (62 \cdot 1000) + (90 \cdot 2000)}{(4 \cdot 2000) \cdot 5} = \text{rd. } 7 \text{ V}$$

Der Querschnitt der Schienen ist in der Rechnung viermal eingesetzt,

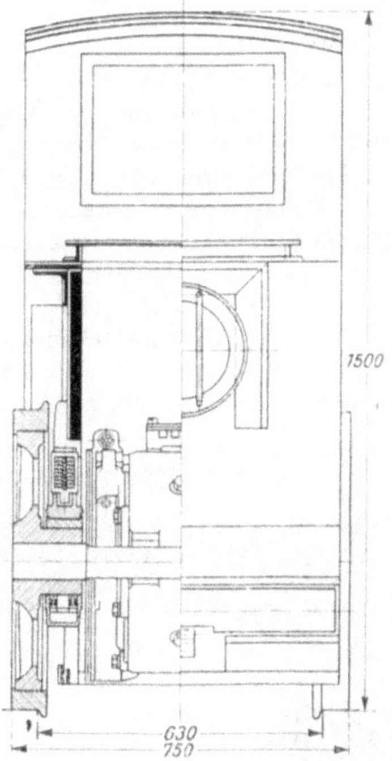


Bild 211. Schnitt durch Grubenlokomotive mit Innenrahmen und Abfederung durch Blattfedern.

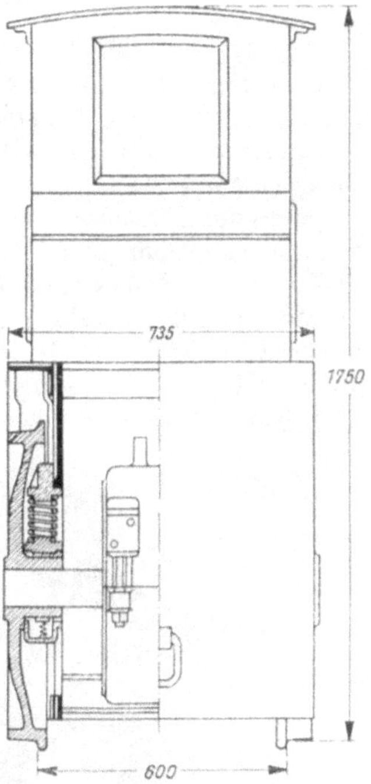


Bild 212. Schnitt durch Grubenlokomotive mit Innenrahmen und Abfederung durch Spiralfedern.

da die Strecke zweigleisig ist und jede Schiene zur Stromführung herangezogen wird. Da der Spannungsabfall am Ende der Strecke nicht größer als 25 % sein soll, mithin bei 250 V Umformerspannung 62 V betragen darf, so bleiben für die Fahrleitung als zulässiger Spannungsabfall noch 62 — 7 = 55 V übrig. Der Querschnitt der Fahrleitung ergibt sich nun aus der Formel:

$$Q = \frac{J \cdot L}{C \cdot Sp}$$

Nach Einsetzen der Werte erhält man folgende Rechnung:

$$\frac{(90 \cdot 500) + (62 \cdot 1000) + (90 \cdot 2000)}{50 \cdot 55} = rd.\ 100\ mm^2$$

Da angenommen ist, daß die Strecke zweigleisig ausgebaut ist, ergibt sich also für jede Fahrleitung ein erforderlicher Querschnitt von 50 mm². Man würde im vorliegenden Falle aus der Tafel den Fahrdraht mit 55 mm² Querschnitt wählen.

b) Ausführung der Oberleitung.

Die Oberleitung für Grubenbahnen wird zweckmäßig für Bügelbetrieb ausgeführt, da dieser der einfachste ist und keine Bedienung der Stromabnehmer erfordert. Die Fahrleitung selbst besteht aus einem Hartkupferprofildraht, der in Abständen von höchstens 7 m mit Porzellandoppelglocken-Isolatoren an dem First der Strecke über Mitte Gestänge aufgehängt ist. In Krümmungen muß man mit den Abständen der Aufhängungen entsprechend dem Krümmungshalbmesser heruntergehen. Man kann für die Fahrleitung auch Rundkupferdraht wählen, jedoch läßt ein Profildraht eine stärkere Abnutzung zu, ohne daß der Stromabnehmer an den Aufhängestellen feuert. Die Bilder 218—220 zeigen die zur Verwendung kommenden Fahrdrahtaufhängungen. Diese bestehen aus einer Porzellandoppelglocke mit

Bild 213. Grubenlokomotive mit Mittelsitz.

Bild 214. Grubenlokomotive mit Führersitz an jedem Ende.

Bild 215. Ladetische mit Abrollvorrichtung für Akkumulatoren-Grubenlokomotive.

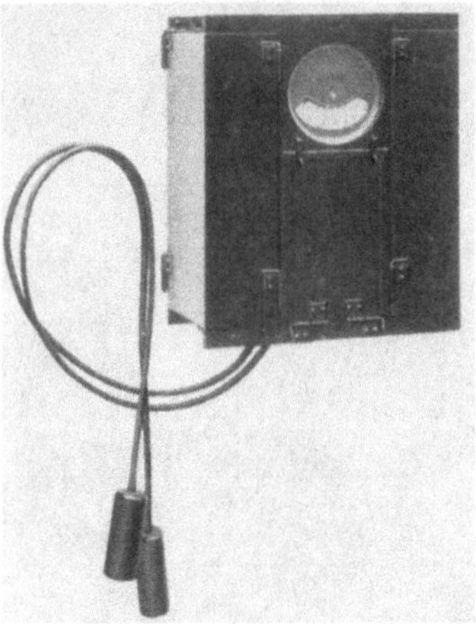

Bild 216. Ladeschaltkasten für Akkumulatoren-Batterien (geschlossen).

Bild 217. Ladeschaltkasten für Akkumulatoren-Batterien (geöffnet).

Bolzen für $^5/_8$" Gewinde zum Aufschrauben der Fahrdrahtklammern. Zum Schutz gegen äußere Beschädigung und zur Befestigung der Porzellandoppelglocke ist diese mit einer gußeisernen Kappe umgeben, die je nach der Art ihrer Verwendung (zur Befestigung an Eisenträgern, Holzzimmerung, Querdrähten usw.) verschieden ausgebildet ist. Die Ausführung zur Befestigung an Querdrähten kommt in Gruben nur selten zur Anwendung und wird nur dann gebraucht, wenn die Strecke, wie es in Kalibergwerken zuweilen vorkommt, so hoch ausgeschossen ist, daß der Fahrdraht nicht mehr am First befestigt werden kann oder auch am Schacht, wo die Strecken bisweilen eine größere Höhe haben.
Die Befestigung des Fahrdrahtes selbst an diesen Isolatoren geschieht durch Fahrdrahtklammern (Bild 221), bei denen der Kupferdraht mit Schrauben zwischen zwei Backen eingeklemmt wird.
Die Höhe der Fahrleitung über Schienenoberkante darf 1800 mm nicht unterschreiten. Bei tieferer Lage des Fahrdrahtes ist eine Schutz-

Bild 218—220. Porzellandoppelglocken-Isolatoren zur Befestigung an Querdrähten, am Gebälke, am Gestein.

verkleidung vorgeschrieben, die die Belegschaft gegen zufällige Berührung schützt. Ein solcher Schutz läßt sich leicht durch seitlich neben dem Fahrdraht angebrachte Holzbretter (Bild 222) ausführen. Ein gleicher Schutz ist erforderlich, falls die Spannung im Fahrdraht höher als 250 V ist und der Fahrdraht hierbei tiefer als 2,3 m über Schienenoberkante liegt. Allerdings muß man in diesem Falle auf die Stromabnahme mittels Bügel verzichten und zu Rollen- oder Schleifschuhabnehmern greifen.

Bild 221. Fahrdrahtklammer.

Die Bilder 223 u. 224 zeigen den Schnitt durch eine eingleisige und zweigleisige Strecke mit Oberleitung. Die in dieser Skizze angegebenen Maße für den Streckenquerschnitt sollten bei elektrischem Lokomotivbetrieb möglichst nicht unterschritten werden. Bei besonders engen Verhältnissen lassen sich elektrische Lokomotiven auch noch in Strecken verwenden, die die in der Skizze eingeklammerten Maße nicht unterschreiten. Es kommen dann elektrische Lokomotiven besonders schmaler Bauart zur Verwendung, wie sie in dem Abschnitt „Lokomotiven" vorher erwähnt worden sind. Die in der Streckenskizze angegebenen Abmessungen gelten nur für solche Förderstrecken, die während des Lokomotivbetriebes nicht zur Fahrung benutzt werden. Falls die Strecken jedoch auch während der Lokomotivförderung befahren werden, muß an einem Seitenstoß noch ein mindestens 600 mm breiter, gut fahrbarer und gegen die Förderstrecke abgetrennter Gang vorhanden sein.

An allen Abzweigstellen von der Förderstrecke müssen Streckenunterbrecher eingebaut werden, die durch eine isolierte Leitung mit einem an der Wand angebrachten verschließbaren Schalter überbrückt werden können. Diese Schalter müssen von außen bedienbar sein und erkennen lassen, ob die Strecke eingeschaltet ist oder nicht. Bei seltener benutzten Nebenstrecken können auch in die Fahrleitung Streckenunterbrecher eingebaut werden, die vom Stromabnehmer der Lokomotive selbsttätig bedient werden. Ein derartiger Streckenunterbrecher ist in Bild 225 dargestellt. Die Wirkungsweise ist folgende: Fährt die Lokomotive in den abgeschalteten Streckenteil, so drückt das Schleifstück des Stromabnehmers den Schalthebel a in die Höhe und setzt durch Berührung des letzteren mit einem Kontaktfinger b die Fahrleitung unter Spannung. Durch eine Klinke c wird der Schalthebel in dieser Lage festgehalten, so daß auch nach Überfahren des Streckenunterbrechers die Fahrleitung weiter ein-

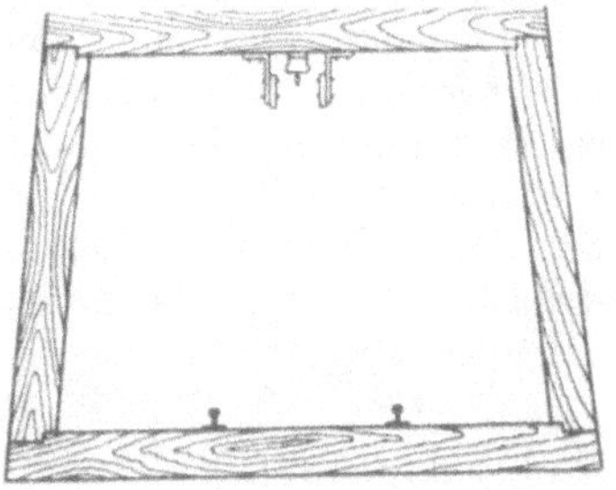

Bild 222. Verlegung der Fahrleitung mit Schutzbrettern.

geschaltet bleibt. Bei der Rückfahrt gleitet der Stromabnehmer zunächst über den Schalthebel hinweg und klinkt dann am anderen Ende des Ausschalters durch einen Anschlag d den Hebel aus, wodurch der Streckenteil wieder abgeschaltet wird.

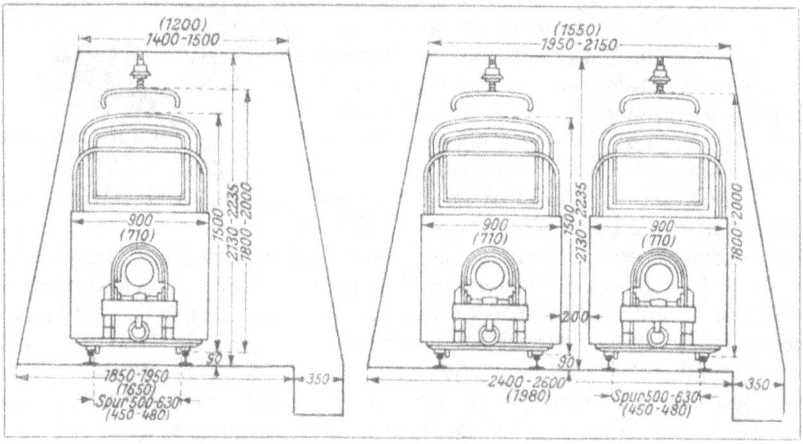


Bild 223 und 224. Schnitt durch eingleisige und zweigleisige Strecke.

Für die Rückleitung des Stromes werden die Fahrschienen benutzt, die zu diesem Zweck an allen Stößen mit Schienenverbindern gut leitend verbunden sein müssen. Die Schienenverbinder bestehen meistens aus einem Kupferdraht von dem halben Querschnitt der Fahrleitung, der an den Enden konische Stöpsel trägt (Bild 226) und in passende Löcher des Schienensteges eingetrieben wird. Zweckmäßiger ist jedoch, die Schienenverbinder nicht *über* der Lasche zu verlegen, weil sie hierbei leicht durch entgleiste Wagen abgefahren oder auch gestohlen werden, sondern man wird, wenn irgend möglich, die Schienenverbinder *unter* der Lasche anordnen, indem man Verbinder nach Bild 227 verlegt. Bei schwächeren Schienen wird jedoch der zur Verlegung dieser Schienenverbinder erforderliche Raum zwischen Schienensteg und Lasche häufig nicht zur Verfügung stehen. Mit Rücksicht auf einen gesicherten Lokomotivbetrieb und zur möglichsten Einschränkung der Streuströme ist jedoch auf eine ausreichende

Bild 225. Selbsttätiger Streckenunterbrecher.

Schienenrückleitung der größte Wert zu legen und man wird daher, um geeignete Schienenverbinder unter der Lasche verlegen zu können, gegebenenfalls zur Verwendung von Speziallaschen in diesem Falle schreiten müssen. Bei stärkeren Schienen, wie sie neuerdings bei Grubenbahnen verwendet werden, dürfte der erforderliche Raum von 5 bis 6 mm für die unter der Lasche verlegbaren Schienenverbinder stets zur Verfügung stehen. Es ist überhaupt anzustreben, das Gestänge bei Grubenbahnen nicht zu schwach zu wählen, da die Unterhaltungskosten dann ganz unverhältnismäßig in die Höhe gehen. Schienen unter 90 mm Höhe sollten bei Grubenbahnen mit Lokomotivbetrieb nicht verwendet werden, auch sollte man Krümmungen unter 12 m Halbmesser möglichst vermeiden.

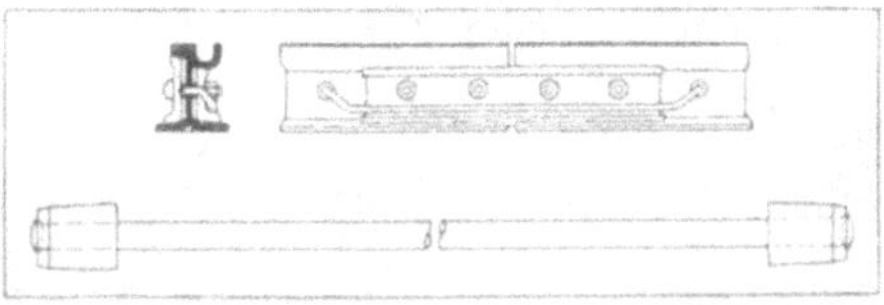

Bild 226.
Schienenstoßverbinder über der Lasche verlegbar.

Außer den Schienenlängsverbindern müssen die Schienenstränge etwa alle 100 m durch Querverbindungen unter sich verbunden werden, damit der ganze Querschnitt der verlegten Schienen zur Stromrückleitung herangezogen wird und zwischen den einzelnen Schienen keine Spannungsunterschiede auftreten können.

### c) Signalanlage.

Um die Möglichkeit zu haben, von beliebigen Stellen der Strecke den Fahrstrom ausschalten zu können, kann man an der Stollenwand in gewissen Abständen Schalter anbringen, die nach der Umformerkammer ein Glocken- oder Hupensignal geben, auf welches hin der Umformerwärter die Fahrleitung abzuschalten hat.

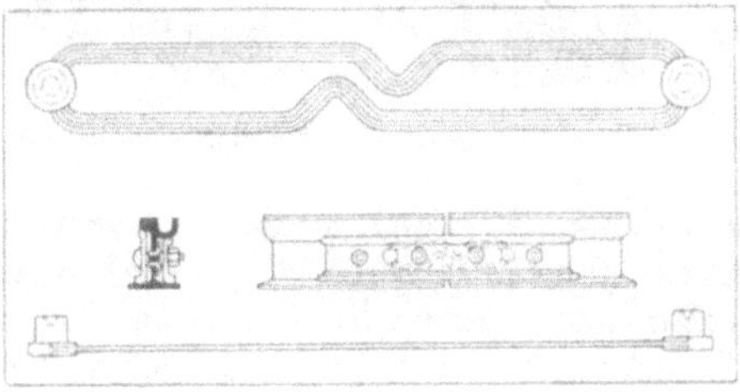

Bild 227.
Schienenstoßverbinder unter der Lasche verlegbar.

Bei langen Strecken wird es häufig als Annehmlichkeit empfunden, wenn die Lokomotivführer während der Förderung mit dem Aufsichtsbeamten am Schacht oder dem Umformerwärter in Verbindung treten können. Um dieses zu erreichen, kann man entweder an der Strecke eine Anzahl Fernsprechstellen errichten, die von den Lokomotivführern benutzt werden können, oder es werden die Lokomotiven selbst mit Fernsprechern ausgerüstet und an der Streckenwand entlang auf Porzellanisolatoren ein blanker Siliziumbronzedraht verlegt, der mit einer Fernsprechstelle am

Schacht oder in der Umformerkammer in Verbindung steht. Die Lokomotivführer sind dann in der Lage, durch Anschließen ihres auf der Lokomotive befindlichen Fernsprechapparates an den Draht, was durch Anhängen eines mit dem Fernsprecher durch eine biegsame Leitung in Verbindung stehenden Hakens geschieht, sich mit der Fernsprechstelle zu verbinden. Bild 228 zeigt den Lokomotivführer bei Benutzung des Fernsprechers.

Bei Abzweigungen von der Strecke ist es häufig nötig, eine Streckensicherung vorzusehen, damit ein Zusammenstoß von Zügen, die aus ver-

Bild 228. Grubenlokomotive mit Fernsprecheinrichtung.

schiedener Richtung kommen, vermieden wird. Hat man z. B. eine Abzweigung nach Bild 229, so kann es leicht vorkommen, daß ein von II kommender und nach V fahrender Zug mit einem Zuge zusammenstößt, der entweder von IV nach I oder von VI nach III fährt. Um dieses zu verhindern, muß eine Streckensicherung angebracht werden, wie sie in Bild 230 schematisch dargestellt ist und die folgendermaßen arbeitet:

Will z. B. der Zug von II nach V fahren, so berührt sein Stromabnehmer bei E I einen neben dem Fahrdraht angebrachten Schleifkontakt, so daß in diesen der Oberleitungsstrom hinübergeleitet wird. Er fließt von hier aus in die linke Spule des Differenzialrelais R 1 und von da über einen Vorschaltwiderstand zur Erde. Der linke Anker des Relais wird also angezogen und dadurch der Lichtstromkreis geschlossen. Es fließt ein

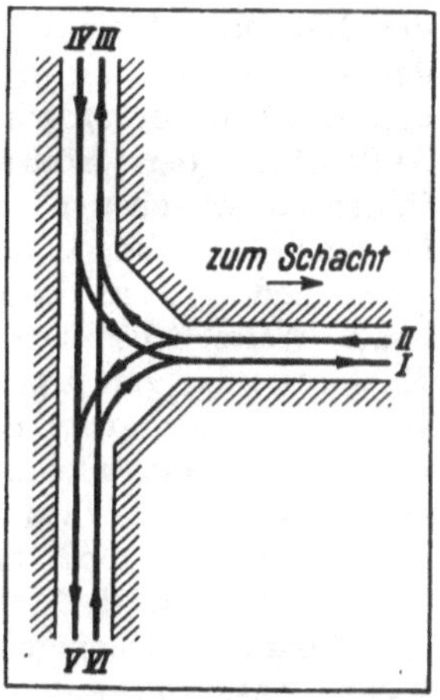

Bild 229. Doppelgleisige Verzweigung.

Strom von der Oberleitung in die bei VI angeschlossene Lichtleitung durch die hier angebrachte rote Warnungslampe, geht dann weiter zur grünen Signallampe bei II und über den Kontakt des Relais R I nach Erde. Außerdem fließt ein Strom von der Oberleitung über die bei IV angeschlossene Lichtleitung durch die hier angebrachte rote Warnungslampe nach der zweiten grünen Signallampe bei II und von hier aus ebenfalls über den Kontakt des Relais R 1 zur Erde. Es sind also die beiden Strecken von VI nach III und von IV nach I, die dem von II ankommenden Zug gefährlich werden könnten, durch rote Lampen gesperrt. Wenn nun die Lokomotive bei der Fahrt nach V mit ihrem Stromabnehmer den Ausschaltkontakt A 3 berührt und dadurch also Strom in diesen Kontakt gibt, so fließt ein Strom von der Oberleitung über A 3 nach der rechten Spule des Relais R 1 und über den Vorschaltwiderstand zur Erde. Der rechte Kern dieses Relais wird dadurch angezogen und

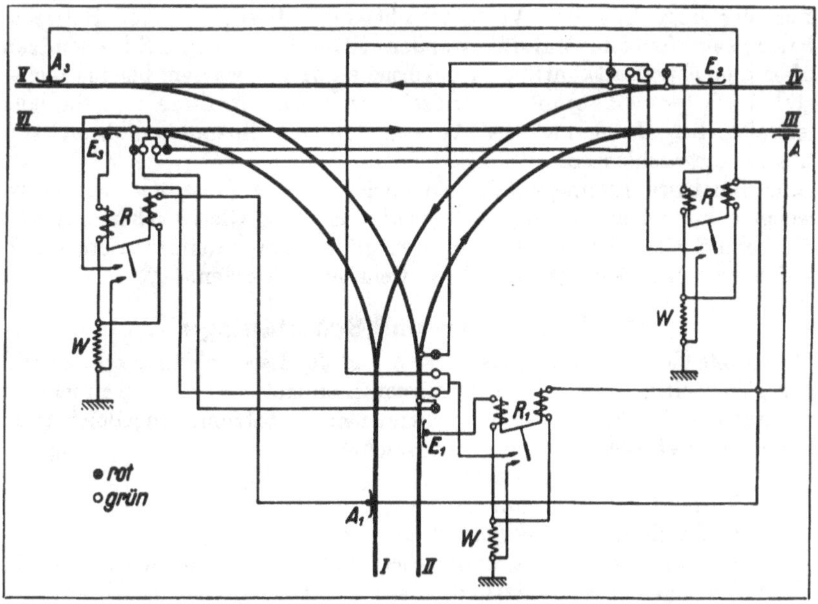

Bild 230. Streckensicherung.

der Lichtstromkreis hierdurch unterbrochen, d. h. es verlöschen bei der Weiche auf der Strecke II die beiden grünen Lampen und bei den Weichen der Strecken V und VI die roten Warnungslampen. Das Aufleuchten der grünen Lampen hat den Zweck, dem Lokomotivführer zu erkennen zu geben, daß das Relais rechtzeitig angesprochen hat und die roten Lampen bei V und VI aufgeleuchtet sind, da die roten und grünen Lampen hintereinander geschaltet sind. In ähnlicher Weise arbeitet die Signalanlage, wenn der Zug von II nach III fährt oder von irgendeiner anderen Strecke herkommt. Wenn nun, was auch vorkommen kann, Züge von zwei Richtungen aus *gleichzeitig* mit ihren Stromabnehmern auf die Signalkontakte fahren, so leuchten sowohl die roten Warnungslampen als auch die grünen Signallampen auf, so daß die Lokomotivführer auf jeden Fall darauf aufmerksam gemacht werden, daß auch von der entgegengesetzten Seite ein Zug in die Blockstrecke eingefahren ist. Da jede Blockstrecke ihre eigene Lampe hat, so kann der Führer aus deren Aufleuchten feststellen, aus welcher Richtung der andere Zug auf ihn zukommt. Sollten einmal beide roten Lampen gleichzeitig aufleuchten, so ist dies ein Zeichen dafür, daß in alle drei Blockstrecken gleichzeitig Züge eingefahren sind, ein Fall, der wohl sehr selten vorkommen wird. In solchen Fällen, wo also zufällig 2 oder gar 3 Züge gleichzeitig die Blockstrecke betreten haben, müssen die Züge anhalten und es hat nur derjenige Zug das Vorfahrtrecht, dem dieses von der Betriebsleitung ein für alle Mal zugestanden ist. Die übrigen Züge müssen über den Einschaltkontakt zurückdrücken und abwarten, bis das Lichtsignal wieder vollkommen verlöscht ist. Durch diese Signalanlage ist also bei Befolgung der Vorschriften ein Zusammenfahren von Zügen ausgeschlossen.
Eine Blockierungsanlage läßt sich auch in Verbindung mit den Gleisweichen herstellen, indem man Schalter mit den Gleisweichen kuppelt, die beim Stellen der Weiche rote bzw. grüne Lampen einschalten, durch welche die Strecken gesperrt bzw. freigegeben werden.

## E. Umformer- und Schaltanlage.

Die Größe der Umformer ergibt sich aus der Leistung und der Anzahl der gleichzeitig im Betrieb befindlichen Lokomotiven. Die Umformung des auf den Werken meistens vorhandenen Drehstromes in Gleichstrom kann auf drei verschiedene Arten geschehen:

1. durch Motorgeneratoren,
2. durch Einankerumformer,
3. durch Quecksilberdampf-Gleichrichter.

Die Umformer werden grundsätzlich unter Tage möglichst in der Nähe des Schachtes aufgestellt, da eine Aufstellung der Umformeranlage über Tage die Zuleitung des niedrig gespannten Stromes durch starke Schachtkabel zu den Strecken erforderlich machen und die Anlage ganz erheblich verteuern würde. Der Sicherheit wegen stellt man zweckmäßig von vornherein zwei Umformer auf, von denen jeder für die erforderliche Energie der ganzen Grubenbahn zu bemessen ist, so daß der zweite Umformer als volle Reserve stets zur Verfügung steht, oder man verteilt die erforderliche Energie auf zwei Maschinen und stellt eine dritte gleichgroße als Reserve hinzu. Gegen die in der Grube beständig herrschende Feuchtigkeit sind die Maschinen durch eine besondere Grubenisolation zu schützen.

Wenn man zur Umformung des Drehstroms *Motorgeneratoren* wählt, so empfiehlt es sich, den zu einem Umformer gehörigen Motor und Generator des besseren Zusammenbaues wegen auf einer gemeinsamen Grundplatte aufzustellen, besonders dann, wenn druckhaftes Gebirge vorhanden ist. Der Umformer wird mittels eines Ölanlassers angelassen, der nach dem Anlassen durch eine am Motor angeordnete Bürstenabhebe- und Kurzschlußvorrichtung aus dem Ankerstromkreis ausgeschaltet wird. Die Anlasser werden neben den Motoren aufgestellt und mit abgedeckten Kontakten ausgerüstet, damit eine Berührung der letzteren ausgeschlossen ist. Die Dynamomaschine erhält eine Wendepolwicklung, um die beim Anfahren der Lokomotive auftretenden Stromstöße und Überlastungen ohne Bürstenfeuer zu vertragen. Die Abmessungen einer Umformerkammer zur Unterbringung von zwei Umformern von je 45 kW Leistung, wie sie für kleinere Grubenbahnen Verwendung finden, zeigt Bild 231. Das Schaltbild einer Umformeranlage mit zwei Motorgeneratoren ist aus Bild 232 zu ersehen. Damit die beiden Dynamomaschinen bei gesteigerter Förderung auch gleichzeitig parallel auf das Netz arbeiten können, müssen sie mit einer Ausgleichleitung verbunden werden. Vor dem Parallelschalten sind selbstverständlich zunächst beide Maschinen mittels des Regelwiderstandes auf gleiche Spannung zu bringen.

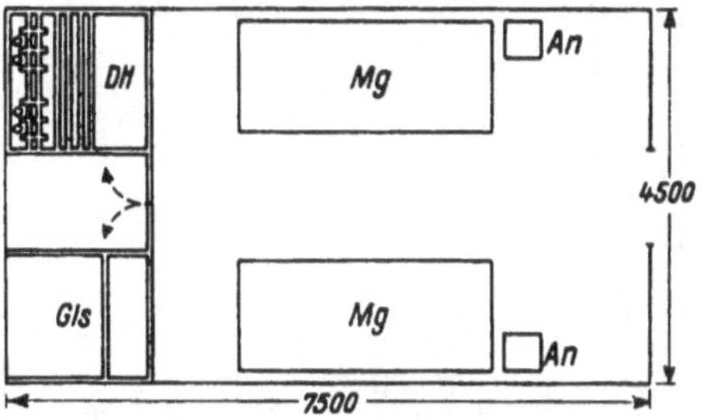


Bild 231.
Umformerraum mit 2 Motorgeneratoren für je 45 kW.
An = Anlasser   Gls = Gleichstromschaltanlage
DH = Drehstrom-Hochspannungsschaltanlage   Mg = Motorgenerator

Statt Motorgeneratoren werden in neuester Zeit für Grubenbahnen fast nur noch *Einankerumformer* verwendet. Letztere Maschinen haben den Vorteil, daß sie nicht nur in der Anschaffung billiger als Motorgeneratoren sind, sondern auch, was für Anlagen unter Tage von ganz besonderem Vorteile ist, weniger Platz beanspruchen. Bild 233 zeigt eine Umformerkammer unter Tage mit zwei Einankerumformern von je

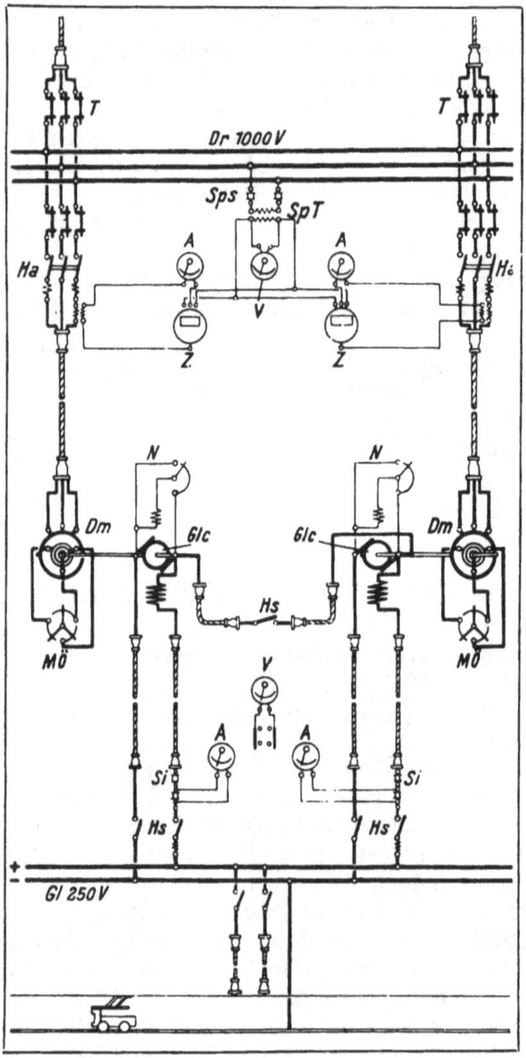


Bild 232.
Schaltbild einer Umformeranlage mit 2 Motorgeneratoren.

| | | | |
|---|---|---|---|
| A = | Strommesser | MÖ = | Metallanlasser mit Ölkühlung |
| Dm = | Drehstrommotor | N = | Nebenschlußregler |
| Dr = | Drehstrom | Si = | Sicherung |
| Gl = | Gleichstrom | Sps = | Spannungssicherung |
| Glc = | Gleichstrom-Compoundmaschine | SpT = | Spannungstransformator |
| Ha = | Höchststrom-Ausschalter | T = | Trennschalter |
| Hs = | Hebelschalter, einpolig | V = | Spannungsmesser |
| | | Z = | Zähler |

120 kW Leistung. Wie aus dem Bilde zu ersehen, sind die Abmessungen dieser Umformerkammer fast dieselben wie diejenigen der Umformerkammer nach Bild 231 für zwei Motorgeneratoren von je 45 kW. Es ist also bei Verwendung von Einankerumformern möglich, in demselben Raum fast die dreifache Leistung unterzubringen wie bei Motorgeneratoren. Bei einer Vergrößerung einer bestehenden Grubenbahn mit Motorgeneratoren kann man also leicht durch Austausch der Motorgeneratoren gegen Einankerumformer die Leistung verdreifachen, ohne an den Abmessungen der Umformerkammer selbst etwas zu ändern. Die Einankerumformer verursachen ferner im Drehstromnetz keine Phasenverschiebung, sondern können im Gegenteil so eingestellt werden, daß die Phasenverschiebung des Netzes verkleinert wird. Außerdem haben sie den Vorteil, daß der Wirkungsgrad erheblich günstiger ist, wie aus Bild 234 hervorgeht, und daß sie infolgedessen weniger Wärme ent-

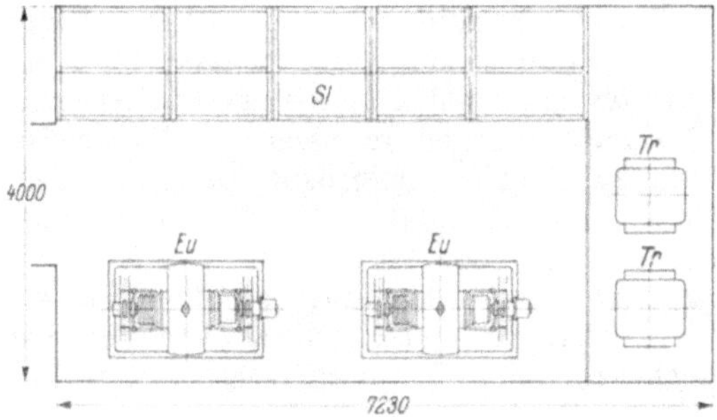


Bild 233.
Umformerraum mit 2 Einankerumformern von je 120 kW.
Eu = Einankerumformer Sl = Schaltanlage
Tr = Transformator

wickeln, was für die Entlüftung der Kammer auch von Bedeutung ist. Die Umformer werden von der Drehstromseite aus mit $^1/_3$ Spannung angelassen. Die Maschine läuft dann als asynchroner Motor an und etwa innerhalb $^1/_2$ Minute ganz von selbst in den Synchronismus hinein. Nachdem man sich von der richtigen Polarität überzeugt hat, führt man durch rasches Umschalten dem Anker die volle Spannung zu. Falsche Polarität wird durch kurzes Öffnen des Anlaßschalters (rd. 5—10 s dauernd) umgekehrt. Dieses Umpolen darf nur bei der Anlaßspannung und bei stark geschwächtem Magnetstrom vor sich gehen. Die Anlaufstromstärke im Anker steigt in der Regel nicht über den Vollaststrom, beträgt also auf der Hochspannungseite des Transformators nur etwa die Hälfte des Dauerstromes. Bild 235 zeigt das Schaltbild einer Umformeranlage mit zwei Einankerumformern.

Die dritte Umformerart, der *Quecksilberdampf-Gleichrichter*, hat bisher bei Grubenbahnen weniger Verwendung gefunden, weil einer seiner größten Vorzüge, der bessere Wirkungsgrad, bei den niedrigen Spannungen, wie sie bei Grubenbahnen gebräuchlich sind, nicht so hervortritt. Der Spannungsabfall im Lichtbogen des Gleichrichters beträgt nämlich unabhängig von der Betriebspannung rd. 25 V, so daß der Wirkungsgrad der Gleichrichter desto höher liegt, je höher die Betriebspannung ist. An und für sich verspricht jedoch der Quecksilberdampf - Gleichrichter auch für Grubenbahnen ein durchaus brauchbares Umformungsmittel zu werden, da seine geringen Abmessungen, niedrigen Gewichte, starke stoßweise Überlastungsfähig-

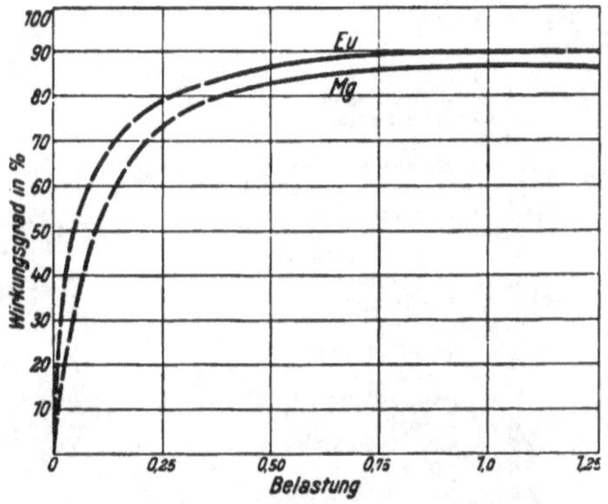


Bild 234. Vergleichende Schaulinien der Wirkungsgrade eines Motorgenerators ohne Transformator und eines Einankerumformers einschl. Transformator.
Eu = Einanker-Umformer mit Transformator und Drosselspule (1000 Umdr/min).
Mg = Motor-Generator (1000 Umdr/min).

keit und sein guter Wirkungsgrad auch bei Teilbelastungen Eigenschaften sind, die unter Tage von besonderem Wert sind.

Die für die Schaltanlage eines Umformers erforderlichen Apparate und Meßgeräte werden in einem aus Winkeleisen und Profileisen bestehenden Schaltgerüst eingebaut, dessen vordere Verkleidung aus schwarz lackiertem Eisenblech besteht, in das die Meßgeräte eingelassen sind (Bild 236). Die Verwendung von Marmortafeln ist unter Tage wegen der hygroskopischen Eigenschaften des Marmors nicht zulässig. Von den Apparaten sind nur die zu ihrer Betätigung erforderlichen Handgriffe sichtbar. Kontakte und nicht isolierte Teile liegen hinter der Schalt-

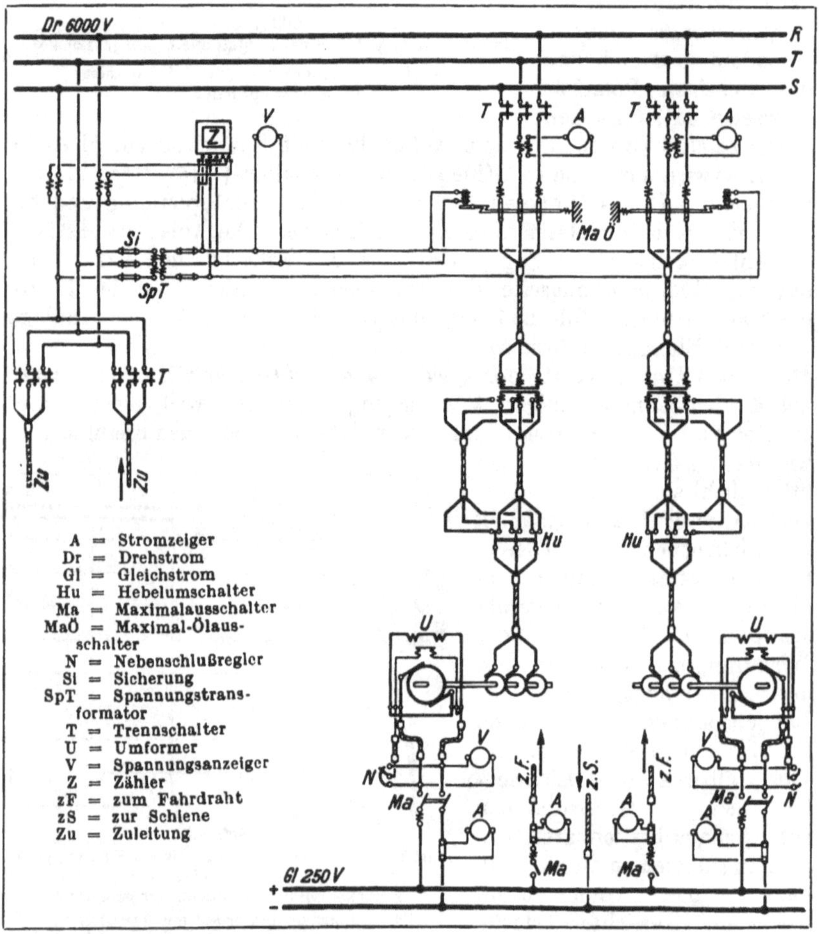


Bild 235. Schaltbild einer Umformeranlage mit 2 Einankerumformern.

tafel, so daß eine Gefährdung auch der nicht unterwiesenen Mannschaften ausgeschlossen ist. Eine andere Ausführung, eine Schaltanlage in Pultform, zeigen Bild 237 und 238. Diese hat den Vorteil, daß sie sehr wenig Raum beansprucht, weil hierbei kein Bedienungsgang hinter der Schalttafel erforderlich ist, sondern alle Apparate nach Öffnung der

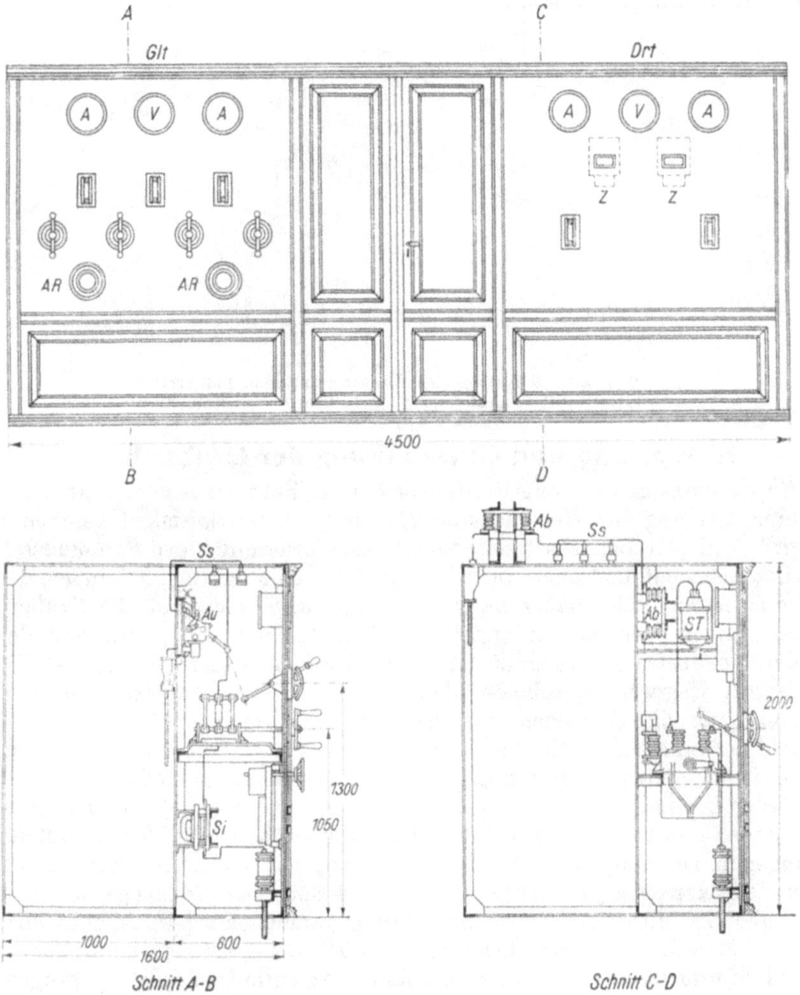


Bild 236. Schalttafel einer Umformeranlage.

A = Strommesser
Ab = Abschalter
AR = Antrieb für die Regulatoren
Au = Automat
Drt = Drehstromtafel
Glt = Gleichstromtafel
Si = Sicherung
Ss = Sammelschiene
ST = Stromtransformator
V = Spannungsmesser
Z = Zähler

vorderen Türen von vorn zugänglich sind. Dieselben Vorteile hat die Ausführung in Form von Schaltkästen, wie sie auf Bild 239 zu sehen ist. Diese Ausführungsart beansprucht den geringsten Platz bei sehr bequemer Bedienung und Zugänglichkeit aller Teile, wird also dann zur Anwendung kommen, wenn es sich um möglichst vorteilhafte Raumausnutzung handelt.

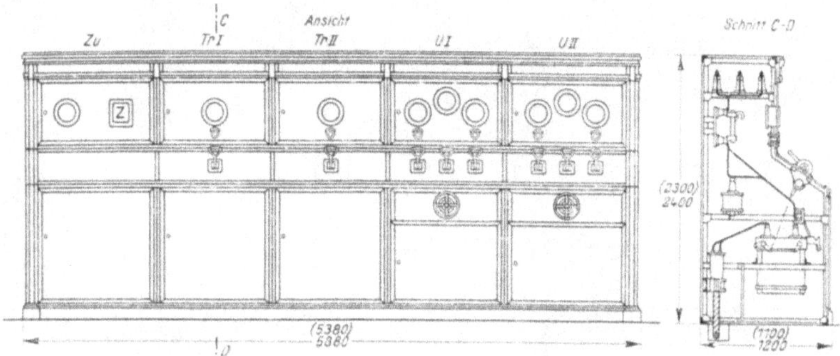


Bild 237. Schalttafel einer Umformeranlage in Pultform.
Tr = Transformator U = Umformer Z = Zähler Zu = Zuleitungskabel

## F. Wartung und Unterhaltung der Grubenbahn.

Für ein gutes und störungsfreies Arbeiten der Bahn ist es unerläßlich, daß ihrer Wartung und Unterhaltung die nötige Aufmerksamkeit geschenkt wird, weil jede Betriebstörung der Streckenförderung einen Förderausfall nach sich zieht und auch sonst bei den Anlagen über Tage Störungen des Betriebes zur Folge haben kann. Aus diesem Grunde muß die Grubenbahn einem Personal unterstellt werden, das mit den Eigenarten des Maschinenbetriebes vertraut ist. Man wird sie daher, ebenso wie die übrigen Bergwerksmaschinen, den Maschinensteigern unterstellen, weil man dann die Gewißheit hat, daß die Anlage sachgemäß beobachtet wird und entstehende Schäden bereits im Anfangstadium erkannt werden, wo sie noch mit verhältnismäßig geringen Kosten und schnell ausgebessert werden können. Anderenfalls kann es leicht vorkommen, daß entstehende Schäden erst zu spät erkannt werden, wenn sie bereits größeren Umfang angenommen haben und eine Instandsetzung nur mit großen Kosten und bei teilweiser oder gänzlicher Stillegung des Betriebes für eine gewisse Zeit möglich ist. In vielen Betrieben ist diese Organisation bereits durchgeführt und hat sich außerordentlich gut bewährt. Die Instandsetzungskosten und Störungen an den Maschinen sind ganz auffallend zurückgegangen. Zu einer sachgemäßen Behandlung der Lokomotiven gehört es, daß sie von verständigen Leuten bedient werden. Die vielfach verbreitete Ansicht, daß eine elektrische Lokomotive von jedem bedient werden kann, ist nicht richtig. Durch die Bedienung der Lokomotiven von

Bild 238. Umformerkammer mit Schaltanlage in Pultform.

Bild 239. Umformerkammer mit Schaltanlage in Form von Schaltkästen.

Leuten, die nichts davon verstehen und keinen Sinn für die Maschinen haben, wird das Material schnell abgenutzt und verdorben. Man soll auch möglichst danach streben, immer dieselben Führer mit denselben Lokomotiven fahren zu lassen, damit sie ihre Maschine genau kennen lernen, und außerdem erweckt man hierdurch bei den Führern eine gewisse Vorliebe für ihre Lokomotive, die dem ganzen Betrieb nur zugute kommen kann.

Um die Lokomotiven möglichst gut auszunutzen, muß man zu vermeiden suchen, daß sie lange Zeit untätig herumstehen, wie dies vielfach am Füllort vorkommt. Man wird daher zweckmäßig für die Bewegung der Wagen am Schacht Rangierwinden, Kettenbahnen, Ablaufberge oder ähnliche Vorrichtungen anbringen, um zu vermeiden, daß die gesamte Verschiebearbeit am Schacht von den Lokomotiven geleistet werden muß, wobei diese nicht ausgenutzt und dem Förderbetrieb entzogen werden. Zur glatten Abwicklung des Betriebes ist ein genügend großer Bahnhof am Füllort unerläßlich, auf dem die ankommenden Wagen aufgestellt werden können.

Nicht weniger wichtig als die Organisation der Streckenförderung ist die Frage der Ausbesserungswerkstatt unter Tage. Es ist ganz selbstverständlich, daß die Lokomotiven, die sich Tag und Nacht in angestrengtem Betrieb befinden, in regelmäßigen Zeitabständen (etwa alle 6 bis 9 Monate) aus dem Betrieb gezogen und gründlich überholt werden müssen. Zu diesem Zweck dürfen die Lokomotiven nicht jedesmal über Tage gebracht werden, da die Lokomotiven meistens nicht ohne weiteres auf den Förderkorb gestellt werden können und daher das Herausschaffen der Lokomotiven Störungen des Förderbetriebes zur Folge hat. Die Ausbesserungswerkstatt unter Tage muß demnach so eingerichtet sein, daß mit ihr diese normalen Überholungen und kleinere Instandsetzungen an den Lokomotiven schnell ausgeführt werden können. Hierfür ist erforderlich, daß die Ausbesserungswerkstatt unter Tage der Anzahl der im Betrieb befindlichen Lokomotiven entsprechend in ihrer Größe ausreichend bemessen ist, so daß die Arbeiten ordnungsgemäß vorgenommen werden können. Der Raum für die Werkstatt muß so angelegt sein, daß eine gute Bewetterung möglich ist, damit die Leute in der Werkstatt auch ohne übermäßige Anstrengung die erforderlichen Arbeiten ausführen können. Für Arbeiten unter den Lokomotiven sind die vielfach gebräuchlichen Gruben zwischen den Schienen zu verwerfen, da sie sehr schwer trocken zu halten sind und ein Arbeiten in diesen engen feuchten Gruben sehr unbequem und lästig ist.

Es empfiehlt sich daher, für Arbeiten unter der Lokomotive das Lokomotivgestell mit Hilfe einer Hebevorrichtung, wie sie Bild 240 zeigt, zu heben, wodurch die Radsätze und Motoren in wenigen Minuten freigelegt werden können und sich auch Arbeiten unter der Lokomotive bequem und sauber ausführen lassen. Diese Hebevorrichtungen

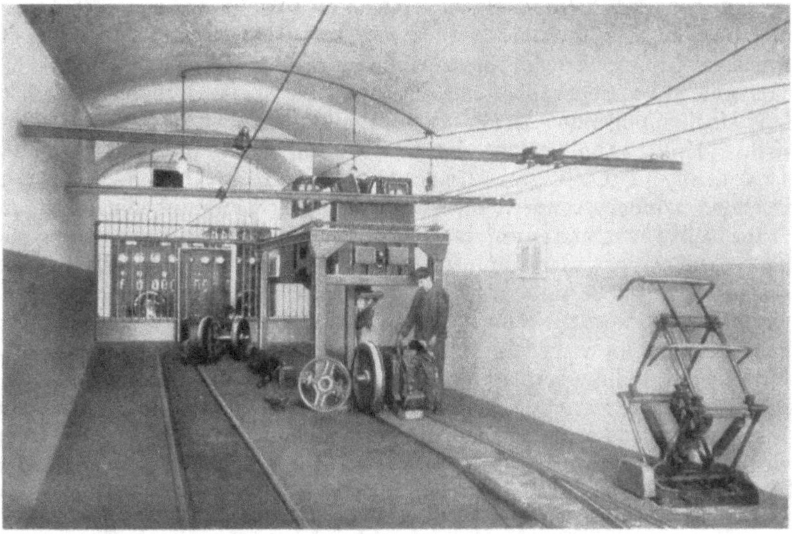

Bild 240. Lokomotiv-Hebevorrichtung.

Bild 241. Lokomotive besonders schmaler Bauart mit Innenrahmen.

werden von den Siemens-Schuckertwerken sowohl für Handbetrieb als auch für Antrieb mit einem Elektromotor geliefert und haben bereits in vielen Gruben Eingang gefunden.

Für eine stete Betriebsbereitschaft der Anlage ist ferner erforderlich, daß eine genügende Anzahl Ersatzteile ständig auf Lager gehalten wird. Man kann nicht damit rechnen, daß die Fabriken den etwa dringend benötigten Gegenstand auf Lager haben und sofort absenden können, sondern diese Lagerhaltung muß unbedingt auf der Grube selbst vorgenommen werden. Anderenfalls ist man gezwungen, die Lokomotiven oder Umformer mit beschädigten oder abgenutzten Teilen weiter im Betrieb zu halten, wodurch nicht nur Betriebstörungen hervorgerufen werden können, sondern solche zu weit abgenutzten oder nicht mehr vollkommen unversehrten Teile ziehen häufig umfangreiche weitere Beschädigungen an der betreffenden Maschine nach sich. Es ist weiter darauf zu achten, daß die Ersatzteile genau zu den vorhandenen Maschinen passen und nicht aus minderwertigem Material bestehen. Man wird sie daher zweckmäßig stets vom Lieferanten der betreffenden Maschine beziehen, weil man dann sicher ist, den genau passenden Teil in entsprechender Güte zu erhalten. Ein Verzeichnis derjenigen Ersatzteile, die bei einer Grubenbahn stets auf Lager liegen müssen, ist weiter unten angegeben. Die Stückzahl der einzelnen Gegenstände richtet sich nach der Anzahl der im Betrieb befindlichen Maschinen und der Ausdehnung der Strecke.

Ein sehr wichtiger Teil für das störungsfreie Arbeiten der Grubenbahn ist der Zahnradschutzkasten, der niemals an den Lokomotiven fehlen darf. Leider werden diese Schutzkästen von manchen Gruben für entbehrlich gehalten und, wenn sie einmal gebrochen sind, nicht wieder ersetzt. Die Folge davon ist ein großer Verschleiß an Zahnrädern, Lagerschalen und schließlich eine Menge von Ankerdurchschlägen. Lokomotiven mit abgefahrenen oder zerbrochenen Schutzkästen sind daher sofort aus dem Betrieb zu ziehen und die Schutzkästen zu ersetzen.

Ein weiterer Teil der Grubenbahn, der meist wenig Beachtung findet, ist die Gleisanlage. Das Gestänge bei den Grubenbahnen dient bekanntlich nicht allein als Fahrbahn für die Lokomotiven und die Wagen, sondern gleichzeitig auch zur Rückleitung des Stromes zum Umformer. Aus dieser doppelten Eigenschaft heraus kann das Gestänge eine erhöhte Aufmerksamkeit beanspruchen. Infolge schlechter Lage kommen Entgleisungen und Beschädigungen an den Lokomotiven und Förderwagen vor, die sich bei einer etwas besseren Wartung des Gestänges sehr wohl vermeiden lassen. Man soll sich auch davor hüten, aus Sparsamkeitsrücksichten das Schienenprofil für die Bahn zu schwach zu wählen. Es ist ferner darauf zu achten, daß zwischen den Schienen keine Teile über die Schienenköpfe hinausragen, weil sie sonst die Zahnradschutzkästen und Zahnräder leicht beschädigen können.

Bild 242. Doppel-Lokomotive für Betrieb über und unter Tage mit Innenrahmen, jede Hälfte einmotorig.

Bild 243. Doppel-Lokomotive schwerer Bauart.

Bild 244. Stollenlokomotive mit Führer- und Begleitersitz in der Mitte.

Der Unterhaltung der Schienenverbinder ist ebenfalls eine erhöhte Aufmerksamkeit zu widmen, da die Schienenverbinder für eine gute Stromrückleitung unbedingt erforderlich sind. Abgefahrene oder auf andere

Bild 245. Einmotorige Grubenlokomotive mit gekuppelten Achsen.

Weise entfernte Schienenverbinder sind sofort wieder zu ersetzen, da sonst durch die fehlende Verbindung das Entstehen der Streuströme, die sich im Grubenbetrieb durch Anfressen von Rohrleitungen und Kabeln und auch beim Schießbetrieb sehr unangenehm bemerkbar machen, begünstigt wird.

Treten bei einer Grubenbahnanlage häufig Betriebstörungen, Ankerdurchschläge, Zahnradbrüche und dgl. auf, so kann man mit ziemlicher Sicherheit annehmen, daß die Wartung und Unterhaltung des Betriebes nicht in Ordnung und eine eingehende Untersuchung der Angelegenheit am Platze ist.

## Auf Lager zu haltende Ersatzteile:

### A) Lokomotiven

*Stromabnehmer:*

1. Stromabnehmer,
2. Schleifbügel zu 1,
3. Federn zu 1.

*Anfahrwiderstände:*

4. Widerstand,
5. Widerstandsgitter,
6. Isolierrohr,
7. Isolierzwischenscheiben.

*Selbsttätige Ausschalter:*

8. Kontaktbacken mit Stromzuführungen und Federn,
9. Kontaktbock mit Schrauben.

*Fahrschalter:*

10. Fächerplatten,
11. Kontaktstücke für Umschaltwalze,
12. Schrauben zu 11 mit Sechskantkopf,
13. Schrauben zu 11 mit versenktem Kopf,
14. Kontaktsegmente für Hauptschaltwalze,
15. Schrauben zu 14,
16. Kontakthammer mit Schleifstück, Schraube und Schutzhülse,
17. Schleifstück zu 16,
18. Befestigungschrauben zu 16.

*Motor:*

19. Vollständiger Motoranker (bei größeren Anlagen einen vollständigen Ersatzmotor),
20. Schenkelspulen,
21. Bürstenhalter,
22. Motorkohlen,
23. Ankerlager,
24. Tatzenlager,
25. Zahnräder,
26. Zahnradschutzkästen,
27. Ankerlagerschild Zahnradseite,
28. Kommutatordeckel.

*Beleuchtung:*

29. Streckenlampen,
30. Lampenfassungen für 29,
31. Glasscheiben für 29,
32. Glühlampen für 29,
33. Sicherungspatronen.

*Mechanischer Teil:*

34. Radsatz,
35. Achsbuchse,
36. Achslagerschalen,
37. Achslagerdeckel,
38. Tragfedern,
39. Bremsklötze,
40. Pufferstoßplatte,
41. Pufferfedern,
42. Motortragfedern.

### B) Streckenausrüstung

43. Fahrdraht,
44. Fahrdrahtklammern,
45. Fahrdrahtisolatoren,
46. Schienenverbinder.

### C) Umformeranlage

47. Vollständiger Anker (falls kein Reserveumformer vorhanden ist),
48. Bürstenhalter,
49. Kohlenbürsten,
50. Sicherungseinsätze.

## G. Betriebskostenberechnung.

Zur Beurteilung der Frage, wie hoch sich die Betriebskosten einer Grubenbahn stellen, ist es zunächst notwendig, festzustellen, was bei der Anlage als Betriebskosten zu rechnen sind.

Zunächst müßte einmal der Begriff „Anlagekosten" fest umrissen werden. Bisher war es meistens üblich, bei Aufstellung einer Betriebskostenberechnung einer elektrischen Grubenbahn nur diejenigen Anschaffungskosten unter Anlagekosten aufzuführen, die besonders für die elektrische Bahn in Frage kommen und alles das herauszulassen, was auch sonst für andere Förderarten notwendig gewesen wäre, wie z. B. Maschinenkammer, Lokomotivschuppen, Ausbesserungswerkstatt und dgl. mehr. Es erscheint jedoch nicht richtig, die Anlagekosten so eng zu begrenzen, sondern es ist richtiger, wenn man ein klares Bild der Förderkosten haben will, alles das in Rechnung zu stellen, was für die Bahn tatsächlich gebraucht wird. Es würde demnach bei einer elektrischen Grubenbahn sich das Anlagekapital aus folgenden Teilen zusammensetzen:

1. Speisekabel zur Umformerstation ganz oder anteilig, falls das Kabel auch noch zur Speisung anderer Anlagen benutzt wird.
2. Umformerstation unter Tage einschließlich Schaltanlage, Fundamente für die Maschinen und einschließlich der Kosten für das Ausschießen und Herrichten des Umformerraumes.
3. Fahrleitungsanlage einschließlich Schienenverbinder.
4. Lokomotiven.
5. Ausbesserungswerkstatt unter Tage einschließlich der Kosten für das Ausschießen und Herrichten der Werkstatt.

Die bei der Grubenbahn in Benutzung befindlichen Förderwagen gehören nicht zu den Anlagekosten der Bahn, weil diese Wagen durch den Schacht auch über Tag kommen und dort weiter verwendet werden, so daß sie in das Anlagekapital der Grubenbahn nicht hineinzurechnen sind. Ebenso kann die Gleisanlage aus denselben Gründen aus den Anlagekosten herausgelassen werden.

Für einen Vergleich mit anderen Lokomotivarten müßte dementsprechend verfahren werden, d. h. man müßte bei Druckluftlokomotivanlagen auch den über Tage stehenden Luftkompressor einschließlich der anteiligen Gebäudekosten sowie die Rohrleitungen zu den Füllstationen in die Anlagekosten hineinrechnen. Ebenso wären bei Benzolbetrieb die Kosten für die Lagerung des Benzols über Tage mit in Rechnung zu stellen.

Zur Feststellung der Betriebskosten erhält der Betriebsführer der Bahn ein Förderbuch nach Vordruck 1, in das er für jeden Tag die Förderung einträgt. Auf der ersten Seite dieses Buches sind die allgemeinen Angaben über die Fördermittel aufgeführt, also

1. Dienstgewicht der Lokomotive ...... kg,
2. Gewicht eines leeren Förderwagens ...... kg,

3. Gewicht eines mit Kohlen beladenen Förderwagens ...... kg,
4. Gewicht eines mit Berge beladenen Förderwagens ...... kg.

Bei der Grubenverwaltung wird ferner ein Kontobuch nach Vordruck 2 geführt, auf dessen erster Seite das Anlagekapital angegeben ist, das jeweils den eintretenden Erweiterungen entsprechend zu ergänzen wäre. Die Betriebsausgaben werden in diesem Buch monatlich zusammengestellt. Zu den einzelnen Konten wäre folgendes zu bemerken.

Unter Nr. 1, Betriebsausgaben für Verwaltung, sind diejenigen Beträge aufzunehmen, die besonders für die Grubenbahn aufgewendet worden sind, also Beschaffung der Förder- und Betriebsbücher, kleinere Ausgaben im Interesse der Bahnanlage und dgl. Im Konto 2 sind die tatsächlich für den Lokomotivbetrieb aufgewandten Gehälter und Löhne für die *ständigen* Betriebsbeamten, wie Lokomotivführer, Rangierer, Untersuchungsschlosser und dgl. aufzuführen. In Konto 3a—c sind die Ersatzteile einzutragen, die in die Bahnanlage eingebaut worden sind, dagegen nicht diejenigen, die als Reserve beschafft wurden und zunächst noch auf Lager liegen. Diese werden in einem besonderen Lagerbuch geführt. Unter Konto 3 d—f werden die Löhne verbucht, die durch Instandsetzungsarbeiten erforderlich geworden sind und die nicht von den bereits unter Konto 2 aufgeführten Personen ausgeführt wurden. Unter Nr. 4 werden die Stromkosten verrechnet, die sich auf Grund der Zählerablesungen auf der Drehstromseite des Umformers ergeben, wobei darauf zu achten ist, daß auch wirklich nur die von der Bahn verbrauchte Energie verrechnet wird, und daß, falls von dem Umformer auch noch andere Motoren gespeist werden, der Energieverbrauch für diese abgerechnet wird.

Unter Nr. 5 sind die Kosten für Versicherungen, Sonderzuweisungen und dergleichen zu verbuchen. Hierzu gehören demnach auch bei einer Benzol-Lokomotivanlage z. B. die erhöhten Feuerversicherungsprämien.

Unter Nr. 6 ist der monatliche Betrag für die Verzinsung des Anlagekapitals einzusetzen, der jeden Monat geringer wird durch die Abschreibung, die unter Nr. 7 aufgeführt wird, sofern nicht durch Erweiterungen der Anlage sich die Anlagekosten inzwischen wieder erhöht haben. Bei Konto 7, Rücklage für Erneuerung, kann man bei elektrischer Lokomotivförderung eine 20jährige Lebensdauer der Anlage annehmen bei 5 % Zinsfuß der jeweiligen Rücklage, d. h. also einer Rücklage von 3,024 % des Anlagekapitals.

Am Schluß des Blattes werden für jeden Monat die geleisteten Tonnenkilometer, der Kilowatt-Stundenverbrauch für jeden Nutztonnen-Kilometer und die Förderkosten für jeden Nutztonnen-Kilometer ausgerechnet. Auf Grund dieser Angaben hat dann die Verwaltung jederzeit ein klares Bild über das Arbeiten der Grubenbahn und kann durch einen Vergleich des Wattstundenverbrauches für den Nutztonnen-Kilometer die Förderkosten dieser Bahn mit anderen gleichartigen Bahnen ihres Betriebes prüfen und rechtzeitig eingreifen, wenn die Zahlen eine auffallende Abweichung unter sich ergeben sollten. Auf diesem Wege bilden diese Berechnungen einen guten Vergleichsmaßstab nicht nur zwischen den einzelnen gleichartigen Grubenbahnen, sondern auch zwischen Grubenbahnen verschiedener Art zur Beurteilung ihrer Wirtschaftlichkeit.

Bei der Aufstellung der Unterhaltungskosten der Bahnanlage muß jedoch darauf geachtet werden, daß die Unterhaltungskosten streng getrennt werden von den Baukosten, da es häufig vorkommt, daß Erweiterungen von Bahnen einfach in die Betriebskosten der Bahn mit hineingerechnet werden und dann natürlich ein ganz falsches Bild ergeben. Alle Erweiterungen der Anlage sind daher getrennt auf einem besonderen Baukonto zu führen.

Für eine *überschlägige* Betriebskostenberechnung bei dem Entwurf einer elektrischen Lokomotivförderung kann man folgende Erfahrungswerte annehmen:

1. Verzinsung des Anlagekapitals 5 %,
2. Rücklage für Erneuerung bei 20jähriger Lebensdauer und 5 % Zinsfuß 3,02 %,*)
3. Löhne:
   a) für jede Lokomotive und jede Schicht 1 Lokomotivführer,
   b) 1 Untersuchungschlosser für jede Schicht und je 3 Lokomotiven,
   c) 1 Lehrling für jede Schicht und je 3 Lokomotiven,
4. Unterhaltungskosten:
   a) Umformeranlage 3 % vom Wert,
   b) Stromzuführungsanlage und Schienenverbinder 2 % vom Wert,
   c) Lokomotiven 5 % vom Wert,
5. Stromverbrauch für jeden Nutztonnen-Kilometer 140 Wh, gemessen an der Drehstromseite der Schalttafel.

Das hieraus folgende Ergebnis dürfte sich unter normalen Verhältnissen annähernd mit den tatsächlichen Betriebskosten decken.

*) Abschreibung für verschiedene Zinsfüße und Tilgungszeiten in % des Anlagekapitals

| Zinsfuß | Abschreibung in % bei einer Tilgung des Kapitals in Jahren | | | | | |
|---|---|---|---|---|---|---|
| | 5 | 10 | 15 | 20 | 25 | 30 |
| 4 | 18,46 | 8,33 | 4,99 | 3,36 | 2,40 | 1,78 |
| 4,5 | 18,28 | 8,14 | 4,81 | 3,19 | 2,24 | 1,64 |
| 5 | 18,10 | 7,95 | 4,63 | 3,02 | 2,09 | 1,50 |
| 5,5 | 17,92 | 7,77 | 4,46 | 2,87 | 1,95 | 1,38 |
| 6 | 17,74 | 7,59 | 4,30 | 2,72 | 1,82 | 1,26 |
| 7 | 17,41 | 7,24 | 3,97 | 2,44 | 1,58 | 1,06 |
| 8 | 17,06 | 6,90 | 3,68 | 2,19 | 1,37 | 0,88 |
| 10 | 16,38 | 6,27 | 3,15 | 1,75 | 1,02 | 0,68 |

Vordruck 1 ***Förderung am*** ..............................

| Abholungsorte bzw. Anschlagspunkte | Entfernung bis zum Schacht | Kohlen-Förderung | | | | | | | | Berge- und Material-Förderung | | | | | | | | Bemerkungen |
|---|---|---|---|---|---|---|---|---|---|---|---|---|---|---|---|---|---|---|
| | | Anz. d. Wagen Schicht | | | Menge in Tonnen Schicht | | | | Nutz-tkm | Anz. d. Wagen Schicht | | | Menge in Tonnen Schicht | | | | tkm | |
| | km | 1. | 2. | 3. | 1. | 2. | 3. | zus. | | 1. | 2. | 3. | 1. | 2. | 3. | zus. | | |
| | | | | | | | | | | | | | | | | | | |
| | | | | | | Summe | | | | | | | | Summe | | | | |

| Im Betrieb befindliche Lokomotiven | | | Bemerkungen | Im Betrieb befindliche Umformer | | | Bemerkungen | Zählerstand | | kWh-Verbrauch |
|---|---|---|---|---|---|---|---|---|---|---|
| Nr. | Zeit von | Zeit bis | | Nr. | Zeit von | Zeit bis | | Beginn | Ende | |
| | | | | | | | | | | |

Energieverbrauch je Nutz-tkm

..................Wh

(Datum) ..............................

(Unterschrift) ..............................

(Vordruck für ein Förderbuch.)

Vordruck 2 ***Betriebs-Ausgaben Monat***

| Nr. | | Einzel-Betrag M. | Einzel-Betrag Pfg. | Gesamt-Betrag M. | Gesamt-Betrag Pfg. | Bemerkungen |
|---|---|---|---|---|---|---|
| 1. | Verwaltung | | | | | |
| a) | Bureaubedarf | | | | | |
| b) | Fahrgeld, Reisekosten | | | | | |
| 2. | Betriebsdienst | | | | | |
| a) | Gehalt des Betriebsführers | | | | | |
| b) | Löhne für Lokomotivführer | | | | | |
| c) | „ „ Rangierer | | | | | |
| 3. | Unterhaltungskosten | | | | | |
| a) | Ersatzteile für die Umformeranlage | | | | | |
| b) | „ „ „ Oberleitung und Schienenverbinder | | | | | |
| c) | Ersatzteile für die Lokomotiven | | | | | |
| d) | Löhne für Instandsetzungsarbeiten an der Umformeranlage*) | | | | | |
| e) | Löhne für Instandsetzungsarbeiten an der Oberleitung und den Schienenverbindern*) | | | | | |
| f) | Löhne für Instandsetzungsarbeiten an den Lokomotiven*) | | | | | |
| g) | Schmier- und Putzmaterial | | | | | |
| h) | Werkzeug | | | | | |

*) Soweit die Löhne nicht bereits unter 2 enthalten sind.

.................................................... 19.......... Vordruck 2 (Fortsetzung)

| Nr. | | Einzel-Betrag M. | Einzel-Betrag Pfg. | Gesamt-Betrag M. | Gesamt-Betrag Pfg. | Bemerkungen |
|---|---|---|---|---|---|---|
| 4. | Stromkosten | | | | | |
| | .................. kWh zu je M. .................. | | | | | |
| 5. | Allgemeine Unkosten | | | | | |
| a) | Unterstützungen u. Belohnungen | | | | | |
| b) | Unfall-, Krankenkassen- u. dergl. Beiträge | | | | | |
| c) | Pensionskassenbeiträge | | | | | |
| 6. | Verzinsung | | | | | |
| | 5 % von M .................. : 12 = | | | | | |
| 7. | Rücklage | | | | | |
| | Bei 20jähriger Lebensdauer und 5 % Zinsfuß 3,02 % von M. : 12 = | | | | | |
| | Summe | | | | | |

geleistete Nutz-tkm ..................................................

verbrauchte kWh ..................................................

Wattstunden für jeden Nutz-tkm ..................................................

Betriebsausgaben ..................................................

Förderkosten für jeden Nutz-tkm ..................................................

(Vordruck für ein Kontobuch.)

# VIII. Bagger.

## A. Arbeitsweise der Eimerkettenbagger und Ausführung des elektrischen Antriebs.

Vor allem im Braunkohlenbergbau (Tagebau) werden für die Bewegung des Abraumes und zum Abgraben der Kohle Bagger verwendet. Der Eimerbagger ist weiter entwickelt als der Schaufelbagger (Löffelbagger).

*Arbeitsweise der Bagger.* Der Eimerbagger ist eine Maschine mit umlaufender Kette, an der in Abständen von 1,5 bis 2 m Eimer befestigt sind, die das Fördergut zugleich abgraben, aufnehmen und über einen Schütttrichter ausschütten. Man unterscheidet offene und geschlossene Eimer. Die geschlossenen werden nach vorn, die offenen nach hinten entleert. Die gebräuchlichsten Hochleistungs-Trockenbagger haben offene, nach rückwärts ausschüttende Eimer, so daß ihre Entleerung entgegengesetzt der Bewegungsrichtung der Eimerkette vor sich geht.

Die Konstruktion des Eimermantels ist derart gehalten, daß ein leichtes Entleeren des Eimers gewährleistet ist. Die Begrenzungslinie des Eimermantels ist ein Teil eines Kreisbogens, der von der Turasmitte aus geschlagen wird, wodurch es bei sehr klebrigem Boden ermöglicht wird, Ausschneidemesser anzubringen.

Geschlossene, vorwärts ausschüttende Eimer werden hauptsächlich bei Schwimmbaggern, ferner bei Sonderausführungen von Erz- und Steinbaggern verwendet, also für Fördergut, das nicht anbackt. Bei Trockenbaggern sind geschlossene Eimer weniger gebräuchlich, da bei klebrigem Boden die Eimer inkrustieren. Wie Bild 246 zeigt, geschieht die Entleerung des Eimers beim Umlaufen der Kette um das Polygon (Turas), wobei der Eimer mit seinem unteren Teil eine ausschwingende Bewegung ausführt und so das Fördergut frei nach unten in den Schüttrumpf fallen läßt.

Der Inhalt eines Eimers beträgt heute bis zu 500 l. Die Eimerleiter hat schon Längen von 38 m erreicht, und an der Kette sind bereits bis zu 45 und mehr Eimer befestigt worden. Die Geschwindigkeit der Eimerkette beträgt bis zu 0,85 m/s. Es werden bis zu 32 Eimer in der Minute entleert. Je nach der Bodenbeschaffenheit, Sand, Lehm, Lette usw., wird zum Antrieb der Eimerkette eine Leistung bis zu 200 kW und mehr benötigt. Die am unteren Ende der Eimerleiter umlaufenden Eimer arbeiten Furchen in den Boden, deren Breite und Tiefe sich aus der Größe der Gleisrückung ergibt, wenn an der Leiterspitze nur ein einfacher Umkehrturas vorgesehen ist. Die zum Ebnen des abgegrabenen Feldes nötige Nacharbeit kann durch eine besondere Einrichtung unten an der Baggereimerleiter, das Planierstück, auf maschinellem Wege erreicht werden. Je nach dem Neigungswinkel der Eimerleiter muß das Planierstück verstellt werden, was entweder von Hand oder durch einen besonderen Motor geschieht.

Das Heben und Senken der Eimerleiter wird entweder vom Hauptantrieb durch ein gesteuertes Wendegetriebe oder durch einen besonderen Motor besorgt.
Aus den Eimern fällt das Fördergut über eine schräg gestellte Rutsche, die Verteilklappe *K* (Bild 246), in Kippwagen (Loren). Der Bagger bewegt sich dabei mit geringer Geschwindigkeit über den ganzen Zug der Loren hinweg.

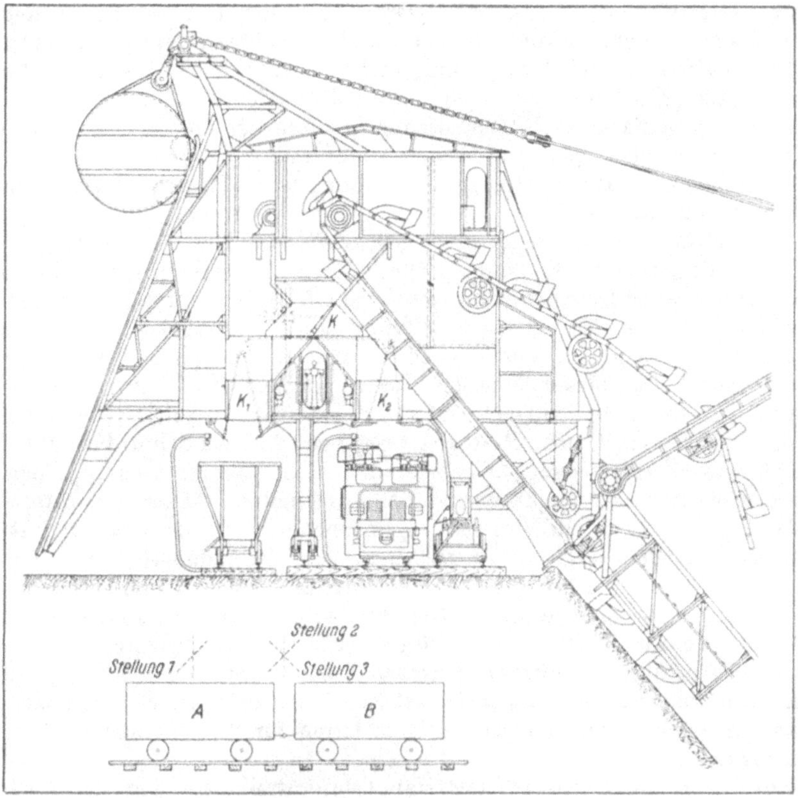


Bild 246. Verteilung des Fördergutes an einem Doppelschütter.

Die Klappe $K_1$ bzw. $K_2$ wird von Stellung 1 bis Stellung 2 in der gleichen Lage belassen. Ist Stellung 2 erreicht, und würde im nächsten Augenblick das Fördergut zwischen die Loren *A* und *B* fallen, dann wird die Klappe umgelegt, Stellung 3, und das Fördergut fällt in den Wagen *B*.
Es gibt Bagger, die als Einfachschütter (Bild 247) und solche. die als Doppelschütter gebaut sind. Letztere sind für ununterbrochenen Betrieb vorgesehen, insofern, als unter das Baggertor zwei Züge nebeneinander

fahren können. Während der eine Zug gefüllt wird, wird der volle Zug zur Halde gefahren, entleert und zurückgebracht. Ist der letzte Wagen des einen Zuges gefüllt, so wird die obere Verteilklappe $K$ mittels Druckluft umgelegt.

Das Fahrwerk wird beim Abraumbagger durch einen, seltener durch zwei Motoren angetrieben. Die Fahrgeschwindigkeit wird meist im Verhältnis 1 : 1,5 geregelt.

*Stromsystem. Ausführung der Motoren.* Für den elektrischen Antrieb der Bagger kommt sowohl Gleichstrom als auch Drehstrom in Betracht. Bei Gleichstrom sind die Spannungen 500—600 V oder 850—1000 oder 900—1100 V gebräuchlich, wobei ein Pol geerdet wird und die Fahrschienen des Baggers als Rückleitung benutzt werden. Für die Höhe der zu wählenden Spannung ist der Aktionsradius der Bagger und noch viel mehr der elektrischen Lokomotiven und der dadurch bedingte Spannungsabfall maßgebend.

Bei Drehstrom kommen meistens 500, 2000 oder 3000 V in Frage.

Die im Baggerhaus selbst aufgestellten Motoren, wie Hauptmotor, Fahrmotor und Eimerleiterhubmotor werden in offener Ausführung verwendet, während für den Motor zur Verstellung des Planierstückes, wegen der Aufstellung im Freien, geschlossene Ausführung zu wählen ist. Unter günstigen Verhältnissen kann der Motor genügend geschützt im Planierstück eingebaut werden, dann ist offene Ausführung zulässig. Bei den im Baggerhaus stehenden Motoren ist gegebenenfalls ein Schutzdach gegen Tropfwasser vorzusehen. Die dauernden Erschütterungen machen eine besonders kräftige Ausführung der Motoren nötig. Anker und Stromabgeber sind gegen jede Verschiebungsmöglichkeit zu sichern, die Magnetspulen besonders sorgfältig zu verkeilen. Die Verbindungsleitungen von Spule zu Spule sind genügend stark zu machen und bei größeren Längen zu stützen und zu befestigen. Die Bürstenhalter sind verstärkt auszuführen und alle Schrauben sorgfältig zu sichern. Bei Drehstrommotoren ist ein vergrößerter Luftspalt zwischen Ständer und Läufer nötig. Auf die Isolation der Wicklungen ist größter Wert zu legen und besonders bei den höheren Spannungen beste Isolation für die Nutenauskleidung anzuwenden.

*Ausführung des Antriebes.* Der Hauptmotor treibt auf den Turas mit Riemen oder Seilen, letzteres ist häufiger. Seil und Riemen wirken als Dämpfung gegen die periodischen Stöße durch das Polygonrad der Eimerkette. Der Motor wird zweckmäßig mit drei Lagern ausgeführt. Noch besser ist die Riemenscheibe für sich zwischen zwei Lagern anzuordnen und mit dem Motor elastisch zu kuppeln. Wenn der Seilzug nach unten gerichtet ist, so ist darauf zu achten, daß die Motorgrundplatte die notwendigen Aussparungen für den Seillauf erhält. Die übrigen Motoren können mit den anzutreibenden Wellen unmittelbar gekuppelt werden. Bei der Jnbetriebsetzung und auch während des Betriebes muß der Seil-

oder Riemenbetrieb unter Aufsicht gehalten werden, damit kein unzulässiges Gleiten infolge zu schlaffen Seiles oder Riemens und keine Lagererwärmung infolge zu hoher Seil- oder Riemenspannung auftreten. Das Antriebsrad der Eimerkette ist mittels hydraulischer oder Druckluft- bzw. elektrischer Kupplung mit der Eimerkette zu verbinden. Die Kupplung ermöglicht es, den Motor mit dem Seil- oder Riementrieb allein

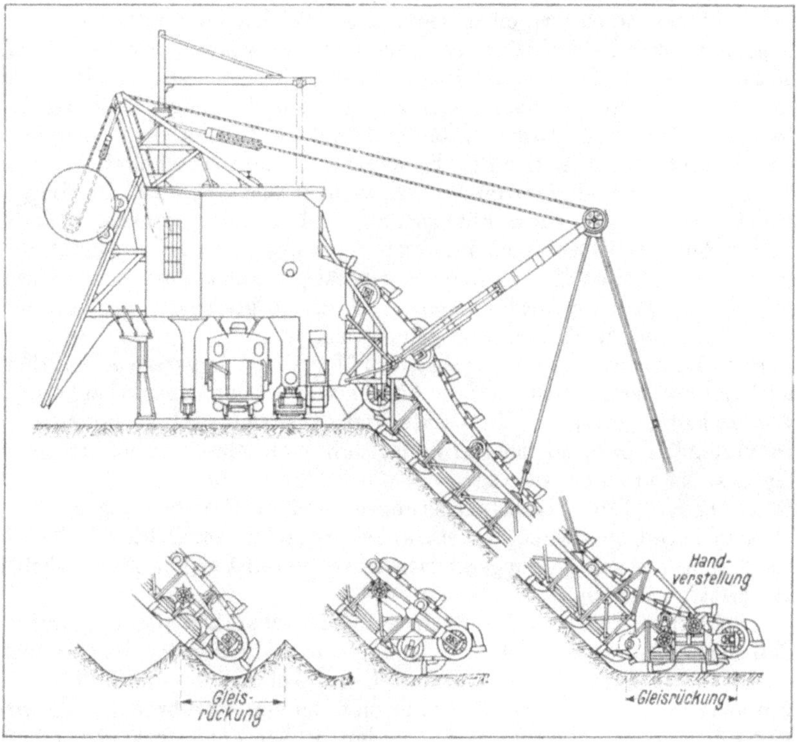


Bild 247. Eimerbagger als Einfachschütter.

laufen zu lassen und verhütet eine Überlastung des Motors, wenn die Eimer des Baggers an einem Stein oder Baumstumpf festsitzen. Beim Fahrwerk ist Kegelradantrieb mit auf der Motorwelle unmittelbar aufgekeiltem Ritzel zu vermeiden, weil der Motor bei der Aufstellung nicht immer genau ausgerichtet wird und dann die Räder nicht richtig kämmen.

*Steuerapparate.* Zum Ein- und Ausschalten und Anlassen der Motoren sind die besten und dauerhaftesten Apparate gerade gut genug. Trotz der Voraussetzung, daß der Hauptmotor dauernd arbeiten soll, muß praktisch doch häufig stillgesetzt und wieder angelassen werden. Es wird nicht immer gleichmäßiger Boden abgetragen, und große Steine sowie Baumreste, an denen sich die Eimer festhaken, kommen häufig vor. Dies erfordert Stillsetzen und mitunter Rückwärtsarbeiten, um von dem Hindernis loszukommen, zu welchem Zwecke der Steuerapparat mit einer Umschaltvorrichtung versehen wird. Um den Bodenverhältnissen die Arbeitsgeschwindigkeit des Baggers anpassen zu können, muß die Drehzahl des Motors regelbar sein. Bei Gleichstrommotoren wird die Regelung durch Feldschwächung vorgenommen, während bei Drehstrommotoren ein Regelwiderstand im Läuferstromkreis vorzusehen ist. Um dem Baggerführer die Möglichkeit zu nehmen, denjenigen Teil des Anlassers, der nicht für Regelung bestimmt ist, doch dazu zu benutzen, ist eine Einrichtung zweckmäßig, die den Motor ganz abschaltet, wenn in den nicht zum Regeln bestimmten Teil zurückgeschaltet wird. Der Bagger hat auf jeder Seite einen Führerstand, und der Baggerführer befindet sich in dem jeweils vorderen Führerstand, wobei dafür zu sorgen ist, daß er von beiden Seiten die Anlaßapparate betätigen kann. Der Anlaßapparat für den Hauptmotor wird mit einem Gestänge gesteuert, das von dem einen zum andern Führerstand geführt ist.

Für den Fahrmotor sind nur verhältnismäßig kleine Apparate erforderlich, weshalb auf jedem der beiden Führerstände ein Apparat aufgestellt werden kann. Diese Anlaßapparate sind dann elektrisch so miteinander zu verbinden bzw. so zu verriegeln, daß man nur jeweils mit einem Apparat zu arbeiten vermag.

*Sicherungen.* Die Schmelzsicherungen sind in Baggeranlagen durch Relaissicherungen ersetzt worden, wobei die Relais auf Schütze arbeiten. Letztere haben sich im Baggerbetrieb besser bewährt als die sonst üblichen Höchststromausschalter.

Die Schaltung wird von den Siemens-Schuckertwerken derart getroffen, daß nach dem Auslösen des Relais und des Schützes der Baggerführer sofort wieder anlassen kann, wenn er den Anlasser in die Nullstellung gebracht hat, so daß er seinen Stand nicht zu verlassen braucht. Es wird dadurch viel Zeit gespart gegenüber dem früher üblich gewesenen Neueinsetzen von Schmelzsicherungen, und außerdem werden der Motor und die Verbindungsleitungen durch die Relaissicherung viel wirksamer geschützt als durch die Schmelzsicherungen, die immer sehr reichlich gewählt werden mußten.

Das Relais der SSW ist mit einem Hemmwerk versehen und fängt bereits bei 40 % Überlastung an zu laufen, doch läßt die Hemmung bei kleinen Überlastungen die Auslösung erst nach 15—20 Sekunden zu, während bei größerer Überlastung schneller und bei ganz großer Überlast plötzlich ausgelöst wird. Ferner ist das Relais so eingerichtet, daß es nach der Beschleunigung des Motors und Stromrückgang auf etwa Normalwert in seine Ursprungslage zurückkehrt.

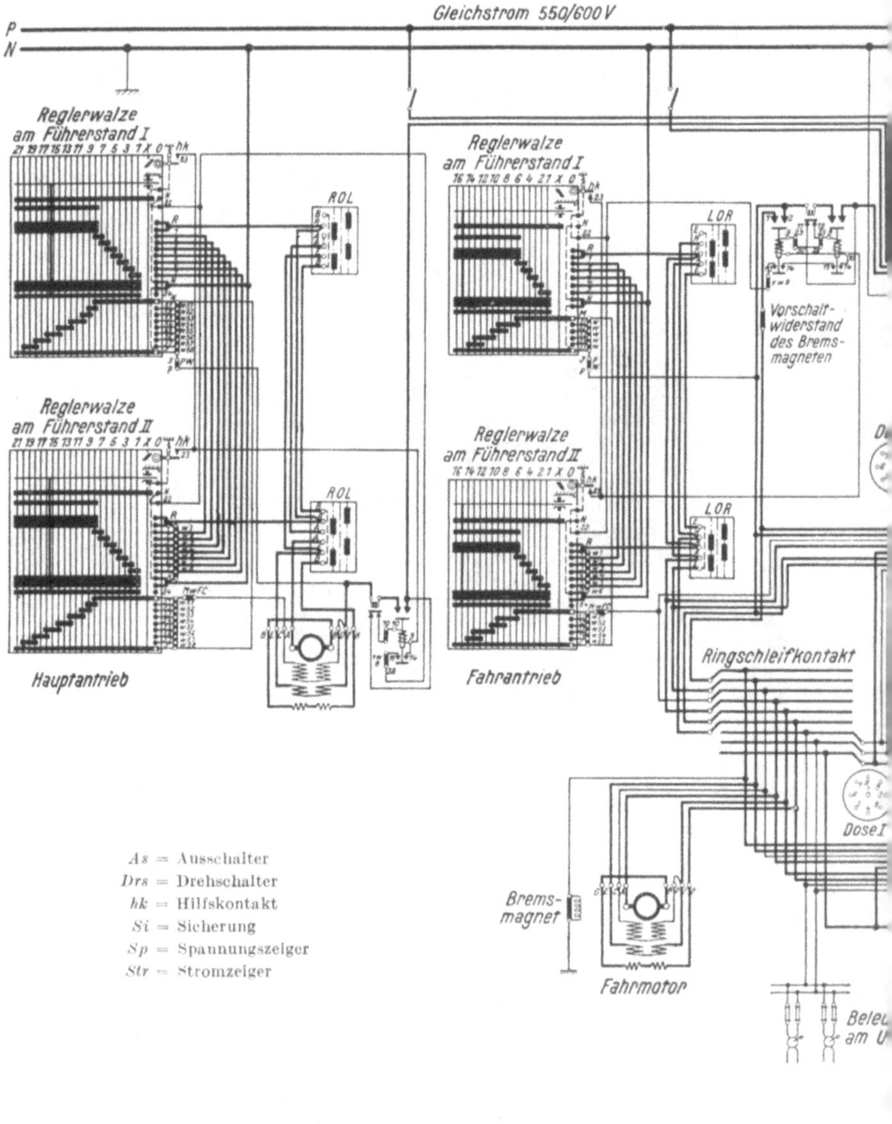


*As* = Ausschalter
*Drs* = Drehschalter
*hk* = Hilfskontakt
*Si* = Sicherung
*Sp* = Spannungszeiger
*Str* = Stromzeiger



Tafel I. Gesamtschaltbild der elektrischen Anlag

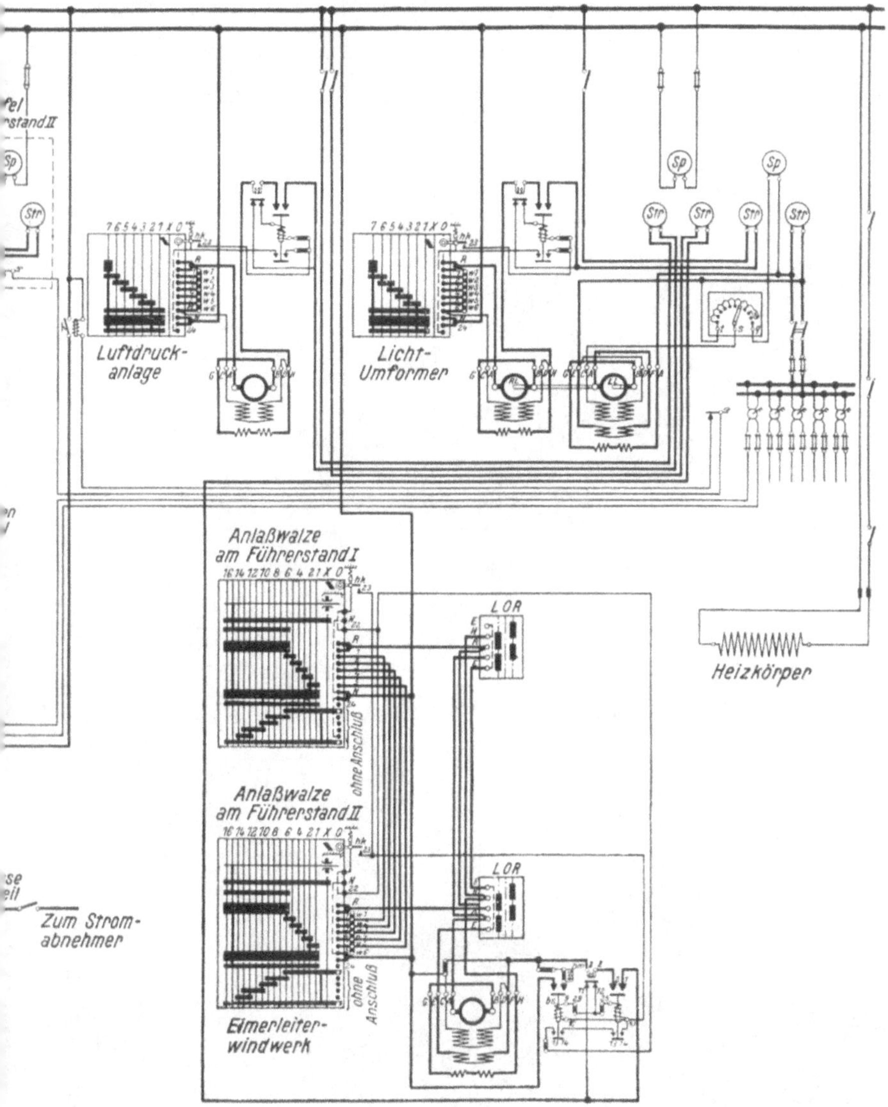


…baggers mit drehbarem Oberteil für Gleichstrom.

Das Schütz wird an der Anlaßwalze durch einen Schalter, der knickedaumenartig ausgebildet ist, eingeschaltet, und zwar auf der ersten Stellung der Anlaßwalze. Nachdem das Schütz angezogen hat, gibt es sich den Strom für seinen Magneten über die Abhängigkeitskontakte selbst, und der Knickedaumenschalter kann nach dem Kontaktgeben gleich wieder öffnen. Beim Zurückschalten der Anlaßwalze weicht der Knickedaumen aus, und der Schalter wird nicht geschlossen, so daß das bereits ausgelöste Schütz in Stellung 1 beim Rückwärtsschalten nicht eingeschaltet wird.

In den Spulenstromkreis des Schützes ist auch der bereits erwähnte Schleppschalter geschaltet. Das Schütz schaltet aus, wenn beim Zurückschalten der Walze der Schalter geöffnet wird. Das Einschalten des Schützes kann aber nur durch Schließen des Knickedaumenschalters geschehen.

## B. Antrieb durch Gleichstrommotoren.

(Tafel I.)

*Motorischer Teil.* Der Antriebsmotor für die Eimerkette (Turasmotor) wird als Nebenschlußmotor für Drehzahlregelung durch Feldschwächung 1 : 1,5 ausgeführt. Je nach der Baggergröße kommen Leistungen von 75—200 kW und mehr bei einer Grunddrehzahl von 400—500 regelbar bis 650 zur Anwendung.

Für das Fahrwerk wird in der Regel ein Motor, auch ein Nebenschlußmotor, vorgesehen, dessen Leistung je nach Größe des Baggers 18—30 kW beträgt. Früher wurde er mit einem Widerstand für einen Regelbereich 1 : 2 ausgerüstet, doch haben die Erfahrungen ergeben, daß ein Regelbereich von 1 : 1,25 völlig ausreicht.

In vereinzelten Fällen wurden für das Fahrwerk zwei Motoren vorgesehen, und zwar aus Gründen der Reserve, und jeder Motor wurde für die volle Leistung bemessen. Die Vorteile sind aber nicht bedeutend. Die Anordnung bringt auch Schwierigkeiten mit sich, weil die Motoren, besonders

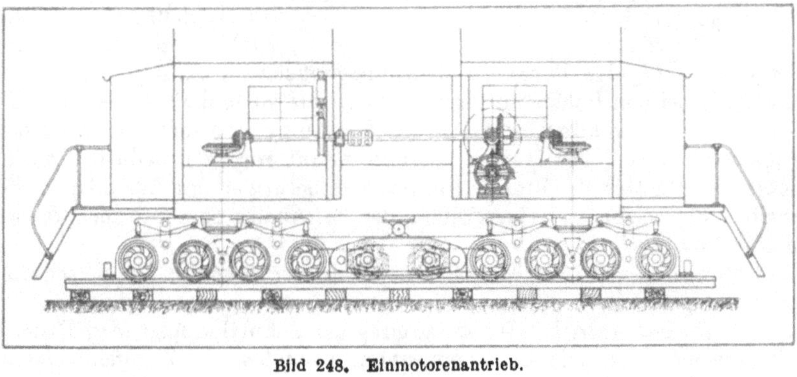

Bild 248. Einmotorenantrieb.

die durch Feldschwächung regelbaren, nicht immer so gleichmäßig ausfallen, daß beim Regeln ihre magnetischen Verhältnisse sich so übereinstimmend ändern, daß die Belastung sich gleichmäßig auf beide Motoren verteilt. Wenn auch bei der Aufstellung eine Abgleichung der Regelwiderstände durchführbar ist, so ist doch die Möglichkeit vorhanden, daß später bei Behebung von Störungen, Reparatur der Motoren oder dergleichen die Motoren vertauscht werden, und dann wird die Lastverteilung mit den erwähnten abgeglichenen Widerständen erst recht ungünstig. Die Vorteile der Anordnung von zwei Fahrmotoren sind nicht so groß wie die entstehenden Nachteile, weshalb man auf diese Anordnung verzichten sollte. Bei den meisten Baggern wird daher das Fahrwerk mit Einmotorenantrieb (Bild 248) gebaut. Die beiden nur durch die Laufschienen verbundenen Drehgestelle erhalten bei dieser Anordnung eine wagerechte Verbindungswelle mit Differential - Ausgleichgetriebe, weil der Durchmesser der Laufräder der beiden Drehgestelle praktisch nicht genau gleichgehalten werden kann.

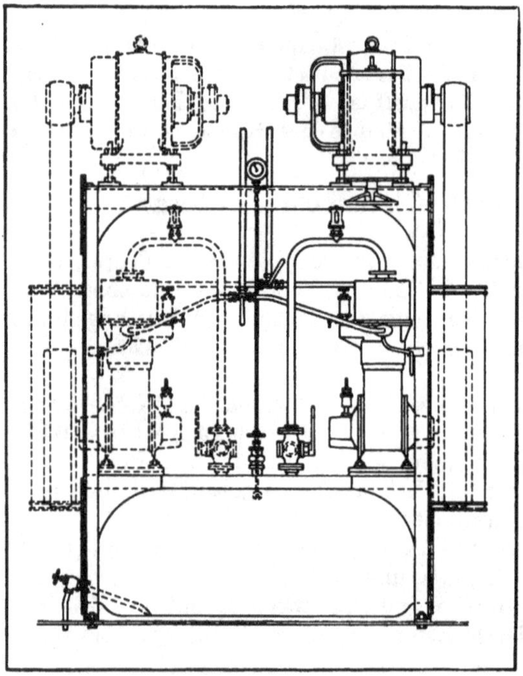

Bild 249. Anordnung der Kompressormotoren.

Die Bremse für das Fahrwerk elektromagnetisch zu betätigen, hat sich besonders bei den hohen Spannungen nicht als vorteilhaft erwiesen. Die Bremsmagnete erhalten bei der hohen Spannung eine sehr dünndrähtige Wicklung, die bei dem rauhen Betrieb zu oft reparaturbedürftig wird. Es ist vorteilhafter, die Bremse von Hand zu betätigen mit einem Überfallgewicht wie bei der Weichenstellung der Eisenbahn oder bei der Bremse kleiner Lokomotiven.

Der Einziehmotor für die Eimerleiter wird in der Regel als Doppelschlußmotor ausgeführt.

*Kompressor mit Antrieb.* Zur Betätigung der Schüttklappen wird Druckluft verwendet, die mittels Kompressoren erzeugt wird. Zur genügenden

Reserve werden auf einem Bagger meistens zwei Kompressoren, auf einen gemeinsamen Behälter arbeitend, vorgesehen. Die unmittelbare Kupplung zwischen Kompressor und Motor hat sich nicht in allen Fällen als zweckmäßig erwiesen. Neuerdings werden die Kompressoren über dem Luftbehälter und darüber auf einem eisernen Rahmen die Motoren aufgestellt, die mit senkrechtem Riemen laufen, wobei der Riemenantrieb dämpfend gegen die Kolbenstöße des Kompressors wirkt.

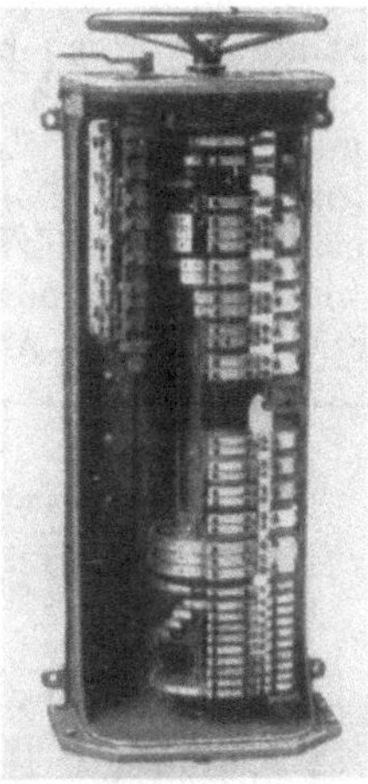

Bild 250. Einzelwalze mit eingebautem Nebenschlußregler.

Die neuartige Aufstellung und die reichlichere Bemessung der Kompressormotoren haben sich bestens bewährt (Bild 249).

*Lichtumformer.* Mit wenigen Ausnahmen hat man es bisher vermieden, für die Beleuchtung die Glühlampen in Hintereinanderschaltung an die volle Netzspannung zu legen. Einmal will man beim Schadhaftwerden einer Lampe nicht eine ganze Reihe Lampen zum Verlöschen bringen, und andererseits trachtet man danach, durch die Umformung die Netzspannungschwankungen von der Beleuchtung fernzuhalten. Für die Beleuchtung wird deshalb meistens ein Motorgenerator aufgestellt, dessen Generator gewöhnlich für 110 V ausgeführt ist. Der Antriebsmotor wird im Modell recht groß gewählt, um die Erregung gering und in dem unteren Teil der Magnetisierungskurve halten zu können. Damit wird erreicht, daß der Motor bei veränderlicher Netzspannung annähernd gleichmäßige Drehzahl hat.

Bild 251. Parallelgeschaltete Doppelwalze mit eingebautem Nebenschlußregler.

Auch bei Hintereinanderschaltung von Glühlampen kann die Netzspannungsschwankung von der Beleuchtung fern gehalten werden, wenn man zum Ausgleich der Spannungsschwankungen Eisendrahtwiderstände in Reihe mit den Glühlampen schaltet. Ihre Wirksamkeit beruht auf der starken und schnellen Widerstandsänderung des Eisens bei Wärmeänderung. Der dünne und empfindliche Eisendraht ist ähnlich der Glühlampen in Glasröhren eingeschlossen, die mit verdünntem Wasserstoffgas gefüllt sind. Mit diesen Widerständen ist es möglich, den Strom auch bei schwankender Netzspannung innerhalb bestimmter Spannungsgrenzen praktisch unveränderlich zu halten. Da die Widerstände aber gegen Erschütterungen sehr empfindlich sind, so ist die Aufstellung eines Motorgenerators vorzuziehen.

*Steuerapparate.* Für den Antriebsmotor der Eimerkette wird bis zur Leistung von 130 kW, bei 1000 V bis 160 kW, eine einfache Anlaßwalze (Bild 250), für größere Leistungen eine Doppelanlaßwalze (Bild 251) genommen. Diese Anlaßwalzen sind für den Baggerbetrieb besonders kräftig durchgebildet. Der Motor wird an der Walze nicht ein- und ausgeschaltet, das Ein- und Ausschalten und das damit verbundene Schaltfeuer ist vielmehr in ein Schütz verlegt (Bild 252).

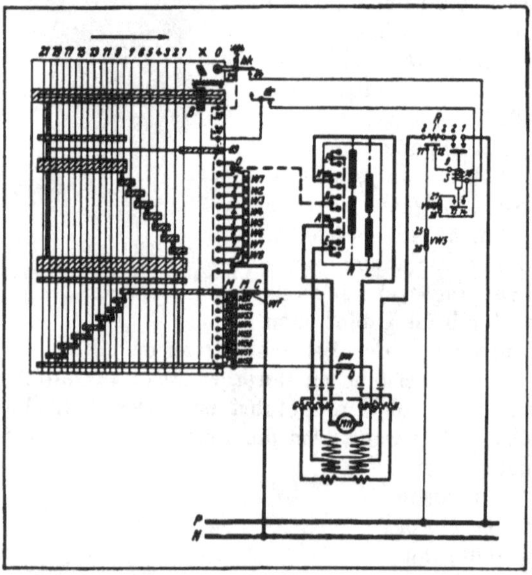

Bild 252. Schaltbild der Steuerapparate.

*B* = Schleppkontakt
*dr* = Druckknopf
*hk* = Hilfskontakt
$M_{\text{II}}$ = Kompoundmotor mit Wendepolen
*Rx* = Maximalrelais
*pw* = Parallelwiderstand
*S* = Sicherheitsschütz
*vw5* = Vorschaltwiderstand
*vw8* = Sparwiderstand
*Wf* = feste Stufe

Die Anlaßwalze ist mit dem Nebenschlußregler so vereinigt, daß das Regeln erst nach dem Anlassen vor sich gehen kann.

Beim Anlassen wird die Walze in der auf dem Schaltbild mit einem Pfeil angedeuteten Richtung nach den Kontakten zu gedreht. Dabei schließt sich zunächst der knickedaumenartig ausgebildete Hilfkontakt *hK* und schließt den Stromkreis von *P* über die Kontakte 11—12 des Relais *R* die Spule 9—10 am Schütz S den Kontakt *hK* 24 nach *N*. Schütz *S* zieht an und gibt sich über die Kontakte 13—14 unter Umgehung des Kontaktes *hK* 24 selbst Strom, so daß *hK* wieder öffnen kann, was auch auf allen Schaltstellungen von 1—21 geschieht.

Schütz *S* schließt den Motorstromkreis, und der Motor bekommt über den volleingeschalteten Anlaßwiderstand Strom im Anker und über den Regler mit zunächst nicht eingeschaltetem Widerstand Strom in der Erregung.

Wird zu schnell angelassen, d. h. wird das Beschleunigungsdrehmoment und damit der Strom des Motors zu groß, so zieht das Relais *R* an und öffnet die Kontakte 11—12 und damit den Spulenstromkreis des Schützes *S*. Der Motor ist abgeschaltet. Obwohl sich das Relais gleich wieder schließt, kann das Schütz nicht wieder anziehen, weil die Kontakte 13—14 und der Kontakt *hK* 24 offen sind.

Um wieder anlassen zu können, muß die Walze in die Nullstellung und der Knickedaumen des Schalters *hK* vor seinen Anschlag gebracht werden. Der Schalter *hK* schließt sich nur in einer Richtung, in der anderen weicht der Knickedaumen aus.

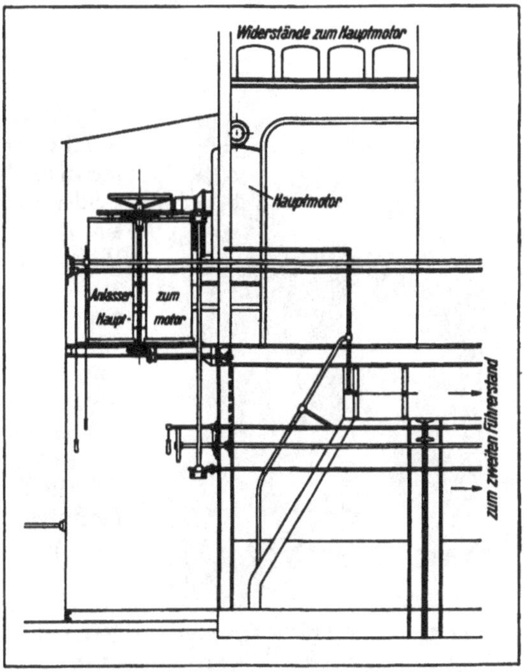

Bild 253. Vorteilhafte Anordnung des Hauptanlassers.

*Relaissicherungen.* Das Relais stellt die Sicherung dar und zwar eine viel wirksamere als eine Abschmelzsicherung. Es ist durch ein auf Zeit einstellbares Uhrwerk gehemmt und beginnt bereits bei etwa 40 % Stromüberlastung an zu laufen, löst aber erst nach 20 Sekunden aus. Bei größerer Überlastung erfolgt die Auslösung schneller, bei etwa 3—4-fachem Strom löst es momentan aus. Ist die Beschleunigung vor der Auslösezeit des Relais beendet, was für gewöhnlich immer der Fall ist, und ist der Strom auf seinen Normalwert gesunken, dann kehrt auch das Relais in seine Anfangsstellung zurück.

*Schleppschalter.* In der Anlaßwalze liegt noch ein Schleppschalter *B*, der geschlossen ist, solange die Walze in der Pfeilrichtung gedreht wird. Bei nur geringer Rückwärtsdrehung öffnet der Schalter, und das Schütz fällt ebenfalls heraus. Es ist damit erreicht, daß an der Walze auch kein Schaltfeuer auf den einzelnen Schaltstufen entstehen und daß der Baggerführer auf den Anlaßstellungen nicht regeln kann. Im Bereich der Nebenschlußregelung ist der Schalter *B* überbrückt, so daß beliebige Regelung im zulässigen Bereich möglich ist.

Der Schleppschalter *B* wird durch Reibung von der Walze mitgenommen und durch einen Anschlag an der Drehung verhindert.

Im Schaltbild ist dies durch den Schlitz im Schaltring und durch einen U-förmigen Mitnehmer über dem Kontakt *B* angedeutet. Beim Drehen der Walze in der Pfeilrichtung überbrückt der Schleppschalter *B* den Kontakt 30, so daß der Spulenstrom des Schützes entweder zuerst über den Hilfsschalter *hK* 24 nach 30 den Schleppschalter, die Verbindung *a* über den Kontakt *c* Kontakt 69 und von da nach *N* verläuft. Überdecken die Anlasserkontakte in Stellung I der Walze, dann wird Kontakt 69 frei, der Schützspulenstrom verläuft dann über die Verbindung *d*, die breite Kontaktschiene nach *N*.

Bild 254. Kniehebelschütz, zweipolig.

*Anordnung der Anlaßwalzen.* Für die Anlaßwalze des Hauptmotors ist meistens der Raum sehr beengt, besonders wenn bei großer Motorleistung eine Doppelwalze, bestehend aus zwei Walzen, die parallel geschaltet sind, verwendet werden muß. Einen Ausweg bietet die erhöhte Anordnung der Walze im Baggerführerstand. Der Antrieb läßt sich mittels Gestänge und Zahnradübersetzung an die beiden Führerstände des Baggers bringen (Bild 253). In gleicher Weise lassen sich die Einzelwalzen bei geringerer Leistung des Hauptmotors anordnen. Die Welle der Anlaßwalze wird dann unten durchgeführt.

Die Nebenwalze für Umkehrung muß getrennt von der Hauptwalze mit einem besonderen Gestänge bedient werden. Die Hauptwalzen werden auch vielfach im Mittelgang des Baggers liegend angeordnet und durch Kette und Kettenrad auf das von einem zum andern Führerstand durchlaufende Gestänge übersetzt.

Die Anlaßwalzen des Fahrmotors arbeiten in gleicher Schaltung, wie für den Hauptmotor beschrieben. Da mit Rücksicht auf die gewählte Schaltung auch für die größte Leistung des Fahrmotors (rd. 30 kW) verhältnismäßig kleine Apparate verwendet werden können, so gelangen bei Baggern mit zwei Führerständen zwei Anlaßwalzen zur Aufstellung zur wahlweisen Steuerung des Fahrmotors von einem der beiden Führerstände. Die Zweckmäßigkeit dieser Anordnung ist vielfach erprobt. Man spart nicht nur das mitunter zu Schwierigkeiten führende Übersetzen des Antriebes nach dem zweiten Führerstand, es wird vielmehr dem Baggerführer die Steuerung dadurch erleichtert, daß die Fahrwalzen durch Handrad unmittelbar betätigt werden und jede Stellung durch das

Sperrad gefühlt, ein Überschalten also vermieden werden kann. Auch bei Anordnung zweier Walzen braucht nur ein Anlaß widerstand genommen zu werden. Dies hat den Vorteil, daß die Raumverhältnisse besser ausgenützt werden können. Der Widerstand wird zweckmäßig in demjenigen Aufstellungsraum der Anlaßwalze Platz finden, in dem der Fahrmotor nicht untergebracht ist. Bei Nebenschlußregelung werden die Regel-

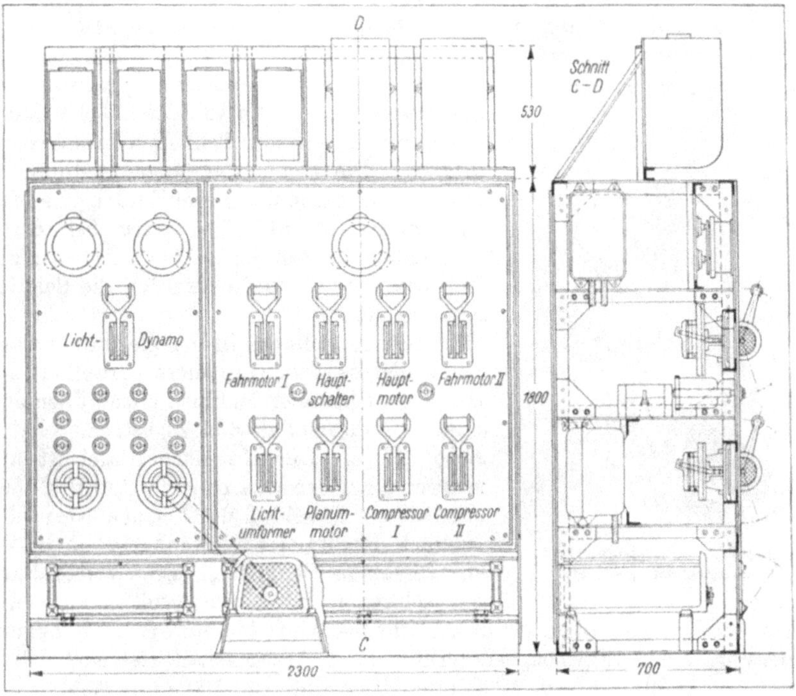


Bild 255. Hauptschalttafel für Gleichstromanlagen.

widerstände getrennt von den Anlaßwiderständen gebaut. Diese können in unmittelbarer Nähe neben jeder Walze aufgestellt werden, wodurch Leitungsmaterial gespart wird.

Die Anlaßwalzen der übrigen Motoren erhalten grundsätzlich die gleiche Schaltung wie die Anlaßwalze des Hauptmotors, eine Regelung kommt jedoch nicht in Frage.

Der Schleppschalter wird in diesen Walzen jedoch nur bei 1000 und mehr Volt eingebaut, wogegen Haupt- und Fahrwalzen den Schleppschalter in allen Fällen erhalten.

*Schütze.* Es kommen Kniehebelschütze zur Anwendung, die auf einer eisernen Grundplatte sitzen (Bild 254). Das Magnetsystem ist mit der

Grundplatte fest verbunden. Die Isolierplatte ist auf den Lagerstützen befestigt und trägt den festen Kontakt, Funkenbläser und Funkenschutzkasten. Der bewegliche Kontakt ist an dem Kniehebel angeordnet, der von der Magnetspule betätigt wird. Die Blasspule besteht aus blankem Flachkupfer und ist auf dem Spulenkörper des Bläsereisens aufgesetzt. Das Magnetsystem ist ein in sich abgeschlossener, leicht auswechselbarer Konstruktionsteil. Der Magnetkörper besteht aus Stahlguß. Die Spule wird durch den Polschuh festgehalten und ist ebenfalls leicht auswechselbar. Unterhalb des Magnetsystems sind die Abhängigkeitskontakte angebracht. Diese sind bei den vorstehend beschriebenen Schaltungen der Anlaßwalzen Arbeitskontakte und dienen zum Schließen eines Stromkreises. Die Spule des Magnetsystems ist eine Spannungsspule. Beim Zurückgehen der Spannung auf rd. 30 % oder bei deren Ausbleiben schaltet das Schütz selbsttätig ab. Für Gleichstromanlagen werden die Schütze einpolig gebaut.

Bild 256. Überstromrelais in Gußgehäuse, geöffnet.

Da mehrere Schütze in der gleichen Anlage verwendet werden, sind diese vorteilhaft auf einem gemeinsamen Rahmen anzuordnen und oben auf die Schalttafel zu setzen.

*Schaltanlage.* Die Hauptschalttafel ist aus mehreren Feldern zusammengesetzt (Bild 255). Als äußerer Abschluß des Eisengerüstes wird vielfach Drahtgitter verwendet. Um jedoch das Innere der Schalttafel gegen Verstaubung zu schützen, wird eine vollständige Abschließung empfohlen. Für die übliche 5—6-Motoren-Gleichstromausrüstung eines Eimerbaggers erhält diese Hauptschalttafel eine Länge von rd. 2000 mm, rd. 1800 mm Höhe und rd. 700 mm Tiefe. Die Anordnung wird vorteilhaft so getroffen, daß für die Beleuchtungsanlage ein Feld an die Haupttafel unmittelbar angebaut wird.

Auf dem Hauptfeld sitzen Strom- und Spannungszeiger für die ganze Anlage. Die Meßgeräte werden vertieft eingebaut. Zum Abschalten der einzelnen Motoren und als Hauptschalter werden einpolige Hebelschalter mit Steigbügelgriff für Anordnung hinter der Schalttafel verwendet.

Aus Gründen der Festigkeit ist darauf zu achten, daß alle Schalter sowie ähnliche Apparate nicht nur gerade ausreichend für die zu übertragende Stromstärke gewählt werden, da sie sonst bei der rauhen Behandlung, der sie auf Baggern ausgesetzt sind, sehr bald zu Störungen führen. Es sind vielmehr kräftig gebaute Apparate vorzusehen, die auch für ein Vielfaches des zu übertragenden Stromes verwendet werden können und

aus Festigkeitsgründen für diesen Verwendungszweck gerade noch gut genug sind. Der etwas höhere Preis darf hierbei keine Rolle spielen.
Innerhalb der Schalttafel werden noch die Relais (Bild 256) untergebracht, die, in Gußgehäuse eingeschlossen, als Überlastungsschutz für jeden Motor vorgesehen sind.
Zwischen Eisengerüst und Baggerwand muß ein begehbarer Raum frei bleiben, um die Schaltanlage jederzeit ohne Gefahr überwachen und Ausbesserungen leicht ausführen zu können.
Zur Überwachung der Belastung des Haupt- und des Fahrmotors ist in jedem Führerstand je ein Stromzeiger für diese Motoren vorgesehen.

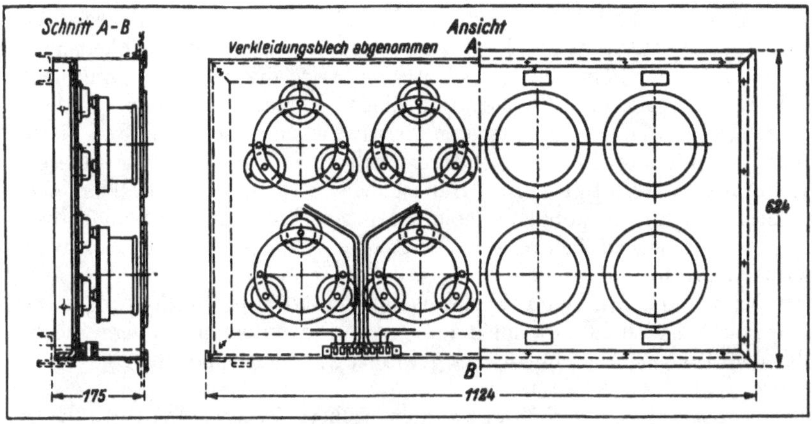


Bild 257. Instrumententafel mit federnd aufgehängten Meßinstrumenten.

Diese Stromzeiger werden in gemeinsamem Blechgehäuse federnd aufgehängt (Bild 257).
*Stromabnehmer.* In Gleichstromanlagen wird der Fahrdraht fest verlegt, da Eimerbagger überwiegend in Abraumbetrieben von Kohlengruben verwendet werden und zur Fortschaffung des Baggergutes elektrische Lokomotiven vorhanden sind, die durch Walzenstromabnehmer den Strom vom gleichen Fahrdraht entnehmen.
Die Maste, auf denen der Fahrdraht verlegt wird, sind mit den Schwellen des Baggergleises fest verbunden, und zwar so, daß diese mit dem Gleis von der Gleisrückmaschine beim Verlegen des Gleises mit verschoben werden.
Die wichtigste Forderung ist, daß der Stromabnehmer dauernd guten Kontakt hat, und daß seine mechanische Konstruktion ein sicheres Arbeiten gewährleistet. Die Form des Stromabnehmers in Gleichstromanlagen ist aus Bild 258 ersichtlich.
Auf dem fest verlegten Fahrdraht gleitet, von unten nach oben drückend, ein Schleifschuh. Der Druck nach oben wird durch eine Feder hervorgerufen, die den Schleifschuh sehr kräftig nach oben zieht.

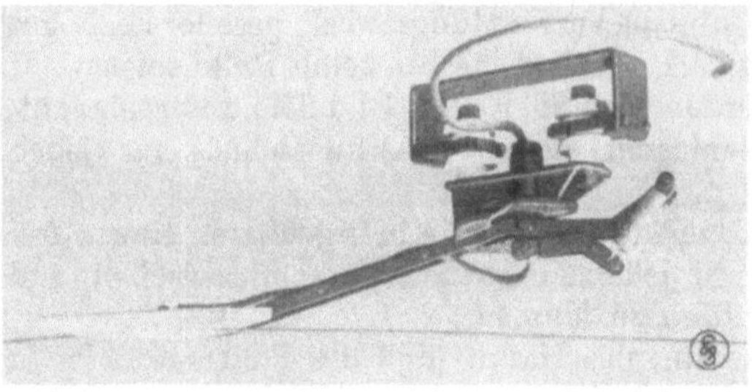

Bild 258. Stromabnehmer eines Baggers in Gleichstromanlagen.

Da der Schleifschuh nach allen Seiten recht beweglich gehalten werden muß, sind Gelenke angeordnet, die eine allseitige Beweglichkeit gestatten. Der Walzenstromabnehmer der Lokomotive gleitet unterhalb des Schleifschuhes hinweg. Der Abstand der Maste voneinander beträgt rd. 15—20 m. Die Beweglichkeit des Fahrdrahtes in Richtung senkrecht zur Fahrbahn ist gering. Um Beweglichkeit auch in Richtung der Fahrbahn herbeizuführen, wird die feste Verlegung nach Bild 259 ausgeführt. Zur Isolation dienen Porzellanisolatoren. Da der obere Teil des Mastes zur besseren Anbringung der Isolatoren aus Eisenrohr besteht, werden die Isolatoren mit einer Bandschelle an diesem Rohrausleger befestigt. Die Bandschelle wird mit Holzbacken ausgekleidet, um eine doppelte Isolation gegen Erde zu haben und Überschläge namentlich bei nassem Wetter und angesetzten Schneemassen zu verhindern.

An der unteren Stiftschraube des Isolators sitzt eine Gleitführung. Der Gleitschuh ist leicht beweglich gelagert. Die untere und obere Fläche des rechteckigen Ausschnittes ist gewölbt, um auch senkrecht eine kleine Beweglichkeit zu erhalten.

Die Enden der Schleifleitung werden isoliert an sehr kräftigen Holzböcken mittels Flaschenzug befestigt, um nach Bedarf anspannen oder nachlassen zu können. Beim Gleisrücken wird der Fahrdraht lose gehalten, damit er nicht reißt.

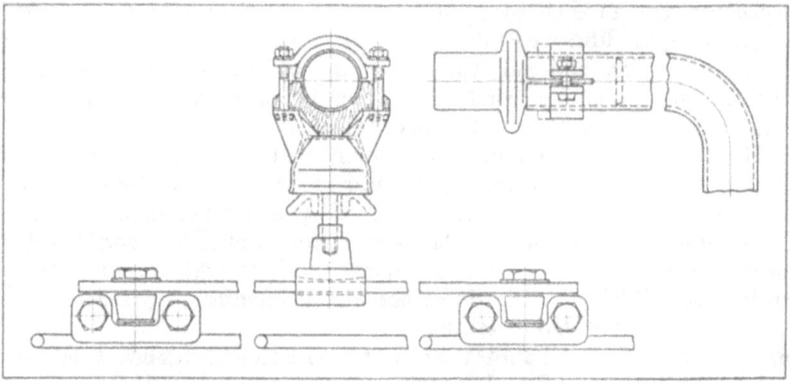

Bild 259. Feste Verlegung der Fahrleitung in Gleichstromanlagen.

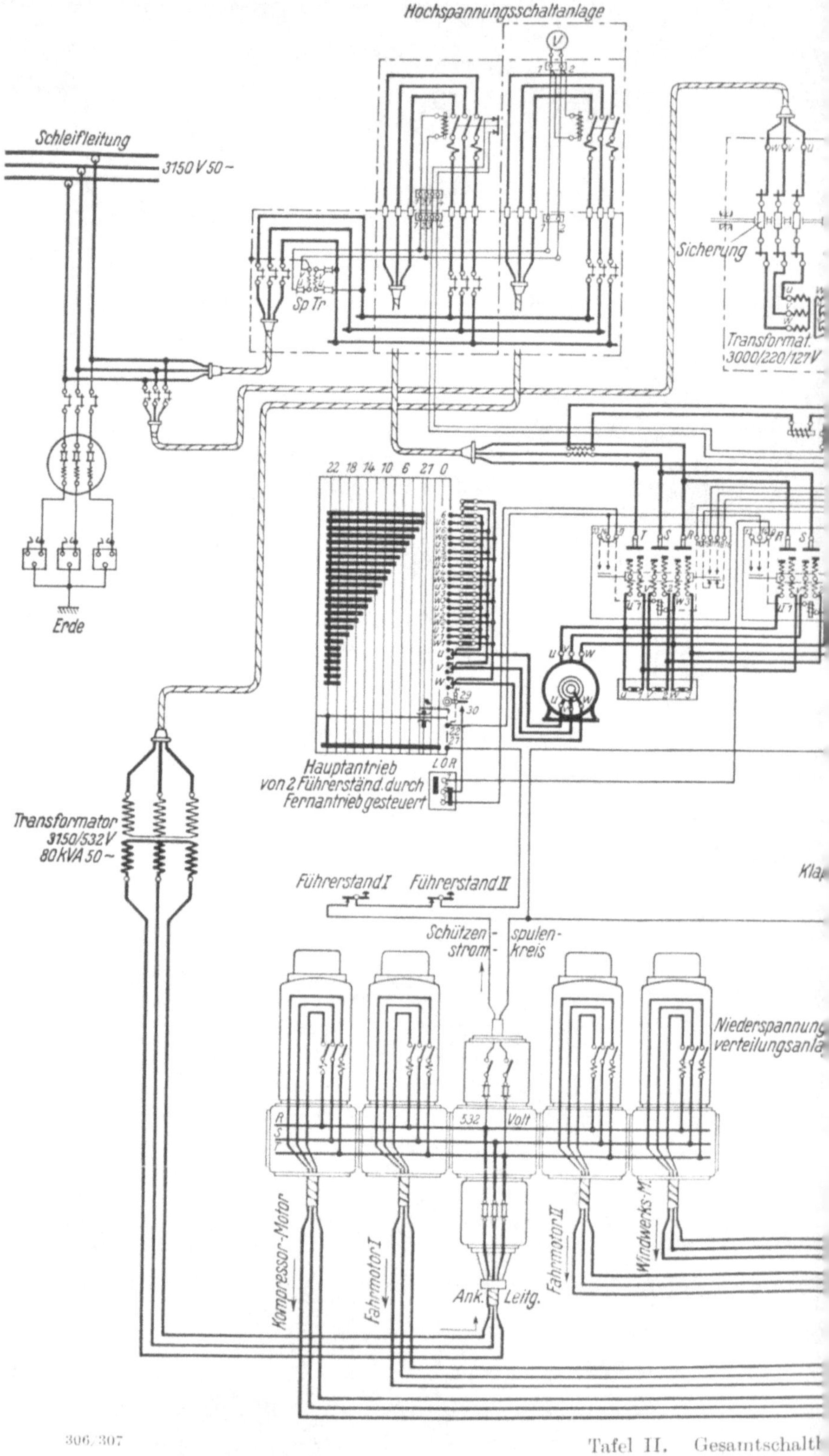




Tafel II. Gesamtschalt

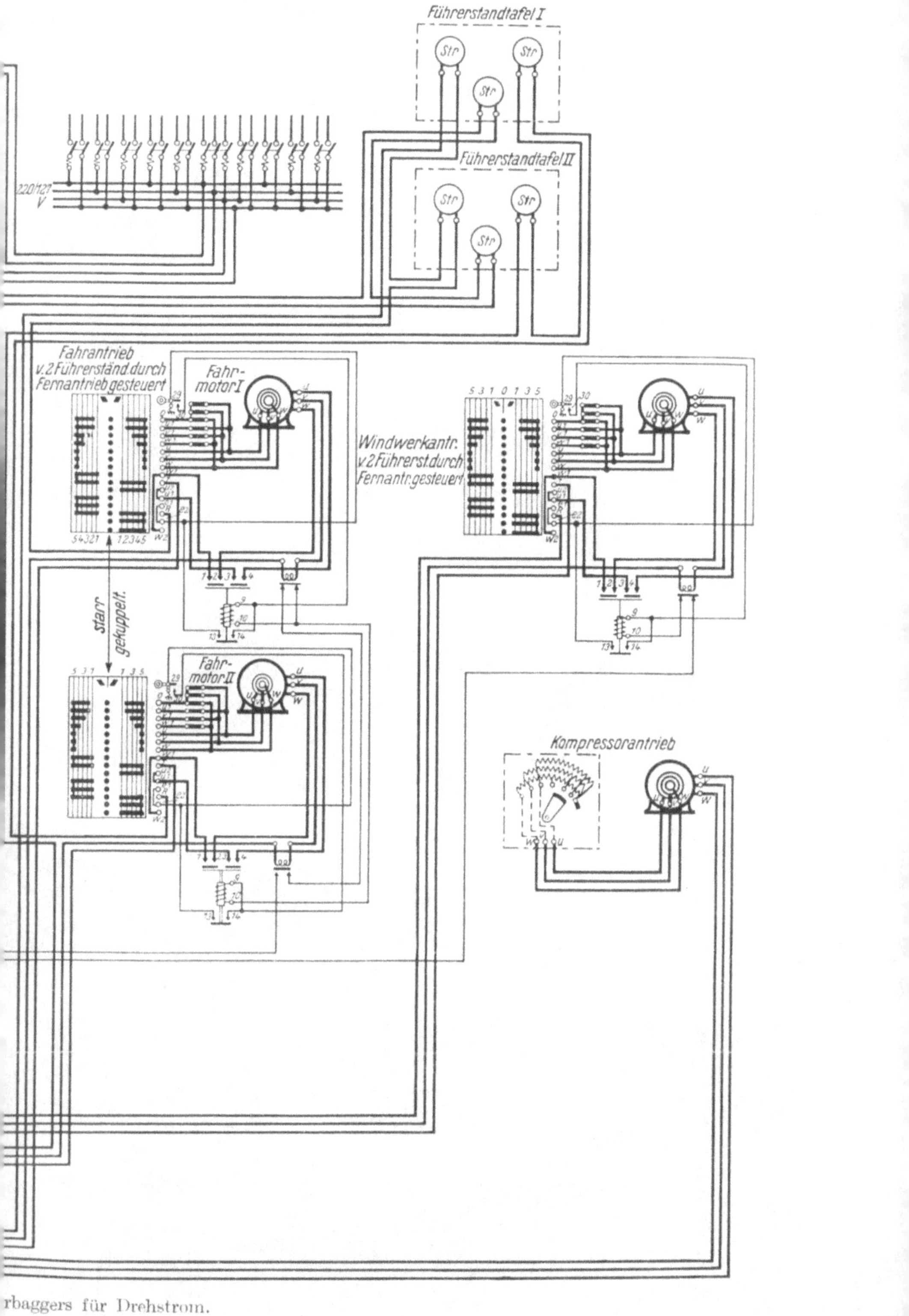


rbaggers für Drehstrom.

*Gleisanlage.* Das Baggergleis wird auf kräftigen Holzschwellen verlegt, die genügend lang gehalten werden müssen, um auch bei weichem Boden ein Versinken möglichst zu verhüten. Die Schienen werden mit den Holzschwellen derart verbunden, daß die ganze Gleisanlage ein festes Ganzes bildet. Da eine Schiene als Rückleitung dient, ist den Stoßverbindungen erhöhte Aufmerksamkeit zu schenken. Die Schienen müssen nicht nur durch Flacheisen mechanisch fest verbunden werden, es muß vielmehr an den Stoßstellen auch für guten Stromübergang Sorge getragen werden. Außer der festen mechanischen Verbindung ist von einer Schiene zur andern ein Kupferband zu verlegen, das mit dem Schienenkopf in guten metallischen Kontakt zu bringen ist.

## C. Antrieb durch Drehstrommotoren.

(Tafel II.)

*Motorischer Teil.* In Drehstromanlagen sind die am häufigsten vorkommenden Spannungen 500, 2000 und 3000 V.

Bei 2000 und 3000 V wird vorteilhaft nur der Hauptmotor mit der zur Verfügung stehenden Spannung betrieben, die übrigen Motoren werden an einen Transformator gelegt. Die Sekundärspannung wird dabei in der Regel zu 500 V gewählt. Dem Hauptmotor und dem Transformator wird je ein Hochspannungsölschaltkasten mit Hauptstromauslösern vorgeschaltet. Die Schaltkasten enthalten ferner Spannungsrückgangsauslöser, Strom- und Spannungszeiger und drei einpolige Trennschalter. Die Hauptstromauslöser des Ölschalters werden für höheren Strom eingestellt als die Relais. Durch die Hintereinanderschaltung der Relais und des Ölschalters ist erreicht, daß das häufiger notwendig werdende Ausschalten infolge kleiner Überlastungen, durch zu schnelles Anlassen oder dergleichen, nur vom Relais und Schütz bewirkt wird. Dagegen löst bei größeren Überlastungen, die meistens sehr schnell auftreten, der Ölschalter aus. Die Relais werden für sämtliche Motoren in gleichem Sinne angewandt, wie beim Gleichstromantrieb beschrieben.

Da sämtliche Schützspulen nur mit Niederspannung bis 500 V gespeist werden können, erhalten auch die Schützspulen des Hauptmotors Strom vom Transformator; für die Relais sind Stromtransformatoren erforderlich.

Bei 500 V Fahrdrahtspannung arbeitet die ganze Anlage, ausgenommen die Beleuchtung, mit 500 V.

Zur Verwendung gelangen Asynchronmotoren mit Schleifringläufer ohne Bürstenabhebevorrichtung. Die Motoren werden für Dauerbetrieb bemessen.

Für den Antriebsmotor der Eimerkette kommen je nach Größe des Baggers Motorleistungen von 80—200 kW und mehr bei einer Drehzahl von rd. 600/min in Frage. Auch hier wird vielfach Regelung der Drehzahl verlangt, um die Geschwindigkeit der Eimerkette der Fahrgeschwindigkeit des Baggers anpassen zu können. Da bei Drehstrom nur Abwärtsregelung möglich ist, wird der Hauptmotor für eine Verminderung der Drehzahl um rd. 25 % bemessen.

Für das Fahrwerk wird auch in Drehstromanlagen in der Regel nur ein Motor vorgesehen. Die Leistung dieses Motors bewegt sich in den Grenzen von 18—30 kW je nach Größe des Baggers. Eine Drehzahlregelung ist fast immer erforderlich, um die Möglichkeit zu haben, auch bei hartem Boden die Abfuhrwagen gut füllen zu können. In der Regel wird eine Verminderung um rd. 25 %, stellenweise bis zu 50 % Regelung verlangt. Die Bremse für das Fahrwerk elektromagnetisch zu betätigen, hat sich in Drehstromanlagen besser bewährt als bei Gleichstrom, doch werden auch hier in letzter Zeit Überwurfbremsen eingebaut, die von Hand aus betätigt werden.

Der Windwerksmotor mit rd. 8—15 kW braucht nicht für Dauerleistung bemessen zu sein; es kann ein Kranmotor für 45—60 min Leistung verwendet werden. Für den Planumantrieb genügt ein Motor von rd. 8 kW mit 30 min Leistung. Für die Kompressoren gilt das gleiche wie bei Gleichstrom. Es kommen Motoren für Dauerbetrieb mit 8 bis 15 kW und Drehzahl 1000 in Betracht.

*Beleuchtung.* Für die Lichtanlage ist ein kleiner (rd. 5 kVA) Transformotor für 65 bzw. 110 V Lichtspannung aufzustellen. Es ist vorteilhaft, den Lichttransformator vor den Hauptschalter zu legen, um ihn von der Hauptanlage unabhängig zu halten.

*Steuergeräte.* Der Antriebsmotor der Eimerkette ist bis zu einer Leistung von 160 kW mit einer einfachen Anlaßwalze, bei größeren Leistungen mit einer Doppelanlaßwalze zu betätigen, deren Schaltung sinngemäß die gleiche wie bei Gleichstrom ist. Der Ständer wird zwangläufig mit dem Läufer geschaltet, so daß der Übelstand des dauernd eingeschalteten Ständers bei stilliegendem Läufer vermieden wird. Das Relais hat die gleiche Wirkungsweise wie bei Gleichstrom, es wird in eine und zwar die vom Schütz nicht abgeschaltete Phase des Ständers gelegt. Der Ständer wird durch ein zweipoliges Schütz geschaltet. Die Ständerumschaltung geschieht bis 500 V zweiphasig durch die eingebaute Nebenwalze. Bei 2000 und 3000 V ist dies jedoch nicht mehr möglich, hier werden statt dessen zwei Ölschütze verwendet. Dabei schließt der Sicherheitschalter der Anlaßwalze für den Hauptmotor beim Drehen der Walze in der Einschalterichtung nur den Stromkreis derjenigen Schützspule, die über die Umschaltwalze für die gewünschte Motordrehrichtung eingeschaltet ist. Durch die Nebenwalze werden somit nur die Schützspulen der Hochspannungschütze geschaltet und Hochspannung wird von der Anlaßwalze ferngehalten. Durch den Hilfskontakt der Schütze werden diese derart in Abhängigkeit voneinander gebracht, daß immer nur das eine Schütz für eine Drehrichtung Strom erhalten und einschalten kann.

*Anordnung der Steuergeräte.* Im allgemeinen werden auch die Drehstromanlaßwalzen stehend mit Antrieb durch Handrad gebaut. Gestatten die Raumverhältnisse die Aufstellung am Boden des Führerstandes nicht, so ist die Anlaßwalze des Hauptmotors in gleicher Weise erhöht anzuordnen wie bei Gleichstrom.

Für den Fahrmotor, der mit höchstens 500 V gespeist wird, werden auch hier zwei Anlaßwalzen, in jedem Führerstand eine, vorgesehen, die die gleiche Schaltung wie die Walzen des Hauptmotors erhalten. Die Umkehrung der Motordrehrichtung wird durch Vertauschen zweier Phasen mit der Nebenwalze bewirkt. Es ist demnach nur **ein** zweipoliges Schütz erforderlich, welches das Abschalten vom Netz übernimmt.

Bild 260a. Bild 260b.
Dreipoliges Schütz mit Kontakten unter Öl.

Auch die Anlaßwalzen für die Motoren der übrigen Triebwerke erhalten gleiche Schaltung wie beim Hauptmotor bis 500 V. Der Schleppschalter fällt jedoch hier fort, da nur kleine Leistungen zu schalten sind.

*Schütze.* Der mechanische Aufbau der Drehstromschütze ist grundsätzlich der gleiche wie der der Schütze für Gleichstrom. Es werden jedoch für Spannungen bis 1000 V zweipolige Schütze verwendet.

Bei 2000 und 3000 V werden zum Schalten des Hauptmotors dreipolige Schütze mit Kontakten unter Öl verwendet (Bild 260). Das Schütz ist in einen allseitig geschlossenen Ölkessel eingebaut. Das Öl unterdrückt den beim Schalten auftretenden Lichtbogen, so daß Funkenblasspulen nicht erforderlich sind. Der Ölkessel kann mittels Schneckengetriebes und Handkurbel herabgelassen werden, zu welchem Zwecke unterhalb ein entsprechender Raum frei zu lassen ist. Bei herabgelassenem Ölkessel kann das Schütz bequem untersucht werden. Ein am Ölkessel angebrachter Ölstandsanzeiger ermöglicht eine Überwachung des Ölstandes, der mindestens 60—80 mm über den Kontakten liegen muß. Die Erregung der Schützspulen wird auch hier bei Spannungen bis 500 V einer Phase des Drehstromnetzes entnommen. Für die Spannung von 5000 V, die vereinzelt vorkommt, werden ebenfalls Ölschütze ähnlicher Bauart verwendet.

*Schaltanlage.* Eine Einheitlichkeit für die Form der Schaltanlagen besteht nicht. In Gleichstromanlagen wird allgemein die bereits erwähnte Schalttafel mit frei aufgebauten Apparaten verwendet. Bei Drehstrom wird bis zu 500 V herauf, da das Schaltfeuer bei dieser Spannung geringer als bei Gleichstrom ist, mit Vorliebe zu allseitig geschlossenen gußeisernen Verteilungsanlagen gegriffen, die auch Schutz gegen Beschädi-

Bild 261. Verteilungsanlage, Gußeisen, geschlossen.

gung und Verstaubung bieten (Bild 261). Da ein Überlastungsschutz für die Motoren durch die Relais und Schütze bereits vorhanden ist, so sind zur Abschaltung der einzelnen Motorstromkreise gußeiserne Schaltkasten vorzusehen, die nur mit dreipoligen Hebelschaltern ausgerüstet sind. Diese Schaltkasten werden zu einer Verteilungsanlage zusammengebaut und zu diesem Zwecke auf einen gemeinsamen Sammelschienenuntersatz gesetzt. Zur Abschaltung der ganzen Anlage wird ein dreipoliger Schaltkasten gewählt, dessen Schalter einen Überstromauslöser enthält, der entsprechend hoch eingestellt wird und als selbsttätiger Sicherheitschalter für die ganze Anlage dient.

Die Meßgeräte, die sonst in den Schaltkasten eingebaut sind, müssen jedoch getrennt angeordnet werden, da die Erschütterungen, die der Baggerbetrieb mit sich bringt, sich auf die Schaltkasten übertragen und zu Störungen an den Meßgeräten führen können. Sie werden daher am besten in gemeinsamem Blechgehäuse federnd aufgehängt.

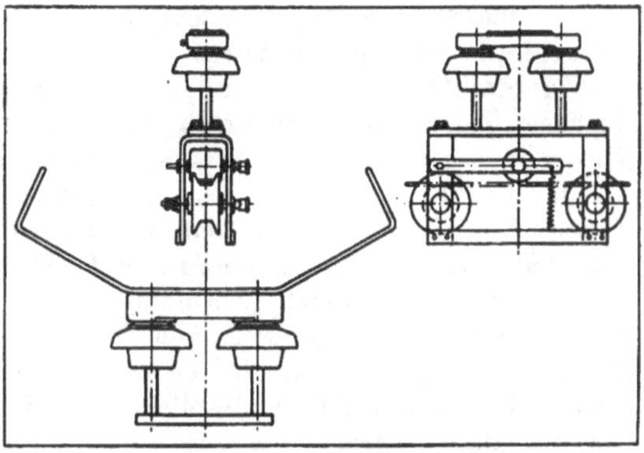

Bild 262. Stromabnehmer und Drahtstütze für lose verlegten Fahrdraht in Drehstromanlagen.

Bei 2000 und 3000 V erhalten der Hauptmotor und die Primärseite des Transformators einen Hochspannungsölschaltkasten. Zur Überwachung der Belastung des Haupt- und Fahrmotors wird in jedem Führerstand je 1 Stromzeiger für diese Motoren vorgesehen. Die federnde Aufhängung in gemeinsamem Blechgehäuse ist gleichfalls erforderlich.

*Stromabnehmer.* In Drehstromanlagen werden die Fahrdrähte vorwiegend lose verlegt. Es ist in Drehstromanlagen nicht immer möglich, die Fahrleitungsmaste mit den Schwellen des Gleises fest zu verbinden, da die Unterbringung der Fahrleitung innerhalb des Baggerportales meistens zu Schwierigkeiten führt, weil bei der gewöhnlichen Bauart des Baggers für drei lose verlegte Leitungen kein Platz vorhanden ist. Gestattet es die Größe des Baggerportales, die Leitungen innerhalb des Portales anzuordnen, so muß von vornherein darauf Rücksicht genommen werden, daß die Fallklappenkonstruktion die Leitungen in keinem Falle berühren kann. Beim Gleisrücken wird die Leitung aus der geraden Linie gebracht; es müssen deshalb die Drahtstützen eine größere seitliche Beweglichkeit des Fahrdrahtes zulassen und außerdem auch das Herabgleiten des Drahtes verhindern. Eine bewährte Anordnung zeigt Bild 262. Als Drahtstütze dienen Flacheisenhörner von möglichst breiter Ausladung, die mit zwei Schrauben auf einer Gußtraverse befestigt sind. Das Gußstück wird von zwei Isolatoren getragen, die bis 3000 V verwendet werden können.

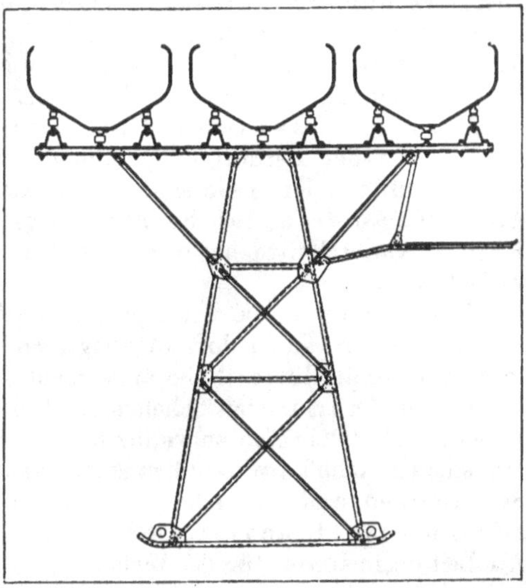

Bild 263. Fahrleitungsmast für Drehstromanlagen.

Als Stromabnehmer dienen solche mit Rollenkontakt. Es ist darauf zu achten, daß die unterste Kante der Stromabnehmerrolle von der Drahtstütze einen Abstand von rd. 500 mm bewahrt, da sonst bei unebener Fahrbahn die Stromabnehmer die Drahtstützen berühren und Stromabnehmer oder Drahtstütze brechen.

Da das Baggerportal für die Aufhängung der Fahrdrähte fast durchweg ausscheidet, so stellt man die Masten dann meist auf der der Eimerleiter entgegengesetzten Seite auf. Da nun das Gegengewicht der Eimerleiter eine erhebliche Ausladung hat, können die Maste nicht sehr nahe an den Bagger gerückt und somit nicht auf die gleichen Holzschwellen gesetzt werden, auf denen das Gleis des Baggers liegt. Die Maste erhalten dann Holzschwellen, die mit der Baggerfahrbahn nicht starr verbunden sind.

Das seitliche Verlegen der Fahrleitung geschieht dann vor dem Gleisrücken. Die Maste werden als Gittermaste ausgebildet und je nach dem zulässigen Durchhang der Leitung in Abständen bis zu 35 m voneinander aufgestellt (Bild 263).

Die Endbefestigung der Leitungen erfolgt entsprechend isoliert an Spannböcken mittels Flaschenzug oder Gegengewicht.

## D. Montage und Installation.

In Gleichstromanlagen liegt ein Pol an Erde. Die Apparate, durch die die Motoren geschaltet werden, sind daher in die Plusleitung zu legen. Hierdurch wird der Übelstand vermieden, daß der Pluspol bei abgeschalteten Motoren an der Maschine liegt.

Auf dem stillstehenden Bagger halten sich erfahrungsgemäß immer mehr Menschen auf als während des Betriebes. Bei den knappen Raumverhältnissen muß diesem Umstand Rechnung getragen und das Bedienungspersonal vor der Berührung spannungführender Teile bewahrt werden. Alle stromführenden Teile sind abzudecken.

Als Leitungsmaterial für die Kraftanlage wird Panzerader verwendet. Kleinere Querschnitte als 6 mm² sollen aus Festigkeitsgründen nicht verlegt werden.

Die Leitungen sollen möglichst geschützt sein. Ein Schutz gegen mechanische Zerstörungen ist dort angezeigt, wo die Leitungen am Boden oder in dessen unmittelbarer Nähe angebracht sind.

Die Panzerader ist mittels Schellen nicht unmittelbar an der Baggerwand, sondern auf Holzleisten zu verlegen. Der Stahlpanzer ist zu erden.

Um eine einfache Leitungsführung zu erzielen, schließt man bei größeren Stromstärken und vor allem bei höheren Spannungen alle Meßgeräte an Strom- bzw. Spannungswandler an.

Als Leitungsmaterial für die Lichtanlage ist Gummiader in Stahlrohren zu verlegen.

Kleinere Querschnitte als 4 mm² sind unzulässig. Die Beleuchtungskörper sind federnd aufzuhängen. Die Leitungen sind kurz vor der Armatur in Übergangskästen zu führen. Die Armaturen werden dann mittels beweglicher durch Gummischlauch geschützter Leitungen mit den Übergangskästen verbunden.

## E. Arbeitsweise der Schaufelbagger und Ausführung des elektrischen Antriebes.

Der Schaufelbagger, auch Löffelbagger oder Kranschaufler genannt, hat mit dem Bau und der Arbeitsweise der vorstehend beschriebenen Eimerbagger nichts gemein. Der Eimerbagger ist für stetige Förderung eingerichtet, während die besondere Eigenart der Löffelbagger das aussetzende Arbeitspiel, ähnlich wie beim Kranbetrieb, ist. Daher ist auch die elektrische Ausrüstung von der des Eimerbaggers grundverschieden. Der mechanische Aufbau des Löffelbaggers ist dem eines Greiferdrehkranes sehr ähnlich. An Stelle des Greifers sitzt an einem verschiebbaren Gestänge (Löffelstiel) der Löffel, der sehr kräftig gehalten und an der vorderen Kante mit Schneidezähnen aus Stahl versehen ist. Je nach Größe des Baggers hat der Löffel ein Fassungsvermögen von durchschnittlich 1 bis 4 m³. Für besondere Verwendungsgebiete (Steinbruch) werden auch Bagger mit 6 m³ Löffelinhalt gebaut. Der Löffelstiel ist in einem sehr kräftigen Ausleger drehbar und verschiebbar gelagert. Man unterscheidet beim Löffelbagger einen feststehenden und einen drehbaren Teil. Der feststehende Teil besteht aus dem Unterwagen mit Laufrädern und Königszapfen. Der drehbare Teil besteht aus dem Baggerhaus, in dem die elektrische Ausrüstung untergebracht ist. An dem drehbaren Teil sitzt der Ausleger mit dem Löffel. Die Stromzuführung muß an den feststehenden Teil, also an den Unterwagen verlegt werden. Am Königszapfen ist ein Ringschleifkontakt erforderlich, der die Stromzuführung nach dem elektrischen Teil im Baggerhaus vermittelt. Die Ausführungsart der Löffelbagger ist sehr verschieden. Es werden Ein-, Zwei- und Dreimotoren-Bagger gebaut. Beim Löffelbagger unterscheidet man drei Arten von Triebwerken. Das Hubwerk dient dazu, den Löffel an der abzugrabenden Wand hochzuziehen; zu diesem Zwecke ist am Kopf des Löffels ein Stahlseil angeordnet, das über Rollen in das Baggerhaus geführt, auf einer Trommel aufgewickelt ist. Das Vorschubwerk dient dazu, den Löffel gegen die abzugrabende Wand zu drücken bzw. zurückzuziehen, mit dem Drehwerk wird der Oberteil des Baggers herumgeschwenkt.

Das Arbeitspiel setzt sich demnach aus drei Arbeitsperioden zusammen. Nachdem der Löffel heruntergelassen ist, wird dieser durch das Vorschubwerk an das Baggergut angedrückt, worauf der Löffel angehoben wird. Ist nach beendeter Hubperiode der Löffel gefüllt, wird der gefüllte Löffel durch Drehung des Baggerhauses über die bereitstehenden Wagen gebracht und durch Öffnen der Bodenklappe entleert, worauf durch Zurückdrehen ein neues Arbeitspiel beginnen kann. Von großem Vorteil ist es, die Antriebe durch einzelne Motoren zu betätigen. Die modernsten Bagger sind daher auch Dreimotoren-Bagger, doch findet man auch noch Ein- und Zweimotorenbagger im Betriebe, bei denen die Antriebskraft mechanisch auf die Triebwerke geschaltet wird. Unter sehr günstigen Verhältnissen können bis zu 2 Arbeitspiele je Minute geleistet werden, doch wird diese Anzahl äußerst selten erreicht, da die Arbeitsbedingungen meist recht schwierig sind. Im Durchschnitt kann je nach Größe des Baggers und Beschaffenheit des Fördergutes mit 50—90 Arbeitspielen in der Stunde gerechnet werden.

Bezüglich der Stromart und der Spannung gilt bei Löffelbaggern sinngemäß das im Abschnitt über Eimerbagger Gesagte. Da der Löffelbaggerbetrieb noch schwerer und roher ist als der Betrieb bei Eimerbaggern, bevorzugt man den Drehstrommotor, da dieser weniger empfindlich ist als die Gleichstrommaschine.

Die gebräuchlichste Spannung ist Drehstrom von 500 V, doch wurden auch Bagger für 2000 und 3000 V Drehstrom elektrisch eingerichtet, die sich im Betriebe gut bewähren.

Wie bereits gesagt, handelt es sich bei Löffelbaggern um aussetzenden Betrieb. Es genügt, die Motoren für 45 min Leistung zu bemessen, doch sollen aus Gründen der Kraftreserve Motoren mit 60 min Leistung gewählt werden, da der Löffelbaggerbetrieb wie kein anderer zu Überlastungen neigt. Der mechanische Bau des Hubwerkes wird auch oft derart ausgeführt, daß der Hubmotor mit Schwungscheibe dauernd durchläuft. Die Arbeitsperiode wird dann mittels Kupplung geschaltet. Dies hat den Vorteil, daß ein schnellaufender Motor, meist 1000 Umdr/min gewählt werden kann, der nicht die errechnete Motorleistung als Dauerleistung zu haben braucht, sondern vorteilhaft aus dem gegebenen Leistungsdiagramm nach dem quadratischen Mittelwert des Drehmomentes bestimmt wird. Man erhält hierbei eine überaus günstige Motortype, da die Hubperiode im Verhältnis zum vollen Arbeitspiel des Baggers kurz ist und der Motor nach der Hubperiode leer durchlaufen kann. Der durchlaufende Motor kann aber nur bei Baggern mittlerer und kleiner Leistung verwendet werden, da bei großen Baggern für schwerste Arbeitsbedingungen die Stöße zu groß sind und das Getriebe gefährden.

Die Motoren erhalten die gleiche verstärkte Konstruktion und Isolation wie die Motoren der Eimerbagger. Ebenso sind diese im Baggerhaus untergebracht, können demnach in offener Bauart verwendet werden. Eine Ausnahme hiervon macht der Vorschubmotor, der in vielen Fällen, der Sonderkonstruktion des Baggers angepaßt, im Freien auf dem Ausleger untergebracht wird. In diesem Falle ist als Vorschubmotor eine vollständig geschlossene Type vorzusehen, die infolge der Schräglage auf dem Ausleger eine besondere Ausführung der Lager erhalten muß. Bei feststehendem Ausleger beträgt die Schräglage etwa 45°, ist die Schräglage des Auslegers veränderlich, so schwankt der Neigungswinkel, unter dem der Motor zu arbeiten hat, zwischen 30—60°. Die Welle des Motors bleibt hierbei horizontal. Besondere Ausführungen des Vorschubwerkes bedingen aber auch oft eine Schräglage der Motorwelle in den genannten Grenzen. Diese Anordnung bedingt Spurlager. Um mit einer normalen Motortype auszukommen, wird der Motor wagerecht auf ein Podest gestellt. Als Motoren werden Asynchronmotoren mit Schleifringläufer verwendet. Die Einschaltzeit der Motoren ist sehr gering; um große Förderleistungen zu erzielen, müssen hohe Arbeitsgeschwindigkeiten zugrunde gelegt werden, die Läuferschwungmomente sind daher möglichst klein zu halten.

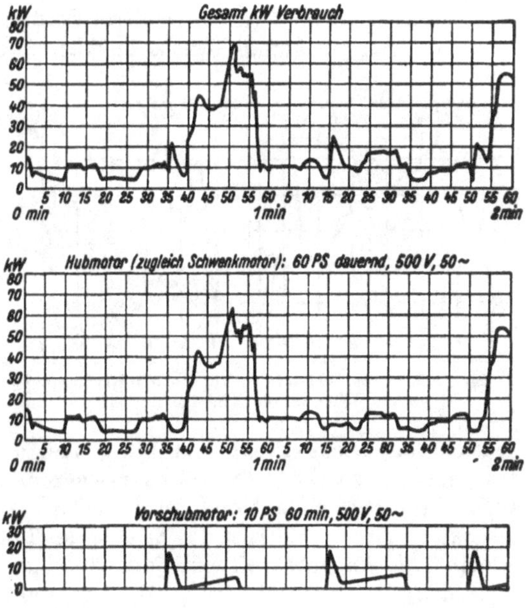


Bild 264. Zweimotoren-Löffelbagger, Belastungsdiagramm.

Die rasch aufeinander folgenden Arbeitsperioden haben eine große Schalthäufigkeit zu Folge, die Steuerapparate mit möglichst geringer Schalt-Stellenzahl und für einfache Umkehrung sind daher in kräftigster Ausführung vorzusehen. Diese müssen leicht gangbar sein, da der Baggerführer sonst durch das häufige Schalten zu rasch ermüdet.

Bild 264 zeigt das Belastungsdiagramm eines Zweimotoren-Baggers. Der Hubmotor wird hier auch als Antriebmotor für das Drehwerk verwendet. Dieser Motor läuft dauernd durch.

Bild 265 zeigt den Gesamtkraftverbrauch eines 3 m³ Baggers, ebenfalls mit durchlaufendem Hubmotor. Für das Drehwerk ist ein besonderer Motor vorgesehen, es handelt sich um einen Drei-Motoren-Bagger. Die Arbeitsverhältnisse der einzelnen Motoren sind hieraus klar ersichtlich. Der Gesamtkraftverbrauch eines Baggers schwankt je nach Größe von 80 bis 400 kW.

Je nach Verwendungszweck, Bodenbeschaffenheit und Größe des Baggers werden zum Verfahren entweder Laufräder auf Schienen oder Straßenräder, die recht breit gehalten sind, vorgesehen. Ist das Arbeitsgelände besonders uneben oder nicht sehr widerstandsfähig, oder soll der Bagger in ungünstigem Arbeitsgelände häufig verfahren werden, so wird vorteilhaft Raupenantrieb verwendet.

In der Regel behält der Bagger seinen einmal angenommenen Standort so lange inne, bis sämtliches erreichbare Fördergut verladen ist. Ein Verfahren des Baggers kommt durchschnittlich zweimal täglich in Frage. Die Steuerung erfolgt durch einen Mann vom Führerstand des Baggerhauses.

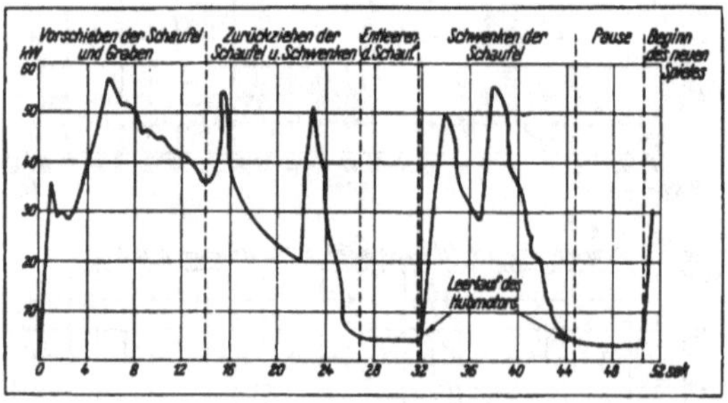

Bild 265. Leistungsdiagramm für ein Arbeitspiel eines Schaufelbaggers von 3 m³ Löffelinhalt.

*Hubwerk.* Wie bereits erwähnt, wird für das Hubwerk je nach Ausbildung des mechanischen Teiles entweder ein Motor für Dauerleistung oder für aussetzenden Betrieb vorgesehen. Beim Dauermotor kommt eine Umkehrung der Drehrichtung nicht in Frage, der Löffel senkt sich durch das eigene Gewicht nach mechanischer Lüftung der Bremse. Aber auch der aussetzende Motor wird vielfach nur in einer Drehrichtung geschaltet, da auch hierbei das Senken des Löffels durch die eigene Last erfolgt. Als Antriebskraft sind je nach Baggergröße 40 bis 200 kW erforderlich, die Drehzahl wird in den Grenzen 500 bis 1000 gewählt. Der Hubmotor steht in offener Ausführung möglichst weit hinten im Baggerhaus, um gleichzeitig mit als Gegengewicht zu wirken. Der Motor ist mit dem mechanischen Triebwerk elastisch gekuppelt. Beim Dauermotor genügt zum Anlassen ein einfacher Läuferanlasser, am besten unter Öl. Der Ständerschalter wird zweckmäßig getrennt angeordnet und gleichzeitig mit Überlastungsschutz ausgebildet. Hierzu eignet sich am besten ein Überstromschalter, der vorteilhaft mit Spannungspule ausgerüstet wird, die über Kontakte mit dem Läuferanlasser in elektrische Verriegelung zu bringen ist. Es wird hierdurch verhütet, daß der Ständer bei voll eingeschaltetem Läufer an das Netz gelegt wird.

Der aussetzende Motor wird bei kleineren und mittleren Baggern durch sehr kräftige Steuerschalter mit Druckkontakten gesteuert. — Eine Sicherung gegen Überlastung mit Überstromschalter ist auch hier sehr zu empfehlen, da gerade dieses Triebwerk Überlastungen ausgesetzt ist. — Bei großen Baggern mit naturgemäß hoher Hubmotorleistung werden diese Steuerapparate zu unhandlich und zu groß, diese können dann nicht mehr leicht genug bedient werden, was mit Rücksicht auf die große Schalthäufigkeit, deren Verwendung von vornherein ausschließt. — Vorteilhaft wird dann zur Schützensteuerung gegriffen. — Die verhältnismäßig kleine und überaus leicht zu bedienende Meisterwalze, die nur zur Steuerung der Schützspulen dient, ist dann das gegebene Antriebsorgan, um auch bei den größten Leistungen ein spielend leichtes Steuern zu gewährleisten.

In vielen Fällen werden auch größere Apparate zur direkten Steuerung verwendet, die aber dann nicht mehr vom Baggerführer unmittelbar, sondern hydraulisch bewegt werden. Der Baggerführer steuert nur die entsprechenden Ventile.

Bei Drehstrom von 2000 und 3000 V werden in allen Fällen für die Ständerschaltung Schütze gewählt. — Es werden die gleichen kräftigen Ölschütze verwendet, wie sie bei den Eimerbaggern beschrieben sind. Die Schütze sind auch für die stärksten Erschütterungen geeignet, da ein Pendeln der Schützkontakte ausgeschlossen ist. Auch erhalten sie einen völlig öldichten Abschluß. Die Steuerschalter haben normale Fahrschaltung mit Umkehrung.

Eine feste Schlupfstufe ist im Läuferstromkreis zu empfehlen.

*Vorstoßwerk.* Unter normalen Verhältnissen ist das Vorstoßwerk den größten Beanspruchungen ausgesetzt. Der Vorschubmotor ist daher elektrisch und mechanisch am meisten beansprucht. Die erforderliche Antriebsleistung ist auch hier sehr verschieden und hält sich in den Grenzen von 15 bis 100 kW. Die Drehzahl wird zwischen 500—750 gewählt.

Als Steuerapparat wird der außerordentlich hohen Schalthäufigkeit wegen ebenfalls ein kräftig gehaltener Steuerschalter mit Druckkontakten verwendet. Um die rasche Aufeinanderfolge der Schaltperioden bewältigen zu können, erhält dieser Steuerschalter nur zwei Stellungen. In der ersten Schaltstellung ist der Anlaßwiderstand so bemessen, daß der Motor mit vollem Drehmoment anlaufen kann. In der zweiten Schaltstellung wird etwa die Hälfte des Widerstandes abgeschaltet, der Rest des Widerstandes bleibt dauernd eingeschaltet. Mit dieser Schaltung wird beim Einschalten des Motors der Löffel gegen die abzugrabende Wand gedrückt und der Motor bleibt dann stehen. Auf der zweiten Schaltstufe kann das Motordrehmoment und damit der Druck auf die Wand erhöht werden. Wird gleichzeitig der Löffel hochgezogen, so gräbt sich letzterer immer tiefer ein, bzw. bei hartem Fördergut kann der Löffel nicht abgleiten. Um den Vorstoßmotor vor dauerndem Eingeschaltetsein zu schützen, wird der Steuerschalter mit selbsttätiger Rückstellung versehen, welch letztere den Steuerschalter in die Nullstellung bringt, wenn der Führer die Schaltkurbel losläßt. Auch dieser Steuerschalter ist für normale Umkehrung eingerichtet. Der Läuferwiderstand ist für angestrengten Betrieb zu bemessen.

*Dreh- und Fahrwerk.* Zum Drehen des Oberteiles und zum Verfahren des Baggers wird allgemein ein und derselbe Motor verwendet, da der Bagger nur in den Arbeitspausen verfahren wird.
Der Motor ist mit dem Triebwerk meist durch Ritzel verbunden. Das Umschalten auf das Fahrwerksgetriebe erfolgt durch ausrückbare Kupplung. — Dieser Motor wird seinem Verwendungszweck entsprechend etwa in der Mitte des Baggerhauses untergebracht. Offene Ausführung ist auch hier unter normalen Betriebsbedingungen zulässig. Die benötigten Motorleistungen bewegen sich in den Grenzen von 15—150 kW. Drehzahl 500 bis 750.
Der Drehmotor ist der am wenigsten angestrengte im Löffelbaggerbetrieb, es genügt daher eine normale Steuerwalze in ähnlicher Ausführung, wie sie bei Kranen Verwendung finden, mit normaler Fahrschaltung für einfache Umkehrung.
Viel mehr angestrengt wird dieser Motor beim Verfahren des Baggers namentlich dann, wenn der Bagger nicht auf Schienen läuft. Auch hier gilt, wie allgemein bei Löffelbaggern, Vorsicht vor zu knapp bemessenen Motoren.
Hat der Bagger Straßenräder oder Raupenband, so dient der Erdboden als Fahrbahn. Wenn der Bagger auf Schienen steht, so ist kein durchgehendes Gleis erforderlich, da der Löffelbagger, entgegengesetzt dem Eimerkettenbaggerbetrieb, während der Arbeitszeit seinen Arbeitsplatz nicht verläßt.
Der Bagger steht auf einem Gleisstück, das in der Mitte unterteilt ist. Die beiden Gleisroste sind durch Ketten oder Eisengestänge miteinander verbunden. Die Schienen sind auf kräftigen Holzbohlen befestigt. Soll der Bagger nun verfahren werden, so wird die Verbindung der beiden Roste gelöst und ein Gleisstummel vom Löffel angehoben und um 180° vor den zweiten Rost, auf dem der Bagger steht, versetzt. Nachdem der Bagger auf dies versetzte Gleis verfahren wurde, wird der zweite Rost in gleicher Weise dem ersten vorgesetzt.
Auf diese Art wird der Bagger zum nächsten Arbeitsplatz rd. 20 m verfahren und dort zum neuen Arbeitsbeginn mit dem Gleis fest verankert.
*Installation.* Sorgfältigste Montage ist bei allen Teilen der elektrischen Ausrüstung erforderlich. Der Betrieb ist überaus roh, und starke Stöße und Erschütterungen treten auf. Sämtliche Anschlüsse sind in bester dauerhaftester Form durchzuführen. Nur das beste und zuverlässigste Material schützt vor Betriebstörungen. Empfindliche Apparate mit Schräubchen usw. sind zwecklos. Die Instrumente sind gut federnd in allseitig geschlossenen Blechgehäusen unterzubringen. Es genügen ein Stromzeiger für den Hubmotor und ein Spannungszeiger für die Netzspannung. Der Stromzeiger darf nicht zu geringen Meßbereich haben, da Überlastungen oft betriebsmäßig auftreten.

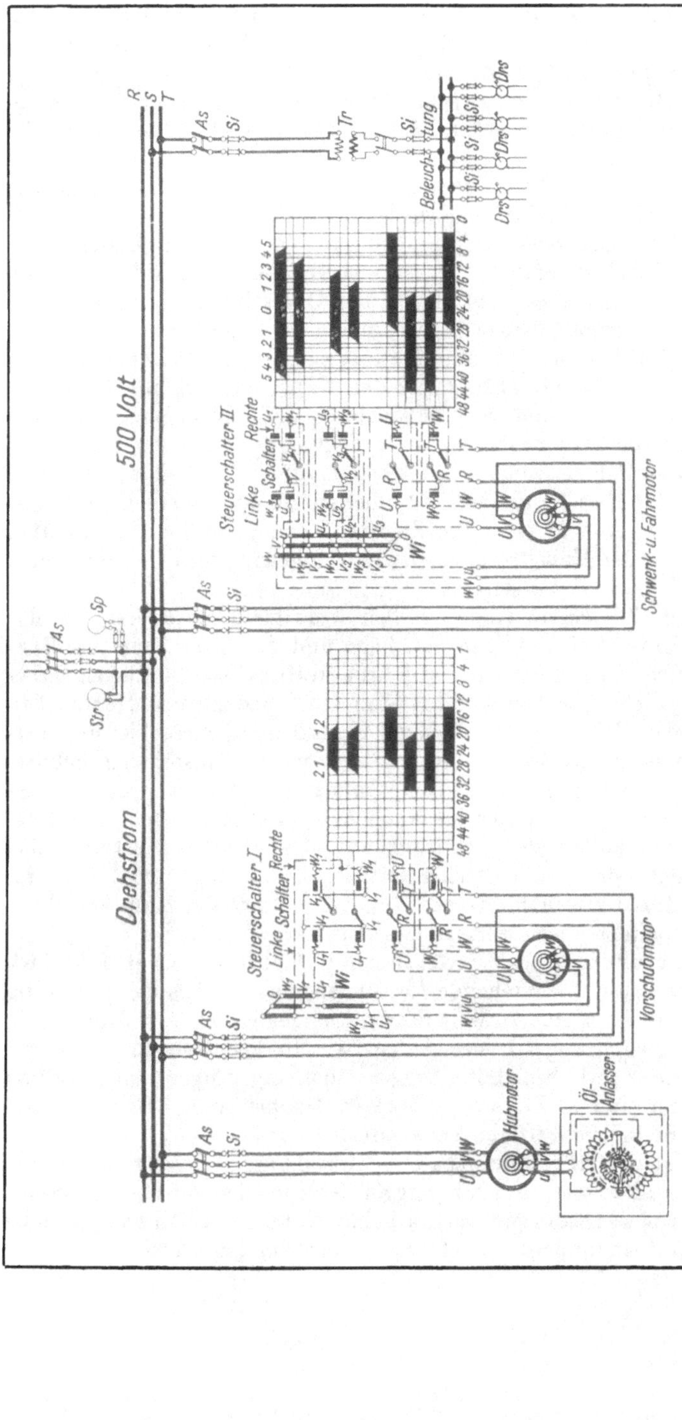


Bild 266. Normalschaltbild eines Löffelbaggers, Drehstrom 500 V.

*As* = Ausschalter *Drs* = Drehschalter *Si* = Sicherung *Sp* = Spannungszeiger
*Str* = Stromzeiger *Tr* = Trennschalter *Wi* = Widerstand

Eine Schalttafel, etwa in ähnlicher Form, wie unter Eimerbagger beschrieben, ist nicht erforderlich. Es genügt für den Hubmotor ein Maximalschalter, der getrennt auf Winkeleisen angeordnet werden kann. Für die übrigen Motoren werden zweckmäßig Sicherungen zum Schutz gegen Überlastungen vorgesehen. Ein Hauptschalter wird in der Nähe des Führerstandes angeordnet.

Alle Leitungen sind als Panzerader zu verlegen und es gelten in erhöhtem Sinne die gleichen Vorschriften, wie bei Eimerbaggern.

Der Eigenart des Betriebes entsprechend wird der Strom am besten durch bewegliches Kabel zugeführt. Es ist von vornherein darauf zu achten, daß das Zuführungskabel nicht zu kleinen Querschnitt erhält, da in der Regel größere Ströme zu übertragen sind, als dies die Rechnung ergibt, und dann ein allzu großer Spannungsverlust auftritt. Da nicht alle Motoren gleichzeitig voll belastet arbeiten, ist das Kabel meist richtig bemessen, wenn der Berechnung auf Spannungsabfall und Erwärmung rd. 75 % des Gesamtstromverbrauches zugrunde liegt.

In den meisten Fällen genügt eine Kabellänge von 60—100 m. In vielen Fällen wird das Kabel auf einer Trommel aufgerollt, die am Unterwagen des Baggers angebracht ist. Die Stromzuführung geschieht dann über Schleifringe an der Kabeltrommel zu den Schleifringen am Königszapfen und von hier zum Hauptschalter.

Trotzdem ist das Kabel einem großen Verschleiß ausgesetzt, da das ablaufende Trum frei am Erdboden liegt und den Einflüssen des Bau- oder Grubenbetriebes ausgesetzt ist. Eine kräftige Schutzhülle ist daher Bedingung. Sehr gut bewährt hat sich eine gekienteerte Hanfkordelumklöppelung. Vorteilhaft wird auch eine Gummischlauchleitung verwendet, die einen mechanisch festen und widerstandsfähigen Schutzmantel von mindestens 25 % Rohgummigehalt besitzt. Die Stromzuführung vom Stromerzeuger bis Nähe Arbeitsstelle des Baggers erfolgt in den meisten Fällen als Freileitung auf Masten verlegt. Das Kabel wird dann entweder durch Stecker mit der Freileitung verbunden oder wird am Endmast zu einem Streckenschalter geführt, der beim Verfahren des Baggers entsprechend versetzt werden muß.

Die Gesamtschaltung eines Durchschnitts-Löffelbaggers zeigt Bild 266.

*Sonderausführungen.* Vorstehende Ausführungen sind als allgemein gültig zu betrachten. Es würde zu weit führen hier ins einzelne zu dringen, da die Art der Ausführung zu verschieden ist. In Nachstehendem soll auf zwei elektrisch angetriebene Löffelbagger näher eingegangen werden. Diese beiden Bagger sind z. Zt. die größten in Deutschland. Beide Bagger werden im Steinbruchbetriebe verwendet.

Bild 267 zeigt eine allgemein gehaltene Ansicht eines Baggers der Carlshütte A.-G., Altwasser. Dieser Bagger ist für die schweren Betriebsbedingungen eines Kalksteinbruches gebaut und muß dementsprechend in seinem Aufbau äußerst stabil und solide durchkonstruiert sein.

Der Aufbau des Baggers ähnelt der allgemeinen Konstruktion mit dem Unterschiede, daß der Bagger keine Schienenräder, sondern unter Berücksichtigung der harten Kalksteinfahrbahn Stahlguß-Straßenräder besitzt. Die allgemein üblichen Schienenjoche sind also hier vermieden. Der Bagger kann allseitig verfahren werden. Während der Arbeit in dem harten Gestein wird er auf 4 bewegliche Tragstützen abgefedert, die unabhängig voneinander vom Drehmotor durch Schraubenspindeln an den Erdboden angepreßt werden.

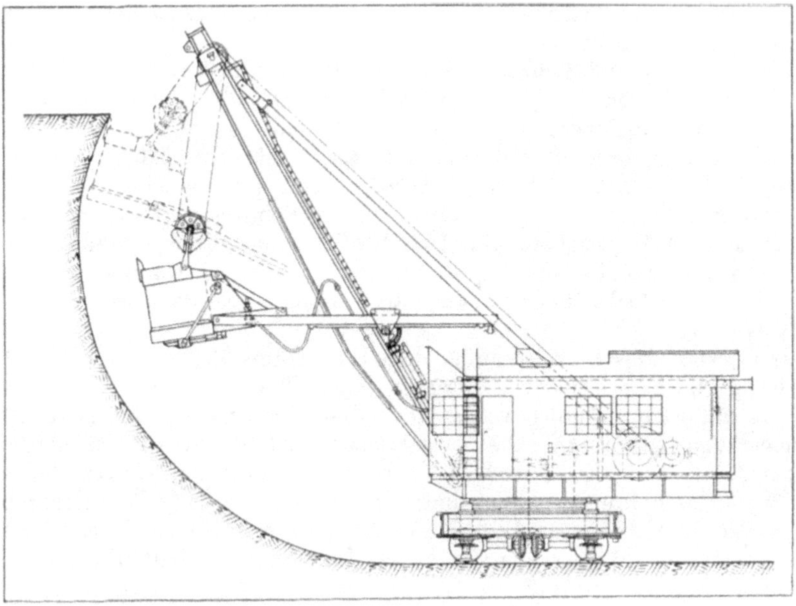

Bild 267. Schaufelbagger mit seitlichen Stützen für hohe Grableistungen.

Um bei allen Bewegungen gegen Brüche und Überlastungen gesichert zu sein, erhalten sämtliche Getriebe, wie Hub-, Dreh- und Vorschubwerk Rutschkupplungen, so daß übermäßige Beanspruchungen der Motoren durch zu hohe Stromaufnahme ausgeschlossen sind. Die Steuerung der Schaufelklappe und der Bremsen geschieht durch Druckluft.
Zur Erzeugung der Preßluft dient eine auf dem Obergestell untergebrachte kleine Kompressoranlage mit Luftbehälter und den dazu erforderlichen Armaturen. Der Bagger braucht zur Bedienung, wie allgemein üblich, nur einen Mann, da die Steuerung infolge ihres leichten Ganges die physischen Kräfte des Baggerführers schont und ihn nicht zu schnell ermüdet. Wie bereits gesagt, wird die Schaufelklappe mittels Druckluft vom Führerstand aus betätigt. Ferner ist zur Schonung der Transport-

wagen, eine der Carlshütte geschützte Bremsvorrichtung vorgesehen, die verhütet, daß das Baggermaterial zu schnell in die Wagen geschüttet wird.
Der Inhalt der Baggerschaufel beträgt 3 m³.
Die Schnitthöhe des Baggers ist **11½** m.
Das Gewicht des vollständigen Baggers ist 170 000 kg.
Im Baggerhaus ist über den Triebwerksteilen eine Laufkrananlage angeordnet, um bei Reparaturen einzelne Teile schnell und sicher auswechseln zu können.
Die Gesamtschaltung der elektrischen Ausrüstung ist aus Tafel III ersichtlich. Der Bagger wird mit Drehstrom 2000 V 50 Per. betrieben.
Die Motorleistungen sind:

| | | | |
|---|---|---|---|
| Dreh- und Fahrwerk | 80 kW | 45 min | 580 Umdr/min |
| Hubwerk | 120 kW | 45 min | 585 Umdr/min |
| Vorschubwerk | 55 kW | 45 min | 480 Umdr/min |

Kompressor 3 kW, dauernd 1430 Umdr/min 220 V.

Mit Rücksicht auf die hohen Leistungen und auf die Schalthäufigkeit wurde Schützensteuerung gewählt. Die Antriebsorgane (Meisterwalzen) sind sehr leicht gangbar. Zur Ständerschaltung wurden Spezialschütze unter Öl verwendet, die im Abschnitt Eimerbagger beschrieben sind. Zur Widerstandschaltung des Läuferstromkreises dienen Schütze kräftigster Ausführung.
Als Überlastungschutz ist außer dem Überstrom-Ölschalter als Hauptschalter noch bei jedem Motor in zwei Phasen je ein Überstromrelais mit Stromwandler vorgesehen. Der Kompressormotor ist durch Sicherungen geschützt. Die Meisterwalzen sind für direkte Umkehrung gebaut, haben also keine Nebenwalze. Sämtliche Walzen haben Sicherheitsschaltung. Alles übrige ist aus dem Schaltbild ersichtlich.
Aus den Betriebskurven Bild 268 geht die Arbeitsweise und der Strom. verbrauch des Baggers hervor. Das Diagramm enthält theoretische Werte.
Bild 269 zeigt einen ähnlichen Bagger der Menck & Hambrock G. m. b. H., Altona-Hamburg.
Fassungsvermögen des Löffels 4 m³.
Größte Windekraft am Baggerlöffel 45 000 kg.
Ausladung vom Drehpunkt bis Vorderkante Auslegerrollen 10 m.
Ausschüttweite bei 3 m Ausschütthöhe über Erdboden 12,9 m.
Größte Ausschütthöhe 10 m.
Mit Rücksicht auf die zu übertragenden großen Energiemengen wurde Drehstrom von 3000 V 50 Per. gewählt. — Der Kraftbedarf ist folgender:

| | | | |
|---|---|---|---|
| Hubwerk | 185 kW | 60 min | |
| Dreh- und Fahrwerk | 125 kW | 60 min | |
| Vorschubwerk | 74 kW | 60 min | |
| Luftdruckanlage | 1,5 kW | dauernd | 220 V |
| Druckwasserpumpe | 1 kW | dauernd | 220 V. |

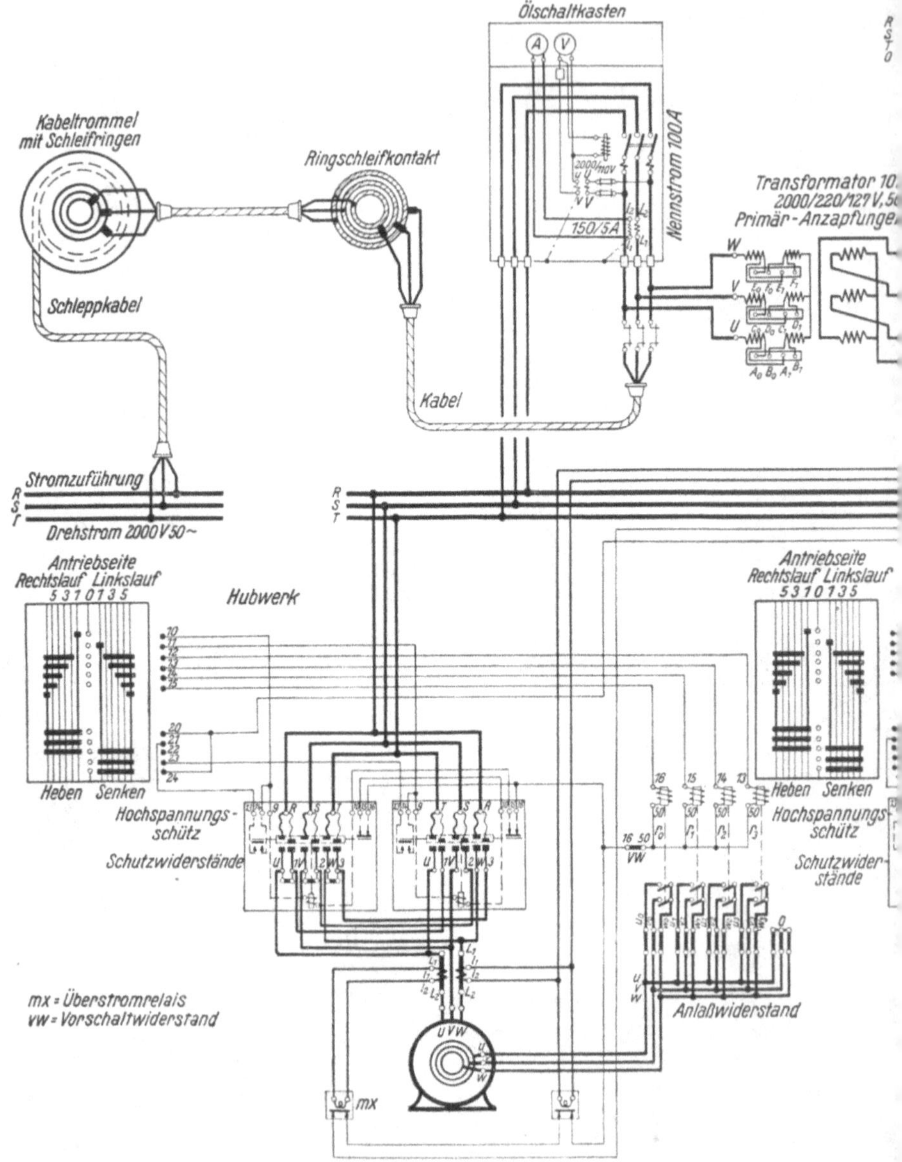




Tafel III. Gesamtschaltbild eines Sch

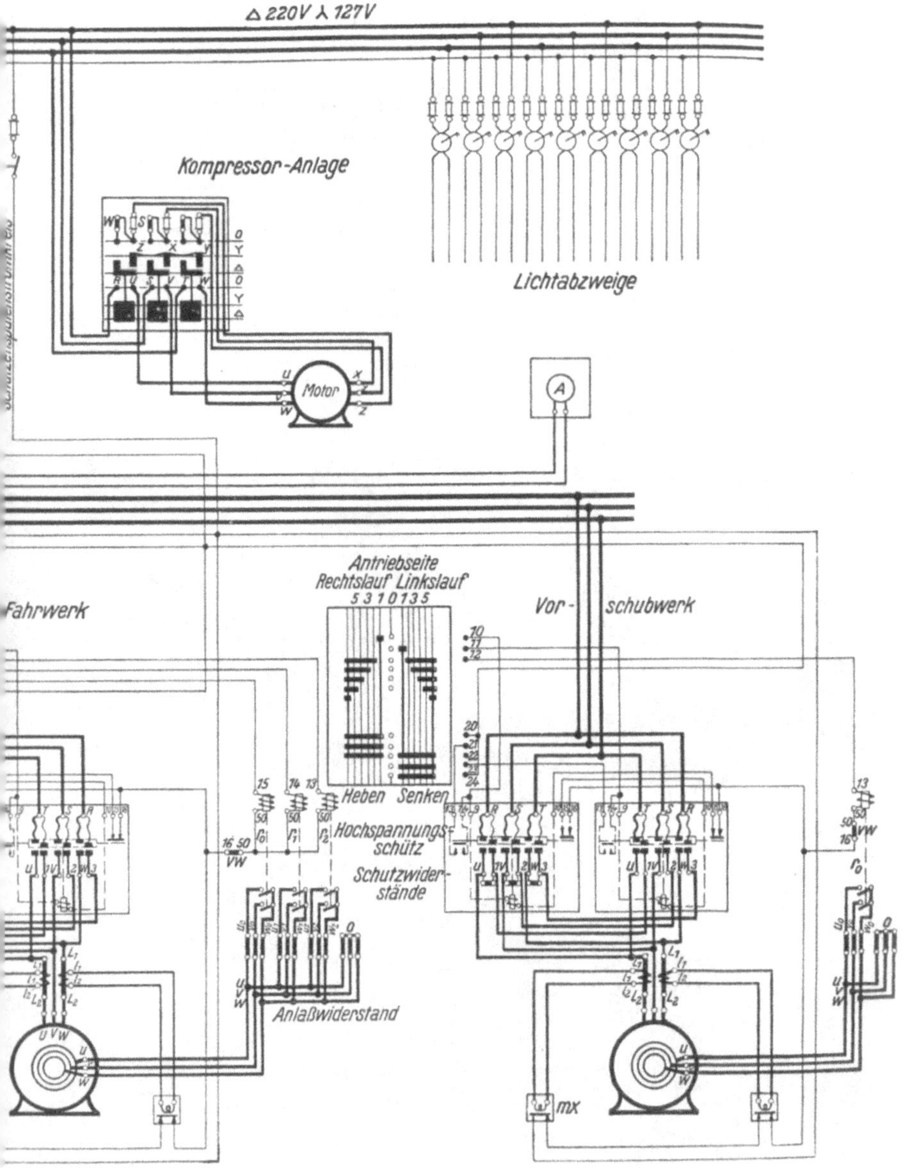


)rehstrom 2000 V, mit Schützensteuerung.

Die drei großen Motoren sind überlastbar.

25 % während 20 min
50 % „ 10 „
100 % „ 2 „

Die Hochspannungs-Baggermotoren wurden aus Betriebsicherheitsgründen für 5000 V isoliert. Diese Motoren haben asphaltierte geschweißte Wicklung. Die Isolation der Eingangsnuten ist besonders verstärkt. Die Läufer sind dreiphasig und in Stern geschaltet. Die Motoren, ebenfalls im Inneren des Baggerhauses untergebracht, sind

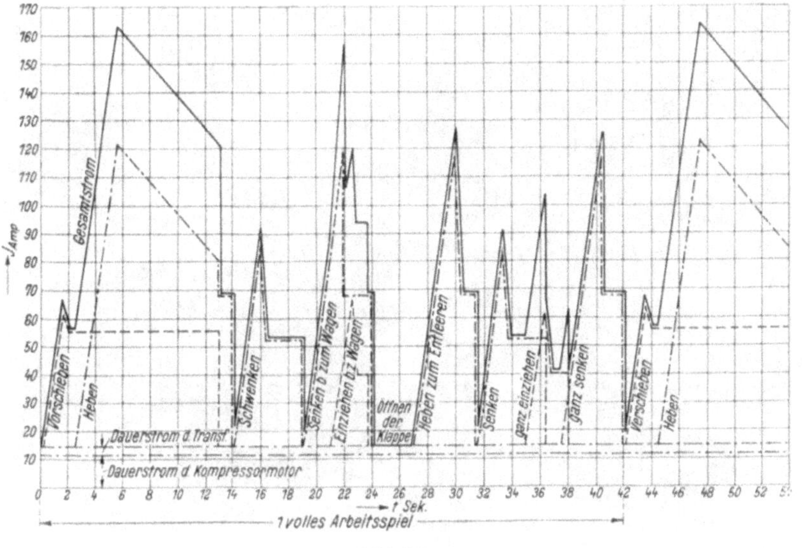


Bild 268.
Theoretischer Stromverlauf während eines Arbeitspieles eines großen Löffelbaggers.

offener Bauart mit Ausnahme des Motors für die Druckwasserpumpe, der mit Rücksicht auf den ungünstigen Aufstellungsort (unter dem Führerstand) in geschlossener Ausführung vorgesehen werden mußte. Zur Schaltung des Ständers der 3000 V-Motoren dienen die vorstehend beschriebenen Ölschütze mit Schutzwiderstand. Die Spannungsspulen werden von einem kleinen 220 V-Transformator gespeist. Die Umkehr der Drehrichtung sowohl beim Dreh- und Fahrmotor als auch beim Vorschubmotor wird elektrisch geschaltet. Es ist also für jede Drehrichtung je ein Schütz vorgesehen, wogegen das Hubwerk mit nur einem Schütz ausgerüstet ist, da der Löffel auf mechanischem Wege durch sein Eigengewicht gesenkt wird; die Senkgeschwindigkeit wird durch eine Manövrierbremse geregelt.

Als Schutz gegen Überlastungen ist jeder Motor zweiphasig durch gußgekapselte Überstromrelais gesichert. Die Stromspulen der Relais liegen an Stromwandlern. Die dritte Phase ist durch den Hauptschalter gesichert.
Die Läuferschaltung wurde vom Baggerlieferanten fertig eingebaut mitgeliefert. Es sind Steuerapparate mit einfacher Umkehrschaltung, normale Fahrschaltung, Widerstandsteuerung. Diese Steuerapparate dienen gleichzeitig zum Schalten der Spulen der Ständerschütze.

Bild 269. Schaufelbagger auf Straßenrädern.

Der Ständer wird auch hier zwangläufig mit dem Läufer aus- und eingeschaltet. Die Steuerapparate werden von einem Universalsteuerbock aus mittels Preßluft betätigt. Am Führerstand steht gut zugänglich der Steuerbock, durch den sehr leicht die Druckluftsteuerung betätigt werden kann. Die Übersetzung auf die Steuerapparate erfolgt durch Gestänge. Die Preßluft drückt auf Wasser, das durch die Arbeitszylinder der Steuerung geführt wird. Die Druckwasserzylinder sowie das zugehörige Gestänge sind gegen Schmutz und Beschädigung geschützt unter den Flurplatten des Führerstandes untergebracht. Die Druckwasserpumpe dient zur Absaugung des ausströmenden Wassers. Die beiden kleinen Motoren, Luft- und Wasserpumpe, liegen an einem Hilfstransformator und haben Kurzschlußläufer. (Stern - Dreieck - Anlaßschaltung.)

Als Hauptschalter dient ein Hochspannungsölschaltkasten mit Überstrom- und Spannungsauslösern.

Die Speiseleitung wird als Freileitung zum Bagger geführt. Der Endmast ist als Anschlußmast ausgebildet, und mit einem Masttrennschalter mit Gestängeantrieb versehen. Von diesem Mast führt das Kabel den Strom zum Anschlußkasten am Unterwagen des Baggers. Zur Verwendung gelangt ein Spezialkabel 3 × 25 mm Querschnitt 100 m lang. Das Kabel ist hoch flexibel und enthält verzinnte feindrähtige Kupferleiter mit 0,40 mm starken Drähten. Das Kabel ist besonders gut isoliert und trägt als Schutz gegen Beschädigung über einer imprägnierten Hanfgarnbeflechtung eine gekienteerte Hanfkordelumklöppelung. Der äußere Durchmesser des Kabels ist 43,5 mm, das Gewicht 2,7 kg/m. Da der Bagger nicht auf Gleisen steht, sondern Straßenräder hat, die ein Verfahren nach jeder Richtung hin gestatten, ist eine Kabeltrommel nicht vorgesehen.

Der Bagger dient dazu, um Felsblöcke, die entweder abgesprengt oder vom Bagger selbst ausgegraben bzw. losgerissen werden, zu verladen.

---

# IX. Abraumbahnen.

## A. Allgemeines.

Die Gewinnung der Braunkohle geschieht in Deutschland meistens im Tagebau, d. h. es wird der über der Braunkohle lagernde Boden, die Decke, durch Trockenbagger abgeräumt und auf diese Weise die Kohle freigelegt (Bild 270). Die abgebaggerten Erdmassen, der sogenannte Abraum, werden durch Bagger in Kippwagen oder Selbstentlader geschüttet und in der ersten Zeit auf eine Halde gefahren, später aber, wenn die Kohle zum Teil abgebaut ist, wieder in dieses Loch zurückgekippt. Das Fortschaffen des Abraumes bietet große Schwierigkeiten, weil es unter sehr ungünstigen Bedingungen vor sich gehen muß. Zunächst sind die zu bewältigenden Massen recht bedeutend, da die in den Braunkohlengruben zur Verwendung kommenden Bagger eine Leistungsfähigkeit bis zu 500 $m^3$ in der Stunde haben. Ferner müssen diese Bodenmassen auf einem Gleis, das teilweise täglich mit dem Fortschreiten des Abbaues umgelegt werden muß, oft bis auf Entfernungen von 2 bis 3 km fortgeschafft werden, wobei häufig noch Steigungen bis zu 25 ‰ in Richtung der Lastfahrt zu überwinden sind. Die Wagen und Lokomotiven selbst sind in ihren Abmessungen beschränkt, da sie unter den Schüttklappen der Bagger, die manchmal bis zu 2,5 m über Schienenoberkante herunterragen, hindurchfahren müssen.

In früheren Zeiten wurde der Abtransport des Abraumes ausschließlich durch Dampflokomotiven bewerkstelligt. Mit der Vergrößerung der Förderung und der Leistung der Bagger kam man aber bald an Grenzen, wo die durch das Durchfahrtprofil in ihren Abmessungen beschränkten Dampflokomotiven die verlangte Leistung nicht mehr bewältigen konnten. Man ging dann dazu über, 2 Dampflokomotiven vor jeden Zug zu spannen. Diese Art des Betriebes erhöhte jedoch die Betriebskosten bedeutend, da jede Dampflokomotive zu ihrer Bedienung 2 Mann (einen Heizer und einen Führer) benötigt und somit für jeden Zug 4 Mann Bedienungsper-

Bild 270. Tagebau einer Braunkohlengrube.

sonal mitfahren mußten. Etwas anderes kam noch hinzu: Die Beschaffung des für die Dampflokomotiven erforderlichen Speisewassers bot große Schwierigkeiten. Entweder war in der Nähe der Grube überhaupt kein Wasser vorhanden, sondern es mußte aus größerer Entfernung mit hohen Kosten hingeleitet werden, oder aber das vorhandene Wasser war infolge seiner Beimengungen zur Speisung der Lokomotivkessel ungeeignet und mußte erst gereinigt werden. Da ferner die Lokomotiven wegen ihrer gedrängten Bauart keinen großen Wasservorrat mitführen konnten, so mußten bei ausgedehnten Grubenfeldern mehrere Wasserstationen in der Nähe der Strecke eingerichtet werden, deren Unterhaltung besonders bei starken Frösten ebenfalls große Kosten verursachte. Auch erforderte die Feuerung der Lokomotiven bei der großen Leistung und bei den knappen Rostverhältnissen gute Steinkohle, die die Grube für teures Geld kaufen mußte, während sie die billige Braunkohle vor der Türe liegen hatte.

Es lag der Gedanke nahe, den Abtransport des Abraumes mit elektrischen Lokomotiven zu bewerkstelligen, da sich die Gruben den elektrischen Strom unter Verfeuerung von Rohbraunkohle verhältnismäßig billig herstellen konnten, zumal, wenn man berücksichtigt, daß zur Trocknung der Rohkohle für die Brikettierung sowieso eine große Dampfkesselanlage vorhanden sein muß und daß der Abdampf der Maschinen zur Trocknung wiederum verwendet werden konnte. Außerdem spielte auch die Personalersparnis eine Rolle, da zur Bedienung der elektrischen Lokomotiven nur ein Mann notwendig war, während bei Dampfbetrieb für jeden Zug mit 2 Lokomotiven 4 Mann Bedienung gebraucht wurden. Da zu jedem Bagger je nach der Streckenlänge etwa 3—4 Zugeinheiten gehören, so ergibt sich hieraus für jeden Baggerbetrieb eine Ersparnis von 9 bis 12 Mann in der Schicht. Eine weitere Ersparnis liegt beim elektrischen Betrieb darin, daß die elektrischen Lokomotiven stets betriebsbereit sind und daher besser ausgenutzt werden können, während bei den Dampflokomotiven für das Anheizen, Kohlen- und Wassernehmen, Entschlacken usw. immer eine gewisse Zeit in Anrechnung gebracht werden muß. In den Ruhepausen verbraucht ferner die elektrische Lokomotive weder Energie, noch bedarf sie während dieser Zeit irgendwelcher Wartung, während das Unterdampfhalten der Dampflokomotiven einen Aufwand von Feuerungsmaterial und Personal erfordert. Ebenso kommen bei elektrischem Betrieb alle Kosten, die für die Herbeischaffung und Lagerung des Feuerungsmaterials und des Speisewassers beim Dampfbetrieb aufgewendet werden müssen, in Fortfall. Als weiterer Vorteil des elektrischen Betriebes wäre noch zu erwähnen, daß bei ihm die Gefahr von Entzündung des Tagebaues, die durch den Funkenauswurf bei Dampflokomotiven immer besteht, ganz fortfällt.

Wenn trotz dieser augenfälligen großen Vorzüge der elektrischen Lokomotiven es lange Zeit gedauert hat, bis sich der elektrische Betrieb auch dieses Gebiet eroberte, so hat das seinen Grund in den Schwierigkeiten, die sich der Ausführung einer geeigneten und betriebsicheren Stromzuführungsanlage entgegenstellen. Die zu übertragenden Energiemengen sind sehr bedeutend, da jede Lokomotive eine Leistung von etwa 480 PS bei Spannungen bis zu 1200 V hat. Trotzdem aber muß die Stromzuführungsanlage derart sein, daß sie bei den täglich erforderlichen Verschiebungen der Gleise leicht und schnell ohne Betriebsunterbrechungen mit verlegt werden kann. Der Gedanke, für diesen Betrieb Akkumulatorenlokomotiven zu verwenden, mußte aufgegeben werden, da sich Akkumulatorenbatterien für die erforderlichen Leistungen auf den Lokomotiven nicht unterbringen lassen und die Lokomotiven auch zu schwer geworden wären, denn man muß berücksichtigen, daß die Lokomotiven auf der Kippe auf lose geschüttetem Boden hart am Rande der Böschung fahren müssen, so daß man den Flächendruck, den die Lokomotiven auf den Unterbau ausüben, auch nicht über ein gewisses Maß steigern kann.

Die Siemens-Schuckertwerke haben sich seit dem Jahre 1908 mit der Elektrisierung von Abraumbahnen beschäftigt und auf Grund ihrer Erfahrungen im Laufe der Jahre sowohl für die Lokomotiven als auch für die Stromzuführungsanlage Konstruktionen entwickelt, mit denen ein zuverlässiger und wirtschaftlicher Betrieb erreicht wird und auf die nachstehend näher eingegangen werden soll.

## B. Lokomotiven.

Die bei den Abraumbahnen allgemein gebräuchliche Spurweite beträgt 900 mm. Die Bedingungen, denen die Lokomotiven genügen müssen, sind folgende:

Dachhöhe über Schienenoberkante nicht über 2,50 m,
größte Breite nicht über 2,2 m,
große Kurvenbeweglichkeit (kleinster Halbmesser etwa 30 m),
Beförderung einer Anhängelast von etwa 200 bis 275 t auf Steigungen bis zu 25‰,
ausreichendes Adhäsionsgewicht unter Berücksichtigung des Umstandes, daß die Lokomotiven auf frisch aufgeschüttete mBoden fahren müssen.

Diese Bedingungen führten zu einer Konstruktion der Lokomotive, wie sie in Bild 271 dargestellt ist. Die Lokomotive ist als vierachsige Drehgestell-Lokomotive ausgebildet, bei der das Führerhaus wegen der geringen Bauhöhe der Lokomotive versenkt zwischen den Drehgestellen angeordnet ist, um die nötige Höhe zu bekommen, damit der Führer sich frei bewegen und aufrechtstehend die Lokomotive bedienen kann. Das Dienstgewicht

Bild 271. Abraum-Lokomotive für 1200 V-Gleichstrom.

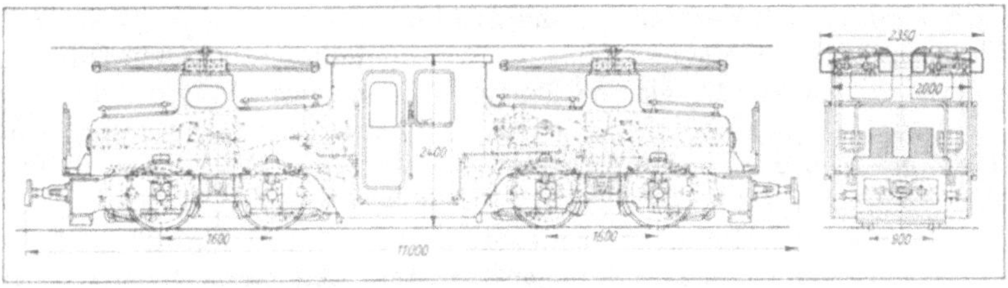

Bild 272. Abraum-Lokomotive, Maßskizze.

der Lokomotive beträgt etwa 46 t. Auf eine solide und kräftige Konstruktion ist der größte Wert gelegt, da der Betrieb auf den Abraumbahnen ungewöhnlich rauh ist. Infolgedessen bestehen die Seitenwände des Lokomotiv-Obergestelles aus ungeteilten Blechen von 30 mm Stärke, die sich über die ganze Länge und Höhe des Lokomotivkastens erstrecken. Die einzelnen Abmessungen der Lokomotive sind aus Bild 272 zu ersehen. Das Führerhaus ist seitlich durch Schiebetüren abgeschlossen. Die Seitenfenster des Führerhauses sind herablaßbar, damit sich der Führer durch diese Fenster beim Drücken des Zuges hinauslehnen kann, um die Strecke noch zu übersehen. Der Fahrschalter sowie die Hebel der Luftdruckbremse sind so angeordnet, daß der Führer beides noch bedienen kann,

Bild 273. Abraum-Lokomotive durch Windeböcke angehoben.

auch wenn er sich aus der Lokomotive hinauslehnt. Um die Lokomotive beim Verladen anheben zu können, sind im Lokomotivkasten Öffnungen vorgesehen, durch die eiserne Träger hindurchgesteckt werden können, mit denen die ganze Lokomotive mitsamt den Drehgestellen durch Windeböcke gehoben werden kann (Bild 273). Auf diese Weise kann natürlich auch der Oberkasten der Lokomotive allein gehoben werden, um die Drehgestelle und Motoren freizulegen. Mit Rücksicht auf die im Betrieb vorkommenden großen Steigungen erhalten die Lokomotiven eine sehr

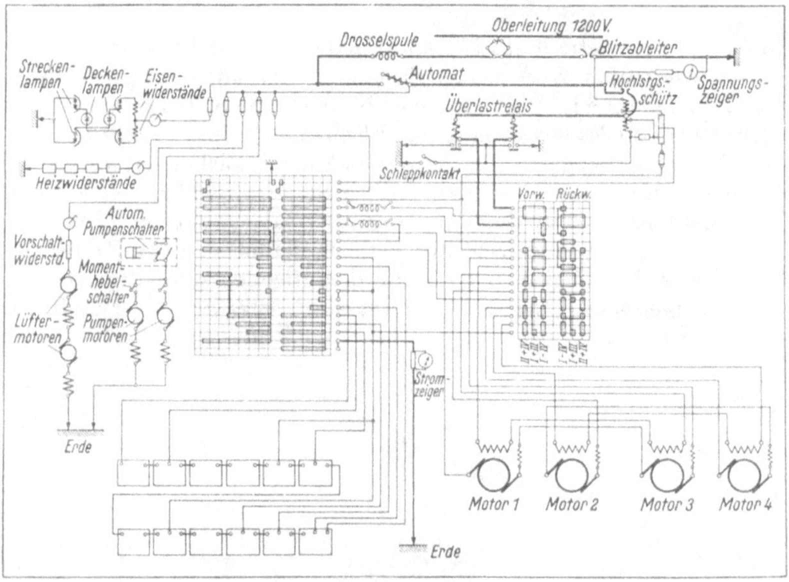


**Bild 274. Schaltbild der Abraum-Lokomotive.**

kräftige auf alle Räder wirkende Luftdruckbremse und außer dieser noch eine Handbremse für den Fall, daß einmal die Luftdruckbremse versagen sollte. Die Druckluft für die Bremse wird durch einen Motorkompressor erzeugt, der in den Vorbauten der Lokomotive untergebracht ist. Ebenso werden auch die Sandstreuer und eine Signalpfeife durch Druckluft bedient.

An beiden Enden haben die Lokomotiven je eine Plattform, um das Mitfahren von einigen Beamten zu ermöglichen. Außerdem ist auch das Führerhaus so geräumig, daß auch in ihm erforderlichenfalls noch außer dem Führer 2 bis 3 Personen mitfahren können.

Die Lokomotiven werden je nach der Ausdehnung der Bahnanlage entweder für 550 oder für 1100 V Fahrdrahtspannung bzw. 600 oder 1200 V Zentralenspannung gebaut. Der allgemeine Stromverlauf möge an Hand des

Schaltbildes (Bild 274) verfolgt werden. Aus der Fahrleitung fließt der Strom durch die Stromabnehmer über einen Blitzableiter mit Drosselspule und einen Höchststromausschalter mit selbsttätiger Auslösung zum Fahrschalter und von hier über Widerstände und Motoren zur Erde. Um bei hohen Spannungen den beim Schalten auftretenden Funken aus dem Fahrschalter zu entfernen, verwenden die Siemens-Schuckertwerke bei Spannungen von 1200 V Fahrschalter in Verbindung mit einem Schütz für die Stromunterbrechung. Dieses Schütz kann mit sehr kräftigen Kontakten ausgeführt werden, so daß die Unterhaltung auf ein Mindestmaß beschränkt wird, weil im Fahrschalter selbst nunmehr keine Funken mehr auftreten und eine Abnutzung der Fahrschalterkontakte kaum noch stattfindet. Neben der Aufgabe, den Funkenabriß aus dem Fahrschalter zu übernehmen, erfüllt das Schütz in Verbindung mit 2 Überstromrelais $a_1$ und $a_2$ auch noch die Aufgabe eines zweiten

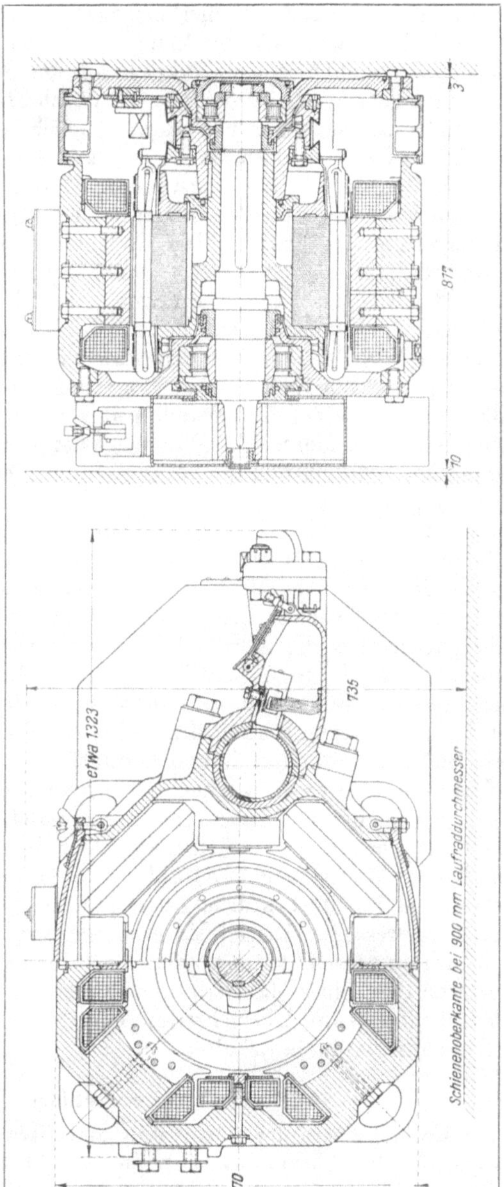

Bild 275. Quer- und Längsschnitt des Lokomotivmotors.

Überlastungsschutzes. Ferner ermöglicht das Schütz, mit Hilfe eines Hebelschalters die Erregerwicklung von Hand an Erde zu legen und so auch noch unabhängig vom Fahrschalter den Stromkreis der Lokomotive zu unterbrechen, ebenso wie dieses durch Betätigen des selbsttätigen Höchststromausschalters von Hand möglich ist.

Die Lokomotive wird durch 4 vollständig gekapselte Motoren von je 120 PS Stundenleistung angetrieben. Die Motoren haben Wendepole und zur Ersparnis von Schmiermaterial und Bedienung Rollenlager für die Lagerung des Ankers. Die Rollenlager haben außerdem noch den Vorteil, daß sie so gut wie keine Abnutzung aufweisen und daher das Auflaufen der Anker auf den Polschuhen, wodurch die meisten Ankerschäden hervorgerufen werden, vermieden wird. Die Motoren treiben mit einem einfachen Vorgelege die Laufachse an und entwickeln bei der normalen Leistung eine Zugkraft von 8800 kg, gemessen am Laufradumfang der Lokomotive bei einer Geschwindigkeit von etwa 14 km/h. Bild 275 zeigt einen derartigen Motor. Das Vorgelege des Motors besteht aus gehärteten Zahnrädern, die jahrelang laufen können, bevor eine Auswechselung notwendig wird.

Da die Lokomotiven bei Abraumbahnen täglich 24 Stunden im Dienst sind und daher die Motoren nur wenig Zeit zur Abkühlung haben, so ist bei den Motoren nicht die Stundenleistung, sondern die Dauerleistung von ausschlaggebender Bedeutung. Die Siemens-Schuckertwerke liefern daher neuerdings die Abraumlokomotiven mit Motoren, durch die von außen her durch einen Ventilator dauernd Luft hindurchgeblasen wird und erreichen damit, daß die Dauerleistung der Motoren auf etwa 80 % der Stundenleistung heraufgeht, während sie sonst ohne Ventilation nur etwa 35 % der Stundenleistung beträgt.

Neben dem oben beschriebenen Hauptstromkreis sind noch 4 Hilfsstromkreise vorhanden, und zwar einer für die Beleuchtung der Lokomotive, ein zweiter für elektrische Beheizung des Führerhauses, ein dritter für den Antrieb der Ventilatoren zur Kühlung der Motoren und ein vierter für den Antrieb des für die Luftdruckbremsung und Signalgebung erforderlichen Motorkompressors. Dieser Motorkompressor wird durch einen selbsttätigen Pumpenschalter geschaltet, der in der Weise wirkt, daß er bei Überschreiten eines bestimmten Druckes den Motorkompressor einschaltet und beim Überschreiten eines ebenfalls festgelegten Höchstdruckes ihn wieder abschaltet.

## C. Leitungsanlage.

Die Schwierigkeit in der Ausführung der oberirdischen Stromzuführungsanlage für die Abraumlokomotiven besteht nicht nur darin, daß die Leitungsanlage täglich verschoben werden muß, sondern auch darin, daß die Leitung auf der Baggerstrosse durch das Baggertor hindurchgeführt werden muß, also die Leitungsmasten ebenfalls in dem Durchfahrtprofil des Baggers untergebracht werden müssen. Von dieser Fahrleitung wird auch meistens der Strom für den Bagger, falls er ebenfalls mit Gleichstrom angetrieben wird, abgenommen.

Um ein leichtes Verschieben der Oberleitung gleichzeitig mit den Gleisen zu ermöglichen, werden die Leitungsmaste unmittelbar mit den Schienen verbunden, und zwar verwendet man ein gebogenes U-Eisen, dessen wagerechtes Ende unter den Fahrschienen am Schienenfuß angeklemmt wird und in dessen senkrecht stehendem Ende ein Gasrohr befestigt wird,

Bild 276. Verschiebbare Fahrleitungsanlage.

dessen oberes Stück im rechten Winkel abgebogen ist. In Krümmungen werden die Maste der größeren Steifigkeit wegen als geschlossene Joche ausgebildet (Bild 276). Bei dem Verlegen der Gleisanlage auf der Kippstrecke muß man darauf achten, daß das unter dem Gleis frei herausragende wagerechte Stück des Leitungsmastes nicht auf dem Boden aufliegt, sondern durch einige Spatenstiche freigelegt wird. Sonst wird der Mast leicht, wenn sich das Gleis unter der Last der schweren Lokomotive in den losen Boden hineingedrückt hat, durch das unter dem Mastfuß liegende Erdreich hinübergebogen und die Fahrleitung dadurch soweit zur Seite geschoben, daß sie von der Stromabnehmerwalze abgleitet.

Der Fahrdraht darf auf der Baggerstrecke nicht tiefer als 2,8 m über S.-O. und auf der freien Fahrstrecke nicht tiefer als 3,0 m über S.-O. liegen.

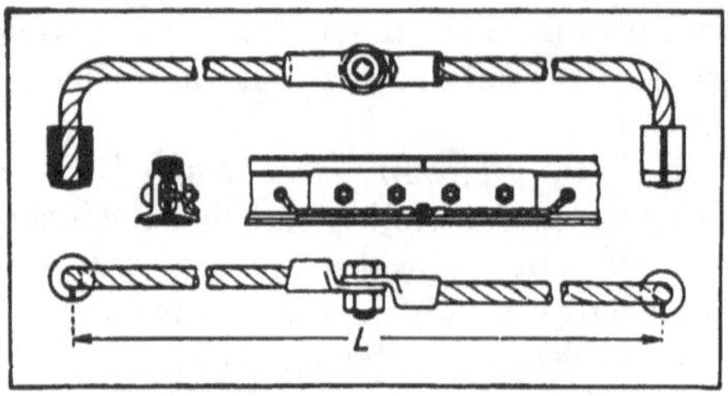


Bild 277. Zweiteiliger Schienenverbinder mit zwei aufgelöteten, verzinnten Eisenstöpseln.

Bei Kreuzungen mit öffentlichen Wegen muß der Fahrdraht mindestens in einer Höhe von 5,0 m über S.-O. verlegt sein. Er besteht aus einem Hartkupferprofildraht von meistens 80—100 mm² Querschnitt je nach der Ausdehnung der Bahnanlage und Anzahl der Lokomotiven. Der Fahrdrahtquerschnitt muß so bemessen sein, daß der Spannungsabfall im ungünstigsten Falle möglichst nicht über 25 % beträgt. Stärkere Querschnitte als 100 mm² verwendet man bei den Fahrleitungen auf der verschiebbaren Strecke nicht, um die Belastung der verschiebbaren Maste nicht zu hoch werden zu lassen. Sollte mit einem Fahrdrahtquerschnitt von 100 mm² der Spannungsabfall noch zu hoch werden, so müssen in diesem Falle Speiseleitungen gezogen werden.

Der Abstand der Masten beträgt auf den verschiebbaren Strecken (Baggerstrosse und Kippe) etwa 8—10 m, auf der festverlegten Strecke etwa 15—20 m. Die Schienen müssen zur Rückleitung des Stromes an allen Stößen durch Schienenverbinder gut leitend verbunden werden. Auf der verschiebbaren Strecke verwendet man hierzu, falls das Verschieben des Gleises jochweise von Hand geschieht, geteilte Schienenverbinder (Bild 277). Bei Verschieben des Gleises durch Gleisrückmaschinen können normale ungeteilte Schienenverbinder verwendet werden (Bild 278).

Damit bei Arbeiten an den einzelnen Strecken nicht stets das ganze Leitungsnetz abgeschaltet zu werden braucht, werden die einzelnen Bagger- und Kippstrecken durch Streckentrenner abschaltbar gemacht. Außerdem baut man bei diesen Streckentrennern selbsttätige Höchststromausschalter ein, die im normalen Zustande den Streckentrenner überbrücken und bei Kurzschlüssen oder Überlastungen diesen Streckenteil abschalten, ohne das andere Netz in Mitleidenschaft zu ziehen. Diese selbsttätigen Ausschalter können auch von Hand ausgeschaltet werden und werden in kleinen Häuschen in unmittelbarer Nähe des Streckentrenners aufgestellt (Bild 279 rechts). Sie sind meistens mit einer Einrichtung versehen, daß sie beim Ausschalten ein akustisches oder optisches Zeichen geben, damit sofort festgestellt werden kann, welcher Ausschalter herausgefallen ist.

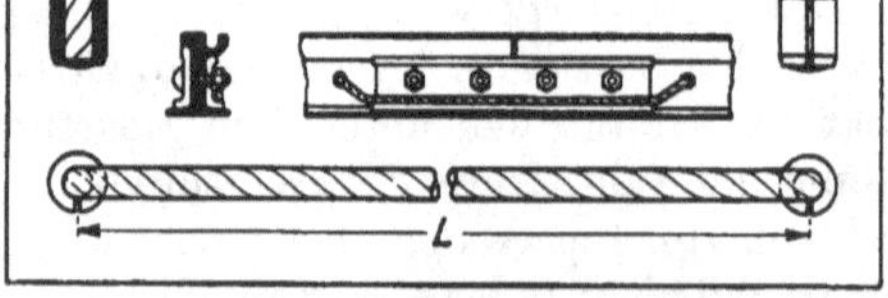


Bild 278. Einteiliger Schienenverbinder mit zwei aufgelöteten, verzinnten Eisenstöpseln.

## D. Umformeranlage.

Da auf den Werken meistens nur Drehstrom zur Verfügung steht, die Abraumbahnen aber wegen der schwierigen Oberleitungsanlage mit Gleichstrom betrieben werden müssen, so ist die Aufstellung eines Drehstrom-Gleichstrom-Umformers erforderlich. Für die Umformung kommen entweder Motorgeneratoren, Einankerumformer, Kaskadenumformer oder Quecksilberdampf-Gleichrichter in Frage. Die charakteristischen Eigentümlichkeiten dieser verschiedenen Umformer bestehen kurz in folgendem:

Bild 279. Fahrleitung mit selbsttätigem Höchststromausschalter.

Der Motorgenerator setzt die elektrische Energie durch den Drehstrommotor zunächst in mechanische Energie um und diese in dem unmittelbar mit dem Motor gekuppelten Gleichstromgenerator dann wieder in elektrische Energie. Der Motorgenerator kann, wenn die Drehstromspannung nicht über 11 000 V beträgt, unmittelbar an das Netz ohne Zwischenschaltung eines Transformators gelegt werden. Der Gesamtwirkungsgrad eines Motorgenerators ohne Transformator beträgt bei voller Belastung etwa 86 %.

Der Einankerumformer hingegen verwandelt die elektrische Energie einer Stromart in solche einer anderen Stromart in einem Anker. Infolgedessen steht die abgegebene Gleichstromspannung zu der zugeführten Drehstromspannung in einem ganz bestimmten Verhältnis und kann daher durch Ändern der Erregung nur in ganz geringem Maße geregelt werden. Er braucht stets einen Transformator, um die Drehstromspannung der verlangten Gleichstromspannung anzupassen. Sein Wirkungsgrad ist aber trotzdem noch erheblich besser als der eines Motorgenerators und beträgt einschließlich Transformator bei Vollbelastung etwa 94 %. Da die elektrischen Verhältnisse beim Einankerumformer desto günstiger sind, je höher die Drehzahl ist, so bauen die Siemens-Schuckertwerke die Einankerumformer für Abraumbahnen bis zu einer Leistung von 500 kW und 1200 V für 1500 Umdr/min. Bei dieser hohen Drehzahl wird die Polzahl geringer, infolgedessen werden die Abstände der Bürstenachsen größer und es kann die Lamellenspannung auf einen möglichst niedrigen Wert gebracht werden, was mit Rücksicht auf die Kurzschlußsicherheit der Umformer außerordentlich wichtig ist. Die Einankerumformer werden mit etwa $^1/_3$ der vollen Drehstromspannung angelassen, wobei die Maschine als asynchroner Motor anläuft.

Der Kaskadenumformer ist ein Mittelding zwischen Einankerumformer und Motorgenerator, indem er die der Ständerwicklung des Drehstrommotors zugeführte Leistung im Läufer teils in mechanische Leistung, teils in Drehstrom von entsprechend geringer Spannung und Pulszahl umsetzt. Die mechanische Leistung wird durch die Welle der Gleichstromseite zugeführt und dort in Gleichstrom umgesetzt wie beim Motorgenerator, der im Läufer erzeugte Drehstrom aber fließt durch entsprechend angeordnete Verbindungsleitungen unmittelbar der Gleichstromankerwicklung zu und wird dort in Gleichstrom umgewandelt wie beim Einankerumformer. Der Kaskadenumformer kann ebenso wie der Motorgenerator an Drehstromnetze bis zu 11 000 V Spannung ohne Zwischenschaltung eines Transformators angeschlossen werden. Sein Wirkungsgrad ist etwas geringer als der des Einankerumformers und beträgt bei voller Belastung etwa 92 %.

Eine weitere Möglichkeit, den vorhandenen Drehstrom in Gleichstrom umzuwandeln, besteht in der Verwendung von Quecksilberdampf-Gleichrichtern (Bild 280). Die Umformung des Wechselstromes in Gleichstrom beruht bei diesen Apparaten auf der Filterwirkung eines durch die Anwesenheit eines glühenden Körpers leitend gemachten Vakuums, das nur Strom in einer bestimmten Richtung hindurchläßt. Die Umformung von Wechselstrom in Gleichstrom geht hierbei also, wenn man von der Luftpumpe und der Kühlwasserpumpe absieht, ohne Zuhilfenahme mechanisch bewegter Massen vor sich. Die Quecksilberdampf-Gleichrichter erfordern daher weniger Wartung als umlaufende Umformer und arbeiten außerdem noch mit einem nennenswert besseren Wirkungsgrad. Der Wirkungsgrad der Quecksilberdampf-Gleichrichter ist bei allen Belastungen nahezu konstant und unabhängig vom Strom. Der Spannungsverlust im Gleichrichtergefäß beträgt je nach dessen Ausführung 20—30 V unabhängig von der aufgedrückten Spannung und von der Strombelastung. Infolgedessen ist der Wirkungsgrad des Gleichrichters um so besser, je höher die Gleichstromspannung ist. Bei einer abzugebenden

Gleichstromspannung von 600 V würde also der Wirkungsgrad des Gleichrichters allein etwa 96 % und bei einer Spannung von 1200 V etwa 98 % betragen. Hierzu käme dann noch der Wirkungsgrad des Transformators mit etwa 97 %, so daß der Gesamtwirkungsgrad 93 % bzw. 95 % sein würde. Zu beachten ist hierbei, daß dieser Wirkungsgrad auch bei geringerer Belastung des Gleichrichters nahezu derselbe bleibt. Das Gleichrichtergefäß verursacht keinerlei Phasenverschiebung im Netz und benötigt zur Aufstellung auch eine verhältnismäßig geringe Bodenfläche.

Bild 280. Großgleichrichter für 1200 V, 800 A.

Für die Wahl der richtigen Umformerart sind die Betriebsverhältnisse der einzelnen Braunkohlenwerke ausschlaggebend.

Motorgeneratoren, die sowohl bezüglich des Wirkungsgrades als auch des Anschaffungspreises am ungünstigsten dastehen, wird man nur dann verwenden, wenn die abzugebende Gleichstromspannung höher als 1200 V ist oder wenn eine weitgehende Spannungsregelung oder die Abgabe einer starken Blindleistung an das Drehstromnetz zur Verbesserung des Leistungsfaktors verlangt wird. Denn beim Einankerumformer liegt die Grenze für die Gleichstromspannung zurzeit bei 1200 V und seine Gleichstromspannung läßt sich wegen ihrer Abhängigkeit von der Drehstromspannung nur in ganz geringem Maße durch Änderung der Erregung beeinflussen. Ähnlich liegen die Verhältnisse beim Gleichrichter, bei dem eine Spannungsregelung auch nur durch Verwendung eines Drehtransformators oder eines Stufenschalters bewerkstelligt werden kann. Ebenso sind der Einankerumformer und der Gleichrichter zur Abgabe von Blindleistung an das Drehstromnetz nicht geeignet. Der Kaskadenumformer ist zwar bezüglich der Erzeugung einer hohen Gleichstromspannung ebenso beweglich wie der Motorgenerator, doch ist auch bei ihm die Abgabe von größeren Blindleistungen an das Drehstromnetz nicht ohne weiteres, sondern nur unter teilweiser Aufgabe seiner sonstigen Vorzüge möglich.

Bei den Einankerumformern ist noch zu berücksichtigen, daß sie infolge der starren elektrischen Kupplung des Gleichstromteiles mit dem Drehstromteil bei Überlastung nicht so stark abfallen wie ein Motorgenerator. Es besteht daher die Gefahr, daß bei heftigen Kurzschlüssen, wie sie im Abraumbetrieb nicht zu vermeiden sind, Überschläge zwischen den Bürsten des Gleichstromkollektors auftreten, die zu Zerstörungen der Bürsten und Bürstenhalter führen können. Ein geeignetes Mittel, die schädlichen Wirkungen dieser Kurzschlüsse zu verhindern, besteht in dem Einbau sogenannter Schnellschalter, die den Strom früher unterbrechen, bevor er eine unzulässige Höhe erreicht hat. Infolge der magnetischen Trägheit der aktiven Eisenmassen des Umformers vergeht zwischen dem Eintreten des Kurzschlusses und dem Anwachsen des Einankerstromes auf den höchsten Kurzschlußbetrag immer eine gewisse Zeit, die zwar nur den Bruchteil einer Sekunde ausmacht, aber immerhin doch so groß ist, daß man den Strom mit einem Schnellschalter noch vor Erreichung einer gefährlichen Höhe abschalten kann. Die von den Siemens-Schuckertwerken gebauten Schnellschalter unterbrechen den Strom, wie oszillographische Aufnahmen gezeigt haben, in 0,0074 Sekunden vom Eintreten des Kurzschlusses an gerechnet.

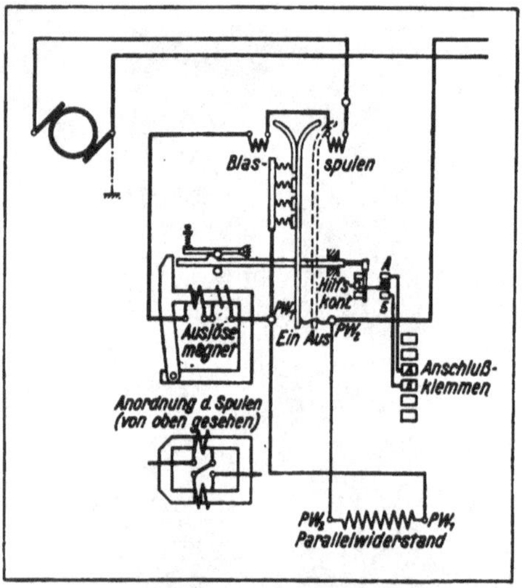


Bild 281. Schaltbild zum Überstrom-Schnellausschalter für Gleichstrom.

Die Schaltung dieser Schnellschalter ist aus Bild 281 zu ersehen. Ein drehbarer Anker des Auslösemagneten wird, sobald der im Netz auftretende Strom einen bestimmten Betrag überschreitet, kräftig angezogen und gegen eine Verriegelung geschlagen, so daß die Federhemmung, die diesen Riegel für gewöhnlich zurückhält, auslöst, und die mit diesem Riegel verbundene Schalterschiene wird mit großer Kraft von der feststehenden Schalterschiene abgerissen. Die hörnerartige Ausbildung der freien Enden der beiden Schalterschienen sowie zwei Blasspulen bewirken schnelles Abreißen des Lichtbogens. Um das Auftreten von Überspannungen, das sonst leicht die Folge eines zu schnellen Schaltvorganges sein könnte, zu vermeiden, liegt parallel zu der Unterbrechungsstelle noch ein Schutzwiderstand, und gleichzeitig wird durch den Strom auch die Relaisspule eines gewöhnlichen Selbstschalters geschlossen, der im Anschluß an den Schnellschalter in Tätigkeit tritt.

Zur weiteren Verminderung der Kurzschlußstromstärke empfiehlt es sich, die Speiseleitung zwischen dem Umformer und der Fahrleitung so lang und ihren Querschnitt so klein wie möglich zu wählen, um auf diese Weise noch einen festen Widerstand zwischen den Kollektor des Umformers und die Fahrleitung zu legen.

Die Größe der Umformer richtet sich nach den jeweiligen Betriebsverhältnissen der einzelnen Werke (Steigungen, Streckenlänge, Baggergrößen usw.). Als überschlägigen Wert kann man für jeden Baggerbetrieb einschließlich der zugehörigen elektrischen Lokomotiven etwa 350—400 kW Umformerleistung rechnen.

# X. Der elektrische Antrieb von Braunkohlen-Brikettpressen.

## 1. Allgemeines.

Der Antrieb der Brikettpressen geschah bisher allgemein durch Gegendruckdampfmaschinen, deren Abdampf, ebenso wie der Abdampf anderer auf dem Braunkohlenbergwerk vorhandener Betriebsdampfmaschinen, zur Trocknung der Rohbraunkohle verwendet wurde. Nachdem man auch auf den Braunkohlenbergwerken die Vorteile der zentralen Energieerzeugung in einem elektrischen Kraftwerk und die Nachteile und die Unwirtschaftlichkeit des Einzelantriebes der Arbeitsmaschinen durch Dampfmaschinen erkannte, wurde auch hier der elektrische Antrieb bei Arbeitsmaschinen mehr und mehr eingeführt.

Nur vor der Brikettpresse hat sonderbarerweise der elektrische Antrieb haltgemacht, trotzdem doch der Elektromotor sich als überaus anpassungsfähig auch unter den schwierigsten Verhältnissen erwiesen hatte. Wahrscheinlich befürchtete man für die wirtschaftliche Beschaffung des zum Trocknen der Rohbraunkohle erforderlichen Dampfes, den bisher die Dampfmaschinen der Pressen lieferten, bei elektrischem Antrieb besondere Schwierigkeiten.

Vor einer Reihe von Jahren hat man jedoch auf einigen Werken den Anfang gemacht, den Antrieb der Brikettpressen durch Elektromotoren vorzunehmen und den Trockendampf einer oder mehrerer Gegendruckturbinen des elektrischen Kraftwerks zu entnehmen. Im Jahre 1909 wurde von den Siemens-Schuckertwerken ein Versuchsantrieb für eine Presse auf der Annahütte der Firma F. C. Th. Heye in Wiednitz gebaut. Als Antriebsmotor wurde ein Gleichstrom-Nebenschlußmotor verwandt. Die Schaltung war nach Bild 282 ausgeführt. Die Versuche brachten das Ergebnis, daß der

Elektromotor sehr gut zum Antrieb der Brikettpressen geeignet ist. Die Kraftübertragung vom Motor auf die Presse fand durch Riemen in Verbindung mit einer Spannrolle statt. Den Versuchsantrieb zeigt Bild 283. Im Jahre 1911 lieferten die Siemens-Schuckertwerke einen weiteren elektrischen Versuchsantrieb für das Kauscher Werk, Braunkohlenbergwerk und Brikettfabrik, Petershain (N.-L.). Dieses Mal war als Antriebsmotor ein Drehstrom-Reihenschlußmotor verwendet worden. Auch hier zeigte es sich, daß der elektrische Antrieb ohne weiteres möglich ist und in mancherlei Hinsicht Vorteile gegenüber dem bisherigen Dampfantrieb aufweist. Auf Grund der Versuche auf dem Kauscher Werk wurden dann von den Siemens-Schuckertwerken für dieses noch vier Brikettpressenantriebe mit Drehstrom-Reihenschlußmotoren geliefert, die nach anfänglichen Schwierigkeiten, die aber nicht in der elektrischen Ausrüstung ihre Ursache hatten, auch heute noch zufriedenstellend arbeiten. Die Schwierigkeiten lagen in der Kraftübertragung durch Riemen. Es zeigte sich hier, daß die Verwendung von Spannrollen unzweckmäßig war und durch die Spannrollen die Riemen in kürzester Zeit unbrauchbar wurden. Nach Ausbau der Spannrollen ging der Betrieb anstandslos. Bild 284 zeigt die Schaltung, Bild 285 die Anordnung dieser Pressenantriebe. Der Krieg verhinderte die weitere Entwicklung und die weitere Einführung des elektrischen Brikettpressenantriebes. Erst 1919/20 wurden von den Siemens-Schuckertwerken wieder zwei Brikettpressenantriebe, und zwar einer mit Gleichstrom-Nebenschlußmotor und einer mit Drehstrom-Asynchronmotor, für die „Eintracht“, Braunkohlenwerke und Brikettfabriken, Neu-Welzow (N.-L.), Grube Klara in Welzow (N.-L.) als Versuchsantriebe geliefert. Auf Grund der mit den Versuchsantrieben gemachten günstigen Erfahrungen entschloß sich dann die „Eintracht“ für die neue Brikettfabrik ihrer Grube Werminghoff elektrische Brikettpressenantriebe zu wählen, und zwar mit Drehstrom-Asynchronmotoren. Die den Siemens-Schuckertwerken in Auftrag gegebenen zehn Antriebe sind seit längerer Zeit in Betrieb

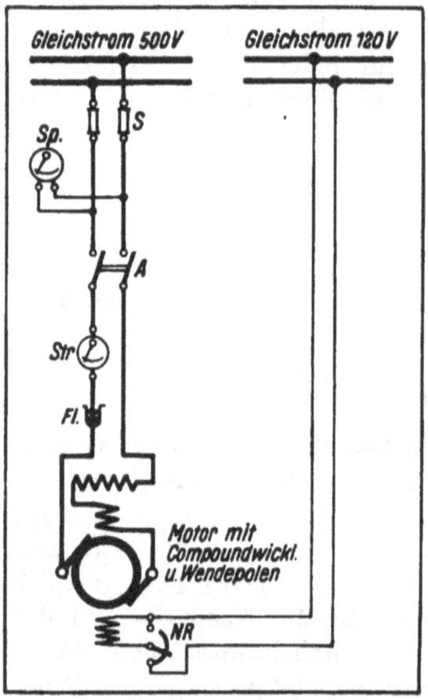


Bild 282. Schaltbild eines Braunkohlen-Brikettpressenantriebes mit Gleichstrom-Nebenschlußmotor.

*A* = Ausschalter
*Fl* = Flüssigkeitsanlasser
*NR* = Nebenschluß-Regler
*S* = Sicherung
*Sp* = Spannungszeiger
*Str* = Stromzeiger

und haben bisher zu Störungen noch keinerlei Veranlassung gegeben. Weitere zehn Antriebe wurden Ende 1924 bestellt. Bei den Antrieben für die „Eintracht“ in Neu-Welzow (N.-L.) wurde für die Kraftübertragung nicht Riemenantrieb, sondern Seiltrieb mit Spannrolle gewählt, der sich

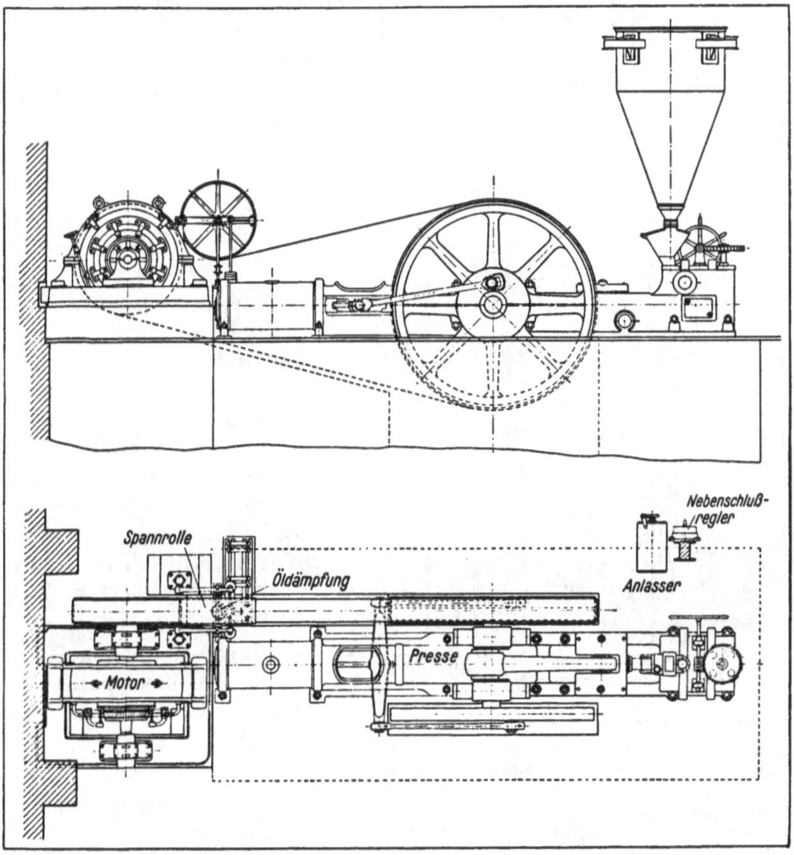


Bild 283. Versuchsantrieb mit Gleichstrom-Nebenschlußmotor einer Brikettpresse der Fa. F. C. Th. Heye, Annahütte in Wiednitz, zur Herstellung 7-zölliger Salon-Briketts.

ausgezeichnet bewährt hat. — Jedenfalls haben die bisher gelieferten elektrischen Brikettpressenantriebe den Beweis erbracht, daß der Elektromotor ganz vorzüglich geeignet ist, die schwierigen Anforderungen des Pressenbetriebes zu erfüllen, abgesehen von den sonstigen Vorteilen, die für die Brikettfabrik bzw. das gesamte Braunkohlenwerk mit dem elektrischen Antrieb verbunden sind.

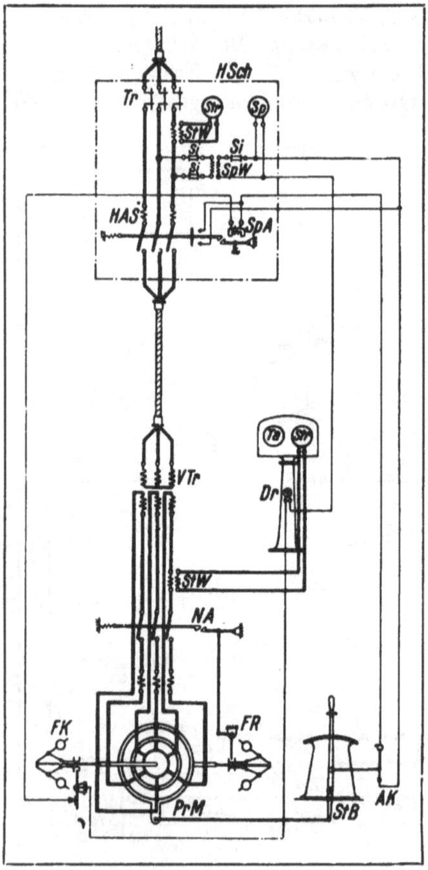


Bild 284. Schaltbild eines Braunkohlen-Brikettpressenantriebes mit Drehstrom-Reihenschlußmotor.

Regelbereich

| | | |
|---|---|---|
| für den Dauerbetrieb: | 100—50 % | der normalen Drehzahl der Presse. |
| für das Anpressen: | 30—15 % | |
| für das Einlegen einer neuen Form | 10— 5% | |

*AK* = Abhängigkeitskontakt
*Dr* = Druckknopf
*FK* = Fliehkraftkontakt
*FR* = Fliehkraftregler
*HAS* = Höchststromausschalter
*HSch* = Hochspannungsschaltkasten
*NA* = Notausschalter
*PrM* = Pressenmotor
*Si* = Sicherung
*StB* = Steuerbock
*Sp* = Spannungszeiger
*Str* = Stromzeiger
*SpA* = Spannungsauslöser
*StW* = Stromwandler
*SpW* = Spannungswandler
*Tr* = Trennschalter
*Ta* = Tachometer
*VTr* = Vordertransformator

## 2. Vorteile des elektrischen Antriebes.

Die Vorteile des elektrischen Antriebes gegenüber dem bisherigen Dampfantrieb sind:

1. Möglichkeit einer zentralen Energieerzeugung für das ganze Braunkohlenwerk und dadurch weitgehende Herabsetzung der Energieerzeugungskosten.
2. Fortfall der Rohrleitungsverluste zwischen Kesselhaus und Pressenhaus.
3. Bei Verwendung von neuzeitlichen Dampfturbinen in der elektrischen Zentrale:

   Höhere Kraftausbeutung aus dem Trockendampf und Erzeugung von billiger Überschußkraft, die an fremde Verbraucher abgegeben werden kann, durch Anwendung höherer und höchster Dampfdrücke und höherer Überhitzung [1]).
4. Erzielung von ölfreiem Dampf für die Trockenapparate, dadurch Fortfall der Verschmutzung und geringerer Dampfverbrauch.
5. Wiederverwendung des Kondensates zur Kesselspeisung ohne besondere Entölung.
6. Ersparnis an Betriebspersonal durch vereinfachte Bedienung und Wartung der Pressen und ihres Antriebes.

---

[1]) Vgl. H. Gleichmann, Energiewirtschaft und Braunkohlenindustrie, Siemens-Zeitschrift, Heft: Braunkohle, April 1924.

7. Einfache Regelung der Drehzahl der Brikettpressen für das Anpressen und Einlegen einer neuen Form.
8. Erzielung einer höheren Drehzahl für das Anpressen als bei Dampfbetrieb möglich und dadurch Abkürzung der Zeit für das Anpressen.
9. Kontrolle des Kraftbedarfs der Presse beim Anpressen und während des Betriebes und leichte Ermittelung von Unregelmäßigkeiten durch Beobachtung von in der Nähe des Pressenkopfes angebrachten Meßinstrumenten.

### 3. Anforderungen des Pressenbetriebes.

Für die Herstellung der Braunkohlenbriketts kommen in Frage die sog. Einstempelpressen, die Mehrstempelpressen und Revolverpressen. Die Einstempelpressen erzeugen je Umdrehung ein Brikett, während die Mehrstempelpressen und Revolverpressen je Umdrehung mehrere Briketts herstellen. Infolgedessen verteilt sich bei den letzteren der Kraftbedarf je Umdrehung ziemlich gleichmäßig, während bei den Einstempelpressen der Kraftbedarf beim Vorschub des Stempels von Leerlauf bis zum

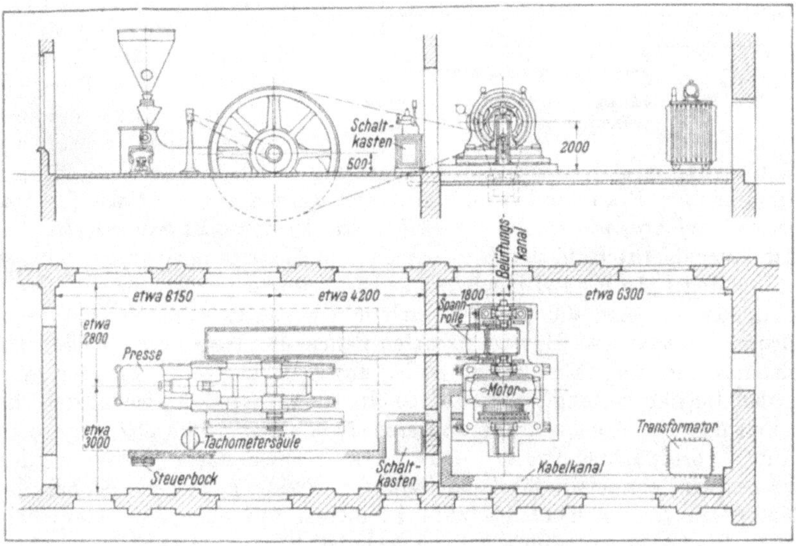


Bild 285. Anordnung einer Einstempel-Brikettpresse zur Herstellung 14-zölliger Braunkohlenbriketts, angetrieben durch einen Drehstrom-Reihenschlußmotor.
Kraftbedarf der Presse bei voller Drehzahl: 170 kW.
Drehzahl der Presse: $n = 120$/min
Drehzahl des Motors: $n = 600$/min
Primärspannung am Vordertransformator: 3000 V, 50 Per
Spannung des Motors: 140 V, 50 Per
Regelbereich der Presse im Dauerbetrieb: 100—50 % \
beim Anpressen: 30—15 % } der normalen Drehzahl der Presse.
beim Formeinlegen: 10— 5 % /

Höchstwert steigt und beim Rückgang des Stempels wieder auf Leerlauf zurückgeht. — Auf den Antrieb der Revolverpressen soll hier, da er keinerlei Besonderheiten aufweist, nicht näher eingegangen werden.

*Drehzahl und Antrieb.* Eine direkte Kupplung der Motoren mit den Pressen kommt wegen der geringen Drehzahl der Pressenwelle, die höchstens 110 bis 120 Umdr/min beträgt, nicht in Frage. Auch Zahnradantrieb dürfte mit Rücksicht auf die starken Erschütterungen und die durch den Pressenbetrieb bedingten heftigen Stöße, die sich dabei leicht auf den Motor übertragen können, nicht in Betracht kommen.

Die Brikettpressen werden daher in der Regel durch Riemen oder Seil angetrieben, wobei infolge des stark schwankenden Kraftbedarfs der Pressen je Pressenhub unter Umständen die Verwendung einer Spannrolle erforderlich ist. Diese Art der Kraftübertragung hält infolge ihrer Elastizität die Erschütterungen und Stöße des Pressenbetriebes von dem Motor fern und gestattet außerdem, den Motor getrennt von der Presse in einem besonderen Raum aufzustellen, so daß der Motor der Verschmutzung und Verstaubung durch den im Pressenraum herrschenden Braunkohlenstaub entzogen werden kann. *Nach den bisherigen Erfahrungen scheint der Seilantrieb der vorteilhafteste zu sein.*

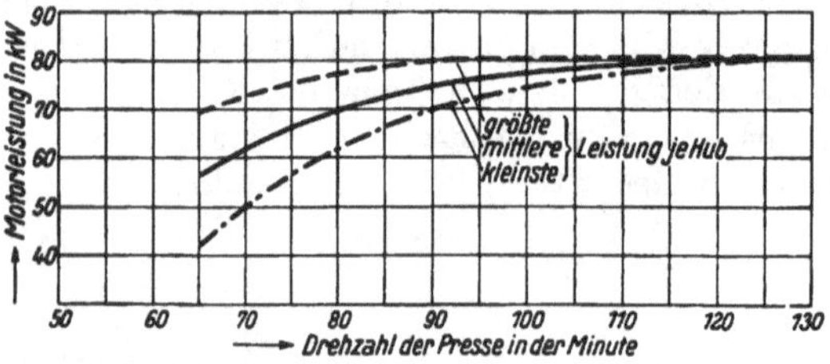


Bild 286. Abhängigkeit zwischen Motorleistung und Drehzahl der Presse.

Die normale Drehzahl der Einstempel- und Mehrstempelpressen beträgt in der Regel 110 bis 120 Umdr/min. Die Motoren werden für eine Drehzahl von ungefähr 400 bis 600 Umdr/min gewählt.

*Betriebsbedingungen.* Es wird in vielen Fällen eine Regelung der Drehzahl abwärts um ungefähr 25 bis 30 %, zuweilen bis 50 % für den normalen Betrieb verlangt. Die Drehzahlregelung hat den Zweck, sich der schwankenden Kohlenzufuhr anpassen zu können. Für das Anpressen (Inbetriebsetzen der Presse nach Einlegen einer neuen Form) werden Drehzahlen von etwa 30 Umdr/min der Presse gefordert, wobei der Motor ein Drehmoment bis zum 1,5 fachen des normalen entwickeln muß. Die bisher ausgeführten Antriebe haben gezeigt, daß bei elektrischem Antrieb die Drehzahl während des Anpressens wesentlich höher genommen werden kann, etwa 50 bis 55 Umdr/min, wodurch an Zeit gespart wird. Zum Einlegen einer neuen Form muß die Presse mit ungefähr 5 bis 10 Pressenumdrehungen laufen, wobei der Kraftbedarf der Presse, da diese leer läuft, nur etwa 10 bis 20 kW beträgt. Einlegen einer neuen Form und Anpressen kommt je Schicht ungefähr ein- bis zweimal vor. Da der Kraftbedarf der Presse je Umdrehung bei normalem Betrieb stark schwankend ist, so sind, um die Belastungschwankungen einigermaßen auszugleichen, auf der Pressenwelle zwei Schwungräder vorgesehen, von denen in der Regel eins als Riemenscheibe bzw. Seilscheibe für den Antrieb ausgebildet ist. Der Pressenantrieb stellt also ganz erhebliche Anforderungen an den elektrischen Antrieb.

*Kraftbedarf.* Der Kraftbedarf der Pressen richtet sich nach der Größe der herzustellenden Briketts. Er schwankt je nach der Größe zwischen 75 und 200 kW bei voller Drehzahl der Presse (110 bis 120 Umdr/min) und nimmt bei geringerer Drehzahl, wie Bild 286 zeigt, nach einer Kurve ab. Die Kurve wurde an einer elektrisch betriebenen Presse aufgenommen und zeigt außerdem die Zunahme der Leistungschwankungen des Motors bei abnehmender Drehzahl, wobei die Schwungmassen nicht mehr voll zur Geltung kommen. Der Kraftbedarf ist ferner abhängig von der Beschaffenheit der Kohle (Feuchtigkeitsgehalt und Körnung). Einen geringen Einfluß auf diesen hat außerdem noch die Länge der vor dem Pressenkopf liegenden Brikettrinne. Die aus dem Pressenkopf austretenden Briketts werden bekanntlich in einer Rinne durch die nachfolgenden Briketts entweder bis zum Waggon oder bis zum Stapelplatz weitergeschoben.

*Wahl des Motors.* Die geschilderten Betriebsbedingungen, vor allen Dingen die erforderliche Drehzahlregelung beim Einlegen einer neuen Form und beim Anpressen sowie für den normalen Betrieb, lassen zunächst den Gleichstrom-Nebenschlußmotor sowie den Drehstrom-Reihenschlußmotor zweckmäßiger als den Drehstrom-Asynchronmotor erscheinen, weil sowohl bei dem Gleichstrom-Nebenschlußmotor, wie dem Drehstrom-Reihenschlußmotor im Gegensatz zum Drehstrom-Asynchronmotor eine fast verlustlose Drehzahlregelung auf einfache Weise erreicht werden kann. Bei dem Gleichstrom-Nebenschlußmotor läßt sich die Drehzahlregelung während des normalen Betriebes (25 bis 50 %) durch Regelung im Nebenschluß fast verlustlos erreichen. Die für das Einlegen der neuen Form und das Anpressen erforderlichen ganz geringen Drehzahlen werden durch Regelung im Hauptstromkreis erreicht, was allerdings mit Verlusten verbunden ist, die aber, da das Einlegen einer neuen Form und das Anpressen nur recht selten in Frage kommt, in der Schicht vielleicht ein- bis zweimal und außerdem nur für ganz kurze Zeit, weiter keine Bedeutung für die Wirtschaftlichkeit haben. Der Drehstrom-Reihenschlußmotor gestattet in der einfachsten Weise eine Drehzahlregelung selbst bis zu den niedrigsten Drehzahlen herunter fast verlustlos durch Bürstenverschiebung auf dem Kollektor. Die Motoren erhalten zwei Bürstensätze, von denen der eine fest, der andere beweglich angeordnet ist. Die Schaltung der Pressenantriebe mit Gleichstrom-Nebenschlußmotor und mit Drehstrom-Reihenschlußmotor zeigen Bild 284 und 287. Bei dem Asynchronmotor dagegen ist eine Drehzahlregelung nur durch Einschalten von Widerständen im Läuferstromkreis möglich, was natürlich mit Verlusten verbunden ist. Die Verluste beim Einlegen der Form

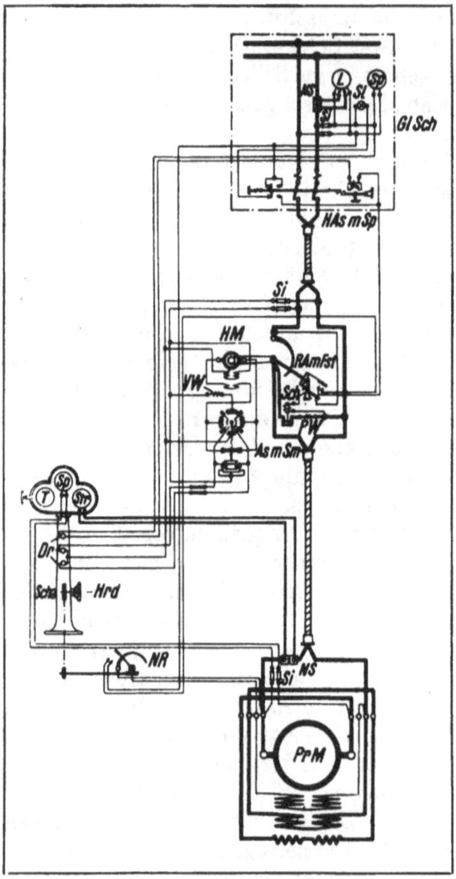


Bild 287.

Schaltbild eines Braunkohlenbrikettpressenantriebes mit Gleichstrom-Nebenschlußmotor.

*As m Sm* = Ausschalter mit Schaltmagnet
*Dr* = Druckknopf
*Gl Sch* = Gleichstrom-Schaltanlage
*H M* = Hilfsmotor
*Hrd* = Handrad
*H As m Sp* = Höchststromausschalter mit Spannungsauslösung
*L* = Leistungszeiger
*N R* = Nebenschlußregler
*NS* = Nebenschluß
*Pr M* = Pressenmotor
*R A m Fst* = Regelanlasser mit Fernsteuerung
*Scha* = Schaltsäule
*Sch* = Schütz
*Si* = Sicherung
*Sl* = Signallampe
*Str* = Stromzeiger
*Sp* = Spannungszeiger
*T* = Tachometer
*P W* = Parallel-Widerstand
*V W* = Vorschalt-Widerstand

und beim Anpressen spielen keine Rolle, da sie nur ganz kurze Zeit und selten vorkommen, dagegen vermögen die Verluste bei der Herabregelung der Drehzahl im normalen Betrieb die Wirtschaftlichkeit ganz erheblich herunterzudrücken, wenn ein Fahren mit verringerter Drehzahl für längere Zeit notwendig sein sollte. Die Erfahrung hat aber gelehrt, daß eine größere Drehzahlregelung vor allem für längere Zeit nicht unbedingt erforderlich ist. Die Drehzahlregelung soll in der Hauptsache den Zweck haben, sich den Schwankungen der Kohlenzufuhr sowie der Absatzmöglichkeit anpassen zu können. Dieses kann man aber in Brikettfabriken, in denen mehrere Pressen laufen, auf viel einfachere und wirtschaftlichere Weise dadurch erreichen, daß man bei geringer Kohlenzufuhr oder geringem Absatz eine oder zwei Pressen stillsetzt und die übrigen mit voller Drehzahl weiterarbeiten läßt. Unter Umständen kann allerdings die verschiedene Beschaffenheit der zu bearbeitenden Kohle eine jedoch nur geringe Änderung der Drehzahl bedingen.

Sollte es also zuweilen notwendig werden, kurzzeitig mit verringerter Drehzahl zu arbeiten, so werden die hierbei auftretenden Verluste reichlich aufgewogen durch die Vorteile, die der Asynchronmotor gegenüber dem Gleichstrommotor oder dem Drehstrom-Reihenschlußmotor aufweist. Diese Vorteile bestehen in der Hauptsache in dem überaus einfachen Aufbau des Drehstrom-Asynchronmotors, der keinerlei empfindliche Teile hat und daher wenig Wartung erfordert und den Anforderungen des staubigen Pressenbetriebes am besten gewachsen ist, während sowohl der Gleichstrommotor und in noch höherem Grade der Drehstrom-Reihenschlußmotor in dem Kommutator einen sehr empfindlichen Teil besitzen, der Wartung und gute Behandlung voraussetzt, falls Schwierigkeiten nicht eintreten sollen. Bei dem Reihenschlußmotor kommt noch erschwerend die große Anzahl Bürsten auf dem Kollektor und deren nicht unbedeutender Verschleiß hinzu. Auch hinsichtlich der Anschaffungskosten und des Wirkungsgrades bei Vollast stellt sich der Asynchronmotor am günstigsten. Die Verwendung eines Gleichstrommotors bedingt ferner, da Drehstrom auch auf Braunkohlenwerken fast immer die im allgemeinen gebräuchliche Stromart ist, in den meisten Fällen eine besondere Umformeranlage, was bei den Anschaffungskosten ebenfalls ungünstig mitspricht.

Aus allen diesen Gründen wird für die Zukunft für den Antrieb von Braunkohlen-Brikettpressen vorzugsweise nur der Drehstrom-Asynchronmotor in Frage kommen.

*Allgemeine Anordnung der Presse.* Die normale Anordnung einer Presse und ihres Antriebes zeigt Bild 288. Neben dem Pressenkopf befindet sich eine Schaltsäule, an der die erforderlichen Meßgeräte für den Motor, also Spannungszeiger, Strom- und Leistungszeiger, sowie ein Drehzahlanzeiger, an dem der Pressenführer die Drehzahl der Presse erkennen kann, angebracht sind. Des weiteren nimmt die Schaltsäule einen Handradantrieb für die Drehzahlregelung des Motors auf.

Der durch Riemen- oder Seilübertragung die Presse antreibende Motor steht in einem besonderen Raum, in dem gleichzeitig der Regelanlasser mit den zugehörigen Widerständen Aufstellung findet. Der Schaltkasten für den Motor wird zweckmäßig im Pressenraum selbst aufgestellt, und zwar so, daß der Pressenführer den Schaltkasten vom Pressenkopf aus sehen kann.

*Ausführung und Anordnung der Motoren.* Die starke Staubentwicklung in der Umgebung der Pressen ist bei der Ausführung des Motors und der erforderlichen Apparate zu berücksichtigen. Da geschlossene Ausführung der Motoren bei den in Frage kommenden Leistungen und Drehzahlen nicht möglich ist, muß besondere Sorgfalt auf die Ausführung der Wicklung gelegt werden, damit ein Eindringen des Braunkohlenstaubes in die Wicklungen sicher verhindert wird. Die Wicklung wird mit einer besonders widerstandsfähigen Isolation versehen. Bei Hochspannungsmotoren wird die Ständerwicklung mit asphaltierten Spulen ausgeführt. Näheres hierüber siehe im Abschnitt „Wasserhaltungen" Seite 88 und 89. Der Ständer erhält offene Nuten, die durch Spreizkeile (lamellierte Eisenverschlußkeile) verschlossen werden. Vor allem müssen jegliche toten Räume innerhalb der Ständer- und Läuferwicklung, in denen sich Braunkohlenstaub ablagern könnte, vermieden werden. Wenn irgendmöglich, sind die Motoren, wie Bild 288 zeigt, in einem von den Pressen getrennten Raum aufzustellen. Bei dieser Anordnung ist aber darauf zu achten, daß durch den Riemen- bzw. Seiltrieb der Braunkohlenstaub nicht aus dem Pressenraum in den Motorraum gebracht wird. Es empfiehlt sich,

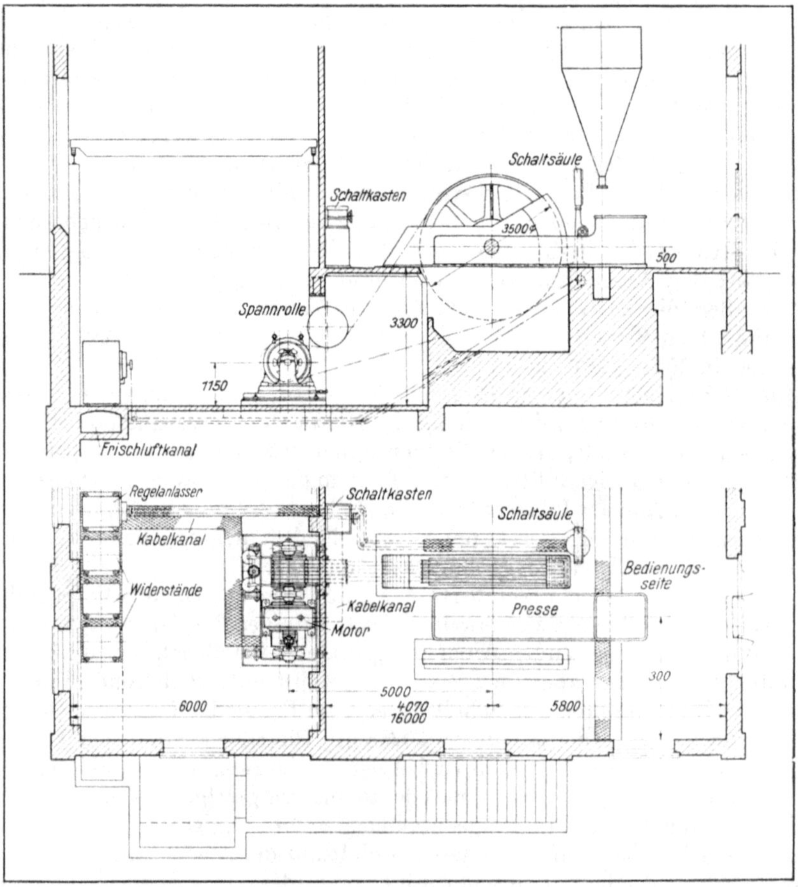


Bild 288. Anordnung einer Einstempel-Brikettpresse zur Herstellung 10-zölliger Braunkohlenbriketts, angetrieben durch einen Drehstrom-Asynchronmotor.

Kraftbedarf der Presse bei voller Drehzahl: 145 kW
Drehzahl der Presse: $n = 120$/min
Drehzahl des Motors: $n = 500$/min
Spannung des Motors: 2000 V, 50 Per.
Regelbereich der Presse im Dauerbetrieb: 100—75 %, beim Anpressen: 25—12 %, beim Formeinlegen: 10— 4 % der normalen Drehzahl der Presse.

dem Motorraum gefilterte Frischluft unter Druck zuzuführen, so daß der ganze Motorraum unter einem geringen Überdruck steht, wodurch auch das Eindringen von Staub durch den Riemen- oder Seiltrieb nach Möglichkeit vermieden wird. Außerdem empfiehlt es sich, den Pressenraum durch geeignete Ventilationsanlagen zu entstauben. Die Motoren werden in der Regel für Riemen- und Seilantrieb als Dreilagertype auf gemeinsamer Grundplatte ausgeführt. Bild 289 zeigt einen Pressenmotor als Drehstrom-Asynchronmotor für eine Leistung von 145 kW bei $n = 500/\text{min}$, Spannung 2000 V, Frequenz 50. Die Grundplatte wird auf 3 Gleitschienen befestigt, die so lang sein müssen, daß ein Nachspannen des Seiles oder des Riemens möglich ist. Geringes Längen des Treibmittels wird durch die vorgesehene Spannrolle ausgeglichen. Die Schleifringe werden so kräftig bemessen, daß der Motor mit dauernd aufliegenden Bürsten arbeiten kann. Die Lager werden in der Regel als mehrteilige Ringschmierlager ausgeführt. Das Ständerkabel wird an den Ständer durch Kabelanschlußstutzen für unmittelbare Einführung des Kabels an der Seite des Ständers angeschlossen.

Bild 289. Drehstrom-Asynchronmotor als Pressenmotor, Leistung 145 kW, Drehzahl 500/min, Spannung 2000 V, Freq. 50.

*Spannrolle.* Die Spannrolle hat in der Hauptsache den Zweck, einen regelrechten Riemen- oder Seiltrieb trotz der starken Belastungsstöße zu gewährleisten; sie muß, um ein Tanzen der Rolle zu vermeiden, mit einer entsprechenden Dämpfung versehen sein.

*Regelanlasser.* Die Anlasser, die mit Rücksicht auf die geringen Drehzahlen beim Einlegen einer neuen Form und beim Anpressen als Regelanlasser ausgebildet sein müssen, werden bei den in Betracht kommenden Leistungen als Metallanlasser mit Stufenschaltern und Widerständen ausgeführt. Die erforderlichen Widerstände werden aus Gußeisenelementen in besonderen Widerstandskästen zusammengebaut. Die Bilder 290a und b zeigen einen Stufenschalter mit hintergebautem Widerstandskasten. Falls erforderlich, können weitere Widerstandskästen seitlich angebaut werden.

Bild 291 stellt einen Gußeisenwiderstand in dem für Brikettpressenantriebe üblichen Aufbau dar.

Der Anlasser kann direkt angetrieben werden. In den meisten Fällen wird man eine mechanische Fernsteuerung vorsehen, doch ist auch elektrische Fernsteuerung ohne weiteres möglich. Die Fernsteuerung ist zweckmäßig, da man den Anlasser im Motorraum unterbringen kann, während ihn der Pressenführer vom Pressenkopf aus bedient. Wird auch für den normalen Betrieb eine Drehzahlregelung verlangt, so können die Anlasser und Widerstände dementsprechend bemessen werden.

*Schalteinrichtung.* Als Schalteinrichtungen liefern die Siemens-Schuckertwerke ihre normalen Schaltkasten, für Hochspannungsmotoren Ölschalt-

Bild 290a. Anlasser mit Stufenschalter, Stufenschalter abgedeckt.

Bild 290b. Anlasser mit Stufenschalter, Stufenschalter offen.

kasten, die sich infolge ihrer gedrängten Bauart und mit dem vollständigen Abschluß aller Teile nach außen ganz besonders für die Aufstellung in staubigen Räumen eignen. Näheres siehe im Abschnitt „Wasserhaltungen" Seite 115.

Eine vorbildliche Anordnung von durch Drehstrom-Asynchronmotoren angetriebenen Brikettpressen zeigt Bild 292. Es handelt sich hier um den elektrischen Antrieb von Einstempel-Brikettpressen zur Herstellung zehnzölliger Braunkohlenbriketts, wie sie von den Siemens-Schuckertwerken in 10 Ausführungen für die Brikettfabrik Werminghoff der Eintracht, Braunkohlenwerke und Brikettfabriken geliefert worden sind und wie sie von dieser in weiteren 10 Exemplaren neuerdings bestellt wurden. Bei der getroffenen Anordnung ist der Motorraum, ebenso wie in Bild 288, vollkommen getrennt vom eigentlichen Pressenraum. Die

Presse wird durch Seile angetrieben. Außer der schweren Seilscheibe hat die Presse ein Schwungrad. Seilscheibe und Seiltrieb sind, soweit sie im Pressenraum liegen, vollständig gekapselt. Der Motor ist mit Seilscheibe in Dreilageranordnung auf gemeinsamer Grundplatte ausgeführt. Er ist auf drei Gleitschienen montiert, die ein Nachspannen des Seiltriebes ermöglichen. Um trotz des je Umdrehung stark schwankenden Kraftbedarfes einen einwandfreien Seilantrieb zu sichern, ist eine Spannrolle mit Dämpfung vorgesehen. Die Wicklungen des Motors sind gegen eindringenden Braunkohlenstaub besonders geschützt. Auch ist darauf Rücksicht genommen, daß sich innerhalb der Wicklung keinerlei tote Räume, in denen sich Braunkohlenstaub ablagern könnte, befinden. Der Kraftbedarf der Presse bei voller Drehzahl beträgt 145 kW, die Drehzahl der Presse 120/min, die Drehzahl des Motors 480/min, woraus sich die Übersetzung zwischen Presse und Motor zu 1 : 4 ergibt. Die Spannung beträgt 2000 V, 50 Per. Die Presse hat im Dauerbetrieb einen Regelbereich zwischen 100 – 75 %, beim Anpressen zwischen 25—12 % und bei Einlegen einer neuen Form zwischen 10 – 4 % ihrer normalen Drehzahl. In dem Motorraum ist außerdem der Regelanlasser angeordnet, der einmal zum Anlassen des Motors und außerdem zum Einstellen der jeweilig verlangten Drehzahl dient. Neben dem Regelanlasser sind die erforderlichen Widerstände als Gußeisenwiderstände angeordnet. Regelanlasser und Widerstände stehen an der dem Motor gegenüberliegenden Längswand. Um den Motorraum mit genügend frischer Luft zu versorgen und die in den Regelwiderständen und in den Motoren erzeugte Wärme abzuführen, ist unterhalb der Widerstände ein Frischluftkanal angeordnet, durch den Frischluft unter geringem Überdruck eingeblasen wird. Durch diese Zufuhr von Frischluft wird gleichzeitig der ganze Motorraum unter geringen Überdruck gesetzt, so daß ein Mitreißen von Braunkohlenstaub durch den Seiltrieb in den Motorraum mit Sicherheit verhindert wird.

Bild 291. Gußeisenwiderstand in Eisenrahmen.

Der eben erwähnte Regelanlasser gestattet für den normalen Pressenbetrieb eine Drehzahlregelung von etwa 25 % abwärts, außerdem gibt er die Möglichkeit, die Drehzahl des Motors für das Anpressen bis auf 60 bis 120 Umdr/min entsprechend 15 bis 30 Umdr/min der Presse herunterzuregeln, wobei der Motor mit 1,5 fachem Moment arbeiten kann. Zur Erzielung der ganz geringen Drehzahlen des Motors von 20 bis 48 Umdr/min entsprechend 5 bis 12 Umdr/min der Presse beim Einlegen der Form ist ein mit dem Widerstand des Regelanlassers in Reihe liegender Zusatzwiderstand vorgesehen, der durch ein Schütz vom Pressenkopf aus kurzgeschlossen werden kann. Beim Einlegen der Form wird der Regelanlasser in die Nullstellung gebracht, so daß der gesamte Widerstand des Regelanlassers und der Zusatzwiderstand in den Läuferstromkreis des Motors eingeschaltet sind. Durch Kurzschließen des Zusatzwiderstandes setzt sich der Motor in Bewegung und läuft auch noch nach Wiedereinschalten des Zusatzwiderstandes mit ganz geringer Drehzahl der Presse (5 bis 12 Umdr/min) weiter. Der Regelanlasser wird von der neben dem Pressenkopf befindlichen Schaltsäule aus durch einen Handantrieb mit Vorgelege und Zählwerk betätigt, wodurch der Pressenführer die jeweilige Stellung des Regelanlassers feststellen kann. An der Schaltsäule befinden sich außerdem ein Druckknopf zur Betätigung des eben erwähnten Schützes und ein Druckknopf im Stromkreis des Spannungsauslösers des Ölschalters im Schaltkasten, wodurch der Pressenführer die Möglichkeit hat, die Presse vom Pressenkopf stillzusetzen. An Meßgeräten nimmt die Schaltsäule auf: 1 Spannungszeiger, 1 Stromzeiger, 1 Leistungszeiger sowie 1 Umdrehungsanzeiger. Im vorliegenden Falle ist außerdem noch ein Fernthermometer vorgesehen, wodurch der Pressenführer die Möglichkeit hat, die Temperatur der Pressenlager und der Motorlager jederzeit zu überwachen. Der Schaltkasten ist im Pressenraum selbst angeordnet, und zwar so, daß der Pressenführer ihn vom Pressenkopf aus beobachten kann. Der Schaltkasten enthält einen dreipoligen Höchststromausschalter mit Spannungsauslösung. Der Schalter ist mit dem Anlasser zur Vermeidung falschen Einschaltens, solange der Anlasser nicht in Nullstellung steht, verriegelt. Er kann erst eingelegt werden, wenn der Anlasser in der Nullstellung steht. Bild 293

Bild 292. Brikettfabrik der Grube Werminghoff der Eintracht, Braunkohlenwerke und Brikettfabriken, Welzow (N.-L.). Blick auf die Pressenköpfe.

zeigt das Schaltbild des eben beschriebenen Drehstrom-Pressenantriebes. Bild 294 zeigt den Pressenkopf mit Schaltsäule, während Bild 295 und 296 einen Blick in den Motorraum gestattet. In dem Motorraum ist ein Laufkran vorgesehen, der bei der Montage und bei etwaigen Reparaturarbeiten gute Dienste leistet. Außerdem empfiehlt es sich, wie das auch Bild 295

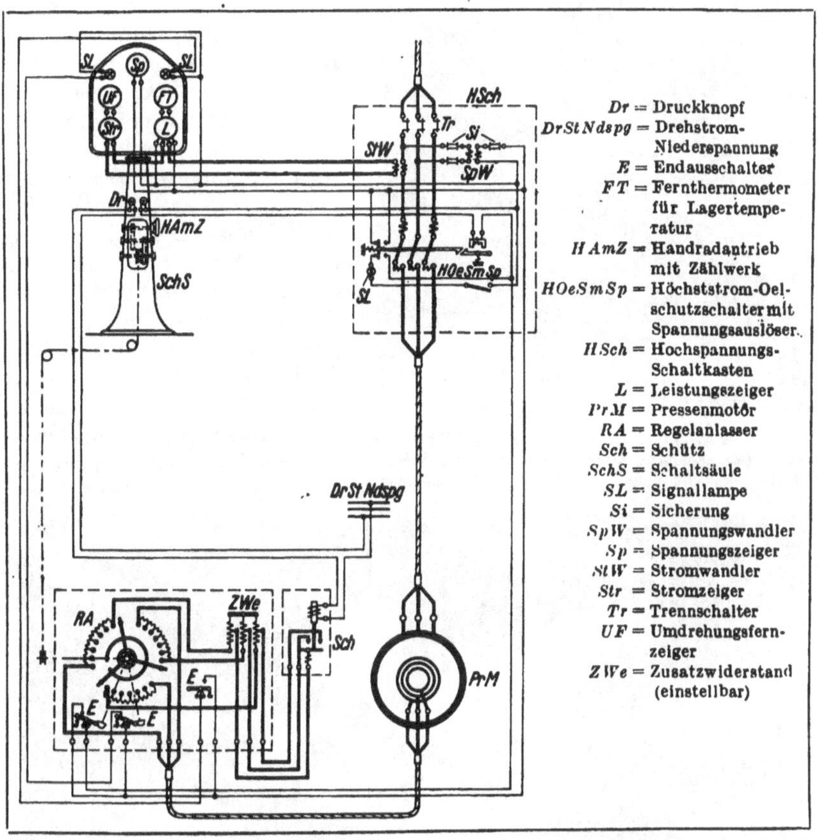


Bild 293. Schaltbild eines Braunkohlen-Brikettpressen-Antriebes mit Drehstrom-Asynchronmotor.

zeigt, im Motorraum genügend Platz vorzusehen, damit bei Arbeiten an der elektrischen Einrichtung die Möglichkeit gegeben ist, die Gegenstände absetzen zu können.

*Leistungsfaktorverbesserung.* Trotzdem im allgemeinen die Motoren bei den in Frage kommenden Drehzahlen und Leistungen mit recht günstigem Leistungsfaktor arbeiten, wird doch häufig die Forderung gestellt, die Motoren mit einer Einrichtung auszurüsten, die es ermöglicht, den Leistungsfaktor möglichst auf $\cos \varphi = 1$ zu bringen. Hierfür kommt

Bild 294. Brikettfabrik auf Grube Werminghoff der Eintracht, Braunkohlenwerke und Brikettfabriken, Welzow (N.-L.). Ansicht einer Brikettpresse mit Schaltsäule.

in erster Linie die *eigenerregte* Drehstrom-Erregermaschine in Betracht, die in der Lage ist, bei Vollast des Motors den Leistungsfaktor auf 1 zu verbessern. Näheres über die eigenerregte Drehstrom-Erregermaschine siehe im Abschnitt „Ventilatoren" auf Seite 173 und 174. Die Verwendung der eigenerregten Drehstrom-Erregermaschine setzt natürlich voraus, daß im normalen Betrieb eine Drehzahlregelung des Pressenmotors nicht nötig ist, da bei Drehzahlregelung die Erregermaschine sehr große Abmessungen erhalten müßte. Während des Einlegens einer neuen Form und während des Anpressens, wo eine weitgehende Drehzahlverminderung

Bild 295. Brikettfabrik auf Grube Werminghoff der Eintracht, Braunkohlenwerke und Brikettfabriken, Welzow (N.-L.). Blick in den Motoren- und Anlasserraum.

nicht zu vermeiden ist, wird die Erregermaschine abgeschaltet. Bild 297 zeigt die Schaltung des Pressenmotors in Verbindung mit der eigenerregten Drehstrom-Erregermaschine. Die Schleifringe des Pressenmotors sind danach mit dem Anlasser verbunden, können aber durch einen zwischen den Schleifringen und dem Anlasser angeordneten Umschalter auch auf den Kollektor der Erregermaschine geschaltet werden. Die Erregermaschine wird von einem kleinen Antriebsmotor, der mit Kurzschlußläufer ausgebildet sein kann, angetrieben. Während des Anlassens, Einlegens einer neuen Form und während des Anpressens sind die Schleifringe des Hauptmotors mit dem Anlasser verbunden. Durch diesen wird die Drehzahl in der verlangten Weise geregelt. Nach beendetem Anpressen wird der Motor durch den Anlasser auf seine normale Drehzahl gebracht und dann werden durch Umlegen des Umschalters die Schleifringe des Pressenmotors mit dem Kommutator der Erregermaschine verbunden. Eine Sicherheitschaltung sorgt dafür, daß der Pressenmotor nur dann an das Netz gelegt werden kann, wenn der Anlasser sich in Nullstellung befindet und durch den Umschalter die Schleifringe mit dem Anlasser verbunden sind. Ein Umschalten auf die Erregermaschine kann erst nach Erreichen der vollen Betriebsdrehzahl vorgenommen werden.

Bei geringerer Belastung als 50 % der Normallast des Motors reicht die Kompensationswirkung der Erregermaschine nicht mehr, d. h. der

Bild 296. Brikettfabrik auf Grube Werminghoff der Eintracht, Braunkohlenwerke und Brikettfabriken, Welzow (N.-L.). Blick in den Motoren- und Anlasserraum.

Leistungsfaktor sinkt. Eine derart geringe Belastung kommt aber im normalen Pressenbetrieb nicht vor.

Die *fremderregte* Drehstrom-Erregermaschine kann auch bei geringer Last oder Leerlauf den Leistungsfaktor auf 1 bringen oder voreilend machen, kommt aber, da solche Betriebsfälle fehlen, für Brikettpressenantriebe nicht vor. Sie ist auch teurer als die eigenerregte Drehstrom-Erregermaschine und muß zwangläufig vom Hauptmotor angetrieben werden, während die eigenerregte Drehstrom-Erregermaschine durch einen kleinen raschlaufenden Motor angetrieben wird, ihre Aufstellung unabhängig vom Hauptmotor sein kann, was bei Pressenantrieb von Vorteil ist. Durch die Drehstrom-Erregermaschine wird der Hauptmotor im Schlupf weicher, d.h. bei Belastungsstößen sinkt er stärker in der Drehzahl. Dadurch kommen die Schwungmassen der Presse mehr zur Geltung, die Stöße auf das Netz werden also etwas geringer.

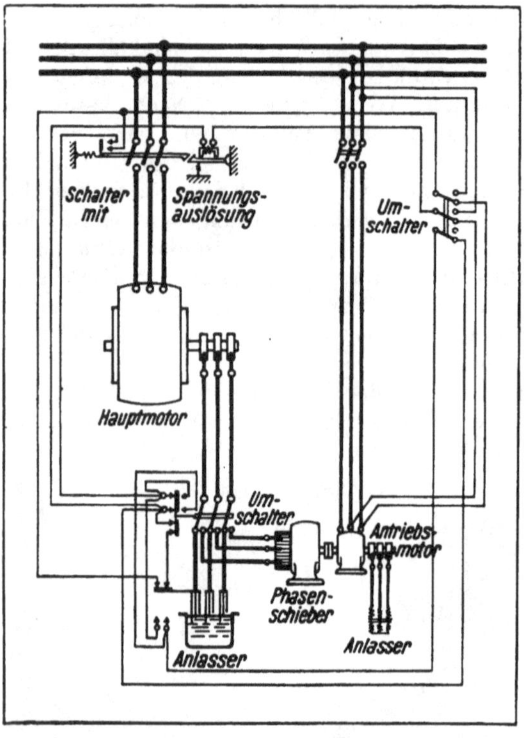


Bild 297. Schaltbild eines Brikettpressen-Motors in Verbindung mit eigenerregter Drehstrom-Erregermaschine.

In vielen Fällen wird man die Drehstrom-Erregermaschine als unerwünschte Komplikation empfinden, zumal, wenn es sich um eine größere Brikettfabrik handelt, wo jeder Pressenmotor eine Erregermaschine haben müßte und die Kollektoren der Erregermaschine immerhin einiger Pflege bedürfen. In solchen Fällen ist es angebracht, eine Synchron-Blindleistungsmaschine oder Asynchron-Blindleistungsmaschine vorzusehen, wobei unter Umständen *eine* Blindleistungsmaschine für eine größere Zahl von Pressenmotoren gewählt werden kann. Außerdem ist es nicht nötig, diese Blindleistungsmaschine im Pressenhaus unmittelbar bei den Motoren aufzustellen, sondern der Platz kann beliebig gewählt werden. Auch kann die Blindleistungsmaschine unabhängig von dem Betrieb der Pressenmotoren arbeiten, es kann mit ihr also auch bei Stillstand der Brikettfabrik der Leistungsfaktor der ganzen Anlage verbessert werden, was unter Umständen erwünscht ist. Bei Verwendung einer solchen Blindleistungsmaschine ist auch eine Drehzahlregelung der Pressenmotoren — allerdings durch einen Regelanlasser — ohne weiteres möglich.

In welcher Weise sich am besten, falls notwendig, eine Leistungsfaktorverbesserung erreichen und durchführen läßt, wird zweckmäßig bei den jeweils vorliegenden Verhältnissen von Fall zu Fall entschieden.

Was die wirtschaftlichen Vorteile, die der elektrische Antrieb der Brikettpressen gegenwärtig zu bieten vermag, angeht, so ergeben sich diese hauptsächlich aus den Verbesserungen, die in den letzten Jahren in dem dampftechnischen Teil von Kraftwerken ausgebildet worden sind. Durch Vervollkommnung des Hochdruckteiles der Dampfturbinen, wofür als Beispiel die neue Turbine der Ersten Brünner Maschinenfabrik anzuführen ist, ist es gelungen, den Dampfverbrauch von Gegendruckturbinen gegen früher um 20—30 % herabzusetzen und außerdem ist durch die Einführung von Dampfdrücken über 30 at eine noch wesentliche weitere Herabsetzung des Dampfverbrauches von Gegendruckturbinen ermöglicht worden. Derartige Dampfdrücke in den verhältnismäßig kleinen Einzeldampfmaschinen, wie sie bei Dampfantrieb der Brikettpressen in Frage kommen, zu verwenden, dürfte wohl kaum möglich sein, so daß also die Einführung der sogenannten Höchstdrücke praktisch nur bei elektrischem Antrieb der Brikettpressen in vollem Umfange auf einem Braunkohlenwerk möglich ist. Wird dann der Abdampf der im Kraftwerk verwandten Gegendruckturbinen zum Trocknen der Rohbraunkohle in der Brikettfabrik benutzt, so hat man gegenüber der Benutzung des Abdampfes der bisher üblichen Dampfmaschinenantriebe der Brikettpressen den wesentlichen Vorteil, daß der Heizdampf ohne weiteres ölfrei ist und nicht erst in besonderen Ölreinigern gereinigt werden muß. Auch läßt sich das aus den Trockenapparaten anfallende Kondensat ohne Nachteile den Dampfkesseln wieder zuführen ohne Gefährdung der Kessel oder der Turbinen. Zu diesen wirtschaftlichen Vorteilen treten Vorzüge des elektrischen Brikettpressenantriebes mehr betriebstechnischer Natur, die gleichfalls wichtig sind und in den Hauptpunkten bereits weiter oben genannt sind und bei den seit Jahren in Betrieb befindlichen elektrischen Pressenantrieben schon zu einer sehr günstigen Beurteilung geführt haben.

# XI. Elektrofilter.

## 1. Allgemeines.

Das Elektrofilter hat den Zweck, aus Gasen aller Art feste und nebelförmige Schwebeteilchen abzuscheiden. Verwendet wird dazu hochgespannter Gleichstrom. Die Spannung des auf dem Werk meist vor-

Bild 298. Ansicht des Gleichrichters mit Antriebsmotor, im Hintergrund die Hochspannungstransformatoren.

handenen Wechselstroms wird durch einen ruhenden Transformator auf etwa 50–70 000 V erhöht und dieser hochgespannte Wechselstrom dann durch einen mechanischen Gleichrichter in periodischen Gleichstrom umgewandelt. Der Gleichrichter besteht aus 2 auf einer Welle isoliert angeordneten Armen, die bei jeder Umdrehung in einigen Millimetern Abstand an Kontaktsegmenten vorbeistreichen, von denen die Hochspannung unter Überspringung des kleinen Luftzwischenraumes übertritt. Angetrieben wird der Gleichrichter durch einen kleinen vierpoligen Synchronmotor, der ohne Gleichstromerregung ausgeführt ist und durch Betätigung eines einfachen Schalters unmittelbar angelassen wird. Der Gleichrichter stellt im Grunde genommen nichts anderes dar, als einen im Takt der Netzfrequenz bewegten Umschalter, durch den bei jedesmaligem Richtungswechsel die Stromrichtung umgeschaltet wird, so daß ein pulsierender Gleichstrom entsteht.

Bild 298 zeigt den Gleichrichter und Transformator, Bild 299 die Bildung des Gleichstromes aus der Wechselstromkurve. Die erforderlichen Schaltapparate und Meßinstrumente sind in einem Schaltpult oder auf einer Schalttafel übersichtlich angeordnet. Bild 300 zeigt die äußere Ansicht des Schaltpultes.

Das Elektrofilter kann für kleinere Gasmengen in Form eines stehenden Rohres oder bei größeren Gasmengen als prismatische Kammer ausgebildet werden. Das zu reinigende Gas muß in der Filterkammer an einem Elektrodensystem vorbeistreichen, das dazu dient, die erforderliche Elektrizität in das Gas hineinzubringen, um die Schwebeteilchen aufzuladen und abzuscheiden. Das Elektrodensystem enthält 2 Arten verschiedener Elektroden, eine kleinflächige gitterförmige, in einem Rahmen eingefaßte, die entsprechend der Hochspannung isoliert im Elektrofilter angeordnet und mit einem Pol

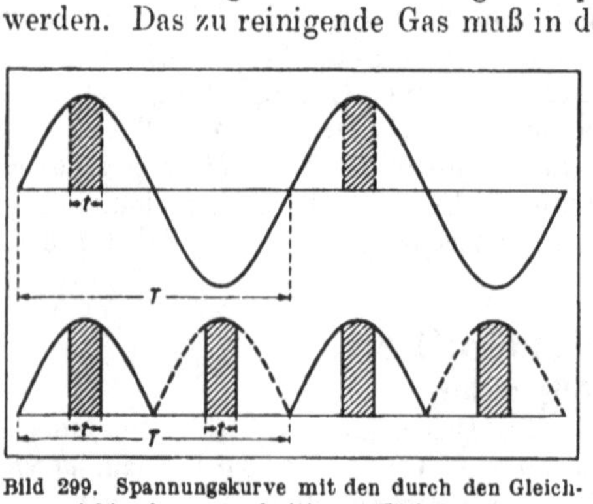


Bild 299. Spannungskurve mit den durch den Gleichrichter herausgeschnittenen Höchstwerten.

des Gleichrichters verbunden ist, und eine großflächige plattenförmige, mit dem Filtergehäuse und mit Erde sowie dadurch mit dem zweiten geerdeten Pol der Hochspannungsquelle verbundene Elektrodenart. Bild 301 gibt die grundsätzliche Schaltung einer Elektrofilteranlage in den Hauptteilen wieder. Die Elektroden können entweder in der Längsrichtung der Gasströmung oder auch quer dazu angeordnet werden. Im letzteren Falle müssen auch die geerdeten Elektroden netzartig durchlässig ausgebildet sein. Die Ausführung der Elektroden, der Elektrodenabstand und die Höhe der Spannung sind so gehalten, daß aus den kleinflächigen Elektroden, den Sprüh- oder Ladeelektroden, die Elektrizität unter schwachem Leuchten, der Korona-Erscheinung, in das zu behandelnde Gas ausströmt und den Schwebeteilchen im Gas eine elektrische Ladung erteilt, wodurch sie von den großflächigen Elektroden (Niederschlags- oder Erdelektroden) angezogen werden und sich auf ihnen absetzen. Von den Niederschlags-Elektroden fällt der Staub je nach seiner Beschaffenheit von selbst ab oder wird durch eine von Hand bewegte oder motorisch angetriebene Schüttelvorrichtung zum Abfallen gebracht, so daß er sich in den im unteren Filterteil angebrachten Bunkern sammelt, von wo der Staub entweder durch Schieberverschlüsse zeitweilig abgezogen werden kann oder auch ständig mittels einer Schnecke fortgeschafft wird. — Das Filtergehäuse kann je nach Zweckmäßigkeit entweder in Eisenblech oder Mauerwerk bzw. Eisenbeton hergestellt werden. Sobald es sich um feuchte oder warme Gase handelt, deren Temperatur möglichst erhalten werden soll, wird statt des Metallgehäuses eine gemauerte Kammer vorgezogen. Die Gehäusedeckel werden entweder fest verschraubt oder liegen in einem Sandverschluß lose auf. Die

Bild 300. Schaltpult zur Aufnahme der notwendigen Apparate und Meßgeräte.

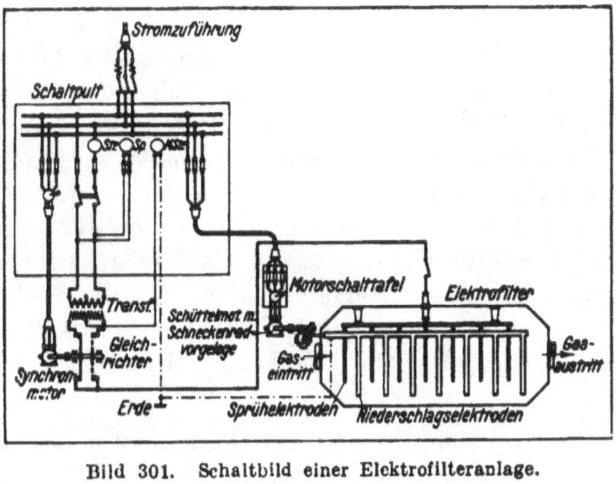


Bild 301. Schaltbild einer Elektrofilteranlage.

obere Gehäuseöffnung dient gleichzeitig zum Hereinbringen und Ausbau der Elektroden.

## 2. Braunkohle.

Im Bergbau findet das Elektrofilter am meisten Anwendung bei der Trocknung der Rohbraunkohle für die Brikettherstellung. Sowohl bei Telleröfen als auch bei Trommeltrocknern wird bei der Rohkohletrocknung neben dem ausgetriebenen Wasserdampf eine Menge feinen Braunkohlenstaubes mitgeführt, der mit dem Brüden entweicht und nicht nur die Umgebung der Brikettfabrik belästigt, sondern auch besonders bei Trommeltrocknern einen bemerkenswerten Materialverlust darstellt. So werden beispielsweise in einer Brikettfabrik mit 10 Trommeltrocknern von etwa 900 t Tagesleistung an Trockenkohle durch die Elektrofilteranlage jährlich mehr als 10000 t wertvollen Kohlenstaubes wiedergewonnen, der ohne weiteres mit verpreßt wird *).

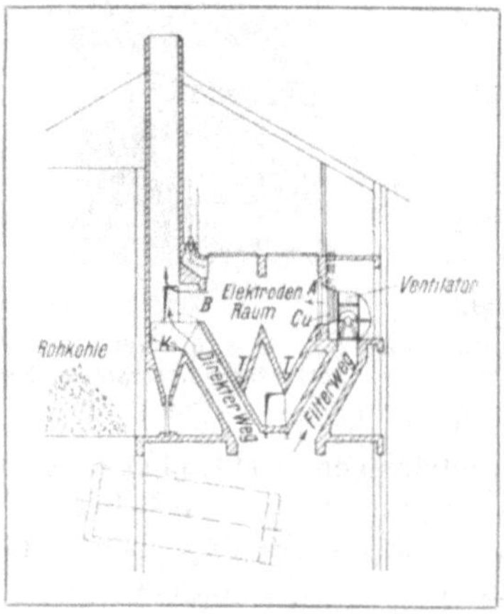


Bild 302. Brüden-Kammer-Elektrofilter für einen Röhrentrockner.

Das Braunkohlenbrüden-Elektrofilter kann entweder als Kammerfilter mit wagerechtem Gasdurchgang ausgeführt werden oder wird als Schlotfilter unmittelbar in den Abzugschlot eingebaut. Dem Kammerfilter wird zweckmäßig ein Ventilator vorgeschaltet, der nicht nur dazu dient, unabhängig von den Witterungs- und Kohleverhältnissen die Brüdenmenge zu regeln, sondern auch verhindert, daß eine etwaige Entzündung des Staubes im Elektrofilter nach dem Trockner übergreift. Außerdem ist es vorteilhaft, einen Umleitkanal vorzusehen, damit bei gelegentlichen Arbeiten am Elektrofilter der Betrieb der Trockenapparate nicht gestört wird. Beim Schlotfilter wird nach Möglichkeit auch ein Ventilator zwischen Trockner und Elektrofilter eingeschaltet, oder eine andere geeignete Einrichtung, die ebenfalls das Zurückschlagen einer etwaigen Verpuffung vom Filter zum Trockner verhüten soll. Auch hier wird neben dem eigentlichen oben abgedeckten Filterschlot ein Leerschlot als Umleitkanal vorgesehen. Durch die Abdeckung des Filterschlotes werden die Elektroden gegen eindringenden Regen und Schnee geschützt und damit Betriebsstörungen sowie Beeinträchtigung der trockenen Staubabscheidung vermieden.

---

*) Siehe „Braunkohle" Nr. 40 vom 3. Januar 1925, „Elektrofilter in Braunkohlen-Brikett-Fabriken".

Außerdem kann eine etwa im Trockner auftretende Verpuffung sich durch den Leerschlot unmittelbar ins Freie entladen. Bild 302 zeigt ein Kammer-Elektrofilter und Bild 303 ein Schlot-Elektrofilter. Die Frage, ob ein Kammerfilter oder ein Schlotfilter zur Anwendung kommt, hängt wesentlich von den örtlichen Verhältnissen ab. Wenn genügend Platz vorhanden ist, so daß ein Kammerfilter mit vorgeschaltetem Ventilator aufgestellt werden kann, wobei auch in den hinreichend langen Anschluß-kanalstutzen im Interesse gleichmäßiger Gasverteilung für allmählichen Querschnittsübergang Sorge getragen wird, so bietet eine Kammerfilter-anlage die größtmögliche Betriebs-sicherheit. Dessen ungeachtet zeigen die ausgeführten Schlot-Elektrofilter-anlagen, daß auch bei diesen eine ausreichende Betriebsicherheit ohne weiteres erreicht werden kann.

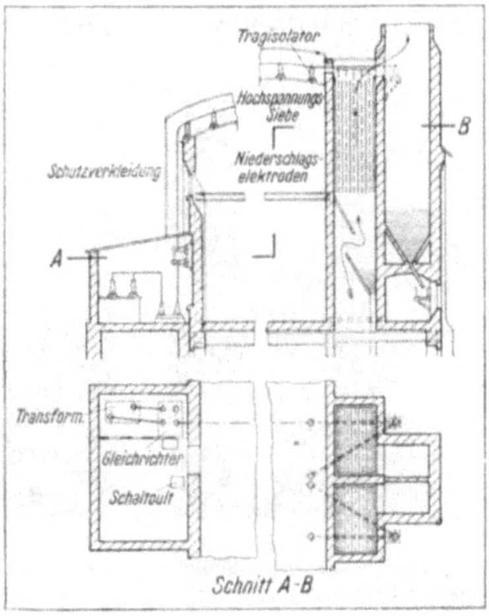


Bild 303. Brüden-Schlotelektrofilter für 2 Röhrentrockner.

Zu der Frage der Feuersgefahr, die man bei dem leicht entzündlichen und explosiblen Braunkohlenstaub in Verbindung mit einem unter elektrischer Hochspannung arbeitenden Apparat vermuten könnte, ist zu bemerken, daß die sich über bald 3 Jahre erstreckenden Betriebserfahrungen die Besitzer von Elektrofilter-anlagen auch in diesem Punkte durchaus befriedigt haben, so daß eine größere Feuersgefahr beim Elektrofilter, als sie ohnehin in Brikettfabriken besteht, überhaupt nicht vorhanden zu sein scheint. Die Zufriedenheit der Abnehmer und die steigende Verwendung der Siemens-Schuckert-Elektrofilter, die durch eine ganze Reihe von Patenten geschützt sind, geht wohl am besten daraus hervor, daß die Siemens-Schuckertwerke allein für Brikettfabriken bis zum 1. Januar 1926 etwa 150 Elektrofilter geliefert bzw. im Bau haben und seitens der Brikettfabriken Nachbestellungen auf Elektrofilter in großer Zahl erteilt wurden.

Eine weitere Staubquelle in den Brikettfabriken bilden die Transportschnecken, die Nachwalzwerke, Kühlhäuser, Füllrümpfe und Pressen. Ebenso, wie bei den Brüden der Trockenapparate, kann auch die durch Ventilatoren aus diesen Stauberzeugern abgesaugte Luft durch das Elektrofilter vom Staub befreit werden. Vom Brüdenstaub unterscheidet sich der Innenstaub nur durch seine größere Feinheit und geringere Temperatur, so daß in der Abscheidefähigkeit durch das Elektrofilter kein Unterschied besteht, sondern nur darin, daß der Staub vielleicht etwas leichter ent-

zündlich ist als der Brüdenstaub. Wenn aber das Elektrofilter durch seinen normalen Betrieb ohnehin keine Entzündung des Brüdenstaubes verursacht, so gilt dasselbe auch beim Innenstaub. Das Elektrofilter für die Innenentstaubung kann deshalb auch im Grunde genommen genau so ausgeführt werden wie das Brüdenfilter. Bei beiden Filterarten muß jedoch dafür Sorge getragen werden, daß die Temperatur der Gase oberhalb des Taupunktes bleibt, damit der Staub in trockener Form abgeschieden wird.
Eine besondere Stellung nimmt die Stempelentstaubung ein, die nach den bergbehördlichen Vorschriften von den übrigen Innenentstaubungen getrennt gehalten werden muß. An den Pressen können durch den Stempel leicht, besonders wenn die Kohle viel sandige Teilchen enthält, Reißfunken entstehen, so daß die Trennung der Stempelentstaubung von den übrigen Entstaubungen gerechtfertigt ist. Es muß deshalb dafür Sorge getragen werden, daß durch solche Reißfunken entzündete Kohleteilchen nicht in den durch die Filter abgeschiedenen Staub gelangen und dort zu Entzündungen oder Explosionen führen. Deshalb sehen die Siemens-Schuckertwerke für Elektrofilter zur Stempelentstaubung geeignete Maßnahmen vor, durch die etwa glimmende Kohleteilchen zum Erlöschen gebracht werden.

Bild 304. Innenstaub-Schlot-elektrofilter (ausgeschaltet).

Bild 305. Innenstaub-Schlot-elektrofilter (eingeschaltet).

Vielfach wird bei Innenstaubelektrofiltern diesen noch ein Zyklon vorgeschaltet, um die gröberen Staubteilchen aufzunehmen, so daß das Elektrofilter nur feinen Staub niederschlägt, der sich zur Staubfeuerung eignet. Bild 304 und 305 zeigen ein Innenstaub-Schlot-Elektrofilter.
Der Energieverbrauch der Elektrofilter ist sehr gering. Man kann bei Brüdenfiltern im Durchschnitt für jeden Schlot mit etwa 1 kW rechnen, wozu noch die etwaige Ventilatorleistung mit etwa 4 kW hinzukommt. Bei Innenstaub-Elektrofiltern kann man mit 1-2 kW bis zu 100000 m³ stündlich abgesaugte Luft entstauben. Die außerdem erforderliche Ventilatorleistung richtet sich ausschließlich nach den Widerstandsverhältnissen der Rohrleitungen, da das Elektrofilter einen praktisch zu vernachlässigenden Durchgangswiderstand von nur wenigen Millimetern Wassersäule besitzt.
Die Wirkung der Elektrofilter ist derart, daß eine den jeweiligen Verhältnissen entsprechende, praktisch vollständige Entstaubung erreicht

wird. Zahlenmäßig ergeben sich allerdings Verschiedenheiten im Reinigungsgrad, der sich hauptsächlich nach der Kohlebeschaffenheit richtet. Während sich in einer Anlage Reinigungsgrade in der Hauptsache zwischen 80 bis 95 % ergaben, konnten in anderen Anlagen durchschnittlich Reinigungsgrade von 98 % und darüber erzielt werden. Dabei waren die Meßverfahren in allen Fällen dieselben, indem vor und hinter dem Filter durch eine kleine Pumpe Brüden bzw. Staubluft heraus- und durch ein mit Glaswolle gefülltes U-Rohr hindurchgesaugt, in dem der Staub zurückgehalten wird, worauf die Restluft durch eine eisgekühlte Vorlage geleitet wird, um die Feuchtigkeit niederzuschlagen. Mittels einer Gasuhr wird dann die durchgesaugte Gasmenge gemessen, woraus sich mit der ebenfalls festgestellten Kondensatmenge unter Umrechnung auf die richtige Temperatur die ursprüngliche Brüdenmenge ergibt. Durch Wägung der Staubmenge in den U-Rohren berechnet sich dann im Verhältnis zu der Brüdenmenge der Staubgehalt im Roh- und Reingas sowie auch der Reinigungsgrad des Elektrofilters.

## 3. Generatorgase.

Auch bei der Vergasung von Braunkohle oder Steinkohle usw. in Generatoren bietet das Elektrofilter ein vorteilhaftes Hilfsmittel sowohl, um das Generatorgas zu entstauben, als auch, um den Teer daraus abzuscheiden. Wenn der Staub in trockenem, d. h. teerfreiem Zustande gewonnen werden soll, muß das Generatorgas dem Elektrofilter mit einer so hohen Temperatur zugeführt werden, daß der Teer noch in gasförmigem Zustande ist, also mit etwa 400°, wie es aus den Drehöfen entweicht. Für die Gewinnung des Hauptbestandteiles an Teer muß dann das Gas auf etwa 100° heruntergekühlt werden, so daß es noch oberhalb des Wassertaupunktes bleibt und der Teer in dem Teerelektrofilter praktisch wasserfrei gewonnen wird. Bei weiterer Abkühlung können dann in einem dritten Elektrofilter die leichten Teeröle abgeschieden werden.

## 4. Kaliindustrie.

Ein weiteres Anwendungsgebiet findet das Elektrofilter in der Kaliindustrie bei der Trocknung von Chlorkalium, Kaliumsulfat, Glaubersalz usw. Dort werden die meist noch etwa 10 % Feuchtigkeit enthaltenden Salze in mit Kesselgasen beheizten Drehtrommeln getrocknet, wobei die abziehenden Gase wesentliche Mengen der Salze mitführen, die nicht nur einen unerwünschten Substanz-

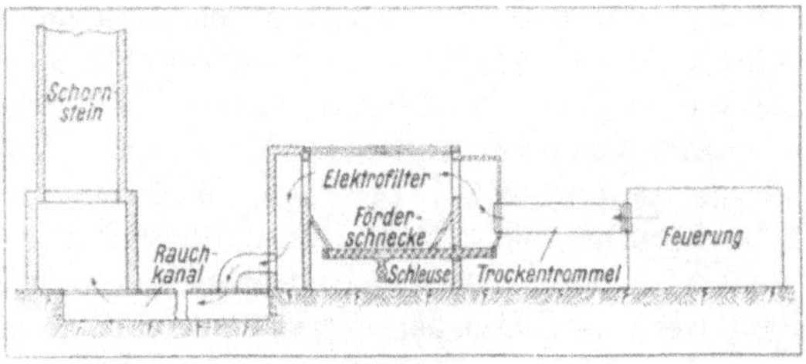


Bild 306.
Elektrofilter für Entstaubung von Trockentrommelabgasen.

verlust bedeuten, sondern sich auch in der benachbarten Pflanzenwelt nachteilig bemerkbar machen. Auch hier läßt sich das Elektrofilter mit Vorteil zur Wiedergewinnung des Salzstaubes verwenden. Es ergibt ebenfalls praktisch vollständige Entstaubung der Gase. In der Ausführung unterscheidet sich das Kali-Elektrofilter praktisch nicht von dem Braunkohlen-Elektrofilter, so daß auf die vorhergehenden Ausführungen verwiesen werden kann. Bild 306 zeigt schematisch die Anordnung des Elektrofilters in einer Trommeltrockenanlage.

Die Vielseitigkeit des Elektrofilters gestattet, es überall dort anzuwenden, wo staubförmige oder nebelartige Beimengungen jedweder Art aus irgendwelchen Gasen abgeschieden werden sollen. Die Bedienung ist überaus einfach und infolge der Schutzmaßnahmen gegen die Hochspannung auch durchaus ungefährlich.

Die Siemens-Schuckertwerke haben bis zum 1. Januar 1926 bereits mehr als 200 Elektrofilter für die verschiedensten Anwendungsgebiete nach ihrem System geliefert bzw. im Bau.

# XII. Erdölsonden und Zubehör.

## 1. Allgemeines.

*Allgemeines.* Die fortschreitende Entwicklung der gesamten Technik, insbesondere die stets zunehmende Verwendung von Verbrennungsmotoren hat den Bedarf an Erdölprodukten von Jahr zu Jahr gesteigert. Mit den noch vor Jahrzehnten üblichen Gewinnungsverfahren war eine gesteigerte Ausbeute nicht zu erzielen. Erst durch die Einführung der elektrischen Antriebsart ist es gelungen, höhere Förderziffern zu erreichen und den Weltbedarf an Erdölprodukten zu decken. In der Tat bieten die elektrischen Antriebe sowohl beim Bohren als auch beim Fördern des Erdöles unter Verwendung der verschiedenartigsten Bohr- und Förderverfahren, in betriebstechnischer und wirtschaftlicher Hinsicht soviel Vorteile gegenüber anderen Antriebsarten, namentlich dem Antriebe durch Dampfmaschinen oder Verbrennungsmotoren, daß allmählich alle Erdöl-Gesellschaften zu der elektrischen Antriebsart teilweise oder vollständig übergegangen sind oder sich mit der Frage der Umstellung auf diese Antriebsart beschäftigen. Die Vorteile der elektrischen Antriebsart gegenüber anderen Antriebsarten treten hauptsächlich in denjenigen Erdölgebieten zu Tage, in denen auf verhältnismäßig kleinem Flächenraum viele Bohr- und Schöpfsonden gleichzeitig im Betrieb sind, bei denen also die Überbrückung der Entfernung zwischen dem Kraftwerk und Umspannwerk einerseits, dem Umspannwerk und den Antriebsmotoren andererseits, keine hohen Anlagekosten verursacht. In rein technischer Hinsicht bereitet die Energie-Übertragung und Verteilung bei den praktisch vorkommenden Entfernungen keine Schwierigkeiten.

Die besonderen Vorteile, die die elektrische Antriebsart anderen Antriebsarten gegenüber auszeichnet, lassen sich in folgenden Punkten zusammenfassen:

*Vorteile des elektrischen Antriebes.* Durch die Verlegung der Energieerzeugung in ein zentrales Kraftwerk kommen die zu jedem einzelnen Bohrturm gehörenden Kesselhäuser in Fortfall. Der Transport der Brennstoffe, insbesondere der Kohle, die unter Umständen zur Feuerung verwendet werden muß, und die Wasserbeschaffung werden verbilligt.

Die recht umständliche und kostspielige Zuführung des Wassers zu den zerstreut liegenden Kesselhäusern kommt in Fortfall.

Es werden insgesamt weniger Heizer und für Ausbesserungen weniger Handwerker erforderlich sein.

Die großen Dampfmaschinen und Dampfkessel im Kraftwerk haben einen besseren Wirkungsgrad als die vielen kleinen, die im Grubengebiet zerstreut liegen. Der schwierige, mit großen Kosten verbundene Transport der Kessel und der Dampfrohre nach den einzelnen Kesselhäusern wird vermieden.

Die umständliche und kostspielige Verlegung von Dampfleitungen und ihre Wärmeisolation fallen fort. Das ist ein ganz besonderer Vorteil in Anbetracht des unebenen, durch die herausbeförderten Sandmassen dauernd einer Veränderung unterworfenen Geländes innerhalb des Grubengebietes.

Durch das Abbohren einer neuen Sonde wird häufig das Verlegen der Kraftzuführung zu den übrigen Sonden, sei es eine elektrische oder Dampfleitung, erforderlich. Die Verlegung elektrischer Leitungen läßt sich mit viel einfacheren Mitteln und fast ohne Betriebsstörung durchführen.

Die Kosten für die Herstellung der Kesselfundamente und der Kesselhäuser sind nur bei den Kraftwerken selbst aufzuwenden.

Die Fundamente für einen elektrischen Motor lassen sich einfacher und billiger herstellen als die von Dampfmaschinen.

Durch richtige Querschnittsbemessung der Leitungen lassen sich die Verluste der elektrischen Kraftübertragung auf ein Mindestmaß beschränken, doch niemals lassen sich bei Dampfleitungen trotz bester Isolation und sorgfältigster Abdichtung die Wärme- und direkten Dampfverluste durch Undichtigkeiten vermeiden. Hierzu kommen noch die Druckverluste in den zahlreichen Krümmungen und die Verluste durch Kondensation, besonders im Winter und bei Regenwetter.

Die Instandhaltungskosten der elektrischen Leitungen sind geringer als die der Dampfleitungen, bei denen die Isolierung und die Flanschendichtung dauernd überwacht werden müssen.

Die durch das Entleeren der nach einer Ruhepause mit Wasser verstopften Dampfrohre verursachten Zeitverluste werden gespart.

Explosionen kommen nicht vor, und die Feuersgefahr ist vermindert, da die Feuerung der im Ölgebiet aufgestellten Kessel in Wegfall kommt und die Sonden elektrisch beleuchtet werden.

Die Verlegung von besonderen Lichtleitungen ist nicht erforderlich, da man den Lichtstrom für die Sonden von den Kraftleitungen entnehmen und leicht auf die Lichtspannung transformieren kann.

Es wird bei der Verwendung des Elektromotors für einen bestimmten Arbeitsvorgang eine erhebliche Zeitersparnis erzielt. Die Arbeit geht nicht immer schneller vorwärts als mit einer Dampfmaschine, aber es werden weniger Verzögerungen durch Maschinen-, Dampfleitungs- und Kesselschäden, durch die erstmalige Dampferzeugung, das Reinigen der Kesselrohre, durch Ausbesserungen usw. verursacht. Beim Fördern der Bohrgestänge oder Ein- und Ausbau der Rohre behält der Motor während des ganzen Arbeitsvorganges die gleiche Drehzahl bei, während die Drehzahl der Dampfmaschine in Abhängigkeit der Belastung stark veränderlich ist, was zu Zeitverlusten führt.

Durch die Verwendung von Asynchron-Drehstrommotoren ist die Drehzahl für die Förderung des Rohöles ein für allemal festgelegt. Die Fördergeschwindigkeit ist somit nicht wie bei Dampfbetrieb von dem Umstande abhängig, wie weit der Maschinist das Frischdampfventil öffnet.

Die elektrische Energieversorgung gestattet eine gleichmäßigere Drehzahlregelung. Die durch Dampfdruckschwankungen hervorgerufenen Drehzahländerungen werden vermieden.

Der Elektromotor ist sehr zuverlässig, da er bei einer bestimmten Stellung des Steuerschalters bei allen Belastungen angenähert mit derselben Drehzahl arbeitet. Er ist immer betriebsfertig, und seine Drehzahl kann nicht nur sehr leicht verändert, sondern auch sehr genau beherrscht werden, um das Gestänge und die Rohre für das Zusammenschrauben ganz genau einstellen zu können.

Die Steuerung des Elektromotors ist durch Fortfallen des Umkehrhebels, der bei einer Dampfmaschine nötig ist, vereinfacht. Durch die Bedienung eines einzigen Hebels wird das Umsteuern und die Drehzahlregelung bewirkt.

Der elektrische Antrieb gewährleistet eine größere Betriebsicherheit, da der Motor bei den vorliegenden Betriebsverhältnissen seine höchstzulässige Drehzahl nicht überschreiten kann, wenn das Gestänge bricht oder ein Förderseil unter einer schweren Last reißt.

Die Wartung des Elektromotors erfordert viel weniger Aufmerksamkeit als die der Dampfmaschine. Bei den vielen bewegten Massen der Dampfmaschine können leichter manche Teile heißlaufen. Der Maschinist kann also bei Elektromotorantrieb seine ganze Aufmerksamkeit dem Förderbetrieb selbst zuwenden.

Der Verbrauch an Schmieröl ist wesentlich geringer.

Beim Senken des Fördergefäßes kann unter Umständen elektrische Energie wieder gewonnen werden.
Beim Stillstand des elektrischen Motors wird keine Energie nutzlos verbraucht, während in den Rohrleitungen, Schiebern und Ventilen auch während des Stillstandes der Dampfmaschine Verluste auftreten, da die Leitungen dauernd unter Dampf gehalten werden müssen.
Der Kraftverbrauch der auszuführenden Arbeiten kann genau gemessen werden, woraus man Schlüsse auf den Zustand der Sonde und die wirtschaftlichen Verhältnisse ziehen kann.
Die Elektromotoren arbeiten mit einem besseren Wirkungsgrad als die Dampfmaschinen.
Die Elektromotoren laufen in jeder Stellung des Läufers an und brauchen deshalb niemals, wie mitunter die Kolbenmaschinen, von einem toten Punkte abgeschwungen zu werden.
Es sind bei Elektromotoren weniger Ausbesserungen erforderlich, und der Verschleiß an Kesselmaterial, der in den Ölfeldern stets groß ist, wird verringert oder gänzlich vermieden. Dies ist ein Vorteil, der bei den hohen Ölpreisen besonders schwerwiegend ist, denn eine jede Betriebstörung ist mit einem mehr oder weniger großen Verlust der Fördermenge verbunden.
Im allgemeinen können bei elektrischem Betrieb die Riemen und die Motorhäuser in einem sauberen Zustande gehalten werden, und die Abnutzung der Maschinenteile und des Bohrturmes wird infolge geringerer Erschütterungen nicht so groß sein.
*Technische Bedingungen, Vorzüge des Drehstroms.* Die erste und Hauptbedingung, der die elektrische Ausrüstung der Grubenfelder entsprechen muß, ist vollkommene Explosionsicherheit. Diese Vorschrift gilt besonders für diejenigen Ölfelder, die einen großen Gasreichtum aufzuweisen haben. Den Sonden entströmt in der Regel das sogenannte Erdgas, dessen wichtigster Bestandteil das Methangas ist, das bei entsprechender Mischung mit Luft bei Vorhandensein einer Flamme oder eines Funkens zu explosionsartiger Entzündung neigt und große Schäden an Menschenleben und Material verursachen kann. Der Bedingung der Explosionsicherheit entsprechen am besten die gewöhnlichen asynchronen Drehstrommotoren, bei denen alle diejenigen Teile, an denen betriebsmäßig Funken entstehen können, explosionsicher gekapselt werden. Die Verwendung von Gleichstrommotoren zum Antrieb der Bohrmaschinen, Schöpf- und der Förderhaspel oder Pumpen ist im allgemeinen aus dem Grunde zu verwerfen, weil sich diese Motoren mit einfachen Mitteln nicht so explosionsicher herstellen lassen, wie Drehstrommotoren. Die Verwendung des Drehstromes als Stromart für die Antriebe bietet noch den nicht zu unterschätzenden Vorteil, daß die Energieübertragung und -verteilung auf größere Entfernungen und innerhalb des Gebietes selbst sich leichter bewerkstelligen läßt, als durch Gleichstrom. Die

Wartung der Drehstrommotoren erfordert bei weitem nicht die Aufmerksamkeit, wie die der Gleichstrommotoren, und ihre Anlagekosten sind niedriger.

Die verschiedenen für den Hauptkraftbedarf der Ölfelder, nämlich da. Bohren, Schöpfen oder Pumpen zur Verwendung kommenden, in besonderen Häuschen untergebrachten und unter der Bezeichnung „Erdölsondenmotoren" bekannten asynchronen Drehstrommotoren nebst ihren Anlaß- und Schaltapparaten müssen in elektrischer und mechanischer Hinsicht ganz besonderen Bedingungen genügen. Diese Bedingungen kann man wie folgt zusammenfassen. Die Motoren müssen der stoßweise auftretenden Belastung und den durch die schwierigen Transport- und Montageverhältnisse verursachten großen mechanischen Beanspruchungen — Hebezeuge stehen meistens nicht zur Verfügung — standhalten. Sie müssen ein hohes Anzugsmoment haben und stark überlastet werden können, ohne daß die Temperatur unzulässig hoch steigt. Die Bauart der Motoren und Apparate muß einen unbedingten Schutz gegen explosible Gase bieten. Die Kapselung derjenigen Teile der Motoren, an denen im Betriebe Funken auftreten können, muß so kräftig ausgeführt werden, daß sie einem Explosionsdruck von 8 at standhalten kann. Sie muß ferner durch das hierfür berufene Personal — jedoch nur durch dieses — zwecks Besichtigung der inneren Teile leicht entfernt werden können. Alle dem Verschleiß unterworfenen Teile, wie die Bürsten, Kontakte usw. müssen leicht auswechselbar sein. Damit eine ständige Überwachung überflüssig wird, muß für gute selbsttätige Lagerschmierung gesorgt werden.

Die vorerwähnten Bedingungen fanden bei der Bauart der im folgenden beschriebenen Motoren und Apparate der Siemens-Schuckertwerke sinngemäß Anwendung.

## 2. Erdölsondenmotoren der Siemens-Schuckertwerke.

Die Erdölsondenmotoren werden in offener und ventiliert gekapselter Ausführung gebaut. Die Motoren entsprechen den „Normalien für Bewertung und Prüfung von elektrischen Maschinen und Transformatoren" des V.D.E., was die Überlastbarkeit und Erwärmung anbelangt. Außerdem fanden die „Leitsätze für die Ausführung von Schlagwetterschutzvorrichtungen an elektrischen Maschinen, Transformatoren und Apparaten" des V. D. E. Berücksichtigung. Die in diesen Leitsätzen angedeutete „geschlossene Kapselung" erstreckt sich nur auf diejenigen Teile, an denen betriebsmäßig Funken auftreten können. Von einer Erhöhung der vorgeschriebenen Isolierfestigkeit um 50 % konnte Abstand genommen werden, da die Motoren in gut gelüfteten Häusern Aufstellung finden. Im übrigen sind die Motoren mit einer Isolation versehen, die genügend Schutz gegen normale Luftfeuchtigkeit gewährt. Indem der Luftspalt zwischen Ständer und Läufer vergrößert wird, wird die Sicherheit gegen Streifen des Läufers am Ständer bei Abnutzung der Lager oder bei zu großer Durchfederung der Welle infolge starken Riemenzuges erhöht. Infolge des sich daraus ergebenden höheren Magnetisierungstromes werden Wirkungsgrad und Leistungsfaktor bei Vollast etwas niedriger als bei normalen Motoren.

*Offene Motoren.* Der Unterschied zwischen den Erdölsondenmotoren und den normalen Asynchron-Drehstrommotoren liegt lediglich in der mechanischen Ausführung, wobei auf die Eigenheiten des bereits geschilderten Erdölsondenbetriebes besonders Rücksicht genommen wurde. Die offenen Motoren saugen die für ihre Kühlung erforderliche Luft axial auf beiden Seiten des Läufers aus dem Betriebsraum an und blasen die warme Abluft durch die Rückenlöcher im Ständerumfang in den Betriebsraum aus. Das Gehäuse trägt den aus Blechen zusammengesetzten Eisenkörper des Ständers. Zwischen den einzelnen Blechpaketen sind Lüftungskanäle vorgesehen. Die Ständerwicklung ist in halb offenen Nuten untergebracht. Die Ständerklemmen liegen in einem Schutzkasten seitlich am Gehäuse. Die Wicklungsköpfe sind gegen Berührung durch einen entsprechend weit heruntergezogenen Wicklungsschutz, der beiderseitig am Ständer angeschraubt ist, geschützt. Das Gewicht ist im Verhältnis zur Leistung gering, ein mit Rücksicht auf die schwierigen Transportverhältnisse im Grubengebiet nicht zu unterschätzender Vorteil. Um der rauhen Behandlung während des Transportes Rechnung zu tragen, ist auch bei der mechanischen Ausführung die Forderung kräftiger Bauart unter Erreichung möglichst geringer Gewichte in allen Einzelheiten beachtet worden. Durch Anordnung von Rippen in den Füßen und an gefährdeten Stellen an den Lagerkörpern ist dafür gesorgt, daß mit möglichst geringem Materialaufwand die größtmögliche Festigkeit der einzelnen Maschinenteile erzielt ist.

*Ventiliert gekapselte Motoren.* Die Motoren in ventiliert gekapselter Bauart erhalten ein bis auf zwei Ventilationsöffnungen geschlossenes Gehäuse, das die Wicklungen gegen mechanische Verletzungen sowie gegen Tropf- und Spritzwasser schützt. Ein auf der Welle angebrachter Ventilator saugt Luft durch den Motor. Die Motoren dieser Bauart kommen nur selten zur Anwendung, da ein weitergehender Wicklungsschutz, als bei den offenen Motoren vorgesehen ist, nicht unbedingt notwendig erscheint.

*Bauliche Einzelheiten.* Die Erdölsondenmotoren werden mit zwei Lagerschilden und freiem Wellenstumpf zum Aufsetzen einer Riemenscheibe geliefert. Die Lagerschilde, Lagerschalen, die Welle und die Befestigung des Ständerpaketes sind verstärkt ausgeführt, mit Rücksicht auf die auftretenden heftigen Stöße. Um die Lagerschalen leichter auswechseln zu können, werden sie zweiteilig ausgeführt und mit einem Weißmetall- oder Lagerbronzeausguß versehen. Die Verstärkung der Lager ermöglicht es, an Stelle der normalen Riemenscheiben Scheiben kleinerer Abmessungen zu verwenden. Die Stoßstellen zusammengepaßter Kapseln und Gehäuseteile sowie die Auflageflächen von Deckel und Klappen sind als breite, glatt bearbeitete Flanschen ausgebildet. Dichtungen sind an solchen Stellen möglichst vermieden worden. Wo sie jedoch angewendet werden mußten (Leitungsdurchführungen), ist dafür gesorgt, daß sie durch den Explosionsdruck nicht herausgepreßt werden können.

Es bestehen folgende Ausführungsformen der Erdölsondenmotoren:

Motoren mit Schleifringläufer,

Motoren mit angebauten Fliehkraftanlassern und getrennt angeordneten Widerständen (Motoren mit Schleifringläufer und Fliehkraftanlassern),

Motoren mit selbsttätiger Gegenschaltung,

Motoren mit Kurzschlußläufer.

Für alle diese Motoren gelten die vorangegangenen Angaben über die mechanische Ausführung. Welche Art der angeführten Motoren gewählt werden soll, richtet sich nach den Betriebsverhältnissen, unter denen sie zu arbeiten haben. Diese werden insbesondere gekennzeichnet durch das erforderliche Anzugsmoment, die Art der Belastung (dauernd oder intermittierend), die Überlastung (stoßweise oder dauernd), die Veränderung der Drehzahl (vorübergehend oder von längerer Zeitdauer), Schulung des Bedienungspersonals u. a. m. Je nachdem die eine oder andere Bedingung zu erfüllen ist, wird man zur Wahl der einen oder anderen Motorart schreiten.

## 3. Drehstrommotoren mit Schleifringläufer.

Der Motor, der allen den genannten Anforderungen bei richtiger Wahl der Leistung entspricht, ist der asynchrone *Drehstrommotor mit Schleifringläufer*. Er gestattet alle Aufgaben zu lösen, die im Erdölgebiet an

Bild 307. Drehstrommotor mit Schleifringläufer (Kapsel abgenommen).

die motorischen Antriebe gestellt werden, und ist ebenso gut geeignet zum Antriebe der Bohreinrichtungen wie zum Antriebe der Förder- und Schöpfhaspel. Er läuft mit einer Stromstärke an, die ungefähr dem zu leistenden Anlaufmoment proportional ist, kann jedoch je nach der Bemessung des Anlaßwiderstandes mit einem beliebigen Drehmoment bis zum 2,5 fachen angelassen werden. Das Drehmoment kann während der ganzen Anlaßdauer annähernd konstant gehalten werden. Der Anlaßstrom bewegt sich bei einem bestimmten Drehmoment in geringen Grenzen. Außerdem ist mit dieser Art von Motoren eine dauernde Drehzahlregelung um 20 % bei unveränderlichem Moment zulässig. Eine weitere Regelung bei unveränderlichem Moment ist nur zeitweise erreichbar, bei mindestens mit der Drehzahl sinkendem Moment auch dauernd.

Bild 308. Steuerschalter mit Kontakten unter Öl und heruntergelassenem Öltrog.

Bei den Motoren mit Schleifringläufer werden die Schleifringe außerhalb der Lagerschilde angeordnet und durch eine Stahlblechkapselung explosionssicher geschützt (Bild 307). Ein kräftig bemessener Verschlußbügel preßt die Stahlblechkapselung an den Lagerflansch und hält sie dort fest. Nach Öffnen des Verschlußbügels kann die Stahlblechkapselung, die nur ein sehr geringes Gewicht hat, ohne weiteres abgenommen werden, so daß die darunter befindlichen Teile vollständig freiliegen. Der Verschlußbügel ist durch Riegel und durch Vorhängeschloß gegen unbefugtes Öffnen geschützt.

*Steuerschalter.* Zum Anlassen und zur Drehzahlregelung der Erdölsondenmotoren mit Schleifringläufer werden explosionssichere Steuerschalter mit Kontakten unter Öl (Bild 308) verwendet. Ein eingebauter Ständer-

Bild 309.
Gußeisenwiderstand (Blechabdeckung abgenommen).

umschalter gestattet die Drehrichtung des Motors beliebig zu verändern. Die dem Verschleiß unterworfenen Kontakte können leicht ausgewechselt werden.

Die Steuerschalter werden mit Gußeisenwiderständen vereinigt, die je nach Bedarf in den Läuferstromkreis eingeschaltet werden (Bild 309). Die Widerstände setzen sich aus einzelnen Elementen zusammen, die ihrer ganzen Breite nach zwischen Trägern vollkommen unbeweglich gehalten werden. Jede Windung eines Widerstandselementes ist so fest eingespannt, daß eine Berührung benachbarter Elemente auch bei starken Erschütterungen ausgeschlossen ist. Vollständige Kapselung wird mit Rücksicht auf gute Abkühlung nicht ausgeführt, ist jedoch auch nicht erforderlich, da die Ausführung und der Aufbau der Widerstände Gewähr für Explosionssicherheit bieten. Offene Funken können an keinem Teile des Widerstandes entstehen. Allerdings sind den Widerständen aus Gründen der Explosionsicherheit hinsichtlich ihrer Erwärmung bestimmte Grenzen gezogen. Unter Berücksichtigung der Betriebsverhältnisse werden sie so bemessen, daß auf sämtlichen Stufen, also auch auf den ersten Einschaltstufen, bei rd. 30 % der normalen Belastung dauernd geregelt werden kann, während bei 40 % der Belastung noch eine dauernde Abwärtsregelung um 20 % der normalen Drehzahl möglich ist.

*Temperaturkontakte.* Um die Erwärmung der Widerstände nicht über 150° ansteigen zu lassen, wird eine Temperaturkontaktvorrichtung

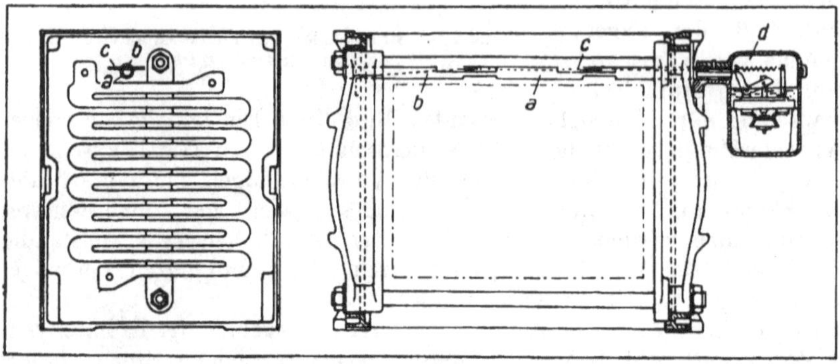


Bild 310. Gußeisenwiderstand mit angebauter Temperaturkontaktvorrichtung.
*a* = Eisenrohr *b* = Stahldraht *c* = Sicherungselement *d* = Ölschalter

Bild 311. Drehstrommotor mit Schleifringläufer und Fliehkraftanlasser (Kapsel abgenommen).

(Bild 310) verwendet, die im wesentlichen aus einem unter Öl liegenden Schalter zur Unterbrechung des Stromkreises des am Hauptschalter befindlichen Spannungsauslösers und einer auf der Wärmewirkung beruhenden Vorrichtung zur Auslösung dieses Schalters besteht.

Kann man bei ungeschultem Bedienungspersonal diesem die Drehzahlregelung der Schleifringmotoren nicht überlassen, will man aber andererseits ein hohes Anlauf-Drehmoment bei verhältnismäßig geringerer Stromaufnahme erzielen, so muß man zu selbsttätigen Anlaßvorrichtungen greifen. Diesem Zwecke dienen die auf der Welle der Motoren angeord-

Bild 312. Fliehkraftschalter, vordere Ansicht.

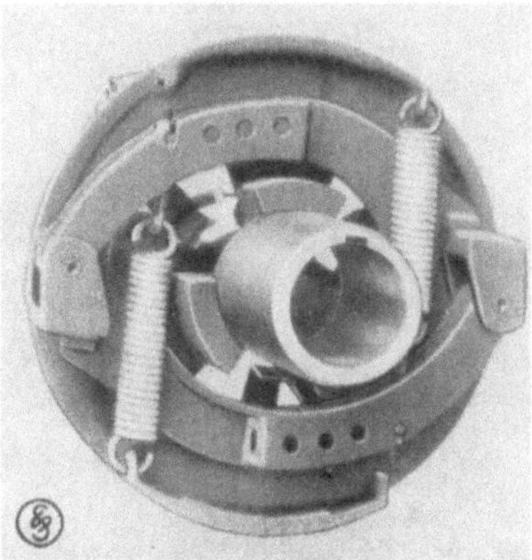

Bild 313. Fliehkraftschalter, hintere Ansicht.

neten Fliehkraftanlasser, die in Verbindung mit in den Läuferstromkreis zu schaltenden Widerständen einen Anlauf mit doppeltem Drehmoment gestatten.

## 4. Motoren mit Fliehkraftanlasser.

Die Motoren mit Schleifringläufer und Fliehkraftanlasser (Bild 311) stellen eine Vereinigung eines normalen Schleifringmotors mit einer selbsttätig wirkenden Anlaßvorrichtung dar. Der Anlaufstrom beträgt ungefähr den 2,5-fachen Wert des normalen. Das Moment sinkt während der Beschleunigung des Motors annähernd entsprechend der Drehzahl. Sobald der Motor ungefähr 50 % seiner Betriebsdrehzahl erreicht hat, schaltet der Fliehkraftschalter selbsttätig kurz, das Moment steigt wieder an, erreicht bei ungefähr 15 % Schlupf seinen Höchstwert und fällt dann wieder auf den dem Widerstandsmoment entsprechenden Wert.

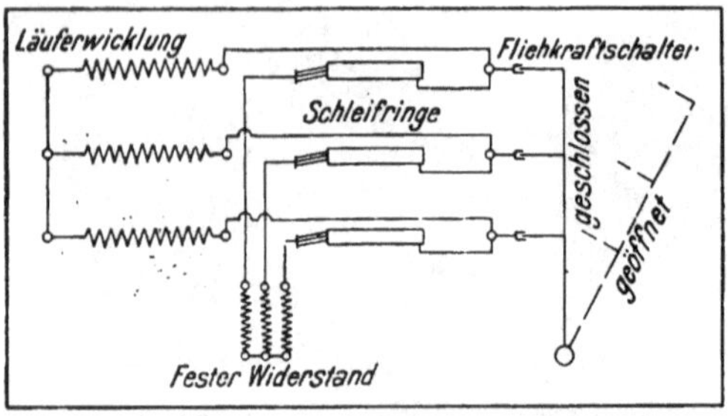


Bild 314.
Schaltbild des Läufers eines Motors mit Fliehkraftanlasser.

*Fliehkraftschalter.* Der explosionsicher gekapselte Fliehkraftschalter (Bild 312 und 313) wirkt unabhängig von der Drehrichtung des Motors. Soll der Motor in beiden Drehrichtungen arbeiten, so muß er durch einen besonderen Ständerumschalter umgesteuert werden. Bei Stillstand des Motors

Bild 315. Drehstrommotor mit selbsttätiger Gegenschaltung (Kapsel abgenommen).

fällt der Fliehkraftschalter in seine Anfangstellung zurück und ermöglicht so ohne weiteres ein erneutes Anlassen. Zur Erreichung dieses Schaltvorganges sind die Kontakte des Fliehkraftschalters mit den Schleifringen verbunden, während die auf den Schleifringen aufliegenden Kohlen ihrerseits mit dem festen Anlaßwiderstand in Verbindung stehen, wie das Schaltbild (Bild 314) zeigt. Nach Entfernung des Kontakthebels des Kurzschließers oder Festhaltung des Fliehkraftschalters in der Ausschaltstellung und Anschluß eines Steuerschalters an die Schleifringklemmen, kann der Motor wie ein normaler Schleifringmotor gesteuert werden. Die zusammenhängenden Kontakthebel des Fliehkraftschalters können nach Entfernung eines einzelnen Splintes ohne weiteres abgezogen und ebenso leicht wieder aufgesetzt werden, so daß man in kürzester Zeit von der einen auf die andere Betriebsweise übergehen kann.

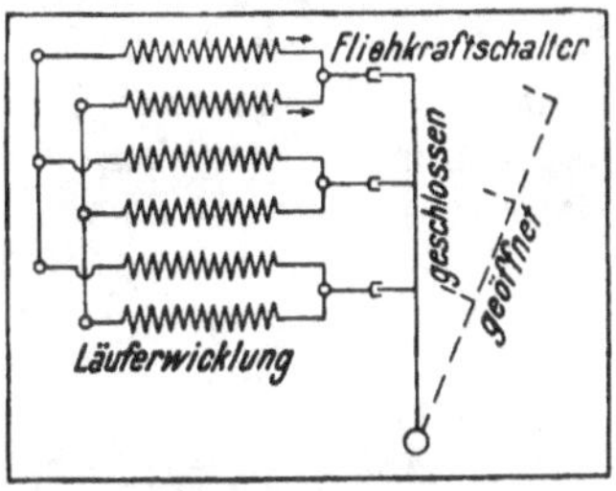

Bild 316. Schaltbild des Läufers eines Motors mit selbsttätiger Gegenschaltung.

## 5. Motoren mit selbsttätiger Gegenschaltung.

Einea uf den Erdölfeldern mitunter verwendete Motorart sind die Motoren mit selbsttätiger Gegenschaltung (Bild 315). Sie verhalten sich hinsichtlich der Anlaufverhältnisse annähernd genau so wie die Motoren mit Fliehkraftschaltern. Der Läufer hat zwei Wicklungen, deren Enden mit den Kontakten eines explosionsicher gekapselten Fliehkraftkurzschließers verbunden sind (Bild 316).

Während der Anlaufzeit sind die beiden Wicklungsgruppen gegeneinander geschaltet. Bei Erreichung von ungefähr 70 % der Betriebsdrehzahl tritt der Fliehkraftschalter in Tätigkeit, schließt die Kontakte kurz und schaltet dadurch die beiden Wicklungen des Läufers parallel. Infolge Fehlens der Anlaßwiderstände beträgt das Anlaufmoment nur ungefähr 125 % des normalen, der Anlaufstrom ist ungefähr der dreifache des normalen. Sowohl der Motor mit Schleifringläufer und

Bild 317. Drehstrommotor mit Kurzschlußläufer.

Fliehkraftanlasser, als auch der Motor mit selbsttätiger Gegenschaltung werden durch das Einlegen des Ständerschalters in Betrieb gesetzt. Besondere Anlaßvorrichtungen, die zu bedienen wären, sind nicht erforderlich.

## 6. Drehstrommotoren mit Kurzschlußläufer.

Die Motoren mit Kurzschlußläufer (Bild 317) laufen nur mit geringer Last an und nehmen beim Anlauf einen hohen Strom auf. Sie werden daher nur in Betrieben verwendet, bei denen die Bedingung des entlasteten Anlaufs erfüllt werden kann, besonders im Schöpf- bzw. Pumpbetrieb. Das Anlassen geschieht in der Regel mittels eines Anlaß-Transformators. Der dabei auftretende Stromstoß beträgt ungefähr das 1—1,5 fache des normalen Stromes, bei rd. $^1/_5$ des normalen Drehmomentes, bei Motoren, deren Leistungsfaktor kleiner als 0,83 ist. Bei allen anderen Motoren beträgt der Stromstoß das rd. 1,5—2-fache des normalen Stromes, ebenfalls bei $^1/_5$ des normalen Drehmomentes. Durch die Bauart der Kurzschlußmotoren wird die Bedingung der Explosionsicherheit gewährleistet. Selbst bei größeren Überlastungen kann ein Durchschmelzen der Läuferstäbe oder Lösen von Lötstellen am Motor nicht eintreten.

Bild 318.
Anlaßtransformator (aus dem Ölkessel herausgenommen).

*Anlaßtransformatoren.* Die Anlaßtransformatoren gestatten, die Kurzschlußmotoren höchstens dreimal in der Stunde anzulassen, wobei als jedesmalige Anlaßzeit höchstens $^1/_2$ Minute angenommen ist. Die Anlaßtransformatoren sind Transformatoren, die mit Stufenschaltern, deren Kontakte ebenfalls unter Öl liegen und daher beim Schalten keine offenen Funken erzeugen können, fest verbunden und in einem gemeinsamen Kessel untergebracht sind. Entsprechend dem häufigen Anlassen der Motoren und der rauhen Behandlung, der die Apparate durch das wenig geschulte Personal ausgesetzt sind, werden die Kontakte der Stufenschalter besonders kräftig ausgebildet (Bild 318). Es ist darauf Rücksicht genommen, daß die dem Verschleiß unterworfenen Teile, also hauptsächlich die Kontakte, rasch ausgewechselt werden können.

Die beschriebenen Erdölsondenmotoren werden für verschiedene Leistungen in den Grenzen von 30—150 kW gebaut. Ihre Drehzahl beträgt durchweg 750 Umdr/min bei 50 Per./s. Die Normalspannungen sind 500 und 1000 V. Die Motoren für 120 und 150 kW werden nur als Motoren mit Schleifringläufer gebaut. Sämtliche Motoren und Apparate werden in besonderen, für diesen Zweck gebauten Prüfräumen auf Explosionsicherheit geprüft.

*Ausschalter usw.* Die zum Ein- und Ausschalten der Motorstromkreise verwendeten Apparate sind so ausgeführt, daß alle stromführenden Teile, namentlich die Kontakte, kräftig ausgebildet und unter Öl gelegt sind, damit die beim Schalten entstehenden Funken erstickt werden und nicht mit der umgebenden Luft in Berührung kommen können. Die Spannung führenden Teile sind abgedeckt und der Berührung unzugänglich gemacht. Alle Gehäuseteile sind mit der Erde leitend verbunden. Die Motoren sind gegen Überlastung durch Ölschalter mit aufgebauten Höchstromauslösern geschützt. Bei Ausbleiben der Spannung bewirkt ein auf die Freilaufkupplung wirkender Spannungsauslöser die selbsttätige Ausschaltung. Die Motoren können erst dann wieder eingeschaltet werden, wenn die Ursache der Störung behoben ist. Die Verwendung von Schmelzsicherungen ist unzulässig. Die Schalter sind in Schaltkasten (Bild 93) angeordnet, die noch zur Aufnahme von Meßgeräten dienen.

Bild 319. Dreipoliger Trennschalter unter Öl.

Im Falle eines Sondenbrandes oder bei Ausbesserungen an den elektrischen Einrichtungen können letztere durch einen in angemessener Entfernung von der Sonde auf einem Mast befindlichen und mittels einer Schaltstange oder leichter Winde bedienbaren Trennschalter mit Kontakten unter Öl strom- und spannungslos gemacht werden (Bild 319).

Die Schilderung der Antriebe wäre nicht vollständig, wenn des Senkmotors der Siemens-Schuckertwerke in der neuesten Bauart nicht Erwähnung getan würde. Durch die Verwendung dieses Motors (Bild 320) ist es möglich, Flüssigkeiten aus tiefen Bohrlöchern ohne Zuhilfenahme der üblichen Fördermaschinen oder Tiefpumpen nebst ihren übertage angeordneten mehr oder weniger verwickelten Energie verzehrenden Antrieben zu heben. Der langgestreckte, in seinen Abmessungen den engen Bohrlöchern angepaßte Motor ist ein geschlossener Kurzschlußmotor und hat die diesem eigentümlichen charakteristischen

Eigenschaften. Er wird für eine Drehzahl von 1500 oder 3000/min hergestellt und mit einer Senkpumpe, die sich in der Regel oberhalb des Motors befindet, unmittelbar gekuppelt.

Die Abdichtung des Motors gegen das Eindringen der Flüssigkeit bildete den Gegenstand besonderer Überlegungen (DRP.) und hat sich im wochenlangen, ununterbrochenen Betriebe bestens bewährt.

Die Leistung der Pumpe und auch des Motors kann den Zuflußverhältnissen, der Tiefe des Bohrloches und der Viskosität der Flüssigkeit angepaßt werden. Der größte, bis jetzt gebaute Motor hat eine Leistung von 13 kW bei einer Länge von etwa 300 mm und einem Durchmesser von etwa 190 mm. Er wird durch Einlegen des Ständerschalters angelassen und bedarf für den Betrieb keiner weiteren Apparatur. Zweckmäßigerweise wird zur Feststellung des vom Motor aufgenommenen Stromes ein Stromzeiger in den Motorstromkreis geschaltet und am oberen Ende der Steigleitung, an der der Pumpensatz hängt, ein Vibrationstachometer zur Feststellung der Drehzahl angeordnet.

Bild 320.
Erdölsonde in Rumänien mit Senkpumpensatz.

Die Stromzuführung zum Motor erfolgt unter Vermeidung von Kabeln, deren Isolation von den sauren Bestandteilen der zu fördernden Flüssigkeit angegriffen werden könnte, durch Gummiaderleitungen, die in Stahlrohren dicht verschlossen werden. Die Rohre, deren Länge derjenigen der einzelnen Schüsse der Steigleitung angepaßt wird, erhalten an ihren Enden wasserdichte Steckdosen bzw. Stecker und werden an die Steigleitung angeschellt (DRPa).

## 7. Beleuchtung des Bohrturmes.

Zur Beleuchtung des Innern des Bohrturmes dienen Glühlampen in explosionsicheren Armaturen. Sie werden durch Drehschalter, sogenannte Pakko-Schalter in Gußgehäuse, das den Eintritt der Gase nicht gestattet, ein- und ausgeschaltet. Jeder Lichtstromkreis ist besonders gesichert. Die Sicherungen sind mit explosionsicheren Schaltern derart vereinigt, daß sie nur im spannungslosen Zustande ausgewechselt werden können.

Die gesamte elektrische Einrichtung ist in einem neben dem Bohrturm befindlichen Häuschen untergebracht. Dieses ist nur dem hierzu berufenen Personal zugänglich. Die Betätigung der Schalter, Steuer- und Anlaßvorrichtungen geschieht durch Handhebel, Kurbel oder Handräder, von denen die Bewegung durch Zugseile, Ketten oder Gestänge auf die Betätigungswellen übertragen wird.

Die sämtlichen Leitungen innerhalb des Häuschens sind in Form von eisenbandarmierten Kabeln, Panzeraderleitungen oder in Gasrohren befindlichen Gummiaderleitungen verlegt.

---

## XIII. Signal- und Sicherheitseinrichtungen.

Die zweckmäßige Durchbildung der elektrischen Signal- und Sicherheitseinrichtungen befördert in hohem Grade die flotte Abwicklung und namentlich die Sicherheit des gefahrenvollen Grubenbetriebes und damit zugleich auch sein wirtschaftliches Ergebnis. Es handelt sich hierbei in erster Linie um die außerordentlich wichtigen, den Förderbetrieb regelnden Schachtsignalanlagen zur Verbindung der einzelnen Sohlen mit Hängebank und Fördermaschine. Mit diesen Signalanlagen werden häufig selbsttätig wirkende Sicherungseinrichtungen verbunden, die das Anschläger- und Maschinenpersonal zur vorschriftsmäßigen Ausführung ihrer Obliegenheiten zwingen, wie z. B. Sohlen-Blockiereinrichtungen und Fördermaschinen-Sperreinrichtungen. Jene ermöglichen nur derjenigen Sohle, bei der der Förderkorb steht, ein Fördersignal zur Maschine zu geben, diese verhindern ein vorzeitiges Ingangsetzen der Fördermaschinen bei noch geöffneten Schachttoren. Dazu kommt eine Reihe sonstiger elektrisch betriebener Signal- und Fernsprechanlagen sowie selbsttätiger Überwachungsanlagen einfacher Art, wie z. B. Signal- und Fernsprecheinrichtungen für Streckenbeförderungen, Bremsberge und Haspel, ferner Gefahrsignalanlagen, Sicherungseinrichtungen für Räume, die nur unter Beobachtung besonderer Vorsichtsmaßregeln betreten werden dürfen, Wasserstands-Fernmelder, Wächter-Kontrollanlagen u. dgl. mehr.

Das Wernerwerk der Siemens u. Halske A.-G. hat diesem Gebiete schon früh sein Interesse zugewandt und im Laufe der Jahre eine große Anzahl bewährter Konstruktionen und Schaltungen durchgebildet, die den äußerst strengen Anforderungen des Grubenbetriebes in jeder Beziehung gerecht werden. Sämtliche Apparate sind in kräftige, vollständig wasser- und gasdichte Metallgehäuse eingeschlossen und so ausgeführt, daß ihre Handhabung denkbar einfach ist und an die Intelligenz des Personals keinerlei besondere Anforderungen stellt. Sie werden ähnlich wie die

Bild 321. Einschlagwecker.

früher gebräuchlichen mechanischen Einrichtungen durch Niederdrücken eines Hebels, Ziehen eines Seiles und ähnliche einfache Handgriffe bedient. Einige der hauptsächlichsten und besonders bemerkenswerten Apparate und die Art ihrer Benutzung mögen hier kurz besprochen werden, bezüglich ihrer Einzelheiten muß auf die Sonderbeschreibungen der Siemens & Halske A. G. verwiesen werden.

*Elektrische Glocken.* Das älteste und auch heute noch gebräuchlichste Verständigungsmittel im Grubenbetriebe ist das aus einzelnen Schlägen bestehende Glockensignal. Durch Aneinanderreihen der für jedes Manöver festgesetzten Anzahl von Glockenschlägen, die man bei längeren Signalen der leichteren Auffassung wegen in Gruppen mit kleiner Schlagzahl und dazwischenliegenden Pausen unterteilt, werden hierbei die verschiedenen, den Förderbetrieb regelnden Signale zusammengesetzt. Während aber früher zur Betätigung der Glocken einfache Drahtzüge genügten, sind heutzutage bei der großen Teufe der Schächte überall elektrische Glocken nötig, deren Werk natürlich vollkommen gegen Feuchtigkeit und Staub sowie gegen explosible Gase abgeschlossen sein muß. Bild 321 zeigt einen solchen Grubenwecker, und zwar einen sogenannten Einschlagwecker. Der Anker eines solchen Weckers wird bei jedem Kontaktschluß am Geber nur einmal angezogen, so daß der Klöppel auch nur einmal gegen die Glocke schlägt. Die große Betriebsicherheit der Einschlagwecker beruht auf ihrer widerstandsfähigen, kräftigen Bauart, vor allem auch darauf, daß sie keine der Abnutzung unterworfenen Ankerkontakte haben. Der wasserdichte Abschluß wird durch geeignete Lagerung einer Achse erzielt, an deren einer Seite der Klöppelstiel, an deren anderer der Elektromagnetanker sitzt. Bei Rasselweckern, die man für weniger wichtige oder nur selten zu gebende Signale verwendet, werden die Bewegungen des Magnetankers auf den Klöppel durch eine über einem Ausschnitt der Gehäusewand liegende Metallmembran übertragen. Beide Arten von Weckern führt man sowohl für Gleichstrom- als auch für Wechselstrombetrieb und für die verschiedensten Spannungen aus.

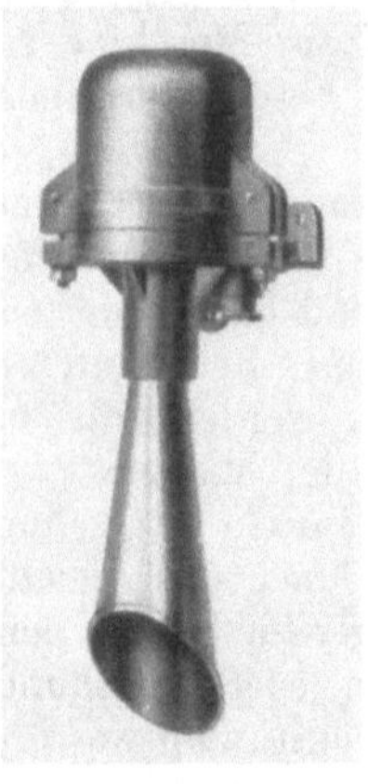

Bild 322. Elektrische Hupe zum Anschließen an ein Wechselstromnetz.

*Signalhupen.* Ein in vielen Fällen für den Grubenbetrieb sehr geeigneter Signalapparat ist die elektrische Hupe, weil sich das mit ihr abgegebene Signal scharf von anderen akustischen Zeichen unterscheidet und Betriebsgeräusche sicher übertönt. Für den Grubenbetrieb verwendet man meist Wechselstromhupen, da diese keinen Unterbrecherkontakt haben und infolgedessen einfach gebaut und sehr betriebssicher sind, Bild 322.

Bild 323. Öl-Zugkontakt.

*Signalkontakte.* Zur Abgabe der Glocken- und sonstigen Signale werden Zug- und Druckkontakte, Bild 323, 324 und 325, verschiedener Konstruktion verwendet. Sie sind ebenfalls wasser- und gasdicht in kräftige Gehäuse eingebaut und in den meisten Fällen mit Momentschaltung ausgerüstet, um die Funkenbildung nach Möglichkeit zu verringern. Besonders stark beanspruchte Kontakte für Fördersignalanlagen werden meist als Ölschalter und für Betätigung durch Zug ausgeführt. Solche Kontakte haben sich in jahrelangem Gebrauch vorzüglich bewährt.

Bild 324.
Druckknopf-Kontakt.

Für Förderbetriebe einfacher Art, in Schächten und auf Strecken sowie auch in anderen Teilen eines Bergwerks werden rein akustische Signalanlagen, die also nur elektrische Glocken und die zugehörigen Geberkontakte enthalten, verwendet. Bei Schachtsignalanlagen ist in den meisten Fällen die Schaltung so, daß sämtliche Einzelschlagwecker der Sohlen und der Hängebank beim Betätigen eines Kontaktes ertönen, während bei der Weitergabe des Signals von der Hängebank nach der Fördermaschine nur der Einzelschlagwecker der Hängebank und der Fördermaschine anschlägt. Die Schaltung der Anlage richtet sich im übrigen ganz nach den jeweiligen Betriebsverhältnissen.

*Glühlampentableau.* In der Regel sind mehrere Sohlen vorhanden; es muß dann die jeweilig fördernde Sohle sowohl im Maschinenraum und auf der Hängebank als auch an den übrigen Anschlagstellen kenntlich gemacht werden. Hierzu benutzt man zweckmäßig Glühlampentableaus, Bild 326 und 327. Ein derartiges Sohlenanzeigertableau enthält in einem wasserdichten Kasten so viele licht-

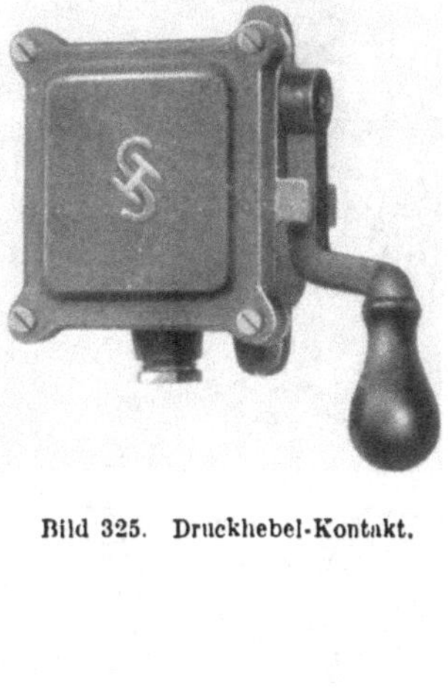

Bild 325. Druckhebel-Kontakt.

Bild 326. Einteiliges Lampentableau mit eingebauter Taste.

dicht gegeneinander abgeschlossene Fächer, als Sohlen vorhanden sind. Jedes Fach kann durch eine im Innern befindliche Glühlampe erleuchtet werden und ist durch eine im Kastendeckel angebrachte Mattglasscheibe abgeschlossen. Auf dieser ist die Sohlenbezeichnung aufgetragen, die aber nur bei brennender Lampe sichtbar ist. Glühlampentableaus werden im Grubenbetriebe vielfach verwendet, z.B. bei Etagensignalanlagen für Förderkörbe mit mehreren Etagen. Die Abgabe des Fördersignals zur Maschine ist hier bei Seilfahrt erst dann möglich, wenn sämtliche Hilfsbühnen dem Anschläger die Förderbereitschaft angegeben haben.

*Kontrollzeigerapparat.* Um die Sicherheit der Signalanlage noch weiterhin zu erhöhen, ergänzt man das hörbare Signal noch durch ein sichtbares Zeichen; hierzu eignet sich der in Bild 328 dargestellte Kontrollzeigerapparat. Er besteht im wesentlichen aus zwei elektromagnetisch betätigten Klinkwerken, von denen das eine den Zeiger des Apparates bei jedem Glockenschlage um ein Feld der Ziffernscheibe sprungweise vorrücken läßt, so daß stets der Zeiger die Anzahl der abgegebenen Schläge anzeigt. Das zweite Klinkwerk dient zur Rückstellung des Zeigers auf 0 und ist so eingerichtet, daß je nach der Einstellung einer Schraube der Zeiger entweder schrittweise von Feld zu Feld oder sofort auf 0 zurückgeht. Ein Kontrollzeiger wird meist nur auf der Hängebank und im Fördermaschinenraum vorgesehen und mit der Weckeranlage so in Verbindung gebracht, daß bei einer Signalübermittlung von der Sohle nach der Hängebank nur der Kontrollzeiger der Hängebank schrittweise vorrückt. Gibt der Hängebankanschläger dann das Ausführungssignal zur Fördermaschine weiter, so rückt der Kontrollzeiger im Fördermaschinenraum vor, während derjenige auf der Hängebank schrittweise zurückgeht. Der Hängebankanschläger muß also, um ein ihm von der Sohle übermitteltes Ausführungsignal zur Maschine weiterzugeben, seine Ausführungstaste solange betätigen, bis er das ihm von der Sohle übermittelte Ausführungsignal vollständig nach der Maschine weitergegeben hat. Der Kontrollzeiger auf der Hängebank ist dann auf 0 angelangt. Bei dieser Stellung des Kontrollzeigers wird der Stromkreis der

Bild 327. Sohlenanzeiger-Tableau.

Ausführungstaste der Hängebank unterbrochen, so daß der Hängebankanschläger nicht mehr Glockenzeichen, als ihm übermittelt wurden, nach der Fördermaschine weitergeben kann. Hat der Zeiger des Hängebankapparates die Nullstellung erreicht, so wird bei Verwendung eines Kontrollzeigerapparates im Maschinenraum dort eine rote Lampe ausgeschaltet, bei Verwendung des später beschriebenen registrierenden Signalanzeigers die Projektionslampe eingeschaltet. Bei unvollständiger Weitergabe des Signals durch den Hängebankanschläger erkennt dies im ersten Fall der Fördermaschinist am Brennen der Warnlampe, im zweiten Fall erhält er überhaupt kein optisches Signal. Ein Irrtum ist somit bei der Signalübermittlung von der Hängebank nach der Fördermaschine ausgeschlossen.

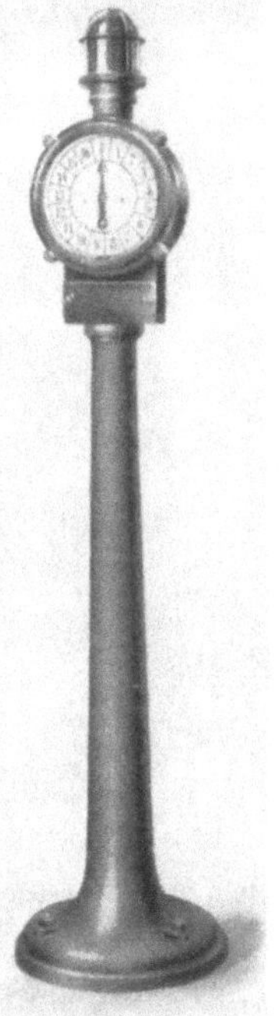

Bild 328. Kontrollzeiger.

*Registrierende Signalanzeiger.* Die Kontrollzeiger lassen zwar die Anzahl der Glockenschläge, nicht aber ihre Gruppierung erkennen, deren deutliche Wiedergabe jedoch, besonders im Maschinenraum, sehr erwünscht ist. Auch hierfür hat die Siemens & Halske A. G. eine sehr einfache Lösung gefunden in dem in Bild 329 gezeigten Signalanzeiger, der zugleich auch den wichtigen Vorzug besitzt, alle von ihm angezeigten Signale selbsttätig zu registrieren. Dies bedeutet eine weitere Erhöhung der Betriebsicherheit, da durch die Aufzeichnung eine einwandfreie Unterlage für die spätere Kontrolle gegeben ist. Die Signale erscheinen bei diesem Apparat als Reihen leuchtender Punkte auf dunklem Hintergrund. Die leuchtenden Punkte entsprechen den Glockenanschlägen, die kleineren oder größeren Abstände der Punkte voneinander den Pausen zwischen den einzelnen Schlägen. Der Apparat enthält ein Laufwerk, das mit jedem Glockenschlage selbsttätig einen Morsestreifen um ein bestimmtes Stück vorwärts und durch ein elektromagnetisch betätigtes Lochersystem bewegt. Dieses stanzt bei jedem Glockenschlag ein etwa 2 mm großes Loch in den Papierstreifen, und das Bild des gelochten Streifens wird mittels einer Projektionseinrichtung hinter einem über die ganze Breite des Apparates reichenden Fenster sichtbar gemacht. Jeder Glockenschlag zeichnet sich dadurch als eine hell erleuchtete Kreisfläche von rd. 15 mm Durchm. auf dunklem Hintergrunde ab. Eine Verschiedenheit des registrierten und des sichtbar gemachten Signals ist bei dieser Anordnung unter allen Umständen ausgeschlossen, ebenso eine Abweichung des akustischen Zeichens von dem optischen, da der Lochermagnet mit dem unten am Apparat angebrachten

Einzelschlagwecker des Fördermaschinenraumes bzw. dem Kontrollzeiger der Hängebank hintereinander geschaltet ist. Unter dem Ablesefenster ist eine Reihe von Signallampen zur Kenntlichmachung der jeweils fördernden Sohle (Sohlenanzeigetableau) eingebaut.

*Optisch-akustische Signalanlagen mit Sohlenblockierung.* Um zu verhüten, daß die Sohlen sich beim Signalisieren gegenseitig stören, werden sie durch elektrische Blockierung ihrer Signaltasten derart voneinander abhängig gemacht, daß immer nur diejenige, deren Sohlenlampen in den Tableaus leuchten, ein Ausführungssignal geben kann. Besonders bewährt hat sich eine von Siemens u. Halske namentlich im oberschlesischen Bergwerksbezirk häufig angewendete Sicherheitschaltung, bei der nur der für den Förderbetrieb hauptsächlich verantwortliche Hängebankanschläger die Freigabe der gesperrten Sohlentasten bewirken kann. Das Hängebanktableau hat hierbei die aus Bild 330 ersichtliche Ausführungsform. Es enthält für jede Sohle zwei nebeneinander eingebaute Lampen hinter je einem kleinen runden Fenster mit roter bzw. grüner Scheibe, und rechts neben jedem Lampenpaar einen Druckknopf zum Entblocken der betreffenden Sohlentasten.

Bild 329. Registrierender Signalzeiger im Fördermaschinenraum.

Auf jeder Sohle ist ein kleines einteiliges Lampentableau mit eingebauter Taste, Bild 326, angeordnet. Mittels dieser Anruftaste gibt der Sohlenanschläger der Hängebank die Förderbereitschaft bekannt; im Hängebanktableau leuchtet dann die der Sohle zugeordnete rote Lampe auf, gleichzeitig ertönt vorübergehend ein Glockensignal (Rasselwecker). Kann die Förderung vor sich gehen, so drückt der Hängebankanschläger die rechts neben der roten Lampe befindliche Tableautaste (Sohleneinschaltetaste), dadurch wird die Signaltaste der Sohle entblockt und gleichzeitig die Lampe des einteiligen Tableaus eingeschaltet, deren Aufleuchten dem Sohlenanschläger die Freigabe seiner Taste anzeigt. Außerdem leuchtet gleichzeitig zur Kontrolle am Hängebanktableau die grüne Lampe auf, ebenso die entsprechende Lampe im Sohlenanzeigertableau der Fördermaschine, woraus der Maschinist erkennen kann, welche Sohle fördern will.

*Fertigsignal.* Um die Förderung, besonders die Produktenförderung nach Möglichkeit zu beschleunigen, geht man neuerdings vielfach dazu über, daß man die Signale für die Kohlenförderung nicht mehr über die Hängebank leitet, sondern von den Anschlagstellen unter Tag unmittelbar zur Fördermaschine gehen läßt. Hierbei bedient man sich eines weiteren Zeichens, des sogenannten „Fertigsignals", wobei aber die schon beschriebenen bewährten Einrichtungen im wesentlichen bestehen bleiben. Besonders wichtig ist dieses Signal in dem Fall, wo mehrere Etagen des Förderkorbes gleichzeitig beladen oder entladen werden. Hier erhält jede Hilfsbühne eine Fertigtaste nebst einem Kontrolltableau, während im Fördermaschinenraum ein entsprechend mehrteiliges Tableau vorgesehen ist. Sobald eine Fertigtaste gedrückt wird, leuchten das eigene Kontrollfach und das betreffende Fach des Glühlampentableaus im Fördermaschinenraum auf. Wenn von allen Hilfsbühnen die Fertigmeldungen eingelaufen sind, also auch die Lampen aller Fächer leuchten, ertönt ein Rasselwecker, worauf der Maschinist sofort ohne weitere Benachrichtigung anfährt. Dadurch wird ein mit dem Steuerhebel gekuppelter Kontakt geöffnet und das Signal selbsttätig abgestellt; der Wecker verstummt und die Lampen erlöschen. Diese Anordnung hat noch den Vorteil, daß im Fördermaschinenraum an dem Aufleuchten der Lampen der Ladevorgang und die Schnelligkeit der Abfertigung an den Ladestellen überwacht werden kann, was wesentlich zur Beschleunigung der Förderung beiträgt.

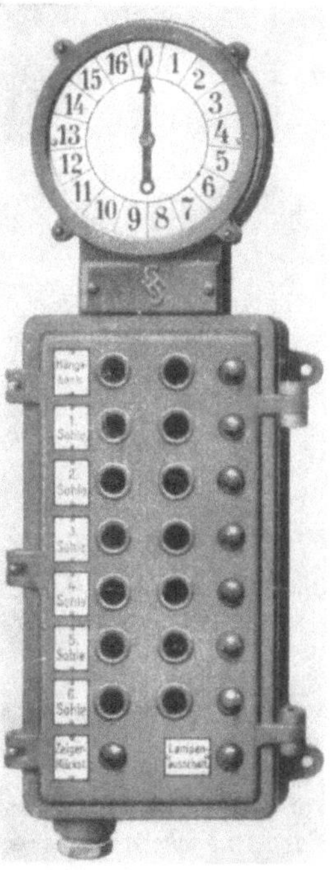

Bild 330. Hängebank-Tableau.

*Sohlenblockierschalter.* Für Schachtsignalanlagen, bei denen besondere Einrichtungen zur Kenntlichmachung der fördernden Sohle nicht vorgesehen sind, besteht zwar allgemein die Vorschrift, daß immer nur diejenige Sohle, die gerade über den Korb verfügt, ein Fördersignal abgeben darf: trotzdem sind häufig Unfälle dadurch hervorgerufen worden, daß der Hängebankanschläger auf Grund eines vorschriftswidrigen Signals den noch nicht fahrbereiten Korb in Bewegung gesetzt hat, d. h. also, während noch Personen oder Material auf ihn übergingen. Derartige Vorkommnisse verhindert in sehr einfacher und zuverlässiger Weise der Sohlensignal-Blockierschalter von Siemens & Halske, indem er die Signalleitungen aller nichtfördernden Sohlen abschaltet und nur den Geber derjenigen Sohle, bei welcher der Förderkorb gerade steht, mit dem Hängebankempfänger verbindet. Der Apparat wird zwangläufig von der Fördermaschine bzw. dem Teufenzeiger angetrieben, arbeitet also vollkommen selbsttätig und kann durch Bedienungsfehler oder sonstige irrtümliche oder fahrlässige Handgriffe des Anschlägerpersonals in seiner Wirkungsweise nicht beeinflußt oder gestört werden.

Bild 331 zeigt einen solchen am Teufenzeiger angebrachten und mit ihm durch Kettenübertragung gekuppelten Blockierschalter. Den wesentlichen Bestandteil der Inneneinrichtung bildet eine kreisförmige Kontaktbahn und ein um ihren Mittelpunkt drehbarer Arm, der durch Schneckenübertragung von dem außen sitzenden Kettenrad angetrieben wird. Auf der Kontaktbahn sitzen den einzelnen Anschlagpunkten zugeordnete Kontakte, deren gegenseitiger Abstand so gewählt ist, daß, wenn der Förderkorb an einem der Anschlagpunkte hält, der Kontaktarm den diesem Punkte zugeordneten Kontakt leitend berührt und dadurch die an diesem Kontakt liegende Signalleitung mit dem Empfänger auf der Hängebank verbindet. Die Kontakte können auf der Kreisbahn in beliebiger Anzahl und an beliebiger Stelle festgeklemmt werden, so daß der Apparat allen Verhältnissen leicht angepaßt werden kann.

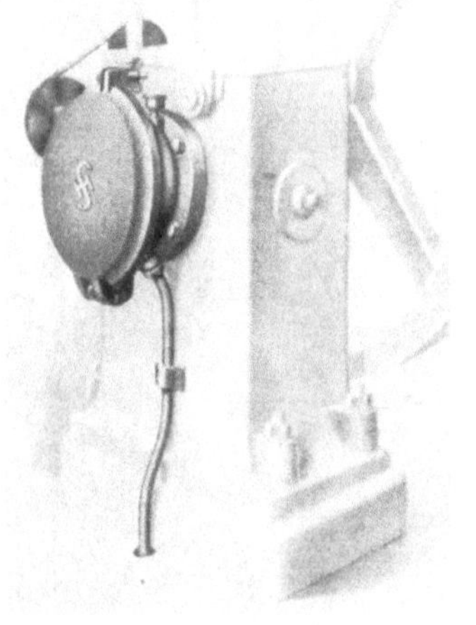

Bild 331. Sohlen-Blockierschalter am Teufenzeiger.

Es steht natürlich nichts im Wege, diese Einrichtung auch bei Anlagen mit Sohlenanzeiger und Blockierung der Tasten zu verwenden und damit deren Sicherheit noch zu erhöhen.

*Fördermaschinen-Sperreinrichtung.* Es sei schließlich noch eine ebenfalls selbsttätig wirkende Sicherheitseinrichtung erwähnt, die verhindert, daß der Maschinist die Fördermaschine in Gang setzt, solange irgendein Schachttor geöffnet ist. Diese als Fördermaschinen-Sperreinrichtung bezeichnete Anordnung tritt nur bei Seilfahrt in Wirksamkeit und beruht darauf, daß der Bremshebel der Fördermaschine durch einen Elektromagneten verriegelt wird, sobald man ein Schachttor öffnet. An jedem Schachttor ist zu diesem Zweck ein mit ihm zwangläufig verbundener Kontakt angeordnet, und die Kontakte sämtlicher Tore eines Schachtes sind mit dem Sperrmagnet hintereinander in einen Stromkreis geschaltet, derart, daß dieser sich erst dann schließt, wenn auch alle Tore geschlossen und damit alle Kontakte in Ruhe sind. In diesem Zustande der Anlage ist also der Sperrmagnet eingeschaltet und der Bremshebel entblockt. Durch das Öffnen eines beliebigen Tores wird der betreffende Kontakt betätigt und damit der Stromkreis unterbrochen. Der Sperrmagnet wird stromlos, sein Anker fällt unter dem Einfluß der eigenen Schwere nach unten und legt damit einen mit ihm in Verbindung stehenden Sperrhebel vor den Brems hebel, so daß ein Lösen der Bremse unmöglich ist. Besondere Signallampen an den Schachtzugängen zeigen durch ihr Aufleuchten an, daß der Bremshebel verriegelt ist und daß der Förderkorb gefahrlos bestiegen werden kann, ebenso wird auch der Fördermaschinist durch besondere Signallampen darüber unterrichtet, ob der Bremshebel frei oder gesperrt ist.

*Vertikal-Beschleunigungsmesser.* Ein für die Überwachung von Förderanlagen außerordentlich wichtiges Meßgerät ist der Beschleunigungsmesser von Siemens & Halske. Er zeichnet unmittelbar die Beschleunigung des Fahrkorbes auf und zeigt hierbei alle Unregelmäßigkeiten und Seilschwingungen an, die durch schlechte Betriebsverhältnisse hervorgerufen werden.*)

*Fernsprecher.* Neben den oben besprochenen Signaleinrichtungen sind in den neuzeitlichen Schachtanlagen auch Fernsprechverbindungen unentbehrlich, in vielen Bezirken sogar bergpolizeilich vorgeschrieben. Die hierfür benutzten Apparate müssen natürlich ebenfalls den hohen Anforderungen des Grubenbetriebes in jeder Hinsicht gewachsen und dementsprechend sowohl unempfindlich gegen rauhe Behandlung sein, als auch widerstandsfähig gegen die Einwirkungen der Grubenluft, gegen Witterungseinflüsse usw.

Bild 332. Wasserdichter Grubenfernsprecher mit Induktoranruf.

Bild 332 zeigt eine bewährte Konstruktion der Siemens & Halske A. G., eine wasserdichte Grubenstation für Induktoranruf mit 2 gekapselten Dosenfernhörern und Batteriekasten. Die Fernhörerschnüre sind besonders imprägniert und außerdem durch einen darüber gezogenen Gummischlauch geschützt.

In manchen Fällen z. B. für Befehlübermittlung zwischen einzelnen von einander abhängigen Betriebstellen, wie Hängebank und Maschinenhaus oder dergl., ist eine möglichst lautstarke Sprechübertragung erwünscht. Als sehr guter Ersatz für Sprachrohre eignen sich Lautsprecher, die den

*) Vgl. auch „Siemens-Zeitschrift" 1922, Heft 7, S. 332: „Ein Beschleunigungsmesser für Förderanlagen und Aufzüge" von Dr.-Ing. Georg Keinath; ferner 1925, Heft 5/6, S. 222: „Betriebsmäßige Untersuchungen am Seil von Förderanlagen mit Hilfe des Schachtprüfers" von Dipl.-Ing. Heilmann.

Bild 333. Wasserdichter Stationswähler.

Vorteil bieten, daß die Lautstärke bei den praktisch vorkommenden Entfernungen von der Länge der Leitungen unabhängig ist, und daß, wenn man sogenannte Stationswähler (Bild 333) anwendet, von einer Station nach verschiedenen Stellen gesprochen werden kann. Im Fördermaschinenraum verwendet man meist Lautsprecher, die mit großen Schalltrichtern ausgerüstet sind und setzt die Station auf eine Säule auf (Bild 334). Man schaltet dann die Anlage so, daß der Maschinist lediglich zum Anrufen der Hängebank eine Taste zu drücken hat, im übrigen aber beim Sprechen in der Führung der Maschine nicht behindert ist und seinen Platz nicht zu verlassen braucht, wenn er sprechen will.

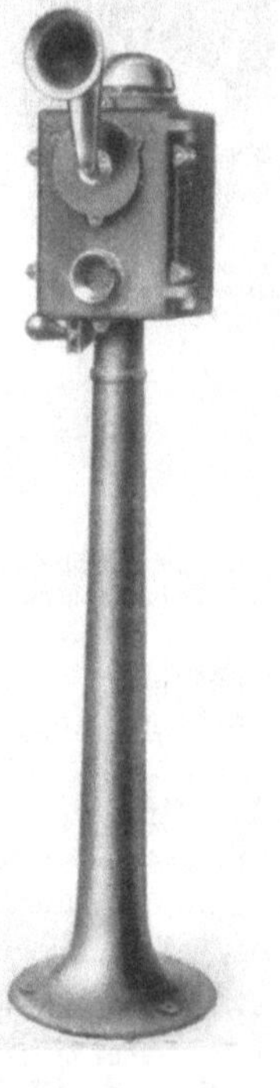

Bild 334. Wasserdichter Lautfernsprecher auf Säule.

Wie jeder industrielle Betrieb kann auch der bergbauliche ohne Anschluß an das öffentliche Fernsprechnetz nicht auskommen, ebenso ist eine die verschiedenen Betriebs- und Verwaltungsstellen verbindende Privatfernsprechanlage (Hausanlage) unentbehrlich. Die Siemens & Halske A.G. verfügt auch auf diesem Gebiet über außerordentlich reiche Erfahrungen und liefert Einrichtungen verschiedenster Systeme, die allen erdenklichen Anforderungen und Sonderwünschen unter Berücksichtigung aller postalischen Bedingungen gerecht werden. Es sei hierbei namentlich auf die beliebten Einrichtungen für Selbstanschluß hingewiesen. Da diese dem allgemeinen Verkehr dienenden Anlagen sich von den auch anderwärts hierfür gebräuchlichen nicht unterscheiden, möge ein Hinweis auf die hierüber vorhandenen Sonderbeschreibungen genügen.

*Fernzeiger.* Unter Umständen kann es vorteilhafter sein, anstelle der Glühlampentableaus elektrische Fernzeiger für die Signalübermittlung zu verwenden, besonders dann, wenn es sich darum handelt, eine größere Anzahl von Meldungen zu übermitteln. Bei diesen Apparaten geschieht die Übertragung durch Ferneinstellen eines Zeigers auf einer mit den gewünschten Signalen beschriebenen Skalenscheibe. Für Schachtsignalanlagen kommen derartige Fernzeiger weniger in Betracht, sie sind aber sonst überall da am Platze, wo zwischen zwei oder mehreren Werkstellen betriebsmäßig häufig sich wiederholende Signale gewechselt werden, wie z. B. in Grubenkraftwerken zwischen Schalttafel- und Maschinenbedienung, zwischen Maschinen- und Kesselhaus u. dgl.

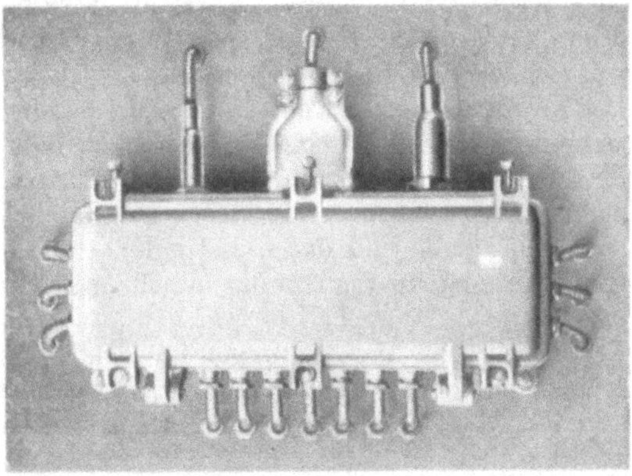

Geschlossen.

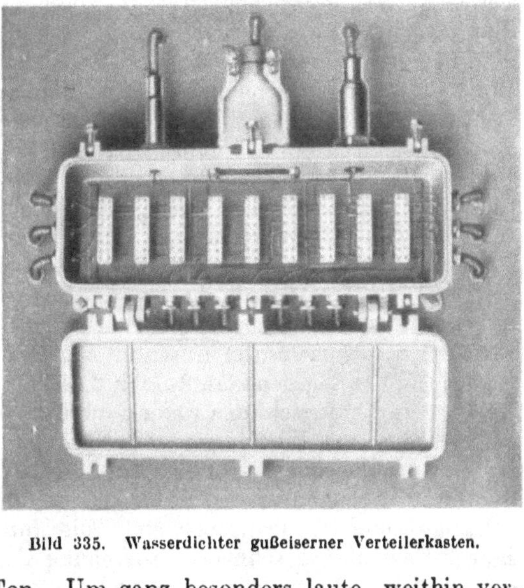

Bild 335. Wasserdichter gußeiserner Verteilerkasten.

*Elektrische Hupen und Sirenen.* Kurz erwähnt seien hier noch zwei im Grubenbetriebe häufig benutzte Alarmapparate, die elektrische Hupe und die elektrische Sirene. Die Hupe wird in vielen Fällen als Ersatz für den Wecker verwendet, namentlich dann, wenn es sich darum handelt, ein sich scharf von anderen akustischen Zeichen abhebendes und alle Betriebsgeräusche sicher übertönendes Signal abzugeben, z. B. ein Notsignal, Warnungssignal usw. Der Ton wird bei der Hupe durch eine Metall-Membran erzeugt, die durch einen von unterbrochenem Gleichstrom oder von Wechselstrom beeinflußten Elektromagneten in schnelle Schwingungen versetzt wird. Ein trompetenartiges, meist im Gehäuse untergebrachtes Schallrohr verstärkt den Ton. Um ganz besonders laute, weithin vernehmbare Alarmzeichen, z. B. Feueralarm, zu geben, benutzt man, namentlich über Tage, elektrische Sirenen. Bei ihnen treibt ein Elektromotor einen gekapselten Ventilator an, und der Sirenenton entsteht dadurch, daß der vom Ventilator erzeugte Luftstrom durch Austreten aus Schlitzen sehr rasch unterbrochen wird. Die Sirenen sind gegen Witterungseinflüsse gut geschützt und werden in der Regel auf hohen Gebäuden aufgestellt, damit der Ton ungehindert in die Ferne wirken kann.

*Speisung der Signalanlagen.* Signalanlagen lassen sich mit Gleichstrom oder Wechselstrom betreiben, die Betriebsspannung richtet sich jeweils nach den Verhältnissen. Es besteht die Vorschrift des V. D. E., daß für jede Schachtsignalanlage eine besondere Stromquelle vorhanden sein muß. Der Anschluß solcher Anlagen an Starkstromnetze ist nur gestattet, wenn keine unmittelbare Verbindung zwischen Signalanlage und Netz besteht. Es dürfte sich empfehlen, Einankerumformer oder Spartransformatoren nicht zu verwenden, damit nicht etwa durch Erdschlüsse im Starkstromnetz Fehlsignale und dadurch Unglücksfälle entstehen können. Die Betriebspannung für Signalanlagen soll nach Möglichkeit 110 V nicht überschreiten.

*Leitungsanlage.* Die Leitungen in den Bergwerksbetrieben unter Tag müssen mit besonderer Sorgfalt verlegt sein, wenn die Forderung erfüllt sein soll, daß die Signal- und Fernsprechanlagen als Sicherheitsanlagen gelten sollen. Aus diesem Grunde werden für die Leitungen fast stets Kabel verwendet, für Schacht-Signalanlagen sind Kabel sogar vorgeschrieben. Der beste Isolierstoff für diese Kabel ist Gummi. Da jedoch Gummiader-Kabel sehr teuer sind, benutzt man auch mit Baumwolle oder Papier isolierte und imprägnierte Kabel.

Zum Schutz gegen mechanische Beschädigungen müssen die Kabel durchweg bewehrt sein. In Schächten verwendet man runddrahtbewehrte Kabel, diese müssen sich in ihrer ganzen Länge frei tragen, damit sie beim Einhängen in den Schacht nicht zerreißen. In den Strecken verlegt man Kabel mit Flachdraht-Bewehrung. In beiden Fällen ist die Bewehrung äußerlich gegen Durchrosten besonders geschützt.

Für die Verteilung der Kabel dienen wasserdichte gußeiserne Verteilerkasten (Bild 335). Diese enthalten im Innern Klemmenleisten und an den Außenwänden die Kabeleinführungen oder die Endverschlüsse. Die Einführungen dienen zum Anschluß der Gummiader-Kabel, die Anbau-Endverschlüsse dagegen zum Anschluß der baumwoll- oder papierisolierten Kabel. Die Endverschlüsse werden mit Isoliermasse ausgegossen, um die Kabel gegen das Eindringen von Nässe zu schützen. Der Isolationszustand des Leitungsnetzes ist durch regelmäßige Messungen zu überwachen. Zur bequemen Ausführung dieser Untersuchungen liefern Siemens & Halske besondere Prüfschalttafeln, die durch einfaches Niederdrücken einiger Tasten eine schnelle Feststellung der einzelnen Isolationswerte ermöglichen und im übrigen dauernd die vorhandene Netzspannung und den jeweiligen Stromverbrauch der gesamten Signalanlage anzeigen. Die Prüf-Schalttafeln werden auch mit selbsttätig arbeitendem Erdschlußmelder ausgerüstet. Auf Wunsch wird diese Zusatzeinrichtung getrennt geliefert, was namentlich für bereits bestehende Anlagen in Betracht kommen dürfte.

---

FSC
www.fsc.org
MIX
Papier | Fördert gute Waldnutzung
FSC® C083411

Kolibri 360 GmbH
Ferdinand-Jühlke-Straße 7
99095 Erfurt, Deutschland
produktsicherheit@kolibri360.de